土木工程制图教程

刘志杰　张素敏　等编著

中国建材工业出版社

图书在版编目(CIP)数据

土木工程制图教程/刘志杰,张素敏等编著. -北京:中国建材工业出版社, 2004.9 (2011.7 重印)

ISBN 978-7-80159-210-1

Ⅰ.建… Ⅱ.①刘…②张… Ⅲ.土木工程-建筑制图-教材 Ⅳ.TU204

中国版本图书馆 CIP 数据核字(2004)第 081131 号

内 容 提 要

本书是高等院校土建类专业工程制图课教材,与《土木工程制图习题》配套使用。主要内容有:制图基本规则和基本技能,投影基本知识,点、直线、平面的投影,平面体的投影,曲线、曲面体的投影,轴测投影,标高投影,工程图基本图示方法,房屋工程图概述,建筑施工图,建筑结构施工图,水暖设备施工图,道路路线工程图,桥、隧工程图,涵洞工程图等。

本书可作为高等院校土木工程、给水排水工程、建筑环境与设备工程、交通土建工程、测绘工程以及工程管理等专业工程制图课程的教材,也可供工程技术人员参考。

土木工程制图教程

刘志杰 张素敏等编著

出版发行:中国建材工业出版社

地 址:北京市西城区车公庄大街 6 号

邮 编:100044

经 销:全国各地新华书店

印 刷:北京鑫正大印刷有限公司

开 本:787mm × 1092mm 1/16

印 张:21 插页:3

字 数:513 千字

版 次:2004 年 9 月第 1 版

印 次:2011 年 7 月第 6 次

定 价:36.00 元

本社网址:www.jccbs.com.cn

本书如出现印装质量问题,由我社发行部负责调换。联系电话:(010)88386906

前　言

根据教育部在武汉召开的全国高等学校工作会议精神，为适应高等学校专业调整的新形势，我们曾于1998年和1999年分别编写了《画法几何》和《土木工程制图》。这两本教材在我院及兄弟院校土建类专业使用至今，得到了广大师生的普遍认可。

但是，随着市场经济的迅速发展和高等教育教学改革的不断深入，加之国家最新颁布的有关工程制图标准的实施，有必要重新编写土木工程制图教材，以适应形势的需要。我们在编写本教程时，考虑到近年来许多院校已经将"画法几何"和"工程制图"合并为一门课程，因此，我们也将前述两本教材合并，并在内容上作了较大调整与充实。

土木工程制图是以几何学原理为基础，应用投影方法来表示土木工程中形体的形状、大小和有关技术要求的图样。土木工程图是土木工程施工的依据。本教程的目的，一是培养学生空间想像能力，二是培养学生按照国家标准，正确绘制和阅读土木工程图的基本能力，因此，理论性和实践性都较强。

值得指出的是，本教程编著者，既有多年的高校教学工作经验，同时又具备建筑设计师、结构设计师或土建工程师资格及相应的设计、施工工作经验。因此，在本教程的编写上更体现了理论与实践的有机结合。例如，本教程第十一、十二、十三章中有关建筑、结构和设备施工图的部分插图，即是采用了作者在设计工作中的实例。再者，根据土木工程特点以及为了更好地保证教学工作的系统和顺畅，我们将同类教材中通常设置的"立体的投影"和"组合体的投影"两部分内容，改编为"平面体的投影"和"曲线、曲面体的投影"，并在其中加入了"同坡屋面交线"和"螺旋楼梯"等项内容。

本教程可作为土建类及近土类各专业工程制图课程的教材，也可供工程技术人员参考。另外，我们同时还编写了《土木工程制图习题》，可与本书配套使用。

本教程由河北理工大学刘志杰、张素敏、常国山和贾晓弟编著。在编写出版过程中，曾得到河北理工大学苏幼坡教授、刘廷权副教授，唐山学院安树一教授的大力支持，谨在此表示衷心的感谢。

由于时间仓促，加之编者水平有限，错误和缺点在所难免，恳请同行读者批评指正。

编　者

2004年8月

目　录

第一章　制图基本规则和基本技能

第一节　制图基本规则

土木工程图是表达土木建筑工程设计的重要技术资料，是建筑施工的依据。为了统一制图技术，方便技术交流，并满足设计、施工管理等方面的要求，国家发布并实施了建筑工程各专业的制图标准。下面介绍国家标准（简称国标）《房屋建筑制图统一标准》GB/T 50001-2001 的部分内容。

一、图纸幅面

图纸幅面（简称图幅），必须按表 1-1 的规定选用，以便于图纸管理、装订。

表 1-1　图纸幅面尺寸(mm)

尺寸代码	幅面代号				
	A0	A1	A2	A3	A4
$l \times b$	1189 × 841	841 × 594	594 × 420	420 × 297	297 × 210
c	10			5	
a	25				

绘图时，图纸的短边一般不变，长边可以加长。长边加长后的尺寸见表 1-2。

表 1-2　图纸长边加长尺寸(mm)

幅面尺寸	长边尺寸	长边加长后尺寸
A0	1189	1486 1635 1783 1932 2080 2230 2378
A1	841	1051 1261 1471 1682 1892 2102
A2	594	743 891 1041 1189 1338 1486 1635 1783 1932 2080
A3	420	630 841 1051 1261 1471 1682 1892

注：有特殊需要的图纸，可采用 $l \times b$ 为 891 × 841 与 1261 × 1189 的幅面。

图纸的常规使用方法是长边沿水平方向布置（或横式），如图 1-1 所示，适用于 A0 ~ A3 图。必要时，也可将长边沿竖直方向布置（立式），如图 1-2 和图 1-3 所示。

二、图纸标题栏和会签栏

图纸标题栏简称图标，它是各专业技术人员绘图、审图的签名区及工程名称、设计单位名称、图名、图号的标注区，如图 1-4 所示。

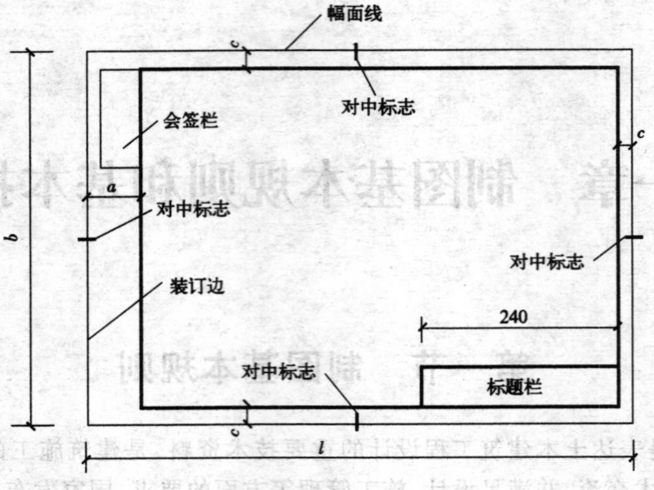

图 1-1　A0 ~ A3 横式幅面

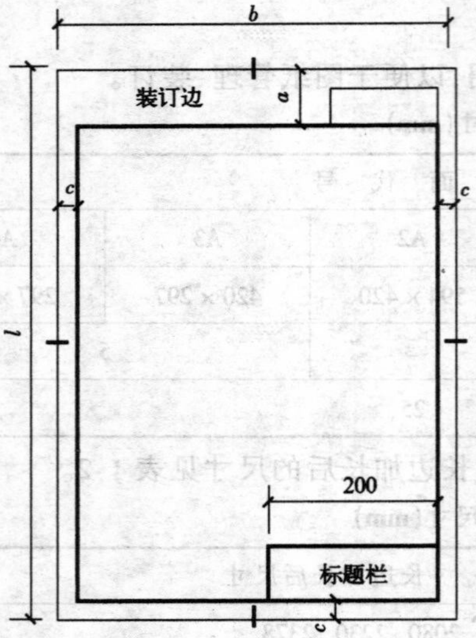

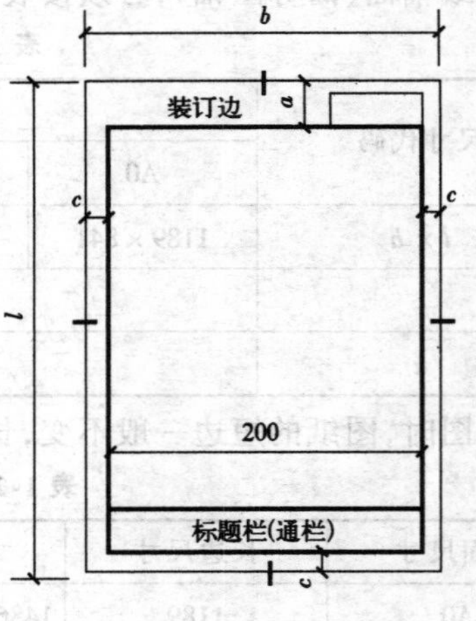

图 1-2　A0 ~ A3 立式幅面

图 1-3　A4 立式幅面

图纸横式或立式使用时，标题栏总在图纸的右下角。

会签栏是各专业负责人的签字区，放在图纸的装订边一侧上端或右端，如图 1-1 ~ 图 1-3 所示。

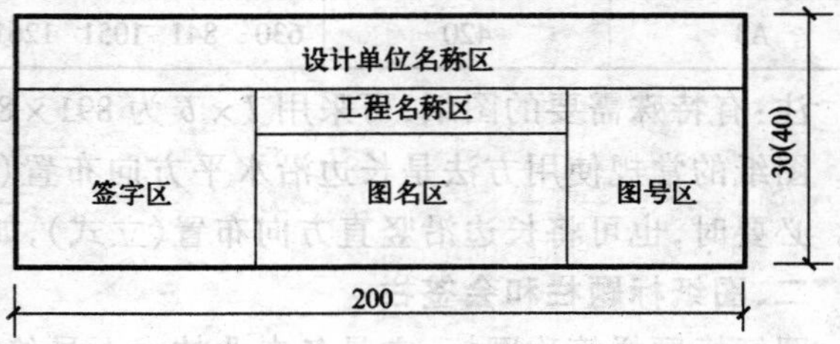

图 1-4　标题栏

三、图线

在土木工程图中，使用不同的线型、线宽表达不同的内容及含义，才能使图面生动，层次清楚。表 1-3 归纳了不同图线的用途。

表 1-3 图 线

名称		线型	线宽	一般用途
实线	粗		b	主要可见轮廓线
	中		$0.5b$	可见轮廓线
	细		$0.25b$	可见轮廓线、图例线
虚线	粗		b	见各有关专业制图标准
	中		$0.5b$	不可见轮廓线
	细		$0.25b$	不可见轮廓线、图例线
单点长画线	粗		b	见各有关专业制图标准
	中		$0.5b$	见各有关专业制图标准
	细		$0.25b$	中心线、对称线等
双点长画线	粗		b	见各有关专业制图标准
	中		$0.5b$	见各有关专业制图标准
	细		$0.25b$	假想轮廓线、成型前原始轮廓线
折断线			$0.25b$	断开界线
波浪线			$0.25b$	断开界线

每个图样，应根据其复杂程度及比例大小，先选定基本线宽 b 值，再按表 1-4 确定相应的线宽组。

表 1-4 线 宽 组(mm)

线宽比	线宽组					
b	2.0	1.4	1.0	0.7	0.5	0.35
$0.5b$	1.0	0.7	0.5	0.35	0.25	0.18
$0.25b$	0.5	0.35	0.25	0.18	–	–

图线使用过程中需要注意以下几点内容：

1. 同一张图纸内，相同比例的各图样，应选用相同的线宽组。
2. 互相平行的图线，其间隙不宜小于其中的粗线宽度，且不宜小于 0.7mm。
3. 绘制比较简单的图样或比较小的图样，可以只用两种线宽，粗线和细线。
4. 图纸的图框线和标题栏线宽度的选取，可根据图幅的大小确定，如表 1-5 所列。

表 1-5 图框线、标题栏线的宽度(mm)

幅面代号	图框线	标题栏外框线	标题栏分格线、会签栏线
A0、A1	1.4	0.7	0.35
A2、A3、A4	1.0	0.7	0.35

5.图线不得与文字、数字符号重叠、混淆。不可避免时，可将重叠部位图线断开。

四、字体

图纸上要注写字母、数字、文字及各种符号，均应笔画清晰、字体端正、排列整齐，标点符号要清楚正确。

(一)汉字

应采用国家公布的简化汉字，并用长仿宋字体。长仿宋字体的字高与字宽的比例大约为1:0.7，如图1-5所示。字体高度分20、14、10、7、5、3.5等六级。字体宽度相应为14、10、7、5、3.5、2.5。长仿宋字体的示例如图1-5所示。

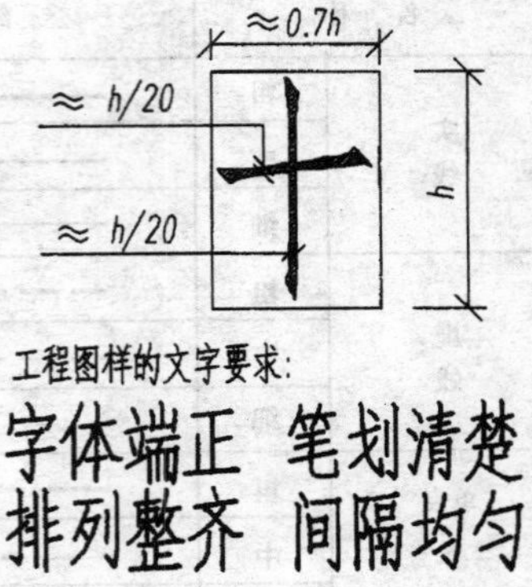

图1-5 长仿宋字体示例

从字例可以看出，长仿宋字有如下特点：

1.横平竖直。横笔基本要平，可稍微向上倾斜一点。竖笔要直。笔画要刚劲有力。

2.起落分明。横、竖的起笔和收笔、撇的起笔、钩的转角等，都要顿一下笔，形成小三角。几种基本笔画的写法如表1-6所列。

表1-6 长仿宋体的几种基本笔划的写法

名称	横	竖	撇	捺	挑	点	钩
形状							
笔法							

3.笔锋满格。上下左右笔锋要尽可能靠近方格，但是也有例外，如日、口等字，都要比字格略小。

4.布局均匀。笔划布局要均匀紧凑，并注意下列各点：

(1)字体基本对称的应保持其对称，如图1-6中的土、木、平、面、金等。

(2)有一竖笔居中的应保持该笔竖直而居中，如图中的上、正、水、车、审等。

(3)有三四横竖笔划的要大致平行等距，如图中的三、曲、垂、量等。

(4)要注意偏旁所占的比例。有约占一半的，如图中的“比、料、机、

图1-6 长仿宋字体笔划布局

部、轴”等；有约占1/3的，如“混、梯、钢、墙”等；有约占 1/4 的，如“凝”。

(5)左右要组合紧凑，尽量少留空白，如图中的“以、砌、设、动、泥”等。

要写好长仿宋字，初学时要先按字的大小打好格子，然后书写。平时多看、多摹、多写，持之以恒，自然熟能生巧。

目前的计算机辅助设计绘图系统，已经能够生成并输出各种字体和各种大小的汉字，快捷正确，整齐美观，并可节省大量手工写字的时间。图 1-7 所示的仿宋字就是一例。

建设有中国特色的社会主义 (14号)

科学技术需要严肃认真一丝不苟的态度 (10号)

强国富家扬威造福人类敢胜利特别无疲劳坚韧不拔精神 (7号)

工业与民用建筑厂房车间办公楼宿舍道路桥遂涵洞平立剖详图结构基础总说明 (5号)

钢筋混凝土砖石水泥砂浆涂料油漆木材铝合金门窗板梁柱墙裙壁橱柜台阶梯踢脚厕所给排地下室内外标准框架 (3.5号)

图 1-7 利用计算机系统写出的仿宋字

(二)拉丁字母和数字

拉丁字母和数字都可以用竖笔铅垂的正体字或竖笔与水平线成 75°角的斜体字。拉丁字母、少数希腊字母和数字以及书写笔画次序如图 1-8 所示。字高 h 不宜小于 2.5mm。小写的拉丁字母的高度应为大写字高 h 的 7/10，字母间隔为 2/10h，上下行的净间距最小为 4/10h。

图中的字母和数字可用斜体字，但字母或数字与汉字混合书写时，要用正体字。

在同一张图纸上，文字标注要协调，字体、字高要一致。

五、比例和图名

比例是指图纸上图形与实物相应的线性尺寸之比，比例有放大或缩小之分，建筑工程专业的工程图主要采用缩小的比例，比例用阿拉伯数字表示，比如 1:20，1:100 等，表示图纸上一个线性长度单位，代表实际长度为 100 个单位。

比例宜书写在图名的右方，字体应比图名小一号或两号，如图 1-9 所示，图名下的横线与图名文字间隔不宜大于 1mm，其长度应以所写文字所占长度为准。

当一张图纸中的各图所用比例均相同时，可将比例注写在标题栏内。

比例的选用详见各专业施工图的介绍。

六、尺寸标注

图样除了画出建筑物及其各部分的形状外还必须准确、详尽和清晰地标注尺寸，以确定其大小，作为施工时的依据。

图样上的尺寸由尺寸界线、尺寸线、尺寸起止符号和尺寸数字组成，如图 1-10 所示。尺

图 1-8 制字和字母的斜体与正体写法

寸界线应用细实线绘制，一般应与被注长度垂直，其一端应离开图样的轮廓线不小于 2mm，另一端宜超出尺寸线 2～3mm。必要时可利用轮廓线作为尺寸界线，如图 1-10 中的尺寸 3060。尺寸线也应用细实线绘制，并应与被注长度平行，但不宜超出尺寸界线之外。图样上任何图线都不得用作尺寸线。尺寸起止符号一般应用中粗短斜线绘制，其倾斜方向应与尺寸界线成顺时针 45°，长度宜为 2～3mm。在轴测图中标注尺寸时，其起止符号宜用小圆点。

总 平 面 图　1:500

图 1-9

“国标”规定，工程图样上标注的尺寸，除标高及总平面图以米(m)为单位外，其余尺寸一般以毫米(mm)为单位，图上尺寸数字都不再注写单位。如果用其他单位，须相应注明。本书文字和插图中的数字，如没有特别注明单位的，也一律以 mm 为单位，图样上的尺寸，应以所注尺寸数字为准，不得从图上直接量取。

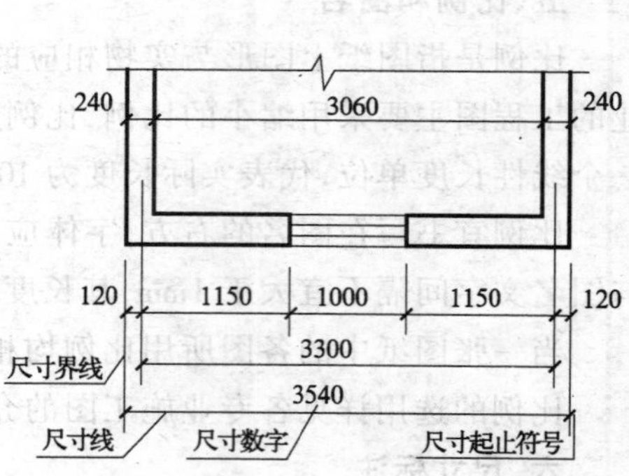

图 1-10 尺寸的组成

标注半径、直径和角度时，起止符号不用 45°短划，而用箭头表示，如图 1-11 所示，图中 R 表示半径，ϕ 表示直径。角度数字一律水平书写。

标注尺寸时应注意的一些问题如表 1-7 所列。

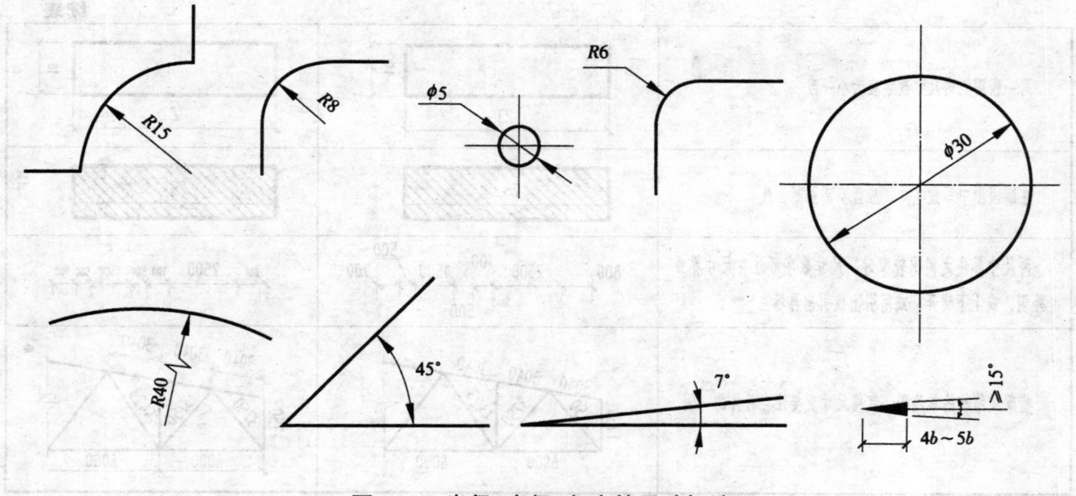

图 1-11　半径、直径、角度的尺寸标注

表 1-7　标注尺寸应注意的问题

说　　明	对	不　对
尺寸数字应写在尺寸线的中间，水平尺寸数字应从左到右写在尺寸线上方，竖向尺寸数字应从下到上写在尺寸线左侧	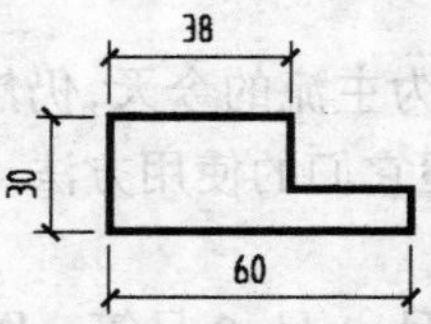	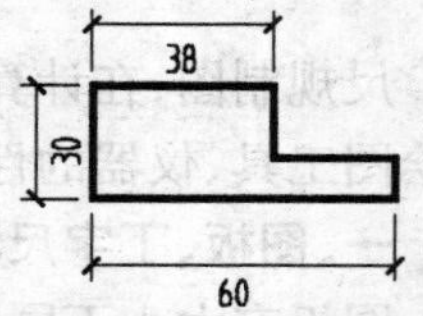
长尺寸在外，短尺寸在内	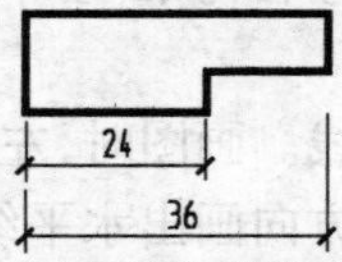	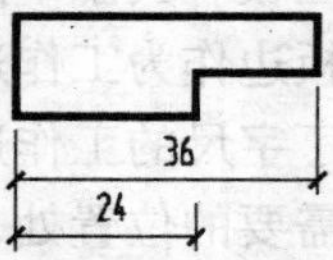
不能用尺寸界线作为尺寸线	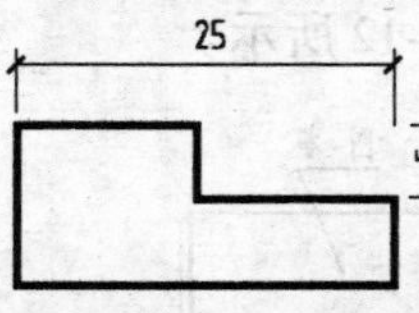	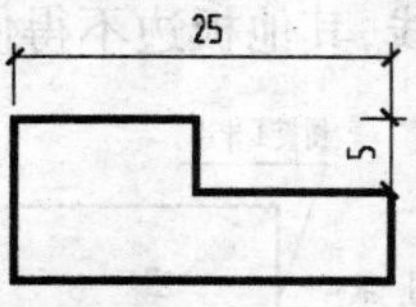
轮廓线、中心线可以作为尺寸界线，但不能用做尺寸线	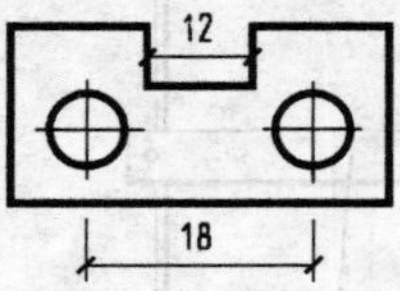	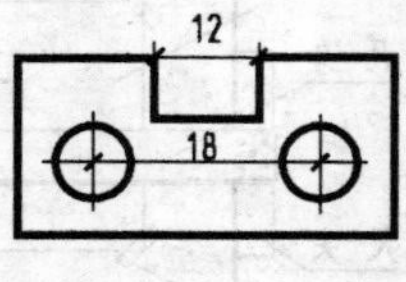
尺寸线倾斜时数字的方向应便于阅读，尽量避免在斜线范围内注写尺寸	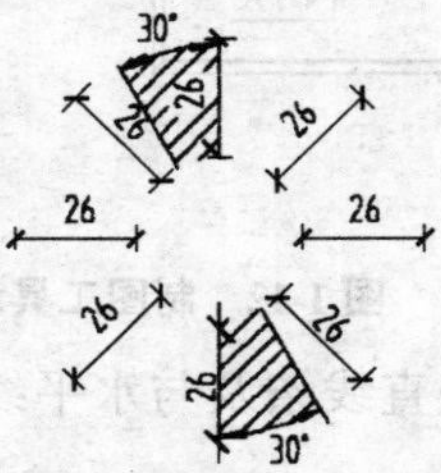	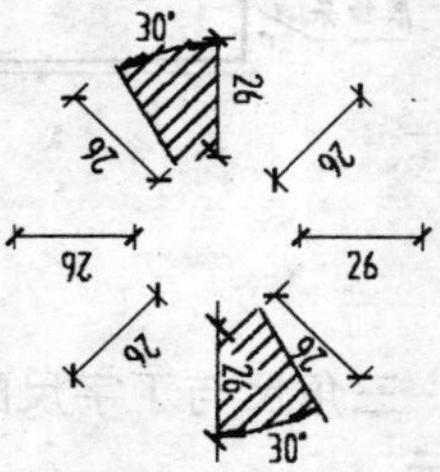

续表

同一张图纸内尺寸数字应大小一致	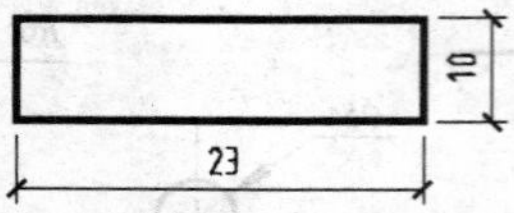	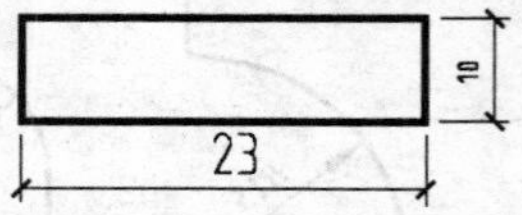
在断面图中写数字处，应留空不画断面线		
两尺寸界线之间比较窄时，尺寸数字可注在尺寸界线外侧，或上下错开，或用引出线引出再标注	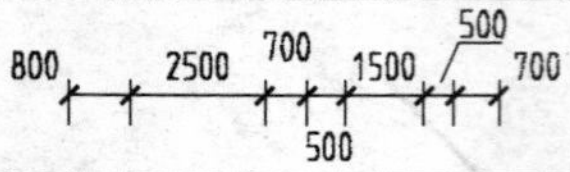	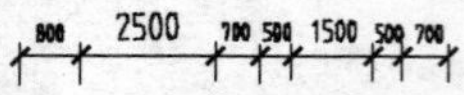
桁架式结构的单线图，宜将尺寸直接注在杆件的一侧	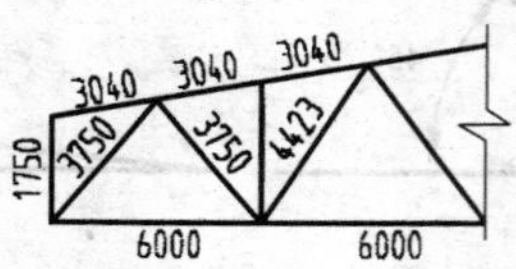	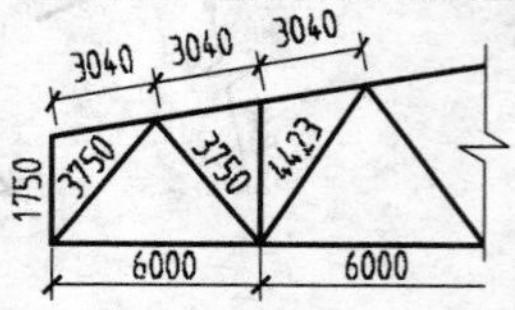

第二节　制图工具、仪器及用法

尺规制图，在计算机制图已成为主流的今天，仍然是绘制工程图的基础。学生必须了解各绘图工具、仪器的性能，熟练掌握它们的使用方法，才能保证绘图质量，加快绘图速度。

一、图板、丁字尺和三角尺

图板有大小不同的规格，如 0 号、1 号、2 号等。图板的板面用于固定图纸，要保证平滑，左侧板边作为工作边，要求平直。

丁字尺的工作边，用于画水平线。画图时，左手扶尺头使其紧靠图板工作边上下移动，可在需要的位置处，按自左至右的方向画出水平线。尺头只可以和图板的左侧(工作)边配合画线，其他板边不得使用，如图 1-12 所示。

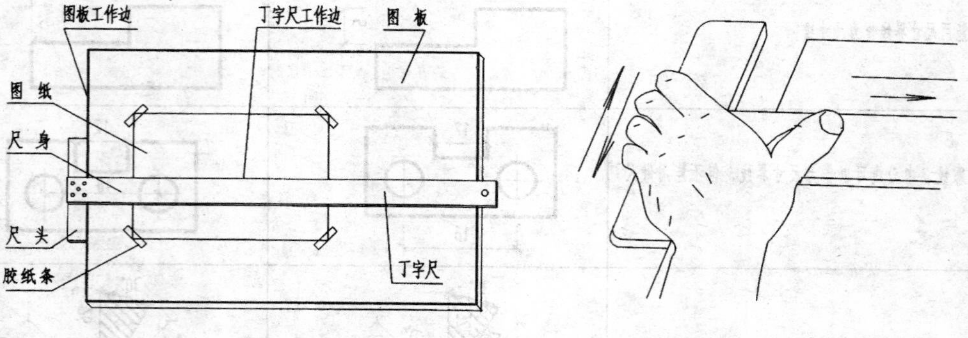

(a)　(b)

图 1-12　制图工具示意图

三角尺与丁字尺配合可画竖直线条及与水平线成 30°、45°、60°、75°角的斜线，如图 1-13 所示。

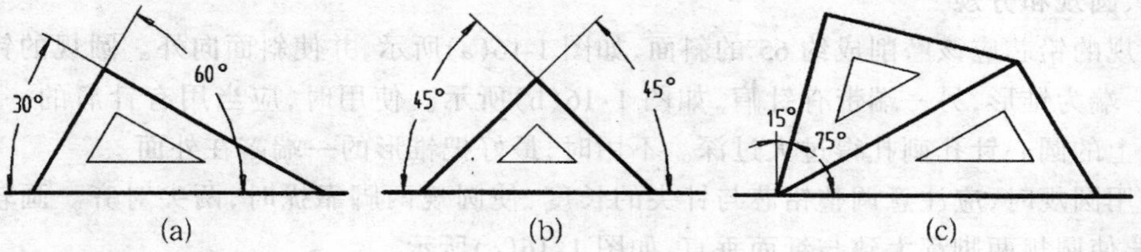

图 1-13　画 30°、45°、60°、75°角的方法

所有竖直线，不论长短，都用三角板与丁字尺配合画。画线时将三角尺的一条直角边靠在丁字尺工作边上，另一条边放在线条的右侧，左手压尺、右手画线。竖直线条的画线方向是自下而上，如图 1-14 所示。

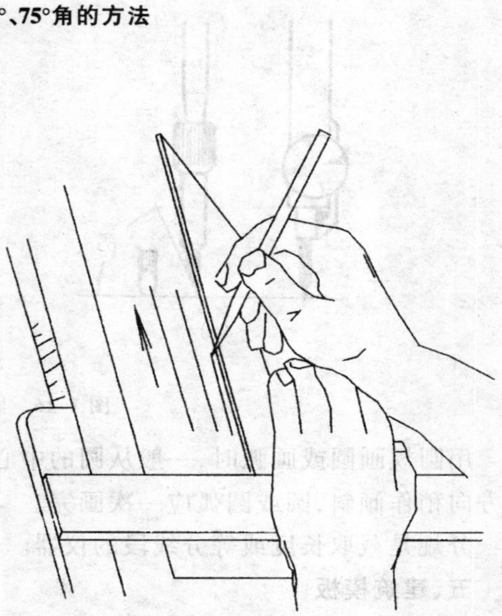

图 1-14　画竖直线

二、铅笔

绘图时，常用的铅笔型号为 2H、H、HB、B、2B，2H 或 H 铅笔较硬而淡，常用于打底稿，加深图线时可按需要选用 HB 或 B 的铅笔。

绘图时，笔头可削成锥状。用力要均匀，在运笔过程中可让笔随之转动，以保持线宽一致。

学生主要学习绘制铅笔线图，所以使用的图纸为不透明的白图纸。

三、比例尺

比例尺是刻有不同比例的直尺，一般为三棱柱状，所以又叫三棱尺。

比例尺的每个侧面均刻有两种比例。绘图时，可直接从尺身上截取相应比例的长度。

在用于专业绘图的三角尺上也带比例尺，绘图时可以选择使用。比例尺上的刻度数字单位为米(m)。在 1:100 比例中，尺上刻度 1M 就是实长 1m。图 1-15 是轴间距为 3300 (3.3m)的墙体示意，用 1:100 比例画图时，可在相同比例的刻度上直接截以 3.3m；用 1:50 比例画图时，可将 1:500 的比例尺放大 10 倍使用。

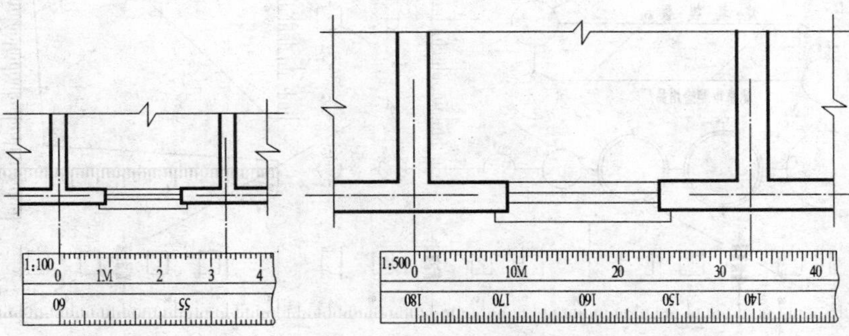

图 1-15　比例尺及其用法

四、圆规和分规

圆规的铅芯应该磨削成约65°的斜面，如图1-16(a)所示，并使斜面向外。圆规的针两端不同，一端为锥形，另一端带有针肩，如图1-16(b)所示。使用时，应当用有针肩的一端，以免图纸上的圆心针孔刺扎得过大过深。不用时，最好把锥形的一端露在外面。

使用圆规时，应注意调整铅芯与针尖的长度，使圆规两脚靠拢时，两尖对齐。画较大的圆时，要使圆规两脚都大致与纸面垂直，如图1-16(c)所示。

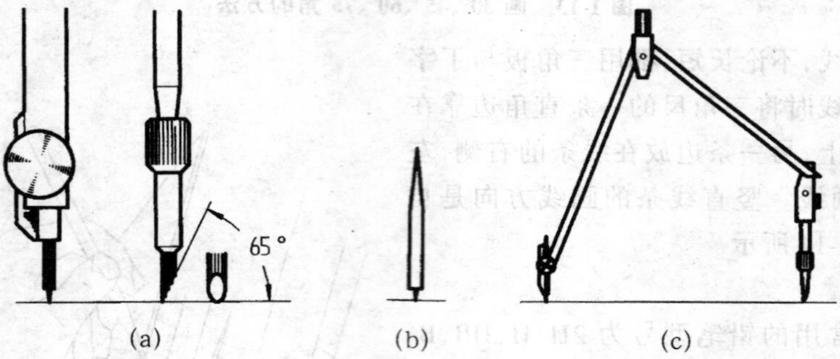

图1-16 圆规的零件及调整

用圆规画圆或画弧时，一般从圆的中心线开始，顺时针方向转动圆规，同时使圆规往前进方向稍作倾斜，圆或圆弧应一次画完。

分规是截取长度或等分线段的仪器。分规两侧均为针，用两个针可较准确的截取长度。

五、建筑模板

主要用来画各种建筑图例和常用符号，如：柱子、楼板留洞、大便器、标高符号、详图索引符号、定位轴线圆等，只要按模板中相应的图例轮廓画一周，所需图例就会产生，如图1-17所示。

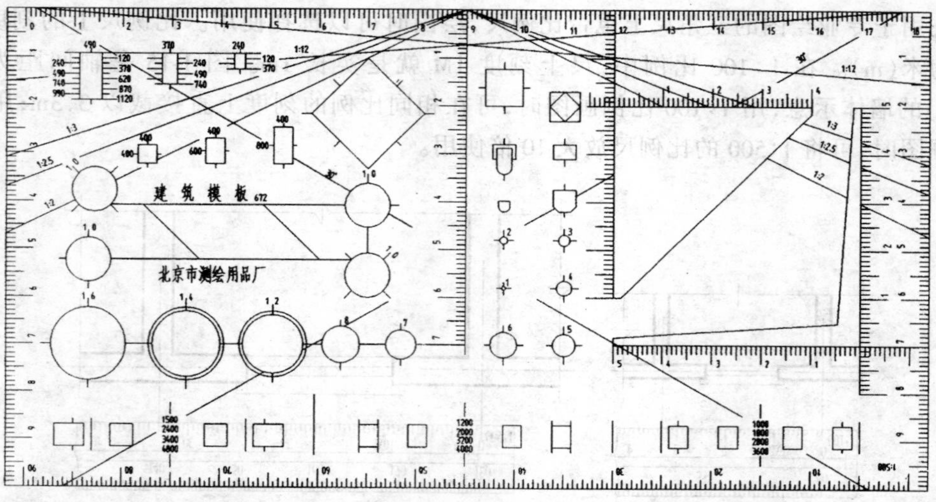

图1-17 建筑模板

六、曲线板

曲线板用于画非圆曲线。首先定出待画曲线上的足够的点，徒手将这些点顺序轻轻连成曲线，然后在曲线板上找出一段使之与 3 个以上的点吻合，沿着曲线板边缘，将该段曲线画出，如此继续画出其他各段曲线，画曲线时要注意前后两段线应有一小段重合，这样才能保证曲线圆滑，如图 1-18 所示。

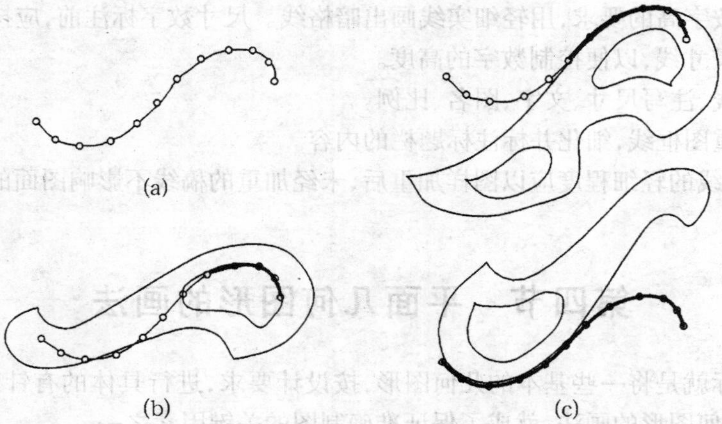

图 1-18　曲线板及曲线作法

第三节　绘图方法和步骤

为保证图样整洁、层次清楚，学习土木工程制图，除了能正确使用绘图工具和仪器外，还要充分理解线条的含义，以便能够准确的表达。绘图时方法和步骤要合理。

一、图线表达

绘图时，图线表达得正确与否，直接影响到图面的质量，所以需要注意以下几点：

1. 实线相接时，接点处要准确，即不要偏离，也不要超出。

2. 画虚线及单点长画线或双点长画线时，应注意画等长的线段及一致的间隔，各线型应视相应的线宽及总长确定各自线段长度及间隔。

3. 虚线与虚线交接或虚线与其他图线交接时，应是线段交接。虚线为实线的延长线时，线段不得与实线连接。

4. 单点长画线或双点长画线均应以线段开始和结尾。点画线与点画线交接或点画线与其他图线交接时，应是线段交接。

5. 圆心定位线应是单点长画线，当圆直径较小时，可用细实线代替。

二、绘图方法和步骤

(一)绘图方法

常用的绘图方法应该是由整体到细部，先绘制图样中各构件的定位轴线，再绘制图样中各构件的细部轮廓及构造线；先打底稿再加重。

(二)绘图步骤

1.选定图幅,固定图纸,并依次绘出图幅线、图框线及标题栏外框线。

2.在图框线内合理布置图面,确定各图样的位置,使图面疏密均匀。

3.用 H 或 2H 的铅笔,逐个画出各图样的底稿线,其中图例线、尺寸界线、尺寸线、起止符及定位轴线圆,可不打底稿,待图线加重之后直接画出。

4.汉字要按字高的要求,用轻细实线画出暗格线。尺寸数字标注前,应按字高画一段轻细实线平行于尺寸线,以便控制数字的高度。

5.加重图线、注写尺寸、文字、图名、比例。

6.最后加重图框线,细化并标注标题栏的内容。

注意:底稿线的轻细程度应以图样加重后,未经加重的稿线不影响图面的清晰度为宜。

第四节　平面几何图形的画法

工程图实际就是将一些基本的几何图形,按设计要求,进行具体的有针对性的表达,因此,掌握基本几何图形的画法,就成了保证准确制图的关键因素之一。

一、几何作图方法

(一)正多边形的画法

1.正方形

已知正方形的边长,可借助 45°三角尺和丁字尺完成正方形,如图 1-19 所示,过线段 *AB* 的两个端点分别作 *AB* 的垂线。用 45°三角板过 *A* 点作对角线 *AC*,截得点 *C*。过 *C* 点作 *DC* 平行于 *AB*,*ABCD* 即为所求。

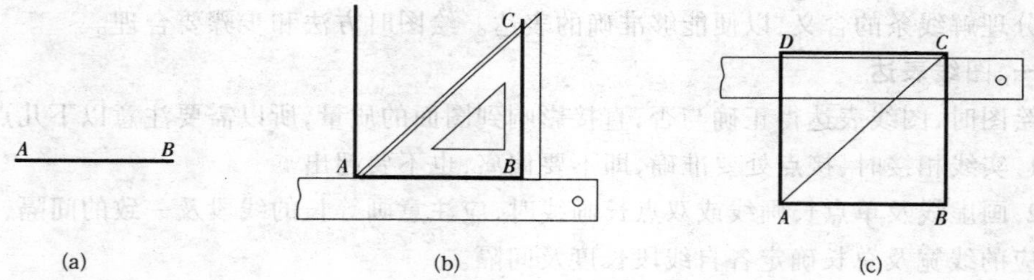

图 1-19　作已知边长为 *AB* 的正方形

2.圆的内接正五边形

已知正五边形的外接圆。先以 *OF* 的中点 *G* 为圆心,以 *GA* 为半径画弧交水平圆心定位线于 *H* 点,正五边形的边长与线段 *AH* 相等,以 *AH* 为弦长依次在圆周上截取,即可作出正五边形 *ABCDE*,如图 1-20 所示。

3.圆的内接正六边形

已知正六边形的外接圆,可借助三角尺和丁字尺完成正六边形,如图 1-21 所示。

4.正多边形

已知任意正多边形的外接圆，如图 1-22 为作圆内接正七边形的过程。将圆的竖向直径七等分，以 N 为圆心，AN 为半径画弧交水平直径延长线于 M_1、M_2，将 M_1、M_2 点与 AN 上的偶数点(或奇数点)相连并延长，交圆周于 B、C、D、E、F、G,，即可作出正七边形 $ABCDEFG$。

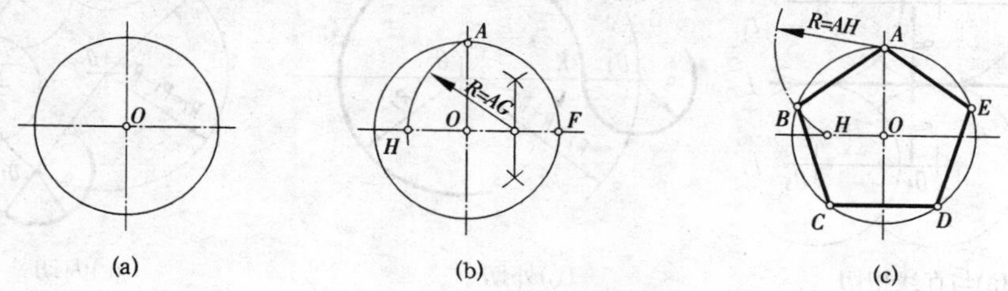

图 1-20　作圆 O 的内接正五边形

(二)圆弧连接

用已知半径的圆弧光滑连接(即相切)两已知线段(直线或圆弧)，称为圆弧连接。这段已知半径的圆弧称为连接弧。画连接弧前，必须求出它的圆心和切点。

1.圆弧连接的基本作图

(1)半径为 R 的圆弧与已知直线 L 相切，圆心的轨迹是距离直线 L 为 R 的两条平行线 L_1、L_2。当圆心为 O_1 时，由 O_1 向直线 L 所作的垂线的垂足 K 就是切点，如图 1-23(a)所示。

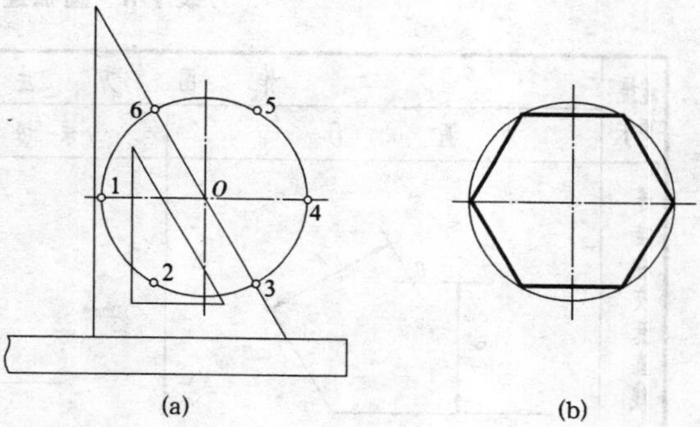

图 1-21　已知外接圆作正六边形

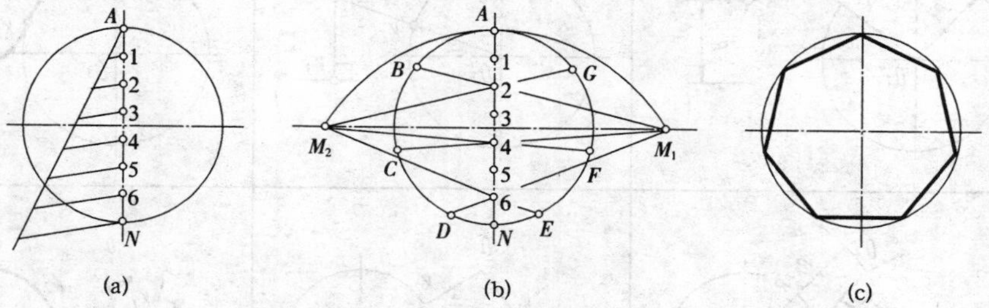

图 1-22　已知外接圆作正七边形

(2)半径为 R 的圆弧与已知圆弧(半径为 R_1)外切，圆心的轨迹是已知圆弧的同心圆，其半径 $R_2 = R + R_1$。当圆心为 O_1 时，连心线 OO_1 与已知圆弧的交点 K 就是切点，如图 1-23(b)所示。

(3)半径为 R 的圆弧与已知圆弧(半径为 R_1)内切，圆心的轨迹是已知圆弧的同心圆，其半径 $R_2 = R_1 - R$。当圆心为 O_1 时，连心线 OO_1 与已知圆弧的交点 K 就是切点，如图 1-23(c)所示。

2.圆弧连接作图举例

表 1-8 列举了 4 种用已知半径为 R 的圆弧来连接两已知线段的作图方法和步骤。

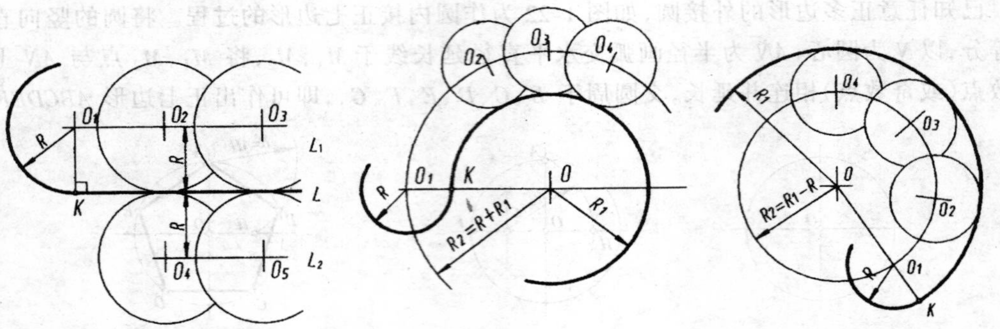

(a)与直线相切　　(b)外切　　(c)内切

图 1-23　圆弧连接的基本作图

表 1-8　圆弧连接作图举例

连接要求	作图方法和步骤：求圆心 O	作图方法和步骤：求切点 K_1 K_2	作图方法和步骤：画连接圆弧
连接相交两直线	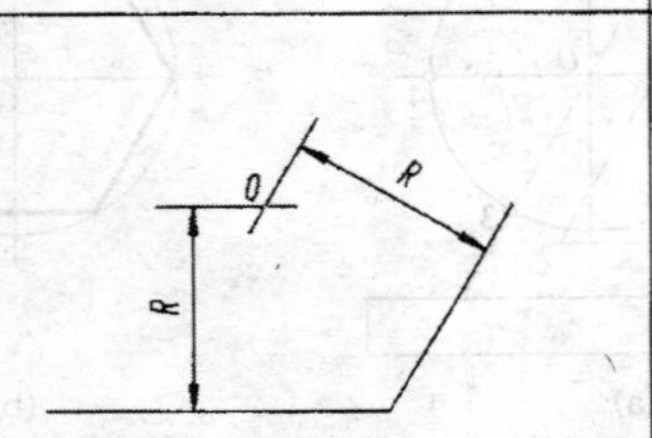	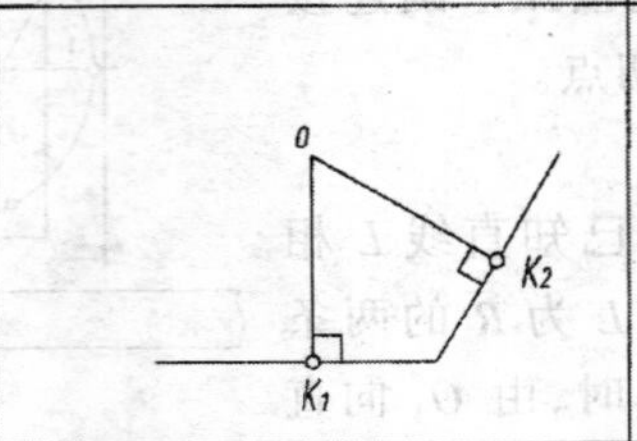	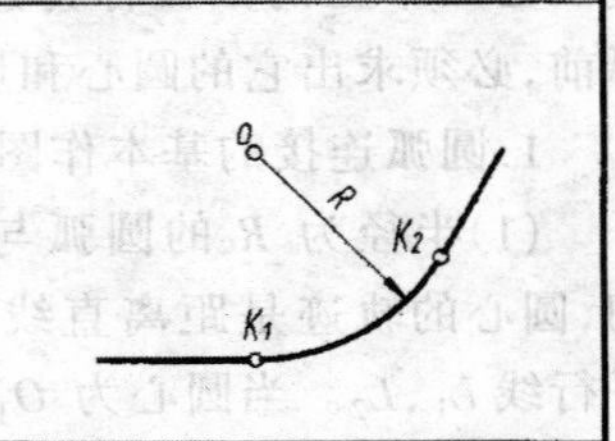
连接一直线和一圆弧	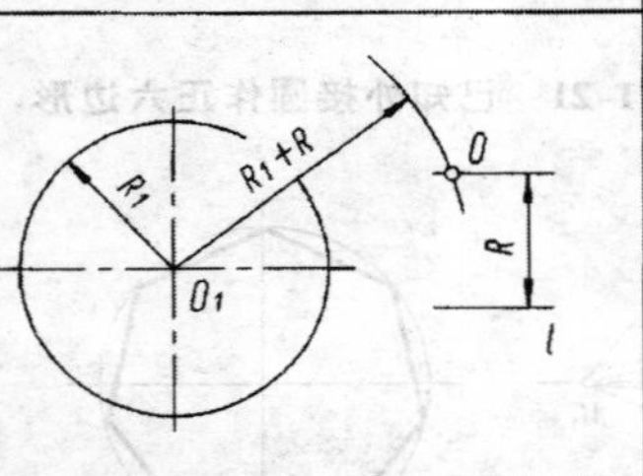	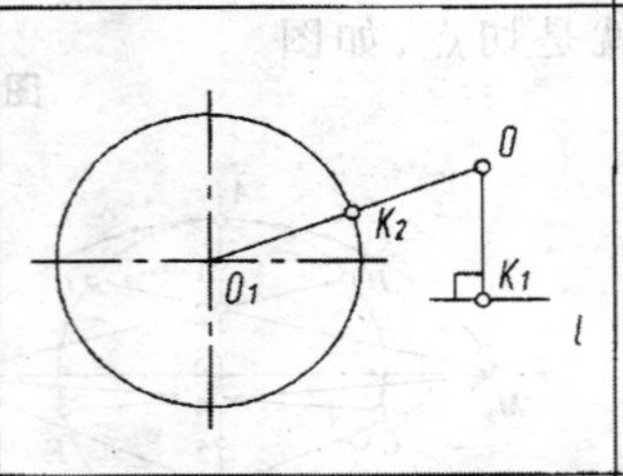	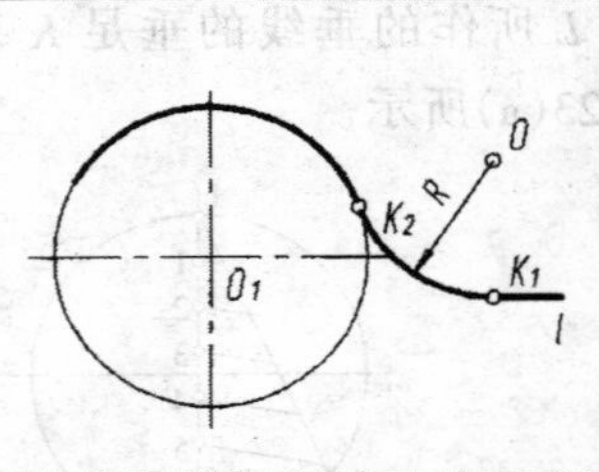
外接两圆弧	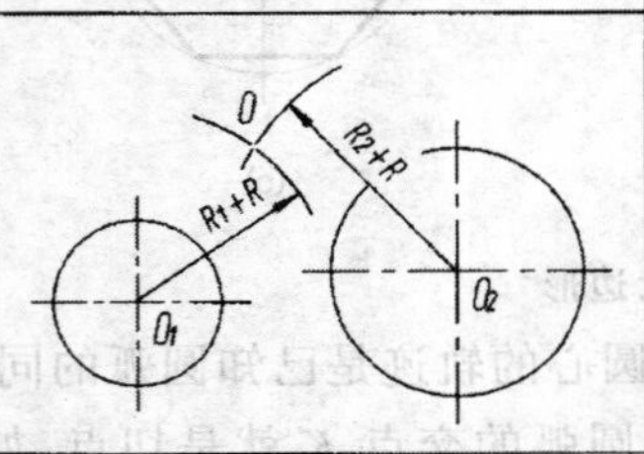	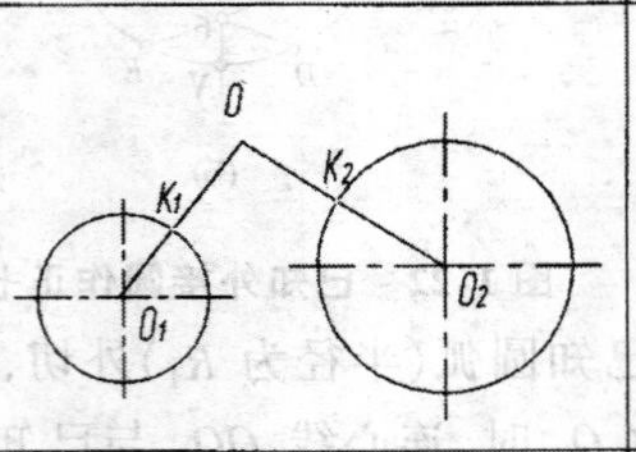	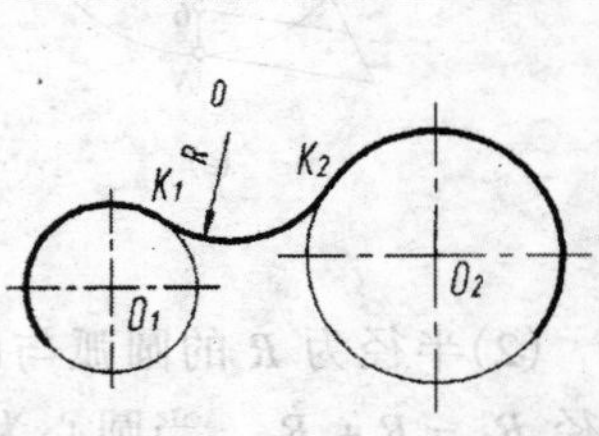
内接两圆弧	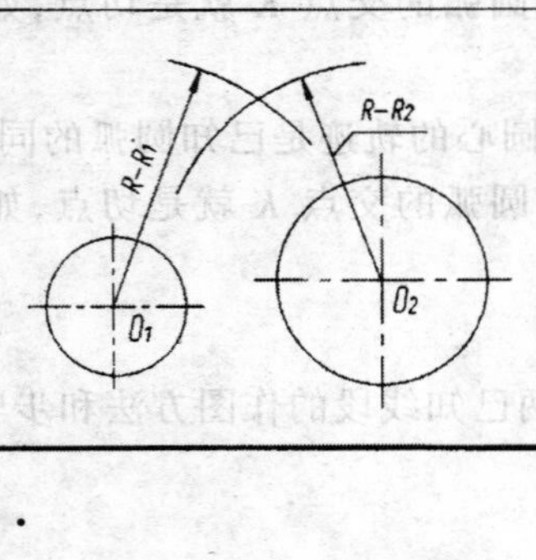	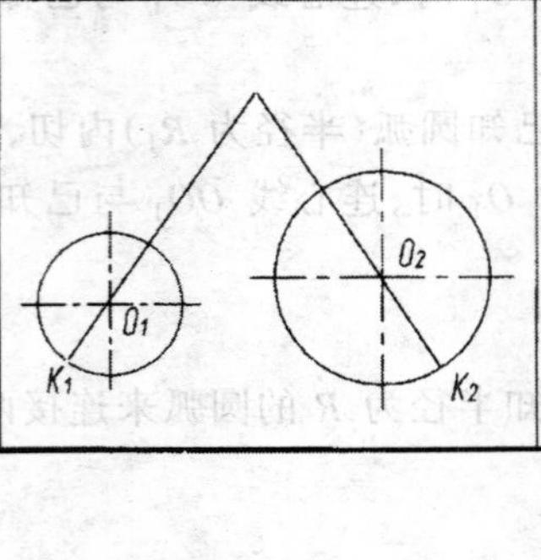	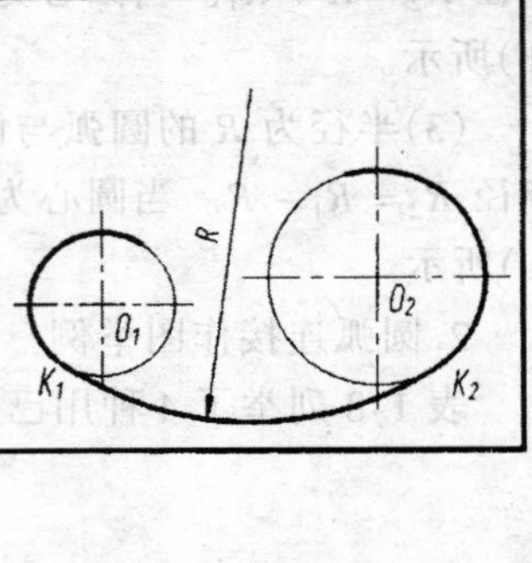

(三)椭圆

已知椭圆的长、短轴,可分别用同心圆法及四心法完成椭圆。

1. 同心圆法

如图 1-24 所示,分别以椭圆的长轴和短轴为直径画同心圆,并等分两圆周若干等分,然后过大圆上各等分点作竖直线与过小圆各对应等分点所作的水平线相交,交点即为椭圆上各点,用曲线板光滑连接各点可得到椭圆。

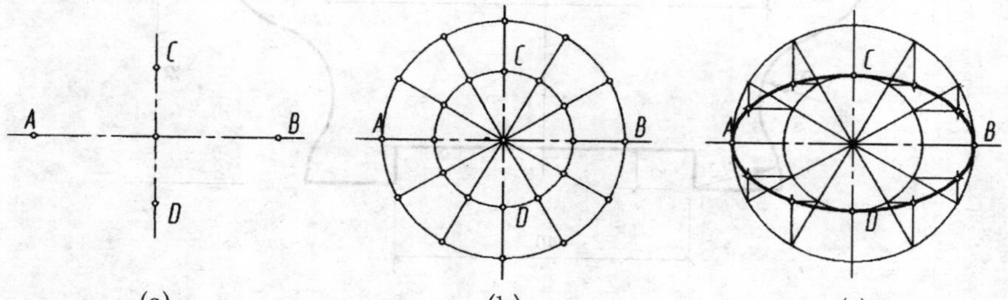

图 1-24 根据长、短轴 *AB*、*CD*,用同心圆法作椭圆

2. 四心法

如图 1-25 所示,这是一种近似画椭圆的方法。连接椭圆长、短轴的端点 AC,在 AC 上取一点 F(使 $CF = OA - OC$),然后作 AF 的垂直平分线,交长轴于 O_1 短轴于 O_2,作出 O_1、O_2 的对称点 O_3、O_4,分别以 O_1、O_3 为圆心,O_1A 为半径,以 O_2、O_4 为圆心,O_2C 为半径画圆弧,四段圆弧相切成椭圆,切点分别为 G、H、I、J。

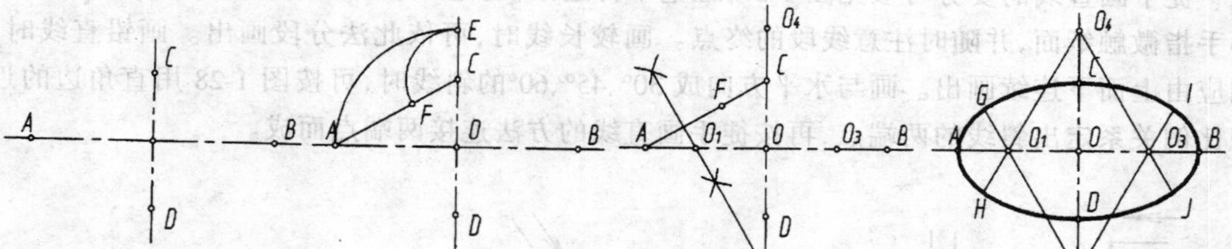

图 1-25 根据长、短轴 *AB*、*CD*,用四心法作近似椭圆

二、平面图形的画法

平面图形是由若干条线段(直线与曲线或曲线之间)连接而成的。它就是几何作图的应用。绘图时,先对图形进行分析,确定线段绘制的先后顺序。

如图 1-26 所示,该平面图形中各直线段的长度及位置已知,半径为 $R12$、$R15$ 的四段圆弧,其圆心位置已知,均可直接画出(称为已知线段),而半径分别为 $R10$、$R70$ 的三段圆弧则需要在已知线段之后画出(称为连接线段),最后整理图形并加深图线,标注尺寸,即可完成作图。作图的过程作为练习由学生完成。

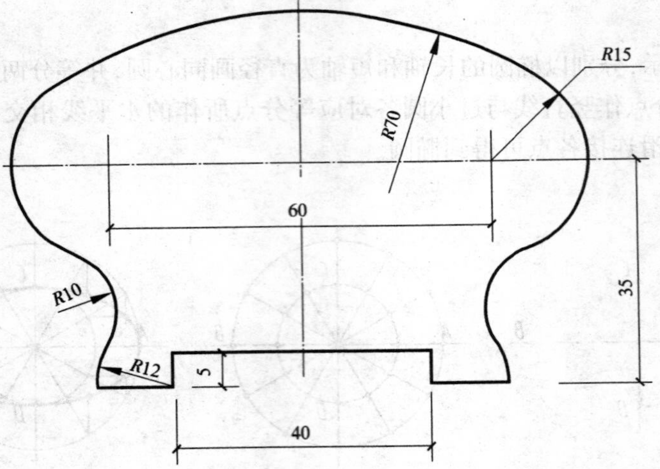

图 1-26 平面图形

第五节 徒手作图

铅笔画图时，不用尺规称为徒手作图(又叫草图)，它是技术交流及记录思维创作的最基本技能。

徒手画图可在白纸(或方格纸)上进行，铅笔可选择 HB 或 B 型。

徒手画直线的姿势可参见图 1-27，握笔不得过紧，运笔力求自然，铅笔向运动方向倾斜，小手指微触纸面，并随时注意线段的终点。画较长线时，可依此法分段画出。画铅直线时，则应由上而下连续画出。画与水平方向成 30°、45°、60°的斜线时，可按图 1-28 用直角边的近似比例关系定出斜线的两端点，再按徒手画直线的方法连接两端点而成。

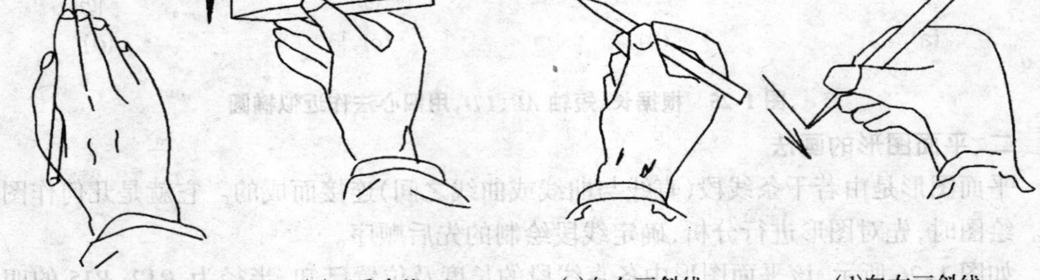

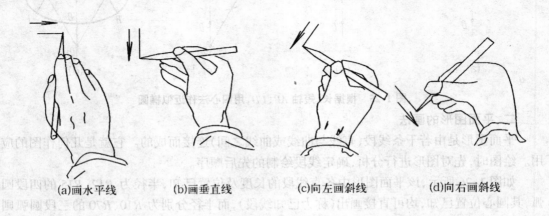

(a)画水平线　(b)画垂直线　(c)向左画斜线　(d)向右画斜线

图 1-27 徒手画直线

徒手画图，应先画圆心定位线，再根据直径大小目测，在中心线上定出4点，便可画圆，如图1-29(a)所示。对较大的圆，过圆心画几条不同方向的直线，按直径大小在其上目测定圆周上的点，将这些点顺序连线即可，如图1-29(b)、(c)所示。

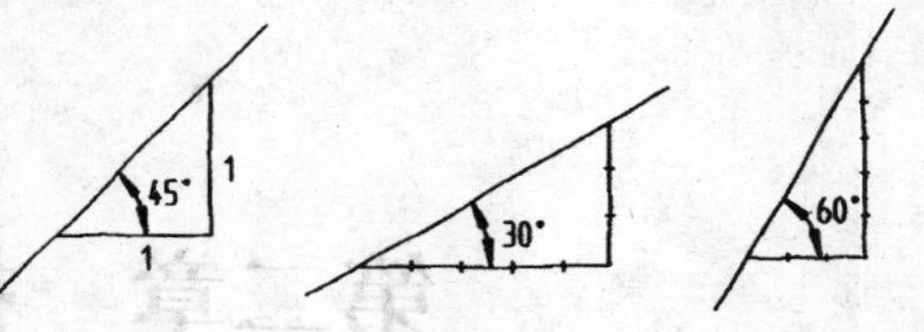

(a)45°　(b)30°　(c)60°

图1-28　徒手画斜线

徒手画椭圆时，先画椭圆的长、短轴线，对小的椭圆，可在两轴线上目测定出长、短轴的端点，过每个端点分别作长、短轴的平行线，可得椭圆的外切矩形，顺序连结4个端点可得到近似的椭圆，如图1-30(a)所示。

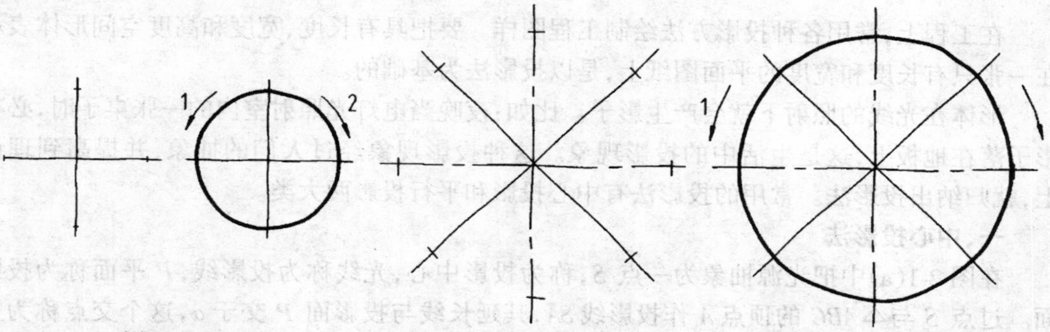

(a)画小圆　(b)定出八个点　(c)画大圆

图1-29　徒手画圆的方法

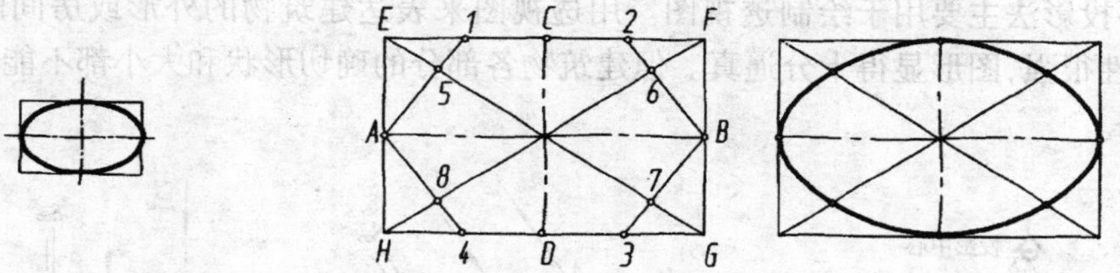

(a) 徒手画小椭圆　(b) 徒手画大椭圆

图1-30　徒手画椭圆

已知长、短轴画较大的椭圆时，可用8点法。先画出长、短轴并作矩形，连接矩形对角线，并在两条对角线上目测从各个角点向中心取3:7的分点，最后，将长、短轴上4个端点和对角线上4个分点顺序光滑连成椭圆，如图1-30(b)所示。

第二章　投影基本知识

第一节　投影及其应用

在工程上，常用各种投影方法绘制工程图样。要把具有长度、宽度和高度空间形体表示在一张只有长度和宽度的平面图纸上，是以投影法为基础的。

形体在光线的照射下就会产生影子。比如：夜晚当电灯光照射室内的一张桌子时，必有影子落在地板上，这是生活中的投影现象。这种投影现象经过人们的抽象，并提高到理论上，就归纳出投影法。常用的投影法有中心投影和平行投影两大类。

一、中心投影法

在图 2-1(a)中把光源抽象为一点 S，称为投影中心，光线称为投影线，P 平面称为投影面。过点 S 与△ABC 的顶点 A 作投影线 SA，其延长线与投影面 P 交于 a，这个交点称为空间点 A 在投影面 P 上的投影。由此得到投影线 SA、SB、SC 分别与投影面 P 交于 a、b、c，线段 ab、bc、ca 分别是线段 AB、BC、CA 的投影，而△abc 就是△ABC 的投影。这种投影线都从投影中心出发的投影法称为中心投影法，所得的投影称为中心投影。

中心投影法主要用于绘制透视图。用透视图来表达建筑物的外形或房间的内部布置时，直观性很强，图形显得十分逼真。但建筑物各部分的确切形状和大小都不能在图中直接度量出来。

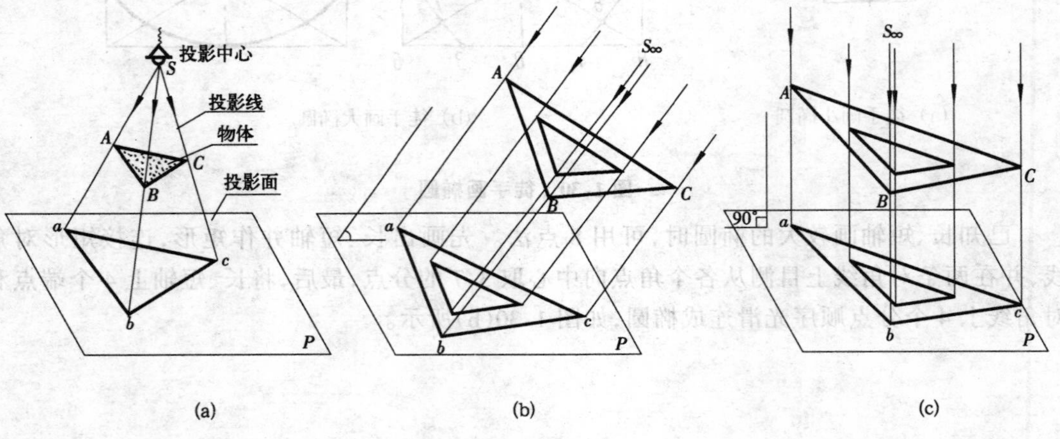

图 2-1　投影的概念

二、平行投影法

如果将投影中心 S 移至无穷远 S_∞，则所有的投影线都可视为互相平行的，如图 2-1(b)、(c)中用平行投影线分别按给定的投影方向作出△ABC 在 P 面上的投影△abc，其中 Aa、Bb、Cc 是投影线。这种投影线互相平行的投影法称为平行投影法，所得的投影称为平行投影。

平行投影又分为两种：

斜投影——投影方向与投影面倾斜，如图 2-1(b)所示；

正投影——投影方向与投影面垂直，如图 2-1(c)所示。

三、各种投影法在建筑工程中的应用

中心投影和平行投影（包括斜投影和正投影）在工程中应用很广。同一座建筑物，采用不同的投影法，可以绘制出不同的投影图。

1.用中心投影法，可用来绘制形体的透视投影图（简称透视图）。透视图与照相原理相似，相当于将相机放在投影中心所拍的照片一样，显得十分逼真，如图 2-2 所示。透视图直观性很强，常用作建筑设计方案比较和展览。但透视图的绘制比较繁琐，且建筑物各部分的确切形状和大小不能直接在图中度量。

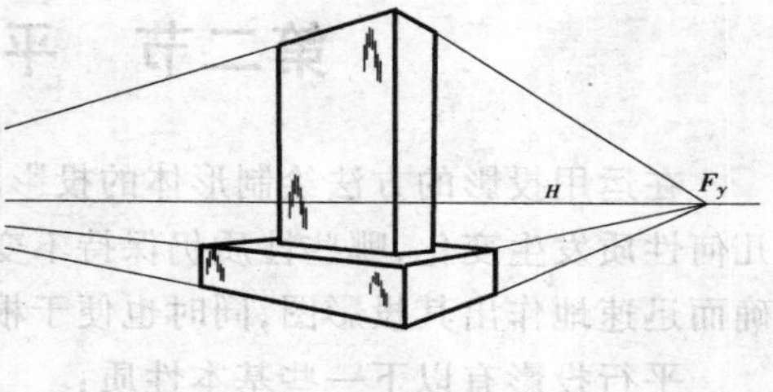

图 2-2　形体的透视图

2.用平行投影法，可用来绘制轴测投影图（简称轴测图）。轴测图是将形体按平行投影法并选择适宜的方向投影到一个投影面上，能在一个图中反映出形体的长、宽、高三个向度，具有较强的立体感，如图 2-3 所示。轴测图也不便于度量和标注尺寸，故在工程中常作为辅助图样。

3.用正投影法，在两个或两个以上投影面上，作出形体的多面正投影图，如图 2-4 所示。正投影图的优点是作图较其他图示法简便，且便于度量和标注尺寸，工程上应用最广。但它缺乏立体感，需经过一定的训练才能看懂。

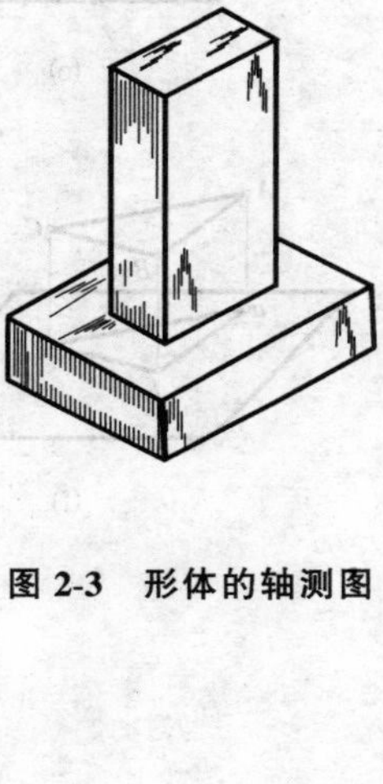

图 2-3　形体的轴测图

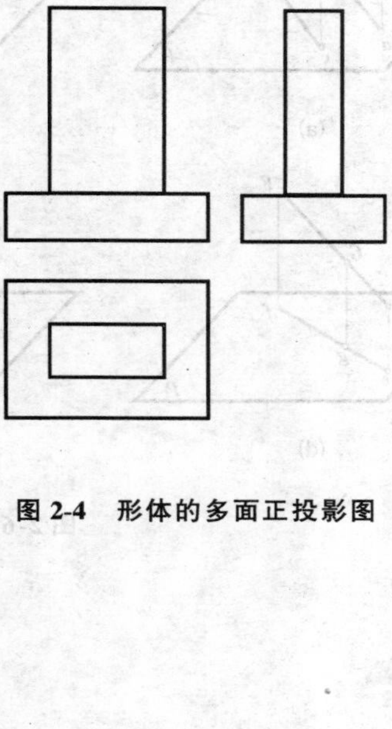

图 2-4　形体的多面正投影图

4.标高投影图是一种带有数字标记的单面正投影图,如图 2-5(a)所示。标高投影常用来表示地面的形状,如图 2-5(b)所示。

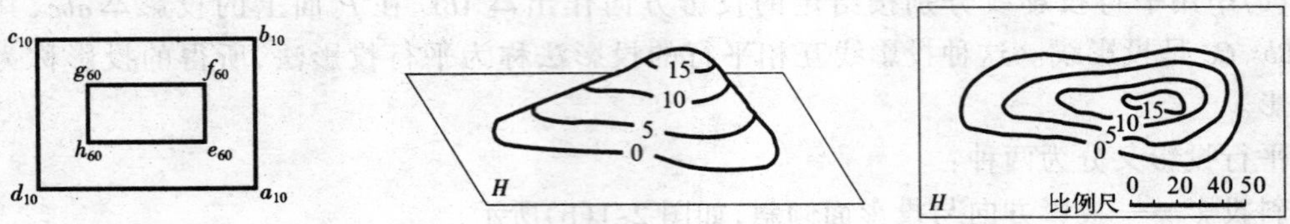

(a)形体的标高投影图　　(b)地形的标高投影

图 2-5　标高投影图

第二节　平行投影的基本性质

在运用投影的方法绘制形体的投影图时,事先应该知道几何原形表示在投影图上,哪些几何性质发生变化,哪些性质仍保持不变,尤其是要知道那些保持不变的性质,据此能够正确而迅速地作出其投影图,同时也便于根据投影图确定几何原形及其相对位置。

平行投影有以下一些基本性质:

1.平行性:相互平行的两直线在同一投影面上的平行投影保持平行,如图 2-6(a)。

2.从属性:属于直线的点其投影属于该直线的投影,如图 2-6(d)。

3.定比性:直线上两线段之比等于其投影长度之比,如图 2-6(d);平行两线段长度之比等于其投影长度之比,如图 2-6(a)所示。

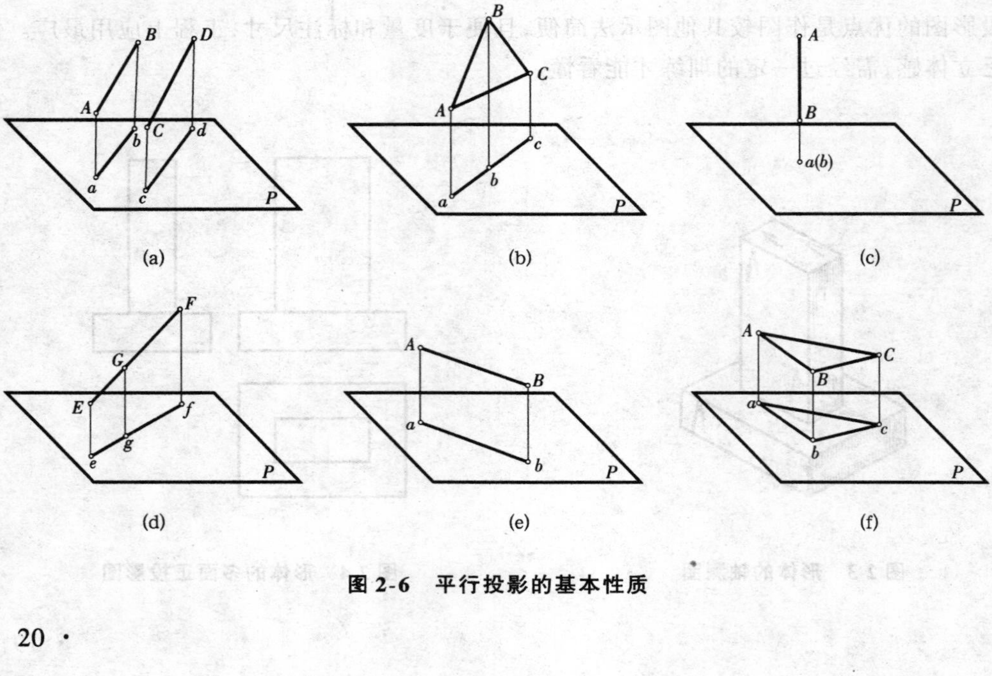

图 2-6　平行投影的基本性质

4.积聚性:当直线或平面图形平行于投影线时,其平行投影积聚为一点或一直线。如图2-6(b)、(c)所示。

5.可量性:当线段或平面图形平行于投影面时,其平行投影反映实长或实形。如图2-6(e)、(f)所示。

由于平行投影具有上述的一些基本性质,不仅能正确地表达形体的真实形状和大小,而且作图也比较方便,所以在工程技术中被广泛的应用,也是我们学习本课程的主要内容。

第三节　形体三面投影图的必要性

一、三面投影体系的建立

工程上用的投影图,必须能确切地唯一地反映出空间的几何关系。前面讲的利用平行投影的性质来确定投影图。反过来,能否根据投影图唯一地确定空间几何关系呢?

如图2-7所示,如果给定了空间形体及投影面,可以确切地作出该形体的正投影图。反过来,如果仅知道形体的一个投影,形体Ⅰ和Ⅱ在 H 面上的投影形状和大小是一样的。这样仅给出这一个投影,就难以确定它所表示的到底是形体Ⅰ,还是形体Ⅱ,或其他几何形体。为了解决这一矛盾,在工程上一般需要两个或两个以上的投影来唯一确切地表达形体。

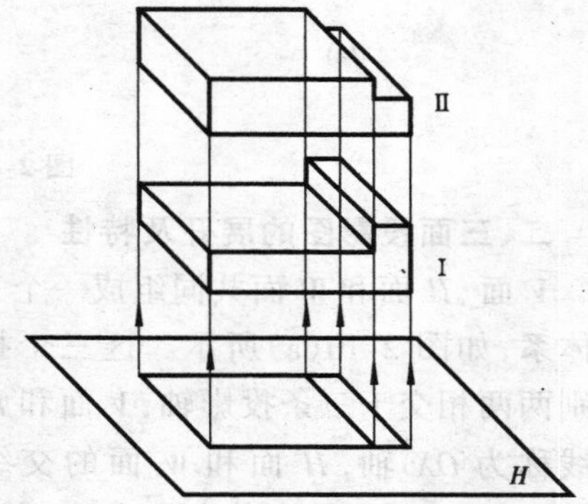

图2-7　单一投影不能唯一确定空间形体

设置两个互相垂直的投影面组成两投影面体系,两投影面分别称为正立投影面 V(简称 V 面)和水平投影面 H(简称 H 面),V 面与 H 面的交线 OX 称为投影轴,如图2-8(a)。设形体四棱台,分别向 V 面和 H 面作投影,则四棱台的水平投影是内外两个矩形,其对应角相连,两个矩形是四棱台上、下底面的投影,四条连接的斜线是棱台侧棱的投影;四棱台的 V 面投影是一个梯形线框,梯形的上、下底是棱台的上、下底面的积聚投影,两腰是左、右侧面的积聚投影。如果单独用一个 V 面投影表示,它可以是形体 A 或 C;单独用一个 H 面投影表示,它可以是形体 A 或 B。只有用 V 投影和 H 投影来共同表示一个形体,才能唯一确定其空间形状——四棱台 A。

作出棱台的两个投影之后,将形体移开,再将两投影面展开。如图2-8(b)所示,展开时规定 V 面不动,使 H 面连同水平投影绕 OX 轴向下旋转,直至与 V 面同在一个平面上。

有些形体,用两个投影还不能唯一确定它的形状,如图2-9所示,于是还要增加一个同时垂直于 V 面和 H 面的侧立投影面,简称 W 面。被投影的形体就放置在这三个投影面所组成的空间里。形体 A 的 V、H、W 面投影所确定的形体是唯一的,不可能是 B 和 C 或其他。

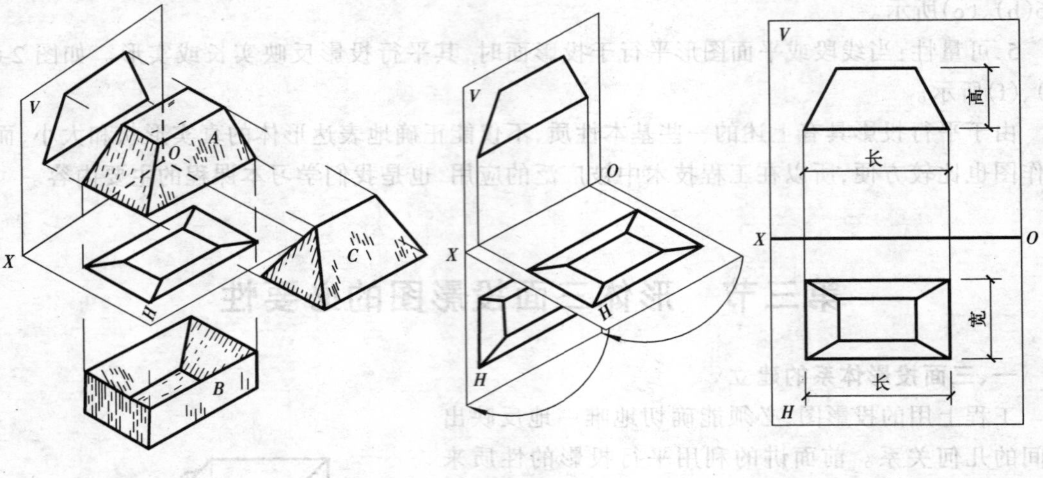

(a)　　　　(b)　　　　(c)

图 2-8　四棱台的两面投影图

二、三面投影图的展开及特性

V 面、*H* 面和 *W* 面共同组成一个三投影面体系，如图 2-10(a)所示。这三个投影面分别两两相交于三条投影轴，*V* 面和 *H* 面的交线称为 *OX* 轴，*H* 面和 *W* 面的交线称为 *OY* 轴，*V* 面和 *W* 面的交线称为 *OZ* 轴，三轴线的交点 *O*，称为原点。

实际作图只能在一个平面(即一张图纸上)进行。为此需要把三个投影面转化为一个平面。如图 2-10(a)规定 *V* 面固定不动，使 *H* 面绕 *OX* 轴向下旋转 90°，*W* 面绕 *OZ* 轴向右旋转 90°，于是 *H* 面和 *W* 面就同 *V* 面重合成一个平面。这时 *OY* 轴分为两条，一条随 *H* 面转到与 *OZ* 轴在同一铅直线上，标注为 OY_H；另一条随 *W* 面转到与 *OX* 轴在同一水平线上，标注为 OY_W，以示区别，如图 2-10(c)所示。正面投影(*V* 投影)、水平投影(*H* 投影)和侧面投影(*W* 投影)组成的投影图，称为三面投影图。

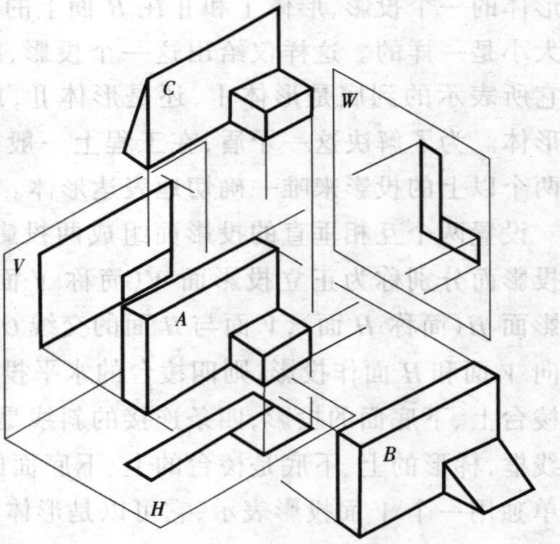

图 2-9　三面投影的必要性

分析图 2-10 可以得知，立体的三面投影图有如下特性：

1. 形体上平行 *V* 面的各个面的 *V* 面投影反映实形，形体上平行 *H* 面的各个面的 *H* 面投影反映实形，形体上平行 *W* 面的各个面的 *W* 面投影反映实形。

2. 水平投影(*H* 面)和正面投影(*V* 面)具有相同长度，即长对正；正面投影(*V* 面)和侧面投影（W 面）具有相同高度，即高平齐；水平投影（H 面）和侧面投影（W 面）具有相同宽度，即宽相等。

3. H 投影靠近 X 轴部分和 W 投影靠近 Z 轴部分与形体的后部相对应，H 投影远离 X 轴部分和 W 投影远离 Z 轴部分与形体的前部相对应。

为了方便记忆，简述如下：

(1) V、H 长对正，长分左右；

(2) V、W 高平齐，高分上下；

(3) H、W 宽相等，宽分前后。

这三个重要关系称为正投影规律。

三、形体三面投影图的画法

1. 在画投影图时，首先要根据投影规律对好三视

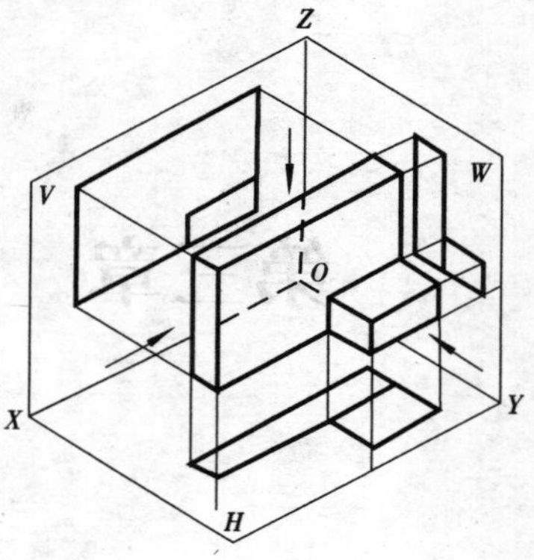

(a)

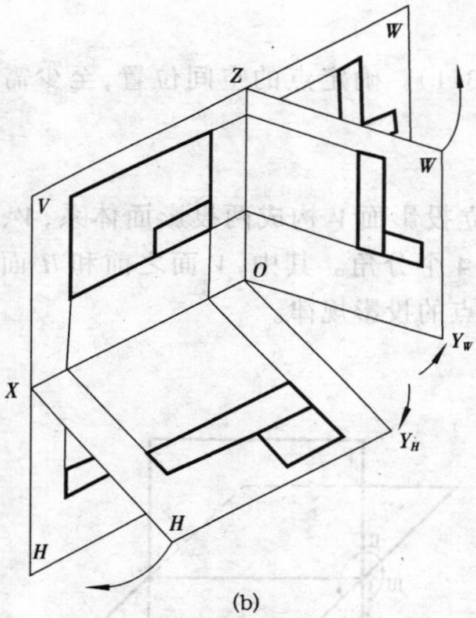

(b)

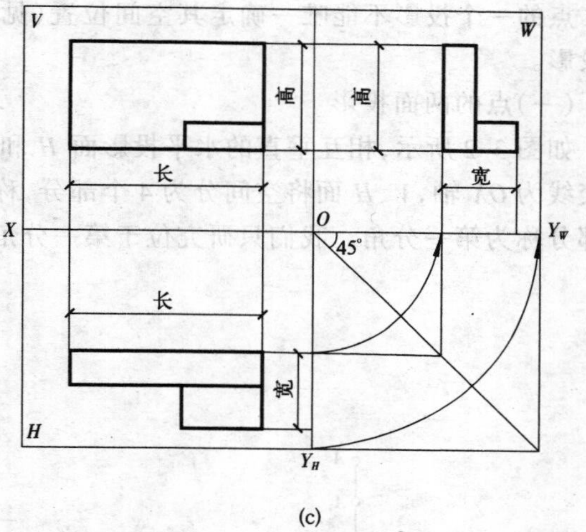

(c)

图 2-10　三面投影图的形成

图的位置。在开始作图时，先画上水平联系线，以保证正面投影（V 面）与侧面投影（W 面）等高；画上铅垂联系线，以保证水平投影（H 面）与正面（V 面）等长，利用从原点引出的 45°线（或用以原点 O 为圆心所作的圆弧）将宽度在 H 投影与 W 投影之间互相转移，以保证侧面投影（W 面）与水平投影（H 面）等宽。

2. 一般情况下形体的三面投影图应同步进行，也可分步进行，但一定要遵循上述"三等"的投影规律。

第三章　点、直线、平面的投影

第一节　点

在几何学中,点是组成形体的最基本的几何元素,因此,要掌握形体的投影规律,首先要掌握点的投影规律。

一、点的三面投影

点的一个投影不能唯一确定其空间位置(见图 3-1)。确定点的空间位置,至少需要两个投影。

(一)点的两面投影

如图 3-2 所示,相互垂直的水平投影面 H 和正立投影面 V 构成两投影面体系,V、H 面的交线为 OX 轴,V、H 面将空间分为 4 个部分,称为 4 个分角。其中,V 面之前和 H 面之上的部分称为第一分角。我们只研究位于第一分角内点的投影规律。

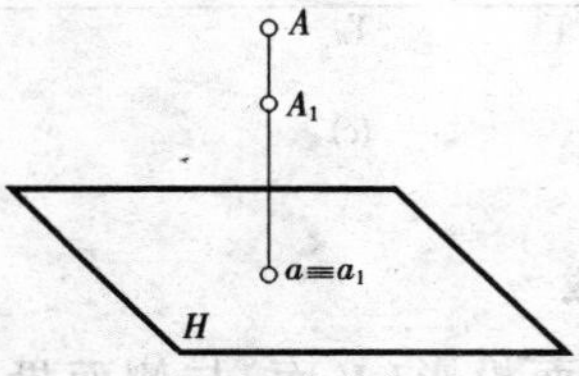

图 3-1　点的单面投影

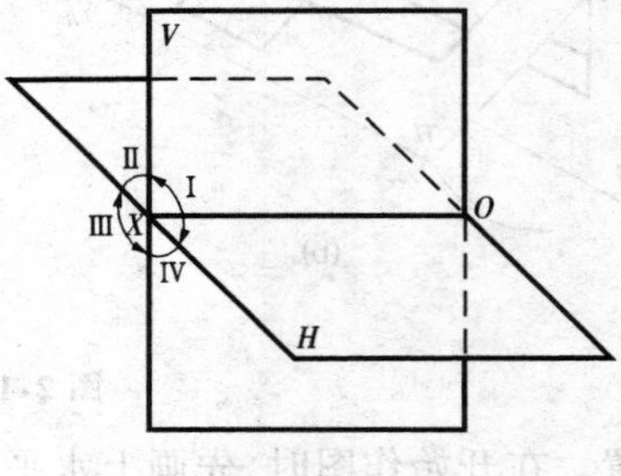

图 3-2　两投影面体系及四个分角

在图 3-3(a)中,过 A 点的两条投影线 Aa'、Aa 组成的平面与 OX 轴交于点 a_x,与 V 面交于线 $a'a_x$,与 H 面交于线 a_xa,据初等几何易证:OX 轴垂直于平面四边形 $Aa'a_xa$,且该四边形为一矩形,因此:$OX \perp a'a_x$,$OX \perp a_xa$,$\angle a'a_xa = 90°$。为便于绘图,V 面(连同 a')保持不动,将 H 面(连同 a)绕 OX 轴向下旋转 90°,此时,V、H 共面,即得点 A 的两面投影图,如图 3-3(b)所示。其中,$a'a_x$、a_xa 与 OX 轴的垂直关系不变,因而$\angle a'a_xa$ 变成 180°,故 $a'a \perp OX$ 轴。点在相互垂直的投影面上的两个投影,当投影面展成一个平面后的连线,称为投影连线。在实际作图中,投影面的边框往往省略不画,如图 3-3(c)所示。

在图 3-3(a)中，四边形 $Aa'a_xa$ 是矩形，$Aa \mathrel{\underline{\underline{\parallel}}} a'a_x$，即 $a'a_x$ 反映空间点 A 到 H 面的距离；$Aa' \mathrel{\underline{\underline{\parallel}}} a_xa$，即 a_xa 反映空间点 A 到 V 面的距离。

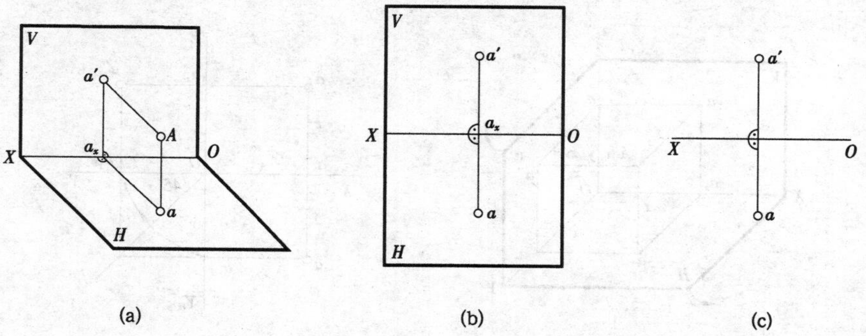

图 3-3　点的两面投影

综上所述，得点的两面投影规律：

1. 在投影图中，点的 V、H 投影连线垂直于 OX 轴，即 $a'a \perp OX$；

2. 点的 V 投影到 OX 轴的距离等于空间点到 H 面的距离，点的 H 投影到 OX 轴的距离等于空间点到 V 面的距离，即 $a'a_x = A \rightarrow H$，$a_xa = A \rightarrow V$。

已知一点的两面投影，就可唯一地确定该点的空间位置。可以想像：若图 3-3(c)中的 OX 轴之上的 V 面保持正立位置，将 OX 轴以下的 H 面绕 OX 轴向前转折 90°，恢复到原来的水平位置，再分别由 a'、a 作垂直于 V 面、H 面的投影线，就能唯一地交出点 A 的空间位置。

（二）点的三面投影

根据点的两面投影虽然已能确定该点的空间位置，但是为了更清楚地图示某些几何形体，需再设立一个与 V 面、H 面都垂直的侧立投影面 W，用三面投影来表达。V、H 面的交线为 OX 投影轴，V、W 面的交线为 OZ 投影轴，H、W 面的交线为 OY 投影轴，三条轴交于 O 点，如图 3-4(a)所示。

在图 3-4(a)中，过点 A 分别向 V、H、W 面作垂线（即投影线），得垂足 a'、a、a''，即点的三面投影，投影线 Aa' 和 Aa'' 组成的平面与 OZ 轴交于 a_z，投影线 Aa 和 Aa'' 组成的平面与 OY 轴交于 a_y，投影线 Aa' 和 Aa 组成的平面与 OX 轴交于 a_x。

为便于绘图，将 H 面（连同 a）绕 OX 轴向下，W 面（连同 a''）绕 OZ 轴向右展开与 V 面重合，去掉投影面边框，即得点 A 的三面投影图，如图 3-4(b)所示。其中 OY 轴被一分为二，随 H 面旋转到与 V 面重合时用 OY_H 标记，随 W 面旋转到与 V 面重合时用 OY_W 标记。与点的两面投影相同，在图 3-4(b)中，有 $a'a \perp OX$，$a'a'' \perp OZ$。

由于 OY 轴及点 a_y 随着 H、W 面的展开被一分为二，故有 $aa_{yH} \perp OY_H$、$a''a_{yW} \perp OY_W$，且 $aa_x = oa_{yH} = oa_{yW} = a''a_z$。可用圆弧或 45°线反映该关系。

综上所述，可归纳为点的三面投影规律：

1. 点的 V、H 投影连线垂直于 OX 轴，即 $a'a \perp OX$；

2. 点的 V、W 投影连线垂直于 OZ 轴，即 $a'a'' \perp OZ$；

3. 点的 H 投影到 OX 轴的距离等于点的 W 投影到 OZ 轴的距离，即 $aa_x = a''a_z$。

上述三项正投影关系就是形体的三投影之所以成为“长对正，高平齐，宽相等”的理论根据。

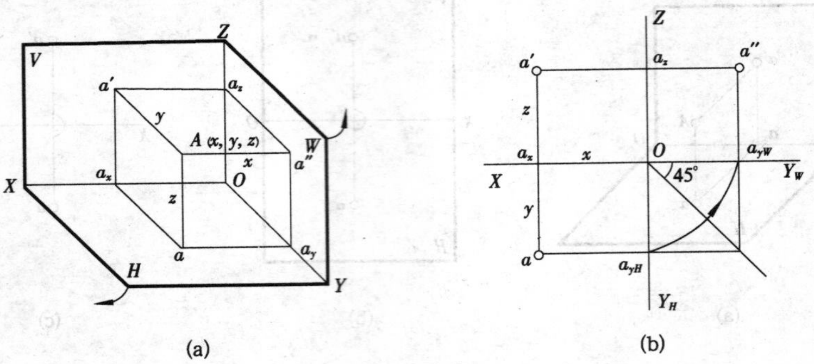

图 3-4　点的三面投影

二、点的投影和直角坐标的关系

在图 3-4 中，三个投影轴 OX、OY 和 OZ 彼此相互垂直，因此，可将它们看作三个坐标轴。三个投影面就相当于三个坐标面，点 O 就相当于坐标原点。空间点的位置可由其三维坐标决定，如 $A(x、y、z)$。由于三投影与坐标系的关系，$x = A \to W$（表示空间点 A 到 W 投影面的距离，以下同），$y = A \to V$，$z = A \to H$，点的空间位置也可用点到投影面的距离来描述。

点的投影与直角坐标关系为：H 投影由 X、Y 坐标决定即 $a(x、y)$，V 投影由 X、Z 坐标决定，即 $a'(x、z)$，W 投影由 Y、Z 坐标决定，即 $a''(y、z)$。反过来讲，点的任意投影包含点的两个坐标，$a'(x、z)$、$a(x、y)$、$a''(y、z)$，则点的任意两个投影包含有点的三个坐标。所以，在三投影面中，点的任意两个投影就能决定点的空间位置，当然也可以由点的任意两个投影作出第三投影。

在图 3-4(a)中，依次连接点 A、a'、a_x、a、a_y、a''、a_z 及原点 O 就构成关于空间点 A 的“投影长方体”，其长 $x = a_xO = aa_y = a'a_z = A \to W$，宽 $y = a_yO = aa_x = a''a_z = A \to V$，高 $z = a_zO = a'a_x = a''a_y = A \to H$。

例3-1　如图 3-5(a)，已知 a'、a''，求 A 点的 H 面投影 a。

解　如图 3-5(b)所示，过已知投影 a' 作 OX 的垂直线，所求的 a 必在这条连线上（$a'a \perp OX$）。同时，a 到 OX 轴的距离等于 a'' 到 OZ 轴的距离（$aa_x = a''a_z$）。因此，过 a'' 作 OY_W 轴的垂线，遇 45°斜线转折 90°至水平方向，继续作水平线，与 $a'a_x$ 的延长线的交点即为 a，如图 3-5(c)所示。

例3-2　已知 $A(15,10,20)$、$B(5,15,0)$（长度单位 mm，以后均同），求它们的投影图及立体图。

解　分析：根据已知条件，A 点的 3 个坐标为：$x_A = 15$，$y_A = 10$，$z_A = 20$；B 点的 3 个坐标

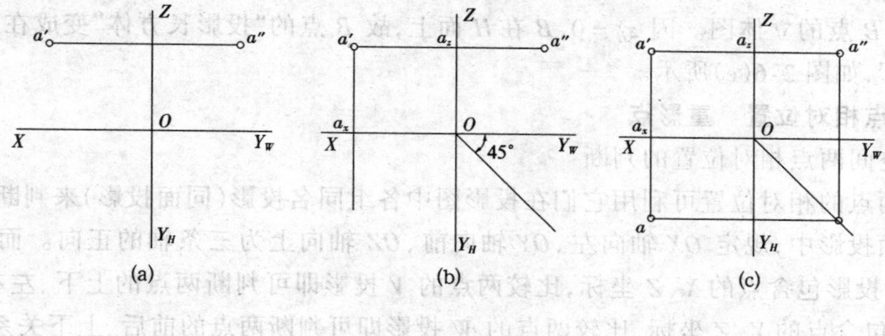

图 3-5　求一点的第三投影

为：$x_B=5, y_B=15, z_B=0$。由于点的 3 个投影与点的坐标的关系是：$a'(x、z)$、$a(x、y)$、$a''(y、z)$，因此，可作出点的投影。

作图：

(1)画投影轴及 45°斜线，如图 3-6(a)所示。

(2)在 OX 轴上根据 $x_A=15$ 定出 a_x，在 OZ 轴上根据 $z_A=20$ 定出 a_z，又在 OY_H 轴上根据 $y_A=10$ 定出 a_{yH}。

(3)过 a_x 作 OX 的垂线，再过 a_z 作水平线，此二线的交点即为 a'。

(4)过 a_{yH} 作水平线左边与 $a'a_x$ 交于 a，该水平线右边与 45°斜线相交后转折铅直向上与 $a'a_z$ 延长线交于 a''，如图 3-6(a)所示。

(5)经检查上述作图符合点的三面投影规律，即 $a'a \perp OX$，$a'a'' \perp OZ$，$aa_x = a''a_z$。

(6)同法作 B 点的各投影。因 $z_B=0$，所以 B 点在 H 面上，b' 在 OX 轴上，b'' 在 OY_W 轴上，如图 3-6(b)所示。

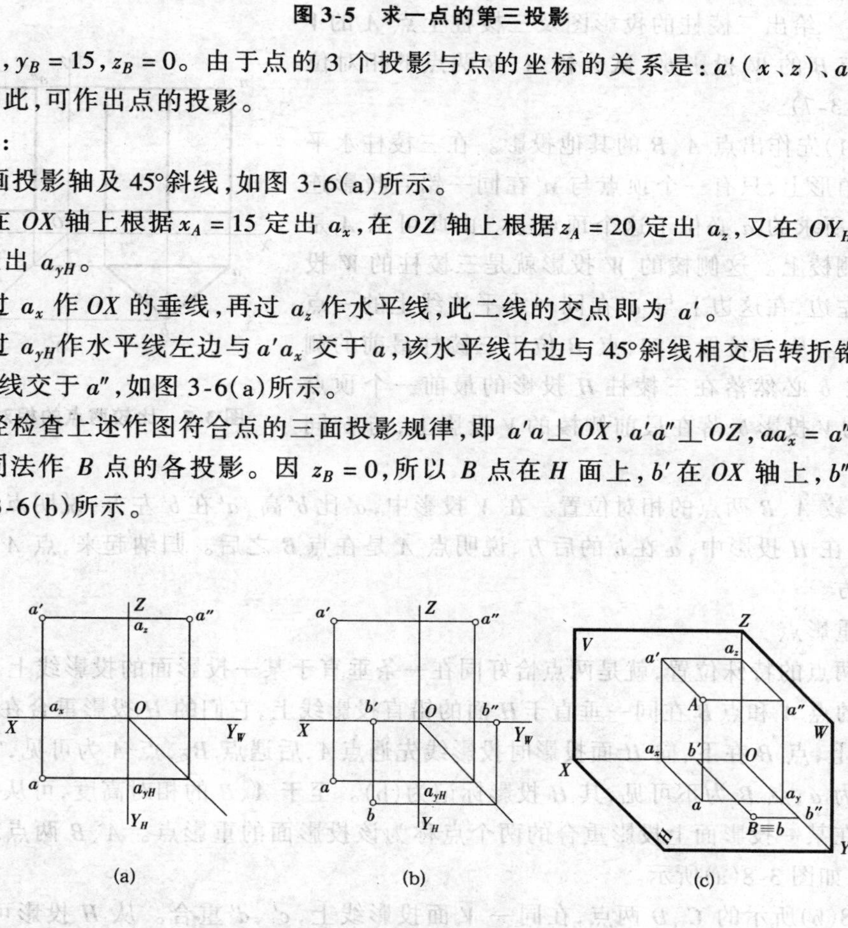

图 3-6　已知点的坐标求投影图及立体图

(7)作 A、B 两点的立体图，如图 3-6(c)所示：

①作表示 V 面的矩形，得 OX 轴、OZ 轴及原点 O；过 O 点作 45°斜线，即为 OY 轴；在 OY 轴上取适当长度得一点，过该点分别作 OX 轴、OZ 轴的平行线并围成两个平行四边形即 H、W 面。

②在 OX 轴上取 $x_A=15$ 得 a_x，过 a_x 作 OY 轴平行线并取 $y_A=10$ 得 a，过 a 作 OZ 轴平行线并取 $z_A=20$ 得 A；分别作出 a'、a'' 及 a_z、a_{yH}、a_{yW} 并连成“投影长方体”即得 A 点的立体图；同法作 B 点的立体图。因 $z_B=0$，B 在 H 面上，故 B 点的“投影长方体”变成在 H 面上的一个“矩形”，如图 3-6(c)所示。

三、两点相对位置　重影点

(一)空间两点相对位置的判断

空间两点的相对位置可利用它们在投影图中各组同名投影(同面投影)来判断。

在三面投影中，规定 OX 轴向左、OY 轴向前、OZ 轴向上为三条轴的正向。而在投影图中，点的 V 投影包含点的 X、Z 坐标，比较两点的 V 投影即可判断两点的上下、左右关系；点的 W 投影包含点的 Y、Z 坐标，比较两点的 W 投影即可判断两点的前后、上下关系。

例3-3　给出三棱柱的投影图及三棱柱上点 A 的 V 投影 a' 和点 B 的 W 投影 b''，试分析 A、B 两点的相对位置关系(图 3-7)。

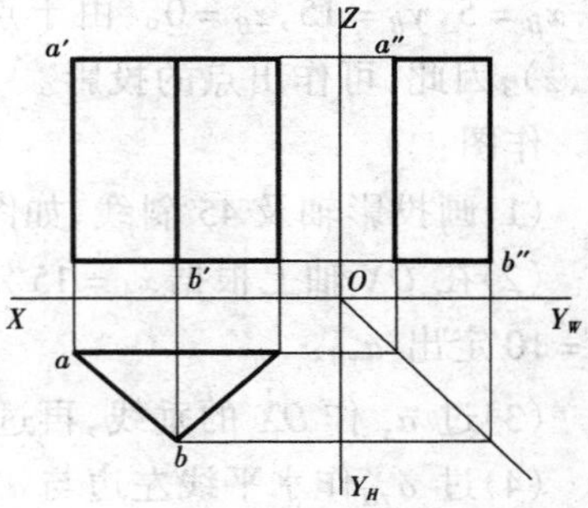

图 3-7　比较两点的相对位置

解　(1)先作出点 A、B 的其他投影。在三棱柱水平投影的三角形上，只有一个顶点与 a' 在同一铅直投影连线上，所以所求的 a 必位于这个顶点上。由此可见 A 是在最左的侧棱上。这侧棱的 W 投影就是三棱柱的 W 投影矩形的左边，在这边上与 a' 在同一水平连线上的一点 a'' 即为所求。从 b'' 位置可知，点 B 位于三棱柱最前的侧棱上，因此 b 必然落在三棱柱 H 投影的最前一个顶点上，点 B 的 V 投影 b' 落在最前侧棱的 V 投影上，与 b'' 同高。

(2)比较 A、B 两点的相对位置。在 V 投影中，a' 比 b' 高，a' 在 b' 左方，说明点 A 在点 B 的左上方；在 H 投影中，a 在 b 的后方，说明点 A 是在点 B 之后。归纳起来，点 A 是在点 B 的左后上方。

(二)重影点

空间两点的特殊位置，就是两点恰好同在一条垂直于某一投影面的投影线上。如图 3-8(a)所示的点 A 和点 B 在同一垂直于 H 面的铅直投影线上，它们的 H 投影重合在一起。由于点 A 在上，点 B 在下，向 H 面投影时投影线先遇点 A，后遇点 B。点 A 为可见，它的 H 投影仍标记为 a；点 B 为不可见，其 H 投影标记为(b)。至于 A、B 的相对高度，可从 V 投影看出。这种在某一投影面上投影重合的两个点称为该投影面的重影点。A、B 两点就是 H 面的重影点，如图 3-8(a)所示。

图 3-8(b)所示的 C、D 两点，在同一 V 面投影线上，c'、d' 重合。从 H 投影可知，点 C 在前、点 D 在后，对 V 投影来说，点 C 可见，点 D 不可见，重合的投影标记为 $c'(d')$，C、D 两点称为 V 面的重影点。

图 3-8(c)所示的 E、F 两点称为 W 面的重影点。对 W 投影来说，点 E 在左可见，点 F 在右不可见。

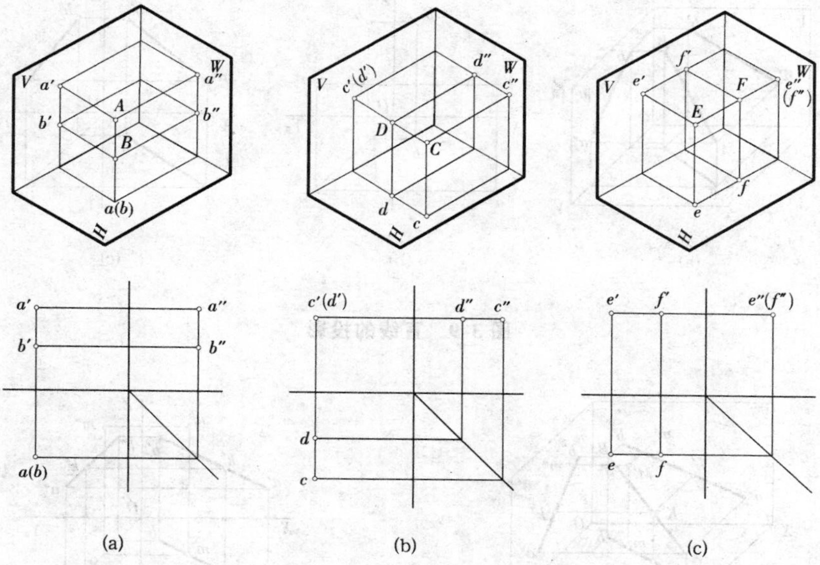

图 3-8　重影点的投影

第二节　直　　线

一、直线与直线上点的投影

(一)直线的投影

由平行投影的基本性质可知:直线的投影一般仍为直线,特殊情况下投影成一点。

根据初等几何,空间的任意两点确定一条直线。因此,只要作出直线上任意两点的投影,用直线段将两点的同面投影相连,即可得到直线的投影。为便于绘图,在投影图中,通常是用有限长的线段来表示直线。

如图 3-9(a)所示,作出直线 AB 上 A、B 两点的三面投影,如图 3-9(b),然后将其 H、V、W 面上的同面投影分别用直线段相连,即得到直线 AB 的三面投影 ab、$a'b'$、$a''b''$,如图 3-9(c)所示。

(二)直线上的点的投影

由平行投影的基本性质可知:如果点在直线上,则点的各个投影必在直线的同面投影上,且点分割线段之比投影后不变。

如图 3-10 所示,点 K 在直线 AB 上,则点的投影属于直线的同面投影,即 k 在 ab 上,k' 在 $a'b'$ 上,k'' 在 $a''b''$ 上。此时,$AK:KB = ak:kb = a'k':k'b' = a''k'':k''b''$,可用文字表示为:点分线段成比例——定比关系。

反之,如果点的各个投影均在直线的同面投影上,则该点一定属于此直线(如图 3-10 中点 K)。否则点不属于直线。在图 3-10 中,尽管 m 在 ab 上,但 m' 不在 $a'b'$ 上,故点 M 不在直线 AB 上。

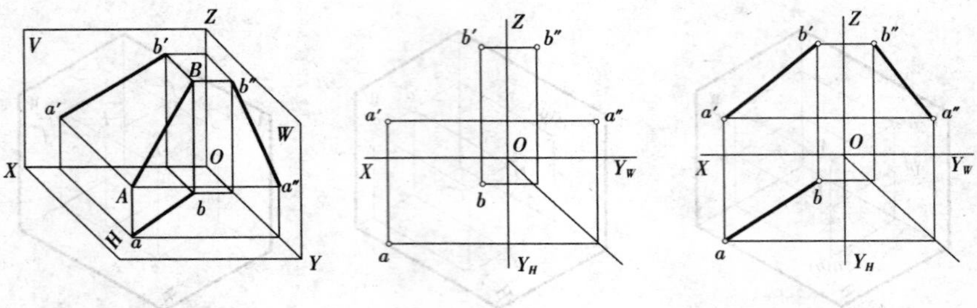

(a) (b) (c)

图 3-9 直线的投影

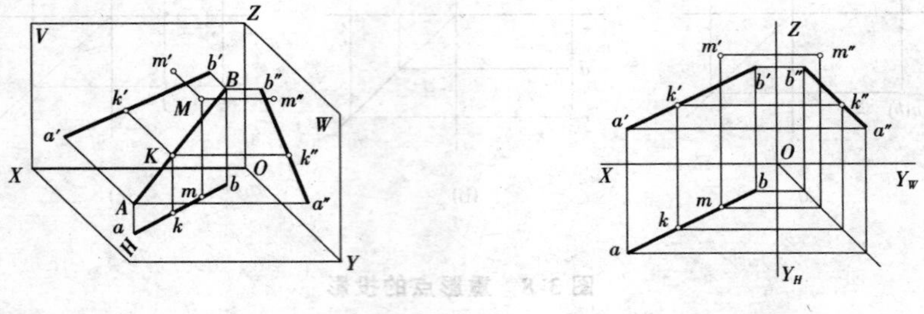

(a)立体图 (b)投影图

图 3-10 直线上的点

由投影图判断点是否属于直线，一般分为两种情况。对于与三个投影面都倾斜的直线，只要根据点和直线的任意两个投影便可判断点是否在直线上，如图 3-10 中的点 K 和点 M。但对于与投影面平行的直线，往往需要求出第三投影或根据定比关系来判断。如图 3-11 所示，尽管 c 在 ab 上，c' 在 $a'b'$ 上，如图 3-11(a)，但求出 W 投影后可知 c'' 不在 $a''b''$ 上，如图 3-11(b)，故点 C 不在直线 AB 上。该问题也可用定比关系来判断，因为 $ac:cb \neq a'c':c'b'$，所以 C 不属于 AB。

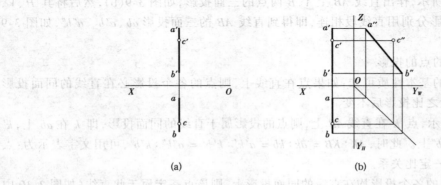

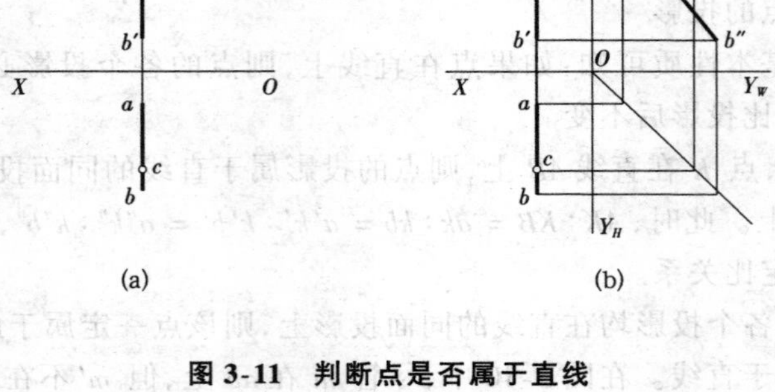

(a) (b)

图 3-11 判断点是否属于直线

例3-4 如图 3-12,已知 AB 的两面投影,试在 AB 上求一点 K,使 $AK:KB=3:2$。

解 分析:所求点 K 的投影必在线段 AB 的同面投影上,且 $ak:kb=a'k':k'b'=3:2$。

作图:

(1)过点 a 作辅助线 ab_0。

(2)选适当的长度为单位长,并在 ab_0 上自点 a 截取 $ak_0:k_0b_0=3:2$。

(3)连 b、b_0 两点。

(4)过 k_0 作 $k_0k \parallel b_0b$,交 ab 于 k。

(5)过 k 作 OX 轴的垂线,交 $a'b'$ 于 k',则点 $K(k,k')$ 即为所求。

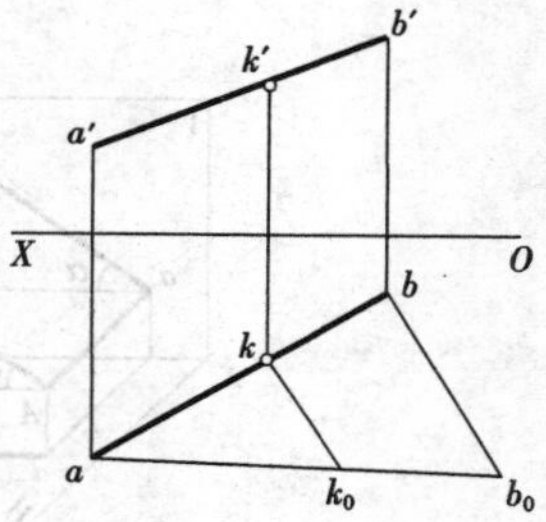

图 3-12 点分线段成定比的应用

二、各种位置直线的投影

直线按其与投影面的位置不同分为 3 种:投影面垂直线,投影面平行线和投影面倾斜线,其中投影面垂直线和投影面平行线又统称为特殊位置直线。

(一)投影面垂直线

垂于某一投影面的直线称为该投影面垂直线。投影面垂直线分为 3 种:铅垂线(⊥H 面),正垂线(⊥V 面),侧垂线(⊥W 面)。如图 3-13(a)所示,AB 为一铅垂线。因为它垂直于 H 面,则必平行于另外两个投影面,因而 $AB \parallel OZ$ 轴。根据平投影的平行性和积聚性可知:AB 的 V 面投影 $a'b' \parallel OZ$ 轴,W 面投影 $a''b'' \parallel OZ$,$a'b'=a''b''=AB$(反映实长),水平投影 a(b)积聚为一点,如图 3-13(b)所示。

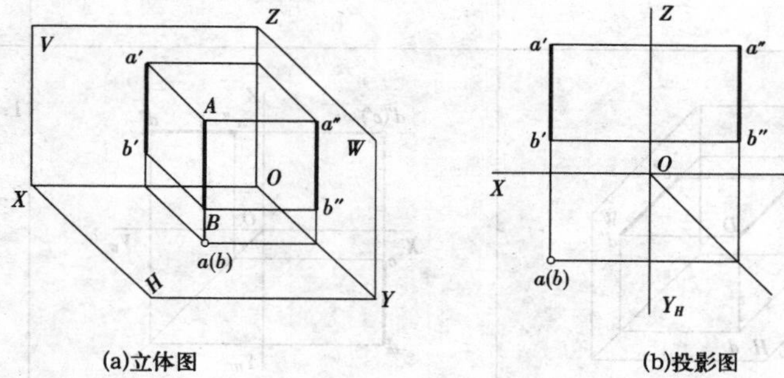

图 3-13 铅垂线

正垂线和侧垂线也有类似的性质,见表 3-1。

综上所述及表 3-1 可以得出投影面垂直线的投影特性:

1. 在其所垂直的投影面上的投影积聚为一点;

2. 另外两个投影面上的投影平行于同一条投影轴,并且均反映线段的实长。

(二)投影面平行线

只平行于某一投影面的直线,称为该投影面平行线。投影面平行线也分为 3 种:水平线(只 $\parallel H$ 面),正平线(只 $\parallel V$ 面),侧平线(只 $\parallel W$ 面)。现以图 3-14 所示正平线为例,讨论其投影性质。

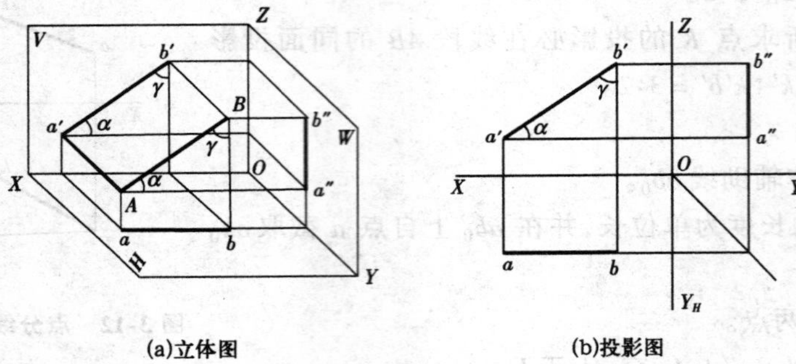

(a)立体图　　　　(b)投影图

图 3-14　正平线

表 3-1　投影面垂直线

名称	立体图	投影图	投影特性
铅垂线（⊥*H*）	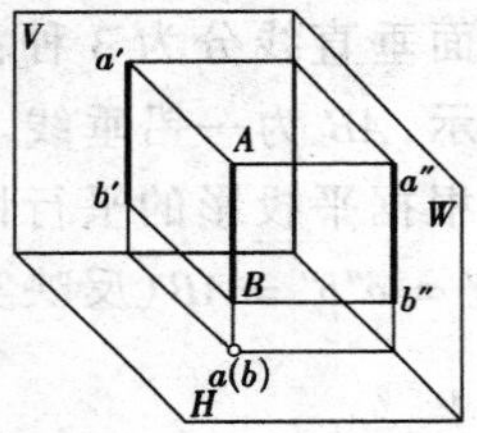	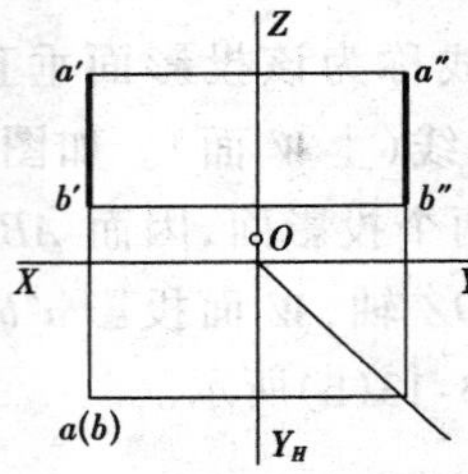	1. *H* 投影 $a(b)$ 积聚为一点； 2. *V* 和 *W* 投影均平行于 *OZ* 轴，且都反映实长，即 $a'b' \parallel OZ$，$a''b'' \parallel OZ$，$a'b' = a''b'' = AB$。
正垂线（⊥*V*）	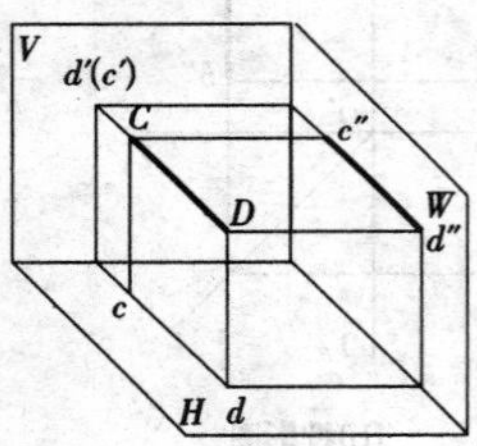	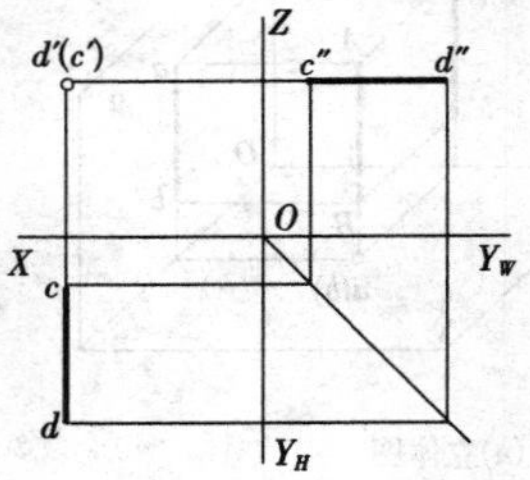	1. *V* 投影 $d'(c')$ 积聚为一点； 2. *H* 和 *W* 投影均平行于 *OY* 轴，且都反映实长，即 $cd \parallel OY_H$，$c''d'' \parallel OY_W$，$cd = c''d'' = CD$。
侧垂线（⊥*W*）	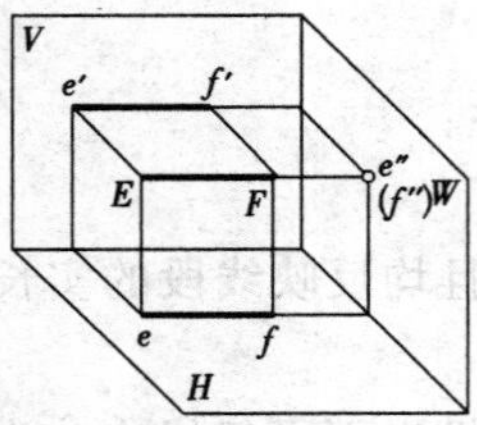	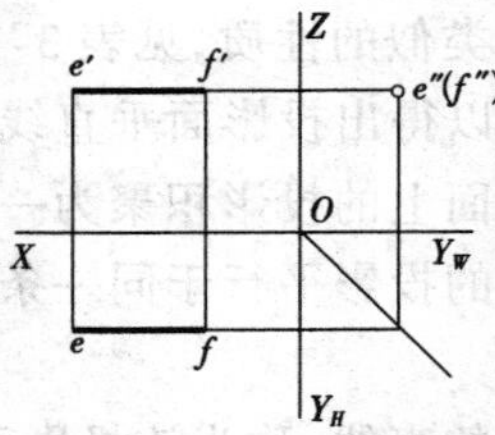	1. *W* 投影 $e''(f'')$ 积聚为一点； 2. *H* 和 *V* 投影均平行于 *OX* 轴，且都反映实长，即 $ef \parallel OX$，$e'f' \parallel OX$，$ef = e'f' = EF$。

图 3-14 中 AB 为一正平线。由于它平行于 V 面，所以 $\beta=0°$(直线与 H、V、W 面的夹角分别用 α、β、γ 表示)。由 AB 向 V 面投影构成的投影面 $ABb'a'$ 为一矩形，因而 $a'b'=AB$，即正平线的 V 面投影反映线段的实长。由于 AB 上各点的 y 坐标相等，所以正平线的 H 面和 W 面投影分别平行于 OX 轴和 OZ 轴，即 $ab /\!/ OX$，$a''b'' /\!/ OZ$，如图 3-14(b)所示。

直线 AB 与 H 面的倾角 $\alpha=\angle BAa''$(图 3-14a)，由于 $Aa''\perp W$ 面，则 $Aa'' /\!/ OX$ 轴，故正平线的 V 面投影与 OX 轴的夹角反映直线对 H 面的倾角 α，即 $\angle b'a'a''=\alpha$(图 3-14b)。同理，正平线的 V 面投影与 OZ 轴的夹角反映直线与 W 面的倾角 γ。

水平线和侧平线也有类似的投影性质，见表 3-2。

表 3-2 投影面平行线

名称	立 体 图	投 影 图	投 影 特 性
正平线(只 $/\!/ V$)	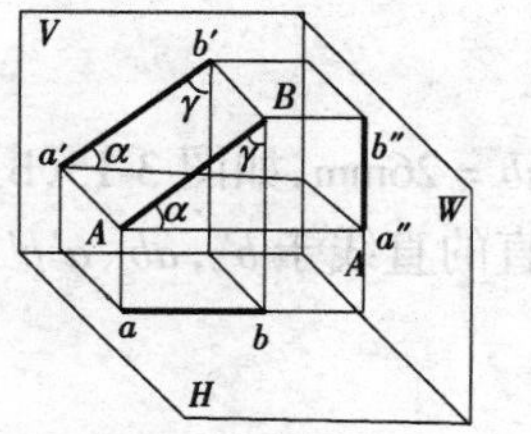	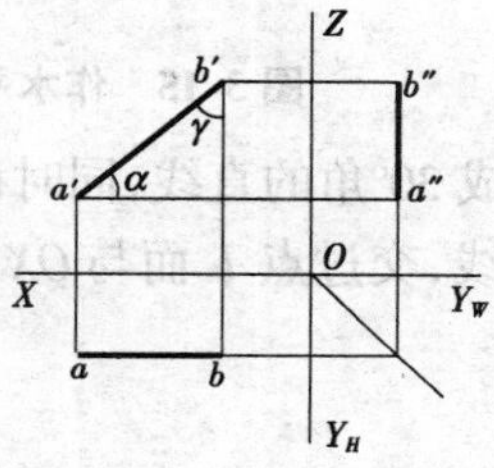	1. $ab /\!/ OX$，$a''b'' /\!/ OZ$； 2. $a'b'$ 倾斜且反映实长； 3. $a'b'$ 与 OX 轴夹角即为 α，$a'b'$ 与 OZ 轴夹角即为 γ。
水平线(只 $/\!/ H$)	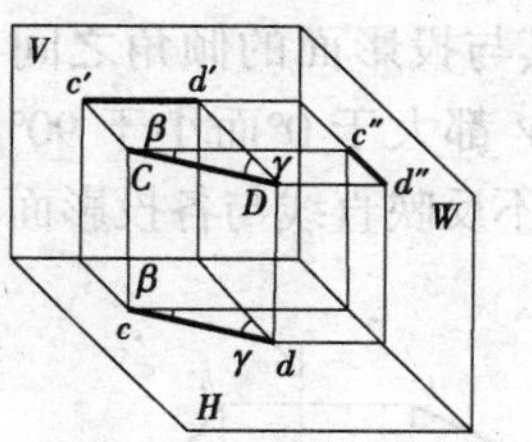	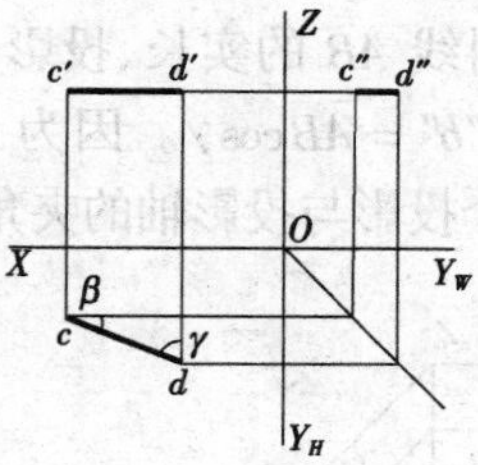	1. $c'd' /\!/ OX$，$c''d'' /\!/ OY_W$； 2. cd 倾斜且反映实长； 3. cd 与 OX 轴夹角即为 β，cd 与 OY_H 轴夹角即为 γ。
侧平线(只 $/\!/ W$)	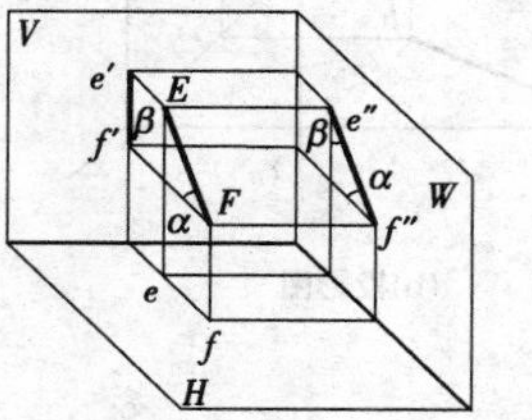	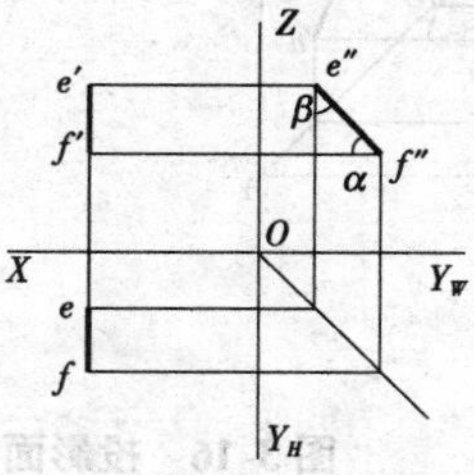	1. $e'f' /\!/ OZ$，$ef /\!/ OY_H$； 2. $e''f''$ 倾斜且反映实长； 3. $e''f''$ 与 OY_W 轴夹角即为 α，$e''f''$ 与 OZ 轴夹角即为 β。

综上所述及表 3-2 可以得出投影面平行线的投影特性：

1. 在其所平行的投影面上的投影反映线段的实长；

2. 在其所平行的投影面上的投影与相应投影轴的夹角反映直线与相应投影面的实际倾角；

3. 另外两个投影平行于相应的投影轴。

例3-5 如图 3-15(a)所示，过点 a 作一水平线 ab，其实长 $AB=26mm$，对 V 面倾角 $\beta=30°$。

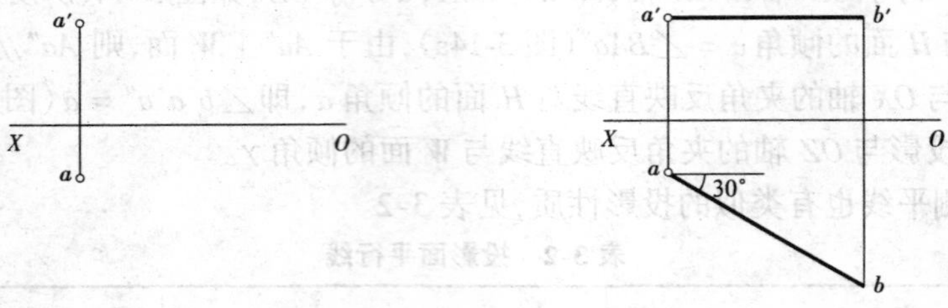

(a) (b)

图 3-15 作水平线

解 (1)过 a 作与 OX 轴成 30°角的直线，同时截取 $ab=26mm$，如图 3-15(b)所示；

(2)过 a' 作 OX 轴的平行线，交过点 b 而与 OX 轴垂直的直线于 b'，ab、$a'b'$（AB）即为所求。

(三)投影面倾斜线

与三个投影面都倾斜的直线称为投影面倾斜线(又称一般位置线)。

如图 3-16 所示，直线 AB 为投影面倾斜线，它与 3 个投影面都倾斜，因此，它的 3 个投影都倾斜于投影轴。投影面倾斜线 AB 的实长、投影长及其与投影面的倾角之间有下列关系：$ab=AB\cos\alpha$，$a'b'=AB\cos\beta$，$a''b''=AB\cos\gamma$。因为 α、β、γ 都大于 0°而小于 90°，所以 3 个投影长都小于线段 AB 实长，各个投影与投影轴的夹角也都不反映直线与各投影面的实际倾角。

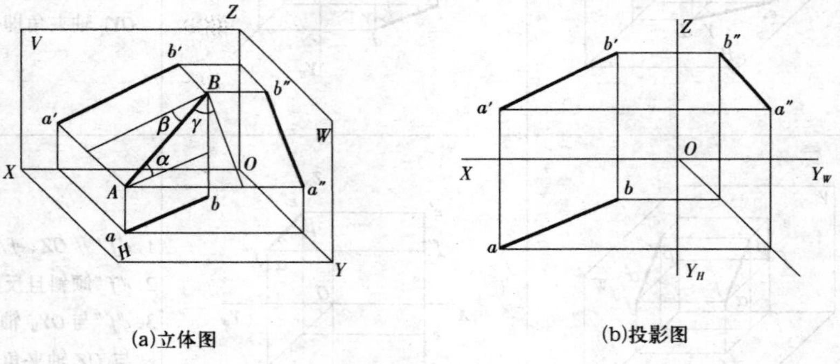

(a)立体图 (b)投影图

图 3-16 投影面倾斜线

事实上，只要直线有两个投影是倾斜的，即可断定该直线是投影面倾斜线。

三、投影面倾斜线的实长及倾角

(一)投影分析

投影面倾斜线的倾斜状态虽然千变万化，但归纳起来，不外乎有图 3-17 所示的 4 种。这些状态可用直线的一端到另一端的指向来表示。我们在其上随意定出两点，如图3-17(a)

的 A、B 两点，并比较这两点的相对位置。从 V 投影可知，点 B 在点 A 之上和之右；从 H 投影可知，点 B 在点 A 之后。因此，直线 AB 的指向是从左前下到右后上；反之，直线 BA 的指向是从右后上到左前下。

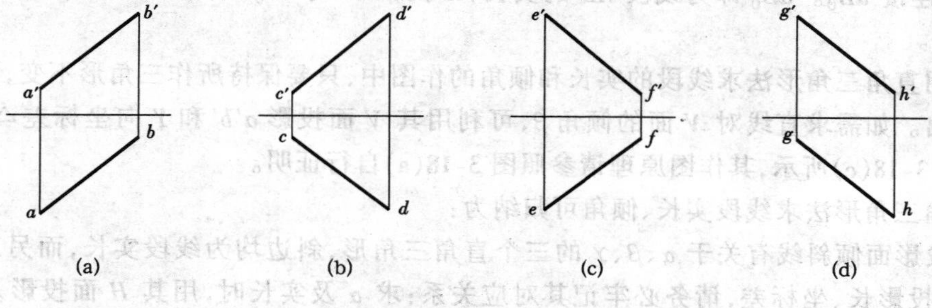

图 3-17　投影面倾斜线的指向

如图 3-17(b)、(c)、(d)所示，直线 CD 的指向是从左后下到右前上，EF 是从左前上指向右后下，GH 是从左后上指向右前下。其中，AB 和 CD 又称上行线，EF 和 GH 又称下行线。

(二)线段的实长和倾角

从各种位置直线的投影特性知，特殊位置直线(即投影面垂直线和投影面平行线)的某些投影能直接反映出线段的实长和对某投影面的实际倾角，由于投影面倾斜线对 3 个投影面都倾斜，故 3 个投影均不能直接反映其实长和倾角。下面介绍用直角三角形法求其线段实长和倾角的原理及作图方法。

如图 3-18(a)所示，AB 为投影面倾斜线。过点 A 在垂直于 H 面的投射面 $ABba$ 上作 $AB_0 /\!/ ab$ 交 Bb 于 B_0，则得到一个直角△ABB_0。在此三角形中，斜边为空间线段本身(实长)，线段 AB 对 H 面的倾角 $\alpha = \angle BAB_0$，两条直角边 $AB_0 = ab$，$BB_0 = |Z_B - Z_A| = \triangle Z_{AB}$。

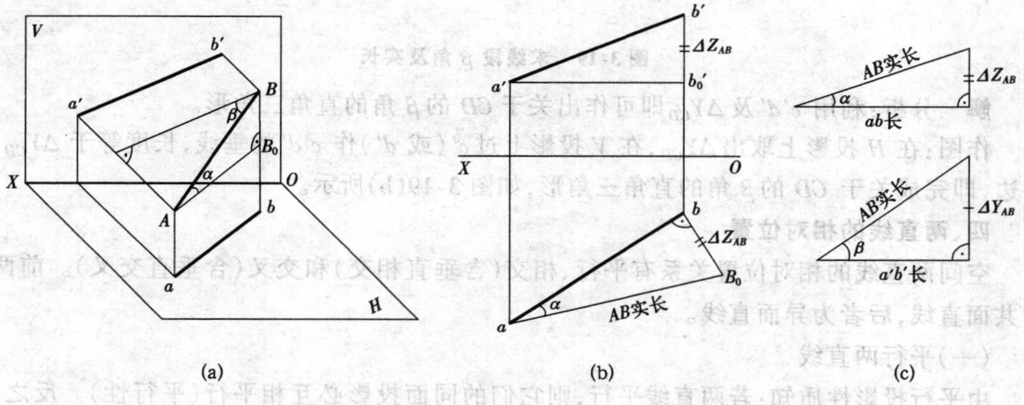

图 3-18　求线段的实长及倾角

在投影图中若能作出与直角△ABB_0 全等的三角形，便可求得线段 AB 的实长及对 H 面

的倾角 α。我们称这种方法为直角三角形法。

如图 3-18(b)所示，求线段 AB 的实长及对 H 面的倾角。作图步骤如下：

(1)过 a' 作 $a'b_0' \parallel OX$ 轴并交 $b'b$ 连线于 b_0'，得 $\triangle Z_{AB} = b'b_0'$；

(2)过 b 作 ab 的垂线，并截取 $bB_0 = \triangle Z_{AB} = b'b_0'$。

(3)连接 aB_0。aB_0 即为线段 AB 的实长，H 投影 ab 与 aB_0 的夹角即为线段 AB 对 H 面的倾角 α。

在用直角三角形法求线段的实长和倾角的作图中，只要保持所作三角形不变，可在任何位置画出。如需求直线对 V 面的倾角 β，可利用其 V 面投影 $a'b'$ 和 Y 向坐标差 $\triangle Y_{AB}$ 来求之，如图 3-18(c)所示，其作图原理请参照图 3-18(a)自行证明。

直角三角形法求线段实长、倾角可归纳为：

1. 投影面倾斜线有关于 α、β、γ 的三个直角三角形，斜边均为线段实长，而另三个要素即倾角、投影长、坐标差，请务必牢记其对应关系：求 α 及实长时，用其 H 面投影及 Z 坐标差；求 β 及实长时，用其 V 面投影及 Y 坐标差；求 γ 及实长时，用其 W 面投影及 X 坐标差。

2. 对于直角三角形所含四个要素，只要知道两个，便可作出直角三角形，另两个即可求出。因此，凡与线段的实长，倾角有关的度量问题均可尝试用该方法解答。

例3-6　已知线段 CD 的两面投影，求其实长及 β 角，如图 3-19(a)所示。

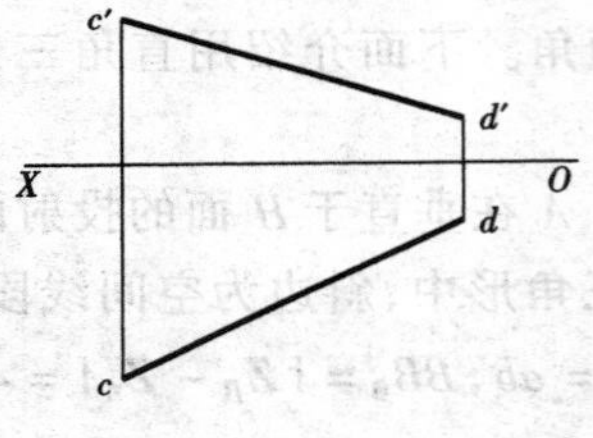

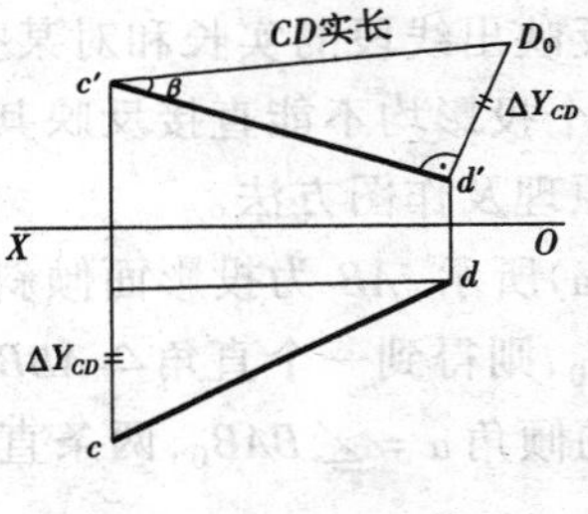

图 3-19　求线段 β 角及实长

解　分析：利用 $c'd'$ 及 ΔY_{CD} 即可作出关于 CD 的 β 角的直角三角形。

作图：在 H 投影上取出 ΔY_{CD}，在 V 投影上过 c'（或 d'）作 $c'd'$ 的垂线，长度等于 ΔY_{CD}，连斜边，即完成关于 CD 的 β 角的直角三角形，如图 3-19(b)所示。

四、两直线的相对位置

空间两直线的相对位置关系有平行、相交（含垂直相交）和交叉（含垂直交叉）。前两种为共面直线，后者为异面直线。

(一)平行两直线

由平行投影性质知：若两直线平行，则它们的同面投影必互相平行（平行性）。反之，若有两直线的各组同面投影均互相平行，即可判断该二直线平行，如图 3-20(a)、(b)所示。

一般情况下，由两直线的两组投影即可判断是否平行，如图 3-20(b)所示。但也有例外。如图 3-20(c)所示，两条侧平线 EF、GH 的 V、H 投影均互相平行，但仅凭此不足以说

$EF /\!/ GH$。还需作出 W 投影才可得出结论:因为 $e''f'' \nparallel g''h''$,所以 $EF \nparallel GH$。两直线平行,则各组同面投影均互相平行。

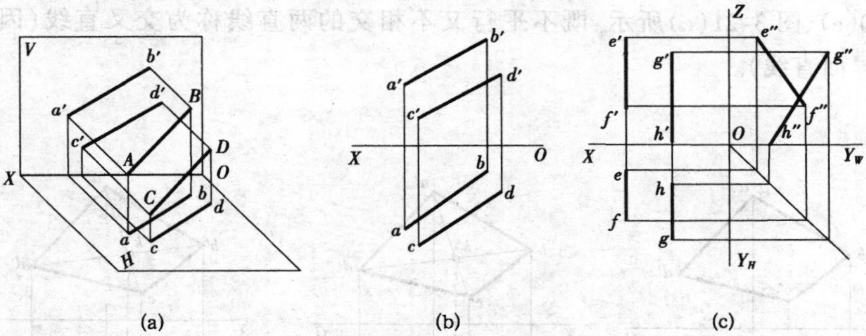

图 3-20　两平行直线的投影及平行关系的判断

(二)相交两直线

两直线相交,必有一交点。而此交点是同时属于两条直线的共有点。如图 3-21(a)、(b)的点 K 即为同时属于 AB、CD 两直线的交点。

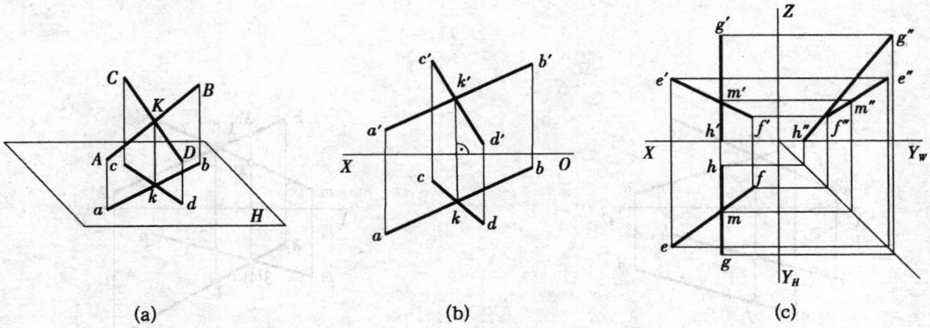

图 3-21　相交两直线的投影及相交关系的判断

在图 3-21(c)中,由 W 投影可判断点 M 只属于 EF 而不属于 GH,因而 EF 和 GH 无交点(共有点)。因此直线 EF 和 GH 不相交(也不平行,属交叉二直线)。

例3-7　如图 3-22(a),已知平面四边形 $ABCD$ 的 V 投影及不完整的 H 投影 abc,补全平面的 H 投影。

解　分析:平面四边形 $ABCD$ 的对角线 AC、BD 必定是共面且相交的。已知 $a'c'$、$b'd'$、ac 及 b,因此可利用两直线的交点的投影特性来求解。

作图:

(1)连 $a'c'$、$b'd'$(交点为 k')及 ac,如图 3-22(b)所示;

(2)$k'k \perp OX$ 轴,k 在 ac 上,连 bk 并延长至 d,使 $d'd \perp OX$ 轴;

(3)连 ad、cd 并描粗,如图 3-22(c)所示。

(三)交叉两直线

图 3-20(c)、图 3-21(c)所示,既不平行又不相交的两直线称为交叉直线(因为其不共面,故也称异面直线)。

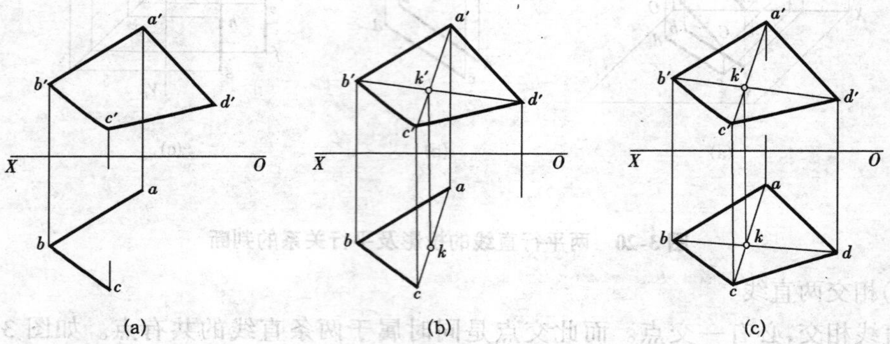

图 3-22 补全平面的 *H* 面投影

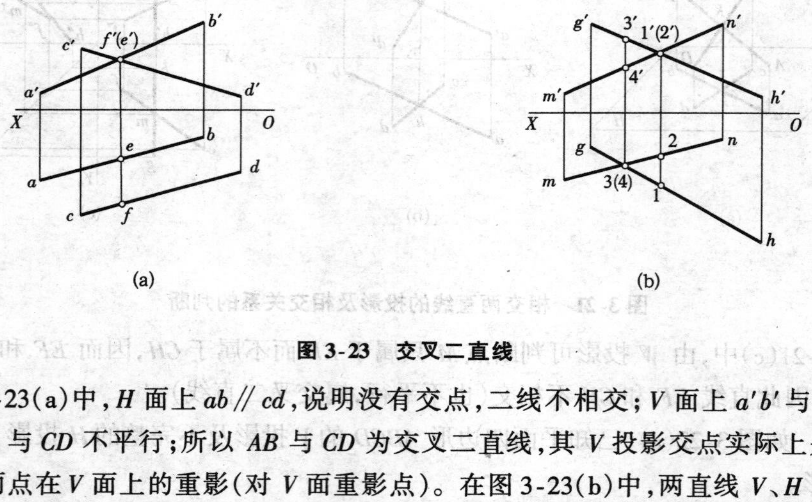

图 3-23 交叉二直线

在图 3-23(a)中,*H* 面上 $ab \parallel cd$,说明没有交点,二线不相交;*V* 面上 $a'b'$ 与 $c'd'$ 交于一点,说明 *AB* 与 *CD* 不平行;所以 *AB* 与 *CD* 为交叉二直线,其 *V* 投影交点实际上是分属两直线的 *E*、*F* 两点在 *V* 面上的重影(对 *V* 面重影点)。在图 3-23(b)中,两直线 *V*、*H* 面投影的交点分别是Ⅰ、Ⅱ和Ⅲ、Ⅳ对 *V*、*H* 面的两对重影点,因此,*MN* 和 *GH* 也是两条交叉直线。

(四)垂直两直线

上述两直线在空间为相交和交叉时有一种特殊情况——垂直。互相垂直的两直线(相交或交叉),其中一条平行于某投影面时,两直线在该投影面上的投影仍然反映直角——直角投影定理。反之,若两直线在某投影面上的投影互相垂直,且其中有一条直线平行于该投影面,两直线在空间一定互相垂直。

证明如下:

在图 3-24(a)中:

(1)设 $AB \perp BC$ 且 $AB // H$ 面,矩形 $ABba$ 和 $BCcb$ 分别为 AB 和 BC 对 H 面的投射平面。因为,$AB \perp BC$、$AB \perp Bb$,所以,$AB \perp BCcb$、$AB \perp bc$、$ab // AB$。所以,$ab \perp bc$。

(2)设 $DE // AB$,即 DE 与 BC 交叉垂直。因为,$DE // AB$,所以,$de // DE // AB \perp bc$。

上述两种情况的投影图如图 3-24(b)、(c)所示。

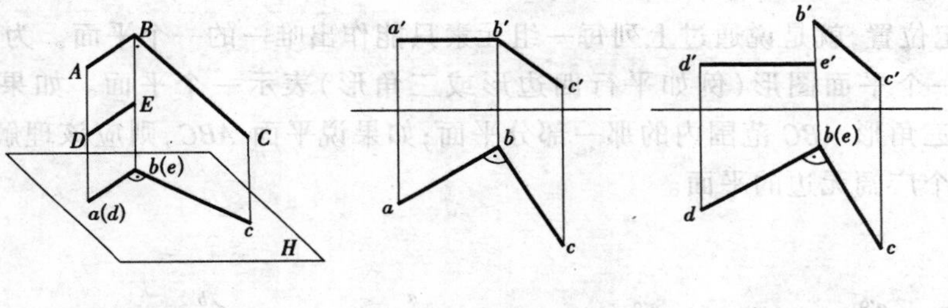

(a)　　(b)　　(c)

图 3-24　相互垂直二直线

例3-8　求点 A 到水平线 BC 的距离(见图 3-25)。

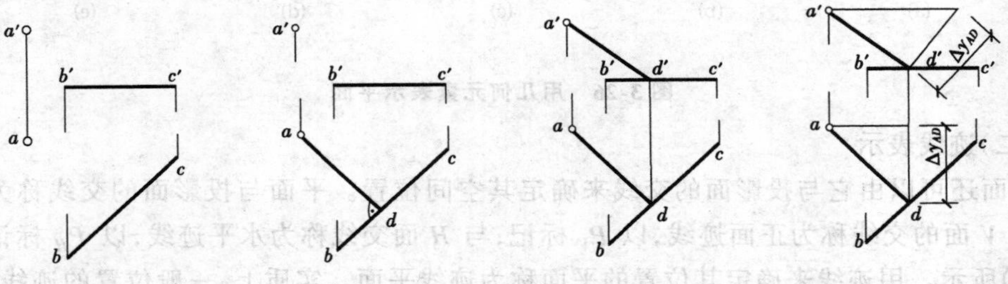

(a)已知　(b)作垂线的H投影ad⊥bc　(c)作垂线的V投影a′d′　(d)用直角三角形法求距离AD实长

图 3-25　求一点到水平线的距离

解　一点到一直线的距离即由该点到该直线所引的垂线之长,因此解题应分为两步进行:1. 过已知点 A 向水平线 BC 引一垂线。2. 求垂线的实长。作图步骤如图 3-25 所示。

第三节　平　　面

一、平面的投影

(一)几何元素表示

平面是广阔无边的,它在空间的位置可用下列几何元素来确定和表示:

1.不在同一直线上的三个点,如图 3-26(a)中点 *A*、*B*、*C*;

2.一直线及线外一点,如图 3-26(b)中点 *A* 和直线 *BC*;

3.相交二直线,如图 3-26(c)中直线 *AB* 和 *AC*;

4.平行二直线,如图 3-26(d)中直线 *AB* 和 *CD*;

5.平面图形,如图 3-26(e)中△*ABC*。

所谓确定位置,就是说通过上列每一组元素只能作出唯一的一个平面。为了明显起见,我们通常用一个平面图形(例如平行四边形或三角形)表示一个平面。如果说平面图形 *ABC*,是指在三角形 *ABC* 范围内的那一部分平面;如果说平面 *ABC*,则应该理解为通过三角形 *ABC* 的一个广阔无边的平面。

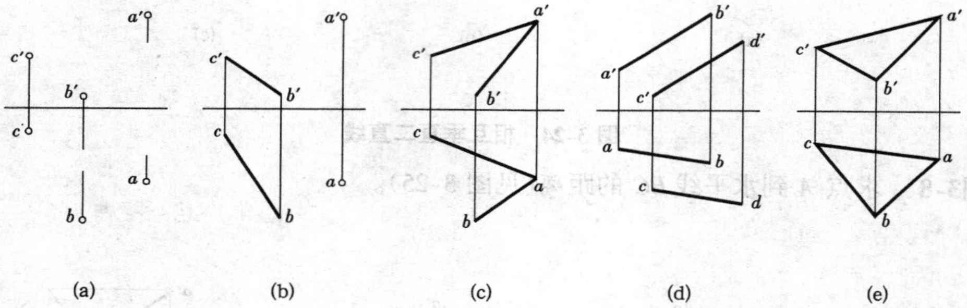

图 3-26　用几何元素表示平面

(二)迹线表示

平面还可以由它与投影面的交线来确定其空间位置。平面与投影面的交线称为迹线。平面与 *V* 面的交线称为正面迹线,以 P_V 标记;与 *H* 面交线称为水平迹线,以 P_H 标记,如图 3-27(a)所示。用迹线来确定其位置的平面称为迹线平面。实质上,一般位置的迹线平面就是该平面上相交二直线 P_V 和 P_H 所确定的平面。如图 3-27(b),在投影图上,正面迹线 P_V 的 *V* 投影与 P_V 本身重合,P_V 的 *H* 投影与 *OX* 轴重合,不加标记,水平迹线 P_H 的 *V* 投影与 *OX* 轴重合,P_H 的 *H* 投影与 P_H 本身重合。

二、平面对投影面的相对位置

平面与投影面的相对位置可以分为 3 种情况:投影面平行面、投影面垂直面和投影面倾斜面。

(一)投影面平行面

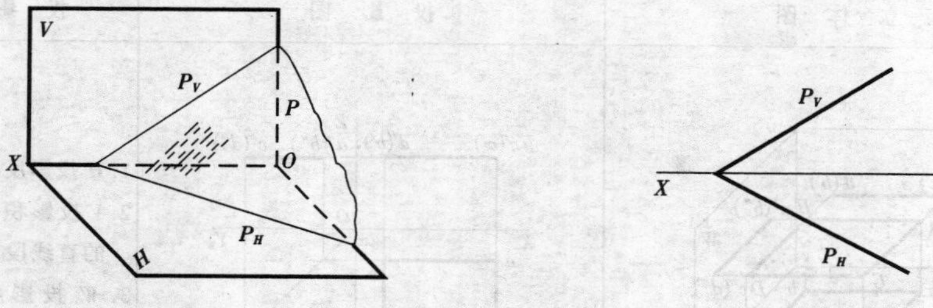

(a) (b)

图 3-27 迹线平面

平行于某一投影面的平面称为投影面平行面。投影面平行面分为 3 种：水平面（// H 面），正平面（// V 面），侧平面（// W 面）。

如图 3-28(a)所示，▱$ABCD$ 为一水平面。由于它平行于 H 面，所以其在 H 面投影▱$abcd \cong$ ▱$ABCD$，即水平面的水平投影反映平面图形的实形。因为水平面在 // H 面的同时一定与 V 面和 W 面垂直，所以其 V 面和 W 面投影积聚成直线段，且分别平行 OX 轴和 OY_W 轴，如图 3-28(b)所示。

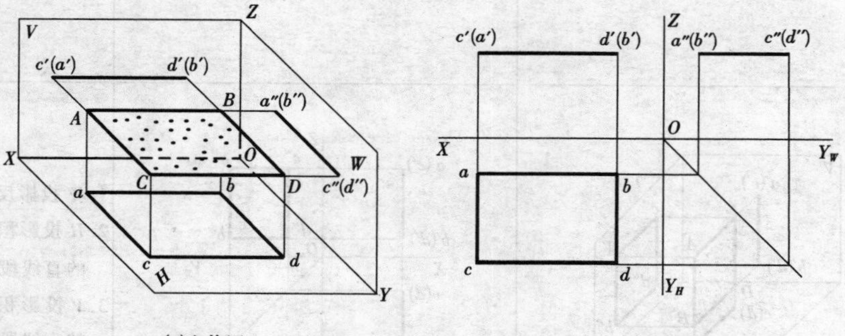

(a)立体图 (b)投影图

图 3-28 水平面

正平面和侧平面也有类似的投影特性，见表 3-3 所列。

综上所述及表 3-3 可得到投影面平行面的投影特性：

1. 在其所平行的投影面上的投影，反映平面图形的实形；

2. 在另外两投影面上的投影均积聚成直线且平行于相应的投影轴。

（二）投影面垂直面

只垂直于一个投影面的平面称为投影面垂直面。投影面垂直面分为 3 种：铅垂面（只⊥ H 面），正垂面（只⊥ V 面），侧垂面（只⊥ W 面）。

如图 3-29 所示，▱$ABCD$ 为一铅垂面，▱$ABCD$ 的 H 投影积聚成一直线段，该投影与 OX 轴和 OY_H 轴的夹角为该平面与 V、W 面的实际倾角 β 和 γ，其 V 面和 W 面投影仍为四边形（类似形），但都比实形小。

表 3-3　投影面平行面

名称	立体图	投影图	投影特性
水平面（∥H）	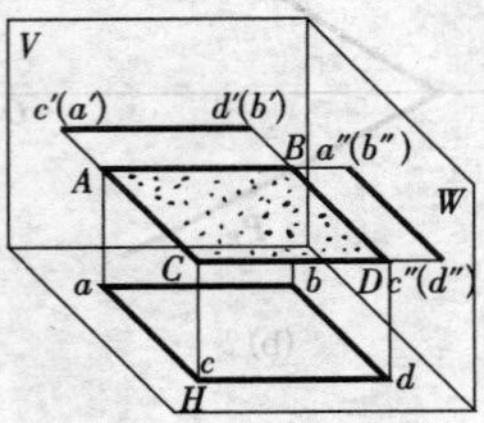	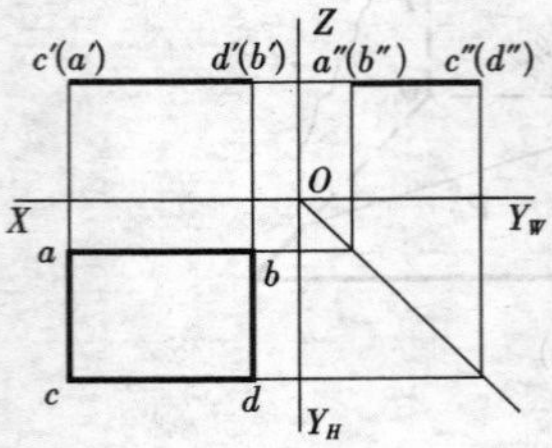	1. H 投影反映实形； 2. V 投影积聚为平行于 OX 的直线段； 3. W 投影积聚为平行于 OY_W 的直线段。
正平面（∥V）	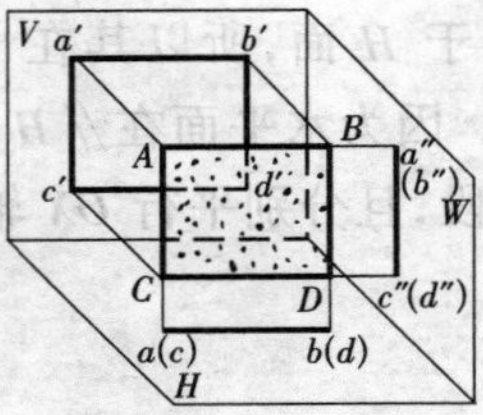	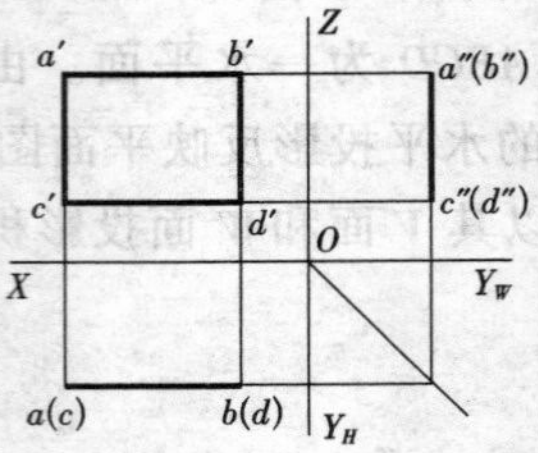	1. V 投影反映实形； 2. H 投影积聚为平行于 OX 的直线段； 3. W 投影积聚为平行于 OZ 的直线段。
侧平面（∥W）	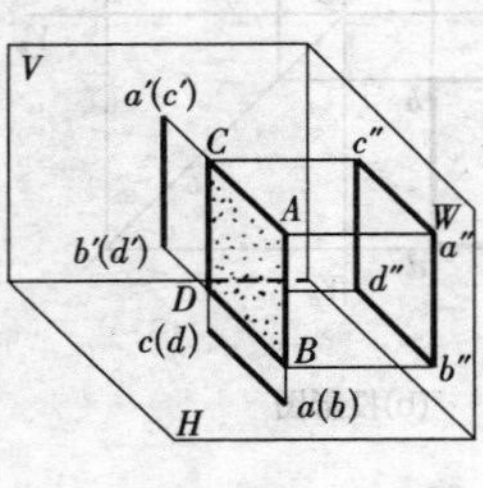	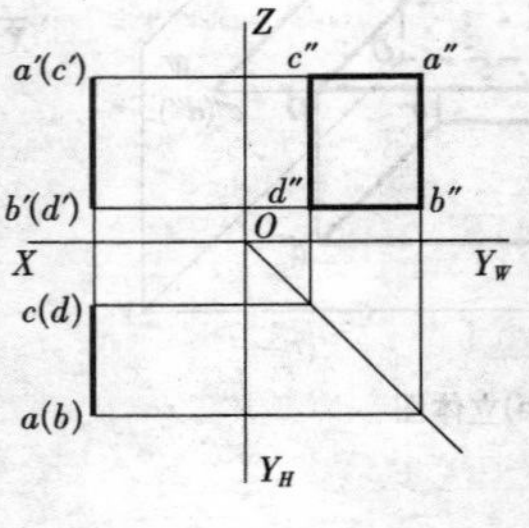	1. W 投影反映实形； 2. H 投影积聚为平行于 OY_H 的直线段； 3. V 投影积聚为平行于 OZ 的直线段。

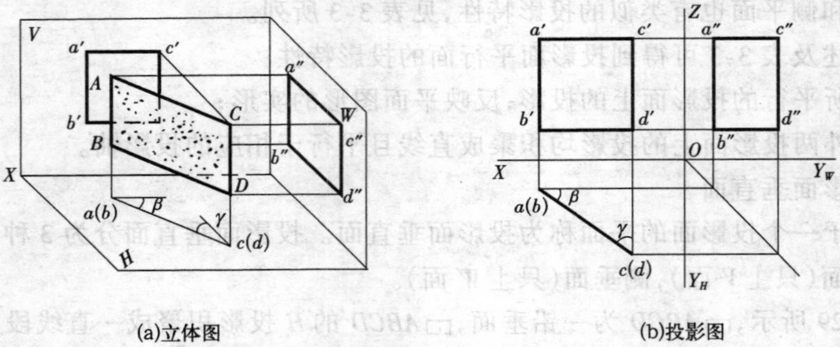

(a)立体图　　　　(b)投影图

图 3-29　铅垂面

正垂面和侧垂面也有类似的投影特性，见表 3-4。

表 3-4　投影面垂直面

名称	立体图	投影图	投影特性
铅垂面（只⊥H）	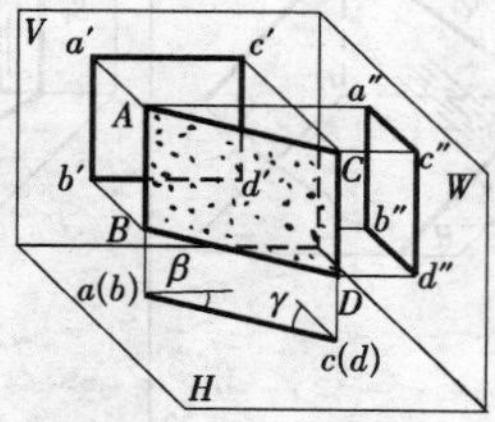	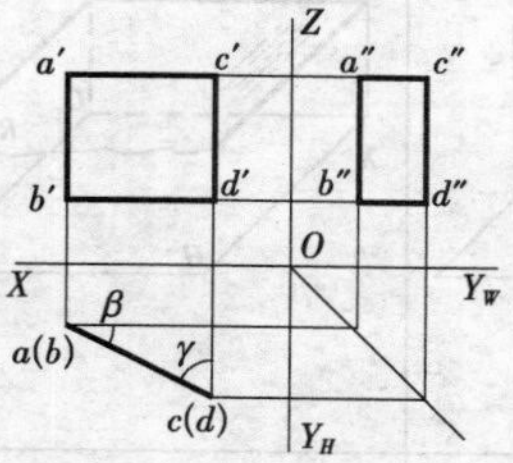	1. H 投影积聚为一斜线且反映 β 和 γ 角实形； 2. V、W 投影为类似形。
正垂面（只⊥V）	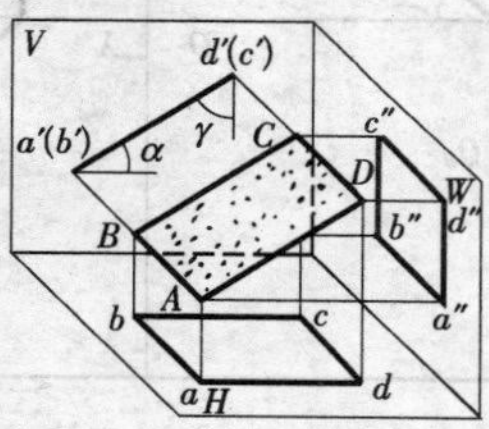	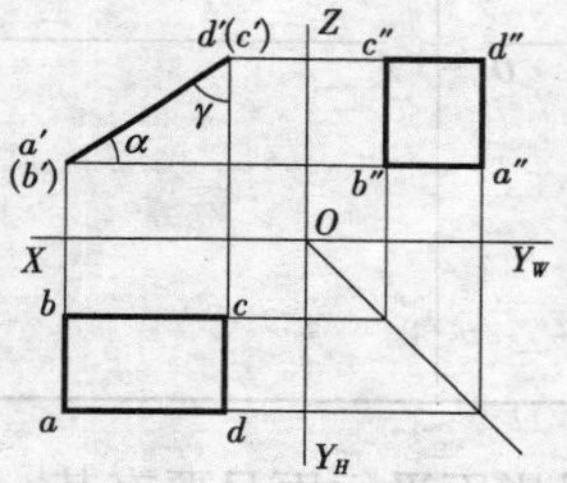	1. V 投影积聚为一斜线且反映 α、γ 角实形； 2. H、W 投影为类似形。
侧垂面（只⊥W）	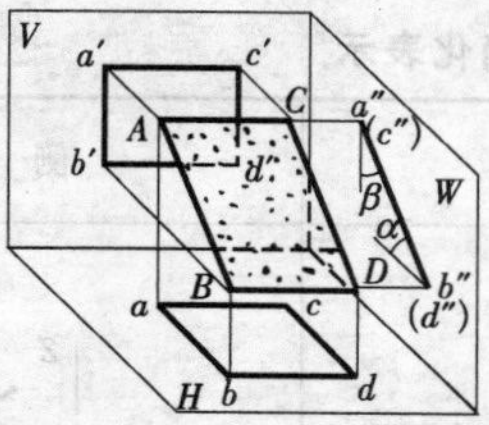	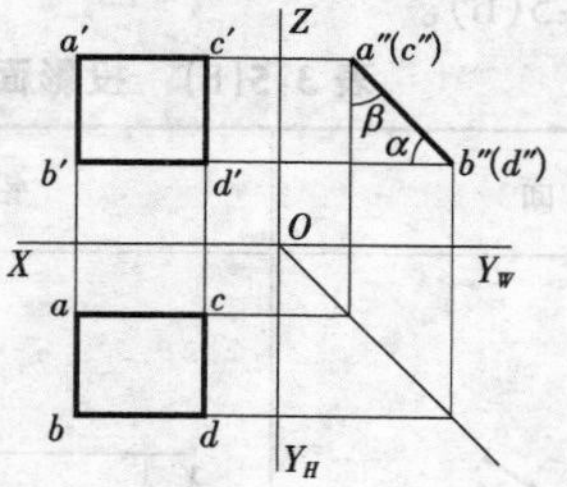	1. W 投影积聚为一斜线且反映 β、α 角实形； 2. H、V 投影为类似形。

综上所述及表 3-4 得到投影面垂直面的投影特性：

1. 在其所垂直的投影面上的投影积聚成一条直线；

2. 其积聚投影与投影轴的夹角，反映该平面与相应投影面的实际倾角；

3. 在另外两个投影面上的投影为小于原平面图形的类似形。

投影面垂直面和投影面平行面统称为特殊位置平面。今后经常用到它们的迹线表示形式，为便于使用，现列表如表 3-5(a)。

表 3-5(a) 特殊位置平面的迹线表示

<table>
<tr><th>名称</th><th>正 平 面</th><th>水 平 面</th><th>正 垂 面</th><th>铅 垂 面</th></tr>
<tr><td>立体图</td>
<td>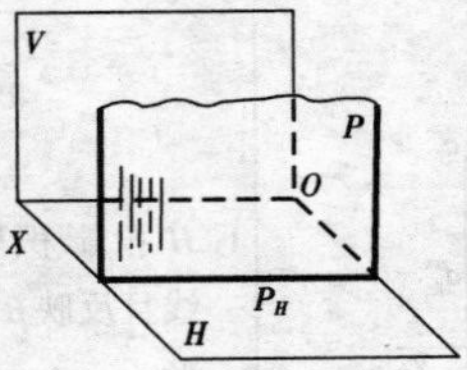
</td>
<td>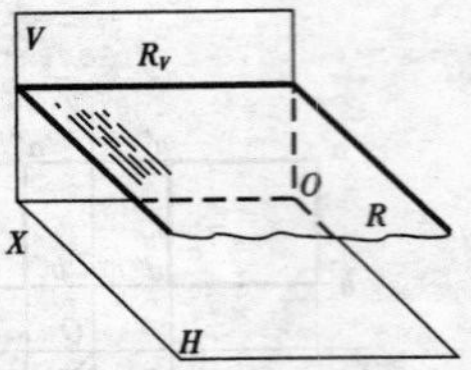
</td>
<td>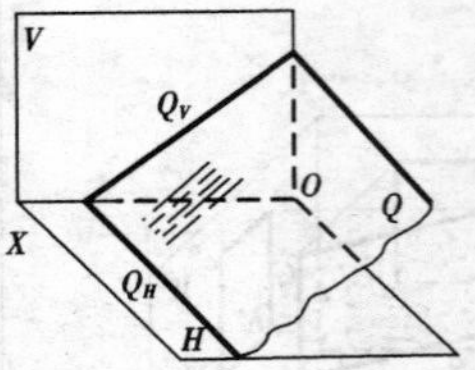
</td>
<td>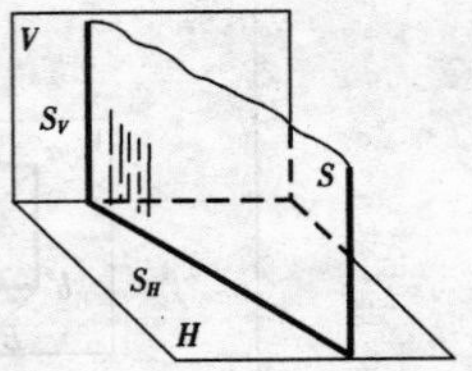
</td></tr>
<tr><td>投影图</td>
<td>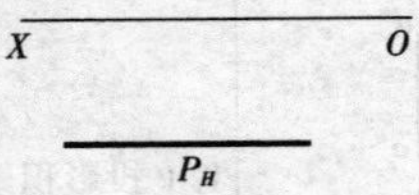
</td>
<td>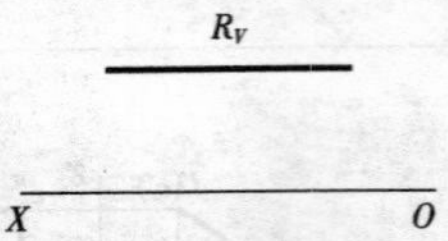
</td>
<td>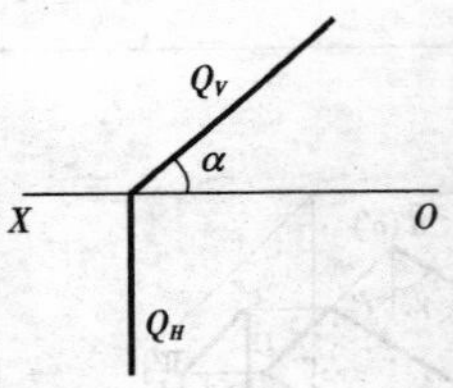
</td>
<td>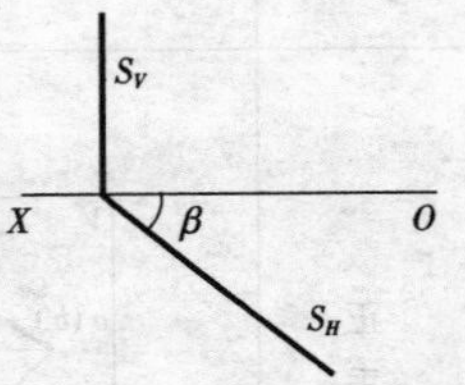
</td></tr>
</table>

由上表可看出，投影面平行面只要有其一条迹线（也是平面的积聚投影），即可确定其空间位置。实际上，投影面垂直面与其积聚投影重合的迹线（如正垂面的“Q_V”，铅垂面的“S_H”）也可以确定平面，其标记用“P^H、Q^H、S^H”（铅垂面），“P^V、Q^V、S^V（正垂面）或“P^W、Q^W、S^W”（侧垂面），见表 3-5(b)。

表 3-5(b) 投影面垂直面的简化表示

<table>
<tr><th>名称</th><th>正 垂 面</th><th>铅 垂 面</th><th>侧 垂 面</th></tr>
<tr><td>投影图</td>
<td>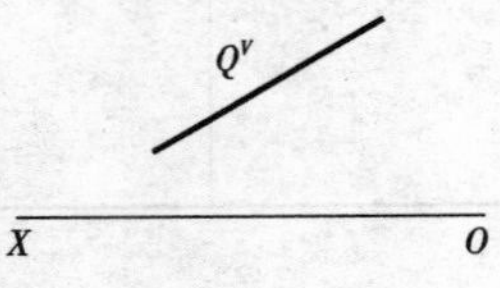
</td>
<td>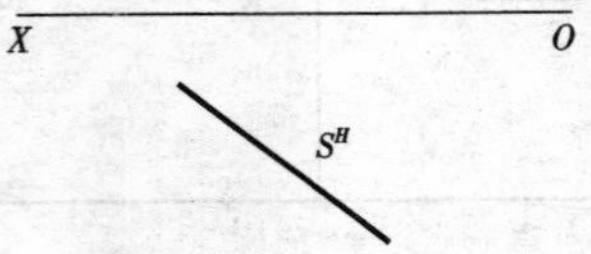
</td>
<td>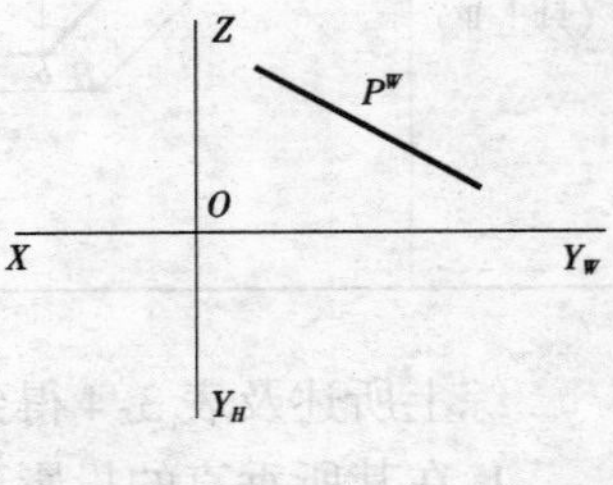
</td></tr>
</table>

（三）投影面倾斜面

投影面倾斜面（又称一般位置平面）与 3 个投影面都倾斜，如图 3-30(a)所示。投影面倾斜面的三面投影都没有积聚性，也都不反映实形，均为比原平面图形小的类似形。

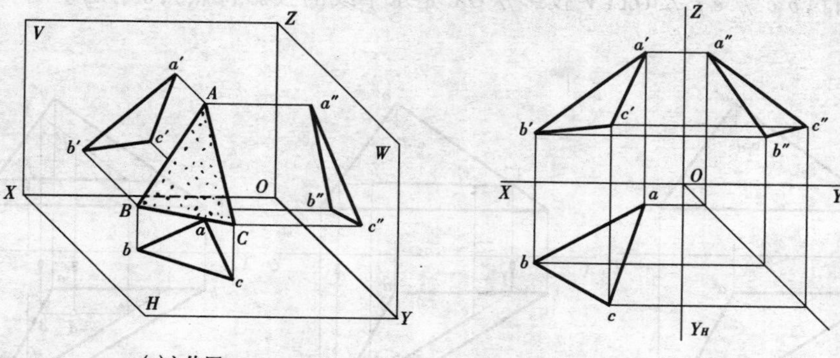

图 3-30　投影面倾斜面

三、平面上的点和直线

(一)平面上取点和直线

直线和点在平面上的几何条件:如果一直线经过一平面上两已知点或经过面上一已知点且平行于平面内一已知直线,则该直线在该平面上。如果一点在平面内一直线上,则该点在该平面上。如图 3-31 所示,*D* 在△*SBC* 的边 *SB* 上,故 *D* 在△*SBC* 上;*DC* 经过△*SBC* 上两点 *C*、*D*,故 *DC* 在平面△*SBC* 上;点 *E* 在 *DC* 上,故点 *E* 在△*SBC* 上;直线 *DF* 过 *D* 且平行于 *BC*,故 *DF* 在△*SBC* 上。

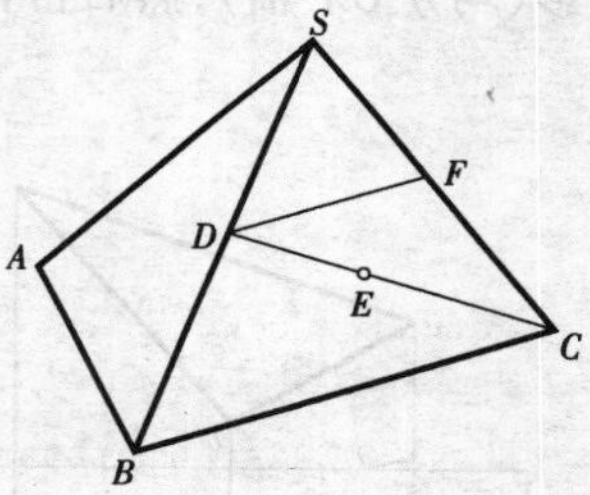

图 3-31　平面上的点和直线

例3-9　如图 3-32(a)所示,已知△*ABC* 的两投影且其上 *BA*∥*V* 面,*BC*∥*H* 面,求平面上直线段 *EF* 及点 *D* 的 *H* 投影。

解　分析:已知 *D*、*EF* 在平面 *ABC* 上,可利用点、直线在平面上的几何条件来解题。

作图:(1)延长 *e′f′* 分别与 *a′b′* 和 *a′c′* 交于 1′、2′,ⅠⅡ即是 *EF* 与 *AB*、*AC* 的交点。

(2)在 *H* 面上的 *ab*、*ac* 上求出 1、2 并连成线段 12,*ef* 必在 12 线上。作出 *ef*,如图 3-32(b)所示。

(3)连 *e′d′* 并延长,交 *a′c′* 于 3′,Ⅲ即 *ED* 与 *AC* 的交点。在 *H* 面上的 *ac* 上求出 3,连 *e*3 线,*d* 必在 *e*3 线上,求出 *d*,如图 3-32(c)所示。

要在平面上确定一点,只需让它在平面内一已知(或可作出的)直线上即可。而过一点可在平面上作无数条直线,所以作图时,可选择的辅助线很多,通常都是作平行于已知边或已知线的辅助线,以便作图简便。

(二)平面上的投影面平行线

如图 3-32 所示,△*ABC* 的边 *BC* 是水平线,边 *AB* 是正平线,它们都称作平面△*ABC* 上的投影面平行线。实际上,投影面倾斜面上有无数条正平线、水平线及侧平线,每一种投影面平行线都互相平行。图 3-32 所示的 *BC* 和 *EF*，它们都是水平线，且都在△*ABC* 上，所以它们相互平行，$b'c' \parallel e'f' \parallel OX$（*V* 投影 // *OX* 是水平线的投影特点），$bc \parallel ef$。

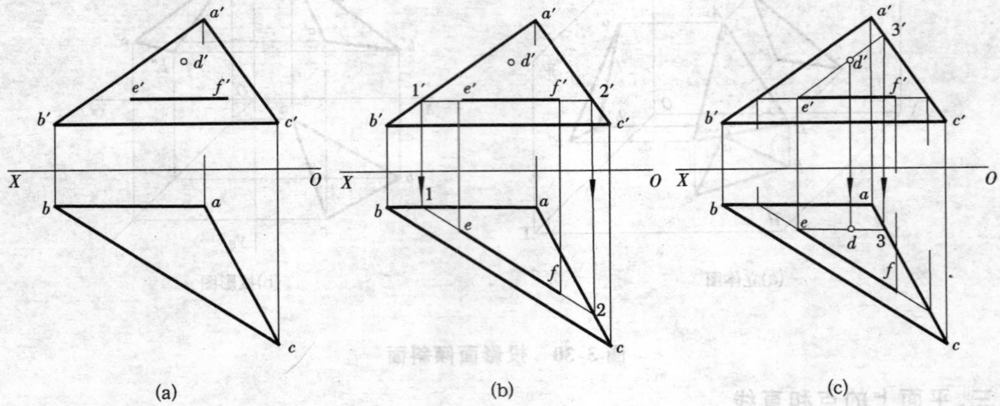

图 3-32　补全平面上点、线的投影

如图 3-33 所示，要在平面上作水平线或正平线，需先作水平线的 *V* 投影或正平线的 *H* 投影（均 // *OX* 轴），然后再作直线的其他投影。

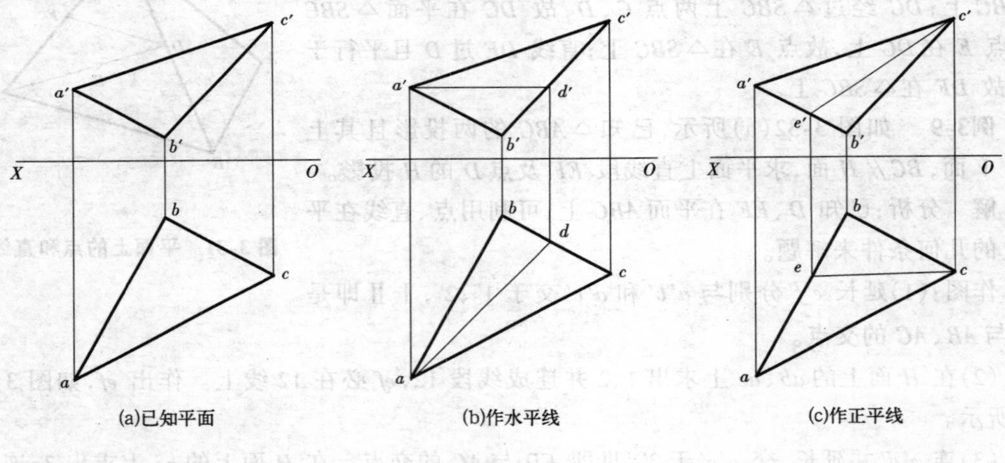

(a)已知平面　(b)作水平线　(c)作正平线

图 3-33　在平面上作水平线和正平线

（三）平面上的最大斜度线

平面内对 *H* 面的最大斜度线就是该平面上对该投影面倾角最大的一条（或一簇）直线。它们必垂直于平面上的该投影面平行线。如图 3-34 所示，*L* 是 *P* 平面上的水平线，该面内另一条直线 $AB \perp L$，*AB* 即是 *P* 平面内的一条对 *H* 面的最大斜度线。容易证明：在 *P* 平面上过 *A* 点所作的无数条直线中，只有 *AB* 对 *H* 面的倾角 α 最大（若在 *A* 点放一小球，在理想状态下，球只会沿 *AB* 方向滚下）。而 *AB* 的 α 角，也就是 *P* 平面与 *H* 面所形成的二面角的平面角，即 P 平面的 α 倾角。因此，可通过找平面上对 H 面最大斜度线并求其 α 角的方法来求平面对 H 面的倾角 α。求直线的倾角可用直角三角形法。

同理，平面上对 V 面的最大斜度线，垂直于该平面上的 V 面平行线（正平线），对 V 面最大斜度线的 β 角即是平面对 V 面的倾角 β。

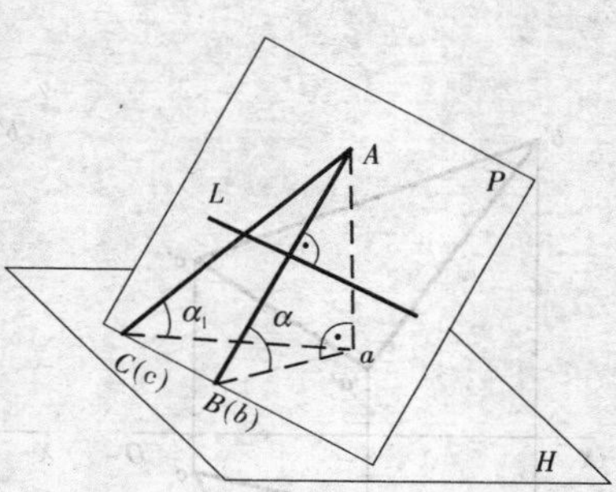

图 3-34 平面上对 H 面最大斜度线

例3-10 如图 3-35(a)所示，已知△ABC 的两面投影，用最大斜度线法求平面对 H 面的倾角 α。

解 分析：欲求平面的 α 角，先在平面内任作一条水平线。由直角投影定理知平面对 H 面最大斜度线与面内的水平线的垂直关系，可在 H 投影显示。故此，可任作一条对 H 面的最大斜度线，用直角三角形法求其 α 角即为所求。

作图：

(1)过 c' 作 $c'd' \parallel OX$，d' 在 $a'b'$ 上，求出 cd，CD 线即是平面内一条水平线；

(2)过 a 作 $ae \perp cd$，交 cd 于 e，求出 $a'e'$，AE 即是平面内一条对 H 面最大斜度线。如图 3-35(b)所示（也可将 AE 延长与 BC 相交）；

(3)在 V 投影上取出△Z_{AE}，利用 H 投影上的 ae 及直角在 cd 上取 $eE_0 = \triangle Z_{AE}$，连斜边 aE_0 即得关于最大斜度线为 AE 的 α 角的直角三角形，斜边与 ae 的夹角为 AE 的 α 角，即平面对 H 面的倾角 α，如图 3-35(c)所示。

从图 3-35 中可看出：投影面倾斜面△ABC，H 面最大斜度线为投影面倾斜线。

图 3-36 所示为△ABC 对 V 面最大斜度线 AF 和 β 角的作法。

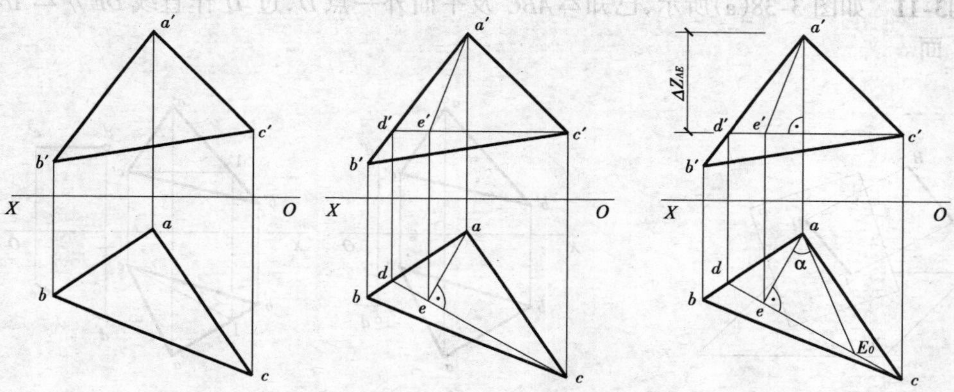

(a)已知平面　(b)作对H面最大斜度线AE　(c)作倾角α

图 3-35 最大斜度线法求平面的倾角

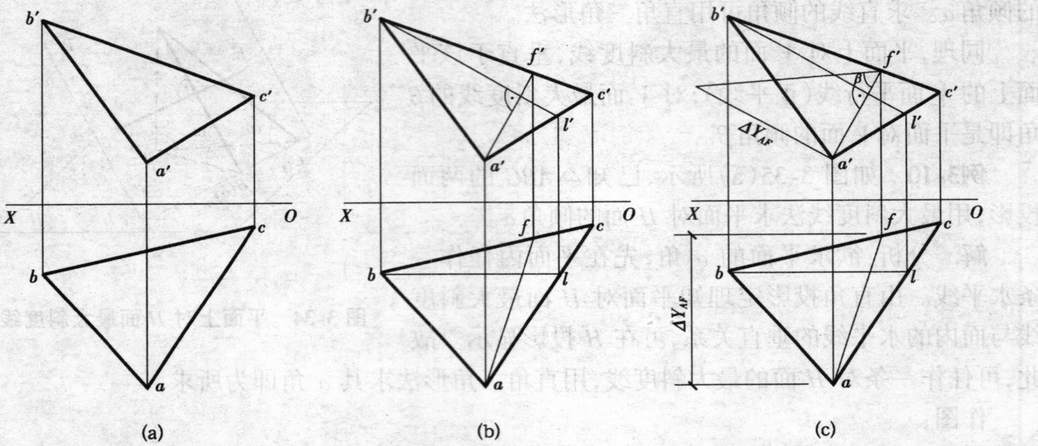

图 3-36　求平面对 V 投影面最大斜度线 AF 及 β 角

第四节　直线与平面、平面与平面的相对位置

直线与平面以及两平面的相对位置有：平行、相交、垂直（相交的特例）。

一、平行问题

（一）直线与平面平行

由初等几何可知：当直线与某平面内一直线平行时，该直线与该平面平行（见图 3-37）。反过来，判断直线与平面是否平行，只要看能否在平面内作出该直线的平行线即可。

例3-11　如图 3-38(a)所示，已知△ABC 及平面外一点 D，过 D 作直线 DE∥△ABC 同时∥H 面。

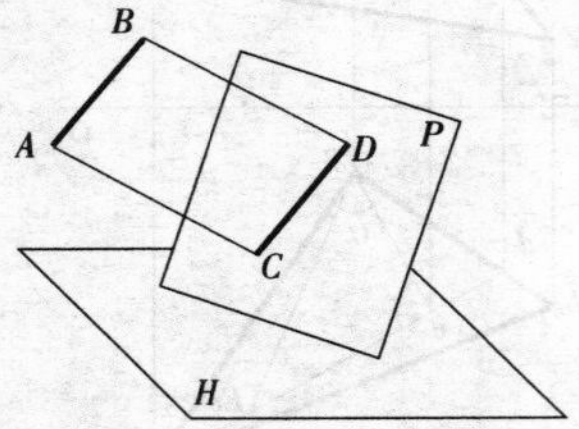

图 3-37　直线与平面平行

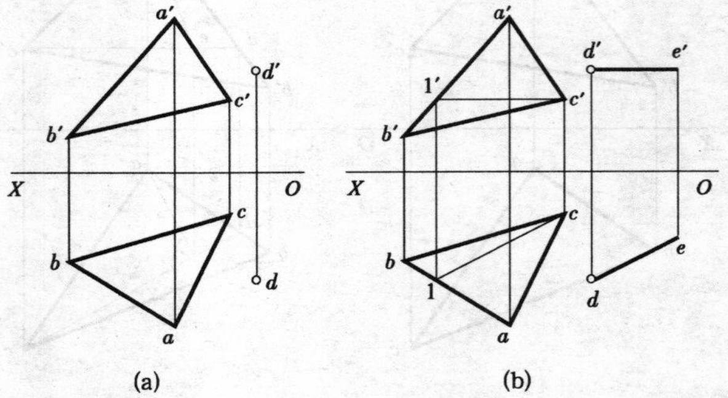

图 3-38　过点作水平线与平面平行

解　分析：过定点可以作出无数条与定平面平行的直线，而平面内的水平线方向是唯一的，本题要求作的直线 DE 是水平线，故只要过 D 作 DE∥平面内一水平线即可。

作图：

(1)在△*ABC* 内作水平线 *CI*；

(2)作 *DE*(长度不限)∥*IC*，如图 3-38(b)所示。

直线与平面平行，当平面处于特殊位置(投影面平行面或投影面垂直面)时，平面的某投影有积聚性，在该投影面上，直线与平面的平行关系可明显地反映出来。如图 3-39(a)所示，△*ABC* 是铅垂面，其 *H* 投影有积聚性，投影面倾斜线 L_1∥△*ABC*，则有 l_1∥*abc*(P^H)。

另有铅垂线 L_2∥△*ABC*，两者的 *H* 投影都有积聚性，平行关系是不言而喻的，如图 3-39(a)、(b)。图 3-39(c)所示为正垂面 *Q* 及其平行直线的平行关系。

由图 3-39 可知，当平面垂直于某投影面时，只要平面的积聚投影与直线的同面投影平行，即可断定直线与平面平行。

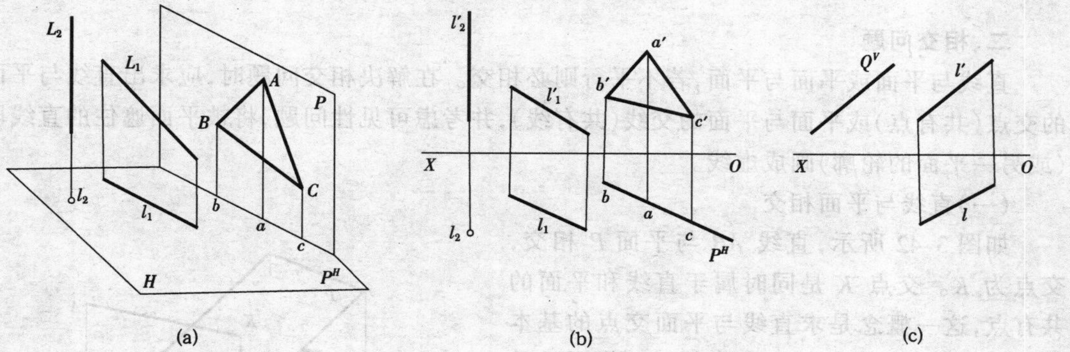

图 3-39　直线与特殊位置平面平行

(二)平面与平面平行

如果两平面内各有一对相交直线对应平行，则该两平面平行。如图 3-40 所示，*AB*∥*EF*，*BC*∥*FG*，则平面 *AB*×*BC*∥*EF*×*FG*。

当两平行平面均垂直于某投影面时，两平面的积聚投影平行，如图 3-41(a)、(b)所示；反之，若两平面同时垂直某投影面，而且它们的积聚投影平行，则两平面平行。

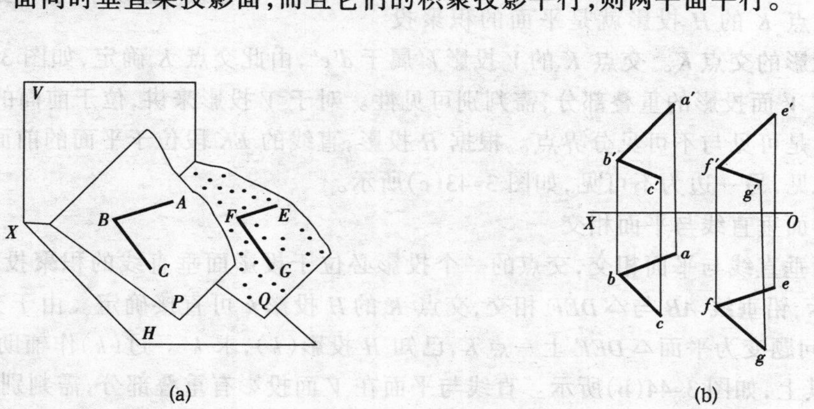

图 3-40　两平面平行

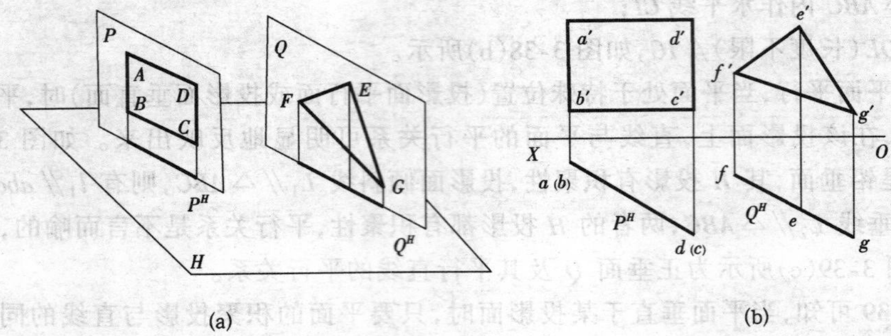

图 3-41　两特殊位置平面平行

二、相交问题

直线与平面或平面与平面，若不平行则必相交。在解决相交问题时，应求出直线与平面的交点（共有点）或平面与平面的交线（共有线），并考虑可见性问题，将被平面遮住的直线段（或另一平面的轮廓）画成虚线。

（一）直线与平面相交

如图 3-42 所示，直线 AB 与平面 P 相交，交点为 K。交点 K 是同时属于直线和平面的共有点，这一概念是求直线与平面交点的基本依据。同时，交点 K 又是直线与平面投影重叠部分可见与不可见的分界点。

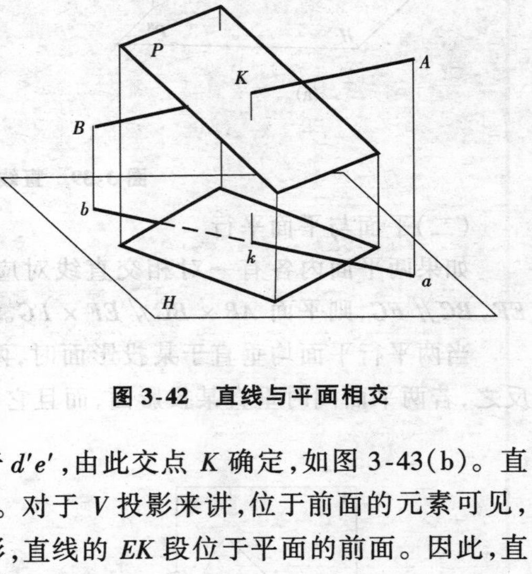

图 3-42　直线与平面相交

1. 直线与特殊位置平面相交

特殊位置平面（包括投影面垂直面和投影面平行面）与直线相交时，可利用平面在某投影面上投影的积聚性和交点的共有性直接求出交点。如图 3-43（a）所示，铅垂面△ABC 与直线 DE 相交，交点 K 的 H 投影就是平面的积聚投影与直线投影的交点 K。交点 K 的 V 投影 k' 属于 $d'e'$，由此交点 K 确定，如图 3-43（b）。直线与平面在 V 面投影的重叠部分，需判别可见性。对于 V 投影来讲，位于前面的元素可见，V 面交点又是可见与不可见分界点。根据 H 投影，直线的 EK 段位于平面的前面。因此，直线的 $e'k'$ 可见，另一边为不可见，如图 3-43（c）所示。

2. 投影面垂直线与平面相交

投影面垂直线与平面相交，交点的一个投影必位于投影面垂直线的积聚投影上。如图 3-44（a）所示，铅垂线 AB 与△DEF 相交，交点 K 的 H 投影 k 可直接确定。由于交点 K 也属于△DEF，问题变为平面△DEF 上一点 K，已知 H 投影（k），求 k'。过（k）作辅助线 $e1$，求 $e'1'$，k' 必在其上，如图 3-44（b）所示。直线与平面在 V 面投影有重叠部分，需判别可见性。取分属直线和平面 DE 边的一对重影点Ⅱ、Ⅲ来判别。属于直线的Ⅱ点在前，属于平面的Ⅲ点

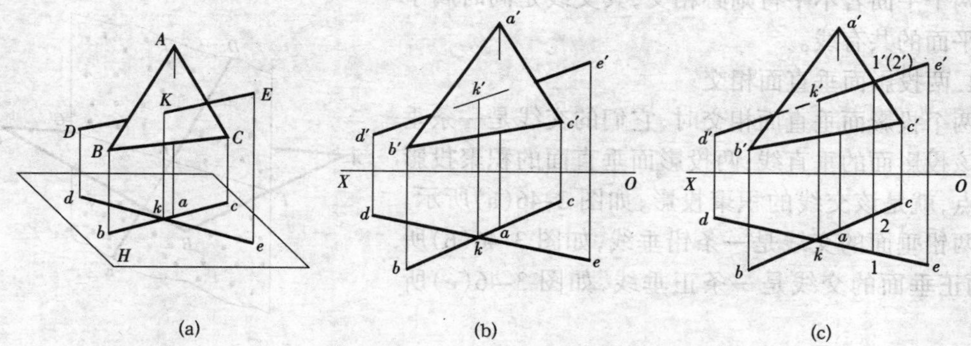

图 3-43　直线与特殊位置平面相交

在后；V 投影Ⅱ点可见，Ⅲ点不可见。因为交点是可见与不可见分界点，故 V 投影上直线 $2'k'$ 段可见，面另一边不可见，如图 3-44(c)所示。

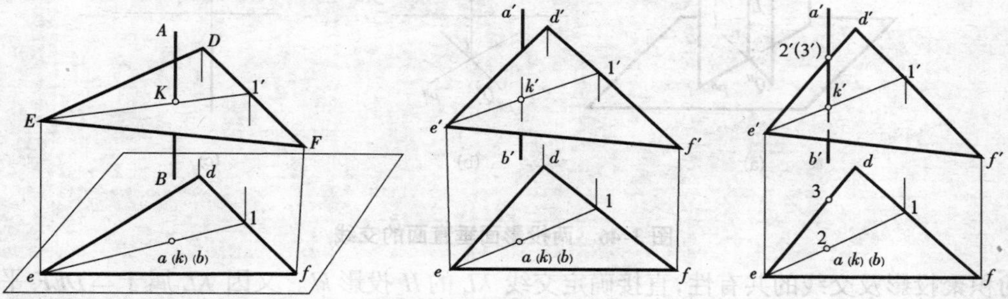

图 3-44　铅垂线 AB 与平面△DEF 求交点

3.倾斜位置直线与平面相交

由于倾斜位置的直线和平面的 3 个投影都没有积聚性，因而交点的任一投影均不能直接确定。在求解其交点之前，我们先来进行空间分析。如图 3-45 所示，(直线 DE 和平面△ABC 为已知)通过已知直线 DE 设立辅助平面 P，辅面 P 与已知平面△ABC 产生交线 FG。同在平面 P 上的直线 DE 和 FG，必有一交点 K。因为 K 在 DE 上，同时又属于△ABC 上直线 FG，所以 K 点为已知直线 DE 和平面△ABC 的共有点，亦即所求之交点。

其解题方案归纳为(具体求解见例 3-13)：

(1)过已知直线作一辅助平面，最方便是作投影面垂直面；

(2)求出辅助平面与已知平面的交线；

(3)已知直线与求出交线的交点，即为所求。

在求出直线与平面的交点后，往往还需要判别其投影重叠部分的可见性，其方法仍然利用重影点来判别(详解见例 3-13)。

(二)平面与平面相交

两个平面若不平行则必相交，其交线是同时属于两个平面的共有线。

1. 两投影面垂直面相交

两个投影面垂直面相交时，它们的交线是一条垂直于该投影面的垂直线；两投影面垂直面的积聚投影的交点，就是该交线的积聚投影，如图 3-46(a)所示。所以两铅垂面的交线是一条铅垂线，如图 3-46(b)所示；两正垂面的交线是一条正垂线，如图 3-46(c)所示。

2. 平面与投影面垂直面相交

平面与投影面垂直面相交，可利用投影面垂直面的积聚投影直接求出。如图 3-47 所示，可利用铅垂

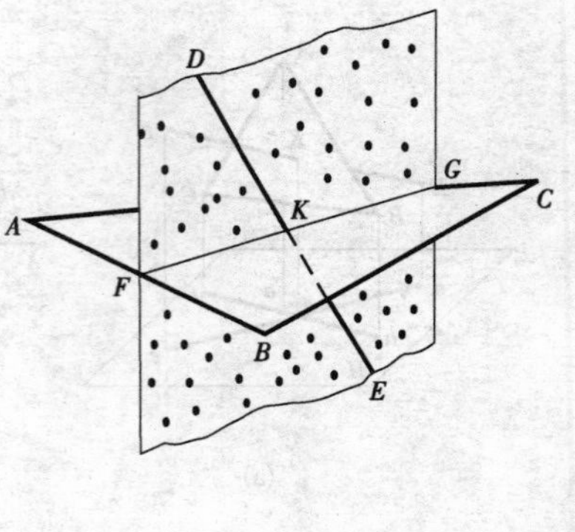

图 3-45　辅助平面法求直线与平面的交点

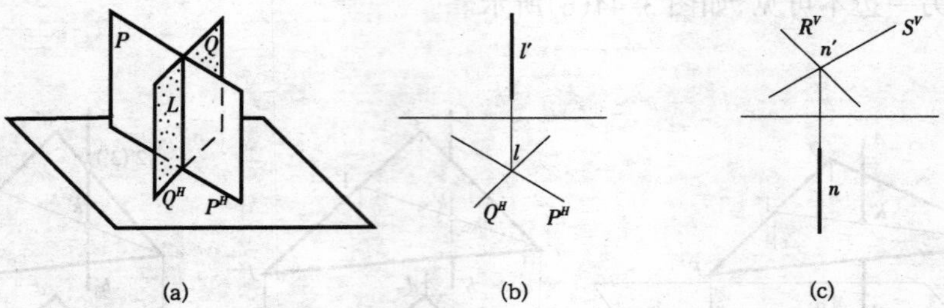

图 3-46　两投影面垂直面的交线

面的积聚投影及交线的共有性，直接确定交线 *KL* 的 *H* 投影 *kl*。又因 *KL* 属于△*DEF* 平面，*KL* 的 *V* 投影 *k′l′* 也可由此确定。在图 3-47(b)中，根据 *H* 投影来看，△*DEF* 的 *EFLK* 部分在另一平面的前面，故 *V* 投影可见：而△*DEF* 的另一部分 *V* 投影重叠部分必不可见(交线是可见与不可见的分界线)。

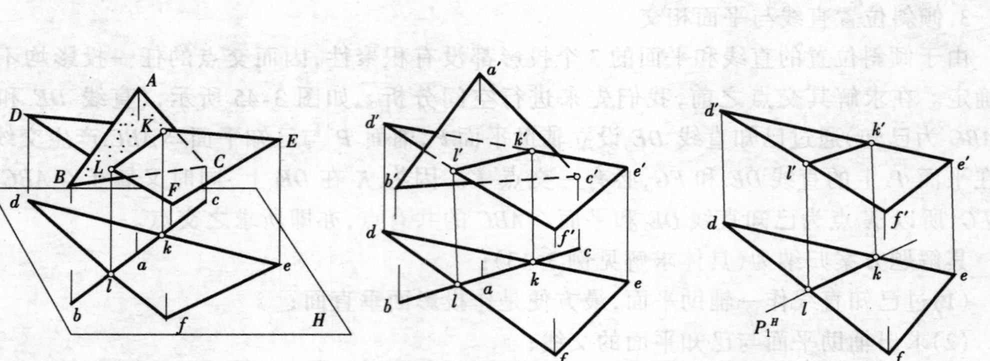

图 3-47　铅垂面与一般面相交

3.两倾斜平面相交

作出两倾斜面的两个共有点,连接起来就是该两平面的交线。由于两倾斜面的位置各有不同,它们的交线有在两平面图形之外的,如图 3-48(a)所示;有全在一个面的轮廓之内的,如图 3-48(b)所示;也有互相穿插的,如图 3-48(c)所示。求交线的方法有辅助平面法和线面交点法等。

Ⅰ.辅助平面法(三面共点法)

用一辅助平面 H_1 截已知平面 P 和 Q,分别截得交线 L_1 和 L_2,它们的交点 M,就是两平面 P 和 Q 的一个共有点。同样再用一平面 H_2 截 P、Q,可得另一共有点 N,MN 即所求的交线。为方便作图,两辅助平面可选用平行的两个投影面平行面或投影面垂直面,如图 3-48(a)所示。

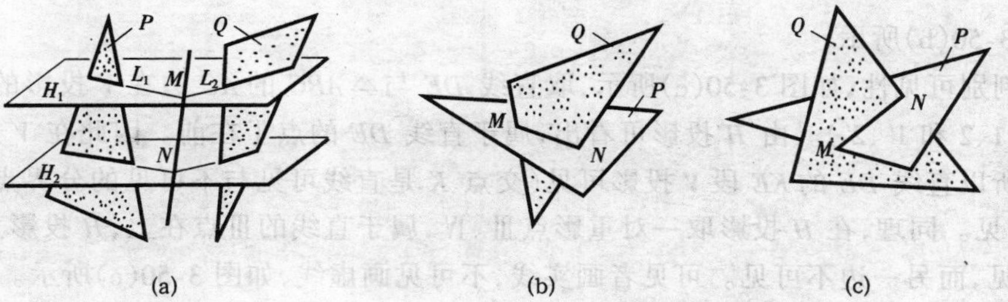

图 3-48 两倾斜面的交线

例3-12 如图 3-49 所示,给出△ABC 和△DEF,试求其交线。

解 作图步骤如下:(1)作一正平面 P_1,截△ABC 和△DEF 于直线Ⅰ、Ⅱ、Ⅲ、Ⅳ。它们相交于点 $M(m,m')$。

(2)再作一正平面 P_2,可得另一交点 $N(n,n')$。

(3)连 $m'n'$ 和 m、n,即所求交线的投影。

Ⅱ.线面交点法

在两相交平面中选取两条直线,可从其中一个平面内选取,如图 3-48(b)所示,也可从两平面中各选一条,如图 3-48(c)所示;分别与另一平面相交,求出它们的交点 M 和 N,连接起来,即所求的交线。具体求解请详见例 3-14。

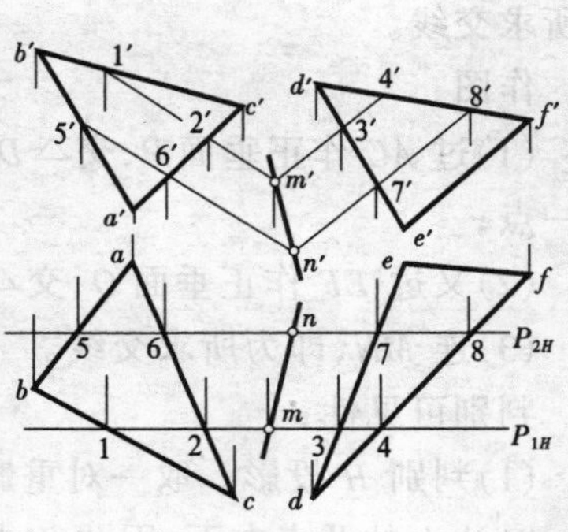

图 3-49

例3-13 求直线 DE 与△ABC 的交点,并判定其投影重叠部分的可见性,如图 3-50(a)所示。

解 根据前面直线与平面求交点的解题方案,具体作图步骤如下:

(1)过 DE 作铅垂面 P(辅助平面)。可在投影图上延长 de,加上标记 P^H 如图 3-50(b)所示;

(2)求 P 与△ABC 的交线 $FG(fg、f'g')$;

(3)$f'g'$ 与 $d'e'$ 相交于点 k',从 k' 引铅直连线与 de 相交于 k,k、k' 即所求交点的两面投

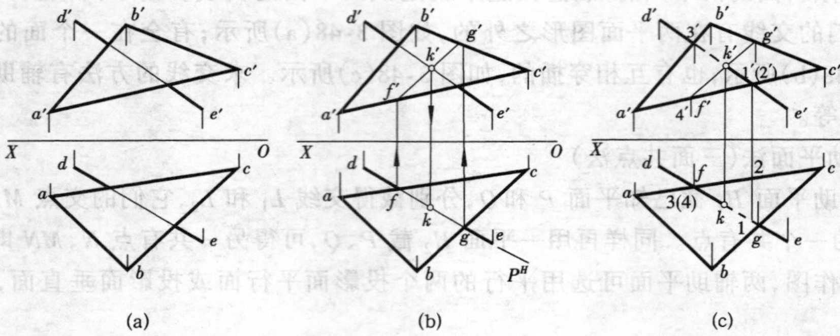

图 3-50　求直线 *DE* 与△*ABC* 的交点 *K*

影，如图 3-50(b)所示；

(4)判别可见性，如图 3-50(c)所示，取直线 *DE* 与△*ABC* 的 *AC* 边在 *V* 投影的一对重影点Ⅰ、Ⅱ(1、2 和 1′、2′)。由 *H* 投影可看出，属于直线 *DE* 的点Ⅰ在前。因此在 *V* 投影中，点Ⅰ可见，所以直线 *DE* 的 *KE* 段 *V* 投影可见(交点 *K* 是直线可见与不可见的分界点)，而另一段为不可见。同理，在 *H* 投影取一对重影点Ⅲ、Ⅳ，属于直线的Ⅲ点在上，*H* 投影直线 *DE* 的 *DK* 段可见，而另一边不可见。可见者画实线，不可见画虚线，如图 3-50(c)所示。

例3-14　如图 3-51(a)所示，给出△*ABC* 和△*DEF*，试求其交线。

解　分析：从两平面中各取一条直线，分别求出它们与另一平面的交点。连接两交点即为所求交线。

作图：

(1)过 *AC* 作正垂面 *P*，交△*DEF* 于直线 *HI*，直线 *HI* 与 *AC* 的交点 *M*，即为两平面交线上的一点；

(2)又过 *EF* 作正垂面 *Q*，交△*ABC* 于直线 *JK*，并求得与 *EF* 的交点 *N*；

(3)连 *MN*，即为所求交线。

判别可见性：

(1)判别 *H* 投影。取一对重影点Ⅰ、Ⅱ(1、2 和 1′、2′)。由 *V* 投影知，*AC* 边上的Ⅰ点在上，*EF* 边上的Ⅱ点在下，因此 *H* 投影Ⅰ点可见，Ⅱ点不可见。因此，在 *H* 投影上，△*ABC* 的 *BAMN* 部分可见，其另一部分不可见(交线是可见与不可见的分界线)；相反，△*DEF* 的 *DENM* 部分可见，另一部分为不可见。可见者画实线，不可见画虚线，如图 3-51(c)所示。

(2)判别 *V* 投影。取一对重影点Ⅲ、Ⅳ(3′、4′和 3、4)。由 *H* 投影知，*BA* 上的Ⅲ点在前。*EF* 上的Ⅳ点在后，Ⅲ点可见，Ⅳ点不可见。因此，在 *V* 投影上，△*ABC* 的 *BAMN* 部分可见，另一部分不可见。相反，△*DEF* 的 *DFNM* 部分可见，而另一部分为不可见，如图 3-51(c)所示。

三、垂直问题

(一)直线与平面垂直

由初等几何知：当直线垂直于一平面内两条相交直线时，该直线与该平面相互垂直。反

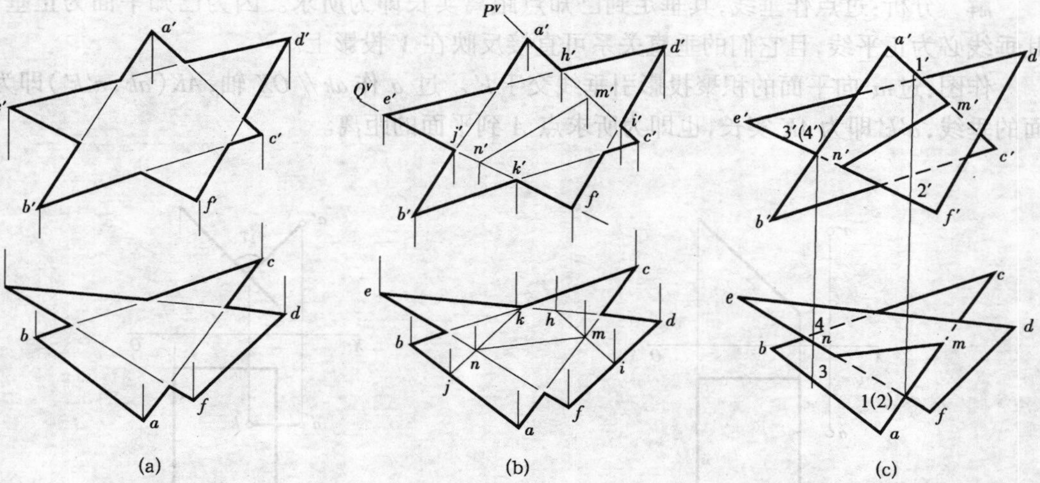

图 3-51 线面交点法求交线

过来，若直线垂直于一个平面，则该直线必垂直于该平面内所有直线（包括垂直相交和垂直交叉）。

1. 特殊位置的直线与平面垂直

当直线（或平面）处于特殊位置，即垂直于或平行于某投影面时，其垂面（或垂线）必定也处于特殊位置。例如 H 面平行面（水平面）的垂线必定是 H 面垂直线（铅垂线）；反之，铅垂线的垂面必定是水平面。

如图 3-52(a)所示，$\triangle DCE$ 所在的平面垂直于 H 面，AB 是平面的一条垂线，故 $AB /\!/ H$ 面。此时，$\triangle DCE$ 的 H 投影有积聚性，AB 的 H 投影 $ab \mathrel{\underline{/\!/}} AB$，$ab \perp dce(P^H)$，水平线 AB 的水平投影必垂直于其垂面的积聚投影，在 H 面的投影，线面垂直的关系显示明显。如图 3-52(b)、(c)所示。

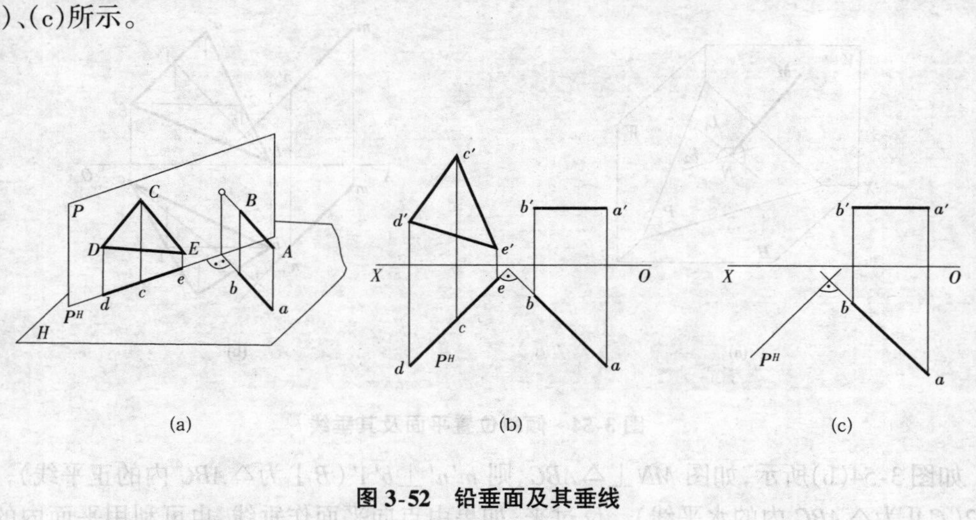

图 3-52 铅垂面及其垂线

例3-15 如图 3-53(a)所示,已知平面是正垂面,求平面外一点 A 到平面的距离。

解 分析:过点作垂线,其垂足到已知点距离实长即为所求。因为已知平面为正垂面,其垂线必为正平线,且它们的垂直关系可直接反映在 V 投影上。

作图:过 a' 向平面的积聚投影引垂线交于 k'。过 a 作 $ak /\!/ OX$ 轴,$AK(ak, a'k')$ 即为平面的垂线,$a'k'$ 即为 AK 实长,也即为所求点 A 到平面的距离。

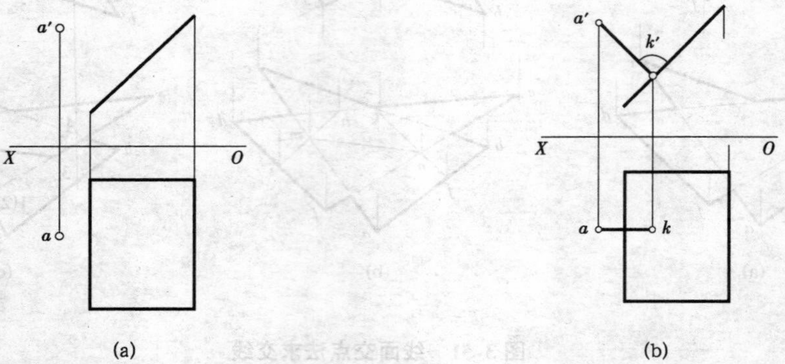

图 3-53 求点到正垂面的距离

2.倾斜位置的直线与平面垂直

当直线(或平面)处于倾斜位置时,其垂面(或垂线)也必处于倾斜位置(相对于投影面)。此时,线面的垂直关系不能在 V 或 H 面上像特殊位置线面垂直那样明显地反映出来。如图 3-54(a)所示,直线 MN 垂直于倾斜位置平面 P,则 MN 必垂直于 P 面内所有直线,当然 MN 也垂直于平面内的正平线如 L_1 和水平线如 L_2。由直角投影定理,MN 与正平线的垂直关系反映在 V 投影面上,即 $m'n' \perp l_1'$;MN 与水平线的垂直关系反映在 H 投影面上,即 $mn \perp l_2$。

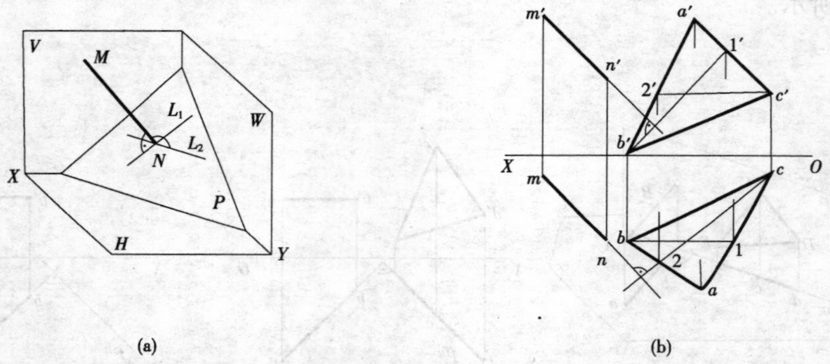

图 3-54 倾斜位置平面及其垂线

如图 3-54(b)所示,如图 $MN \perp \triangle ABC$,则 $m'n' \perp b'1'$(B Ⅰ为$\triangle ABC$ 内的正平线),且 $mn \perp c2$(C Ⅱ为$\triangle ABC$ 内的水平线)。反过来,如果由点向平面作垂线,也可利用平面内的正平

线和水平线的相应投影来确定垂线的方位。

例3-16　如图 3-55(a)所示，已知点 M 及▱$ABCD$(其边 AB、CD 是正平线，AD、BC 是水平线)，求点到平面的距离。

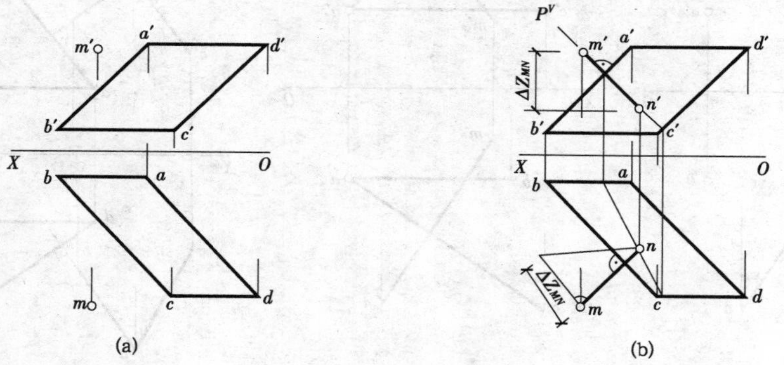

图 3-55　求点到平面的距离

解　分析：过点作平面的垂线，求出垂足，点到垂足的距离实长即为所求。

作图：

(1)过 m' 作 $a'b'$ 的垂线，过 m 作 bc 的垂线，即得垂线的两投影；

(2)包含垂线的 V 投影作正垂面 P^V，求出 P 面与▱$ABCD$ 的交线，与垂线交于 N 点，即垂足；

(3)用直角三角形法求 MN 的实长即为所求，如图 3-55(b)所示。

例3-17　如图 3-56(a)所示，已知直线 MN 及线外一点 A，试过 A 作 MN 的垂面。

解　过点 A 作正平线 $AB \perp MN(a'b' \perp m'n')$ 过 A 作水平线 $AC \perp MN(ac \perp mn)$，所作的两条相交直线构成一个平面，该平面即为所求，如图 3-56(b)所示。

(二)平面与平面垂直

由初等几何知：如果平面内含有一条另一个平面的垂线，则该两平面相互垂直。

如图 3-57 所示，直线 AB 与 AC 构成一个平面，另一平面△DEF 的边 DF 是正平线($df \parallel OX$)，DE 是水平线($d'e' \parallel OX$)，而且 $a'b' \perp d'f'$、$ab \perp de$，所以 AB 垂直于△DEF。因此，平面($AB \times AC$)与△DEF 平面相互垂直。

例3-18　如图 3-58(a)所示，过 A 作平面与△DEF 垂直，并与直线 L 平行。

解　分析：根据条件，只要过 A 作一条直线与△DEF 垂直，再过 A 作一条直线与 L 平行，则所作的两条相交直线所构成的平面即为所求。

作图：

(1)在△DEF 内作正平线 DⅠ($d'1'$、$d1$)和水平线 EⅡ($e'2'$、$e2$)；

(2)过 a' 作 $a'b' \perp d'1'$，过 a 作 $ab \perp e2$，AB 即是△DEF 的垂线；

(3)作 $a'c' \parallel l'$，$ac \parallel l$，平面($AB \times AC$)，即为所求。

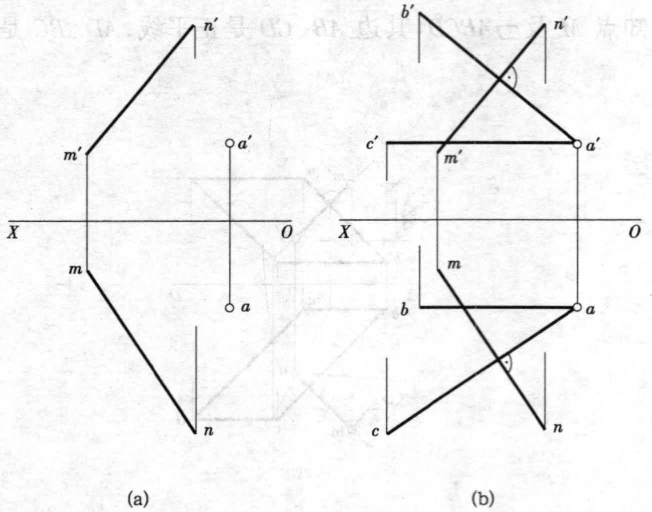

图 3-56　过点作直线的垂面

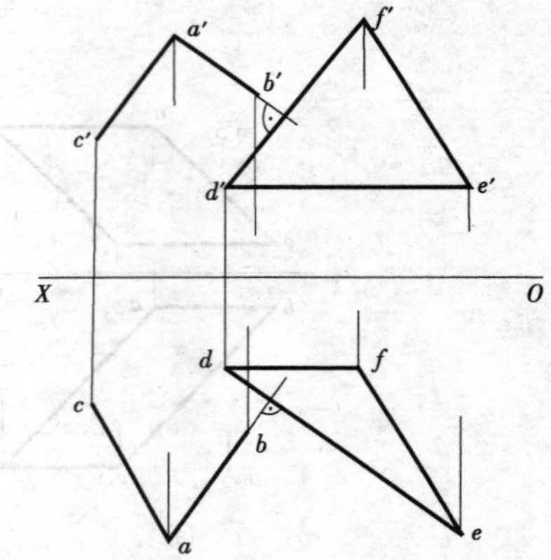

图 3-57　平面与平面垂直

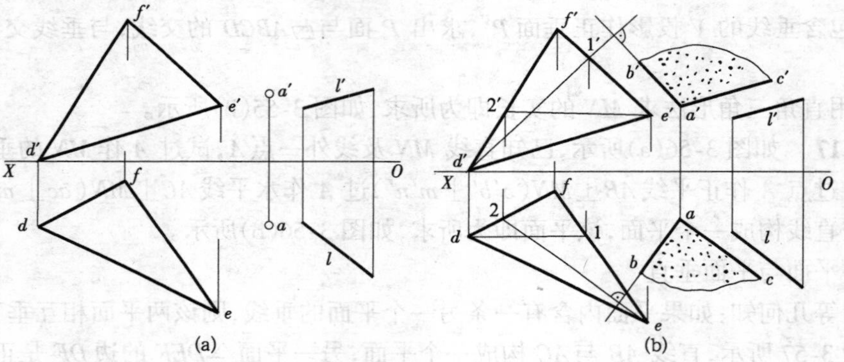

图 3-58　过点作平面垂直于已知平面并平行已知直线

第五节　综合性问题示例

在本章中所涉及的空间几何问题有：关于定位的问题，如点、直线、平面之间的从属、平行、相交、垂直等；关于度量的问题，如实长、实形、倾角、距离等。有些问题比较复杂，需要同时满足多项要求，这种问题称为综合性问题。

解决综合性问题，需要具备较强的基本作图能力，需要有清晰的空间概念；对题意要清楚，了解已知几何元素的空间位置及相互关系，明确已知条件和求解问题，然后进行空间分析。根据已知和所求问题之间的联系，拟出基本的解题思路，决定方法步骤（每一步骤应能够在投影图上实现),逐步完成解答。

进行空间分析时,可参考下列两种方法:

1. 集合法(亦称轨迹法):当题目需要同时满足几个条件时,先逐一求出满足各个条件的集合(点的集合为直线或平面,直线的集合为平面),然后求出这些集合的交点或交线,得出结果。

2. 反推法:假想已有解答,反回来分析解与已知条件之间的联系,从而找到解决问题的途径。

下面结合具体实例,来介绍两种方法的运用。

例3-19 如图 3-59 所示,作一直线与两交叉直线 *AB* 和 *CD* 相交,同时与另一直线 *EF* 平行。

解 分析:该题用集合法来分析。先少考虑一个要求,只要求出与已知直线 *AB* 相交并与已知直线 *EF* 平行的直线。满足这样要求的直线可作出无限多条,而这些直线的集合形成一个既通过 *AB* 又平行于 *EF* 的"集合平面"。该平面内必有一条与 *CD* 和 *AB* 都相交且与 *EF* 平行的直线,该直线即为所求,所求直线必为前述直线的集合中的一条。如图 3-59(a)所示,平面($AB \times AG$)为所求"集合平面",*MN* 为所求直线。

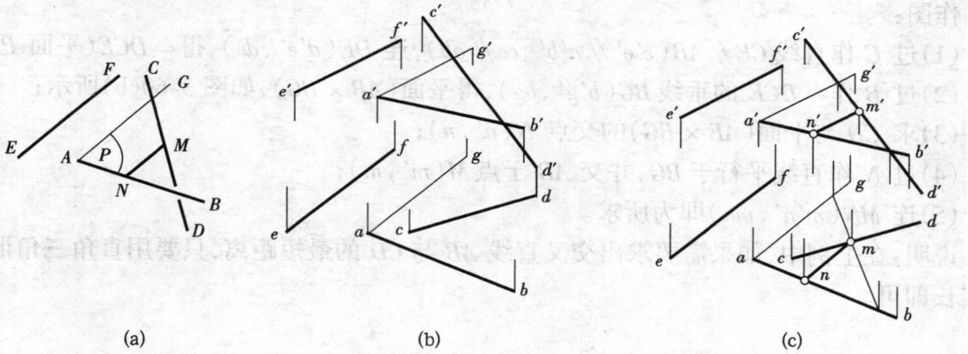

图 3-59 解综合题

作图:

(1)过点 *A* 作直线 $AG // EF$,如图 3-59(b)所示。平面($AG \times AB$)即"集合平面";

(2)求出平面($AG \times AB$)与 *CD* 的交点 $M(m, m')$;

(3)过 *M* 作 *EF* 的平行线,并交 *AB* 于点 $N(n, n')$,直线 *MN* 即为所求。

例3-20 如图 3-60 所示,求 *AB*、*CD* 两交叉线的公垂线。

解 分析 该题用反推法来分析。如图 3-60(a)所示,假想 *AB* 与 *CD* 的公垂线已得出,且为 *MN*,则 *MN* 必垂直于包含 *CD* 且平行于 *AB* 平面 $P(CD \times CE)$;而平面 $Q(MN \times AB)$垂直于平面 $P(CD \times CE)$且 *N* 为平面 *Q* 与直线 *CD* 的交点。

由上述分析可得出解题步骤:过 *C* 作直线 $CE // AB$,得平面 $P(CD \times CE)$,过 *B* 作平面 *P* 垂线 *BG*(点 *G* 不一定是垂足),得平面 $Q(AB \times BG)$,求平面 *Q* 与 *CD* 的交点 *N*;过 *N* 作 *BG* 的平行线交 *AB* 于 *M*,则 *MN* 即所求公垂线,如图 3-60(b)所示。

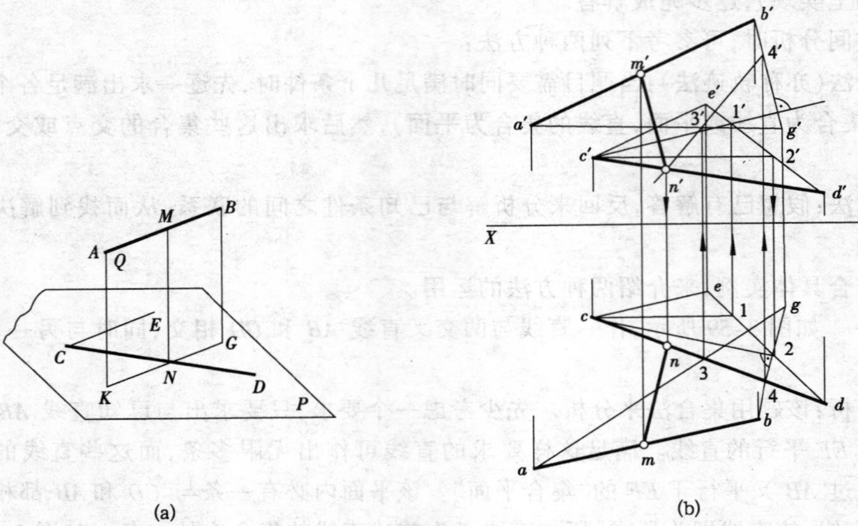

图 3-60　求交叉二直线的公垂线

作图：

(1)过 C 作直线 $CE /\!/ AB$($c'e' /\!/ a'b'$、$ce /\!/ ab$)，连 DE($d'e'$、de)，得△DCE(平面 P)；

(2)过 B 作△DCE 的垂线 BG($b'g'$、bg)，得平面($AB \times BG$)，如图 3-60(b)所示；

(3)求 CD 与平面($AB \times BG$)的交点 N(n'，n)；

(4)过 N 作直线平行于 BG，并交 AB 于点 M(m'，m)；

(5)连 MN($m'n'$，mn)即为所求。

说明：在上例中，如果需要求出交叉直线 AB 与 CD 的最短距离，只要用直角三角形法求其实长即可。

第四章　投影变换

第一节　概　述

一、投影变换的目的

在前面的学习中可知,求解度量问题(如实长、实形、距离、夹角等)或求解定位问题(如交点、交线)时,如果空间几何元素(直线、平面等)相对投影体系处于特殊位置,可以直接利用一些投影特性进行求解,使作图大大简化。

例如,求解两平行线间距离的问题,如图 4-1 所示。从第三章知道,当直线和平面垂直于投影面时,它们的投影具有积聚性。因此,当两平行线 AB 和 CD 都垂直于同一投影面时,两积聚投影的距离就是两平行线的距离,如图 4-1(a)所示。当两平行线都是一般位置直线时,可通过一直线上的任意点 M 作直线的垂直面,与另一直线相交于点 N,作出公垂线 MN,然后才能确定两平行线的距离 l,作图过程比较复杂,如图 4-1(b)所示。由此可知,在解决某些定位问题和度量问题时,如果我们使原来对投影面处于一般位置的空间几何元素,变换为对投影面处于特殊位置或其他有利于问题解决的位置,解题就可以简化,这种变换统称为投影变换。

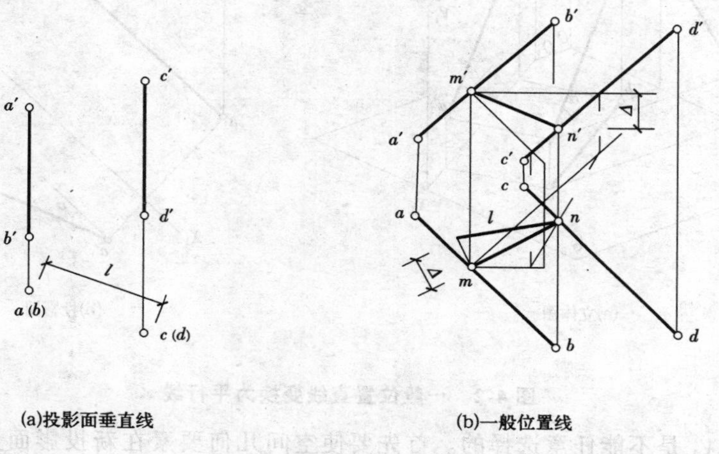

(a)投影面垂直线　　(b)一般位置线

图 4-1　两平行线的距离求解比较

投影变换的目的,就在于改变已知形体对投影面体系的相对位置,以达到简化定位问题和度量问题的解答。

二、常用的投影变换方法

进行投影变换的方法有多种，本章主要介绍下列两种方法：

1. 空间几何要素的位置保持不动，用新的投影面来代替旧的投影面，使空间几何要素对新投影面的相对位置变成有利于解题的位置，然后找出其在新投影面上的投影，这种方法称换面法。

2. 投影面保持不动，使空间几何要素绕某一轴旋转到有利于解题的位置，然后找出其旋转后的新投影，这种方法称为旋转法。

第二节　换　面　法

一、新投影面的设置条件

如图 4-2(a)所示，在 V、H 两投影面体系 V/H 中有一般位置直线 AB，需求作其实长和对 H 面的倾角 α。若设一个新投影面 V_1 平行于平面 $ABba$，由于 $ABba \perp H$ 面，则 V_1 面 $\perp H$ 面，于是用 V_1 面更换 V 面，AB 在 V_1、H 新投影面体系 V_1/H 中就成为 V_1 面平行线，作出它的 V_1 面投影 $a'_1b'_1$，就反映了 AB 的实长和倾角 α。具体的作图过程如图 4-2(b)所示，后面再详细说明。

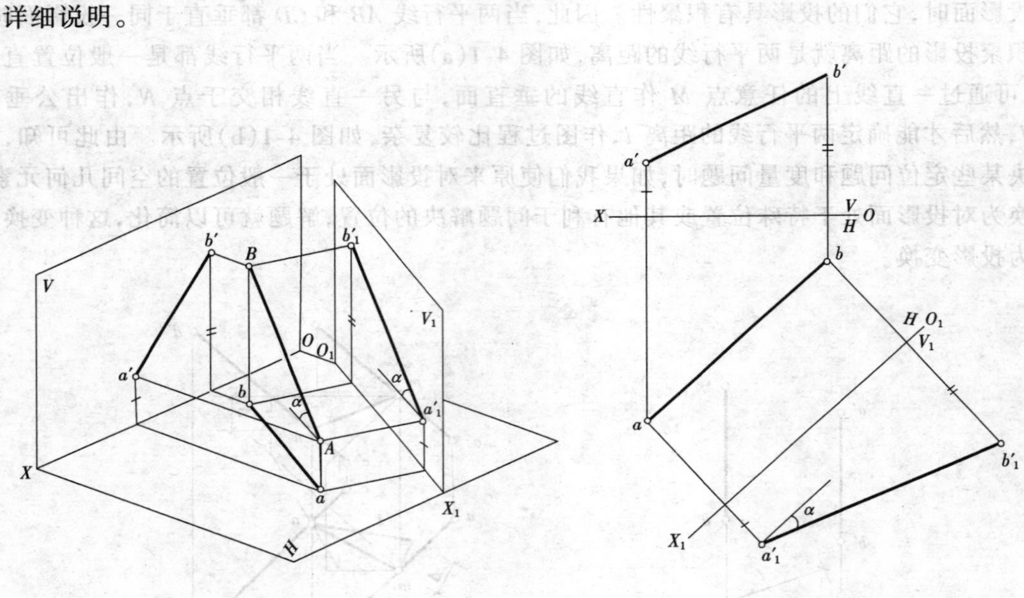

图 4-2　一般位置直线变换为平行线

新投影面 V_1 是不能任意选择的。首先要使空间几何要素在新投影面上的投影能够帮助我们更方便地解决问题；其次新投影面必须要和 H 面构成一个直角两面投影体系，这样才能应用过去所研究的正投影原理作出新的投影图来。因而新投影面的选择必须遵循下列两条原则：

1. 新投影面必须和空间几何要素处于有利于解题的位置。

2. 新投影面必须垂直于一个原有的投影面。

二、点的投影变换规律

(一)点的一次换面

点是一切几何形体的基本要素,因此必须首先了解在换投影面时,点的投影变换规律。

如图4-3(a)所示,已知点 A 在 V/H 体系中的两面投影 a、a' 现在用一个新的投影面 V_1 来代替 V 面,V_1 面与 H 面交于 O_1X_1,称为新投影轴。V_1、H 构成新投影面体系 V_1/H。由 V/H 体系变为 V_1/H 体系时,H 面保持不动,点 A 对 H 面的相对位置没有改变,因此点 A 的水平投影 a 的位置保持不动。由 A 向 V_1 引投影线,即可得到点 A 在 V_1 面上的新投影 a'_1。

由图4-3(a)可以得出,点 A 的新投影面体系 V_1/H 中的投影 a、a'_1 与在 V/H 体系中的投影 a、a' 之间有下述关系:

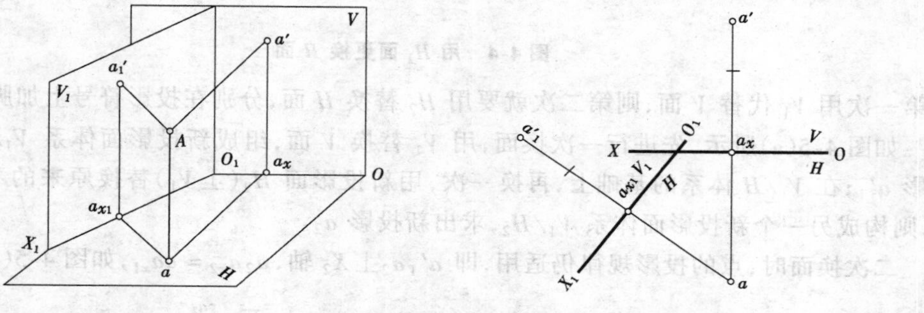

(a)立体图　　(b)投影图

图4-3　点的一次换面

1. 新投影 a'_1 与不变投影 a 的连线垂直于新轴 X_1,即 $aa'_1 \perp X_1$ 轴。

2. 新投影 a'_1 到新轴 X_1 的距离,等于旧投影 a' 到旧轴 X 的距离,即 $a'_1a_{x1} = a'a_x$。

如图4-3(b)所示,点的一次换面作图步骤如下:

(1)作新投影轴 X_1,由不变投影 a 向 X_1 引垂线(垂线与 X_1 轴交于 a_{x1})。

(2)在垂线上截取 $a'_1a_{x1} = a'a_x$,则 a'_1 即为点 A 在 V_1 面上的新投影。

图4-4(a)表示更换水平面。取正垂面 H_1 来代替 H 面,即用 V/H_1 体系代替 V/H,求出新投影 a_1,因此新旧两体系具有公共 V 面。a'、a_1、a 之间有如下关系,见图4-4(b)。

$a_1a' \perp X_1$ 轴;

$a_1a_{x1} = aa_x$。

综合上述得出点的投影变换规律:

(1)点的新投影和不变投影连线垂直于新轴。

(2)点的新投影到新轴的距离,等于旧投影到旧轴的距离。

(二)点的两次换面

用换面法解决实际问题时,有时更换一次投影面还不能得出所需答案,遇到这种情况,就必须变换两次或多次。无论变换几次,求点的新投影的方法均与变换一次投影面相同。

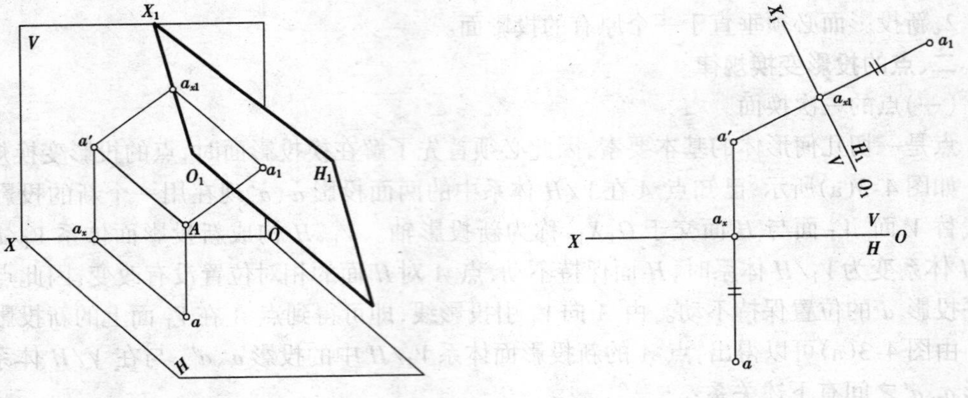

(a)立体图　　(b)投影图

图 4-4　用 H_1 面更换 H 面

如第一次用 V_1 代替 V 面，则第二次就要用 H_2 替换 H 面，分别在投影符号上加脚标。

如图 4-5(a)所示，先进行一次换面，用 V_1 替换 V 面，组成新投影面体系 V_1/H，求出新投影 a'_1；在 V_1/H 体系的基础上，再换一次，用新投影面 $H_2(\perp V_1)$替换原来的不变投影面 H，则构成另一个新投影面体系 V_1/H_2，求出新投影 a_2。

二次换面时，点的投影规律仍适用，即 $a'_1a_2 \perp X_2$ 轴，$a_2a_{x2} = aa_{x1}$，如图 4-5(b)所示。

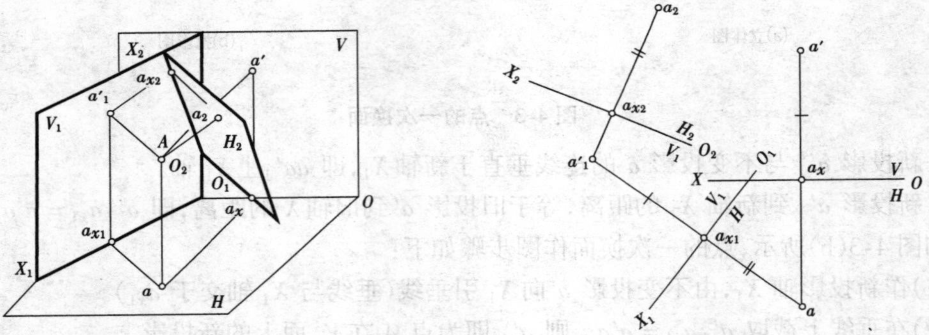

(a)立体图　　(b)投影图

图 4-5　点的二次换面

必须指出：在变换投影面时，新投影面的选择必须符合前面设立投影面的两条原则，而且不能一次变换两个投影面，变换要交替进行，即由 $V/H \to V/H_1 \to V_2/H_1$。

三、六个基本作图问题

应用变换投影面法解答各种问题，可归结为六个基本作图问题：

(一)把一般位置直线变换为新投影面的平行线

直线是由两点确定的，变换直线时，只要将属于直线的任意两点的投影进行变换，即可求得直线的新投影。

如图 4-2(a)所示，为了使 AB 在 V_1/H 中成为 V_1 面平行线，通过一次换面即可达到目的。按照 V_1 面平行线的投影特性，新投影轴 O_1X_1 在 V_1/H 中应平行于所保留的投影 ab。

作图过程为：

(1)作 $O_1X_1 /\!/ ab$(设 O_1X_1 与 ab 距离无关)。

(2)按投影变换的基本作图法分别求作点 A、B 的新投影 a'_1、b'_1，连 $a'_1b'_1$ 即为所求。$a'_1b'_1$ 反映实长，$a'_1b'_1$ 与 O_1X_1 的夹角，即为 AB 对 H 面的倾角 α。

(二)把投影面平行线变换为新投影面的垂直线

如图 4-6 所示，在 V/H 中有正平线 AB。只有变换 H 为 H_1，才能做到新投影面 $\perp AB$，又 $\perp V$。按照 H_1 面垂直线的投影特性，新投影轴 $X_1 \perp a'b'$。只作一次变换即可达到目的。

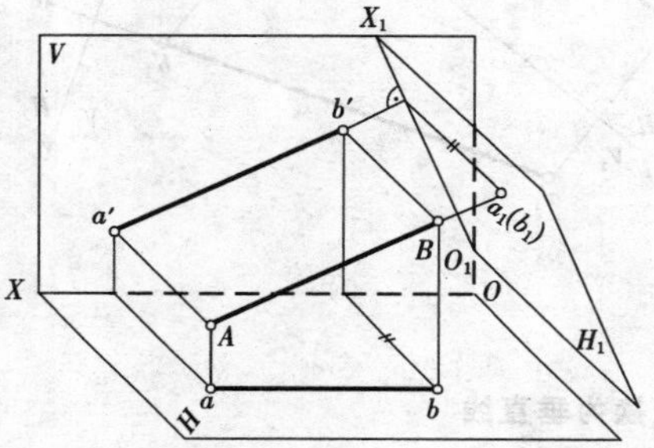

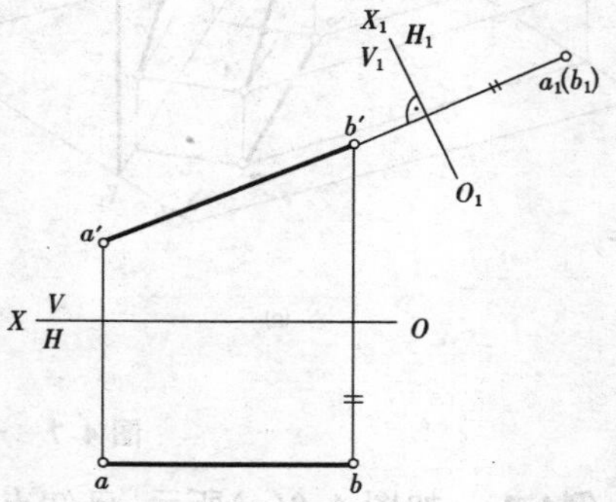

图 4-6　投影面平行线变换为垂直线

作图过程为：

(1)作 $X_1 \perp a'b'$，

(2)按投影变换的基本作图法求得点 A、B 相互重影的新投影 a_1 和 b_1，$a_1(b_1)$即为 AB 的 H_1 面投影。于是 AB 就成为在 V/H_1 中的 H_1 面垂直线，其投影积聚成一点，即 $a_1(b_1)$。

将哪一个投影面进行变换，要视给出的直线位置而定。如给出的是正平线，要使它在新体系中成为垂直线，就应变换 H 面。但是，如果给出的是水平线，则应变换 V 面。

(三)把一般位置直线变换成新投影面垂直线

由图 4-7(a)可以看出，要把一般位置直线变换为投影面垂直线，只换一次面是不行的。因为直接取一个新投影面垂直于一般位置直线，则此面必然是一般位置平面，它与 V、H 投影面都不垂直，这是不符合换面原则的。为了解决问题，必须进行二次变换。首先用新投影面 V_1 使 AB 变换为 V_1/H 体系中的平行线，然后再用第二个新投影面 H_2 替换 H，使 AB 变换为 V_1/H_2 体系中的垂直线。

作图过程如图 4-7(b)所示：

(1)在 V/H 中将 V 变换成 V_1，作 $X_1 /\!/ ab$，将 V/H 中的 $a'b'$ 变换为 V_1/H 中的 $a'_1b'_1$；

(2)在 V_1/H 中作 $X_2 \perp a'_1b'_1$，将 V_1/H 中的 ab 变换为 V_1/H_2 中的 a_2b_2；

(3)由 $a'_1b'_1$ 和 ab 求得点 AB 相互重影点的新投影 $a_2(b_2)$，$a_2(b_2)$即为 AB 的 H_2 面投影，AB 即是 H_2 面的垂直线。

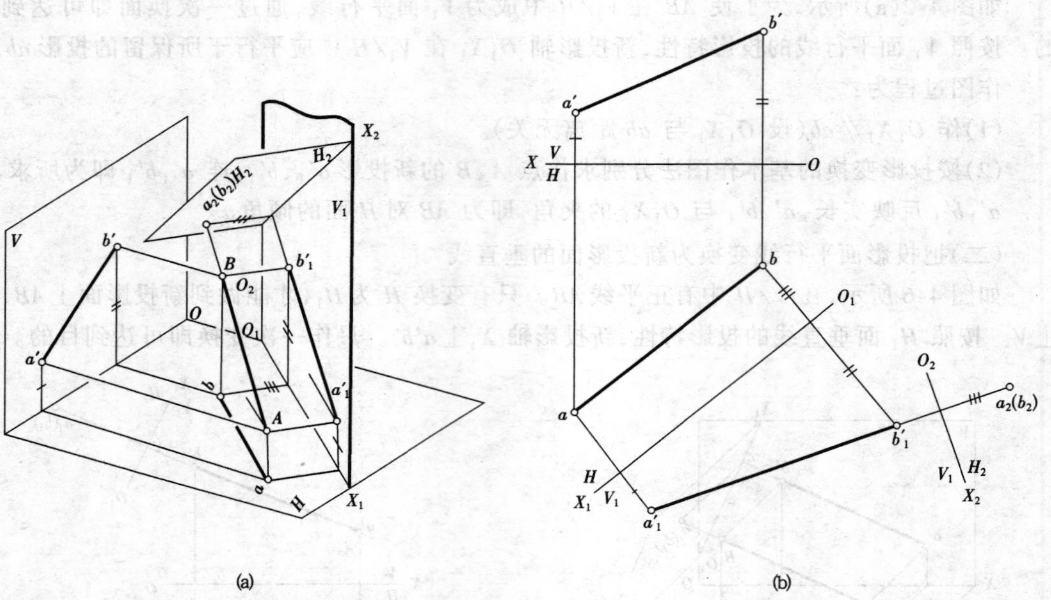

图 4-7　一般位置直线变换为垂直线

例4-1　如图 4-8(a)所示,已知点 B 在点 A 的后方,AB 对 V 面的倾角 $\beta=45°$,求 ab。

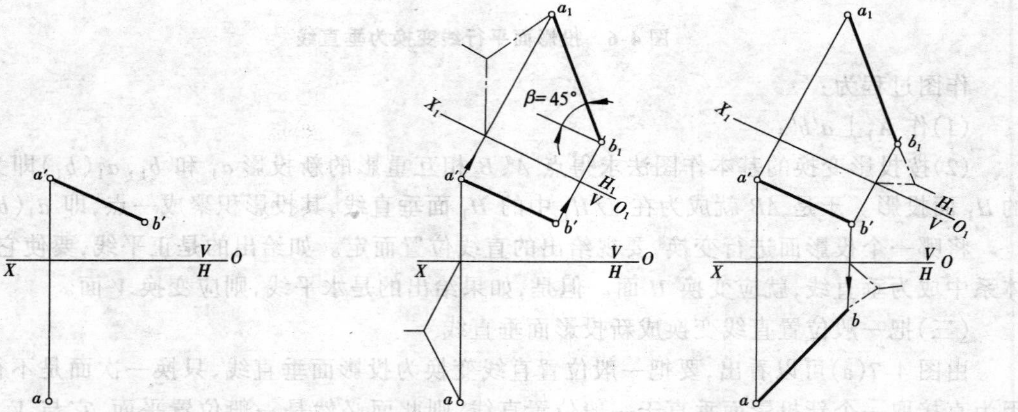

图 4-8　根据 β 角补绘 ab

解　分析:

因为已知倾角 β,所以应将 AB 变换成 V/H_1 中的 H_1 面平行线,利用 a_1b_1 直接反映倾角 β 而作出 a_1b_1。由点 B 在新体系 V/H_1 中的两面投影 b'、b_1,仍可按投影变换的基本作图法反求原体系 V/H 中的 b,然后连出 ab。

作图:

(1)如图 4-8(b)所示，作 $X_1 /\!/ a'b'$，由 a'、a 作出 a_1。在 V/H_1 中，由 a_1 向后作与 X_1 成 45°的直线，与过 b' 的投影连线($\perp X_1$)交得 b_1，于是作出了 a_1b_1。

(2)如图 4-8(c)所示，在 V/H 中由 b' 作投影连线($\perp X$)，并在投影连线上从 X 向 H 面一侧量取 V/H_1 中的 b_1 与 X_1 的距离，得 b，连接 ab 即为所求。

例4-2 如图 4-9 所示，求点 A 到直线 BC 的距离。

解 分析：

求 A 点到直线 BC 的距离，可把点 A 和直线 BC 投影变换两次，在新的投影面体系中，BC 成为投影面垂直线，则 A 点的新投影 a_2 到 BC 积聚成一点的投影 $b_2(c_2)$ 的距离 $a_2(k_2)$，即为所求。

作图：

(1)作 $X_1 /\!/ bc$，由点 A 和直线 BC 在 V/H 中的投影作出 a'_1、$b'_1c'_1$，使 BC 成为 V_1/H 中的 V_1 面平行线。

(2)作 $X_2 \perp b'_1c'_1$，由点 A 和直线 BC 在 V_1/H 中的投影作出 a_2、$b_2(c_2)$，使 BC 成为 V_1/H_2 中的 H_2 面垂直线。此时，BC 积聚成一点 $b_2(c_2)$，a_2 到 $b_2(c_2)$ 的距离即为点 A 到直线 BC 的距离。

(3)过 a'_1 作 $a'_1k'_1 /\!/ X_2$，交 $b'_1c'_1$ 于 k'_1 点；在 V_1/H_2 中，AK 为 H_2 面平行线；在 V/H 中，K 点(k, k')为垂足。

例4-3 如图 4-10 所示，已知平行两水平线 AB 和 CD 的投影 ab、$a'b'$ 和 $c'd'$，两直线的间距为 l，求 cd。

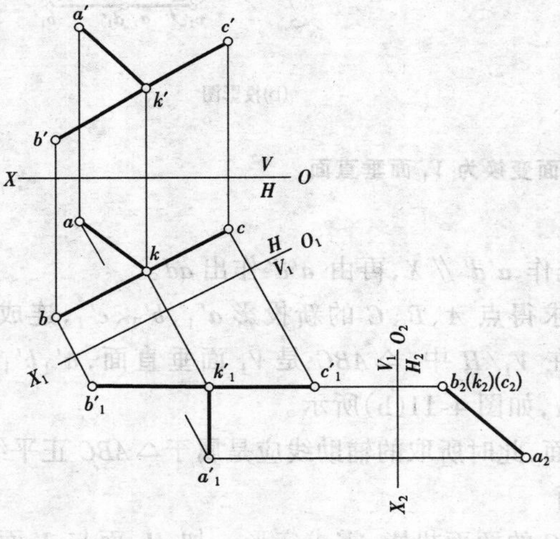

图 4-9 点到直线的距离

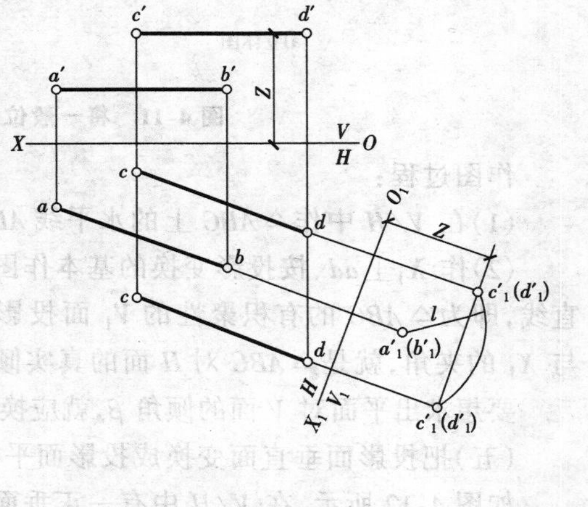

图 4-10 求平行两直线的投影

解 分析：

AB 和 CD 互相平行，它们的间距 l 能在垂直于两直线的新投影面上的投影反映出来，可将平行两直线变换为投影面垂直线，求解之。

作图：

(1)作 $X_1 \perp ab$，设立新投影面 V_1，由 AB 在 V_1/H 中的投影 $a'_1(b'_1)$，使 AB 成为 V_1/H 中 V_1 面垂直线，投影积聚。

(2)以 $c'd'$ 到 OX 轴的距离 Z，作新轴 O_1X_1 的平行线；以 $a'_1(b'_1)$ 为圆心、两平行线间距 l 为半径画圆弧与 O_1X_1 的平行线交于两点，即为直线 CD 在 V_1 面上的投影 $c'_1(d'_1)$。

(3)由 $c'_1(d'_1)$ 和 $c'd'$ 求得 cd，此即 CD 在 H 面的投影。从作图可知，本题有两解。

(四)把一般位置平面变换成投影面垂直面

如图 4-11(a)所示，要将一般位置的△ABC 变换成 V_1 面垂直面，可在△ABC 上任取一条水平线，例如 AD，再加一个垂直于 AD 的 V_1 面。V_1 面既垂直于△ABC，又垂直于 H 面，于是就可将 V/H 中的一般位置的△ABC 变换成 V_1/H 中的 V_1 面垂直面，$a'_1b'_1c'_1$ 积聚成直线。这时，新投影轴 X_1 应与△ABC 上平行于被保留的 H 面的直线 AD 的投影 ad 垂直。

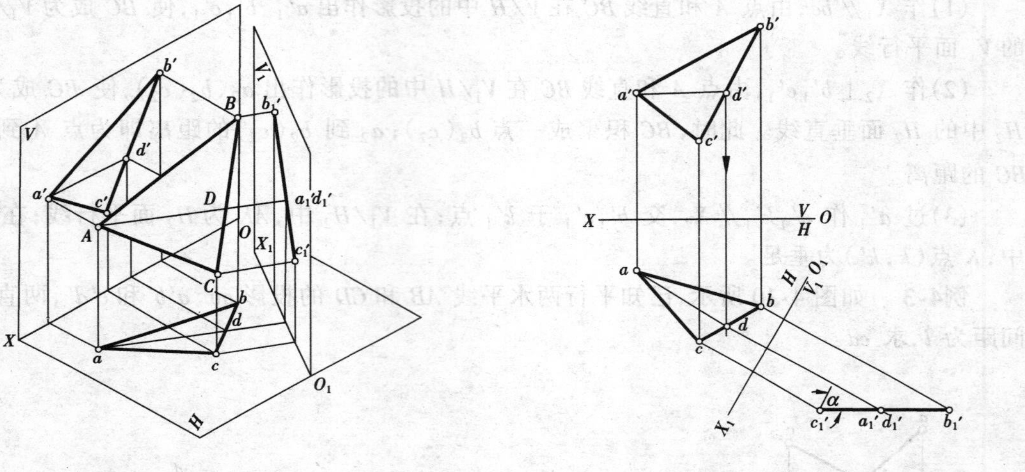

(a)立体图　　　　(b)投影图

图 4-11　将一般位置平面变换为 V_1 面垂直面

作图过程：

(1)在 V/H 中作△ABC 上的水平线 AD，先作 $a'd' \parallel X$，再由 $a'd'$ 作出 ad。

(2)作 $X_1 \perp ad$，按投影变换的基本作图法求得点 A、B、C 的新投影 a'_1、b'_1、c'_1，连成一直线，即为△ABC 的有积聚性的 V_1 面投影。在 V_1/H 中，△ABC 是 V_1 面垂直面，$a'_1b'_1c'_1$ 与 X_1 的夹角，就是△ABC 对 H 面的真实倾角 α，如图 4-11(b)所示。

要想求出平面对 V 面的倾角 β，就应换 H 面，此时所取的辅助线应是属于△ABC 正平线。

(五)把投影面垂直面变换成投影面平行面

如图 4-12 所示，在 V/H 中有一正垂面 ABC 的两面投影，需求实形。加 H_1 面与 V 面垂直面△ABC 相平行，则 H_1 面⊥V 面，△ABC 可以从 V/H 中的 V 面垂直面变换成 V/H_1 中的 H_1 面平行面。这时，X_1 应与 $a'b'c'$ 相平行。

作图过程：

(1)作 $X_1 \parallel a'b'c'$。

(2)按投影变换的基本作图法求得点 A、B、C 的新投影 a_1、b_1、c_1，连成△ABC 的 H_1 面

投影$\triangle a_1b_1c_1$，即为$\triangle ABC$的实形。

同理，若需求处于铅垂面位置的平面图形的实形，则可加与该平面图形相平行的 V_1 面。这个平面图形就成为 V_1/H 中的 V_1 面平行面，它的 V_1 面投影即为实形。

（六）把一般位置平面变换成投影面平行面

如图 4-13 所示，已知 V/H 体系中处于一般位置的$\triangle ABC$的两面投影，要求作$\triangle ABC$的实形。若能加一个与$\triangle ABC$相平行的新投影面，则$\triangle ABC$在其上的新投影就反映实形。因为 ABC 是一般位置平面，与它相平行的新投影面既不垂直于 H 面，也不垂直于 V 面，所以一次换面不能解决问题，需要二次换面。第一次如图 4-11 所示，先把一般位置平面变换为投影面垂直面，第二次换面再把垂直面变换为投影面平行面。

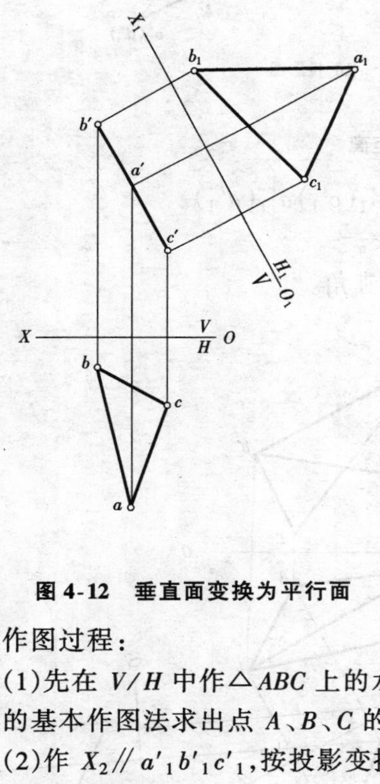

图 4-12　垂直面变换为平行面

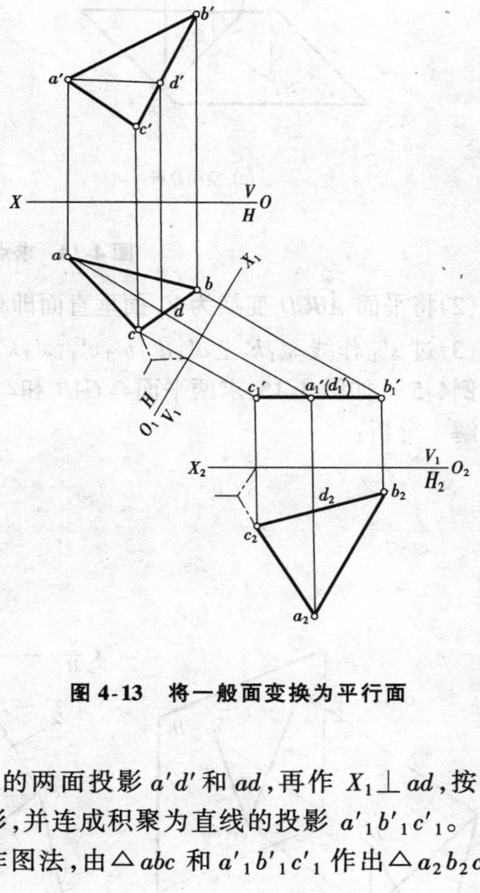

图 4-13　将一般面变换为平行面

作图过程：

(1)先在 V/H 中作$\triangle ABC$上的水平线 AD 的两面投影 $a'd'$ 和 ad，再作 $X_1 \perp ad$，按投影变换的基本作图法求出点 A、B、C 的 V_1 面投影，并连成积聚为直线的投影 $a'_1b'_1c'_1$。

(2)作 $X_2 /\!/ a'_1b'_1c'_1$，按投影变换的基本作图法，由$\triangle abc$和 $a'_1b'_1c'_1$ 作出$\triangle a_2b_2c_2$，即为$\triangle ABC$的实形。

例4-4　如图 4-14，求点 S 到平面 $ABCD$ 的距离。

解　分析：

当平面变成投影面垂直面时，问题得解。如图 4-14(a)所示，当平面变成 V_1 面的垂直面时，反映点至平面距离的垂线 SK 为 V_1 面的平行线，它在 V_1 面上的投影 $S'_1K'_1$ 反映实长。

作图：

(1)设立新投影面 $V_1 \perp BC$(平面内的水平线)即 $X_1 \perp bc$。

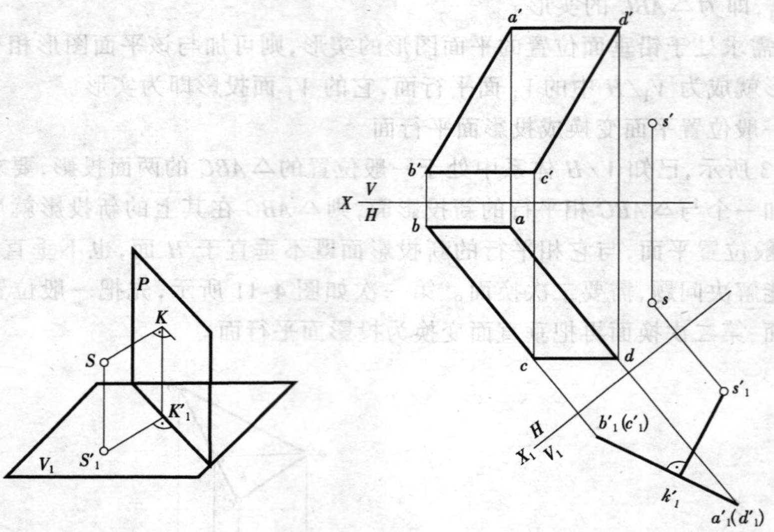

(a) 空间分析　　　　(b) 投影图

图 4-14　求点至平面的距离

(2)将平面 $ABCD$ 变换为 V_1 面垂直面即积聚投影 $b'_1(c'_1)a'_1(d'_1)$。

(3)过 s'_1 作线 $s'_1k'\perp a'_1d'_1b'_1c'_1$，$s'_1k'_1$ 即为所求。

例4-5　如图 4-15，求两平面△CAB 和△DAB 间的夹角。

解　分析：

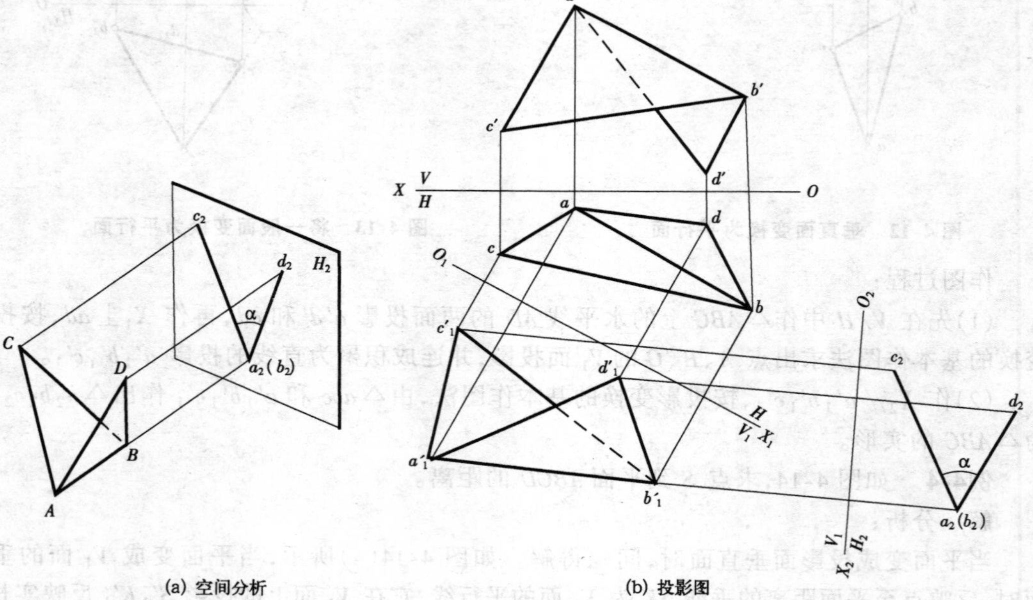

(a) 空间分析　　　　(b) 投影图

图 4-15　求两平面的夹角

要反映两平面的夹角，这两个平面必须同时垂直于一个新投影面（交线垂直于新投影面即可），此时，该两平面的积聚投影所夹角即是两平面之夹角。

作图：

(1)设新投影轴 $O_1X_1 /\!/ ab$，在 V_1/H 中，AB 为正平线；作出$\triangle ABC$ 与$\triangle ABD$ 在 V_1 面上的新投影$\triangle a'_1b'_1c'_1$ 和$\triangle a'_1b'_1d'_1$。

(2)作新轴 $O_2X_2 \perp a'_1b'_1$，在 V_1/H_2 体系中，AB 为铅垂线；作出$\triangle ABC$ 和$\triangle ABD$ 在 H_2 面上的新投影 $a_2b_2c_2$ 和 $a_2b_2d_2$，$\angle\alpha$ 即为两平面的夹角。

第三节　旋转法

与换面法不同，旋转法不需要设立新的投影面，而是使直线和平面等几何元素绕某一轴线旋转到对原投影面处于有利于解题的位置。根据轴线相对于投影面的不同位置，旋转法可分为两大类：绕投影面垂直线旋转和绕投影面平行线旋转。本书只讨论几何元素绕垂直于投影面的轴旋转。

一、绕投影面垂直轴旋转变换的原理

如图 4-16(a)，当圆锥轴线垂直于 H 面时，最左轮廓素线 SA 和最右轮廓素线 SB 的 V 投影 $s'a'$ 和 $s'b'$，反映素线的实长，而其他的素线如 SC，它们的 V 投影都缩短。此外，圆锥所有素线对 H 面的倾角相等，它们的 H 投影的长度相等，为圆锥底圆的半径。如果需要求一般线 SC 的实长，可设想 SC 是圆锥的一根素线，并使它绕通过点 S 而垂直于 H 面的轴线 O 旋转到平行于 V 面的位置（SA 和 SB），此时，它的 V 投影就反映 SC 的实长及对 H 面的倾角 α，如图 4-16(b)所示。

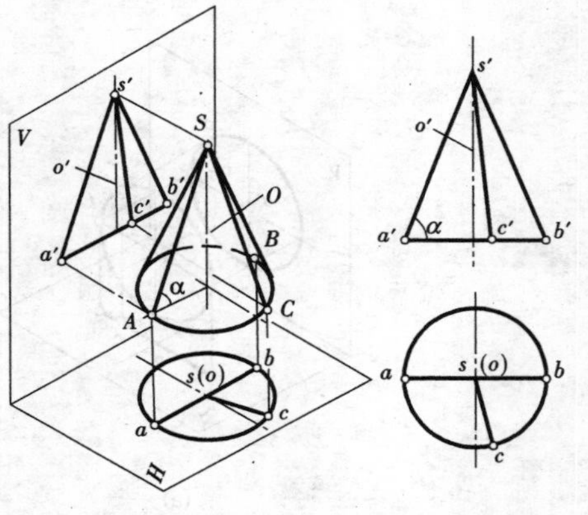

(a)　　(b)

图 4-16　圆锥素线的投影

在旋转法中，点 C 称为旋转点，O 称为旋转轴，如图 4-17(a)点 C 的旋转轨迹是一个圆周，称为轨迹圆。轨迹圆所在的平面称为轨迹平面，它垂直于旋转轴 O 并相交于 O_1，点 O_1 称为点 C 旋转时的旋转中心，旋转点 C 到旋转轴的距离 O_1C 称为旋转半径。当点 C 旋转到点 C_1 的位置时，旋转方向是逆时针，旋转角为$\angle CO_1C_1$。

如图 4-17(a)所示，当空间一点 C 绕垂直于 H 面的旋转轴 OO_1 旋转时，点 C 的轨迹平面是平行于 H 面且垂直于 V 面的圆。因此点 C 旋转轨迹在 H 面上的投影是圆（以 O_1 为中心，O_1C 为半径），而在 V 面上的投影，则为平行于 OX 轴的线段。

图 4-17(b)是点 C 绕旋转轴逆时针旋转 φ 角后，求新投影（c_1、c'_1）的作图过程。当点 C 转到 C_1 位置时，其 H 面投影同样转 φ 角到达 c_1，而 V 面投影则沿着平行于投影轴 OX 的直线，由 c' 平移到 c'_1。

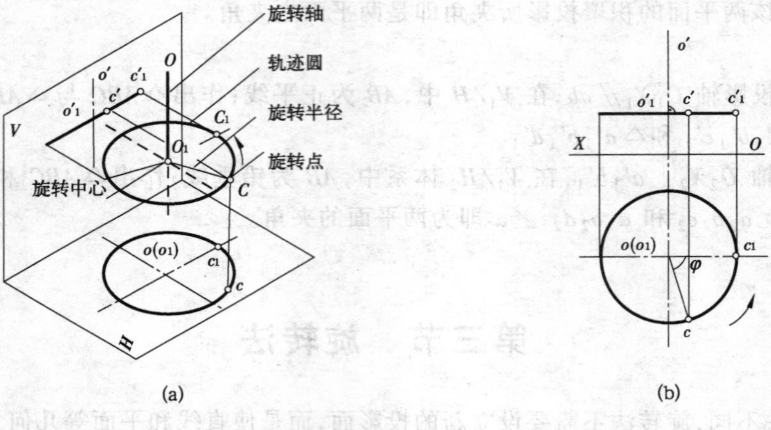

图 4-17　点 C 绕铅垂线 O 旋转

如图 4-18(a)所示，根据需要，旋转轴 O 也可以垂直于 V 面。点 C 的轨迹平面平行 V 面而垂直于 H 面。V 投影是以 O 为中心，OC 为半径的圆，而 H 投影则是平行于 OX 轴的线段。作图过程如图 4-18(b)所示。

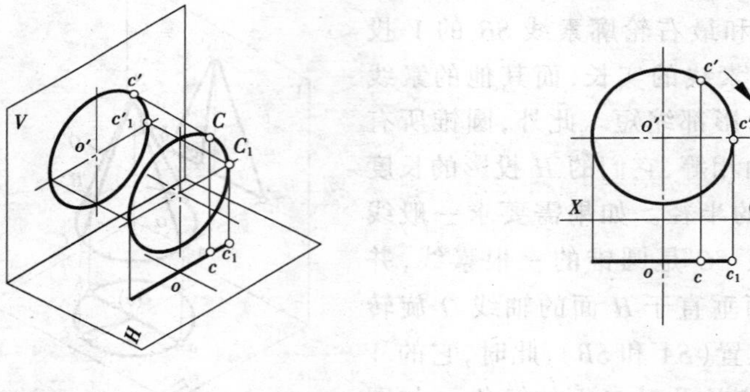

图 4-18　点 C 绕正垂线 O 旋转

从上可知，空间一点绕投影面垂直线旋转时，它在轴线所垂直的投影面上的投影，沿着一圆弧转动，而另一投影则沿着一平行于投影轴的直线移动。

如图 4-16 所示，如果一点在旋转轴上的锥顶 S，它的旋转半径为零，在旋转过程中位置始终不变。

掌握了点的旋转规律，就不难进行线段、平面图形以及几何形体的旋转，它们都可归结为两个或多个点的旋转问题。必须指出的是，进行旋转时，一经确定了旋转轴的方向和位置，线、面和体上所有的点，都要绕同一旋转轴，依同一旋转方向，旋转同一角度。

运用旋转法解决空间几何问题时，必须对需要解决的问题先弄清题意，进行空间分析，确定解题方案和步骤，然后进行具体作图。如果旋转一次还不能解决问题，同样可进行二次旋转、三次旋转，直到解决问题为止。下面用例题说明旋转法的运用。

二、直线和平面的旋转及应用举例

例4-6　如图 4-19(a)所示,求一般线段 AB 的实长和对 H 面的倾角 α。

解　分析:

由于线段可看作由两点所决定,因此旋转时只需使两端点绕同一轴以同一方向旋转同一角度。

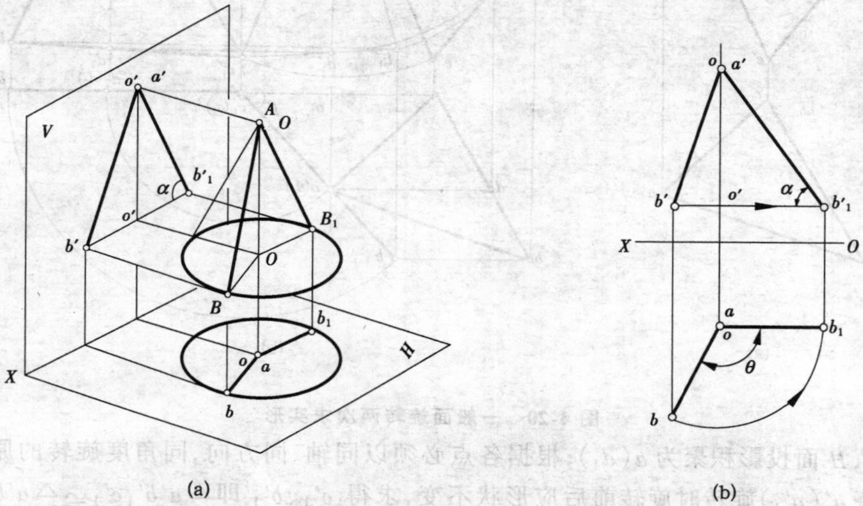

图 4-19　将一般位置直线旋转为平行线

为了简化作图过程,选取旋转轴 OO 通过线段 AB 的端点 A。如图 4-19(b)所示,当 AB 绕垂直于 H 面的轴线 AO 旋转到平行 V 面时,AB 就旋转成为正平线,这时就必须旋转水平投影,因此旋转轴 AO 必须是铅垂线。因点 A 在旋转轴上,旋转前后位置不变,因此,只要转动点 B,它的新 V 面投影就能够反映线段的实长和对 H 面的倾角 α。

作图:

(1)如图 4-19 所示,过点 A 作旋转轴 O 垂直于 H 面。

(2)以 aO 为圆心,ab 为半径作圆弧,将点 b 转到 b_1,使 ab_1 平行于投影轴 OX,成为一水平线段。

(3)V 面投影 b' 作水平移动,对应 b_1 而到达 b'_1 位置。连 $a'b'_1$,则新投影 $a'b'_1$ 反映线段 AB 实长,它与 OX 轴的夹角 α,反映了直线 AB 对 H 面的倾角。

例4-7　如图 4-20(a),求一般面△ABC 的实形。

解　分析:

如同换面法一样,求一般面实形须两次旋转。第一次旋转将一般面变换为投影面垂直面,此时一投影积聚并得到平面的倾角;第二次旋转再将此垂直面变换为平行面,从而求得平面实形。

作图:

(1)如图 4-20(b)所示,先在△ABC 平面内作一正平线 AD;设第一次旋转轴 $O_1(O_1)\perp V$ 面并通过 A 点,这时,轴的 V 投影积聚成一点并与 a' 重合。

(2)以 a'(实质为 O'_1)为圆心,$a'd'$ 为半径作圆弧,使 $a'd'_1\perp OX$ 轴即将 AD 变换为投影

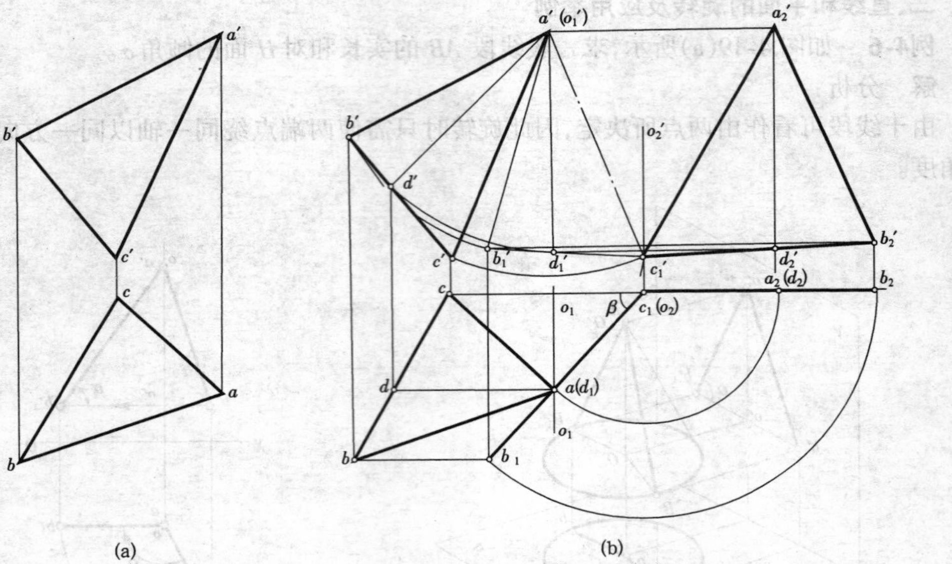

图 4-20　一般面旋转两次求实形

面垂直线，H 面投影积聚为 $a(d_1)$；根据各点必须以同轴、同方向、同角度旋转的原则，这样 $\triangle a'b'c'$ 绕 $a'(o'_1)$ 旋转时旋转前后应形状不变，求得 c'_1、b'_1 即 $\triangle a'b'_1c'_1 \cong \triangle a'b'c'$；在 H 面投影中，过 b、c 作 OX 的平行线，与过 b'_1、c'_1 的 OX 垂直线相交得 b_1、c_1，这时 $b_1a(d_1)c_1$ 积聚为一直线并反映对 V 面倾角的实形 β。

(3)设轴 o_2-$o_2 \perp H$ 并通过 C 点，轴线的 H 投影积聚为一点并与 C 点的 H 投影 c_1 重合。以 $c_1(o_2)$为圆心，将直线($\triangle ABC$ 积聚投影)$c_1a(d_1)b_1$ 旋转到与 OX 轴平行，得 $c_1a_2(d_2)b_2 \parallel OX$。

(4)在 V 面上，过 a'、b'_1 点作水平线分别与过 a_2、b_2 点的铅垂线交于 a'_2、b'_2，连 $\triangle a'_2b'_2c'_1$ 即为$\triangle ABC$ 的实形。

例4-8　如图 4-21 所示，将点 D 绕所设 oo 轴旋转到已知平面 ABC 上。

解　分析：

点 D 绕 OO 轴的旋转轨迹为一水平圆周，此圆周所属的平面必与平面 ABC 交于距 H 面等高的一条水平线 EF 上，欲得旋转后的 D_1，必先作出与点 D 等高的水平线 EF。

作图：

(1)在平面 ABC 上作一条水平线 $EF(e'f'、ef)$，EF 与点 D 等高。

(2)以 $o(o)$圆心、$o(o)d$ 为半径，画圆弧交 ef 于 d_1，再过 d_1 作 OX 垂线与 $e'f'$ 交于 d'_1，点 $D_1(d_1、d'_1)$即为所求。

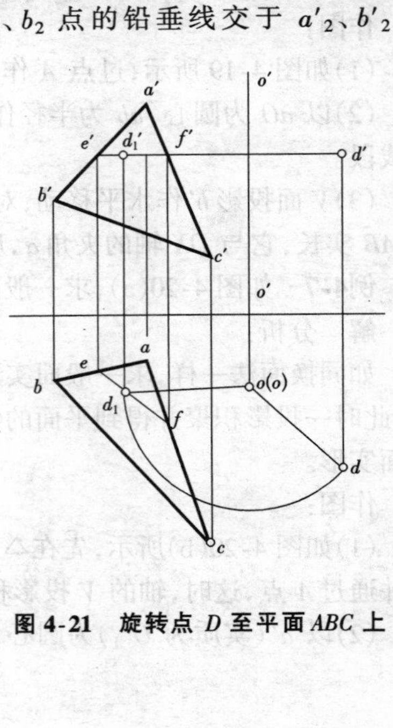

图 4-21　旋转点 D 至平面 ABC 上

第五章 平面形体的投影

任何建筑形体都可以看成是由基本形体按照一定的方式组合而成。基本形体分为平面立体和曲面立体两大类。

平面立体——由若干平面围成。常见的有棱锥、棱柱等。

曲面立体——由曲面或者由曲面和平面围成。其中最常见的是回转体，如圆柱、圆锥和球等。

本章只讨论平面体，包括平面立体及其表面定点，平面立体的截交线、相贯线，平面基本体的组合等。

第一节 平面立体及其表面上的点

平面立体各表面都是由平面所围成。这里主要介绍最常见的棱柱和棱锥的投影特点及在其表面定点的方法。

一、棱柱

棱柱是由上、下底面和若干侧面围成，如图 5-1 所示。其上、下底面形状大小完全相同且相互平行；每两个侧面的交线为棱线，有几个侧面就有几条棱线；各棱线相互平行且都垂直于上、下底面。

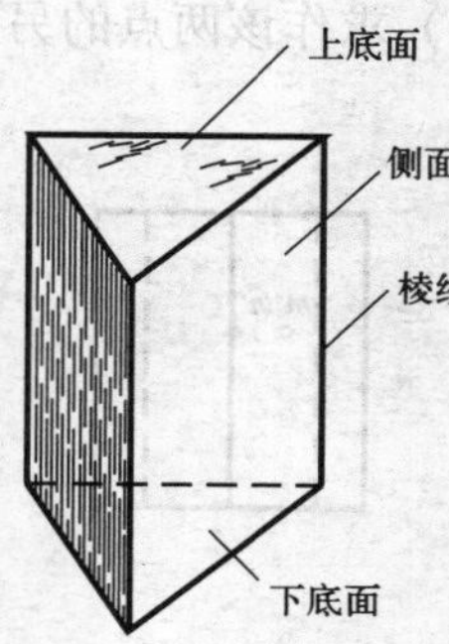

图 5-1 棱 柱

下面以正六棱柱为例，介绍棱柱的投影特点，如图 5-2(a)所示。正六棱柱由六个侧面和上、下底面围成，上、下底都是正六边形且相互平行；六个侧面两两相交为六条相互平行的棱线，且六条棱线垂直于上、下底面。当底面平行于 H 面时，得到如图 5-2(b)所示的三面投影图(本书以后的投影图一般不再画投影轴，三面投影按照“长对正、高平齐、宽相等”的关系摆放)。在 H 投影上，由于各棱线垂直于底面，即垂直于 H 面，所以 H 投影均积聚为一点，这是棱柱投影的最显著特点，如 $a(a_1)$、$b(b_1)$等；相应地，各侧面也都积聚为一条线段，如 $a(a_1)b(b_1)$、$a(a_1)c(c_1)$等；上下底面反映实形(水平面)，投影仍为正六边形(上底面投影可见，下底面不可见)。在 V 投影上，上、下底面投影积聚为上、下两条直线段；各侧面投影为实形(如 $a'b'b'_1a'_1$)或类似形(如 $c'a'a'_1c'_1$)；由于各棱线均为铅垂线，所以 V 投影都反映实长。在 W 投影上，上、下底面仍积聚为直线段，各侧面投影为类似形(如 $c''a''a''_1c''_1$)或积聚为直线段如 $a''(b'')a''_1(b''_1)$，各棱线仍反映实长。

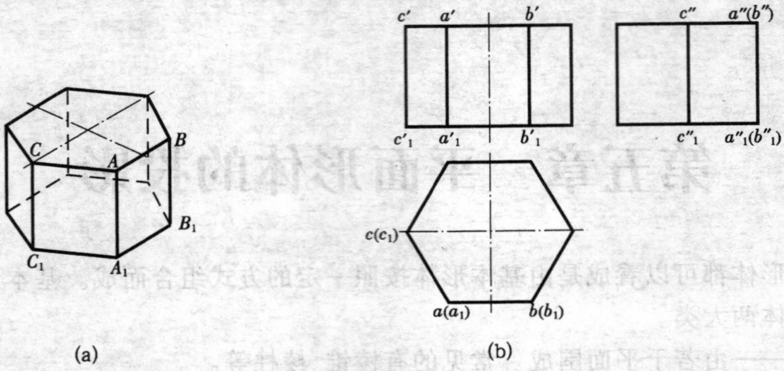

图 5-2　正六棱柱及其投影

在立体的投影图中，应能够判别各侧面及各棱线的可见性。判别的原则是根据其前后、上下、左右的相对位置来判断其 V、H、W 投影是否可见。如在图 5-2(b)中，由于六棱柱的上底面在上，所以其 H 投影可见；下底面在下，被六棱柱本身挡住，自然其 H 投影为不可见。在 W 投影中，由于棱线 AA_1 在左 W 投影为可见，而 BB_1 在右 W 投影为不可见。应注意到正六棱柱为前后对称形，因此，在 V 投影中，位于形体前面的三个侧面投影都可见，而后面的三个侧面 V 投影都不可见。

平面立体表面取点的方法与平面上取点的方法相同。但必须注意的是，应确定点在哪个侧面上，从而根据侧面所处的空间位置，利用其投影的积聚性或在其上作辅助线，求出点在侧面上的投影。

例5-1　如图 5-3(a)所示，已知五棱柱的三面投影及其表面上的 M 和 N 点的 V 投影 m' 和(n')，求作该两点的另外两面投影。

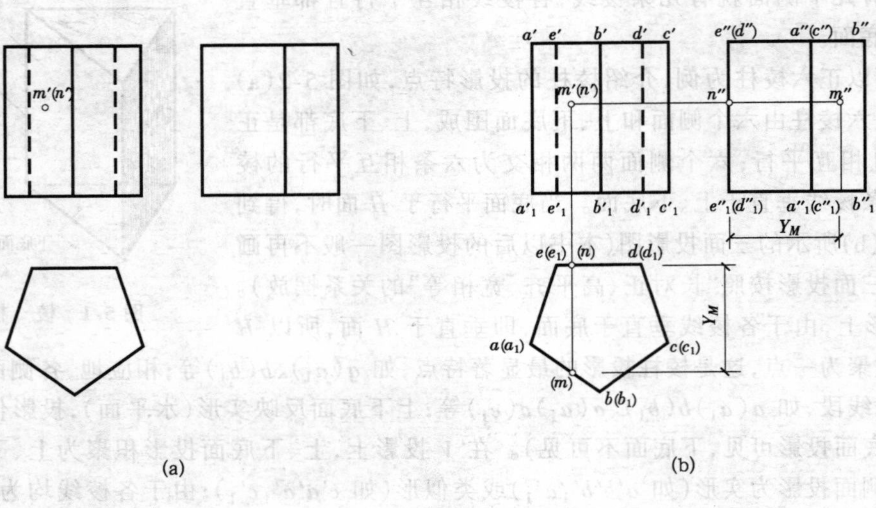

图 5-3　五棱柱表面定点

解 分析：由题目所给两点的 V 投影来看，因为 M 点可见，所以它必位于五棱柱左前面的侧面（ABB_1A_1）上；N 点 V 投影不可见，必位于后面的侧面（EDD_1E_1）上。由此，可根据该两个侧面的积聚投影求出 M 和 N 两点的 H 投影。

作图：

(1)作 $m'(n')$ 的铅直投影连线，与 $a(a_1)b(b_1)$ 交于 m，与 $e(e_1)d(d_1)$ 交于 n；

(2)作 (n') 的水平投影连线，交 $e''(d'')e''_1(d''_1)$ 于 n''；

(3)作 m' 的水平投影连线，并由坐标 Y_M 确定 m''。如图 5-3(b)所示，点 $M(m, m', m'')$ 和 $N(n, n', n'')$ 即为所求。

二、棱锥

棱锥是由一个底面和若干个侧面围成，各个侧面由各条棱线交于顶点，顶点常用字母 S 来表示。如图 5-4(a)所示为一个三棱锥，其底面为 $\triangle ABC$，顶点为 S，三条棱线分别为 SA、SB、SC。三棱锥底面为三角形，有三个侧面及三条棱线；四棱锥的底面为四边形，有四个侧面及四条棱线；依次类推。

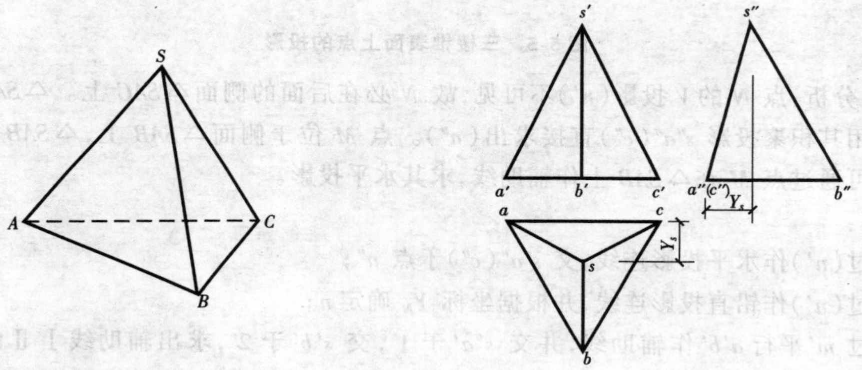

(a)立体图 (b)投影图

图 5-4 三棱锥的投影

在作棱锥的投影图时，通常将其底面水平放置，如图 5-4(b)所示。因而，在其 H 投影中，底面反映实形；在 V、W 投影中，底面均积聚为一直线段；各侧面的 V、W 投影通常为类似形，但也可能积聚为直线段，如图 5-4(b)中的 $s''a''(c'')$。

以图 5-4(b)为例判别棱锥三面投影的可见性。在 H 投影中，底面在下不可见，而三个侧面及三条棱线均可见；在 V 投影中，位于后面的侧面 $\triangle SAC$ 不可见，另外两个侧面 $\triangle SAB$ 和 $\triangle SBC$ 均为可见；在 W 投影中，侧面 $\triangle SAB$ 在左，投影可见，侧面 $\triangle SBC$ 不可见，另一侧面投影积聚于 $s''a''(c'')$。

在棱锥表面上取点、线时，应注意其在侧面的空间位置。由于组成棱锥的侧面有特殊位置平面，也有一般位置平面，在特殊位置平面上作点的投影，可利用投影积聚性作图，在一般位置平面上作点的投影，可选取适当的辅助线作图。

例5-2 如图5-5所示,已知三棱锥表面上两点 M 和 N 的投影 m' 和 n',求该两点的另外两面投影。

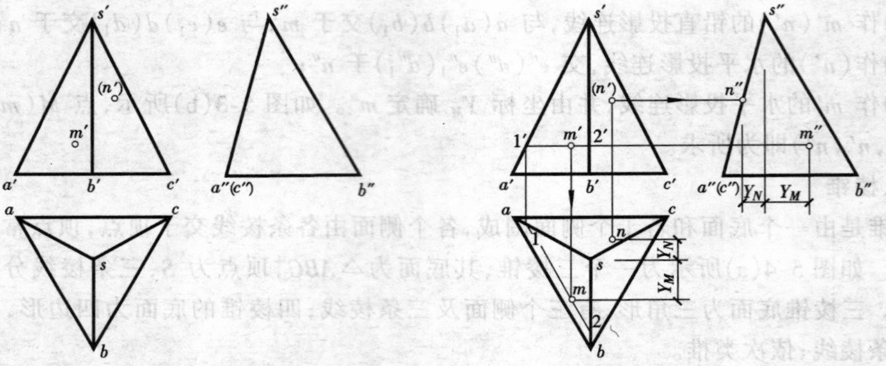

图5-5 三棱锥表面上点的投影

解 分析:点 N 的 V 投影(n')不可见,故 N 必在后面的侧面△SAC 上。△SAC 为侧垂面,可利用其积聚投影 $s''a''(c'')$ 直接求出(n'')。点 M 位于侧面△SAB 上,△SAB 属一般位置平面,可通过点 M 在△SAB 上作辅助线,求其水平投影。

作图:

(1)过(n')作水平投影连线,交 $s''a''(c'')$ 于点 n'';

(2)过(n')作铅直投影连线,并根据坐标 Y_N 确定 n;

(3)过 m' 平行 $a'b'$ 作辅助线,并交 $s'a'$ 于 $1'$,交 $s'b'$ 于 $2'$,求出辅助线ⅠⅡ的 H 投影 $12 /\!/ ab$;

(4)过 m' 作铅直投影连线交12于 m;

(5)根据 m'、m 求出 m''(注意坐标"Y_M")。则点 $M(m, m', m'')$ 及点 $N(n, n', n'')$ 即为所求,如图5-5(b)所示。

第二节 平面与平面立体截交

平面与立体相交,可设想为平面截割立体,此平面称为截平面,所得交线称为截交线,由截交线围成的平面图形称为截面或断面,如图5-6所示。

截交线的性质:

1. 截交线是闭合的平面折线;

2. 截交线是截平面与立体表面的共有线。

上述截交线的性质是求解截交线问题的根据。

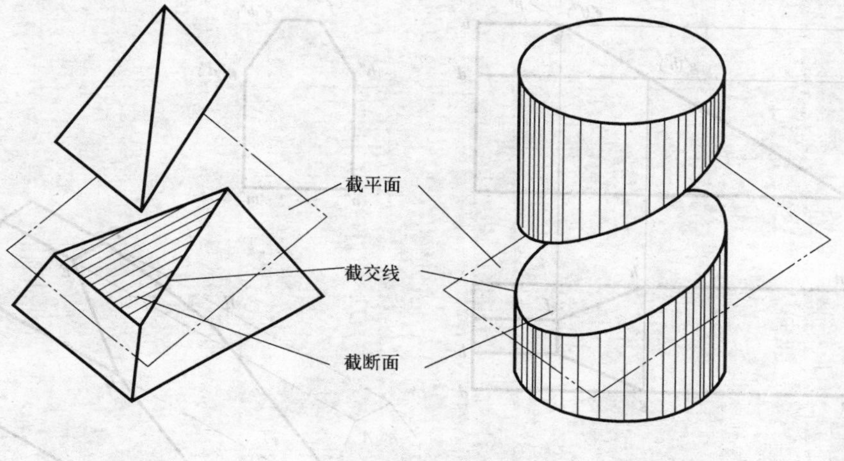

(a)　　(b)

图 5-6　平面与立体截交

平面与平面立体截交产生的截交线为闭合的平面折线，截断面的形状是一个平面多边形。多边形的边数由立体上参与截交的侧面(或底面)的数目决定，或由参与截交的棱线(或边线)的数目决定。每条边即是截平面与侧面的交线，每个折点即是截平面与棱线的交点。因此，在求解截交线时，只要求出截平面与棱线的交点，依次连接即可。

如图 5-7 所示，六棱柱被一正垂面 P 所截。由于棱柱的六个侧面参与截交(即六条棱线参与截交)，因此截交线为一平面六边形。若已知 V 投影，求解被截后的其他投影，则可求出参与截交的六条棱线与截平面的交点，依次连接即可。截切后棱柱的三面投影及其立体图，如图 5-7 所示。

例5-3　如图 5-8(a)所示，已知正三棱锥被正垂面 P 所截，求截交线和截断面实形。

解　分析：由图 5-8(a)可知，P 面与三棱锥的三个侧面都截交，截交线为一个三角形。可求出三条侧棱与 P 面的交点 D、E、F 后，连接成截交线。P 面为正垂面，截交线 V 投影与 P^V 重合。只需求出截交线的 H 投影即可。

作图：

(1)利用 P^V 的积聚性求出 $d'e'f'$，并求出 d、e，如图 5-8(b)所示；

(2)通过侧面 SAB 上的辅助线 FⅠ($/\!/ AB$)求出 f，如图 5-8(c)所示；

(3)依次连接得截交线 H 投影$\triangle def$。

(4)将各棱线保留部分补齐，并用换面法求截断面实形，如图 5-8(d)所示。

例5-4　如图 5-9(a)所示，已知正四棱锥被截后的 V 投影，求 H 和 W 投影。

解　从给出的 V 投影可知，四棱锥的缺口是由水平面 P 和正垂面 Q 截割四棱锥而形成。只要分别求出 P 面和 Q 面与四棱锥的截交线 $ABCDE$ 和 $DEFGH$ 以及 P、Q 两平面的交线 DE 即可。作图步骤如图 5-9(b)、(c)、(d)所示。

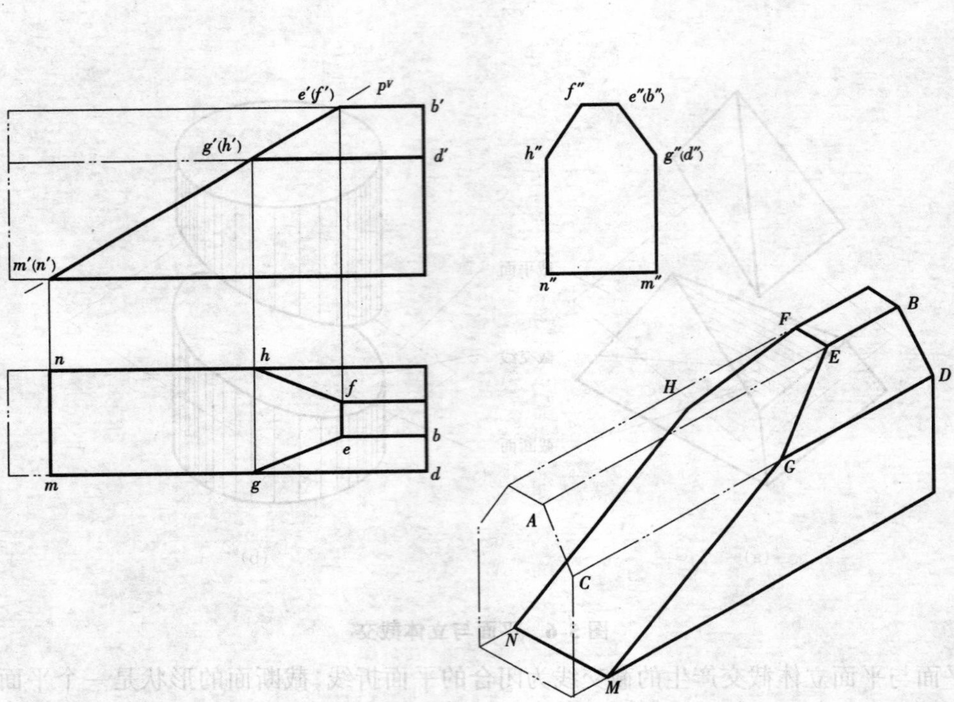

图 5-7　棱柱体的截交线

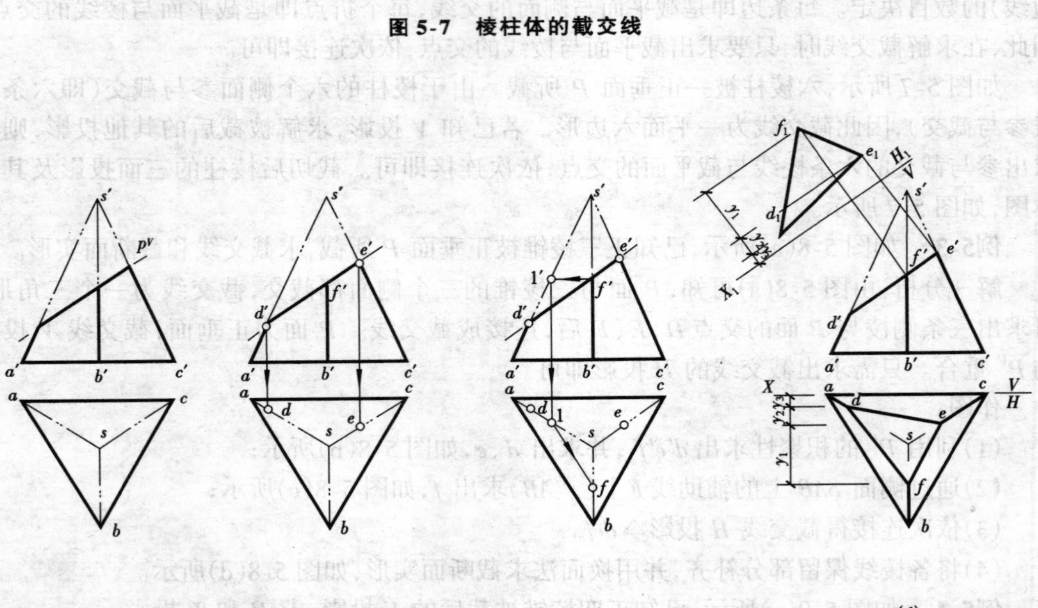

(a)　(b)　(c)　(d)

图 5-8　正三棱锥的截交线

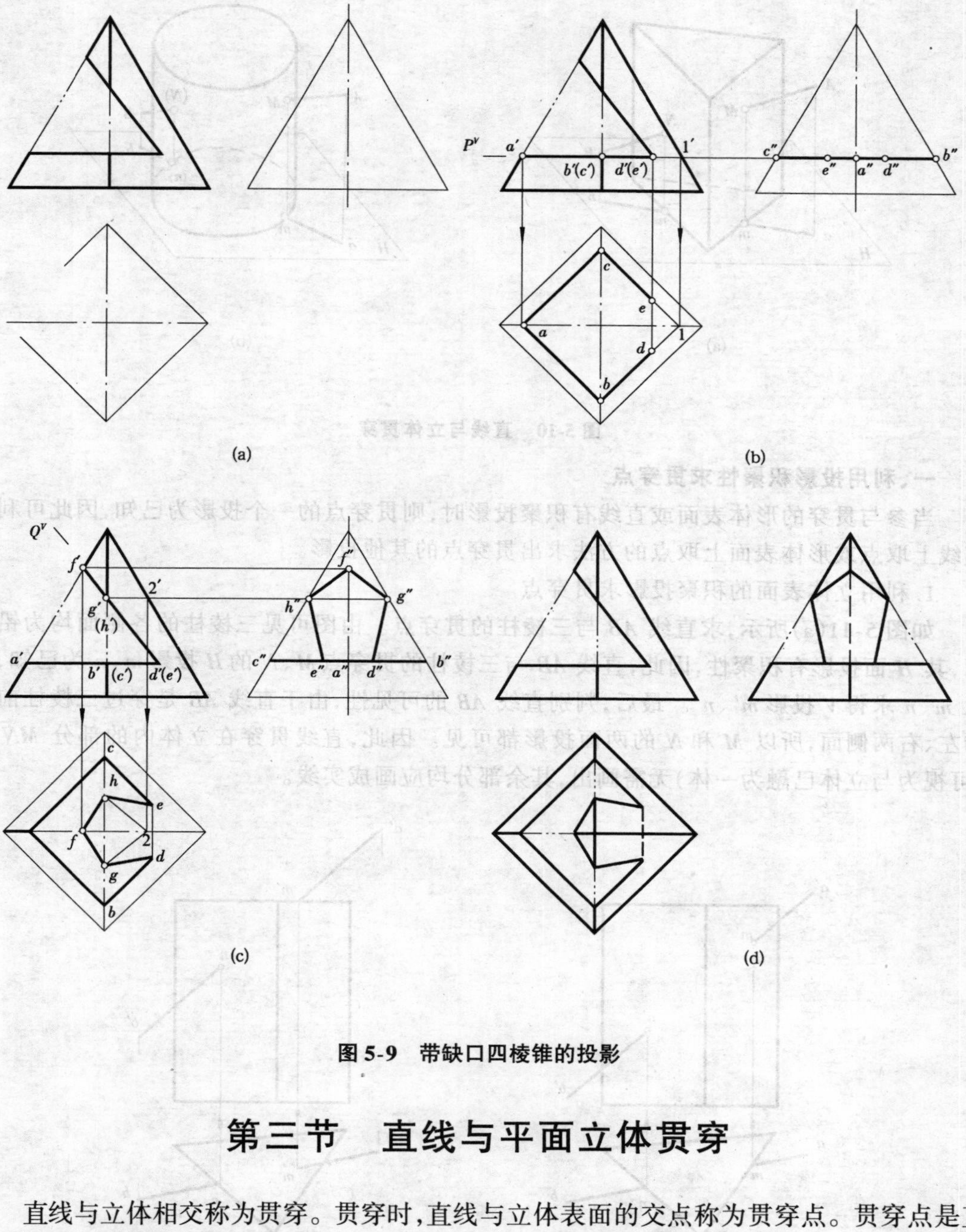

图 5-9　带缺口四棱锥的投影

第三节　直线与平面立体贯穿

直线与立体相交称为贯穿。贯穿时，直线与立体表面的交点称为贯穿点。贯穿点是直线与立体表面的共有点，且必成对出现(一入一出)，如图 5-10 所示。

求直线与平面立体贯穿点的实质，就是求直线与平面的交点，如图 5-10(a)所示。因此，求贯穿点的方法和求直线与平面交点的方法基本相同，可以利用投影积聚性或采用辅助平面法来求解。

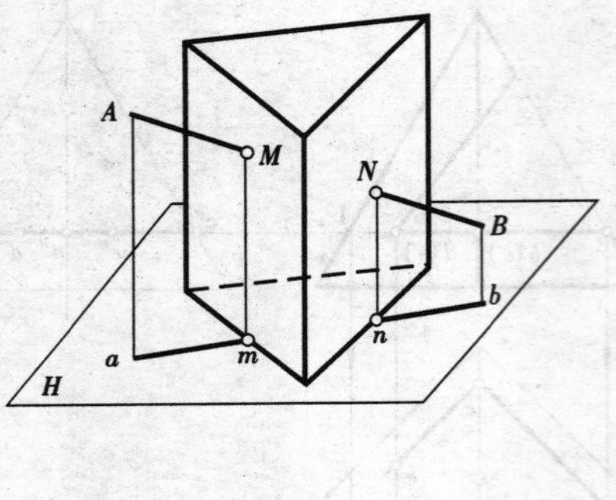

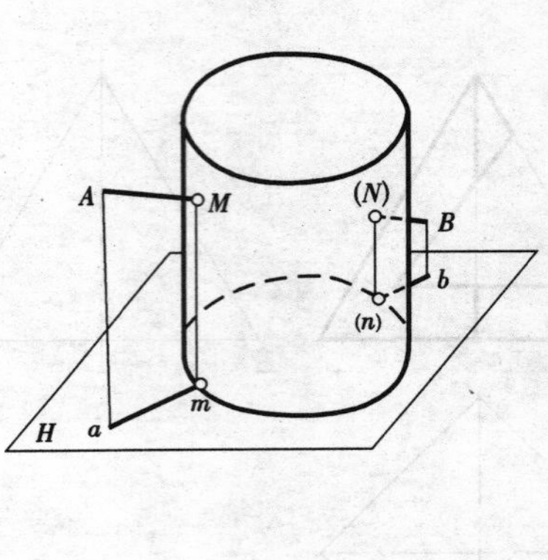

图 5-10　直线与立体贯穿

一、利用投影积聚性求贯穿点

当参与贯穿的形体表面或直线有积聚投影时，则贯穿点的一个投影为已知，因此可利用直线上取点或形体表面上取点的方法求出贯穿点的其他投影。

1.利用立体表面的积聚投影求贯穿点

如图 5-11(a)所示，求直线 *AB* 与三棱柱的贯穿点。由图可见三棱柱的各侧面均为铅垂面，其 *H* 面投影有积聚性，因此，直线 *AB* 与三棱柱的贯穿点 *M*、*N* 的 *H* 投影 *m*、*n* 为已知，再从 *m*、*n* 求得 *V* 投影 *m′*、*n′*。最后，判别直线 *AB* 的可见性，由于直线 *AB* 是穿过三棱柱前面的左、右两侧面，所以 *M* 和 *N* 的两面投影都可见。因此，直线贯穿在立体内的部分 *MN* 段(可视为与立体已融为一体)无需画出，其余部分均应画成实线。

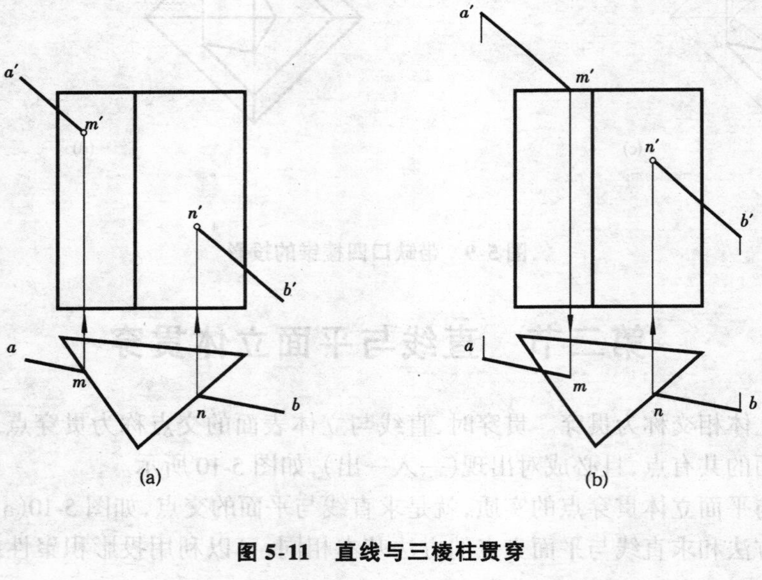

图 5-11　直线与三棱柱贯穿

上面介绍的是直线由三棱柱的侧面穿进，从三棱柱的侧面穿出，故而贯穿点 M、N 的 H 投影均从侧面的积聚投影直接可得。当直线是从上底面穿进，从侧面穿出时，如图 5-11(b) 所示，贯穿点 M 的 V 投影 m' 由上底面的 V 面积聚投影直接可得，再从 m' 求得 m；N 点的投影求法同前。

2. 利用直线的积聚投影求贯穿点

如图 5-12 所示，求正垂线 ED 与三棱锥的贯穿点。三棱锥的各侧面均为一般位置平面，正垂线 ED 由 SBC 侧面穿进，从 SCA 穿出。由于正垂线 ED 的 V 投影有积聚性，故而贯穿点的 V 投影 $m'(n')$ 也积聚在 $e'(d')$ 处，根据点在平面上的投影特性求解。如图 5-12(b) 所示，连 $s'-e'(d')$ 交于底边 $b'c'$ 和 $a'c'$ 上的 $1'$、$(2')$，从而求得 $s1$、$s2$ 与 ed 的交点 m、n，即为贯穿点的 H 面投影。此时，各侧面的 H 投影均可见，则 m 和 n 亦可见，故 em 和 nd 两段都应画成实线。

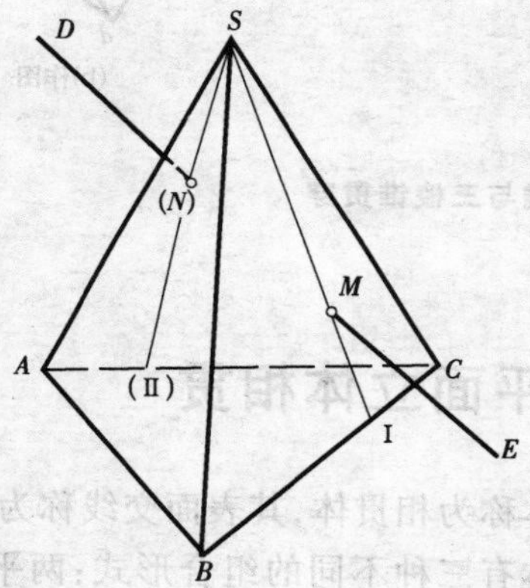

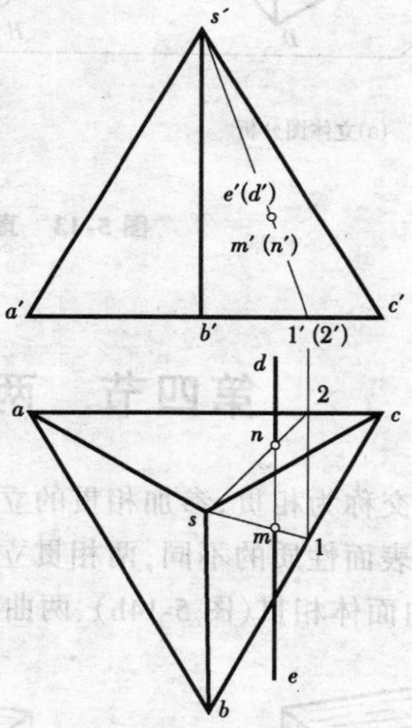

图 5-12　正垂线与三棱锥贯穿

二、利用辅助平面求贯穿点

当形体表面与直线都没有积聚性可利用时，可采用辅助平面法求贯穿点。如图 5-13 所示，求直线 AB 与三棱锥的贯穿点。由于参与贯穿的直线及三个侧面均无积聚投影可利用，因此，求贯穿点应采用辅助平面法。为便于作图，辅助平面可选用包含 AB 的正垂面 P，具体作图步骤如下：

1. 包含 AB 作正垂面 P（P^V 与 $a'b'$ 重合）；

2. 求出 P 与三棱锥的截交线△ⅠⅡⅢ（$1'2'3'$ 和 123）；

3. 在 H 面投影上，由△123 与直线 $a'b'$ 求得交点 m、n，此即贯穿点 M、N 的 H 面投影；再由 m、n 求得 m'、(n')。

最后，判别直线 AB 的可见性。由 H 面投影可知，贯穿点 N 位于三棱锥的后侧面上，所

以其 V 投影$(n')3'$段不可见,其余均为可见。

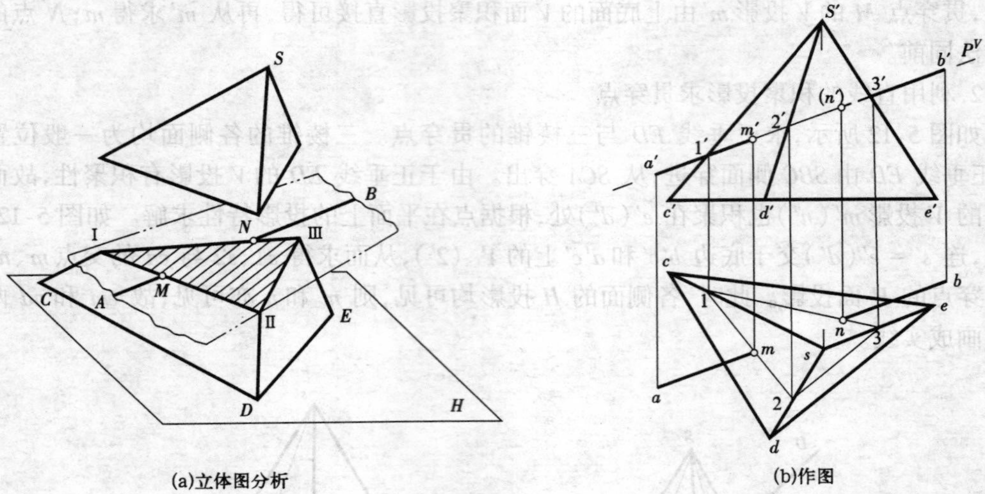

图 5-13　直线与三棱锥贯穿

第四节　两平面立体相贯

两个立体相交称为相贯,参加相贯的立体称为相贯体,其表面交线称为相贯线。

根据相贯体表面性质的不同,两相贯立体有三种不同的组合形式:两平面体相贯(图 5-14a)、平面体与曲面体相贯(图 5-14b)、两曲面体相贯(图 5-14c)。

图 5-14　两立体相贯

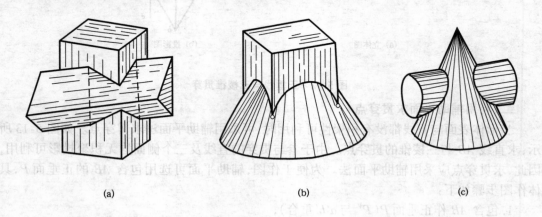

根据两相贯立体相贯位置的不同,有“全贯”和“互贯”两种情况。当甲乙两立体相贯,如果甲立体上的所有棱线(或素线)全部贯穿乙立体时,产生两组相贯线,称为全贯,如图

5-14(c)所示；如果甲、乙两立体分别都有部分棱线（或素线）贯穿另一立体时，产生一组相贯线，称为互贯，如图 5-14(a)所示。

由于相贯体的组合和相对位置不同，相贯线表现为不同的形状和数目，但任何两立体的相贯线都具有下列两个基本性质：

1. 相贯线是两相贯立体表面的共有线，是一系列共有点的集合；

2. 由于立体具有一定的范围，所以相贯线一般是闭合的空间折线或空间曲线，特殊情况下也可能是平面曲线或直线。

两平面立体的相贯线是闭合的空间折线。组成折线的每一直线段都是两相贯体相应侧面的交线，折线的各个顶点则为甲立体的棱线对乙立体的贯穿点或是乙立体的棱线对甲立体的贯穿点，如图 5-15(a)和图 5-16(a)所示。

从上述分析可得出求两平面体相贯线的方法。即只要求出各条参加相贯的棱线与另一立体表面的贯穿点，将其依次连接即可。应当注意，在连线时还需判别各部分的可见性。只有位于两立体上都可见的表面上的交线才是可见的；只要有一个表面不可见，则其交线就不可见。

例5-5 如图 5-15 所示，已知三棱柱与三棱锥相贯，求其相贯线。

解 分析：由图 5-15(a)可知，三棱柱各侧面均是铅垂面，H 投影积聚，相贯线的 H 投影已知。由此，可利用在相应侧面上定点的方法——表面取点法来求解。

从 H 投影可知，三棱锥完全贯穿三棱柱，因此，有两条闭合的相贯线。

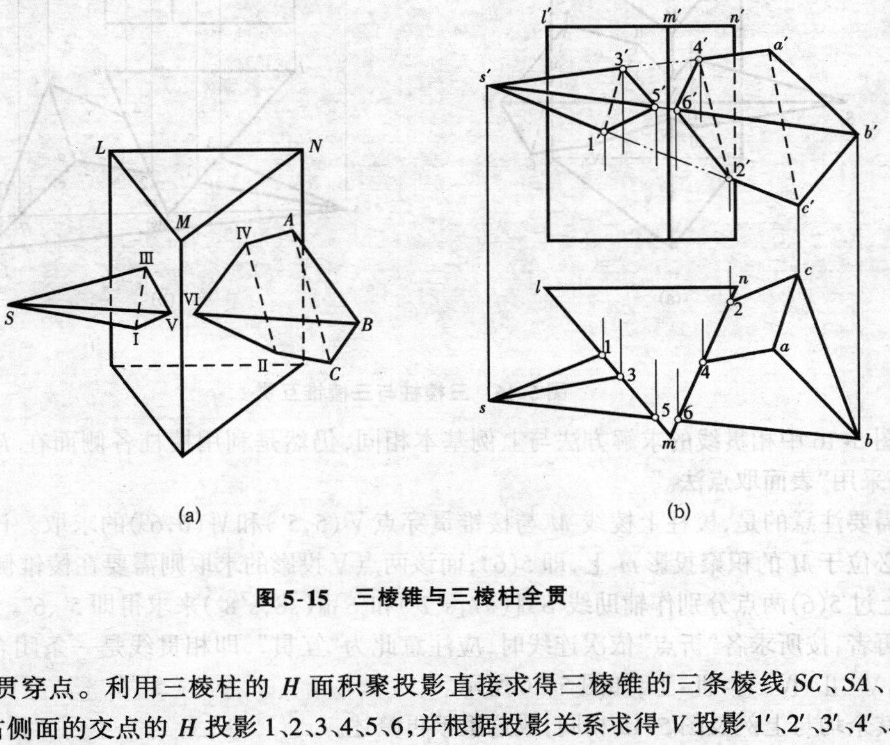

(a) (b)

图 5-15 三棱锥与三棱柱全贯

作图：

(1)求贯穿点。利用三棱柱的 H 面积聚投影直接求得三棱锥的三条棱线 SC、SA、SB 与三棱柱左右侧面的交点的 H 投影 1、2、3、4、5、6，并根据投影关系求得 V 投影 1′、2′、3′、4′、5′、6′；

(2)连贯穿点。根据前面所述的连点原则，在 *V* 投影上依次连成 1′3′5′ 和 2′4′6′ 两条相贯线；

(3)判别可见性。根据“同时位于两立体上都可见的表面交线才可见”的原则来判断。在 *V* 投影上，参加相贯的棱柱和棱锥的各侧面除棱锥的 *SAC* 外均可见，因此相贯线除 1′3′ 和 4′2′ 为不可见外，其余均可见；*H* 投影相贯线重影于棱柱侧面的积聚投影上，无需判别。另外，左右两条棱柱上未参加相贯的棱线，其投影重叠部分被棱柱遮挡，应为不可见；

(4)整理。因为两相贯体是一个整体，画出相贯线后，还应对轮廓线按投影关系进行整理。两投影中，三棱锥的棱线以贯穿点为界，穿入棱柱内的部分不需画出，两侧保留部分应补齐到位。

如果将上例中的情况改变一下，让图 5-15 中的棱柱前面的侧棱参加相贯，而棱锥的 *SB* 不参加相贯，则成为如图 5-16 所示的情况。此时，三棱柱与三棱锥为互贯，其相贯线变成为一条闭合的空间折线。

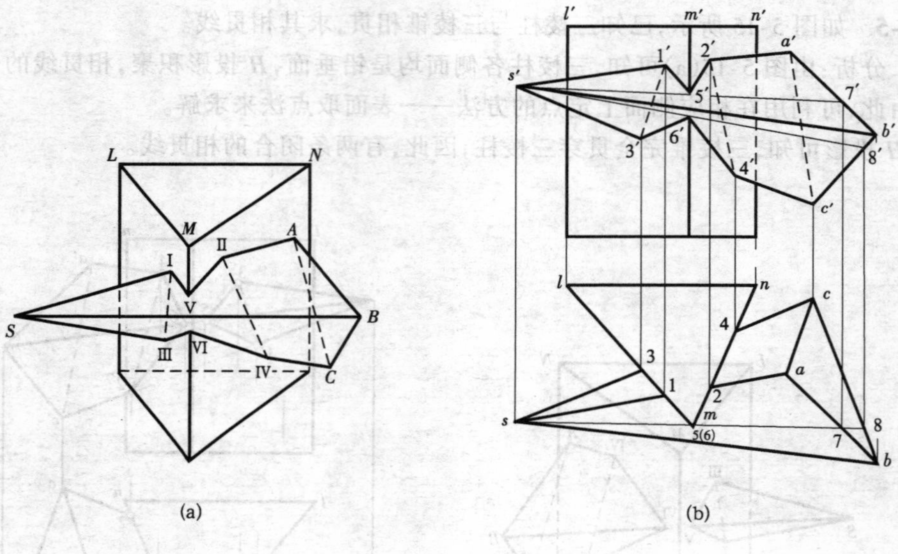

图 5-16　三棱柱与三棱锥互贯

图 5-16 中相贯线的求解方法与上例基本相同，仍然是利用棱柱各侧面在 *H* 投影的积聚性，采用“表面取点法。”

需要注意的是，棱柱上棱线 *M* 与棱锥贯穿点Ⅴ(5,5′)和Ⅵ(6,6′)的求取。该两点的 *H* 投影必位于 *M* 的积聚投影 *m* 上，即 5(6)；而该两点Ⅴ投影的求取则需要在棱锥侧面 *SAB* 和 *SCB* 上过 5(6)两点分别作辅助线 *S*Ⅶ(*s*7, *s*′7′)和 *S*Ⅷ(*s*8, *s*′8′)来求得即 5′、6′。

再者，按所求各“折点”依次连线时，应注意此为“互贯”，即相贯线是一条闭合的空间折线Ⅰ-Ⅴ-Ⅱ-Ⅳ-Ⅵ-Ⅲ-Ⅰ，如图 5-16 所示。

其余均与上例及图 5-15 相同，故这里不再赘述。

第五节　平面基本体的组合

任何建筑物就其形体而言，都可以看成是由棱柱、棱锥、圆柱、圆锥和球等基本几何体组合而成。

为了便于分析，我们将平面基本体的组合归结为两大类，即长方体的组合和斜面体的组合。

一、长方体的组合

长方体的组合是由若干个长方体叠加所成，如图 5-17 所示。

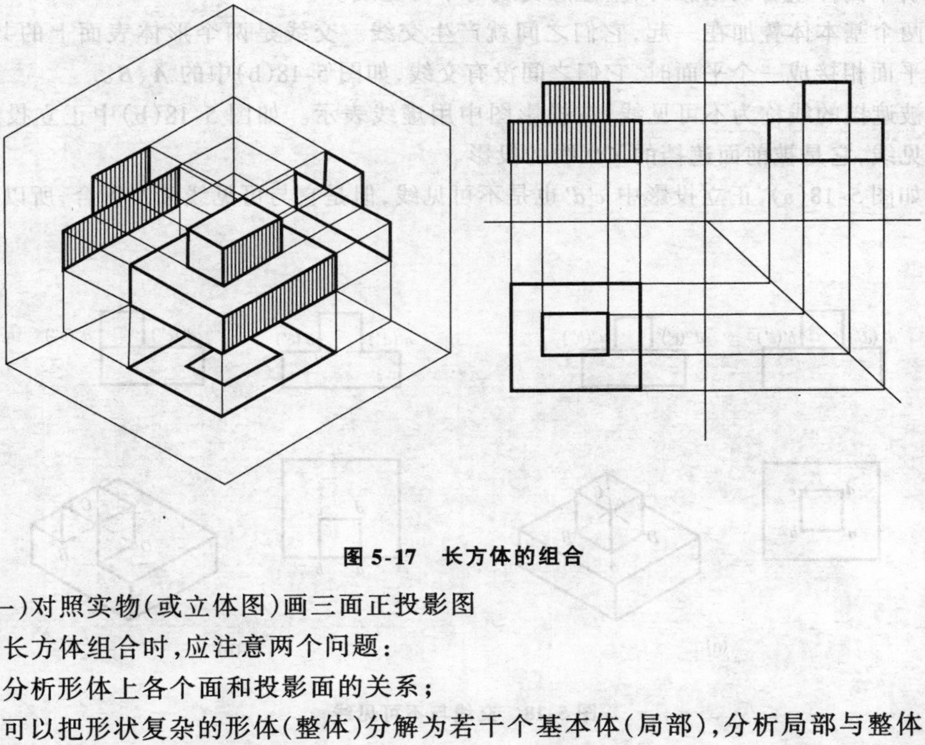

图 5-17　长方体的组合

(一)对照实物(或立体图)画三面正投影图

画长方体组合时，应注意两个问题：

1. 分析形体上各个面和投影面的关系；

2. 可以把形状复杂的形体(整体)分解为若干个基本体(局部)，分析局部与整体间的相对位置关系。

如图 5-17 所示，画图步骤如下：

(1)先画正立投影(水平投影亦可)，形体上的正面与 V 面平行，投影反映实形。上侧面和前侧面在 V 面上的投影积聚成直线；

(2)根据正立投影与水平投影长相等的关系画出水平投影；

(3)根据"三等"关系(长对正、高平齐、宽相等，以下同)，画出侧立投影。

(二)从三面正投影图想像形体的形状

学习制图不仅要学会用三面正投影图表示实物——画图，而且要能够从三面正投影图看出实物的立体形状——读图。读图时应注意下列要点：

1. 读图时必须将三个投影综合分析，用“三等”关系找出它们的内在联系；

2. 先看大体形，再看细部；

3. 投影图中每个封闭的图形都表示一个面，对照三个投影分析每个面和投影面的关系以及各个面之间的相互关系。

由图5-17可知：

(1)三个投影图中每个图都有大小两个矩形，按照“三等”关系，三个大矩形都能互相对应，三个小矩形也能互相对应，因此可以看出这是大小两个长方体组合而成的形体。

(2)从正立投影可以看出两个封闭图形代表两个面，但是前后不分(同样，水平投影中两个面则上下不分)，只有对照三个投影，才能看出各个面的前后、上下、左右关系。

(三)交线与不可见线

分析平面体组合的投影时，应注意交线与不可见线。

1. 两个基本体叠加在一起，它们之间就产生交线。交线是两个形体表面上的共有线。当两个平面相接成一个平面时，它们之间没有交线，如图5-18(b)中的 A、B。

2. 被遮挡的线称为不可见线，在投影图中用虚线表示。如图5-18(b)中正立投影中就有不可见线，它是被前面遮挡的 CD 线的投影。

又如图5-18(a)，正立投影中 $c'd'$ 也是不可见线，但是它与可见线 $a'b'$ 重合，所以仍画成实线。

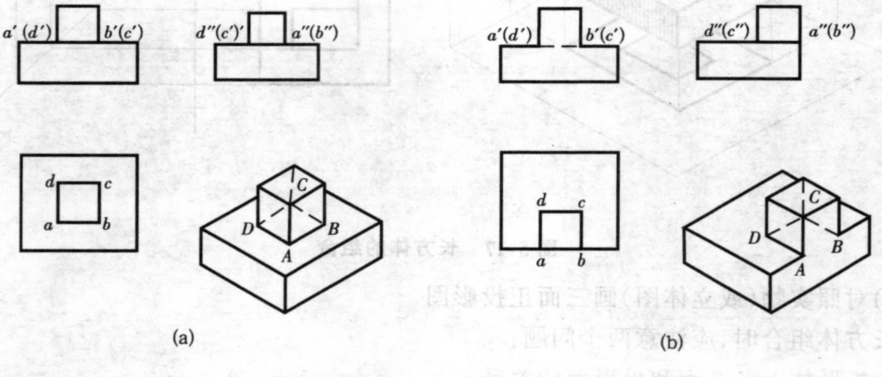

图5-18 交线与不可见线

二、斜面体的组合

(一)斜面体

凡是带有斜面(非投影面平行面)的平面体，统称为斜面体。如图5-19中的木楔子，其中含有斜面 P 平面，就是一斜面体。作该斜面体的投影应注意两点：

(1) P 面是一个斜面，它与 V 面垂直，投影积聚为一条线；与 H、W 面倾斜，投影为“类似形”。

(2) AB 是一条斜棱线，它与 V 面平行，投影反映 AB 实长和倾斜角度；与 H、W 面倾斜，投影缩短。

(二)斜面体的组合

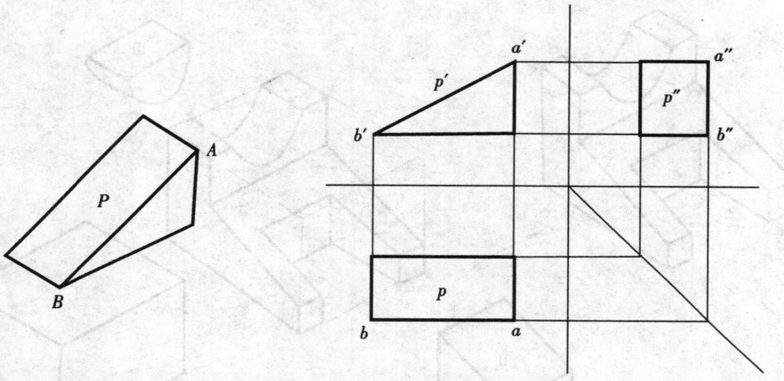

图 5-19 斜面体的投影

斜面体的组合有两种方式:叠加和切割。

1.叠加

许多形状复杂的斜面体的组合,都可以看作是若干基本体叠加在一起的整体,如图 5-20(a)所示。因此,只要画出各基本体的正投影,按它们的相互位置叠加起来,即成为斜面体组合的正投影,如图 5-20(b)所示。

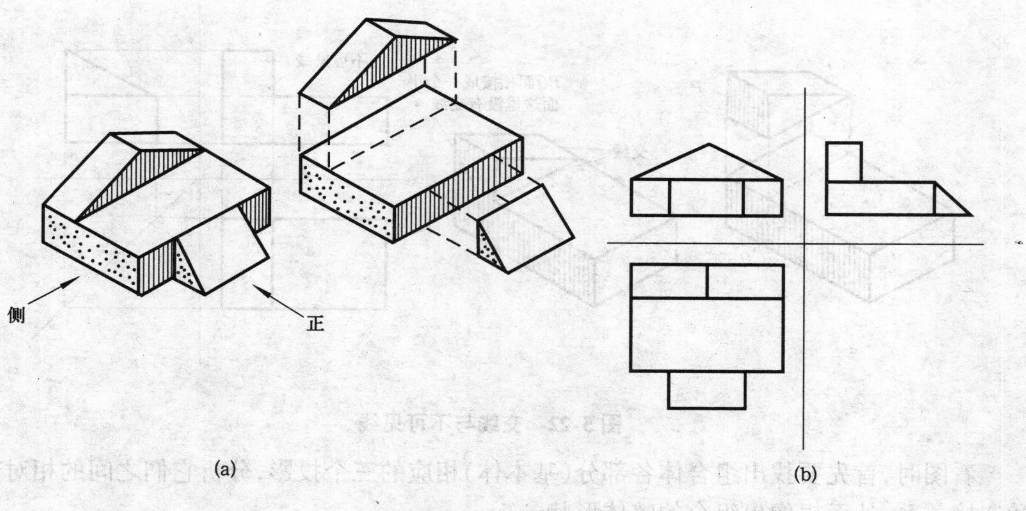

图 5-20 叠加

2.切割

切割的组合形式是指从实形体中挖去一个一个实形体,被挖去的部位形成空腔或孔洞;或者在实形体上挖去一部分实形体,使之成为不完整的基本体。如图 5-21(a)所示的整体,可以看作是由一长方体按图 5-21(b)切割而成。首先在长方体的左上方切去一个梯形四棱柱Ⅰ,再在左下端切去一个梯形四棱柱Ⅱ,在右上侧切去一个半圆柱Ⅲ,由此形成图 5-21(a)所示的斜面体的组合。

3.交线与不可见线

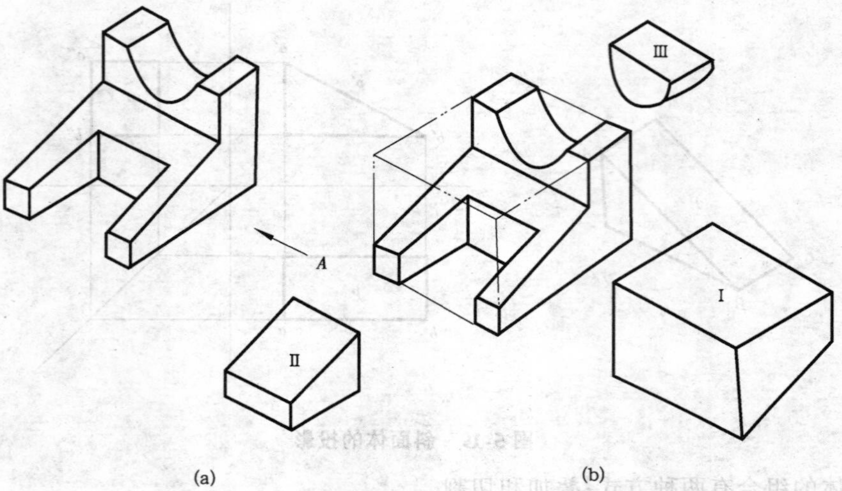

图 5-21　切割

斜面体组合的投影，也存在交线、不可见线，画图时应根据具体情况进行分析和处理。两个基本体组合在一起，它们之间就有交线；但是，如果组合后相接成一个平面时，它们之间就没有交线，如图 5-22 所示。

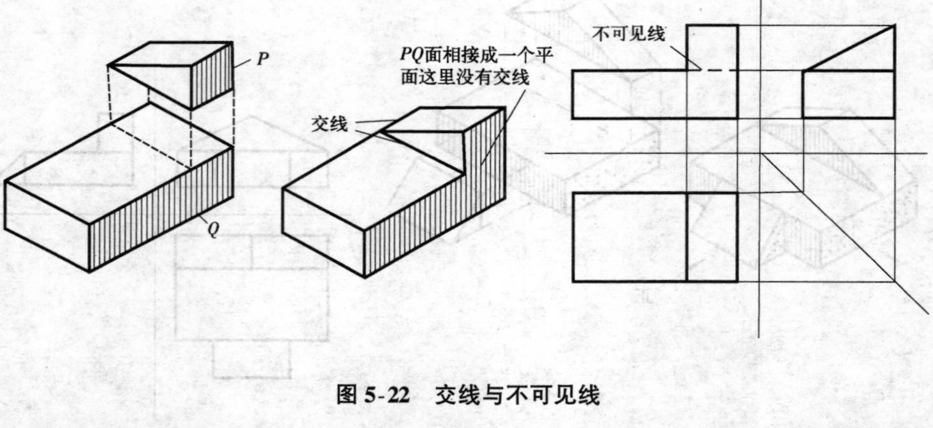

图 5-22　交线与不可见线

看图时，首先要找出组合体各部分(基本体)相应的三个投影，分析它们之间的相对位置和连接关系，从而想像出组合的整体形状。

第六节　同坡屋面交线

为了排水需要，屋面均有坡度。当坡度大于 10% 时称坡屋面，坡屋面分单坡、两坡和四坡屋面。如各坡面与地面(*H* 面)倾角 α 都相等时，称为同坡屋面。

坡屋面的交线是两平面体相贯的工程实例，但因有其特点，则与前面所述的作图方法不同。坡屋面的各种交线的名称如图 5-23 所示:与檐口线平行的两坡屋面的交线称屋脊线,如Ⅰ-Ⅲ的交线 AB;凸墙角处檐口线相交的两坡屋面交线称斜脊线,如Ⅰ-Ⅱ、Ⅲ-Ⅱ的交线 AC 和 AE;凹墙角处檐口线相交的两坡屋面交线称天沟线,如Ⅰ-Ⅳ的交线 DH。

同坡屋面交线有如下特点:

1.两坡屋面的檐口线平行且等高时,交成的水平屋脊线的 H 投影与该两檐口线的 H 投影平行且等距;

2.檐口线相交的相邻两个坡面交成的斜脊线或天沟线,它们的 H 投影为两檐口线 H 投影夹角的平分线。当两檐口线相交成直角时,斜脊或天沟在 H 面上的投影与檐口线的投影成 45°角。

3.在屋面上如果有两斜脊、两天沟、或一斜脊一天沟相交于一点,则该点必有第三条线即屋脊线通过。这个点必是三个相邻屋面的公有点。在图 5-23 中,A 点为三个坡面Ⅰ、Ⅱ、Ⅲ所共有,两条斜脊 AC、AE 与屋脊 AB 交于该点。

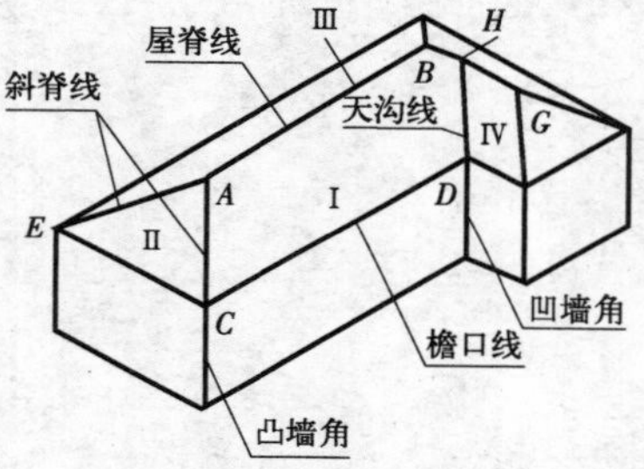

图 5-23 同坡屋面

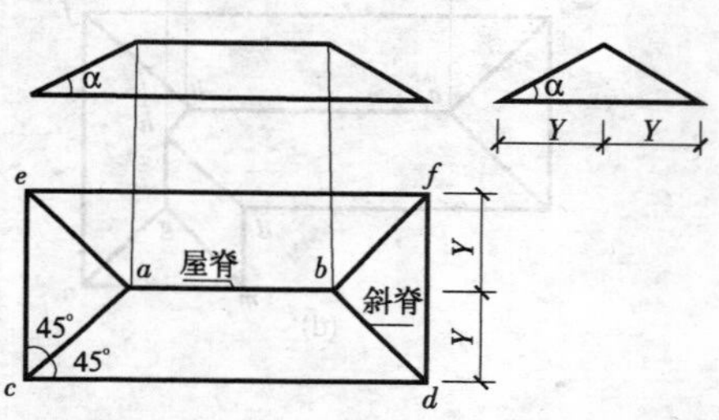

图 5-24 同坡屋面的投影特性

图 5-24 是这三条脊线特点的简单说明。所示四坡屋面的左右两斜面为正垂面,前后两斜面为侧垂面,从 V 和 W 投影上可以看出这些垂直面对 H 面的倾角 α 都是相等的,因此是同坡屋面。这样,在 H 面投影上就有:

(1) ab(屋脊)平行 cd 和 ef(檐口),且 $Y=Y$;

(2)斜脊必为檐口夹角的平分线,如 $\angle eca=\angle dca=45°$;

(3)过 a 点有三条脊棱 ab 和 ac、ae。

例5-6 已知四坡屋面的倾角 $\alpha=30°$ 及檐口线的 H 投影,如图 5-25 所示。求屋面交线的 H 投影和屋面的 V、W 投影。

解:根据上述同坡屋面交线的投影特点,作图步骤如下:

(1)作屋面交线的 H 投影

①如图 5-25(b)所示,在屋面的 H 投影上经每一屋角作 45°分角线。在凸墙角上作的是斜脊 ac、ae、mg、ng、bf、bh;在凹墙角上作的是天沟 dh;其中 bh 是将 cd 延长至 i 点,从 i 点作 45°分角线与天沟线 dh 相交而截取的。也可按上述屋面的第三特点作出。

②作每一对檐口线(前后或左右)的中线,即屋脊线 ab 和 hg,如图 5-25(c)所示。

(2)作屋面的 V、W 投影

根据屋面倾角 α 和投影规律,作出屋面的 V、W 投影(图 5-25d)。一般先作出具有积聚性屋面的 V 投影(或 W 投影),再加上屋脊线的 V 投影(或 W 投影)即得屋面 V 投影(或 W 投影)。

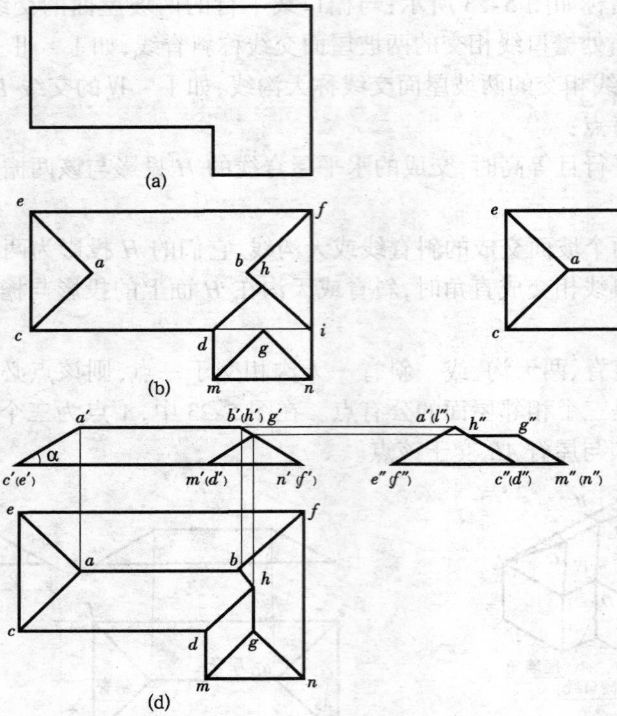

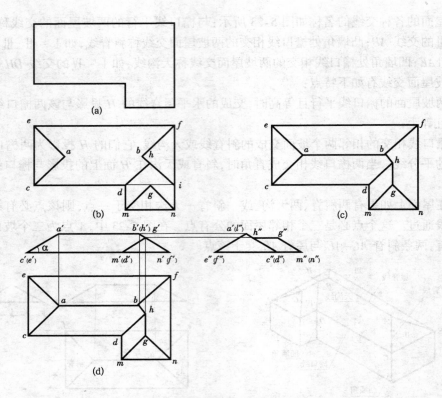

图 5-25　屋面交线及其投影

由于同坡屋面的同一周界的不同尺寸,可以得到四种典型的屋面划分(图 5-26):

(一)$ab < ef$(图 5-26a);

(二)$ab = ef$(图 5-26b);

(三)$ab = ac$(图 5-26c);

(四)$ab > ac$(图 5-26d)。

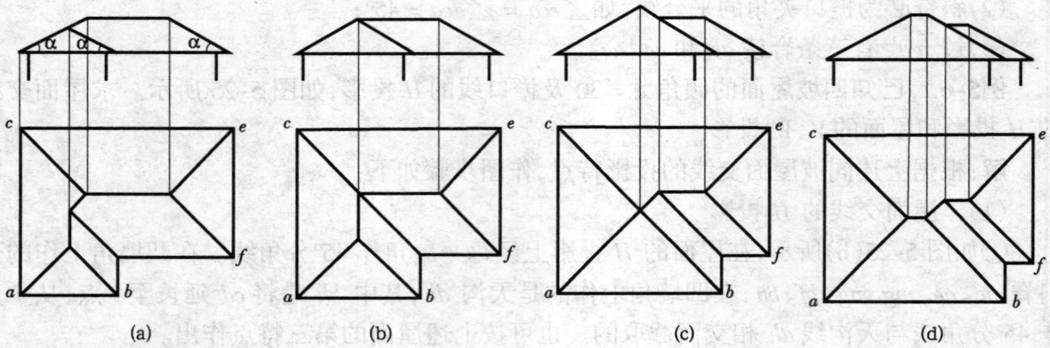

图 5-26　同一周界不同尺寸的同坡屋顶的四种情况

由上述可见,屋脊线的高度随着两檐口之间的距离而起变化,当平行两檐口屋面的跨度越大,屋脊线的高度就越高。

第六章　曲线、曲面体的投影

在土木建筑工程中，经常会遇到各种各样的曲面立体。如图 6-1 中的圆柱、壳体屋盖、隧道的拱顶等等。在制图和施工中应熟悉它们的几何特性。

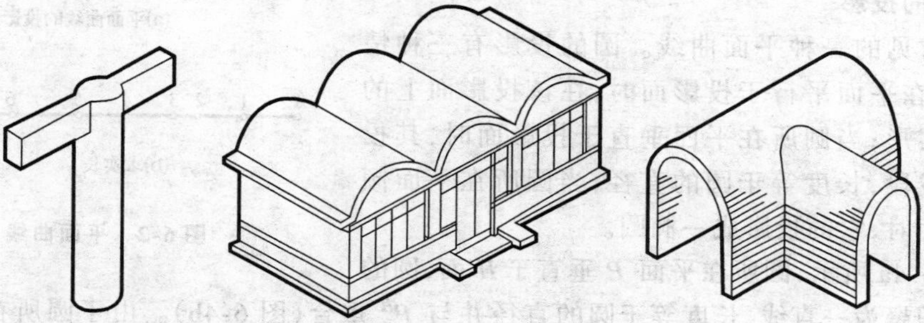

图 6-1　建筑中的曲面体

第一节　曲　　线

曲线可以看成是由点按一定的规律运动而形成的轨迹。

曲线上各点都在同一平面上的称为平面曲线(如圆、椭圆、双曲线、抛物线等)；曲线上各点不在同一平面上的称为空间曲线(如圆柱螺旋线等)。

一、一般曲线

曲线是由点运动而形成，只要画出曲线上一系列点的投影，并将各投影依次光滑地连接起来，即得该曲线的投影。

(一)平面曲线及其实形

曲线的投影一般仍然是曲线。只有当平面曲线所在的平面垂直于投影面时，曲线在该投影面上的投影成为一直线，如图 6-2 所示，平面曲线段 AB 的 H 投影成一直线段。如果平面曲线所在平面平行于投影面时，它在该投影面上的投影，如图 6-2 中曲线的 V_1 投影就反映实形。

如欲求平面曲线的实长，可把它“拉直”成一直线段。先求出平面曲线的实形，并把它分成若干小段，然后以每一小段的弦长代替弧长，依次画在一直线上，便得曲线段的实长，如图 6-2(b)所示。分段时力求每段的弦与其所代替的弧接近，以减少误差。

(二)空间曲线及其实长

空间曲线的各个投影都是曲线。要求空间曲线 AB 的实长，如图 6-3 所示。先把它的一个投影，例如 H 投影，“拉直”在一水平线(如投影轴)上，得 a_0、1_0、…、7_0、b_0 等点。过所得点引铅直线，与从相应点的 V 投影所引水平线相交，得 a'_0、$1'_0$、…、$7'_0$、b'_0。这一过程相当于把空间曲线 AB“摊平”在 V 投影面上(称为空间曲线的展开)，变成平面曲线。再按图 6-2(b)的方法把它“拉直”，即得空间曲线的实长(图中未画出)。

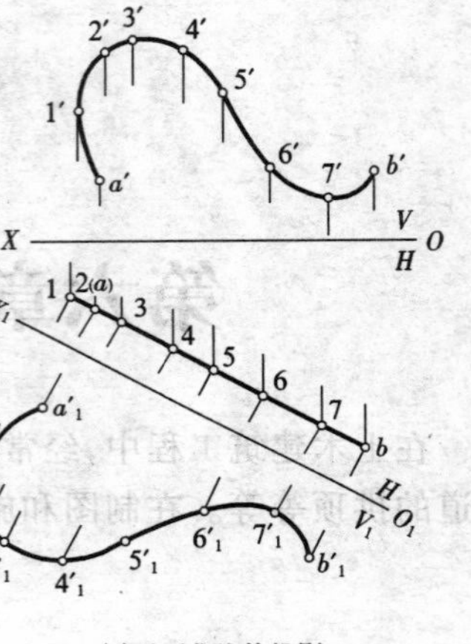

(a)平面曲线的投影

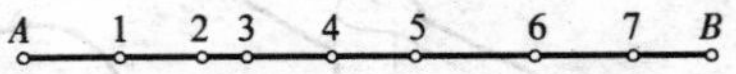

(b)求实长

图 6-2 平面曲线

二、圆的投影

圆是常见的一种平面曲线。圆的投影有三种情况：当圆所在平面平行于投影面时，在该投影面上的投影反映实形；当圆所在平面垂直于投影面时，其投影成一直线段，长度等于圆的直径；当圆所在平面倾斜于投影面时，它的投影成一椭圆。

如图 6-4a 所示，圆所在平面 P 垂直于 H 面，圆的水平投影积聚为一直线，长度等于圆的直径并与 P^H 重合(图 6-4b)。由于圆所在平面倾斜于 V 面，其 V 投影成为一个椭圆，椭圆的长轴长度等于圆的直径，即 $c'd' = CD$ 且垂直于 OX 轴，短轴是一条水平线($a'b' \parallel OX$)，其长度视圆平面对 V 面的倾角而定。现设 V_1 面平行于圆平面，则此圆在 V_1 面上的投影就反映圆的实形(图 6-4c)。

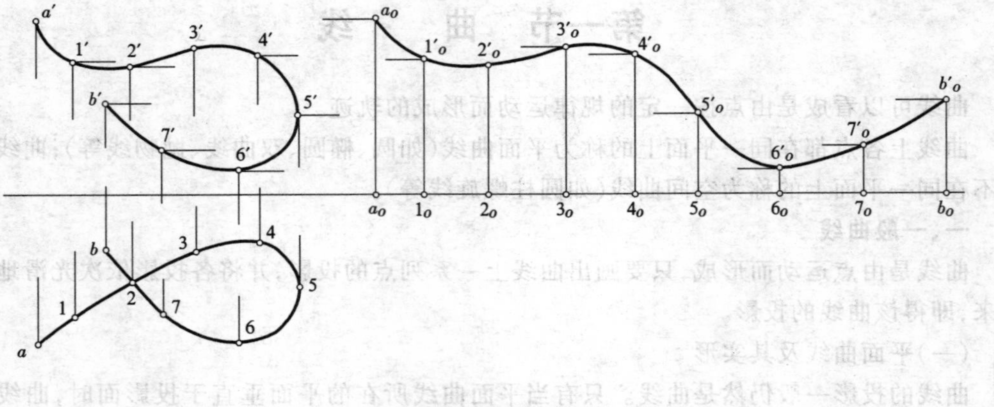

图 6-3 空间曲线求实长

三、圆柱螺旋线

曲线上连续四点不在同一平面上的曲线称为空间曲线。圆柱螺旋线是常见的一种空间曲线。

(一)圆柱螺旋线的形成

当一动点 A 沿母线等速移动，该母线又绕与它平行的轴线等速旋转时，动点的轨迹就

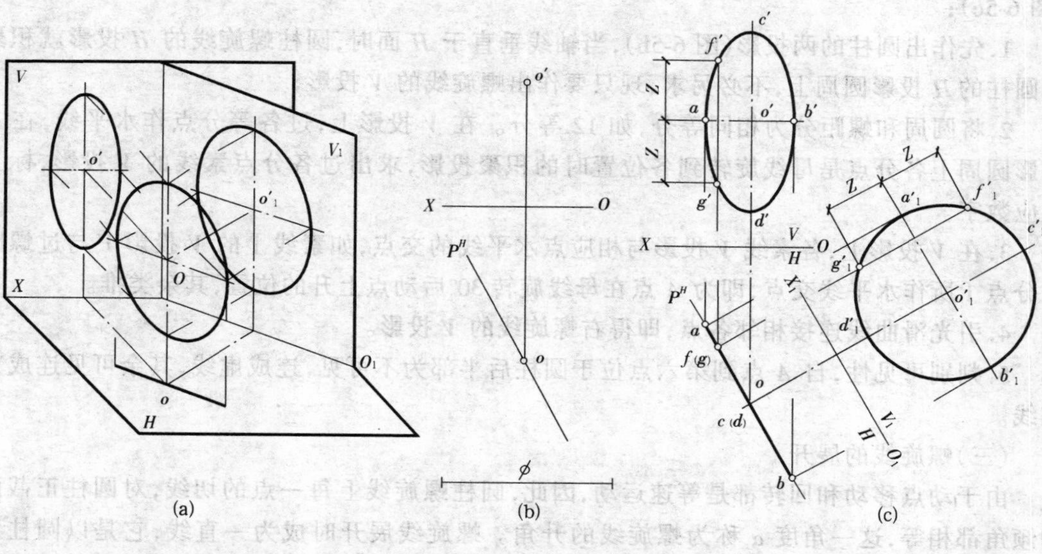

图 6-4　铅垂圆的投影

是一条圆柱螺旋线(图 6-5a)。

圆柱螺旋线是圆柱面上的一条曲线。

动点 A(图 6-5a)沿母线等速移动,当直母线绕轴线等速旋转一周时,动点由 A 移动到 A_1 的距离称为螺距(导程)S,$S = AA_1$。

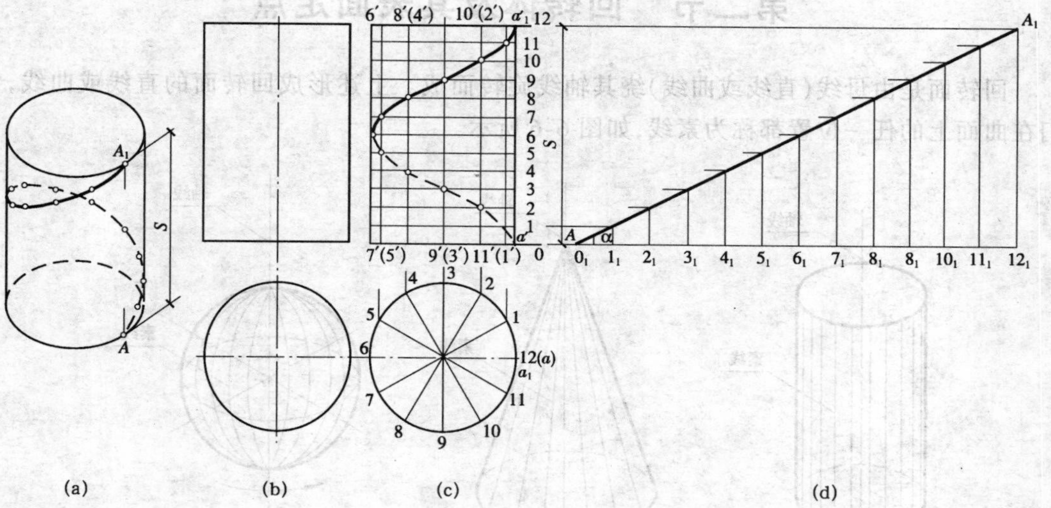

图 6-5　圆柱螺旋线

母线按右手规则旋转称右螺旋线,反之称左螺旋线。简称旋向为右旋或左旋。

(二)圆柱螺旋线的投影图画法

若已知圆柱直径、螺距和旋向,如图 6-5(b)所示,就能作出圆柱螺旋线。作图步骤如下

(图 6-5c)：

1.先作出圆柱的两投影(图 6-5b)，当轴线垂直于 H 面时，圆柱螺旋线的 H 投影就积聚在圆柱的 H 投影圆周上，不必另求，现只要作出螺旋线的 V 投影；

2.将圆周和螺距分为相同等分，如 12 等分。在 V 投影上，过各等分点作水平线，在 H 投影圆周上各分点是母线旋转到各位置时的积聚投影，求出过各分点素线的 V 投影，标上相应数字。

3.在 V 投影上，各素线 V 投影与相应点水平线的交点，如素线Ⅰ的 V 投影 $1'$ 与过螺距上分点 1 所作水平线交点，即为 A 点在母线旋转 30°后动点上升的位置，其余类推。

4.引光滑曲线连接相邻各点，即得右螺旋线的 V 投影。

5.判别可见性，自 A 点到第六点位于圆柱后半部为不可见，连成虚线，其余可见连成粗实线。

(三)螺旋线的展开

由于动点移动和回转都是等速运动，因此，圆柱螺旋线上每一点的切线，对圆柱正截面的倾角都相等，这一角度 α 称为螺旋线的升角。螺旋线展开时成为一直线，它是以圆柱正截面圆周长($2\pi R$)为底边，螺距 S 为高的直角三角形的斜边。也可以用平行移位法，即将圆周近似展开为直线 0_1-1_1、1_1-2_1、…、11_1-12_1，每一段弦长依次拼成直线，过各分点引铅垂线，再过螺旋线 V 投影各分点引水平线，此水平线与相应铅垂线相交得螺旋线展开后各点位置，连接各点应是以 α 为倾角的直线(图 6-5d)。

第二节　回转体及其表面定点

回转面是由母线(直线或曲线)绕其轴线旋转而成。上述形成回转面的直线或曲线，它们在曲面上的任一位置都称为素线，如图 6-6 所示。

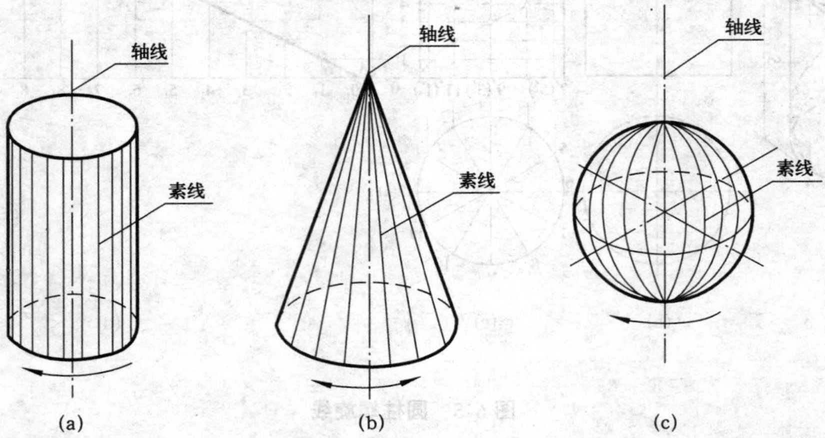

图 6-6　常见的回转面

回转体是由部分回转面和垂直于其轴线的平面(底面)围成。在土木建筑工程中,最常见的回转体有圆柱、圆锥和球等。

一、圆柱

直线绕着与其平行的轴线旋转一周后形成圆柱面。因而,圆柱面可以看成是由无数条彼此平行且与轴线等距的直线的集合。这些直线(直线旋转时的每个位置)称为素线。

当圆柱面被两个垂直于其轴线的平面(上、下底面)截断时形成圆柱体。如图 6-7(a)所示。

如果圆柱的轴线垂直于 H 面设置,其三面投影如图 6-7(b)所示。在 H 投影上,圆柱面积聚为圆(其中所有素线都为铅垂线,即各投影都积聚为点),上、下底圆投影均反映实形圆(底面均为水平面);圆柱体的 V、W 投影均为矩形,投影矩形的上、下两边是上、下底面圆的积聚投影,左、右两边都是圆柱面的投影轮廓线。但应注意到,V 投影中的两条投影轮廓线是圆柱面最左、最右两条素线,如图 6-7 中的 AA_1、BB_1;W 投影中的两条投影轮廓线则是圆柱的最前和最后两条素线,如图 6-7 中的 CC_1、DD_1。

在画圆柱的投影时,必须画出相应的轴线(如图 6-7b 中 V、W 投影中的细单点长画线)和投影圆的圆心定位线,如图 6-7(b)中 V、W 投影中细单点长画线和 H 投影中的相互垂直的细单点长画线。

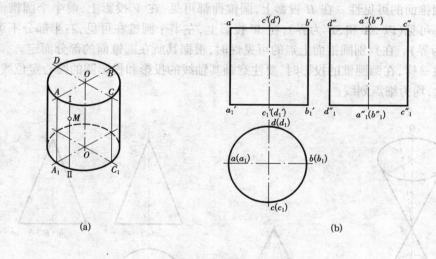

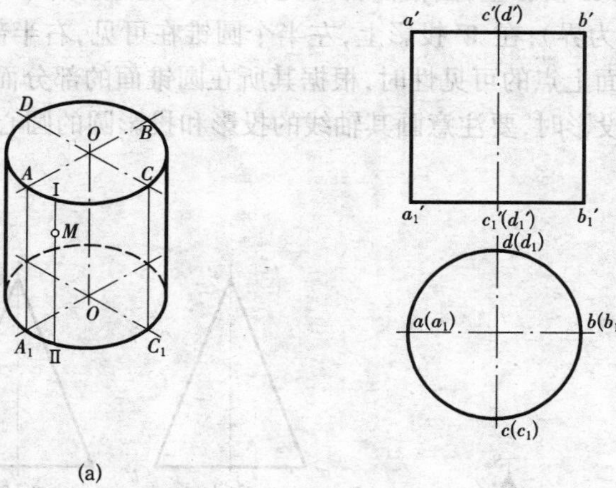

图 6-7　圆柱的形成与投影

例6-1　如图 6-8 所示,已知圆柱面上 M、N 两点的 V 投影 m'、(n'),求其另外两面投影。

解　分析:由 N 点的 V 投影(n')知,点 N 必位于圆柱最后面的素线上,可直接求出。而点 M 必位于一条通过 M 点的素线上,如图 6-8 中的 Ⅰ Ⅱ_1,可利用其积聚投影求出 H 投影(m)。

作图:

(1)过(n')分别作其铅直及水平两条投影连线,确定 n 及 n'';

(2)作过 M 的素线 Ⅰ $\text{Ⅰ}_1$$(11, 1'1_1', 1''1_1'')$,相应地确定 m 和 m''。求解时请特别注意坐标 Y_M。

二、圆锥

直线绕着与其相交的轴线旋转一周后形成圆锥面，如图 6-9 所示。圆锥面可以看成是由一系列通过锥顶的直线组成，这些直线称为素线。直线上的每一点随直线旋转后形成的轨迹均为垂直于轴线的圆，这些圆称为纬圆。

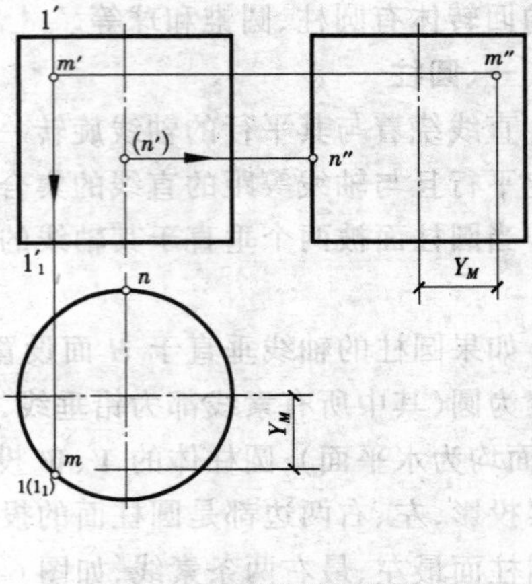

图 6-8　圆柱面上定点

如图 6-9(a)所示，圆锥面可分为上、下两支。上支为倒圆锥，下支为正圆锥。用垂直于轴线的平面截切正圆锥后得到正圆锥体，简称圆锥。圆锥的底面是一平面圆，如图 6-9(b)所示。

当圆锥的轴线垂直于 H 面时，其三面投影如图 6-9(c)所示。圆锥的 H 投影为一个圆，锥顶投影 S 位于该圆心上；V、W 投影均为一等腰三角形，三角形的底边均为底圆的积聚投影，等腰为圆锥面的投影轮廓线。圆锥 V 投影轮廓线是圆锥上最左、最右两条素线，如图 6-9(c)中的 $s'a'$，$s'b'$；W 投影轮廓线则为最前和最后两条素线，如图 6-9(c)中的 $s''c''$、$s''d''$。

判断圆锥面的可见性。在 H 投影上，圆锥面都可见，在 V 投影上，前半个圆锥面可见，后半部分不可见(以 SA 和 SB 为界)；在 W 投影上，左半个圆锥在可见，右半部分不可见(以 SC 和 SD 为界)。在判别圆锥面上点的可见性时，根据其所在圆锥面的部分而定。

同圆柱一样，在画圆锥的投影时，要注意画其轴线的投影和投影圆的圆心定位线。如图 6-9(c)所示，均为细点划线。

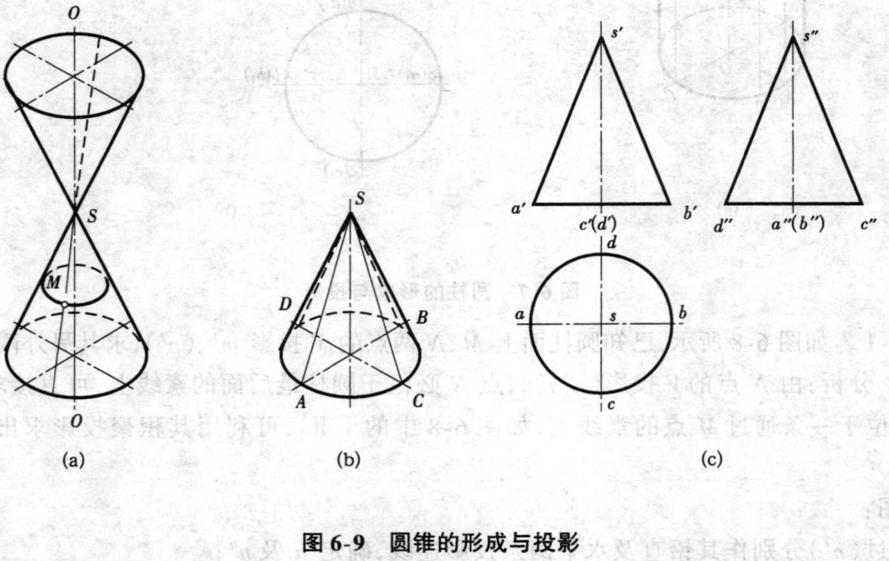

图 6-9　圆锥的形成与投影

在圆锥表面定点时可采用素线法或纬圆法。素线法——圆锥面上的任何点必位于一条通过锥顶的直素线上，如图 6-10(a)中的 M 点位于素线 SⅠ上，求出素线的投影，便可求出其上点的投影。纬圆法——圆锥面上的点，既位于过锥顶的直素线上，同时又位于一个垂直于轴线的纬圆上，如图 6-10(a)所示，因此也可在求出该纬圆后，由此确定点的投影。

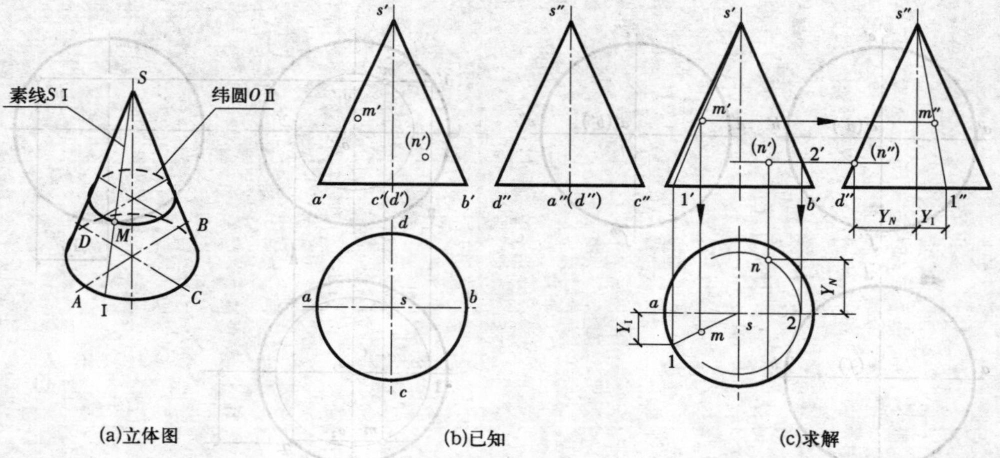

图 6-10　圆锥面上定点

例6-2　已知圆锥面上点 M 和 N 的 V 投影 $m'(n')$，如图 6-10(b)所示。求点 M 和 N 的另两面投影。

解　1. 用素线法求 m 和 m''，作图如下：

(1)过 m' 作素线 SⅠ的 V 投影 $s'1'$；

(2)过 $1'$ 作铅直投影连线交底圆 H 投影于前、后两点，因 m' 可见，故取前面一点，连 s 即为素线 SⅠ的 H 投影；

(3)由 $1'$、1 确定 $1''$(注意坐标 Y_1)，连 $s''1''$；

(4)过 m' 作铅直投影连线交 $s1$ 于 m，过 m' 作水平投影连线交 $s''1''$ 于 m''。如图 6-10(c)所示。

2. 用纬圆法定点 N，作图如下：

(1)过(n')作水平线交右轮廓线于 $2'$，由 $2'$ 求得 2；

(2)以 s 为圆心，$s2$ 为半径画圆；

(3)由(n')作铅直投影连线交所画圆于前后两点，因(n')不可见，故后面的点为 n；

(4)由(n')、n 及坐标 Y_N 求出(n'')，如图 6-10(c)所示。

三、球

球面是由圆绕自身任一直径旋转后所形成。

球“各向同性”，即不论从哪个方向进行投影，所得投影都是相同大小的圆。如图 6-11(a)所示，三面投影均为相同大小的圆。但应注意，这三个投影圆并非球面上同一个圆，它们是通过球心分别平行于 H、V、W 面的三个投影面平行面。三个投影圆依次为：水平圆 $ACBD$——H 投影反映实形为圆$\widehat{acbd}$，V、W 投影均积聚为直线段即 $a'c'(d')b'$ 和 $d''a''(b'')c''$；正平圆 $AEBF$——V 投影为实形为圆$\widehat{a'e'b'f'}$，H、W 投影分别为直线段 $ae(f)b$ 和 $e''a''(b'')f''$；

侧平圆 *CEDF*——*W* 投影反映实形为圆$\widehat{c''e''d''f''}$，*H*、*V* 投影分别为直线段 $ce(f)d$ 和 $e'c'(d')f'$。这三个圆分别为球面在 *H*、*V*、*W* 面上的投影轮廓圆。

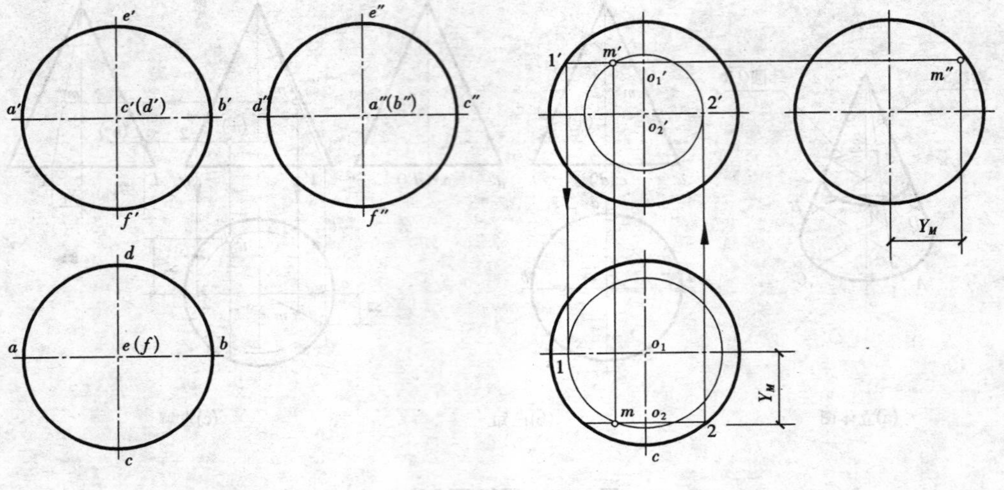

(a)三面投影　　　　(b)面上定点

图 6-11　球的投影及在其面上定点

判别球面的可见性。*H* 投影，上半个球面可见，下半个球面不可见，以水平投影轮廓圆 *ACBD* 为界；*V* 投影，前半个球面可见，后半个球面不可见，以正面投影轮廓圆 *AEBF* 为界；*W* 投影，左半个球面可见，右半个球面不可见，以侧面投影轮廓圆 *CEDF* 为界。点的可见性，视其在球面的位置而定。

由于球"各向同性"，在球面的任何方向上都存在一组纬圆。因此，在球面上定点时，可采用平行于任一投影面的辅助圆进行作图。如图 6-11(b)中的点 *M*，可用水平圆 O_1 Ⅰ($o_1 1$, $o_1'1'$)来确定，也可由正平圆 O_2 Ⅱ($o_2 2$, $o'_2 2'$)来确定。

第三节　平面与回转体截交

回转体被平面截切，一般情况下是一条闭合的平面曲线，有时是由曲线和直线围成的平面图形，特殊情况也可能是一个平面多边形。截交线的形状取决于回转体表面的性质和截平面与回转体的相对位置。

截交线是截平面与回转体表面的共有线。截交线上的每一点都是截平面与回转体表面的共有点。求到足够的共有点，依次连接成光滑的曲线(或直线段)。应注意求取截交线上的特殊点。

求截交线上点的基本方法有：素线法、纬圆法和辅助平面法。另外，也应注意利用形体各部分的投影特性，如对称性、某个曲面或平面的积聚性等。

一、平面与圆柱截交

根据截平面与圆柱轴线不同的相对位置,圆柱上的截交线有椭圆、圆、一对平行直线(或矩形)三种形状,如表 6-1 所示。

表 6-1　圆柱的截交线

截平面位置	倾斜于圆柱轴线	垂直于圆柱轴线	平行于圆柱轴线
截交线形状	椭圆	圆	两条素线
立体图	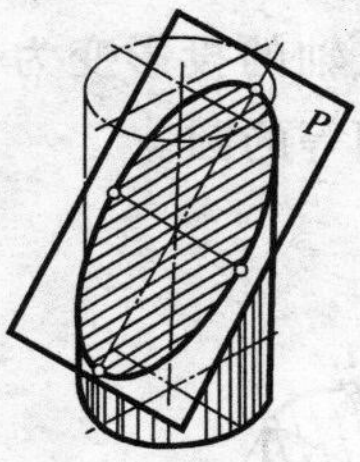	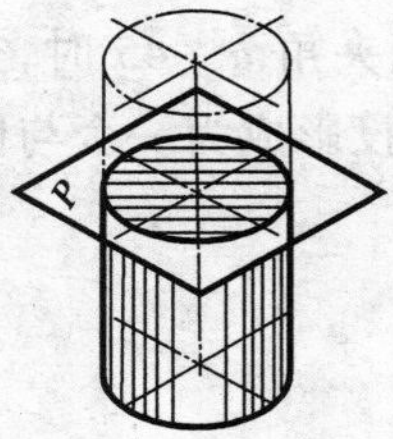	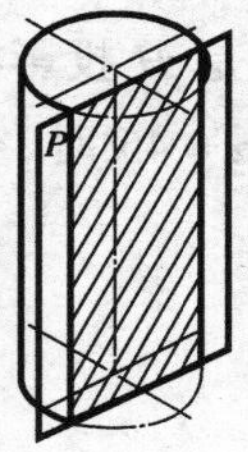
投影图	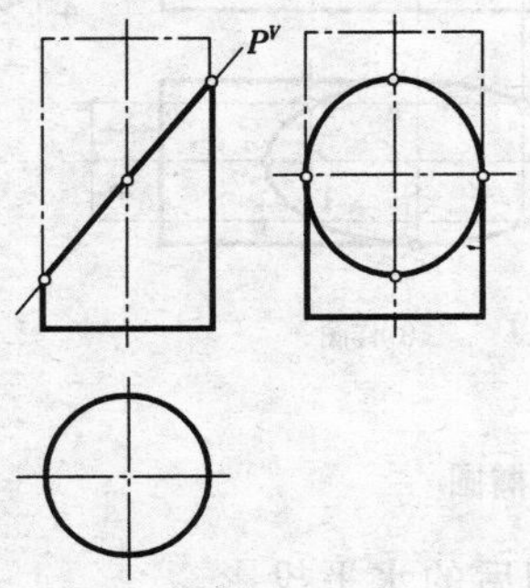	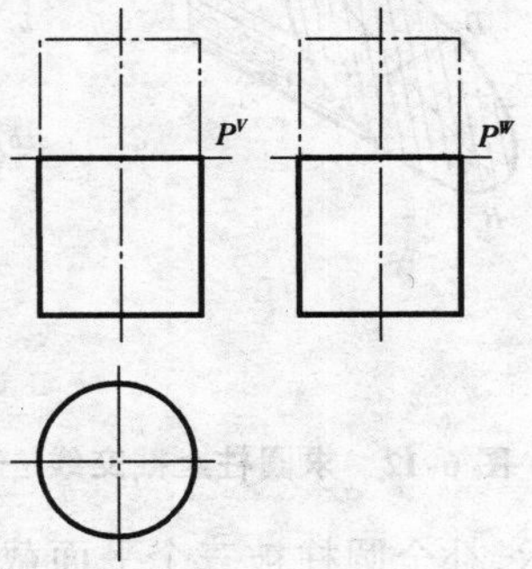	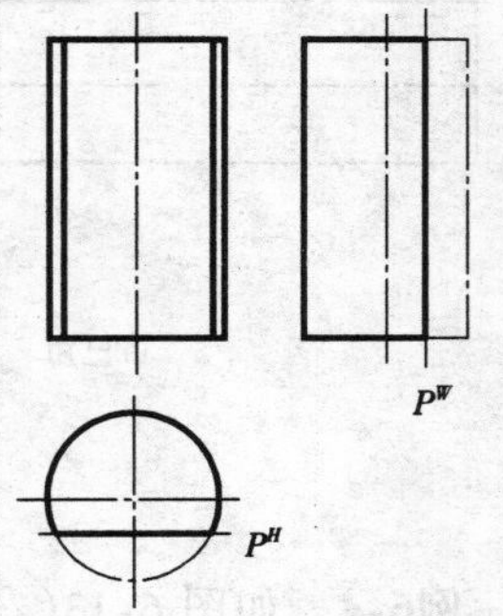

求解圆柱上的截交线时,应注意利用其投影的积聚性。

例6-3　如图 6-12(a)所示,已知圆柱和截平面 *P* 的投影,求截交线的投影和断面实形。

解　分析:圆柱轴线垂直于 *W* 面,截平面 *P* 垂直于 *V* 面且与圆柱轴线斜交,截交线为椭圆。椭圆的长轴 *AB* 平行于 *V* 面,短轴 *CD* 垂直于 *V* 面。椭圆的 *V* 投影成为一直线段与 P^V 重影,椭圆的 *W* 投影落在圆柱面的 *W* 积聚投影上而成为一个圆。因此,实际上只需求出截交线椭圆的 *H* 投影。

作图:

(1)先求特殊点。即求长、短轴端点 *A*、*B*、*C*、*D* 的 *V* 投影,据此求出长、短轴端点的 *H*

投影 a、b、c、d。

(2)再求若干一般点。为使作图准确,需要再求截交线上若干个一般点。如在截交线 V 投影上任取点 $1'$,据此求得 W 投影 $1''$和 H 投影 1。由于椭圆是对称图形,可作出与点Ⅰ对称的点Ⅱ、Ⅲ、Ⅳ的各投影。求取这些点时,应注意坐标"Y"。

(3)连点并判别可见性。在 H 投影上顺次连接 a-1-c-3-b-4-d-2-a 各点,即得截交线的 H 投影,由于可见,故为实线。圆柱被截掉部分,投影不再画出。

(4)求截断面实形。平行于截面 P 设立辅助投影面,作出 A、B、C、D、Ⅰ、Ⅱ、Ⅲ、Ⅳ等点的辅助投影,连成椭圆,即为所求断面实形,如图 6-12(b)所示。

下面我们根据上例的结果,来分析截交线椭圆 H 投影的情况。圆柱上截交线椭圆的 H 投影,一般仍是椭圆。当截平面与圆柱轴线的夹角 $\alpha<45°$时,如图 6-12(a),空间椭圆长轴的投影仍是 H 投影椭圆的长轴;当夹角 $\alpha>45°$时,空间椭圆长轴的投影变为 H 投影椭圆的短轴;当 $\alpha=45°$时,空间椭圆的 H 投影成为一个与圆柱底圆相等的圆。

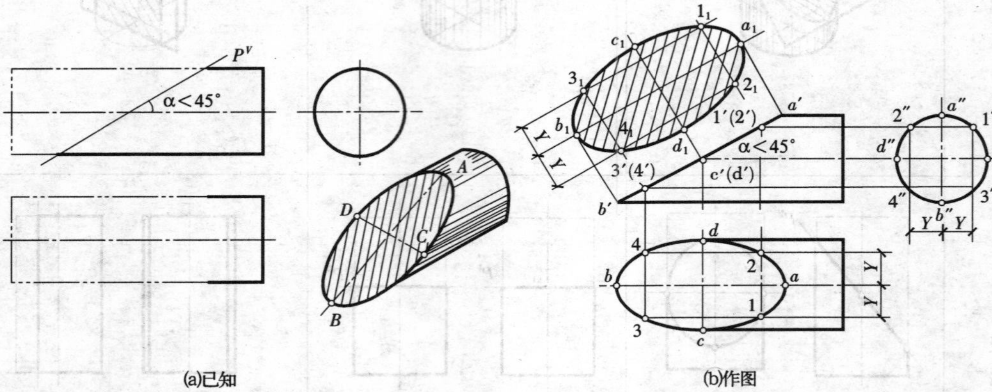

图 6-12 求圆柱上截交线——椭圆

例6-4 如图 6-13(a)所示,补全圆柱被三个平面截切后的水平投影。

解 分析:圆柱的左端被两个与轴线上、下对称的水平面,及一个侧平面切去两部分。前者与圆柱表面的交线是直线,后者与圆柱表面的交线是圆弧。两截平面的交线为正垂线。如图 6-13(b)所示。

作图:

(1)作水平截平面与圆柱表面的截交线;首先确定交线的 V 投影 $a'b'(c'd')$,W 投影 $a''(b'')$、$c''(d'')$,然后根据 V、W 投影作出 H 投影 ab、cd;

(2)两个截平面的交线为 BD〔bd、$b'(d')$、$(b'')(d'')$〕;

(3)侧平截平面与圆柱交线的 W 投影反映圆弧实形,V 投影为一线段,而 H 投影与"交线"bd 重合。

(4)由于圆柱最前、最后素线没有被截切,所以圆柱水平投影轮廓线仍然完整。另应注

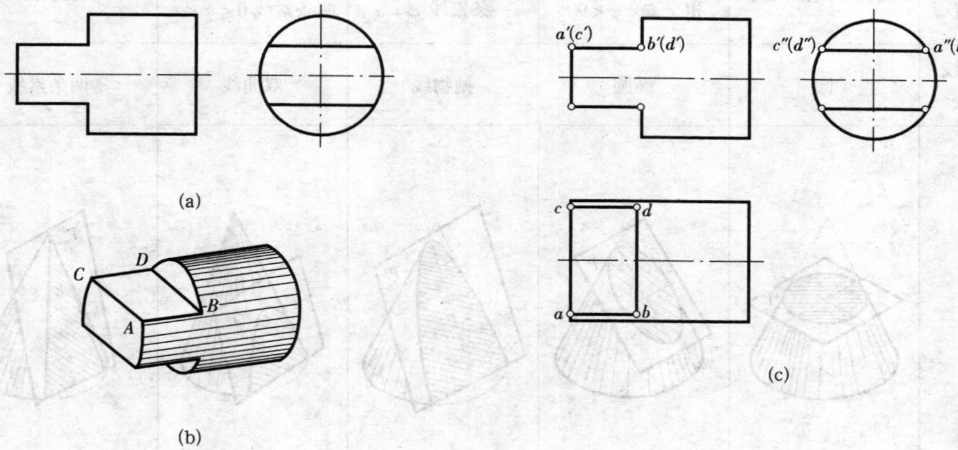

图 6-13　圆柱被三个平面截切

意到形体为上、下对称图形，故其上、下截面的 H 投影重合。求解结果如图 6-13(c)所示。

如图 6-14 所示，仍是圆柱被截切，且三个截平面的位置与上例相同。但由于切去的部分不同，水平投影的轮廓线发生了变化。两者的同异之处，可自行分析比较。

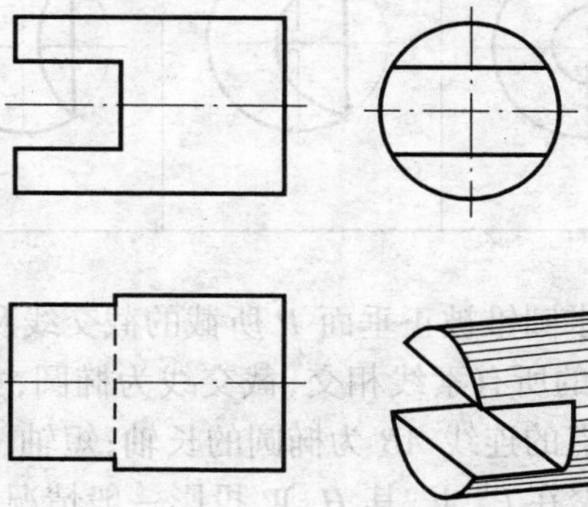

图 6-14　带缺口的圆柱

二、平面与圆锥截交

用平面截切圆锥时，截平面与圆锥的相对位置不同所产生的截交线的形状亦不同。圆锥被平面截切共有五种情况，如表 6-2 所示。

表 6-2　圆锥上的截交线

截平面位置	垂直于圆锥轴线	与锥面上所有素线相交 $\alpha<\varphi<90°$	平行于圆锥面上一条素线 $\varphi=\alpha$	平行于圆锥面上两条素线 $0\leqslant\varphi<\alpha$	通过锥顶
截交线形状	圆	椭圆	抛物线	双曲线	两条素线
立体图	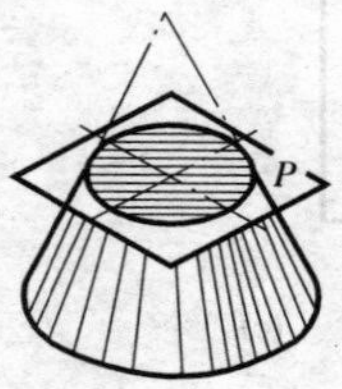	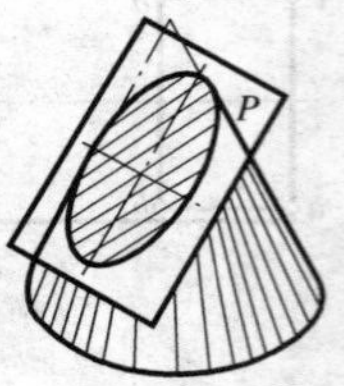	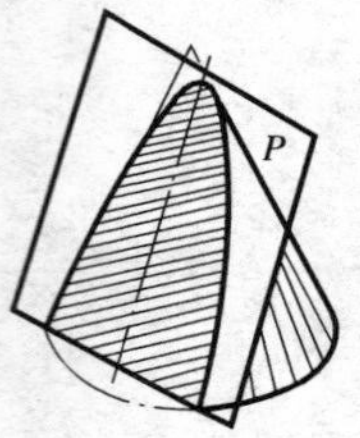	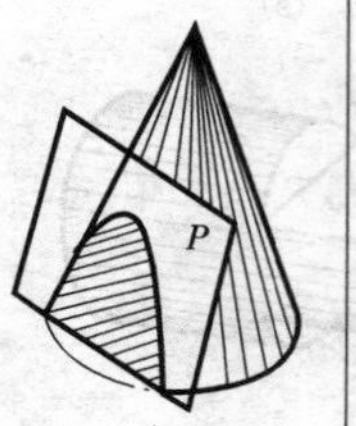	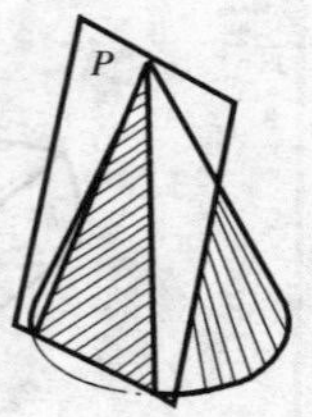
投影图		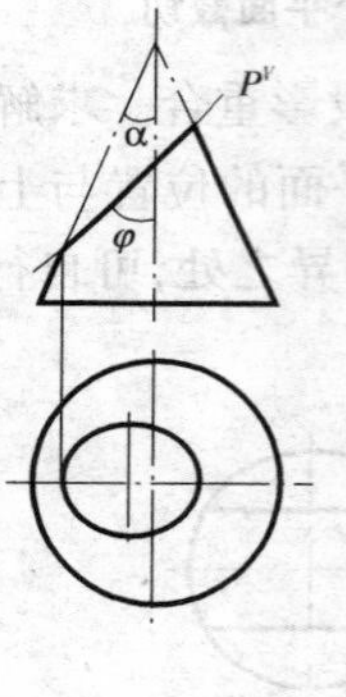	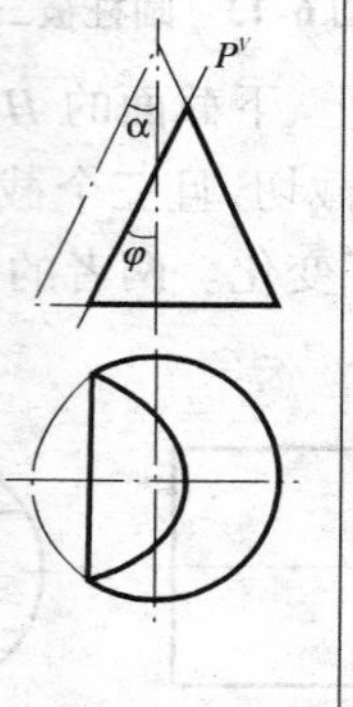	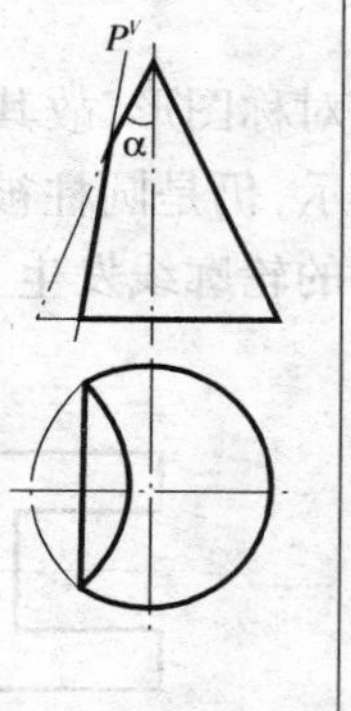	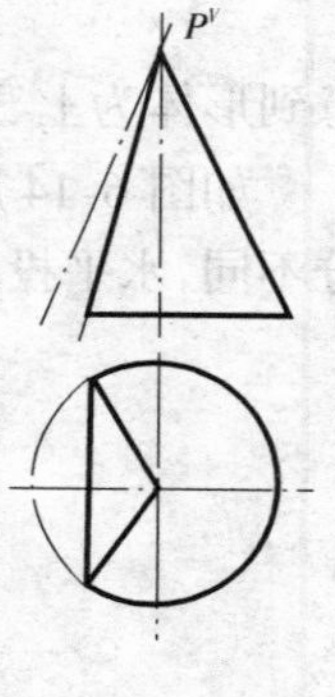

例6-5　如图 6-15(a)所示，求圆锥被正垂面 P 所截的截交线及截断面的实形。

解　分析：截平面 P 与圆锥的所有素线相交，截交线为椭圆，如图 6-15(b)所示。P 面与圆锥最左、最右两条素线的交点的连线 AB 为椭圆的长轴；短轴 CD 必过 AB 的中点，且垂直于 V 面。该椭圆的 V 投影积聚在 P^V 上，其 H、W 投影一般情况下仍为椭圆，但不反映实形。

作图：

(1)因椭圆长轴端点 A、B 分别位于最左、最右素线上，可直接确定 a'、b'，再由此确定 a、b 及 a''、b''；

(2)作椭圆短轴端点 C、D 投影；过 $a'b'$ 的中点 $c'(d')$ 作辅助水平圆，求出 c、d；再由坐标“Y”求出 W 投影 c''、d''，如图 6-15(c)所示。

(3)求最前、最后素线(侧面投影轮廓线)上点 E、F。先由 e'、f' 求 e''、f''，再求出 e、f，如图 6-15(d)所示；

(4)求出上述六个特殊点后,应再求两个一般点;

(5)所求各点依次光滑连接,得截交线椭圆的三面投影;用换面法求实形,得结果如图6-15(e)所示。

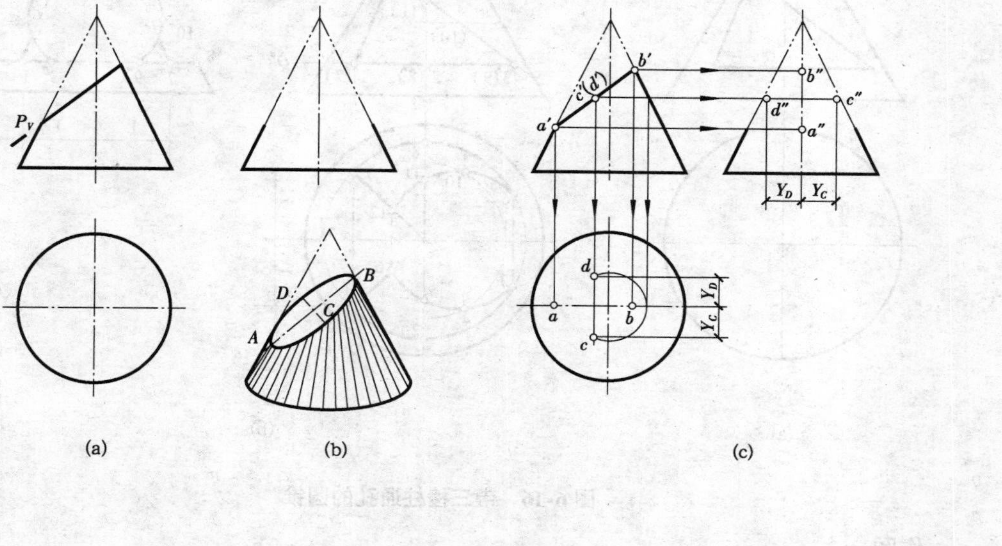

图 6-15　求圆锥的截交线

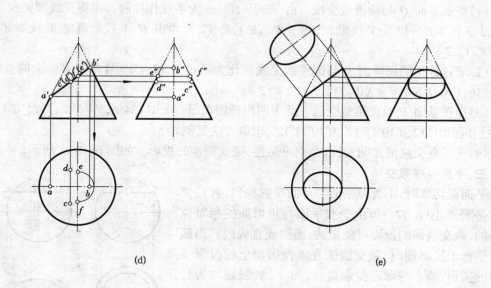

例6-6　如图 6-16(a)所示,已知圆锥及其上三棱柱通孔的 V 投影,求 H、W 投影。

解　分析:从 V 投影可知,圆锥上三棱柱通孔分别是由正垂面 P、R 和水平面 Q 截切圆锥所形成。其表面交线由前后对称的两组(每组三条)截交线构成。其中 P 面与锥面上部分素线截交,截交线为前后对称的两段椭圆弧;R 面通过锥顶,截交线为前后两条直素线;Q

面垂直于圆锥的轴线,截交线为前后两段圆弧。

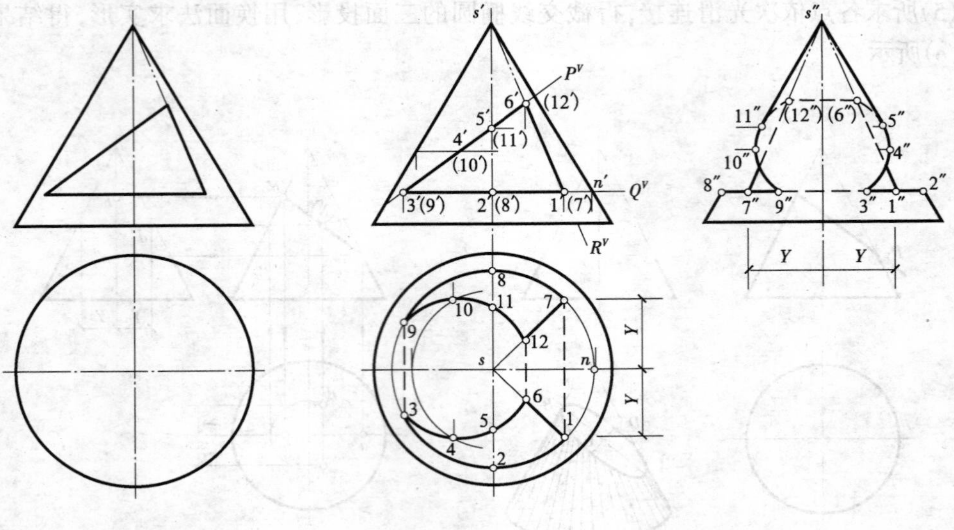

(a)　　　　　　　　　　　　(b)

图 6-16　带三棱柱通孔的圆锥

作图:

(1)作水平面 Q 与圆锥截交线。由 n' 得 n,以 sn 为半径作纬圆。求得交线圆弧段 H 投影 1、2、3 和 7、8、9 以及 V 投影 3′、(9′)、2′、(8′)、1′、(7′),再由 H、V 投影确定 W 投影 8″、7″、9″和 3″、1″、2″;

(2)求过锥顶的正垂面 R 与圆锥截交线。此为通过 S 和点Ⅰ、Ⅶ两条素线上的直线段ⅠⅥ(16,1′6′,1″6″)和ⅦⅫ(712,7′12′,7″12″);

(3)作正垂面 P 与圆锥截交线。此为两段椭圆弧ⅢⅣⅤⅥ(3456,3′4′5′6′,3″4″5″6″)和ⅨⅩⅪⅫ(9101112,9′10′11′12′,9″10″11″12″)求取方法见例 6-5;

(4)求三截交线彼此间交线,判别可见性,完成圆锥的投影。如图 6-16(b)所示。

三、平面与球截交

平面截切球时,不管截平面与球的位置如何,其截交线都是圆,如图 6-17。但由于截平面与投影面的相对位置不同,截交线圆的投影可能是圆、椭圆或直线段。当截平面平行于投影面时,截交线圆在该投影面上的投影反映圆的实形;圆心与球心投影重合;而 V、W 投影均为长度等于其直径的直线段 $a'b'$ 和 $a''b''$,且两投影分别与 R_V、R_W 重合。

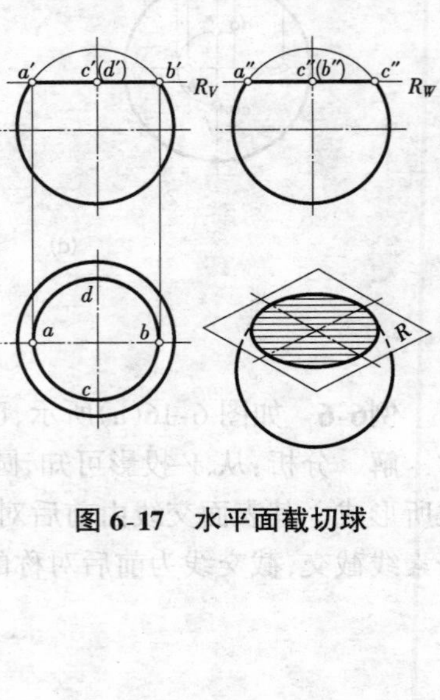

图 6-17　水平面截切球

例6-7　如图 6-18 所示,已知一建筑物球壳屋面的跨度 L 和球的半球 R,求球壳屋面的三面投影。

解　分析:给出的球壳屋面是一个直径为 $2R$ 的半

球，被两对对称的、相距为 L 的投影面平行面所截，其中一对为正平面 P_1、P_2，另一对为侧平面 Q_1、Q_2。

由 P_1P_2 截得的截交线的 V 投影反映圆弧实形，W 投影成为两条铅直线（图 6-18c）；由 Q_1、Q_2 截得的截交线的 W 投影反映圆弧的实形，V 投影成为两条铅直线，如图 6-18(d)所示；截平面 P_1P_2 与 Q_1、Q_2 的交线为四条铅垂线，其 H 投影积聚为四个点。

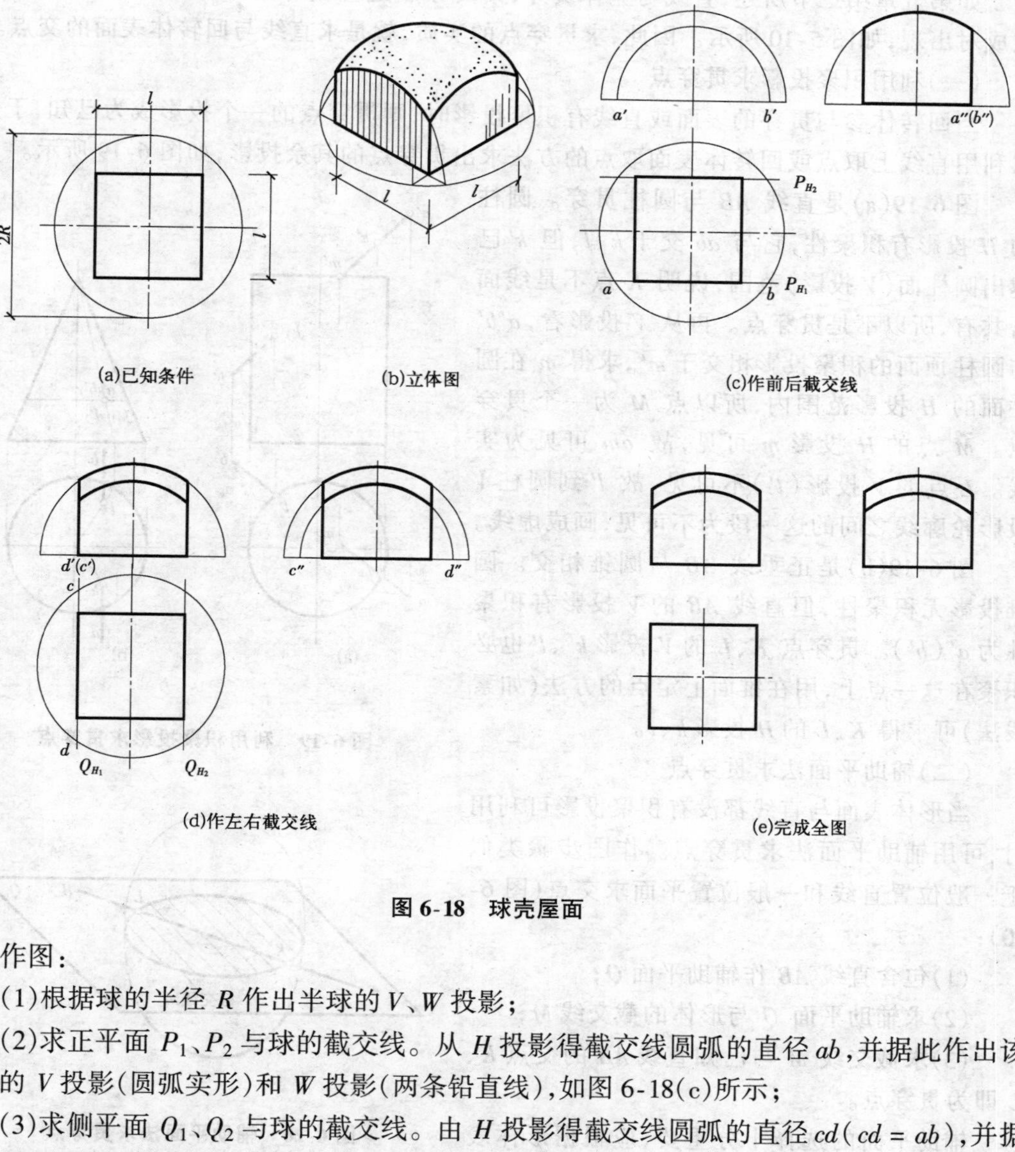

图 6-18　球壳屋面

作图：

(1)根据球的半径 R 作出半球的 V、W 投影；

(2)求正平面 P_1、P_2 与球的截交线。从 H 投影得截交线圆弧的直径 ab，并据此作出该圆弧的 V 投影（圆弧实形）和 W 投影（两条铅直线），如图 6-18(c)所示；

(3)求侧平面 Q_1、Q_2 与球的截交线。由 H 投影得截交线圆弧的直径 cd（$cd = ab$），并据此作出该圆弧的 W 投影（圆弧实形）和 V 投影（两条铅直线），如图 6-18(d)所示。

(4)擦去多余线，得结果如图 6-18(e)所示。

在上例形体的实际建筑中，屋面为球面，所求截交线以下部分为墙体，其高度根据需要（设计）而定。

第四节　回转体的相贯

一、直线与回转体贯穿

如第五章第三节所述，直线与立体贯穿，其贯穿点是直线与立体表面的共有点，且贯穿点成对出现，如图 5-10 所示。因此，求贯穿点的实质，就是求直线与回转体表面的交点。

(一)利用积聚投影求贯穿点

当回转体参与贯穿的表面或直线有积聚投影时，则贯穿点的一个投影成为已知，于是可以利用直线上取点或回转体表面取点的方法求出贯穿点的其余投影，如图 6-19 所示。

图 6-19(a)是直线 AB 与圆柱贯穿。圆柱的 H 投影有积聚性，它与 ab 交于 k、l，但 k' 已越出圆柱面(V 投影)范围，说明 K 点不是线面所共有，所以不是贯穿点。再从 V 投影看，$a'b'$ 与圆柱顶面的积聚投影相交于 m'，求得 m 在圆柱面的 H 投影范围内，所以点 M 为一个贯穿点。M 点的 H 投影 m 可见，故 am 可见为实线。L 点的 V 投影(l')不可见，故 l' 到圆柱 V 投影轮廓线之间的这一段为不可见，画成虚线。

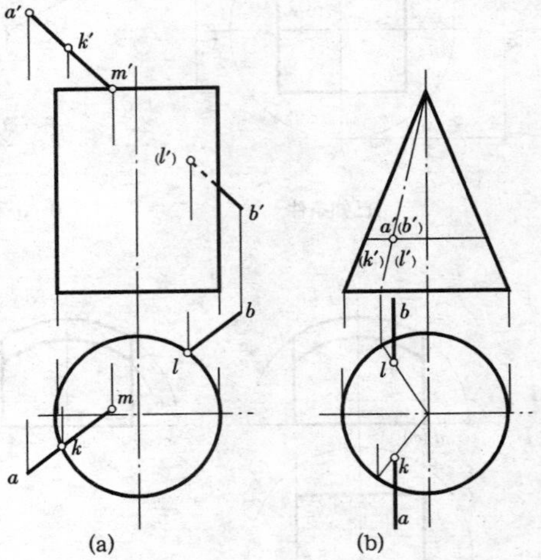

图 6-19　利用积聚投影求贯穿点

图 6-19(b)是正垂线 AB 与圆锥相交。圆锥投影无积聚性，但直线 AB 的 V 投影有积聚性为 $a'(b')$。贯穿点 K、L 的 V 投影 k'、l' 也必积聚在这一点上，用在锥面上定点的方法(如素线法)可求得 K、L 的 H 投影 k、l。

(二)辅助平面法求贯穿点

当形体表面与直线都没有积聚投影可利用时，可用辅助平面法求贯穿点。作图步骤类似于一般位置直线和一般位置平面求交点(图 6-20)：

(1)包含直线 AB 作辅助平面 Q；

(2)求辅助平面 Q 与形体的截交线 M；

(3)求截交线 M 与已知直线 AB 的交点 K、L 即为贯穿点。

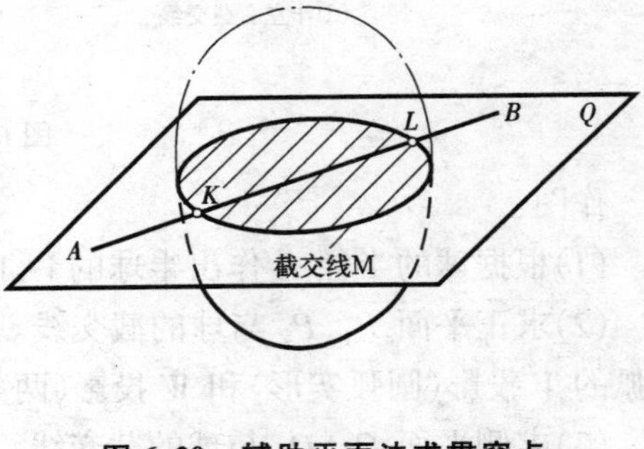

图 6-20　辅助平面法求贯穿点

辅助平面的选择十分重要，应根据形体表面的性质，使所选辅助平面截得的截交线的投影形状简单易画，例如直线或圆，以便迅速和准确地求出贯穿点。

例6-8　求直线与球的贯穿点(图 6-21)。

解　分析：因为直线 AB 为水平线，所以选用过 AB 的水平面作为辅助平面，作出水平圆截交线，再求贯穿点。

作图：

(1)通过 AB 作水平辅助平面 Q；

(2)作出 Q 面与球水平圆截交线的 H 投影，它与 ab 的交点为 k、l，即为贯穿点的 H 投影。由此再求得 k'、l'；

(3)点 K 在球的前上半球，其 H、V 投影 k、k' 均可见。点 L 在球的后上半球，H 投影 l 可见，V 投影 (l') 不可见。

例6-9 求直线 AB 与圆锥的贯穿点(图 6-22)。

解 分析：由图 6-22(b)知，参与贯穿的直线 AB 与圆锥面均无积聚投影，应用辅助平面法求解。若采用过直线 AB 的正垂面或铅垂面，所得截交线均为非圆曲线，显然不易求解。因此，可采用过锥顶 S 和直线 AB 的投影面倾斜面作为辅助平面，如图 6-22(a)所示。该平面与圆锥面截交线为两条直素线 SⅢ、SⅣ，便于求解。

作图：

(1)过锥顶 S 和直线 AB 作辅助平面(SⅠ × SⅡ)，其中Ⅰ(1,1′)Ⅱ(2,2′)为直线 AB 上两点；

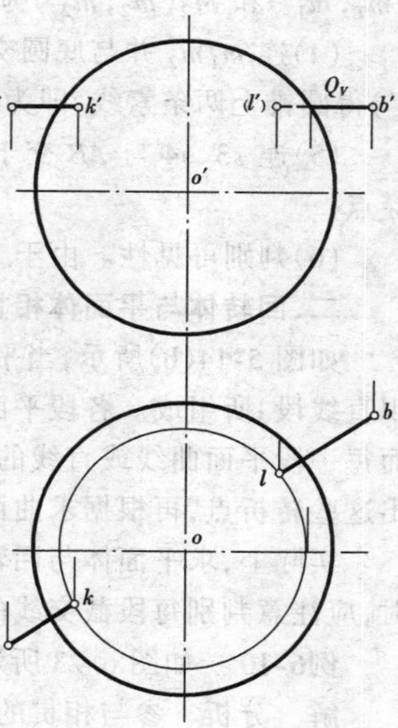

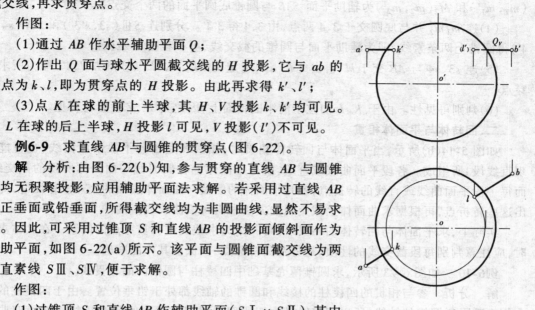

图 6-21 求直线与球的贯穿点

(2)在 V 投影上，延长 $s'1'$ 和 $s'2'$ 分别交圆锥底圆投影延长线于 m_1' 和 m_2'；

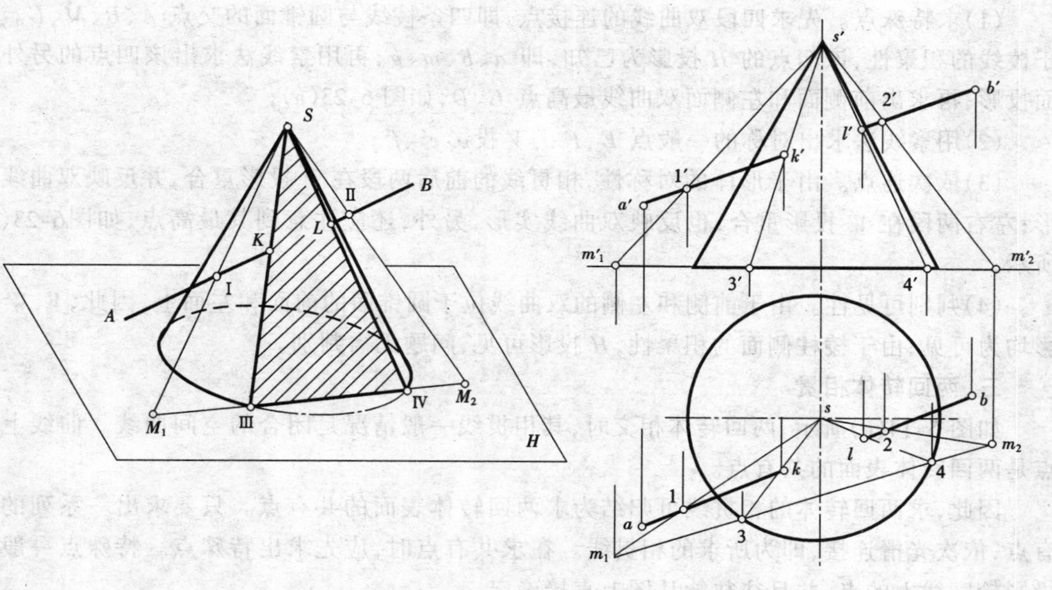

(a)立体图　　(b)投影图

图 6-22 求直线与圆锥贯穿点

(3)在 H 投影上，延长 $s1$ 和 $s2$，并由 $m1'$ 和 $m2'$ 求得 $s1$ 上点 m_1 和 $s2$ 上点 m_2。所求 M_1

(m_1, m_1')和 $M_2(m_2, m_2')$为辅助平面 SAB 与圆锥底圆平面的两个交点；

(4)连 m_1m_2 并与底圆交于3、4两点，由3,4得$3'4'$。分别连 SⅢ($s3, s'3'$)和 SⅣ($s4, s'4'$)得圆锥上两条素线，即为辅助平面与圆锥的截交线，可参看图6-22(a)；

(5)连 $s3$、$s4$ 与 AB 交于 kl，再由此在 $a'b'$ 上定出 $k'l'$。$K(k, k')$和 $L(l, l')$即为所求贯穿点；

(6)判别可见性。由于 K、L 均位于前半圆锥面上，因此其 H、V 投影均可见。

二、回转体与平面体相贯

如图5-14(b)所示，当平面体与回转体相贯时，相贯线是由若干段平面曲线(也可能出现直线段)所组成。各段平面曲线或直线，就是平面体上各侧面截切曲面体所得的截交线。而每一段平面曲线或直线的转折点，就是平面体的侧棱与曲面体表面的交点。作图时，先求出这些转折点，再根据求曲面体上截交线的方法求出每段曲线或直线。

实际上，求平面体与回转体的相贯线，可归结为求截交线和贯穿点的问题。在具体求解时，应注意判别每段截交线的性质、趋势及其特殊点，以保证其作图准确。

例6-10 如图6-23所示，求圆锥薄壳基础中四棱柱与圆锥面的相贯线。

解 分析 参与相贯的四棱柱的棱线和圆锥的轴线都处于铅垂位置。由于四棱柱的四个侧面都平行圆锥的轴线，所以相贯线是由四段双曲线组成的空间闭合折线。四段双曲线的连接点是四棱柱四条侧棱与圆锥面的交点。相贯线的 H 投影与四棱柱的 H 投影重合为已知，如图6-23所示。

作图：

(1)求特殊点。先求四段双曲线的连接点，即四条棱线与圆锥面的交点 A、B、M、G。由于棱线的积聚性，该四点的 H 投影为已知，即 a、b、m、g；再用素线法求出该四点的另外两面投影；再求出前侧面和左侧面双曲线最高点 C、D，如图6-23(a)；

(2)用素线法求出对称的一般点 E、F 的 V 投影 e'、f'；

(3)依次连点。由于形体的对称性，相贯线的前后两段在 V 投影重合，并反映双曲线实形；左右两段在 W 投影重合，也反映双曲线实形，另外，还应注意到其最高点，如图6-23(b)所示；

(4)判别可见性。由于前侧和左侧的双曲线位于圆锥面的前面和左面上，因此，V、W 投影均为可见；由于棱柱侧面的积聚性，H 投影可见，问题无需判别。

三、两回转体相贯

如图5-14(c)所示，两回转体相交时，其相贯线一般情况是闭合的空间曲线。曲线上的点是两回转体表面的共有点。

因此，求两回转体的相贯线可归结为求两回转体表面的共有点。只要求出一系列的共有点，依次光滑连接，即为所求的相贯线。在求共有点时，应先求出特殊点。特殊点一般是投影轮廓线上的点，并且往往能从图上直接确定。

求共有点时，可以利用圆柱面某个投影的积聚性(表面取点法)，也可采用辅助平面法。

例6-11 如图6-24(a)所示，求两正交圆柱的相贯线。

解 分析：由图6-24(a)可知，两圆柱的轴线分别垂直于 H、W，投影均与相应圆柱面的积聚投影重合，即相贯线H、W 投影为已知。实际上，该题可视为已知各"共有点"的 H、W

投影来求其第三投影。

作图：

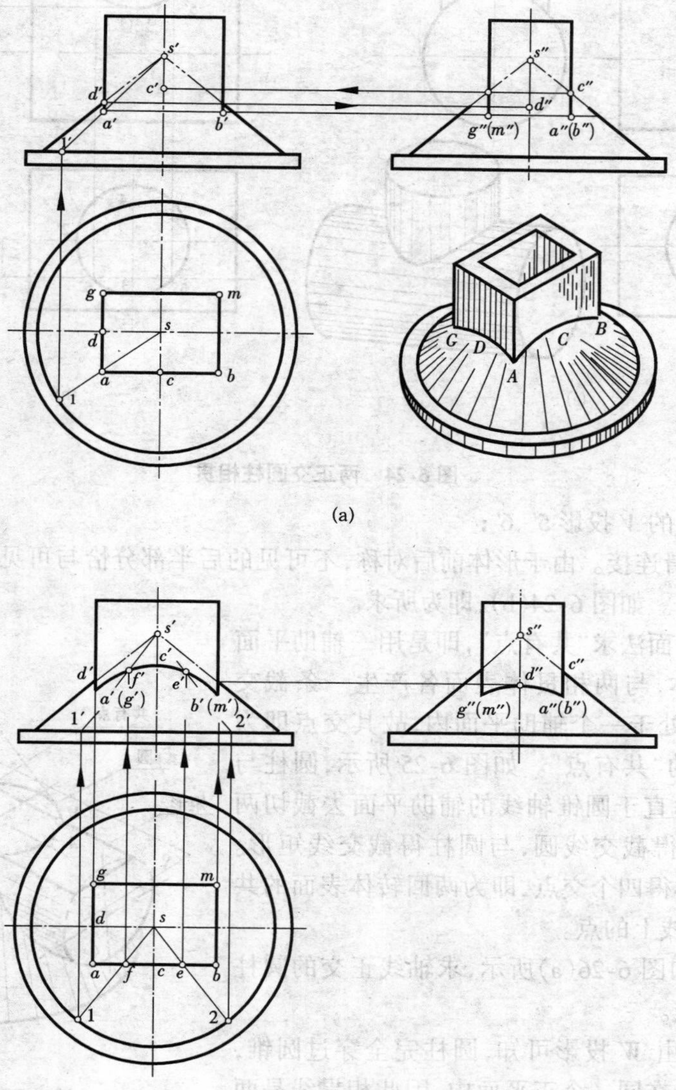

图 6-23　求圆锥薄壳基础的相贯线

(1)求最高点。两轴线正交并平行于 V 面，所以两圆柱 V 投影轮廓线的交点 1′、2′是相贯线的最高点的 V 投影，同时又是最左、最右点的 V 投影。

(2)求最低点。相贯线的 W 投影积聚为一段圆弧。圆弧的最低点 3″、4″为相贯线的最低点的 W 投影，同时又是最前和最后点的 W 投影。其 V 投影 3′、(4′)重合；

(3)求一般点。按照坐标 Y 对应关系，在 H、W 投影上，取左右两对称点 5、6 和 5″、6″，并

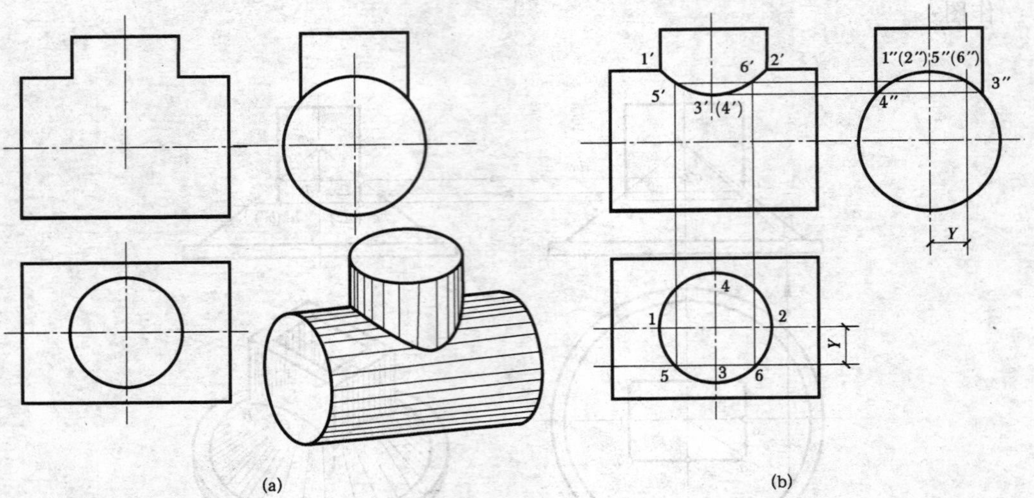

图 6-24　两正交圆柱相贯

由此求出该两点的 V 投影 5′、6′；

(4)依次光滑连接。由于形体前后对称，不可见的后半部分恰与可见的前半部分重合，投影上均为实线。如图 6-24(b)，即为所求。

所谓辅助平面法求“共有点”，即是用一辅助平面去截切两相贯体，与两相贯体表面各产生一条截交线，两截交线同处于一个辅助平面内，故其交点即为两相贯体表面的“共有点”。如图 6-25 所示，圆柱与圆锥相贯。用垂直于圆锥轴线的辅助平面去截切两相贯体，与圆锥得截交线圆，与圆柱得截交线矩形。截交线圆与矩形得四个交点，即为两回转体表面的共有点，也即相贯线上的点。

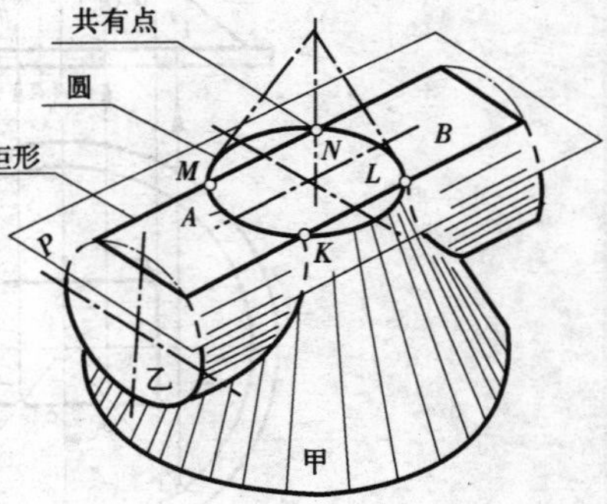

图 6-25　辅助平面法求“共有点”

例6-12　如图 6-26(a)所示，求轴线正交的圆柱和圆锥的相贯线。

解　分析：由 W 投影可知，圆柱完全穿过圆锥，并且它们的轴线在同一个正平面内，因此相贯线是两条左右对称的封闭空间曲线。其 W 投影与圆柱的积聚投影重合。

作图：

(1)求最高点及最低点。由于圆柱和圆锥 V 投影轮廓在同一个正平面内，故其 V 投影的交点 1′、2′为最高点、最低点的 V 投影，如图 6-26(b)所示；

(2)求最前及最后点。过圆柱的轴线作水平辅助平面 P(参看图 6-25)，求出 P 与圆锥截交线圆的 H 投影，它与圆柱水平投影轮廓线的交点 3 及 4，即为最前、最后点的水平投影。

3′4′在 P_V 上；

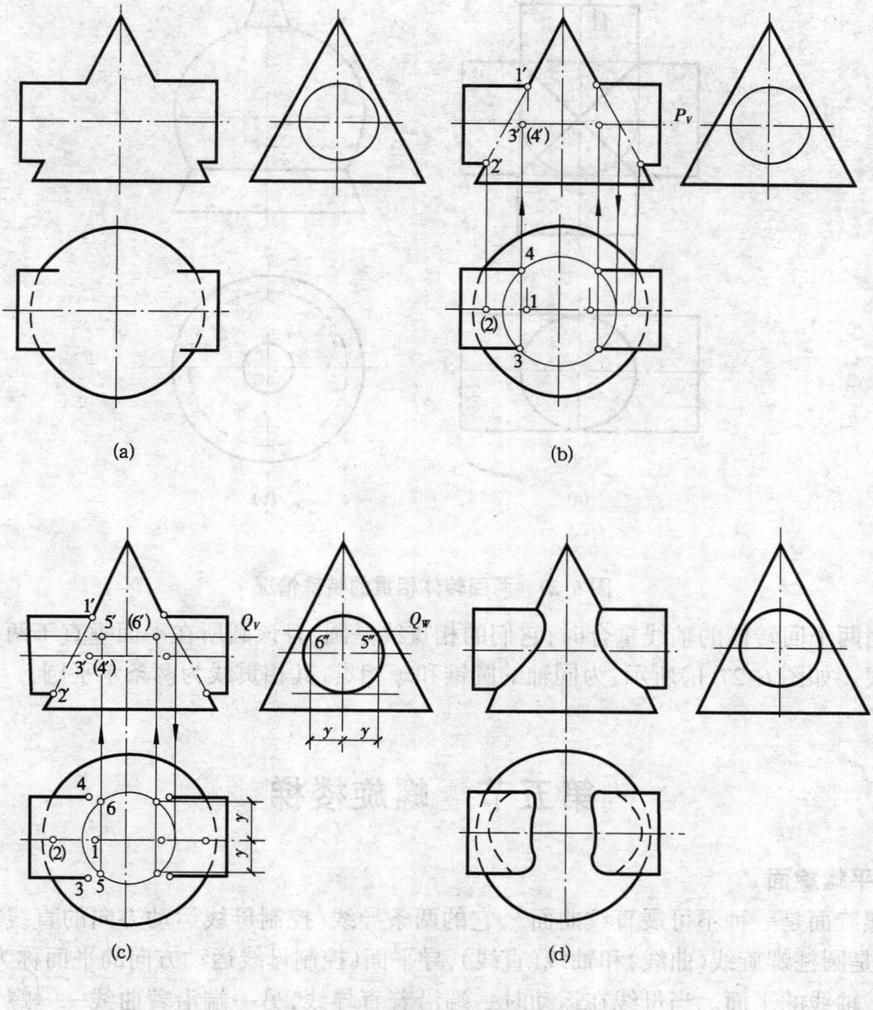

图 6-26　圆柱与圆锥的相贯线

(3)求一般点。作水平辅助面 Q，求出 Q 面与圆锥相交的纬圆及与圆柱相交的素线的水平投影，它们的交点 5 和 6 即为一般点的水平投影。5′、6′应在 Q_V 上，如图 6-26 所示；

(4)连相贯线的各投影并判别可见性。依次光滑地连接所求各点的同面投影，即得相贯线的投影。相贯线的 H 投影上 3、4 是可见与不可见的分界点，圆柱面的上半部分上的交线 3-5-1-6-4 为可见，下半部的交线 3-2-4 为不可见。可见者画实线，不可见者画虚线。

两回转体的相贯线，一般情况是空间曲线。但在特殊情况下，也可能是平面曲线或直线。下面介绍两种最常见的特殊情况：

1. 两轴线正交的等径圆柱的相贯线是两个形状相同的椭圆，且两椭圆所在平面垂直于两圆柱轴线所在平面，即当两轴线平面为正平面时，两椭圆 V 投影为两直线段。如图 6-27(a)所示。

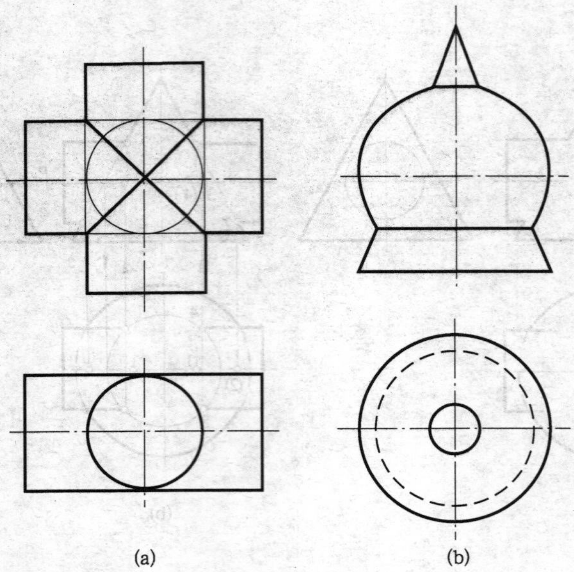

图 6-27　两回转体相贯的特殊情况

2. 当两个回转体的轴线重合时，它们的相贯线是圆，且该圆所在平面垂直于两回转体的公共轴线。如图 6-27(b)所示，为同轴的圆锥和球相贯，其相贯线为两条水平圆。

第五节　螺旋楼梯

一、平螺旋面

平螺旋面是一种不可展直纹曲面①，它的两条导线（控制母线运动方向的直线或曲线称为导线）是圆柱螺旋线（曲线）和轴线（直线），导平面（控制母线运动方向的平面称为导平面）是垂直于轴线的平面。当母线在运动时一端沿着直导线，另一端沿着曲线——螺旋线并始终平行于导平面盘旋上升所形成的曲面就是平螺旋面，如图 6-28(a)所示。当轴线垂直于 *H* 面时，母线即为水平线，导平面也就是水平面。

平螺旋面投影图画法：

(1)绘出圆柱螺旋线和轴线的两投影；

(2)如图 6-28(b)所示，将 *H* 面上圆周和 *V* 面上螺距十二等分，*H* 投影圆周上各分点与圆心（轴线的积聚投影）连线，即为平螺旋面上水平素线的 *H* 投影，水平素线 *V* 投影必为水平，所以过螺旋线上各分点的 *V* 投影作水平线与轴线相交即为所求平螺旋面的 *V* 投影。

---

① 直纹曲面指由直线作为母线运动后所形成的曲面。用微分几何的观点，直纹曲面可展的条件是相邻两素线共面（平行或相交），如圆柱和圆锥均属可展曲面。

若假设用一个同轴的小圆柱与平螺旋面相交，这时平螺旋面与小圆柱侧表面的截交线，也是一个同螺距的螺旋线，形成一个空心的平螺旋面，如图 6-28(c)所示。如小圆柱实际存在，则还应区分可见性(图 6-28d)。

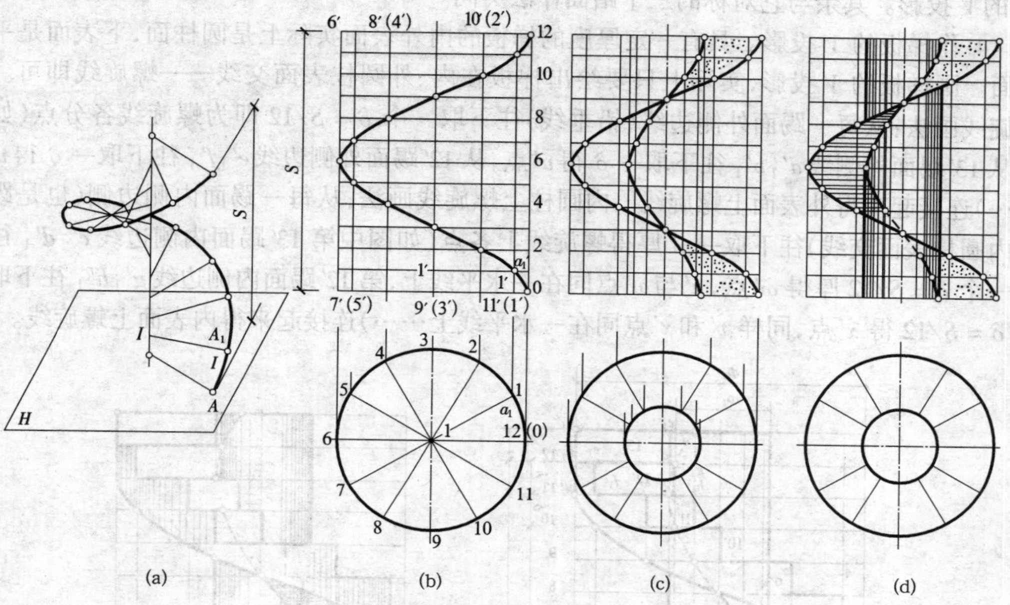

图 6-28　平螺旋面

平螺旋面在工程上应用很多，如图书馆、仓库的螺旋输送槽(道)，宾馆厅堂及塔楼的螺旋楼梯等等，都是一些应用实例。

二、螺旋楼梯

在实际工程中，螺旋楼梯板的下表面就是平螺旋面。下面我们以内外圆柱直径为 ϕ_1、ϕ_2，螺距为 S，踢面高 $S/12$(通常取 150～170mm)，梯板厚度 $\delta = S/12$，作一螺旋楼梯投影图。作图步骤如下(图 6-29)：

(一)作 H 投影

过圆心将圆周作 12 等分，得踏面(水平面)和踢面(铅垂面)的 H 投影。

(二)作 V 投影

1.将螺距 12 等分，得水平分格线，并注上数字 0～12，如图 6-29(b)所示。

2.作各踢面(矩形)的 V 投影。第一踢面由矩形 $ABCD$ 组成，是 V 面平行面，V 投影反映实形，在零线与一线之间得到 $a'b'c'd'$；第二踢面由矩形 $EFGH$ 组成，从 H 投影 $e(f)$、$g(h)$各点，引铅垂线与水平分格线 1 线、2 线相交得矩形线框 $e'f'h'g'$；第三踢面由矩形 $LMNP$ 组成，从 H 投影 $l(m)$、$p(n)$引铅垂线与水平分格线 2 线、3 线相交得矩形线框 $l'm'n'p'$；第四踢面是侧平面 $QRST$ 矩形，其 V 投影积聚为一条竖直线 $t'(q')$、$s'(r')$，其余各踢面 V 投影作法类似。

3.作各踏面(扇形)的 V 投影(均为水平线)。各踢面作出之后各踏面的积聚投影——水平线，就带出来了，如踏面扇形 $AFHC$，其 V 投影就是水平线 $h'a'$，踏面扇形 $EMNG$，其 V

投影就是水平线 $n'e'$，与踏面 *LRSP* 对称的左右、前后的四个踏面的 *V* 投影，在作出相近踢面 4′、10′之后，由于 4′、10′积聚为铅垂线，故踏面 *V* 投影所积聚的水平线需加长一段，如踏面扇形 *LRSP*，其 *V* 投影应将水平线 $l'p'$ 延长到 $s'(r')$ 相交止。这样 $l'p's'(r')$ 即为踏面 *LRSP* 的 *V* 投影。其余与它对称的三个踏面作法类同。

4. 作梯板的 *V* 投影。具有一定厚度的梯板的内外表面实际上是圆柱面，下表面是平螺旋面。画梯板的 *V* 投影，实际上只要绘出梯板在内、外圆柱表面交线——螺旋线即可。外螺旋线画法：从每一踢面外侧边线（铅垂线）往下取一个 $\delta = S/12$ 即为螺旋线各分点（如图中从 13′踢面外侧线 $a'_1b'_1$ 往下取一 δ 得 u' 点，从 12′踢面外侧边线 $e'_1f'_1$ 往下取一 δ 得 v' 点……）连接起来得外表面上螺旋线。内圆柱上螺旋线画法：从每一踢面内侧边侧（也是踢面与内圆柱表面交线）往下取一 δ 厚得螺旋线上各点（如图中第 13′踢面内侧边线 $c'_1d'_1$ 往下取一个 $\delta = S/12$ 厚得 ω' 点，u' 与 ω' 点同在一水平线上，第 12′踢面内侧边线 $g'_1h'_1$ 往下取一个 $\delta = S/12$ 得 x' 点，同样 v' 和 x' 点同在一水平线上……）连接起来得内表面上螺旋线。

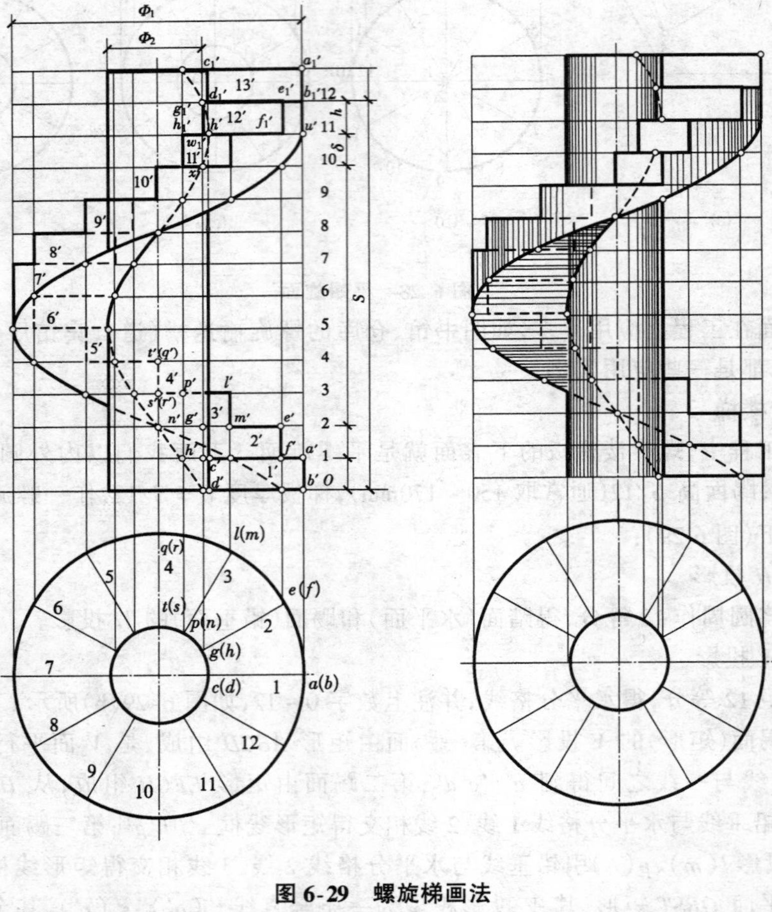

图 6-29　螺旋梯画法

5. 螺旋线作出之后，为了加强直观性，可在余下的大圆柱可见侧表面和小圆柱可见侧表面上加绘阴影线。此线用细实线，近轮廓素线处间距密，近轴线处间距疏，以加强直观性（图 6-29d），整个作图过程如图 6-29 所示。

第七章 轴测投影

多面正投影图以其准确度量建筑形体的实形和大小、作图简便的优点,博得工程实践中的广泛应用。但这种图直观性差,不易读懂。而轴测投影图,则可弥补这一缺憾,如图 7-1 所示。所以,在工程实践中,往往用轴测图来辅助读图。

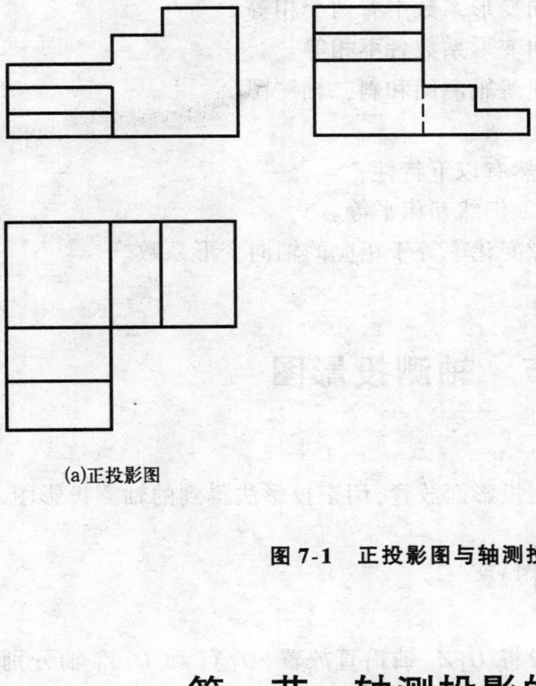

(a)正投影图

(b)轴测投影图

图 7-1 正投影图与轴测投影图比较

第一节 轴测投影的基本知识

一、轴测投影的形成

将形体连同它的坐标轴一起向单一的投影面(P)做平行投影,得到的投影图,称为轴测投影图(简称轴测图),如图 7-2 所示。

二、轴测投影图的基本概念和分类

(一)基本概念

1.轴测投影面:图 7-2 中的 P 平面称为轴测投影面。

2.轴测轴:3 条坐标轴 OX、OY、OZ 的轴测投影 O_1X_1、O_1Y_1、O_1Z_1 称为轴测轴。

3.轴间角:每两个相邻轴测轴之间的夹角称为轴间角。如:$\angle X_1O_1Y_1$、$\angle X_1O_1Z_1$、

$\angle Y_1O_1Z_1$。

4.轴间变形系数:某线段沿轴测轴方向的投影长度与其实长的比称为轴向变形系数。如:$O_1A_1/OA=p$、$O_1B_1/OB=q$、$O_1C_1/OC=r$,p、q、r为沿轴测轴方向的轴向变形系数。

(二)分类

用平行投影的方法可分别作出正轴测图和斜轴测图。根据轴向变形系数的不同轴测图又可分为:

1.正(斜)等测轴测图——三个轴向变形系数都相等。

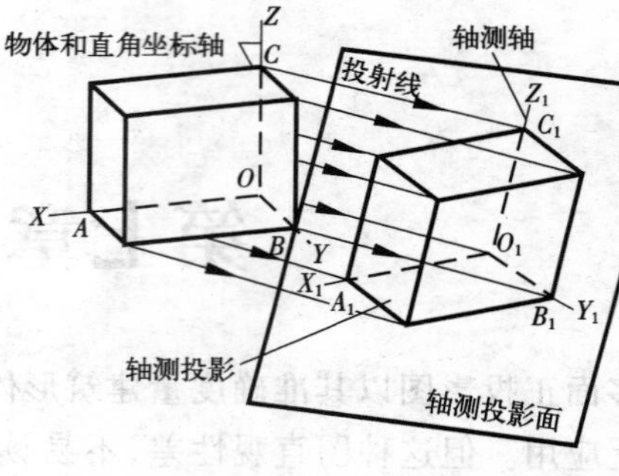

图 7-2 轴测投影图的形成

2.正(斜)二测轴测图——三个轴向变形系数中有两个相等。

3.正(斜)三测轴测图——三个轴向变形系数各不相等。

教材中主要介绍工程中最常用的正等轴测图和斜二轴测图。

三、轴测投影的特性

根据平行投影的特性,轴测投影必然有以下特性:

1.空间互相平行的直线、其轴测投影仍然互相平等。

2.空间各直线沿轴测轴方向的投影变化率等于相应的轴向变形系数。

第二节 轴测投影图

一、正轴测投影图

将形体的三个坐标轴均倾斜于轴测投影面放置,用正投影法得到的轴测投影图,称为正轴测投影图。

(一)正等轴测投影图(简称正等测图)

1.轴间角及轴向变形系数

正等测图的轴间角均为120°。一般将 O_1Z_1 轴铅直放置,O_1X_1 和 O_1Y_1 轴分别与水平线成30°角。如图 7-3 所示。

正等测投影图中各轴向变形系数的平方和等于2,由此可得 $p=q=r\approx0.82$,为了作图方便,常把轴向变形系数取为1,这样画出的正等测图各轴向尺寸将比实际情况大1.22倍。

2.正等测投影的画法

作形体的正等测投影图,最基本的画法为坐标法,即根据形体上各特征点的 X、Y、Z 坐标,求出各点的轴测投影,然后连成形体表面的轮廓线。

例7-1 根据图 7-4 所示的投影图,求作基础的正等测图。

解:作图步骤如下:

(1)形体分析。基础由四棱柱及四棱台组成。

(2)选择坐标系 $O-XYZ$,并确定棱柱及棱台上各角点的相对坐标值,如图 7-4(a)所示。

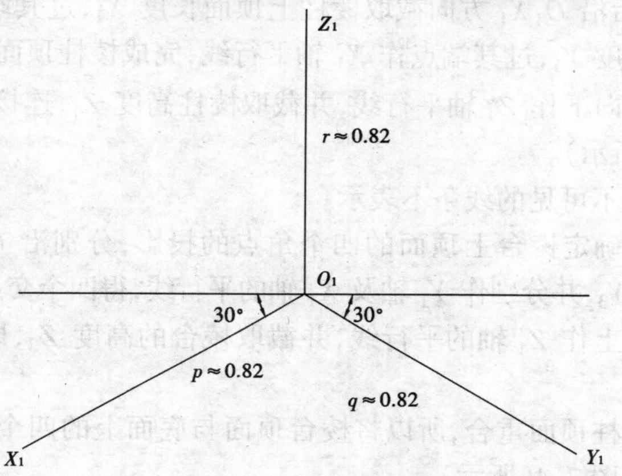

图 7-3　轴向角及轴间变形系数

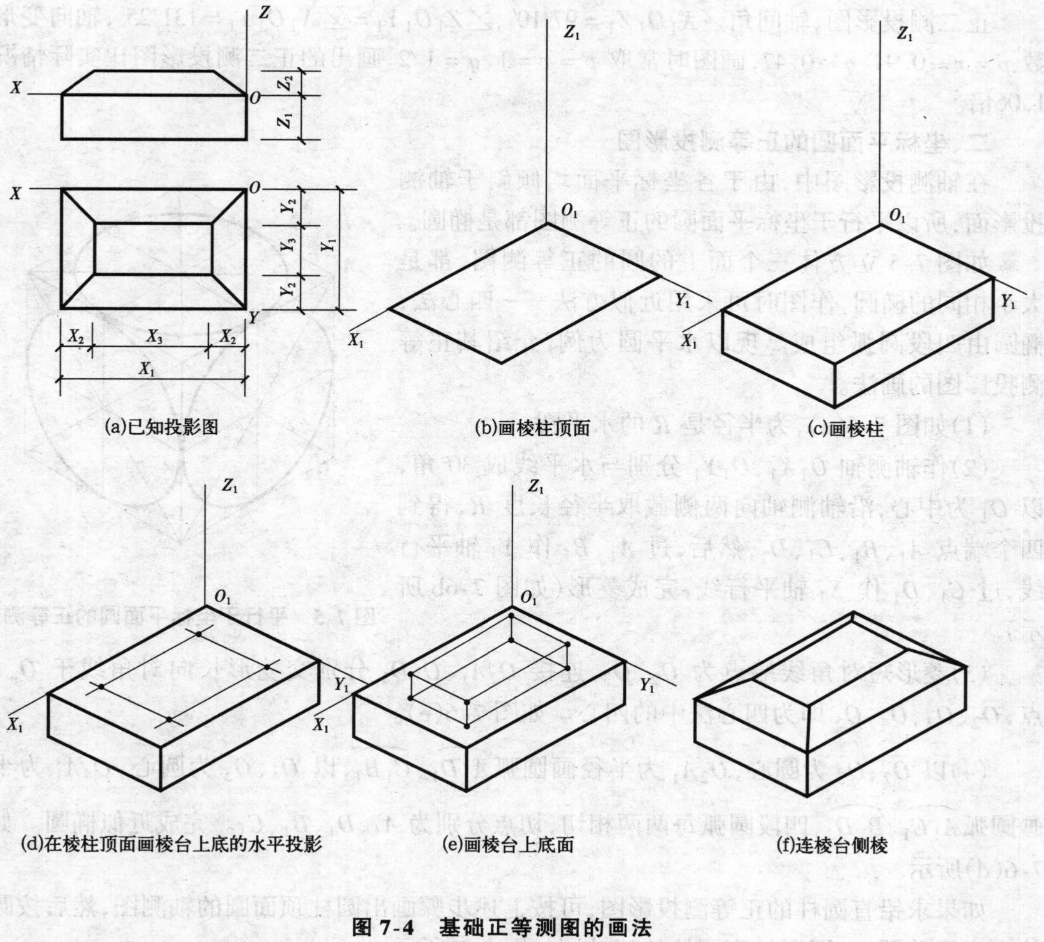

(a)已知投影图　(b)画棱柱顶面　(c)画棱柱

(d)在棱柱顶面画棱台上底的水平投影　(e)画棱台上底面　(f)连棱台侧棱

图 7-4　基础正等测图的画法

(3)画轴测轴，然后沿 O_1X_1 方向截取棱柱上顶面长度 X_1，过其端点作 Y_1 轴平行线，沿 O_1Y_1 方向截取顶面宽度 Y_1，过其端点作 X_1 轴平行线，完成棱柱顶面(如图 7-4b 所示)。

(4)从顶面各角点向下作 Z_1 轴平行线，并截取棱柱高度 Z_1，连接各端点，即得四棱柱的正等测图(如图 7-4c 所示)。

注意：画轴测图时不可见的线条不表示。

(5)在棱柱顶面上确定棱台上顶面的四个角点的投影，分别沿 O_1X_1 方向截取 X_2、X_3，沿 O_1Y_1 方向截取 Y_2、Y_3，并分别作 Y_1 轴及 X_1 轴的平行线，得四个交点(如图 7-4d 所示)。

(6)由四个交点向上作 Z_1 轴的平行线，并截取棱台的高度 Z_2，即得棱台顶面的四个角点(如图 7-4e)所示。

(7)棱台底面与棱柱顶面重合，所以将棱台顶面与底面上的四个角点对应连线，就可完成基础的正等测图(如图 7-4f 所示)。

注意：棱台的侧棱是一般位置直线，其投影方向和伸缩率都未知，所以只能先画它们的端点，然后再连成直线。

(二)正二测投影图

正二测投影图，轴间角 $\angle X_1O_1Z_1 = 97°10'$、$\angle Z_1O_1Y_1 = \angle X_1O_1Y_1 = 131°25'$，轴向变形系数 $p = r \approx 0.94$、$q \approx 0.47$，画图时常取 $p = r = 1$、$q = 1/2$，画出的正二测投影图比实际情况大 1.06倍。

二、坐标平面圆的正等测投影图

在轴测投影图中，由于各坐标平面均倾斜于轴测投影面，所以平行于坐标平面圆的正等测图都是椭圆。

如图 7-5 立方体三个面上的圆的正等测图，都是大小相同的椭圆，作图时可采用近似方法——四心法，椭圆由四段圆弧组成。现以水平圆为例，介绍其正等测投影图的画法。

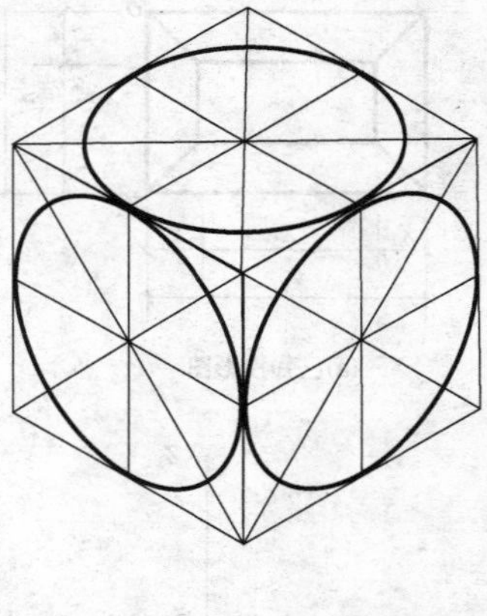

图 7-5　平行于坐标平面圆的正等测图

(1)如图 7-6(a)，为半径是 R 的水平圆。

(2)作轴测轴 O_1X_1、O_1Y_1 分别与水平线成 30°角，以 O_1 为中心，沿轴测轴向两侧截取半径长度 R，得到四个端点 A_1、B_1、C_1、D_1，然后，过 A_1、B_1 作 Y_1 轴平行线，过 C_1、D_1 作 X_1 轴平行线，完成菱形(如图 7-6b 所示)。

(3)菱形短对角线端点为 O_2、O_3，连接 O_2A_1、O_2D_1 分别交菱形长向对角线于 O_4、O_5 点，O_2、O_3、O_4、O_5 即为四心法中的四心。如图 7-6(c)。

(4)以 O_2、O_3 为圆心，O_2A_1 为半径画圆弧 $\overset{\frown}{A_1D_1}$、$\overset{\frown}{C_1B_1}$，以 O_4、O_5 为圆心，O_4A_1 为半径画圆弧 $\overset{\frown}{A_1C_1}$、$\overset{\frown}{B_1D_1}$，四段圆弧每两两相切，切点分别为 A_1、D_1、B_1、C_1。完成近似椭圆。如图 7-6(d)所示。

如果求铅直圆柱的正等测投影图，可按上述步骤画出圆柱顶面圆的轴测图，然后按圆柱的高度平移圆心，即可得到圆柱的正轴测如图 7-7 所示。

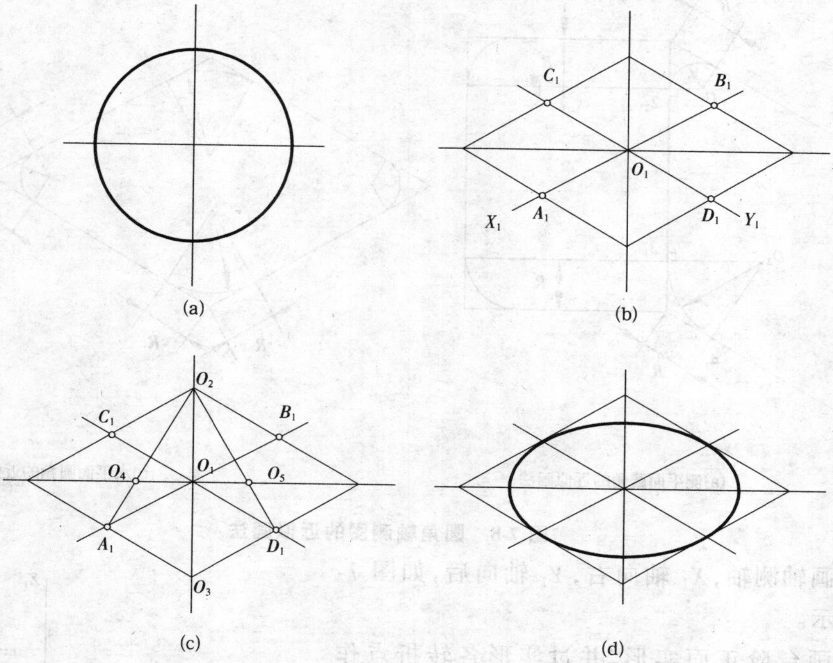

图 7-6　圆的正等测图近似画法

平面图中圆角的正轴测画法如图 7-8 所示。

三、斜轴测投影图

将形体的某一侧面平行于轴测投影面放置，用斜投影法得到的轴测投影图，称为斜轴测投影图。

轴测投影面平行于 V 投影面时，得到的斜轴测为正面斜轴测。

轴测投影面平行于 H 投影面时，得到的斜轴测为水平斜轴测。

（一）正面斜二测

根据平行投影的特性，正面斜二测中，轴间角 $\angle X_1O_1Z_1 = 90°$，平行于 X_1 轴、Z_1 轴的线段其轴向变形系数 $p = r = 1$，即轴测投影长度不变，另外两个轴间角均为 135°，沿 Y_1 轴方向的轴向变形系数 $q = 1/2$，如图 7-9 所示。

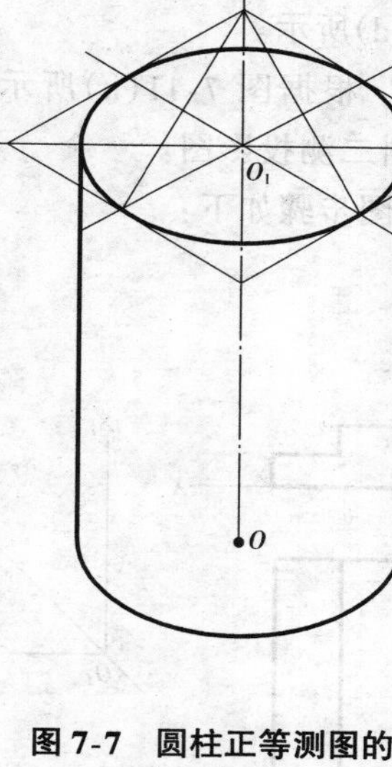

图 7-7　圆柱正等测图的画法

例7-2　根据图 7-10(a)所示的投影图，求作台阶的斜二测投影图。

解：作图步骤如下：

(1)根据形体的特点选择坐标系 $O - XYZ$，如图 7-10(a)所示。

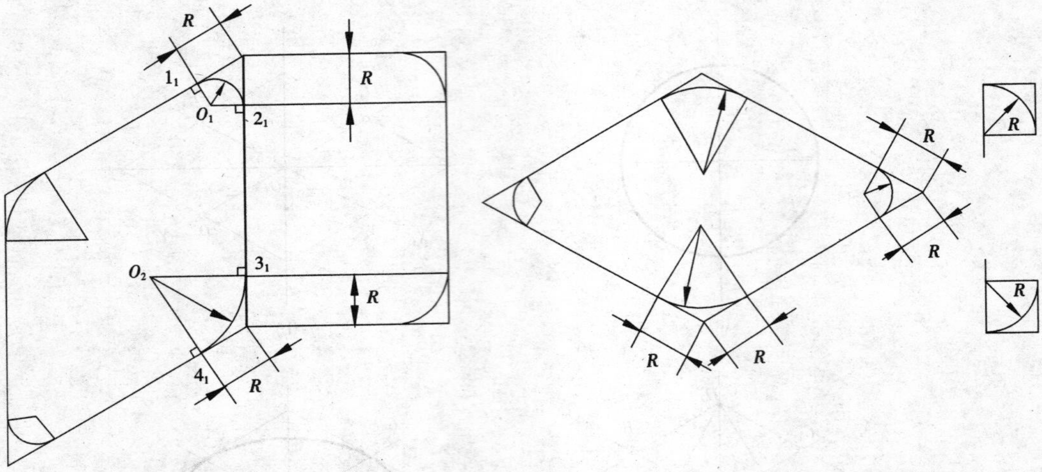

(a)侧平面圆角的近似画法

(b)水平面圆角的近似画法

图 7-8　圆角轴测图的近似画法

(2)画轴测轴，X_1 轴向右，Y_1 轴向后，如图 7-10(b)所示。

(3)画台阶正面实形，并过实形各转折点作 O_1Y_1 轴平行线，如图 7-10(c)所示。

(4)在各平行线上截取 1/2Y 值，将各端点顺次连接，完成台阶的斜二测（不可见的线不画）。如图 7-10(d)所示。

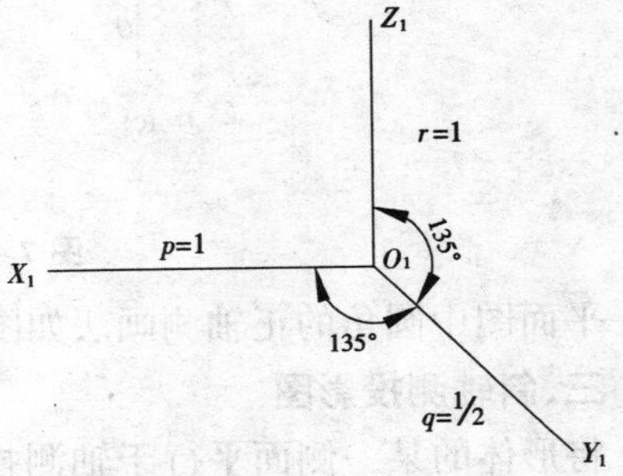

图 7-9　正面斜二测轴间角和轴间变形系数

例7-3　根据图 7-11(a)所示的投影图，求作法兰盘的斜二测投影图。

解：作图步骤如下：

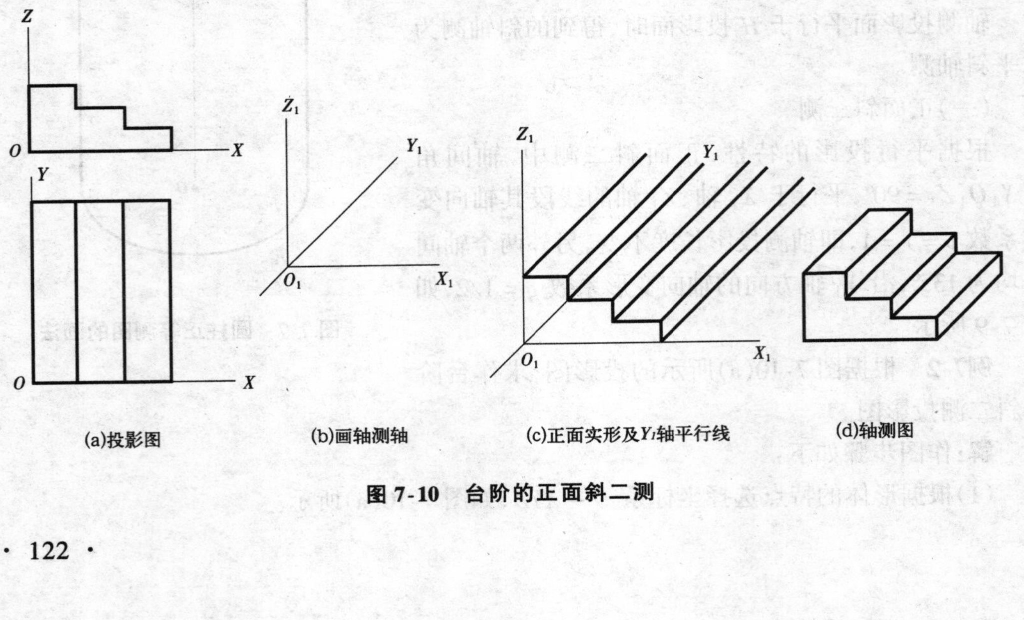

(a)投影图　　(b)画轴测轴　　(c)正面实形及Y_1轴平行线　　(d)轴测图

图 7-10　台阶的正面斜二测

(1)在投影图中选择坐标系 $O-XYZ$,使每个圆都属于或平行于 XOZ 坐标面,如图 7-11(a)所示。

(2)画出轴测轴 $O_1-X_1Y_1Z_1$,如图 7-11(b)所示。

(3)以 O_1 为圆心画法兰盘大圆的实形,然后沿着 Y_1 轴将实形圆向前平移 $1/2Y$,即法兰盘厚度的一半,如图 7-11(b)所示。

(4)作出两个大圆的公切线,同理,可画出 5 个圆孔的轴测图,完成全图,如图 7-11(c)所示。

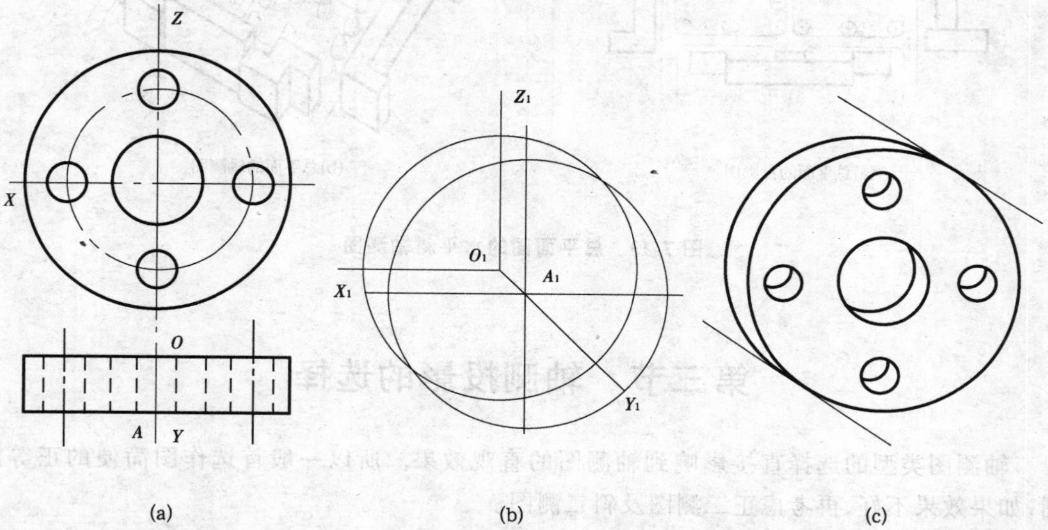

图 7-11　法兰盘斜二测的画法

(二)水平斜等测

水平斜等测,轴间角$\angle X_1O_1Y_1=90°$,形体上水平面的轴测投影反映实形,即 $p=q=1$,习惯上,仍将 O_1Z_1 轴铅直放置,取$\angle Z_1O_1X_1=120°$,$\angle Z_1O_1Y_1=150°$,沿 Z_1 轴的轴向变形系数 r 仍取 1,如图 7-12 所示。

水平斜等测,适宜绘制建筑物的水平剖面图或总平面图。它可以反映建筑物的内部布置、总体布局及各部位的实际高度。

例7-4　根据图 7-13(a)投影图,作出总平面的水平斜等测图。

解:先画出轴测轴 $O_1-X_1Y_1Z_1$,在 $X_1O_1Y_1$ 轴

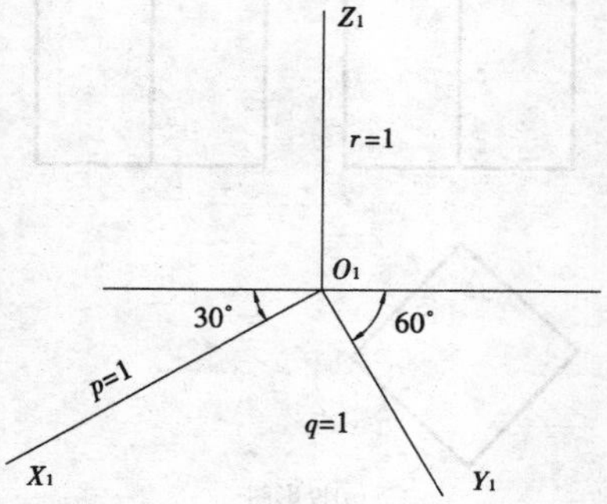

图 7-12　水平斜等测轴间角和轴向变形系数

测平面内画出总平面的实形，然后，沿 Z_1 轴方向表达建筑群及树木的高度，完成水平斜轴测，如图 7-13(b)所示。

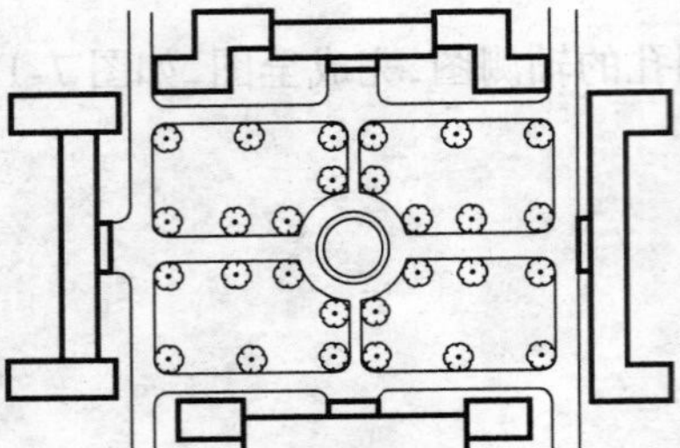

(a)总平面的投影图

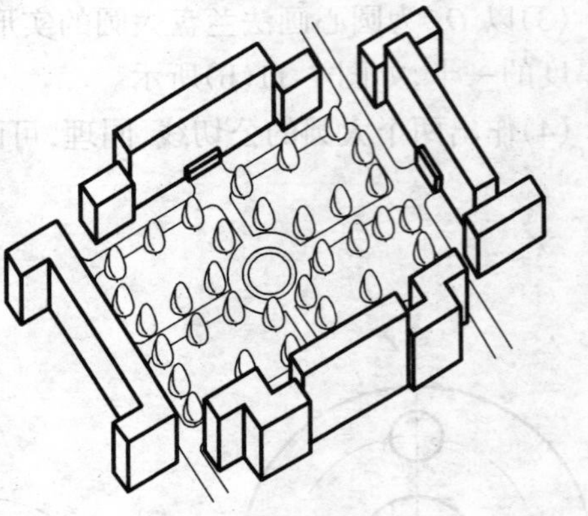

(b)总平面的轴测图

图 7-13 总平面图的水平斜轴测图

第三节 轴测投影的选择

轴测图类型的选择直接影响到轴测图的直观效果。所以一般首选作图简便的正等测图，如果效果不好，再考虑正二测图及斜二测图。

在选择轴测图类型时，应注意形体上的侧面和棱线尽量避免被遮挡、重合、积聚以及对称，否则轴测图将失去丰富的立体效果，如图 7-14 所示。

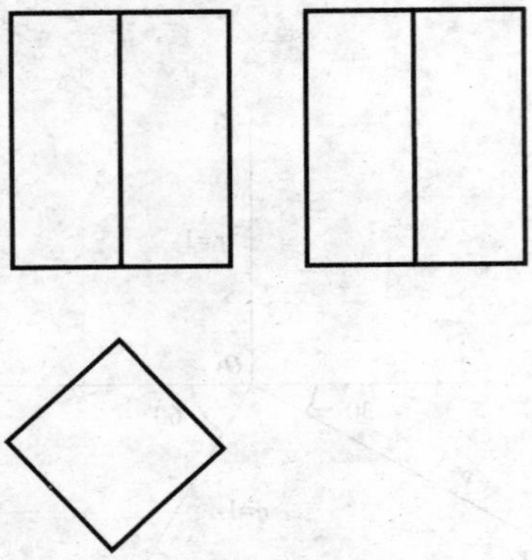

(a)投影图

(b)正等测图

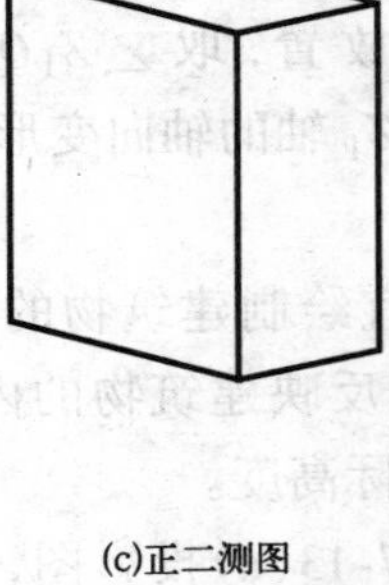

(c)正二测图

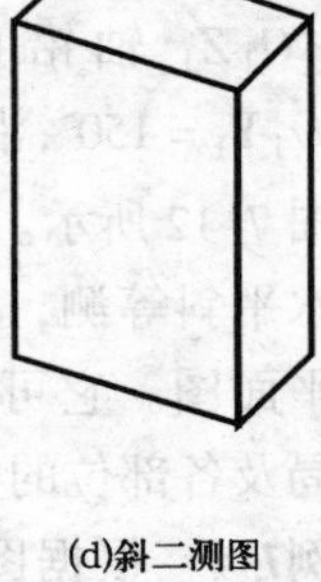

(d)斜二测图

图 7-14 轴测图的选择

此外，还要考虑选择作轴测图时的投影方向。常用的方向如图 7-15 所示。

图 7-15(b)是从形体的左、前、上方向右、后、下方投影所得的轴测图。这时，轴测轴按常规设置。图 7-15(c)是从形体的右、前、上方向左、后、下方投影所得的轴测图。轴测轴相当于 7-15(b)图中的各轴绕 $O'Z'$ 轴顺时针旋转 90°。图 7-15(d)是从形体的左、前、下方向右、后、上方投影所得的轴测图。与图 7-15(b)比较，是将 $O'Y'$ 轴，反方向画出。图 7-15(e)是从形体右、前、下方向左、后、上方投影所得的轴测图，与图 7-15(d)比较，相当各轴绕 $O'Z'$ 轴逆时针旋转了 90°。

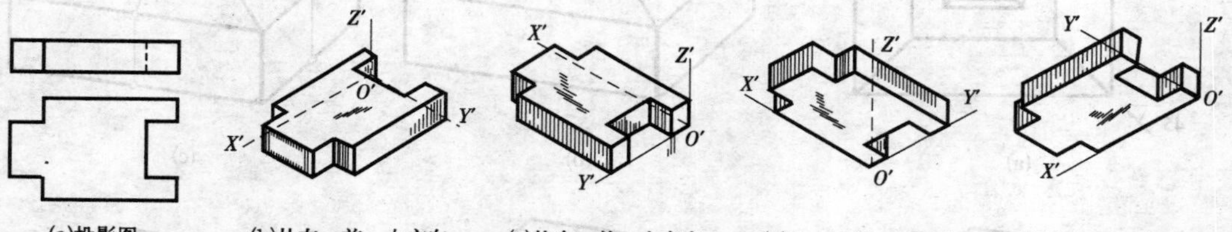

(a)投影图　(b)从左、前、上方向右、后、下方投影　(c)从右、前、上方向左、后、下方投影　(d)从左、前、下方向右、后、上方投影　(e)从右、前、下方向左、后、上方投影

图 7-15　形体的四种投影方向

第四节　轴测剖面图的画法

为了表达形体的内部构造及材料组成，可假想用剖切平面将形体切去四分之一，然后，画出剩余部分的轴测图。

例7-5　根据图 7-16(a)投影图，作出钢筋混凝土杯形基础的正二测剖面图。

解：作图步骤如下：

(1)选择坐标系 $O—XYZ$，如图 7-16(a)所示。

(2)画轴测轴及基础完整的轴测投影图、如图 7-16(b)所示。

(3)沿对称平面将基础剖开，剖切平面与各表面的交线就是各边中点的连线，如图 7-16(c)所示。

(4)擦去被剖掉部分，画出基底平面与两剖切平面的交线，它们分别平行于 X_1 及 Y_1 轴，两者相交于 A_1 点，如图 7-16(d)所示。

(5)两剖切平面的交线 A_1B_1 平行于 Z_1 轴，且 A_1B_1 的长度等于基底至杯底之间的距离。以 B_1 为中心，画出杯口底面轮廓，如图 7-16(e)所示。

(6)将杯口顶面及底面的角点对应连线，并画出杯口侧面与剖切平面、底面与剖切平面的交线，如图 7-16(f)所示。

(7)在截断面上画出材料图例，如图 7-16(g)所示。图例线方向如图 7-16(h)所示。

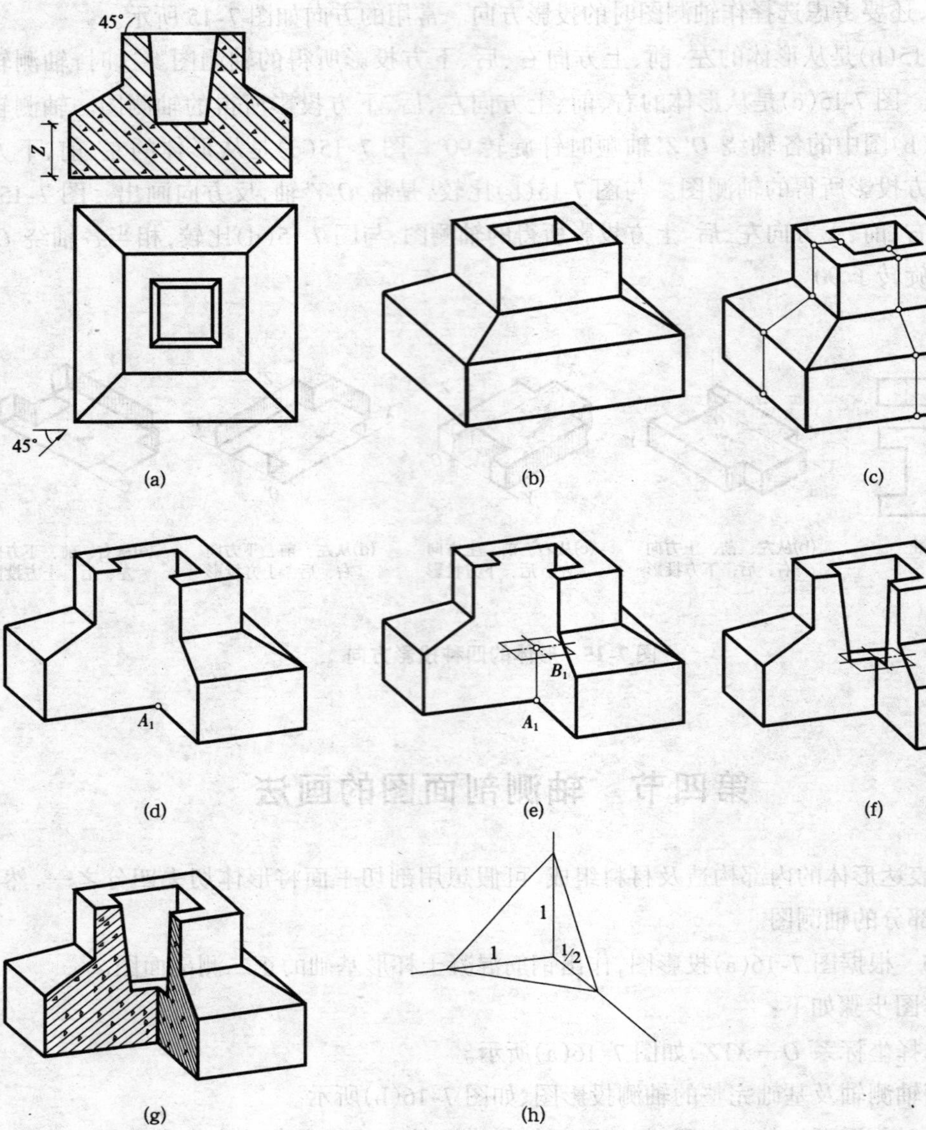

图 7-16　杯形基础轴测剖面图的画法

第八章　标高投影

建筑物总要和地面发生关系，因此常常需要绘制地面形状的地形图。地面的形状比较复杂，毫无规则可言，而且平面方向的尺度比铅垂高度的变化大得多，如仍采用前述的多面正投影来表达地面形状，不仅作图困难，亦不易表达清楚。在生产实践中，人们创造了一种与地形面相适应的表达方法——标高投影法。

用两个投影表示形体时，当水平投影确定之后，正面投影只起到了提供形体各部分高度的作用。因此，如果在水平投影图上加注形体上某些点、线、面的高程，以高程数字代替立面图的作用，也完全可以确定形体在空间的形状和位置，此即标高投影法。

标高投影仍是平行正投影，只不过它仅用一个水平投影面。

第一节　点和直线

一、点的标高投影

如图 8-1(a)所示，设点 A 位于已知的水平面 H 的上方 3 单位，点 B 位于 H 上方 5 单位，点 C 位于 H 下方 2 单位，那么，在 A、B、C 的水平投影 a、b、c 之旁注上相应的高度值 3、5、-2 等，即得点 A、B、C 的标高投影图，如图 8-1(b)所示。这时，3、5、-2 等高度值称为各点的标高。

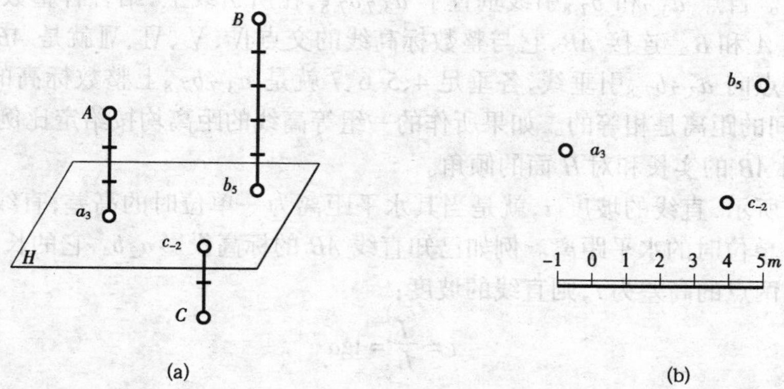

图 8-1　点的标高投影

通常以 H 面作为基准面，它的标高为零。高于 H 面标高为正，低于 H 面标高为负。为了实际应用方便起见，选择基准面时，最好使各点的标高都是正的。如果结合到地形测量，则应以青岛市外黄海海水平面作为零标高的基准面。根据标高投影图确定上述点 A 的位置时，可由 a_3 引线垂直于基准面 H，然后在此线上自 a_3 起按一定比例尺往上度量 3 单位，得点 A。对于点 C 则应自点 c_{-2} 起往下度量 2 单位。由此可见，在标高投影图中，要充分确定形体的空间形状和位置，还必须在标高投影图上附有一个比例尺，并注明刻度单位，如图 8-1(b)所示。标高投影图常用的单位为米(m)。

二、直线的标高投影

在直线的 H 投影 ab 上标出它的两个端点 a 和 b 的标高，例如 a_3b_5(见图 8-2)，就是 AB 直线的标高投影。

求直线 AB 的实长以及它与基准面的倾角，可用换面法的概念，即过 AB 作一基准面 H 的垂直面 V_1，将 V_1 面绕它与 H 面的交线 a_3b_5 旋转，使与 H 面重合。作图时，只要分别过 a_3 和 b_5 引线垂直于 a_3b_5。如图 8-3，并在所引垂线上按比例尺分别截取相应的标高数 3 和 5，得点 A 和 B。AB 的长度就是所求实长，AB 与 a_3b_5 间的夹角 α，就是所求的倾角。

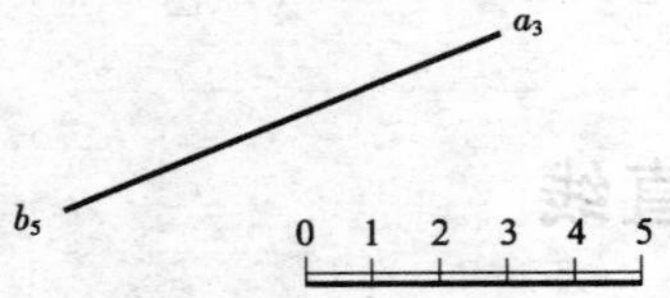

图 8-2　直线的标高投影

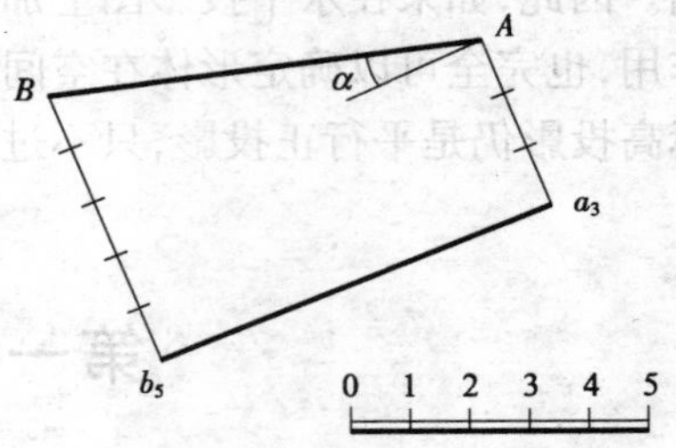

图 8-3　直线的实长和倾角

直线的刻度，就是在直线的标高投影上标出整数标高的点。进行刻度时，仍采用换面法的概念，按图 8-4 的方法作图。例如，已知直线 AB 的标高投影 $a_{3.7}b_{7.8}$，则在任意位置处作一组与 $a_{3.7}b_{7.8}$ 的一根平行线作为标高等于 3 的整数标高线，其余顺次为标高等于 4……8 的整数标高线。自点 $a_{3.7}$ 和 $b_{7.8}$ 引线垂直于 $a_{3.7}b_{7.8}$，在所引线上，结合各整数标高线，按比例插值定出点 A 和 B。连接 AB，它与整数标高线的交点Ⅳ、Ⅴ、Ⅵ、Ⅶ就是 AB 上的整数标高点。过这些点向 $a_{3.7}b_{7.8}$ 引垂线，各垂足 4、5、6、7 就是 $a_{3.7}b_{7.8}$ 上整数标高的点。不难看出，这些点之间的距离是相等的。如果所作的一组等高线的距离均按给定比例尺取一单位，则可同时得到 AB 的实长和对 H 面的倾角。

如图 8-5 所示，直线的坡度 i，就是当其水平距离为一单位时的高差；直线的间距 l，就是当高差为一单位时的水平距离。例如已知直线 AB 的标高投影 a_2b_4，它的长度即 AB 水平距离为 L，AB 两点的高差为 I，则直线的坡度：

$$i = \frac{I}{L} = \mathrm{tg}\alpha$$

直线的间距：

$$l = \frac{L}{I} = \mathrm{ctg}\alpha$$

由此可见，直线的坡度与间距互为倒数，即 $i = \dfrac{1}{L}$。也就是说，坡度愈大，间距愈小；坡

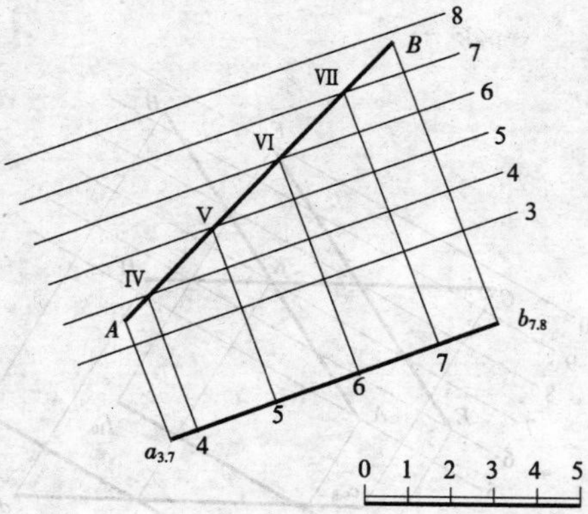

图 8-4　直线的刻度

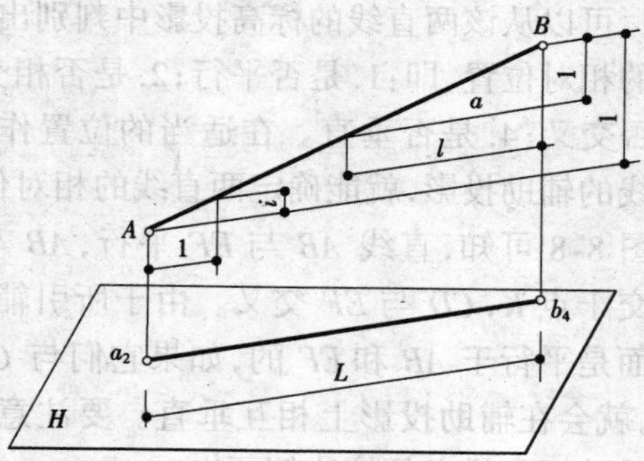

图 8-5　直线的坡度和间距

度愈小，间距愈大。

在图 8-5 中，量得 a_2b_4 的长度 $L=6$，a_2，b_4 间的高差 $I=4-2=2$，于是

$$i=\frac{2}{6}=\frac{1}{3},l=3$$

直线的标高投影经刻度后，单位标高刻度之间的距离就是一个间距。

直线的标高投影的另一形式是在直线的 H 投影上只标出线上一个点的标高，注上坡度和画上表示直线下坡方向的箭头，如图 8-6 所示。

例8-1　试求图 8-7 所示直线上一点 C 的标高。

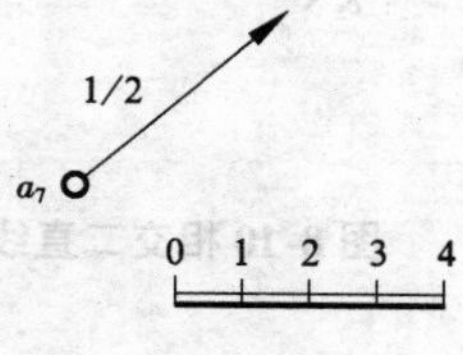

图 8-6　直线标高投影的另一形式

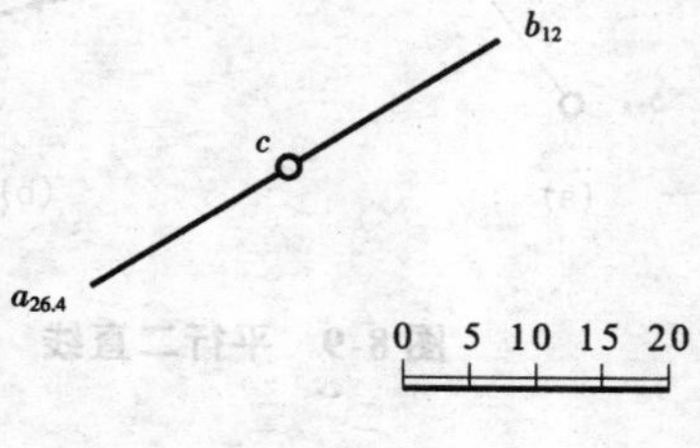

图 8-7　求点 C 的标高

解　本题可用图 8-4 所示的图解法来解，此外还可用数解法来解，下面加以介绍。

先求 i 或者 l。按比例尺量得 $L=36$，经计算得：

$$I=26.4-12=14.4$$

则

$$i=\frac{I}{L}=\frac{14.4}{36}=\frac{2}{5}$$

或 $l=2.5$

然后按比例量得 ac 间的距离为 15，则根据 $i=\frac{I}{L}$ 得：

$$\frac{2}{5}=\frac{I}{15},即\ I=6$$

于是,点 C 的标高应为 26.4 - 6 = 20.4

可以从该两直线的标高投影中判别出两直线的相对位置,即:1.是否平行;2.是否相交;3.是否交叉;4.是否垂直。在适当的位置作出两直线的辅助投影,就能确定两直线的相对位置。从图 8-8 可知,直线 AB 与 EF 平行,AB 与 CD 相交于点 K,CD 与 EF 交叉。由于所引辅助投影面是平行于 AB 和 EF 的,如果它们与 CD 垂直,就会在辅助投影上相互垂直。要注意所引的整数标高线必须按比例画出。

如果两直线的标高投影平行,上升或下降方向一致,而且坡度或间距相等,如图 8-9 所示,则两直线平行。如果两直线的标高投影相交,经计算知两直线交点处的标高相同,如图 8-10 所示,则两直线相交。否则,它们是交叉的。

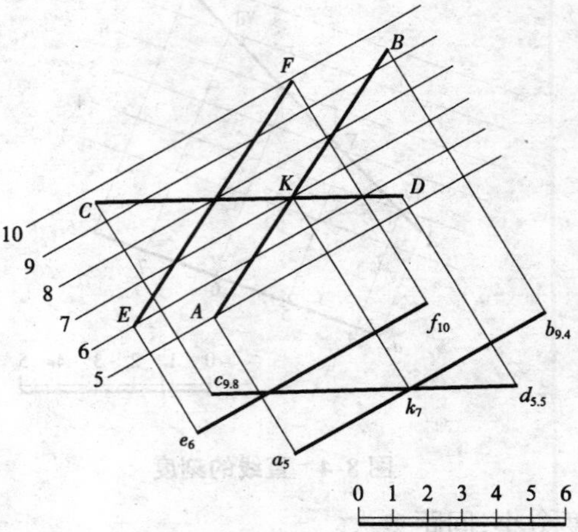

图 8-8　直线的相对位置

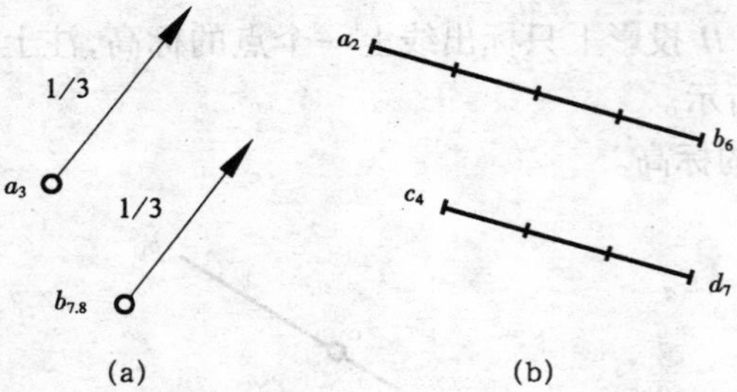

图 8-9　平行二直线

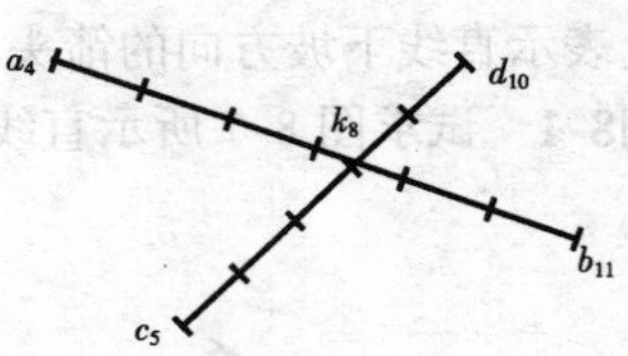

图 8-10 相交二直线

第二节　平面及平面体

平面的标高投影与正投影相同,可以用不在同一直线上的三个点、一直线和线外一点、两相交直线或两平行直线等的标高投影来表示,在标高投影中,还有另一些简化的特殊表示法,现介绍如下:

图 8-11 画出一个由平行四边形 $ABCD$ 表示的平面 P。图中 AB 位于 H 面上,是平面 P 与 H 面的交线 P_H。如果以一系列平行于基准面 H 且相距为一单位的水平面截割平面 P,则得到 P 面上一组水平线Ⅰ-Ⅰ、Ⅱ-Ⅱ等,它们的 H 投影为 1-1、2-2 等,称为等高线。平面 P 的等高线都平行于 P_H,且间隔相等。这个间隔称为平面的间距。

在 P_H 上取任一点 E,引平面 P 上的最大斜度线 EF。它的 H 面投影 Ef 垂直于 P_H。直线 Ef 的间距与平面 P 的间距相等。在标高投影中,把画有刻度的最大斜度线 Ef 标注为 P_i,

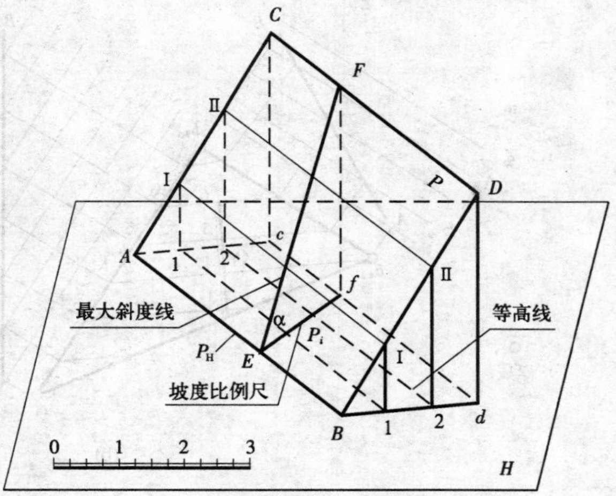

图 8-11 平面的标高投影

称为平面 P 的坡度比例尺。坡度比例尺垂直于平面的等高线,它的间距等于平面的间距,因而坡度比例尺 P_i 可以唯一确定平面 P,如图 8-12(a)所示。根据此坡度比例尺,可作出平面的等高线,如图 8-12(b)所示。

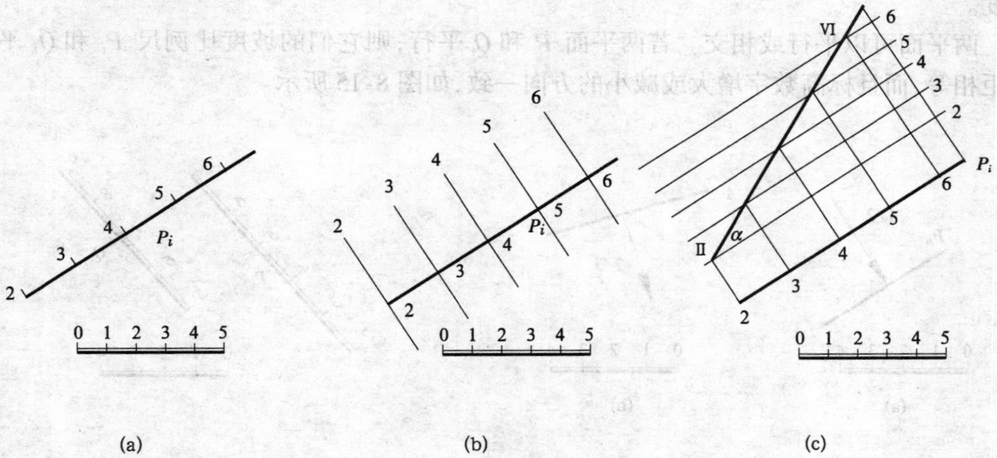

图 8-12 坡度比例尺

平面上最大斜度线与它的 H 投影之间的夹角 α,就是平面对 H 的倾角。如果给出 P_i 和比例尺,就可以用图 8-12(c)的方法求出倾角 α。先按比例尺作出一组平行于 P_i 的整数标高线,然后在相应标高线上定出点Ⅱ和Ⅳ,连ⅡⅣ,它与 P_i 的夹角就是平面P 的倾角。此作法实质上是作出过 P_i 而垂直于平面 P 的辅助面(⊥H)的辅助投影。

例8-2 如图 8-13(a)所示,已知一平面 Q 由 $a_{4.2}$、$b_{7.5}$、c_1 三点所给定,试求平面 Q 的坡度比例尺。

解 只要先作出平面的等高线,就可以画出 Q_i。为此,先连各边,并在各边上刻度。然

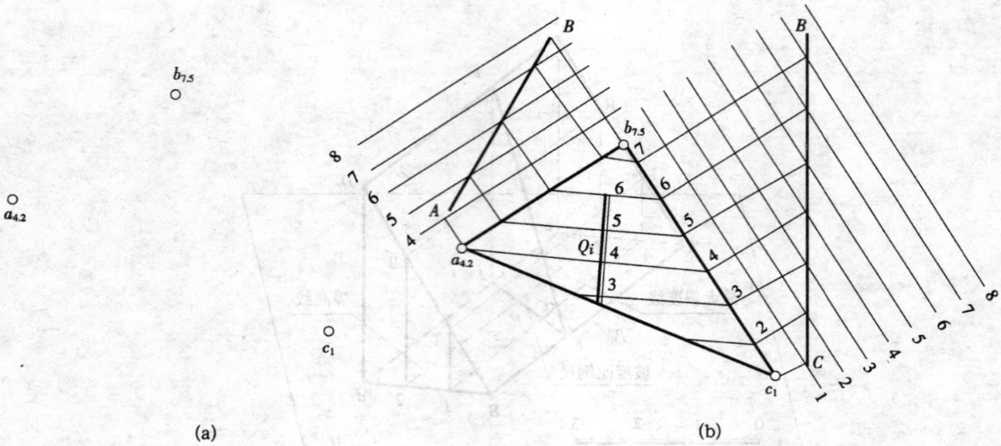

图 8-13　作平面 Q 的坡度比例尺

后连邻边同一标高的刻度点，得等高线，再在适当位置引线垂直于等高线，即可作出 Q_i，如图 8-13(b)所示。

平面的另一种表示法如图 8-14 所示，即画出平面 P 的 H 面交线 P_H，如图 8-14(a)所示，或画出平面上一根等高线，如图 8-14(b)所示，并画出与它们垂直的箭头表明下坡方向，注明坡度。

两平面可以平行或相交。若两平面 P 和 Q 平行，则它们的坡度比例尺 P_i 和 Q_i 平行，间距相等，而且标高数字增大或减小的方向一致，如图 8-15 所示。

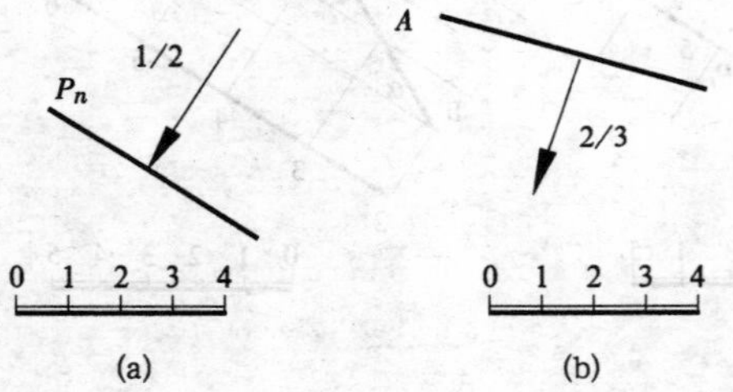

图 8-14　平面的另一种表示法

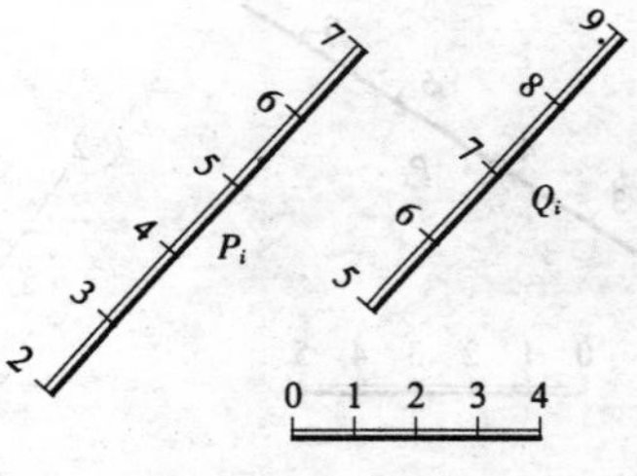

图 8-15　两平面平行

若两平面相交，则仍用引辅助平面的方法求它们的交线。在标高投影图中引辅助平面，最方便是整数标高的水平面，如图 8-16(a)所示。这时，所引辅助平面与已知平面的交线，分别是两已知平面上相同整数标高的等高线，它们必然相交于一点。如引两个辅助平面，可得两个交点，连接起来，即得交线。

这个概念可以引申为：两面(平面或曲面)上相同标高等高线的交点连线，就是两面的交线。

具体作图如图 8-16(b)所示，即在坡度比例尺 P_i 和 Q_i 上各引出两条相同标高(例如 10 和 13)的等高线，它们的交点 a_{13}和 b_{10}的连线即为交线的标高投影。

例8-3　需要在标高为 5 的水平地面上堆筑一个标高为 8 的梯形平台。堆筑时，各边坡

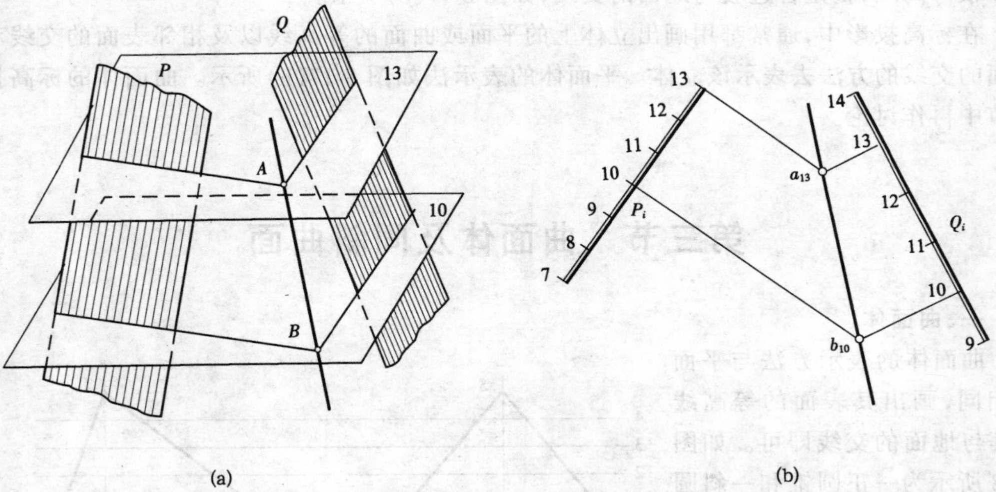

图 8-16 求两平面的交线

的坡度如图 8-17(a)所示,试求相邻边坡的交线和边坡与地面的交线(即施工时开始堆砌的边界线)。

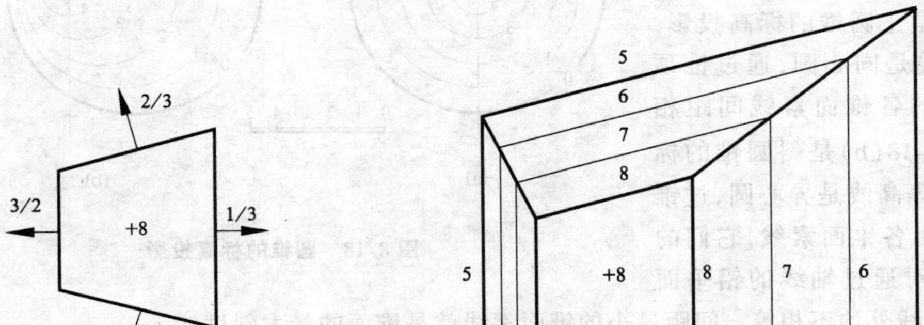

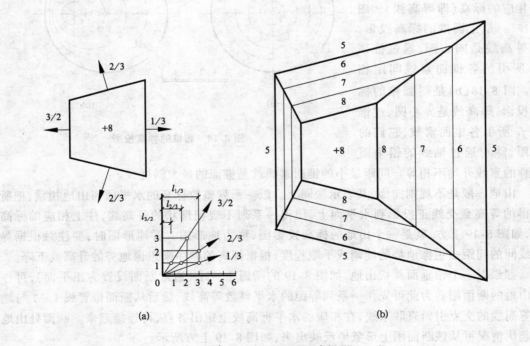

图 8-17 梯形平台的标高投影

解 可用图解法或整解法先求出各边坡的间距 $l_{1/3}$、$l_{2/3}$、$l_{3/2}$。如用图解法可在给出的比例尺上进行,如图 8-17(a)所示,然后按求得的间距作出各边坡的等高线,它们分别平行于平台各边。相邻边坡的交线是一直线,就是它们的相同标高等高线的交点连线,标高为 5

的4根等高线，就是各边坡与地面的交线，如图8-17(b)所示。

在标高投影中，通常都用画出立体上的平面或曲面的等高线以及相邻表面的交线和与地面的交线的方法去表示该立体。平面体的表示法如图8-17(b)所示。曲面体的标高投影下节中再作讨论。

第三节　曲面体及同斜曲面

一、曲面体

曲面体的表示方法与平面体相同，画出其表面的等高线及其与地面的交线即可。如图8-18所示为一正圆锥和一斜圆锥的标高投影，它们的锥顶标高都是5，都是假设用一系列整数标高的水平面切割圆锥，画出所有截交线的 H 投影，并注上相应的标高(即等高线)。图8-18(a)是正圆锥的标高投影，各等高线是同心圆，通过锥顶 S_5 所引的各锥面素线间距相等。图8-18(b)是斜圆锥的标高投影，等高线是异心圆，过锥顶 f_5 所引各锥面素线，它们的间距，除对通过轴线的铅垂面对称的素线外均不相等。间距最小的锥面素线就是锥面的最大斜度线。

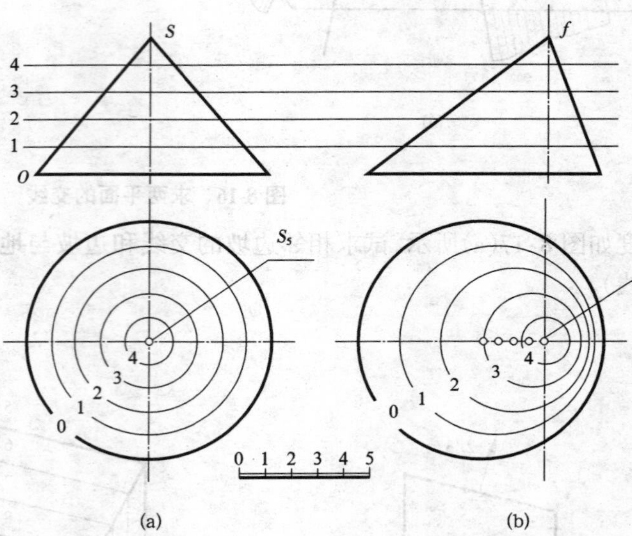

图 8-18　圆锥的标高投影

山地一般是不规则曲面，其表示法同上。以一系列整数标高的水平面与山地相截，把所截得的等高截交线正投影到水平面上，便得一系列不规则形状的等高线，注上相应的标高值，如图8-19下方，就是一个山地的标高投影图，称为地形图。看地形图时，要注意根据等高线间的间距去想像地势的陡峭或平顺程度，根据标高的顺序来想像地势的升高或下降。

如果以一个铅垂面截切山地，如图8-19的断面Ⅰ－Ⅰ(通常断面设置为正平面)，可作出山地的断面图。为此可先作一系列等距的水平整数等高线，然后从断面位置线1－1与地面等高线的交点引铅直联系线，在相应的水平标高线上定出各点，再连接起来。断面处山地的起伏情况可从该断面图上形象地反映出来，如图8-19上方所示。

二、同斜曲面

当直母线沿着一条空间曲导线移动，并且在移动过程中，母线对水平面的倾角始终保持不变，这样形成的曲面称为同斜曲面(或称为同坡曲面)。同斜曲面上各点的坡度都相等。正圆锥面、弯曲的路堤或路堑的边坡面，都是同斜曲面。如图8-20(a)所示，转弯斜坡道边

界 *AB* 是一条空间曲线,过 *AB* 所作的同斜曲面可以看成是公切于一组正圆锥面的包络面,这些正圆锥顶点都在 *AB* 线上,素线对水平面的倾角都相等,如图 8-20(b)所示。同斜曲面上每条素线都是这个曲面与圆锥面的切线,也是圆锥面上的素线。所以,同斜曲面上所有素线对水平面的倾角都相等。

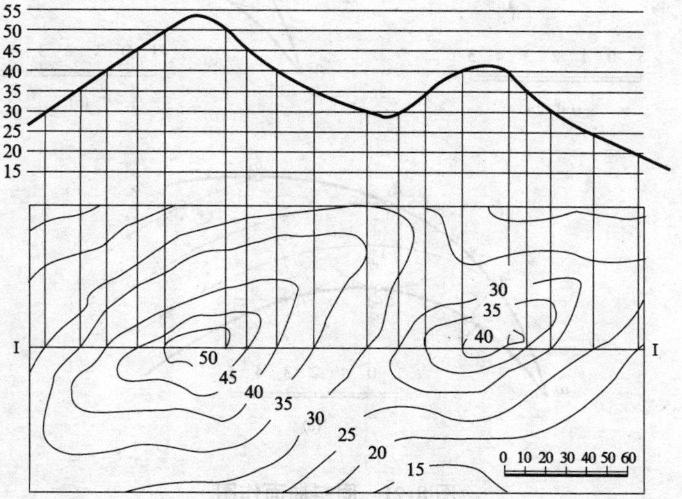

图 8-19 地形的标高投影

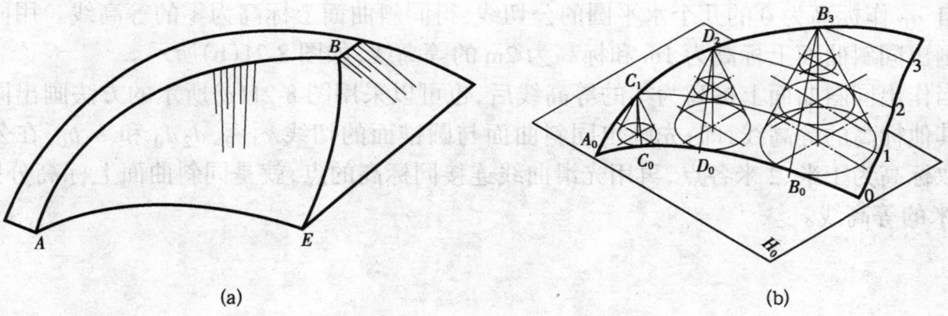

图 8-20 同斜曲面分析

如果用水平面截割同斜曲面和圆锥面,截得的同斜曲面上的等高线和圆锥面上的等高线——水平圆,它们一定相切,切点在同斜曲面与圆锥面的切线上,如图 8-20(b)所示。同斜曲面上的等高线就是利用这样关系画出来的。

如图 8-21(a)所示,包含空间曲线 *ACDB* 作坡度为 1:1.5 的同斜曲面,画出这个曲面上标高为 0 米、1 米、2 米的等高线。

分析:此同斜曲面可看作是图 8-20(a)中弯道的内侧边坡。作出顶点分别在 $C(c_1)$、$D(d_2)$、$B(b_3)$位置,坡度为 1:1.5 的正圆锥面,画出这些圆锥面上标高为 0 米、1 米、2 米的等高线——水平圆,公切于同标高水平圆的曲线,就是同斜曲面上的等高线。

作图:(1)作出顶点在 *C*、*D*、*B* 位置的圆锥上的水平圆,这些水平圆是锥面上标高为 0

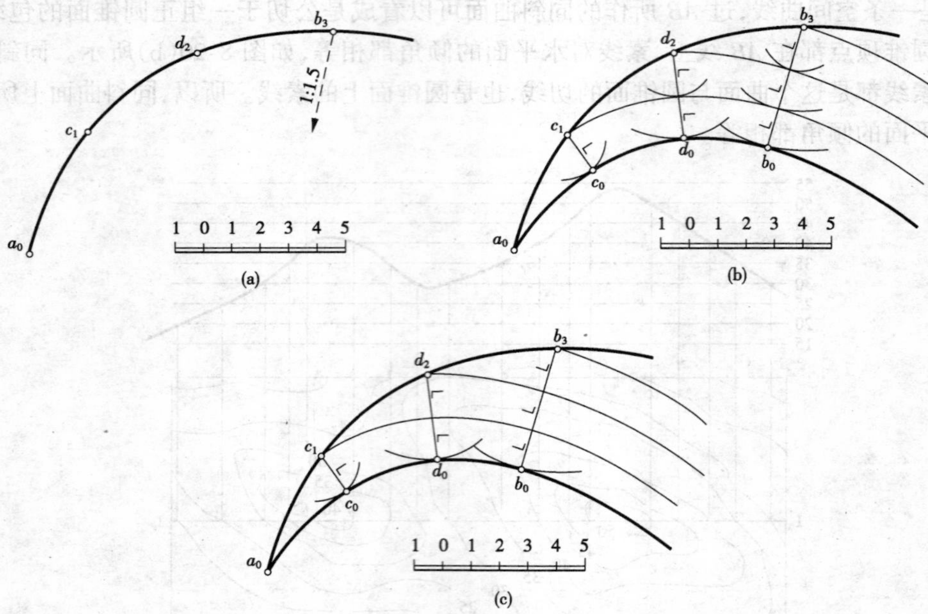

图 8-21 同斜曲面作图

米、1 米、2 米的等高线。它们的圆心分别是 c_1、d_2 和 b_3,半径分别是 L、$2L$ 和 $3L$,$L=1/i\times1=1.5$ 米,如图 8-21(b)所示。

自 a_0 作标高为 0 的几个水平圆的公切线,得同斜曲面上标高为零的等高线。用同样的方法画出同斜曲面上标高为 1m 和标高为 2m 的等高线,如图 8-21(b)所示。

当作出同斜曲面上标高为零的等高线后,也可以采用图 8-21(c)所示的方法画出同斜曲面上其他标高的等高线,即:先画出同斜曲面与圆锥面的切线 c_1c_0、d_2d_0 和 b_3b_0,在公切线上截取标高为 1 米、2 米各点,再用光滑曲线连接同标高的点,就是同斜曲面上标高分别为 1 米、2 米的等高线。

第四节 应用举例

本节将结合实际,举例说明标高投影在地形问题上的应用。

例8-4 如图 8-22 所示,求直线 $a_{19.7}b_{20.7}$ 与山坡的交点。

解:把直线 AB 看作是铁道线的中心线,则所求交点就是隧道的进出口。

根据直线与立体表面求贯穿点的方法,过直线 AB 作铅垂面 Q_H 作为辅助平面,求辅助平面与地面的交线,即得山地断面图。根据 AB 的标高在断面图上作出直线 AB,它与山地断面的交点 I、J、K、L,就是所求交点,最后画出各交点的标高投影。

例8-5 如图 8-23 所示,已知一平直路段标高是 25,通过一山谷,路段南北两侧边坡的坡度为 3/2,试求边坡与地面的交线。

解 南北边坡都是平面,路段边界就是边坡的一等高线(标高是 25)。本题实质是求平

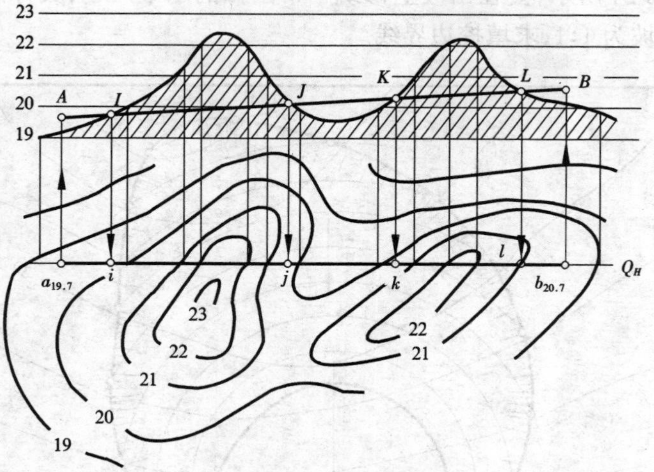

图 8-22 求直线与山地的交点

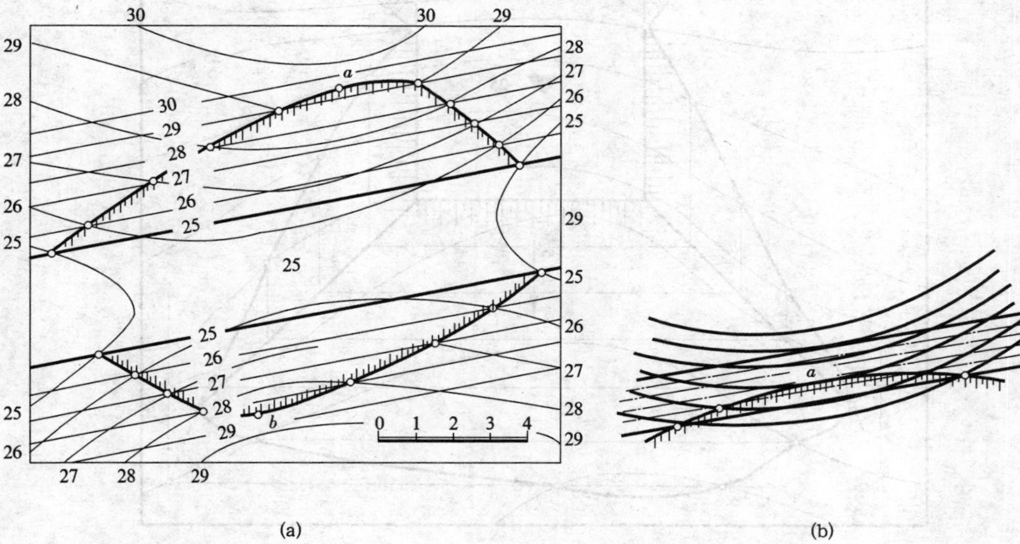

图 8-23 求路段两侧边坡与地面的交线

面与地面的交线，作法与求两曲面的交线相同。

作图时，先求边坡的间距，作出边坡上整数标高等高线，并注上相应的标高，它们都与标高为 25 的路段边线平行，且间距相等。其次求边坡与地面相同标高等高线的交点，一般都有两个交点。最后将求得的交点按标高的顺序（递增或递减）连接起来。连交线时，要注意北坡标高为 29 的两点之间交线的连法。这一段曲线上转向点 *a* 至地面等高线 29 和 30 两等高线的距离之比。也可以用作图方法，分别在边坡和地面的 29 和 30 两等高线之间加插等量小数标高等高线，如图 8-23(b)所示，使它们的交点逐步靠近而求得点 a。同法求得南坡上的点 b。最后在边坡线上画上边坡符号，如图 8-23(a)所示。

例8-6 如图 8-24 所示,要在山坡上修筑一带圆弧的水平广场,其标高为 25 米,填方边坡为 1:15,挖方边坡为 1:1,求填挖边界线。

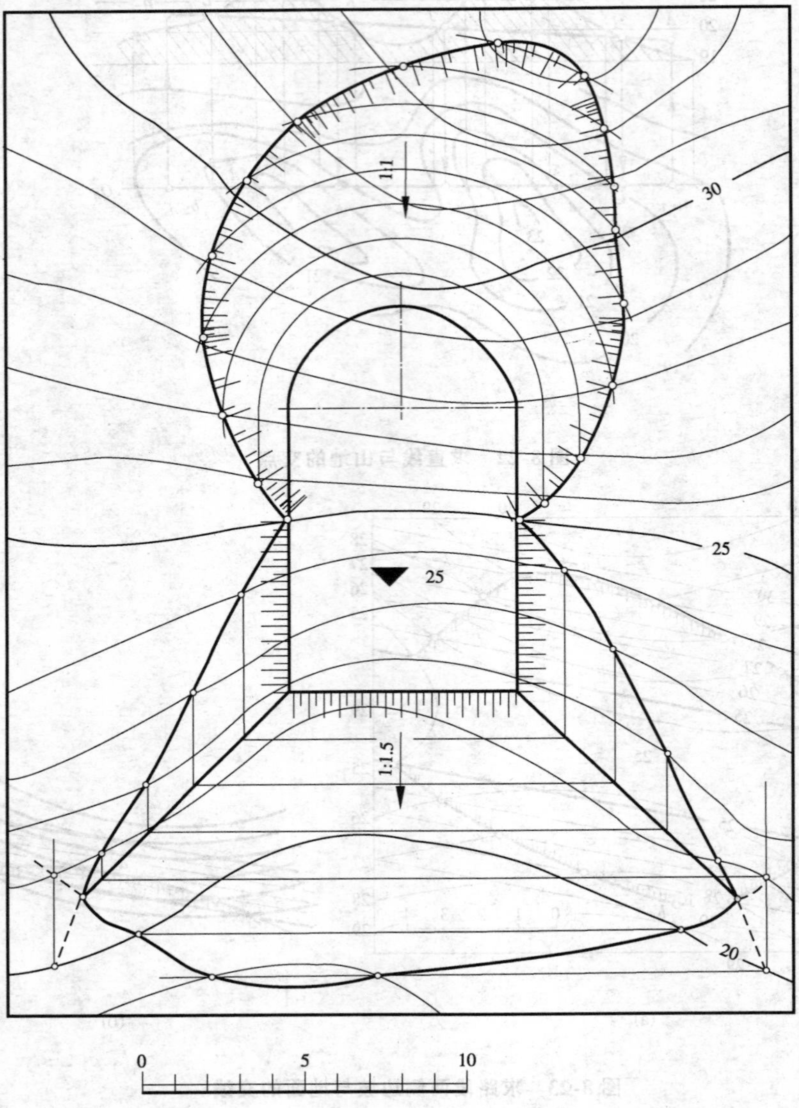

图 8-24 求广场的填挖边界线

解 首先确定填挖分界线,水平广场的标高为 25,因此,地面上标高为 25 的等高线为填挖分界线。它与广场边缘的交点,为填挖分界点。地形标高比 25 高的地方,应该是挖土的部分,在这些地方的坡面下降方向是向着广场内部的,因而在圆弧形边缘处的坡面应该是倒锥面;而标高比 25 低的地方,应该是填土部分,在这些地方的坡面下降方向,应该是朝着广场外部的。

由于挖方坡度为 1:1,则间距为 1:1,由此顺次作出挖方两侧平面边坡坡面的等高线,并作出广场半圆边缘的半径长度加上整数倍的间距为半径的同心圆弧,即为倒圆锥面上的诸等高线;同理,由于填方的坡度为1:1.5,故其间距为1.5单位长度,可作出填方平面坡面与坡面、坡面与地形面的同标高等高线的交点,顺次连接这些交点即得相邻边坡坡面的交线及各坡面与地形面的交线。

在等高线18与19以及33与34之间的交线,用内插法(同上例)确定。填方相邻两边坡的交线与地形面的交点,求法如图中的虚线所示。

第九章　工程图基本图示方法

在本书第二至六章中，我们已经详细表述了空间几何元素和基本几何体的正投影方法和规律。本章将进一步研究工程制图中如何应用前述理论来表达工程形体。表达工程形体的基本图示方法有：视图、剖面图、断面图及国家标准允许在必要时采用的简化画法。

在本章中，为了突出反映表达形体的基本方法和规律，特将工程中的形体略微予以简化。在以后各章中，将进一步研究工程上的具体形体，如房屋和其他工程形体的制图内容。

第一节　视　　图

要在平面图纸上表达工程形体，如前所述，设立 3 个投影面 H、V、W，用直角投影的方法，通过形体上各顶点引垂直于投影面的投影线，与投影面交得的工程形体在投影面上的图形，这种图形称为正投影（图 9-1）。

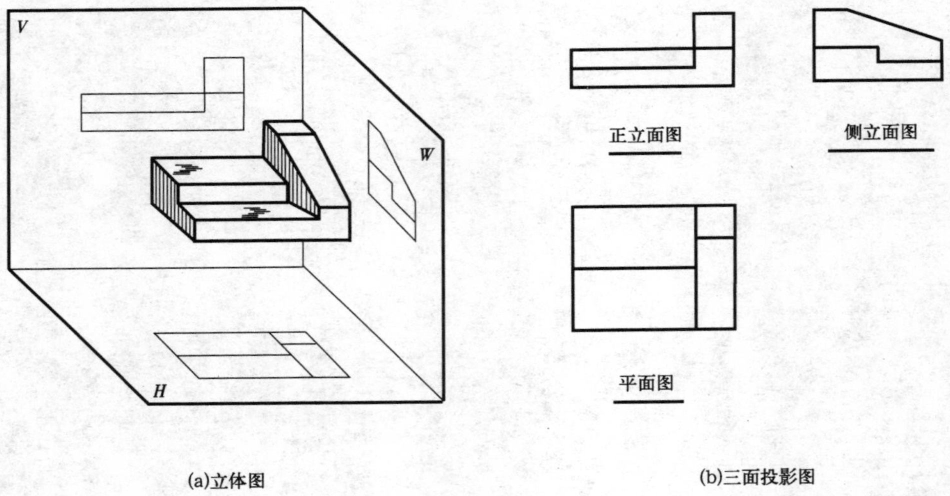

(a)立体图　　(b)三面投影图

图 9-1　台阶的三面投影

在工程制图中，上述的图形也相当于人们站在距投影面无限远处，正对投影面观看工程形体的结果。因此，通过形体各顶点的相互平行且垂直投影面的视线，与投影面相交得到的图形（即正投影），亦称为视图。视图，应按正投影法并用第一分角画法绘制。

一、基本视图

在工程制图中，把由上向下观看工程形体在 H 面上得到的视图称为平面图；由前向后观看在V面所得视图称为正立面图；由左向右观看在 W 面所得视图称为左侧立面图。

对于某些复杂的工程形体，还要得到从下向上看、从后向前看和从右向左看的视图。因此，还要增设3个分别平行于H、V、W面的新投影面H_1、V_1、W_1（图9-2a），并在其上形成相

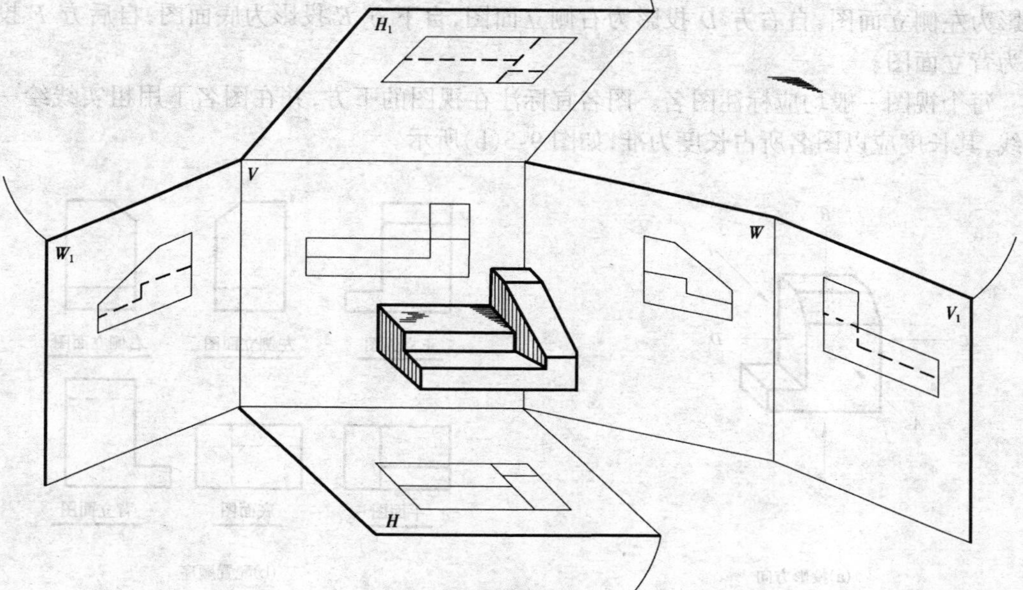

(a)基本视图的展开

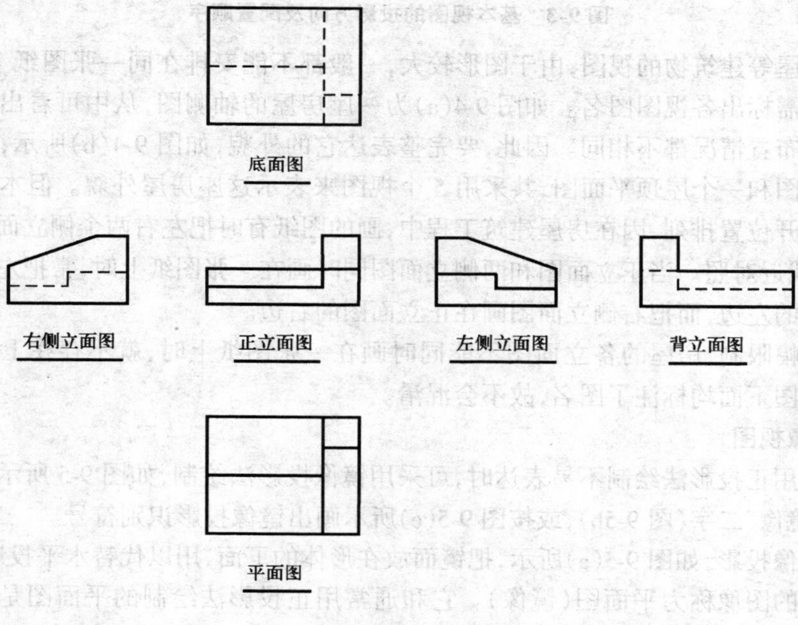

(b)三面投影图

图 9-2　台阶的 6 面基本视图

应的视图，分别称为底面图、背立面图和右侧立面图。然后将它们都展开摊平至 V 面所在的平面上，得到如图 9-2(b)所示的 6 个视图，这 6 个视图称为基本视图，相应的 6 个投影面则称为基本投影面。

如在同一张图纸上绘制若干个视图时，各视图的位置宜按图 9-3(b)的顺序进行配置。其中，如图 9-3(a)所示，自前方 A 投影所得为正立面图，自上方 B 投影为平面图，自左方 C 投影为左侧立面图，自右方 D 投影为右侧立面图，自下方 E 投影为底面图，自后方 F 投影称为背立面图。

每个视图一般均应标注图名。图名宜标注在视图的下方，并在图名下用粗实线绘一条横线，其长度应以图名所占长度为准，如图 9-3(b)所示。

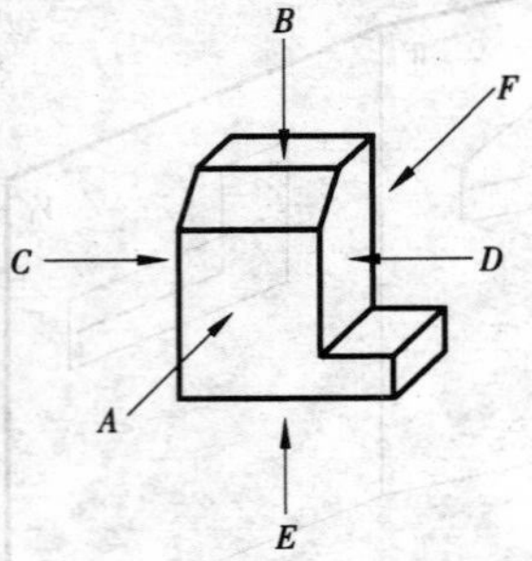

(a)投影方向

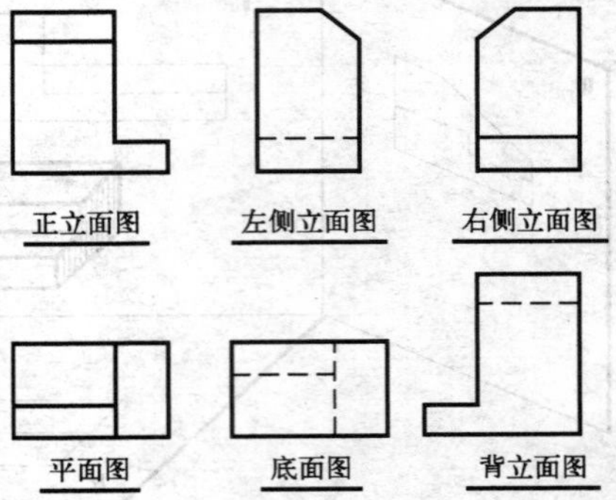

(b)配置顺序

图 9-3 基本视图的投影方向及配置顺序

对于房屋等建筑物的视图，由于图形较大，一般都不能安排在同一张图纸上，因此在工程实践上均需标出各视图图名。如图 9-4(a)为一座房屋的轴测图，从中可看出其各立面的墙面、门、窗布置情况都不相同。因此，要完整表达它的外貌，如图 9-4(b)所示，需画出 4 个方向的立面图和一个屋顶平面图，共采用 5 个视图来表示这座房屋外貌。但本例没有完全按视图的展开位置排列，因在房屋建筑工程中，画的图纸有时把左右两个侧立面位置对换来画，以便于就近对照。当正立面图和两侧立面图同时画在一张图纸上时，常把左侧立面图画在正立面图的左边，而把右侧立面图画在正立面图的右边。

如受图幅限制，房屋的各立面图不能同时画在一张图纸上时，就不存在上述的排列问题。由于视图下面均标注了图名，故不会混淆。

二、镜像视图

当视图用正投影法绘制不易表达时，可采用镜像投影法绘制，如图 9-5 所示。但应在图名后注写“镜像”二字(图 9-5b)，或按图 9-5(c)所示画出镜像投影识别符号。

所谓镜像投影，如图 9-5(a)所示，把镜面放在形体的下面，用以代替水平投影面，在镜面中反射得到的图像称为平面图(镜像)。它和通常用正投影法绘制的平面图是有所不同的(虚线变为实线)，如图所示。

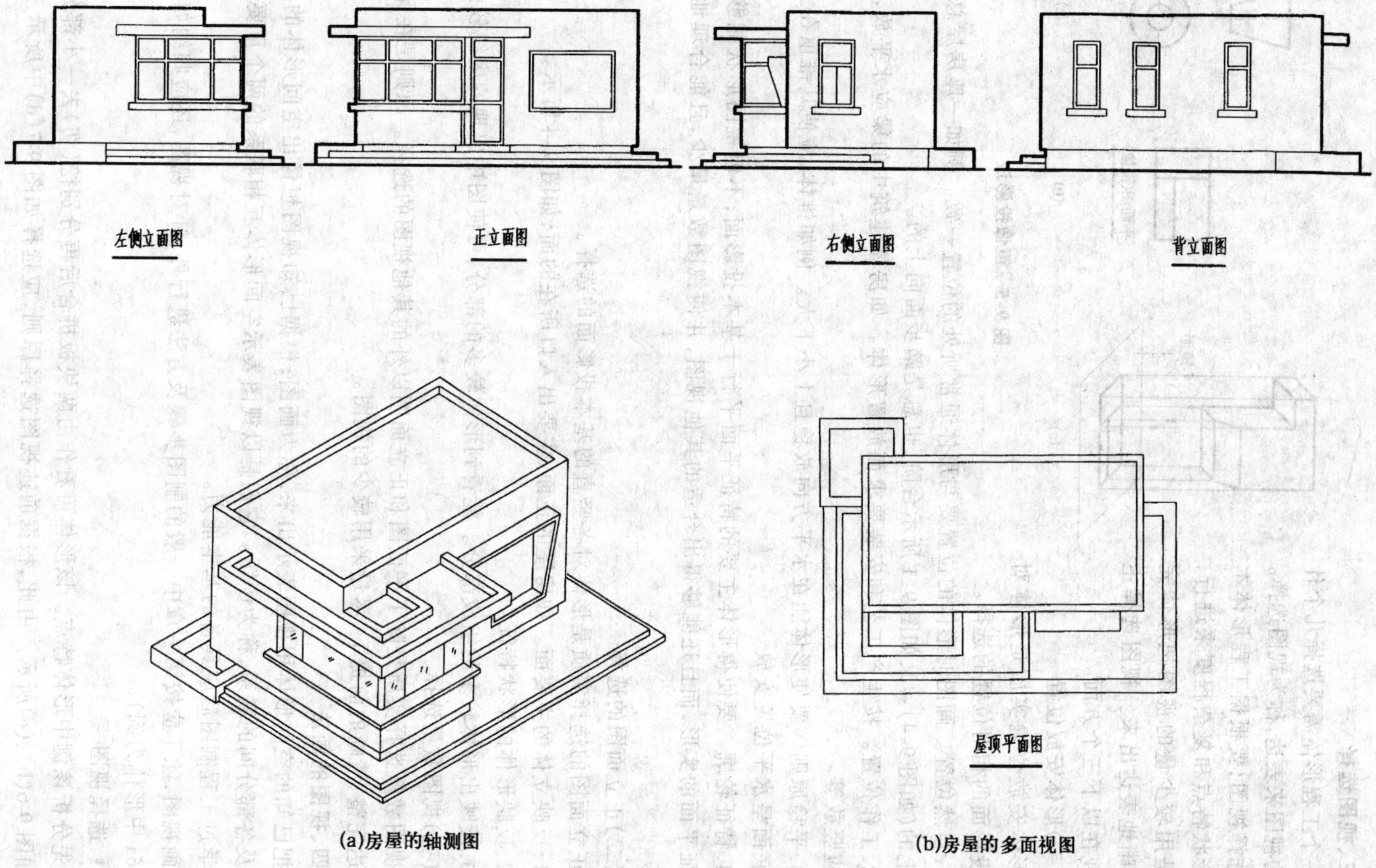

图 9-4　房屋的视图

三、视图选择

一个工程形体需要选择几个什么样的视图来表达,称为视图选择。

选择视图,要根据工程形体本身的形状特点和复杂程度来进行,原则是用较少量的视图把形体完整、清晰地表达出来。视图选择主要体现在以下三个方面。

(一)形体安放位置

形体安放位置实质是形体对水平投影面的相对位置的选择。

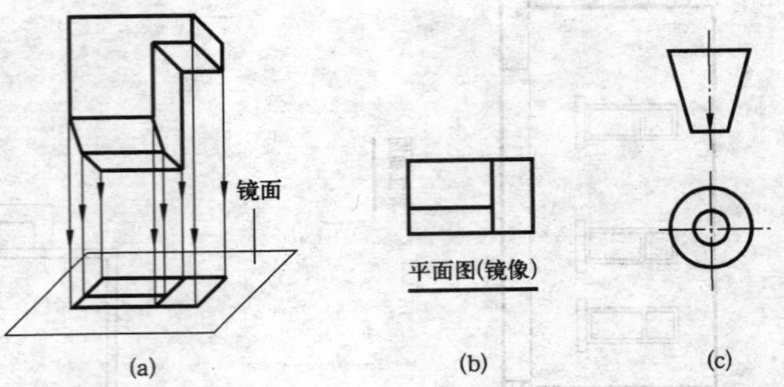

图 9-5 镜像投影法

1. 自然位置。画图时形体的位置要与形体通常所处的位置一致。例如一座房屋总是屋顶向上的(如图 9-4)。又如图 9-1 所示台阶,也总是踏步面向上的。

2. 工作位置。按生产工艺和安装要求而放置形体。如房屋建筑中的梁应水平放,而柱子则应竖放等。

3. 平稳原则。要使形体能在水平方向放稳且上小下大。例如锥体,应使其锥顶在上,即使其底面呈水平位置安放。

4. 特征轮廓。要使得形体主要的特征平面平行于基本投影面,不但视图形状能够反映出特征平面的实形,而且还能够得出合适的其他视图,并使视图数量最少,且能合理地使用图幅。

(二)正立面图的选择

正立面图的选择实质是形体对各竖直的基本投影面的选择。

1. 反映立体的主要面。如房屋的正面、主要出入口所在的面,如图 9-4 所示。

2. 反映形体的形状特征。

3. 反映出形体较多的组成部分。能看到形体较多的部分,可使图中出现的虚线较少。

(三)视图数量选择

视图数量选择实质是除了平面图和正立面图以外的其他视图的选择。原则是在保证形体表达完整、清晰的前提下,尽量采用较少的视图。

四、视图的画法

把已知的空间形体用视图表示出来,称为画图;根据已知视图想像出空间形体的形状、大小及各部分间的联系,称为读图。它们是以视图表示空间形体互相联系的两个重要方面,也是学过工程制图后应具备的基本能力。

画视图,除了应按第一章中一般的制图步骤及方法进行外,针对视图,还应归纳如下(以图 9-6a 中形体为例):

1. 选择视图

先分析该例中形体特点。该形体可看作由两块板拼合后再分别挖(切)去一小部分所构成,如图 9-6(b)、(c)所示。由此,根据前述视图选择原则,应选择如图 9-7(d)中所示三个视图为好。

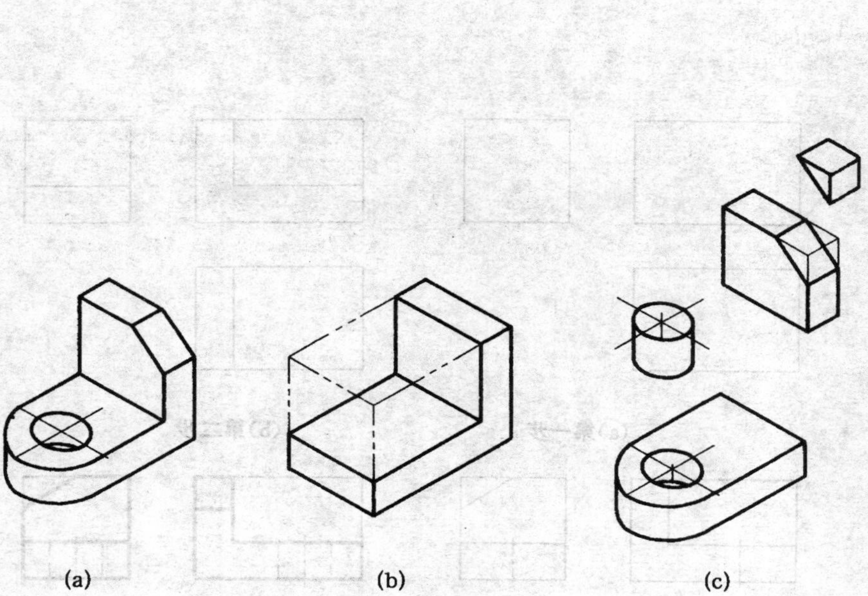

图 9-6 形体分析及视图选择

2. 选择比例及图幅

视图的比例及图幅的选择互为约束，应同时进行。一种方法是先选定比例，确定视图的大小(包括尺寸布置、所需地位)，并留出视图名的位置及视图间隔，由之决定图纸大小，进而定出图纸幅面；另一种方法是先选定图幅大小，再根据视图数量和布局，定出比例，如果比例不合适，则要再调整图幅和定出比例。

此一步骤，亦可称作图面布置。

3. 画视图底稿线

画图步骤应符合视图规律且以画图方便、准确为原则。根据本例形体特点，画底稿步骤(参考)如下：

(1)按总尺寸布置各视图位置，即画出包围该组合体的长方体，如图 9-7(a)所示；

此一步骤，应根据所画形体特点具体灵活掌握。比如对称形体，应先画其对称线；回转体，则应先画轴线；等等。

(2)作出主要轮廓"⌞"形的三个视图(图 9-7b)；

(3)作出反映半圆柱和圆孔的圆形的平面图、切去的三棱柱的左侧立面图(图 9-7c)；

(4)完成圆孔和"三棱柱"的其余视图(图 9-7d)。

4. 布置尺寸线(关于视图的尺寸标注见本章第五节)

5. 初步自我校核

6. 铅笔加深

各种图线的宽度、图线类型和连接都应遵照第一章第一节制图基本规则中的有关规定(即国家制图标准中的有关规定)。

铅笔加深的一般步骤和方法是：

(1)先画视图，后画尺寸界线和尺寸线；

(2)同一种宽度的图线尽量一并画成，以保证图线宽度一致；

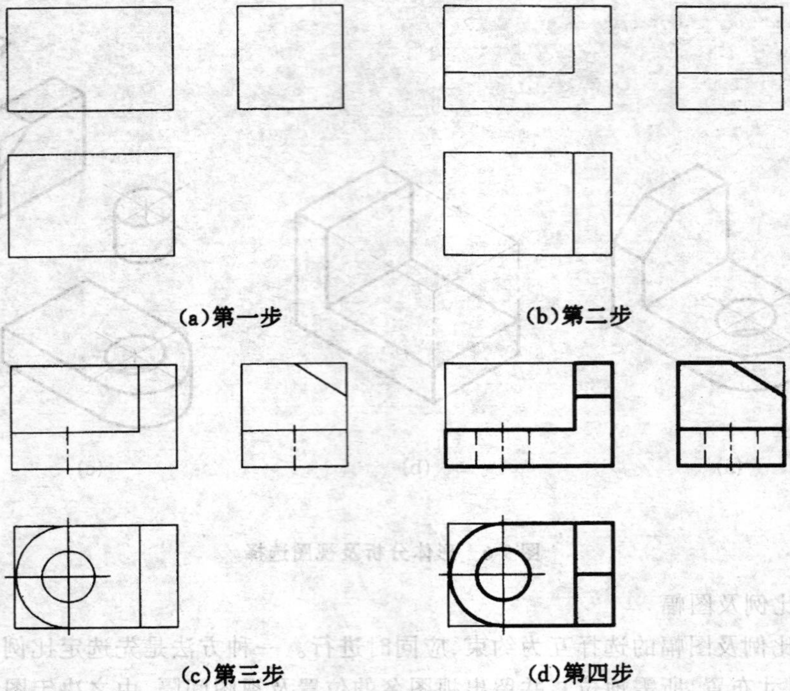

图 9-7　视图的画法及步骤

(3)同一方向、同样宽度的图线按先后顺序一并加深。如横向线由上向下逐条加深，竖直线由左向右逐条加深，倾斜线可视具体情况而定；

(4)当曲线与直线连接时，先画曲线，后画直线，易于保证图线光滑连接。

7. 注写尺寸数字及图名等

8. 复核并校正

五、视图的阅读

画图是将三维立体的形体表达在二维的平面图纸上。而读图是其反过程，即根据图纸上的视图和所注尺寸，想像(分析、推理)出形体的空间形状、大小、组成方式和构造特点。

(一)读图的一般方法

1. 几个视图要联系起来读。由于工程形体的视图是用多面正投影来表达的，而在每一个视图中只能表示形体的长、宽、高三个基本向度中的两个，因此不能看了一个视图就下结论。由图 9-8 可见，一个视图不能唯一确定形体的形状。只有把各个视图按“长对正、高平齐、宽相等”的规律联系起来阅读，才能读懂。

2. 既要抓住形状特征明显的正立面图，又要认真分析形体间相邻表面的相对位置。读图时要注意分析视图中反映形体之间有关联的图线，判断各形体间的相对位置。如图 9-9(a)在正立面图中，三角形肋板与底板之间为粗实线，说明它们的前表面不共面；结合平面图和左侧立面图可以判断出肋板只有一块，位于底板中间。而图 9-9(b)的正立面图中三角肋板与底板之间为虚线，说明其前表面是共面的，结合平面图、左侧立面图可以判断三角肋板有前后两块。

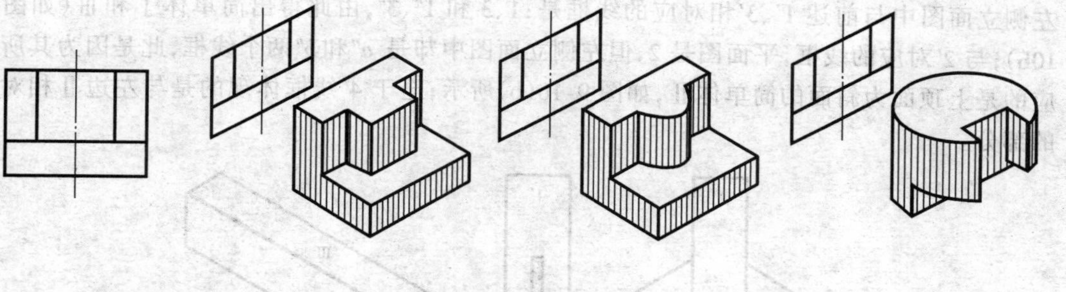

图 9-8　一个视图不能唯一确定形体的形状

另一方面，从图 9-9 中所示的两个形体来比较，它们的平面图和左侧立面图完全相同，仅仅因为正立面图中的一段折线分别为实线和虚线的区别，便呈现出中间肋板的较大差异。

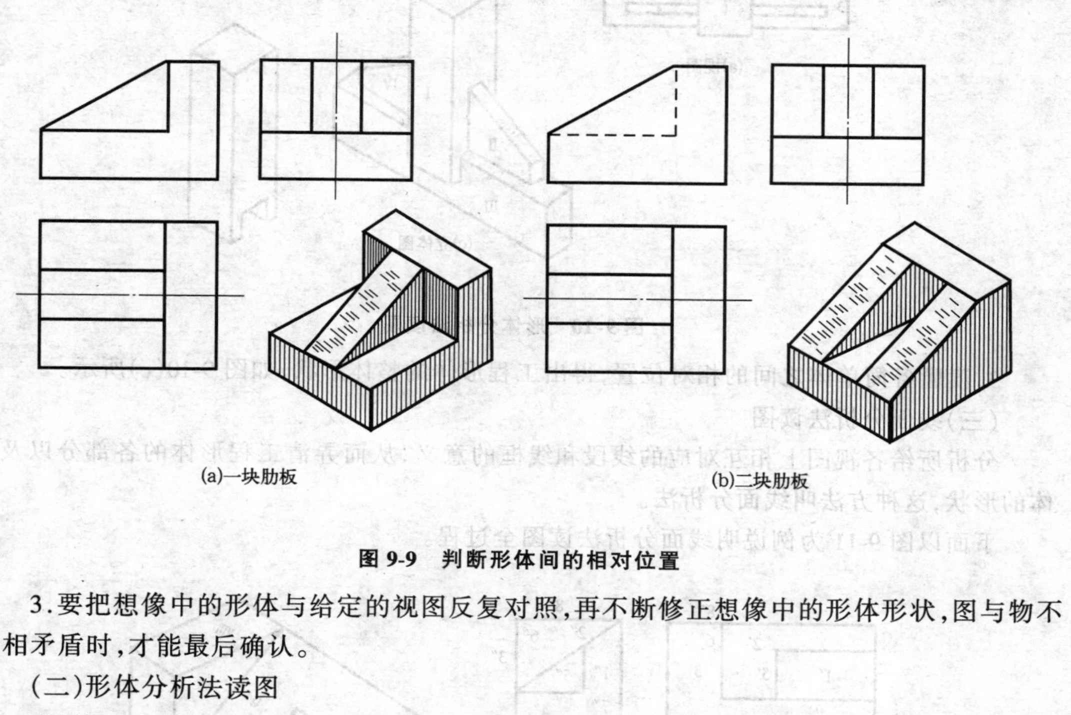

(a)一块肋板　　(b)二块肋板

图 9-9　判断形体间的相对位置

3.要把想像中的形体与给定的视图反复对照，再不断修正想像中的形体形状，图与物不互相矛盾时，才能最后确认。

(二)形体分析法读图

在视图中，根据形状特征比较明显的投影，将其分成若干个基本体，并按它各自的投影关系分别想像出各个基本体的形状，然后把它们组合起来，想像出工程形体的整体形状，这种方法称为形体分析法。

用形体分析法读图，可按下列步骤进行(以图 9-10 为例)：

1.分线框

将工程形体分解成若干个简单体。工程形体的视图表现为线框，因此，可以从反映形体特征的正立面图入手，如图 9-10(a)所示，将正立面图初步分为 1′、2′、3′、4′四个部分(线框)。

2.对投影

对照其他视图，找出与之对应的投影，确认各基本体并想像出它们的形状。在平面图和左侧立面图中与前述 1′、3′相对应的线框是：1、3 和 1″、3″，由此得出简单体Ⅰ和Ⅲ（如图 9-10b）；与 2′对应的线框，平面图是 2，但左侧立面图中却是 a'' 和 b'' 两个线框，此是因为其所对应的是上顶面为斜面的简单体Ⅱ，如图 9-10(b)所示；至于 4′线框体现的是与左边Ⅱ相对称的部分。

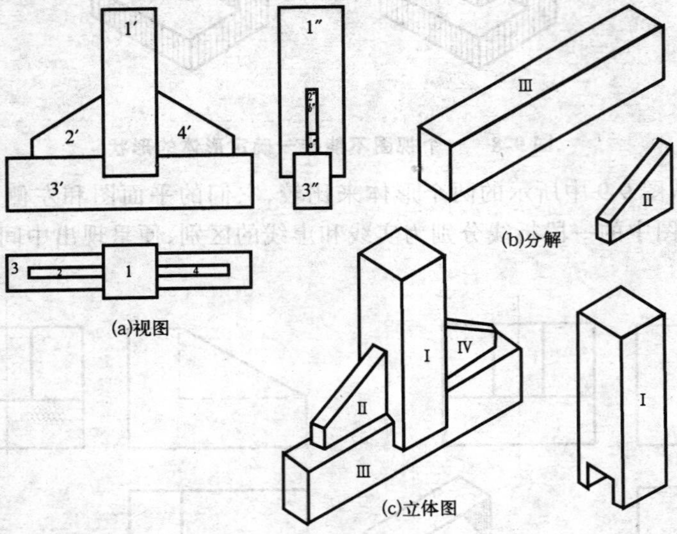

(a)视图　(b)分解　(c)立体图

图 9-10　形体分析法读图

3.读懂各简单体之间的相对位置，得出工程形体的整体形状，如图 9-10(c)所示。

(三)线面分析法读图

分析所给各视图上相互对应的线段和线框的意义，从而弄清工程形体的各部分以及整体的形状，这种方法叫线面分析法。

下面以图 9-11 为例说明线面分析法读图全过程。

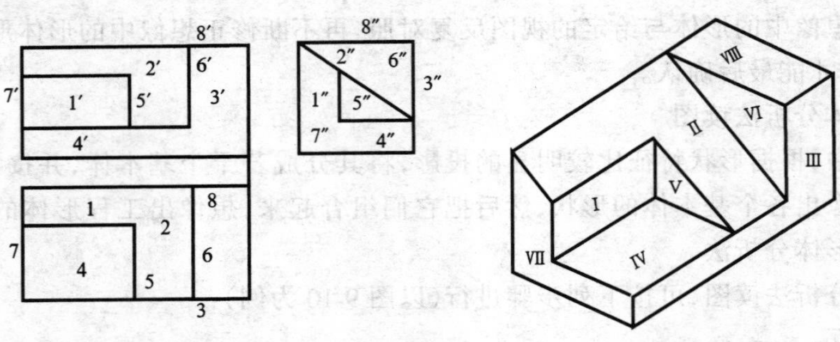

(a)投影图　(b)立体图

图 9-11　线面分析法读图

1.将正立面中封闭的线框编号，在平面图和左侧立面图中找出与之对应的线框或线段，确定其空间形状。

正立面图中有 1′、2′、3′三个封闭线框，按“高平齐”的关系，1′线框对应 W 投影上的一条竖直线 1″，根据平面的投影规律可知Ⅰ平面是一个正平面，其 H 面投影应为与之“长对正”的平面图中的水平线 1。2′线框对应 W 投影应为斜线 2″，因此Ⅱ平面应为侧垂面，根据平面的投影规律，其 H 面投影不仅与其正面投影“长对正”，而且应互为类似形，即为平面图中封闭的 2 线框。3′线框对应 W 投影为竖线 3″，说明Ⅲ平面为正平面，其 H 面投影为横向线段 3。

2.将平面图和侧面图中剩余封闭线框编号，分别有 4、8 和 5″、6″、7″，找出其对应投影并确定空间形状。

其中，4 线框对应投影为线段 4′和 4″，此为矩形的水平面；8 线框对应投影为线段 8′和 8″，其亦为矩形的水平面；5″线框的对应投影为竖向线 5′和 5，可确定为形状是直角三角形的侧平面；同理，6″线框及竖线 6′和 6 亦为侧平面；7″线框对应投影为竖线 7′和 7，可确定它亦为侧平面。

3.由视图分析各组成部分的上、下、左、右、前、后关系，综合起来得出整体形状，如图 9-11(b)所示。

上面虽然采用了两种不同的读图方法，读了两组不同的视图，这只是为了说明两种读图方法的特点，其实这两种方法并不是截然分开的，它们即相互联系，又相互补充，读图时往往要同时用到这两种方法。必要时，还要借助尺寸进行分析。

总的来说读图步骤，常常是先作大概肯定，再作细致分析；先用形体分析法，后用线面分析法；先外部后内部；先整体后局部，再由局部回到整体。有时，也可用画轴测图来帮助读图。

第二节　剖面图

一、基本概念与画法

在画建筑形体的投影时，形体上不可见的轮廓线在投影图上需用虚线画出。内形复杂的建筑物，例如一幢房屋，内部有各种房间、走廊、楼梯、门窗、基础等，如果都用虚线来表示这些看不见的部分，必然形成图面虚实线交错，混淆不清，既不便于标注尺寸，也容易产生差错，而一些构配件也存在同样的问题。长期的生产实践证明，解决这个问题的好办法是假想将形体剖开，让它的内部构造显露出来，使看不见的形体部分变成了看得见的部分，然后用实线画出这些内部构造的投影图。

图 9-12 是钢筋混凝土双柱杯形基础的投影图。这个基础有安装柱子用的杯口，在 V、W 投影上都出现了虚线，使图面不清晰。可假想用一个通过基础前后对称平面的剖切平面 P 将基础剖开，然后将剖切平面 P 连同它前面的半个基础移走，将留下来的半个基础投影到与剖切平面 P 平行的 V 投影面上，如图 9-13(a)，所得到的投影图称为剖面图，如图 9-13(b)。比较图 9-12 的 V 投影和图 9-13(b)的剖面图，可以看到，在剖面图中，基础内部的形状、大小和构造，例如杯口的深度和杯底的长度，都表示得一清二楚。同样，可以用一个通过左侧杯口的中心线并平行于 W 面的剖切平面 Q 将基础剖开，移去剖切平面 Q 和它左边的部分，然后向 W 面进行投影，如图 9-14(a)，得到基础的另一个方向的剖面图，如图 9-14(b)

所示。

注意：由于剖切是假想的，所以只在画剖面图时才能假想将形体切去一部分；而在画另一个投影时，则应按完整的形体画出。如图 9-15 所示，虽然在画 V 向的剖面图时已将基础剖去了前半部，但是在画 W 向的剖面图时，仍要按完整的基础剖开，H 投影也要按完整的基础画出。

从上述各图可以看出，形体剖开之后都有一个截口，即截交线围成的平面图形，称为断面。在剖面图中，规定要在

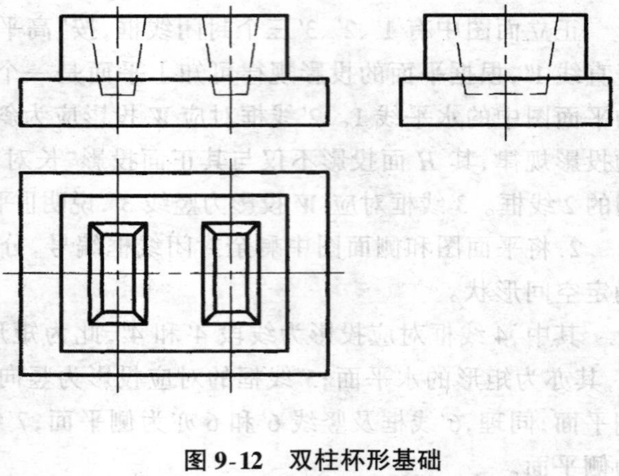

图 9-12　双柱杯形基础

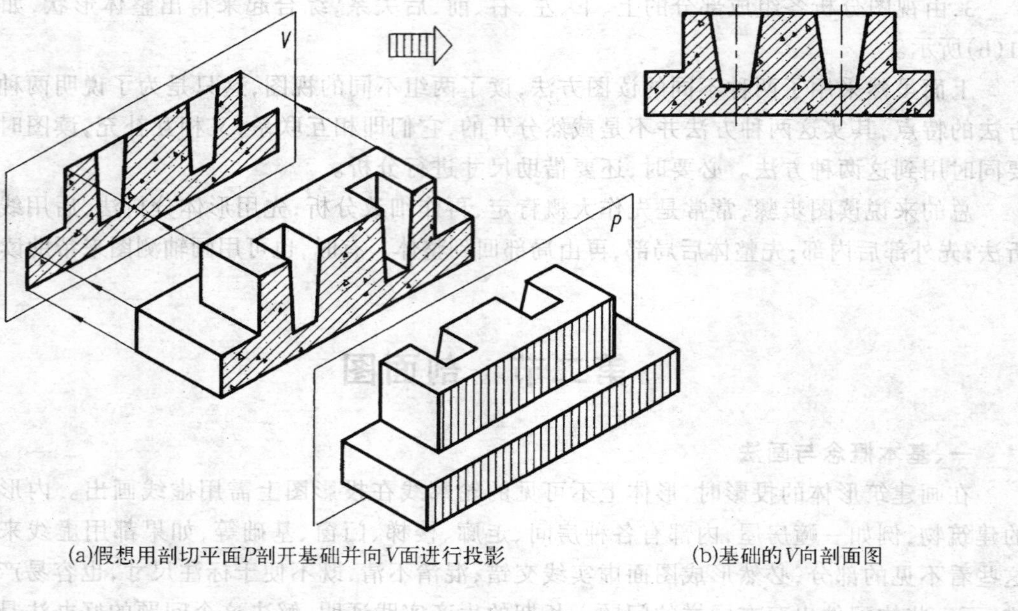

(a)假想用剖切平面P剖开基础并向V面进行投影　　(b)基础的V向剖面图

图 9-13　V 向剖面图的产生

断面上画出建筑材料图例，以区分断面（剖到的）和非断面（看到的）部分。各种建筑材料图例必须遵照“国标”规定的画法。图 9-13 至图 9-15 的断面上所画的是钢筋混凝土图例。画出材料图例，使人们可以从剖面图中知道建筑构件是用什么材料做成的。如果不需要指明材料，可以用等间距、同方向的 45°细斜线来表示断面。

作剖面图时，一般都使剖切平面平行于基本投影面，从而使断面的投影反映实形。同时，要使剖切平面尽量通过形体上的孔、洞、槽等隐蔽形体的中心线将形体内部尽量表示清楚。剖切平面平行于 V 面时，作出的剖面图称为正立剖面图，可以用来代替原来带虚线的正立面图；剖切平面平行于 W 面时，所作的剖面图称为侧立剖面图，也可以用来代替侧立面图，如图 9-15 所示。

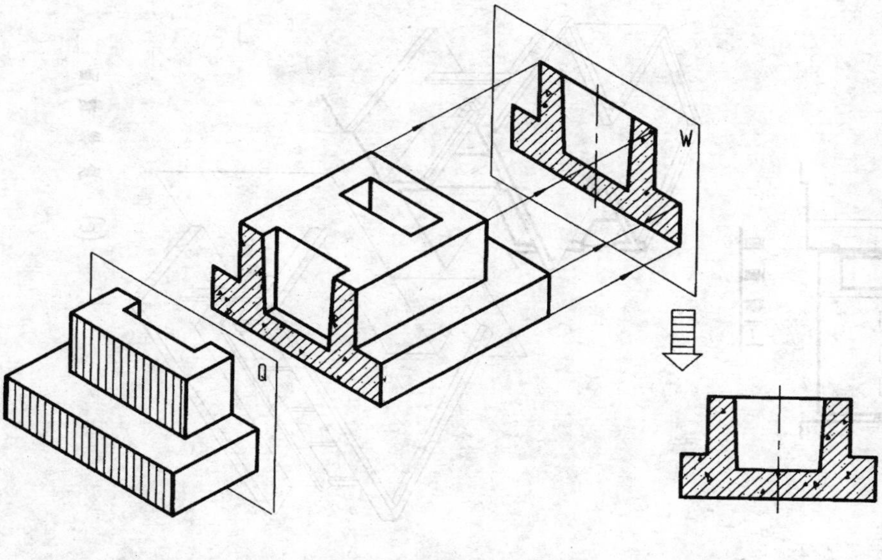

(a)假想用剖切平面Q剖开基础并向W面进行投影　　(b)基础的W向剖面图

图 9-14　W 向剖面图的产生

二、剖面图的几种处理方式

画剖面图时,针对建筑形体的不同特点和要求,有如下几种处理方式:

1.全剖面

不对称的建筑形体,或虽然对称但外形比较简单,或在另一个投影中已经将它的外形表达清楚时,可假想用一个剖切平面将形体全部剖开,然后画出形体的剖面图。这种剖面图称为全剖面。如图 9-16 所示的房屋,为了表现它的内部布置,假想用一水平的剖切平面,通过门、窗洞将整幢房屋剖开,如图 9-16(a),然后画出其整体的剖面图。这种水平剖切的剖面图,在房屋建筑图中称为平面图,如图 9-16(b)。

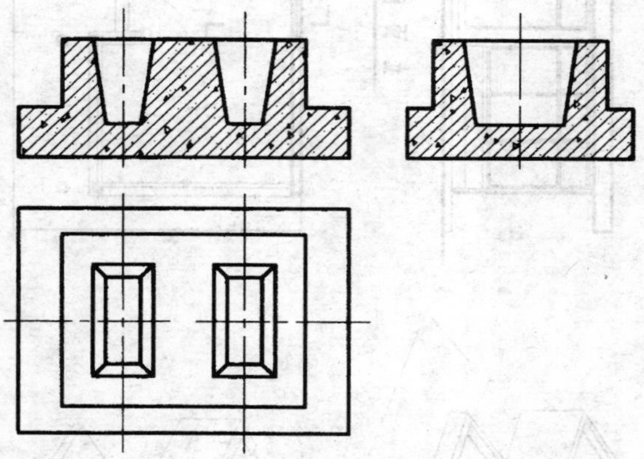

图 9-15　用剖面图表示的投影图

图 9-15 所示基础的正立剖面图和侧立剖面图都是全剖面图。

2.阶梯剖面

若一个剖切平面不能将形体上需要表达的内部构造一齐剖开时,可将剖切平面转折成两个或两个以上互相平行的平面,将形体沿着需要表达的地方剖开,然后画出剖面图。如图 9-16 所示的房屋,如果只用一个平行于 W 面的剖切平面,就不能同时剖开前墙的窗和后墙的窗,这时可将剖切平面转折一次如图 9-16,使一个平面剖开前墙的窗,另一个与其平行的

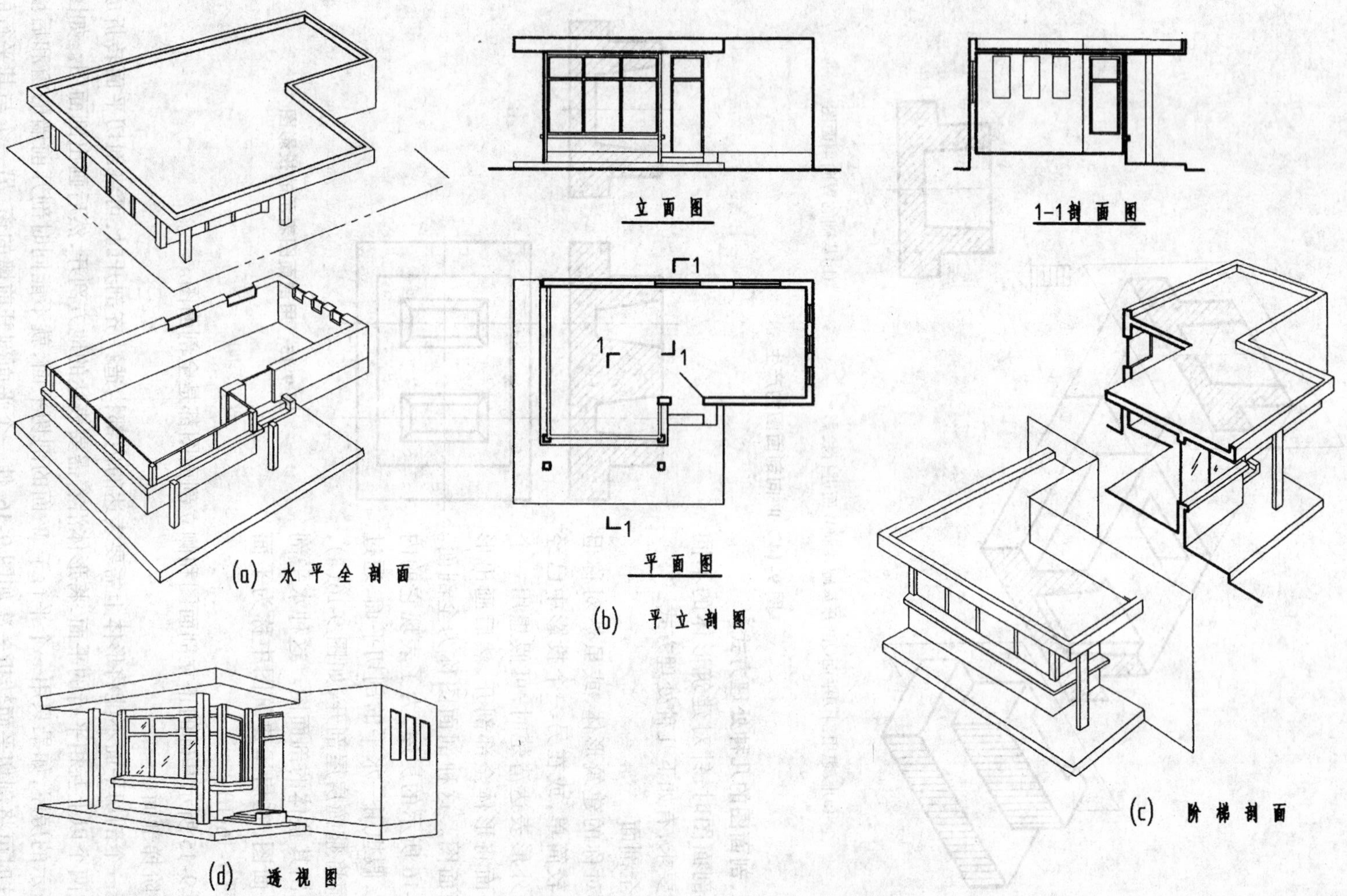
立 面 图
1-1剖 面 图
平 面 图
1
1
1
1
(a) 水 平 全 剖 面
(b) 平 立 剖 图
(c) 阶 梯 剖 面
(d) 透 视 图

图 9-16 房屋的剖面图

平面剖开后墙的窗，这样就满足了要求。所得到的剖面图称为阶梯剖面，如图 9-16(b)的 1－1剖面图。在剖面图上规定阶梯剖切平面的转折处不画分界线。

3.局部剖面

当建筑形体的外形比较复杂，完全剖开后无法清楚表示它的外形时，可以保留原投影图的一部分，而只将局部地方画成剖面图。如图 9-17 所示，在不影响外形表达的情况下，将杯形基础水平投影的一个角落画成剖面图，表示基础内部钢筋的配置情况。这种剖面图称为局部剖面。按"国标"规定，投影图与局部剖面之间要用徒手画的波浪线分界。

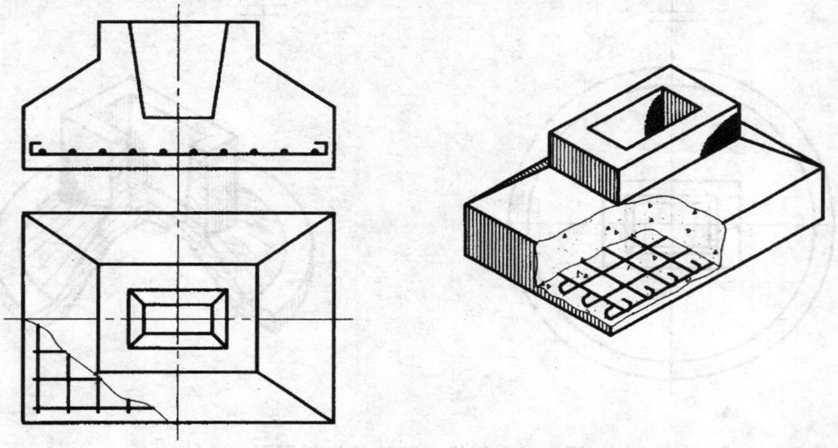

图 9-17　杯形基础的局部剖面

图 9-17 所示基础的正面投影已被剖面图所代替。因图上已画出了钢筋的配置情况，在断面上便不再画钢筋混凝土的图例符号。

图 9-18 表示应用分层局部剖面来反映楼面各层所用的材料和构造的做法。这种剖面多用于表达楼面、地面和屋面的构造。

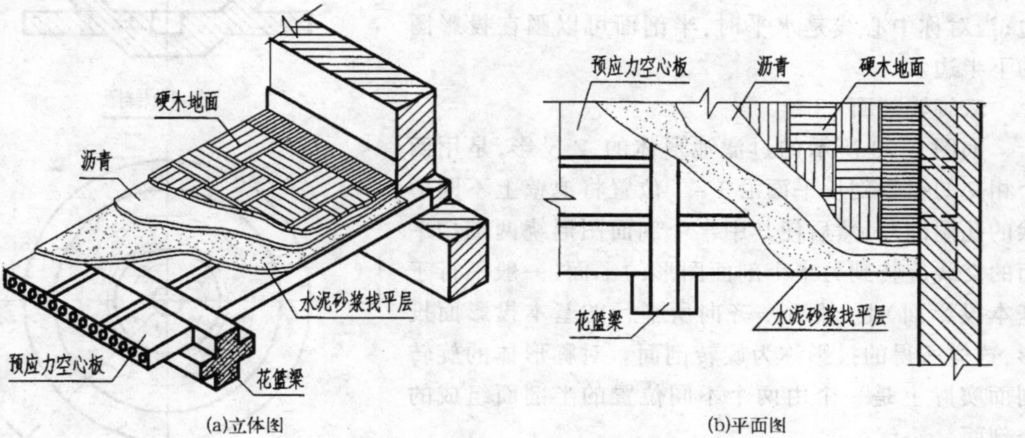

图 9-18　分层局部剖面

4.半剖面

当建筑形体左右对称或前后对称而外形又比较复杂时，可以画出由半个外形正投影图和半个剖面图拼成的图形，以同时表示形体的外形和内部构造。这种剖面称为半剖面。如图 9-19 所示的正锥壳基础，可画出半个正面投影和半个侧面投影以表示基础的外形和相贯

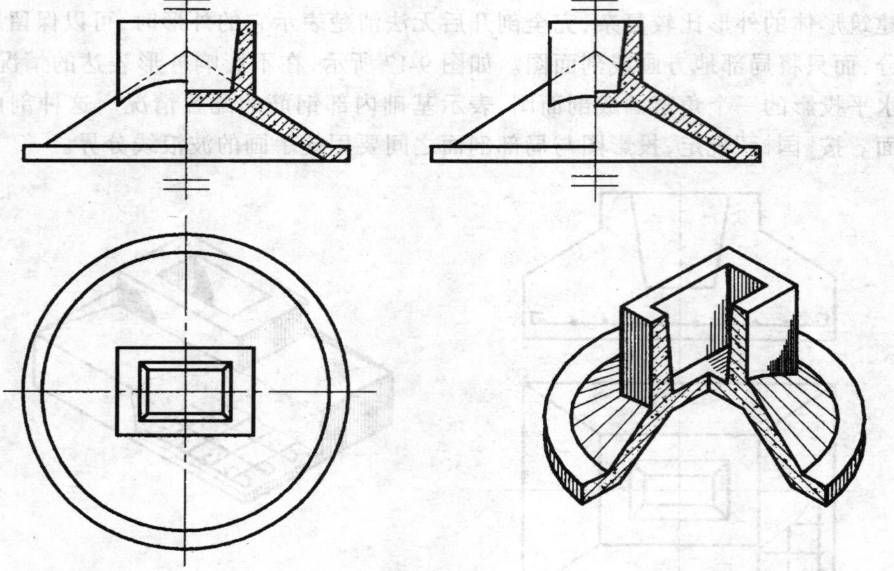

图 9-19　正锥壳基础的半剖面图

线，另外各配上半个相应的剖面图表示基础的内部构造。对图 9-15 所示的双柱杯形基础，其投影也可以画成半剖面图。在半剖面图中，剖面图和投影图之间，规定用形体的对称中心线（细单点长画线）为分界线。当对称中心线是铅直时，半剖面画在投影图的右半边；当对称中心线是水平时，半剖面可以画在投影图的下半边。

5. 旋转剖面

如图 9-20 所示的过滤池形体的 V 投影，是用两个相交的铅垂剖切平面沿 1-1 位置将池壁上不同形状的孔洞剖开，然后使其中半个剖面图形绕两剖切平面的交线旋转到另半个剖面图形的平面（一般平行于基本投影面）上，然后一齐向所平行的基本投影面投影，这样所得的投影称为旋转剖面。对称形体的旋转剖面实际上是一个由两个不同位置的半剖面组成的全剖面。

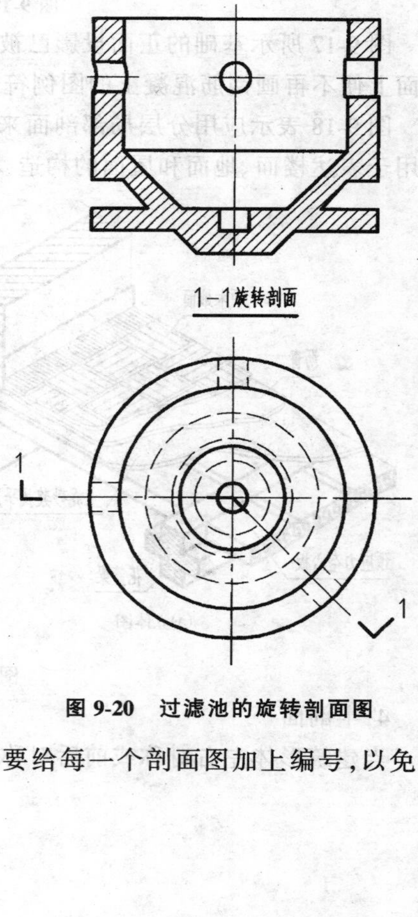

图 9-20　过滤池的旋转剖面图

三、剖面图的标注

为了读图方便，需要用剖切符号把所画的剖面图的剖切位置和剖视方向在投影图上表示出来，同时，还要给每一个剖面图加上编号，以免产

生混乱。对剖面图的标注方法有如下规定：

1.用剖切位置线表示剖切平面的剖切位置。剖切位置线实质上就是剖切平面的积聚投影。不过规定它只用两小段粗实线(长度为6~8mm)来表示,并且不宜与图面上的图线相接触,如图9-21所示。

2.剖切后的剖视方向用垂直于剖切位置线的短粗线(长度为4~6mm)来表示,如画在剖切位置线的左面表示向左边投影,如图9-21所示。

3.剖切符号的编号,要采用阿拉伯数字,按顺序由左至右,由下至上连续编排,并注写在剖视方向线的端部。如剖切位置线必须转折(阶梯剖面),而在转折处又容易与其他图线发生混淆,应在转角的外侧加注与该符号相同的编号,如图9-21中的“3-3”。

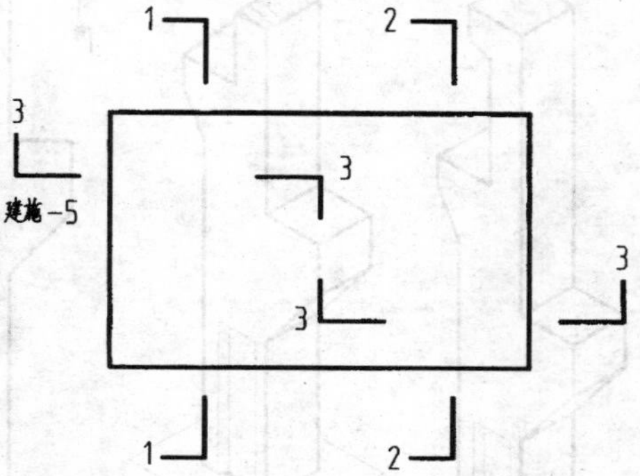

图9-21 剖切符号和编号

4.对习惯使用的剖切符号(如画房屋平面图时,通过门、窗洞的剖切位置)和通过构件对称平面的剖切符号,可以不在图上作任何标注。

5.在剖面图的下方或一侧写上与该图相对应的剖切符号的编号,作为该图的图名,如“1-1”、“2-2”……并在图名下方画上一等长的粗实线,如图9-22(c)所示。

第三节 断面图

一、基本概念及与剖面图的区别

前面讲过,用一个剖切平面将形体剖开之后,形体上的截口,即截交线所围成的平面图形称为断面。如果只把这个断面投影到与它平行的投影面上,所得的投影即能表示出断面的实形,称为断面图。与剖面图一样,断面图也是用来表示形体内部形状的。剖面图与断面图的区别在于：

1.断面图只画出形体被剖开后断面的实形,如图9-22(d)。而剖面图要画出形体被剖开后整个余下部分的投影,如图9-22(c),除画出了断面外,还画出了牛腿的投影(1-1剖面图)和柱脚部分投影(2-2剖面图)。

2.剖面图是被剖开的形体的投影,是体的投影,而断面图只是一个截口的投影,是面的投影。被剖开的形体必有一个截口,所以剖面图必然包含断面图在内,而断面图虽属于剖面图中的一部分,但一般单独画出。

3.剖切符号的标注不同。断面图的剖切符号只画它的剖切位置线,不画投影方向线,而用编号的注写位置来表示投影方向。编号写在剖切位置线下侧,表示向下投影;注写在左侧,表示向左投影。

二、画断面图时的几种处理方式

断面图根据布置位置的不同可分为移出断面图、重合断面图和中断断面图。

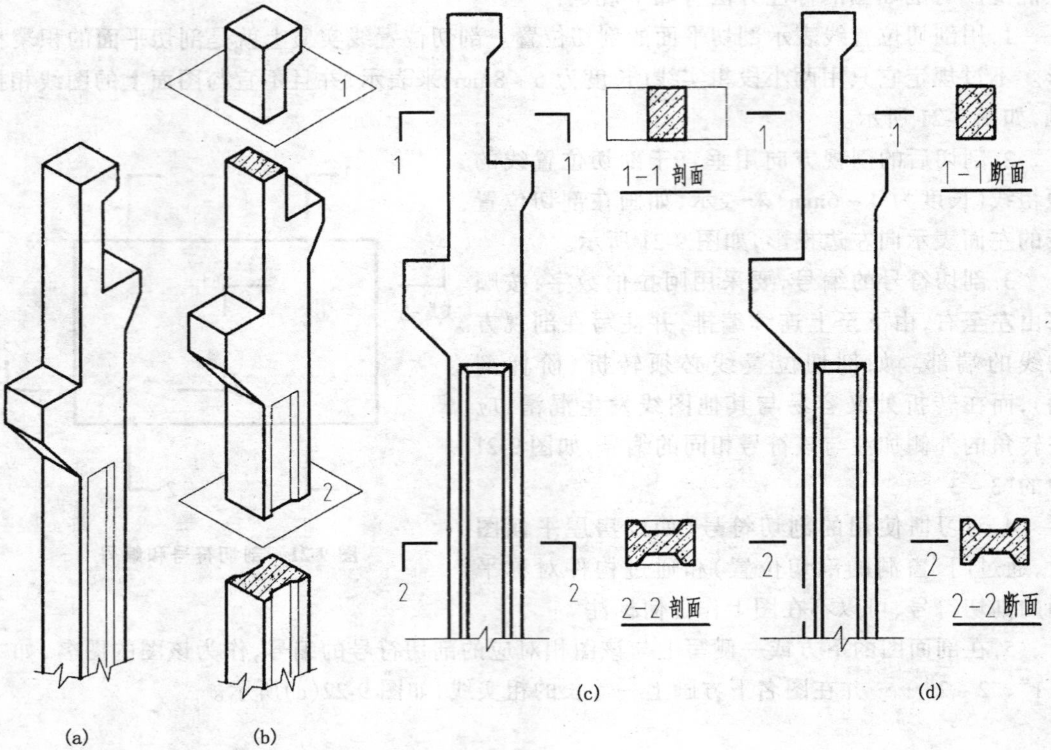

图 9-22　剖面图与断面图的区别

1. 移出断面图

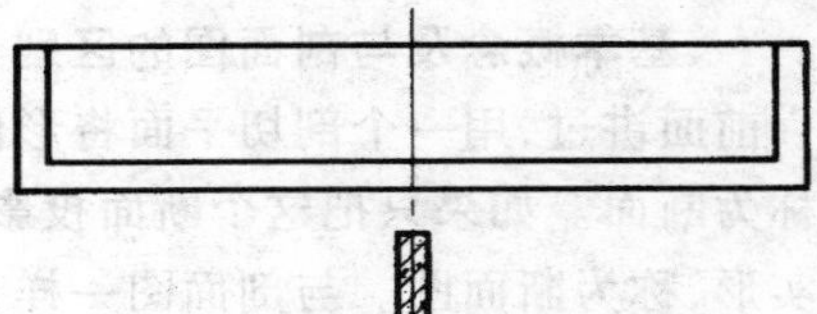

图 9-23　移出断面例二

画在原来视图以外的断面图称为移出断面图。如图 9-22(b)是对图 9-22(a)所示柱子假想剖开后的示意图,图 9-22(d)是这个柱子按需要采用 1－1、2－2 两个断面来表达柱身的形状,这两个断面都是移出断面。移出断面图的轮廓线用粗实线画出,根据断面图例可知,材料是钢筋混凝土。

当移出断面图是对称的,它的位置又紧靠原来视图而并无其他视图隔开,即断面图的对称轴线为剖切平面迹线的延长线时,也可省略剖切符号和编号,如图 9-23 所示。又如图 9-24(a)是钢筋混凝土梁、柱节点的正立面图和断面图,图 9-24(b)为钢筋混凝土柱、梁节点的轴测图。柱从基础起直通楼面,在正立面图中上、下画了断裂符号,表示取其中一段,楼面梁的左、右也画了断裂符号。因搁置楼板的需要,梁的断面做成十字形,俗称"花篮梁"。"花篮梁"的断面形状和尺寸,由 1－1(移出断面图)表示。楼面上方柱的断面形状为正方形,由 2－2(移出断面图)来表示,尺寸为 250×250;楼面下方柱的断面形状也是正方形,由断面 3－3(移出断面图)表示,尺寸较大,为 350×350。断面图中用图例表示柱、梁节点的材料为钢筋混凝土。

2. 重合断面图

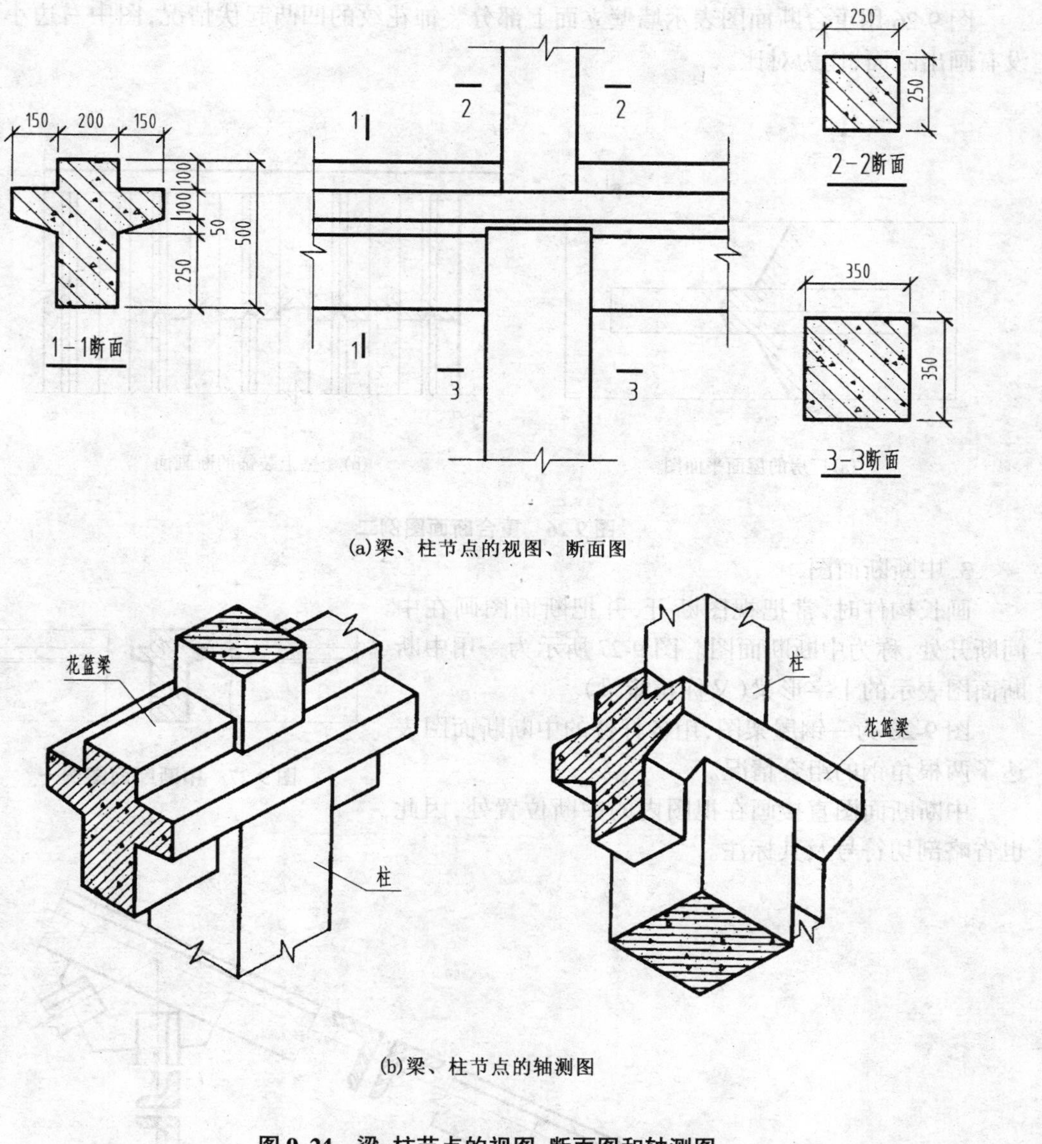

图 9-24　梁、柱节点的视图、断面图和轴测图

重叠画在视图之内的断面图称为重合断面图。图 9-25 所示为角钢的重合断面图。

为了表达明显，重合断面图轮廓线用细实线画出。对这点应特别注意，如图 9-25 所示，原来视图中的轮廓线与重合断面图的图形重合时，视图中的轮廓线仍应按完整画出，不应间断。

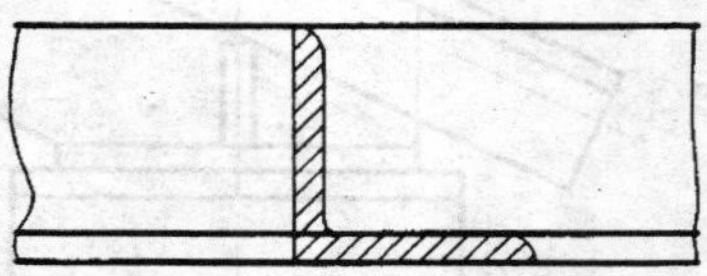

图 9-25　重合断面图例一

图 9-25 所示的角钢是平放的，假想把切得的断面图绕铅直线从左向右旋转后重合在视图内而成。重合断面图在实用中可省略任何标注。

图 9-26 用重合断面图表示墙壁立面上部分装饰花纹的凹凸起伏情况，图中右边小部分没有画出断面，作为对比。

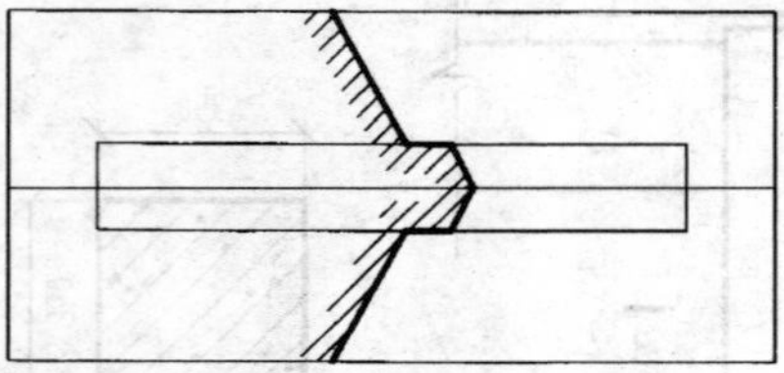
(a)厂房的屋面平面图

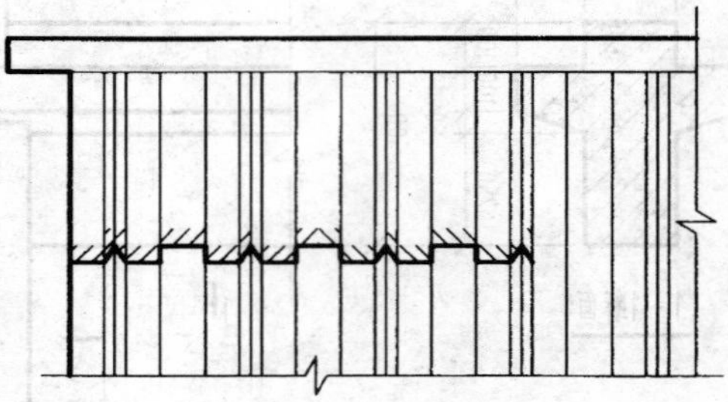
(b)墙壁上装饰的断画面

图 9-26　重合断面图例二

3. 中断断面图

画长构件时，常把视图断开，并把断面图画在中间断开处，称为中断断面图。图 9-27 所示为一用中断断面图表示的十字形梁(又称花篮梁)。

图 9-28 为一钢屋架图，用各杆件的中断断面图表达了两根角钢的组合情况。

中断断面图直接画在视图内的中断位置处，因此也省略剖切符号及其标注。

图 9-27　中断断面图例一

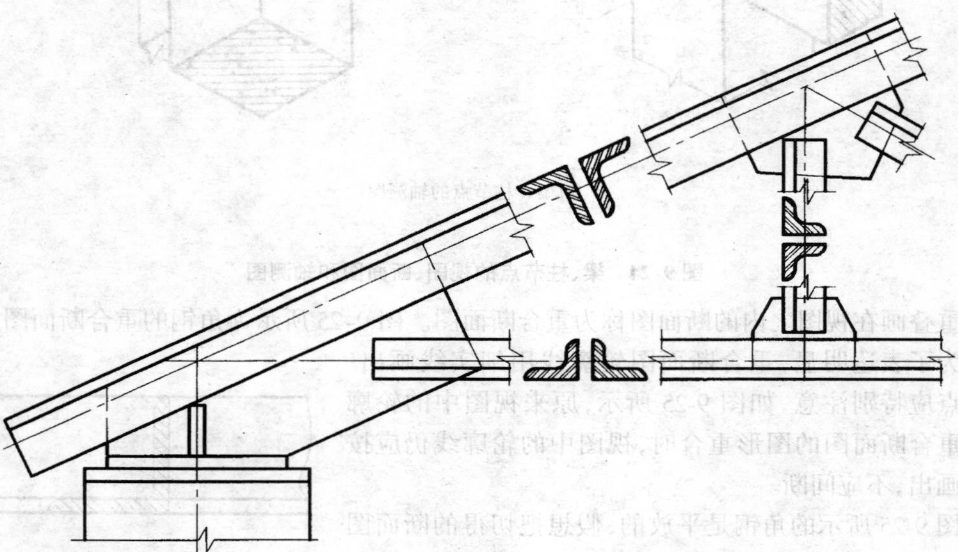
图 9-28　中断断面图例二

第四节　简化画法

为了节省绘图时间，或由于绘图位置不够，建筑制图国家标准允许在必要时采用下列简化画法：

一、对称简化

对称的图形可以只画一半，但要加上对称符号。如图 9-29(a)所示的锥壳基础平面图。因为它左右对称，可以只画左半部，应在对称轴线的两端加上对称符号，如图 9-29(b)。对称线用细单点长画线表示。对称符号用一对平行的短细实线表示，其长度为 6 ~ 10mm，间距为 2 ~ 3mm。两端的对称符号到图形的距离应相等。

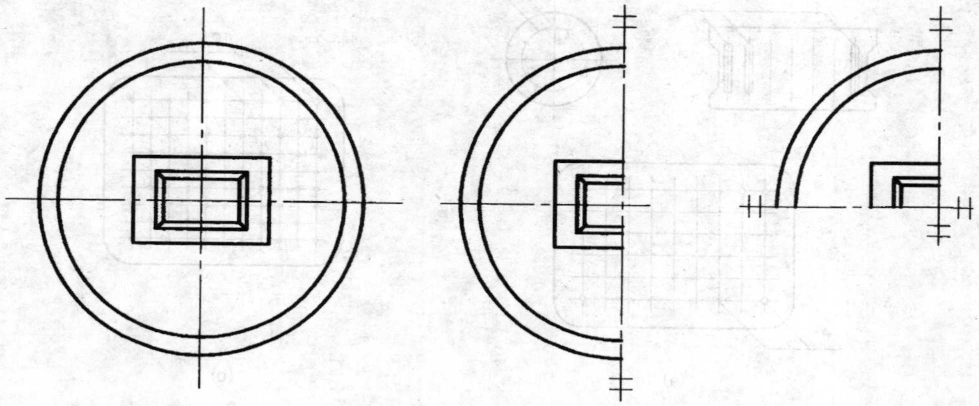

(a)　　(b)　　(c)

图 9-29　对称画法(一)

由于圆锥壳基础的平面图不仅左右对称，而且上下对称，因此还可以进一步简化，只画出其 1/4，但同时要增加一条水平的对称线和对称符号，如图 9-29(c)所示。

对称的图形画一大半(可以稍稍超出对称线之外)，然后加上用细实线画出的折断线或波浪线，如图 9-30(a)的木屋架图和图 9-30(b)的杯形基础图。值得注意的是此时无须加上对称符号。

对称的构件需要画剖面图时，也可以用对称线为界，一边画外形图，一边画剖面图。这时需要加对称符号，如图 9-30(c)所示的锥壳基础。

二、相同要素简化

如果建筑物或构配件的图形上有多个完全相同而连续排列的构造要素，可以仅在排列的两端或适当位置画出其中一两个要素的完整形状，然后画出其余要素的中心线或中心线交点，以确定它们的位置，如图 9-31(a)所示。

如相同构造要素少于中心线交点，则其余部分应在相同构造要素位置的中心线交点处用小圆点表示，如图 9-31(b)所示。

另外，如图 9-32 所示，一段砌上 8 件硫璃花格的围墙，只需画出其中一个花格，其余明确其位置即可。

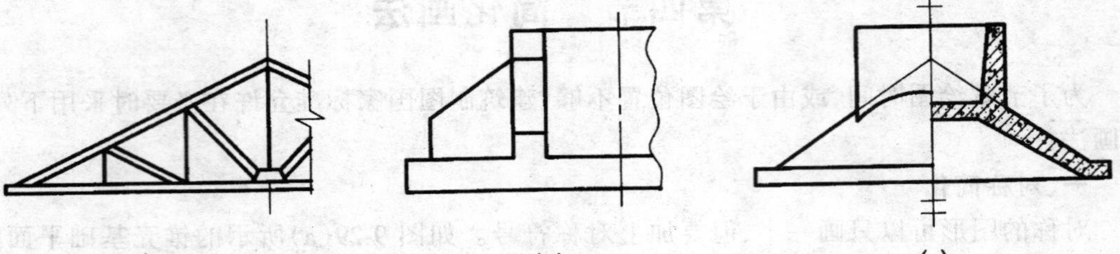

(a)　　(b)　　(c)

图 9-30　对称画法(二)

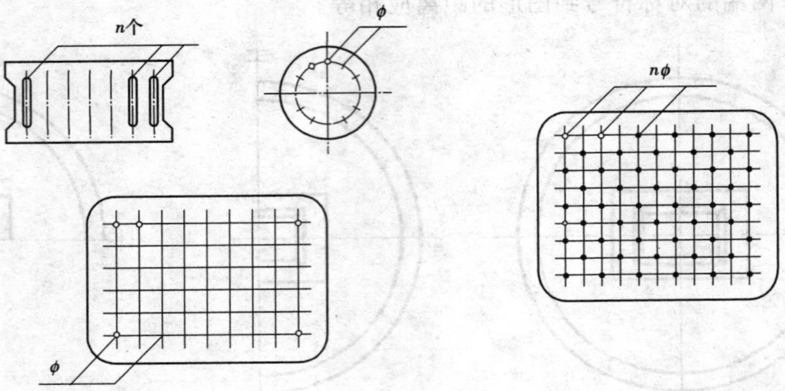

(a)　　(b)

图 9-31　相同要素简化画法(一)

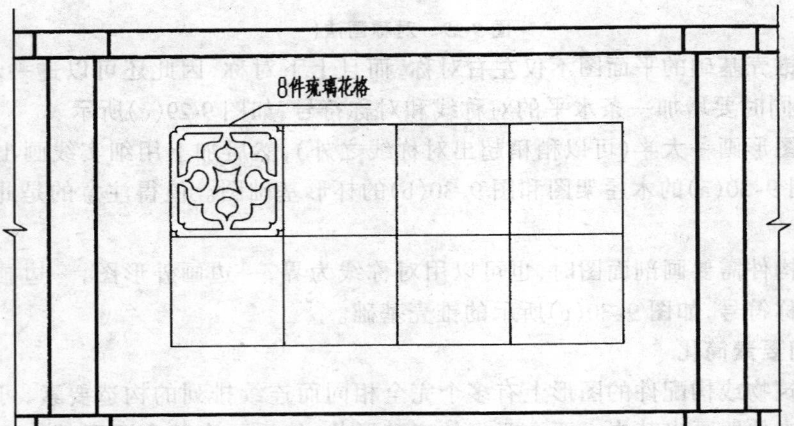

图 9-32　相同要素简化画法(二)

三、长件短画

较长的杆状构件,可以假想将该构件折断其中间一部分,然后在断开处两侧加上折断线，如图 9-33(a)所示的柱子。

四、类似构件简化

一个构件如果与另一构件仅部分不相同，该构件可以只画不同的部分，但要在两个构件的相同部分与不同部分的分界线上，分别画上连接符号。两个连接符号应对准在同一线上，如图 9-33(b)所示。

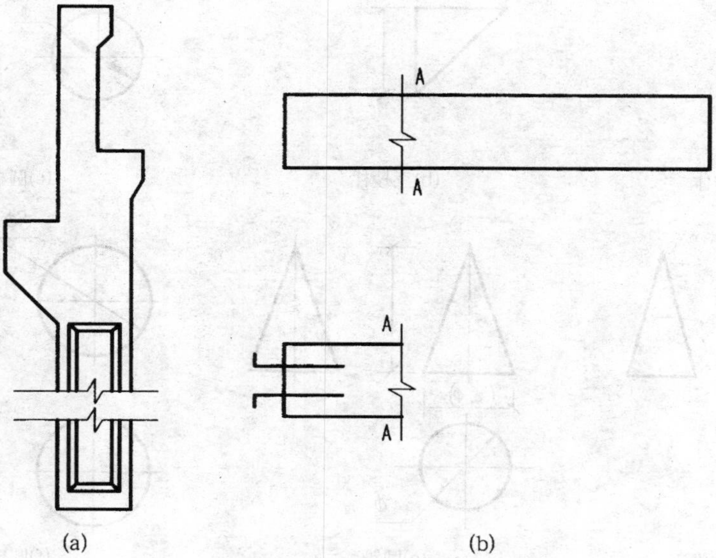

图 9-33 折断简化画法

第五节 尺寸标注

在工程图中，除了用视图、剖面图和断面图等图示方法来表达工程形体的形状外，还必须标注出形体的实际尺寸以明确其具体的大小。在第一章第一节中已经阐述了平面图形尺寸注法及其相关规定，在此基础上，本节将介绍工程形体的尺寸注法。关于专业图的尺寸标注，将在后面有关章节中结合各专业图特点作详细叙述。

一、基本几何体的尺寸标注

任何形体都有长、宽、高三个方向的大小，所以在标注尺寸时，应把反映三个方向大小的尺寸都标注出来。

基本几何体的尺寸注法如图 9-34 所示。其中，柱体和锥体应标注出决定底面形状的尺寸和高度尺寸；球体只要注出其直径大小，并在直径数字前加注“Sϕ”，表示球的直径(标注球半径时用 SR)。

当基本体标注尺寸后，有时可减少视图的数量。如在图 9-34 中，除长方体仍需三个视图表示外，其余的柱体和锥体，均可由两个视图来表示。对图中所示的基本体而言，它们各自所选的视图之一，应当是表示底面形状的视图。圆柱体和圆锥体，当标出底圆直径和高度

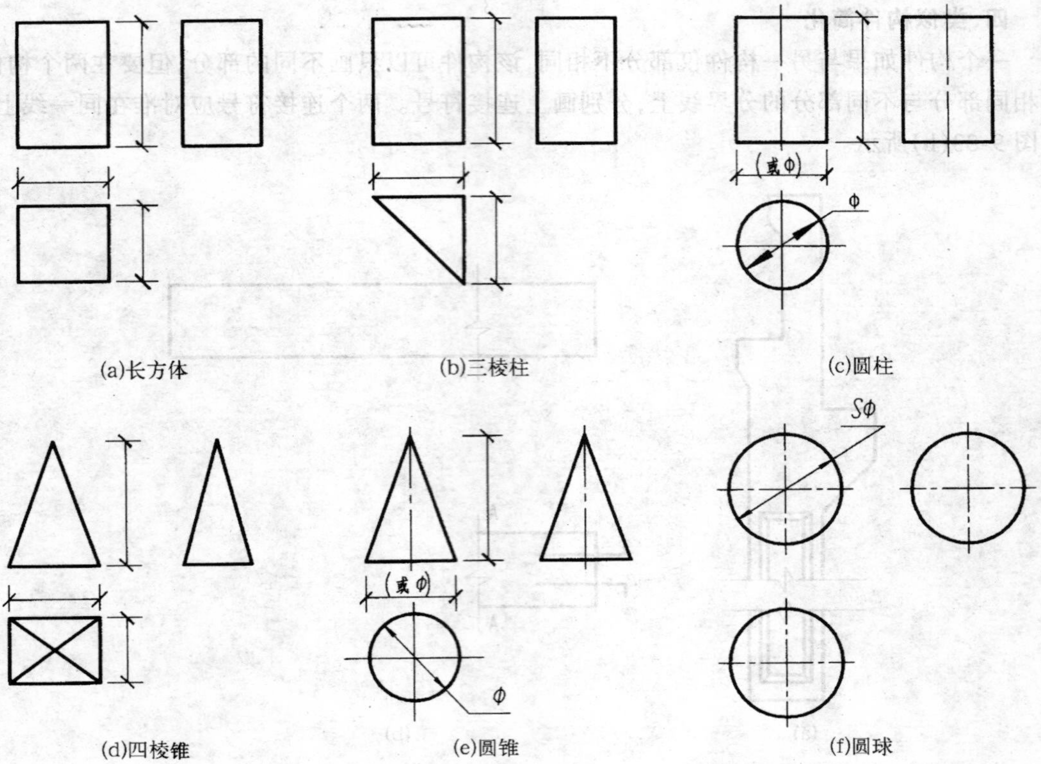

图 9-34　基本体的尺寸标注

尺寸后，均可省去表示底圆形状的那个视图。但是，仅用一个视图来表示圆柱或圆锥体，直观性较差，通常还是采用两个视图(其中一个视图仍应是反映底圆形状的视图)来表示。当球体的某一视图标注其直径后，可只用一个视图来表示。

二、带切口形体的尺寸标注

带切口的形体，要注意标注确定其截切位置的尺寸，如图 9-35 所示。由于形体与截切平面的相对位置确定后，切口的交线已完全确定，因此不应标注交线的尺寸，以免重复。

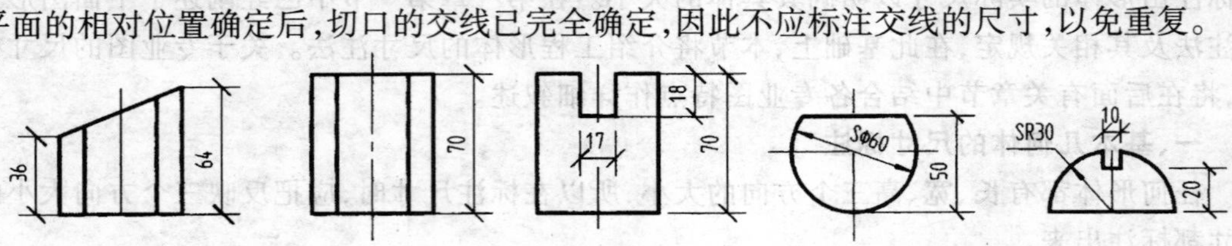

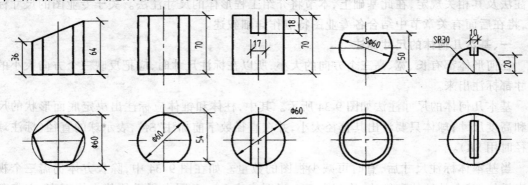

图 9-35　带切口形体的尺寸标注

三、工程形体的尺寸标注

如前所述，工程形体是指接近工程实际的一些形体。工程形体可视为是由若干基本体通过一定方式组合而成，在标注其尺寸时，可运用形体分析来进行。

工程形体的尺寸可分为三类：定形尺寸、定位尺寸和总体尺寸。

(一)定形尺寸

表示构成工程形体各基本体大小的尺寸，称为定形尺寸。定形尺寸用来确定各基本体的形状。

如图 9-36 所示，是由底板和竖板组成“┛”形的形体。其中，底板由长方体、半圆柱体以及圆柱孔组成。长方体的长、宽、高尺寸分别为 30、30、10；半圆柱体尺寸为半径 R15 和高度 10；圆柱孔尺寸为直径 φ15 和高度 10。这里，高度 10 是三个基本体的公用尺寸。竖板由一长方体切去前上角的形体(也可以看作是一个五棱柱体)。长方体的三个尺寸分别是 10、30、20；切去的三棱柱的定形尺寸分别是 10、15、10。其中的第一个尺寸厚度 10 也是两个基本体的公用尺寸。

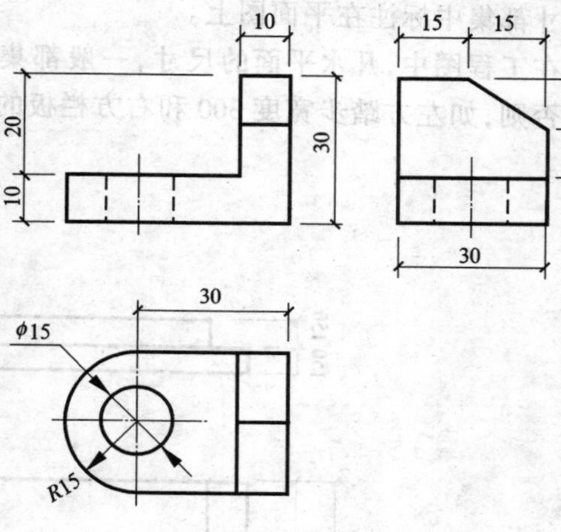

图 9-36 工程形体的尺寸标注

(二)定位尺寸

表示工程形体中各基本体之间相对位置的尺寸，称为定位尺寸。

如图 9-36 所示，平面图中的尺寸 30 即是确定圆柱孔和半圆柱体中心位置的定位尺寸。

回转体(如圆柱孔)的定位尺寸，应标注到回转体的轴线(中心线)上，不能标注到孔的边缘。如图 9-36 所示的平面图，圆柱孔的定位尺寸 30 就是标注到中心线的。

(三)总体尺寸

表示工程形体总长、总宽和总高的尺寸称为总体尺寸。

如图 9-36 所示的工程形体总宽和总高均为 30，而其总长应为圆孔的定位尺寸 30 和半圆柱的半径 15 之和 45。由于一般尺寸不应注到圆柱的素线处，故本例图中的总长尺寸不必另作标注。

四、工程形体尺寸的配置原则

在工程图中，尺寸的标注除了尺寸要齐全、正确和合理外，还应清晰、整齐和便于阅读。以下列出尺寸配置的主要原则，当出现不能兼顾的情况时，在注全尺寸的前提下，则应统筹安排尺寸在各视图中的配置，使其更为清晰、合理。

(一)尺寸标注要齐全

在工程图中不能漏注尺寸，否则就无法按图施工。运用形体分析方法，首先注出各组成部分的定形尺寸，然后注出表示它们之间相对位置的定位尺寸，最后再标注工程形体的总体尺寸。按上述步骤来标注尺寸，就能做到尺寸齐全。

(二)尺寸标注要明显

尽可能把尺寸标注在反映形体形状特征的视图上，一般可布置在图形轮廓线之外，并靠近被标注的轮廓线，某些细部尺寸允许标注在图形内。与两个视图有关的尺寸，以标注在两视图之间的一个视图上为好。此外，还要尽可能避免将尺寸标注在虚线上。

如图 9-36 中平面图上注写反映底板形状特征的尺寸 $\phi15$，$R15$ 和 30；侧面图中反映形状特征的尺寸 15，15，10 和 10；圆柱孔的定位尺寸 30 则布置在平面图和正立面图之间。

(三)尺寸标注要集中

同一个几何体的定形和定位尺寸尽量集中，不宜分散。如图 9-36 中，底板的定形和定位尺寸都集中标注在平面图上。

在工程图中，凡水平面的尺寸，一般都集中注写在平面图上，如图 9-37 所示台阶的尺寸。否则，如左方踏步宽度 300 和右方栏板的厚度 240，就应注写在它们形状明显的正立面图上。

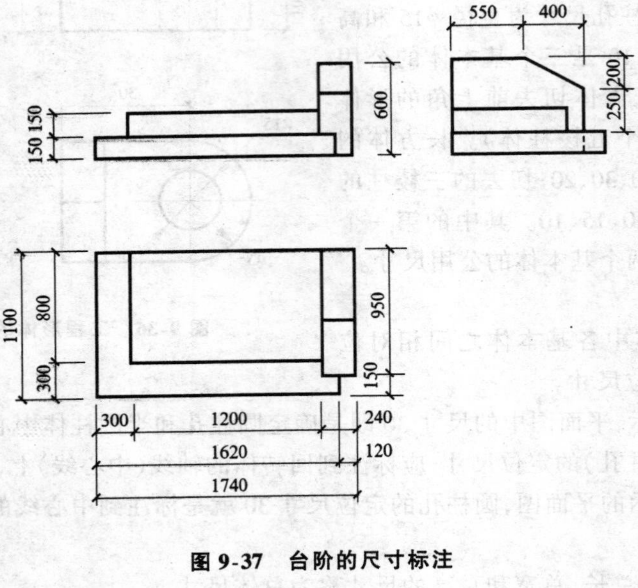

图 9-37　台阶的尺寸标注

(四)尺寸布置要整齐

可把长、宽、高三个方向的定形、定位尺寸组合起来排成几道尺寸，从被注的图形轮廓线由近向远整齐排列，小尺寸应离轮廓线较近，大尺寸应离轮廓线较远。平行排列的尺寸线的间距应相等，尺寸数字应写在尺寸线的中间位置，每一方向的细部尺寸的总和应等于总体尺寸。标注定位尺寸时，通常对圆弧形要注出圆心的位置。

第十章　房屋工程图概述

建筑物按使用性质的不同一般可分为工业建筑和民用建筑。工业建筑包括车间、仓储及动力用房;民用建筑包括居住建筑和公共建筑。

第一节　房屋的组成及作用

不同类型的建筑、虽然它们的使用功能、规模大小、空间布局、外形构造及结构形式各不相同,但是其基本组成大致相同,包括基础、墙体(梁、柱)、楼面、地面、楼梯、门窗、屋顶等。

图 10-1 为某实验楼的轴测示意图,该实验楼是由钢筋混凝土构件及承重砖墙组成的混

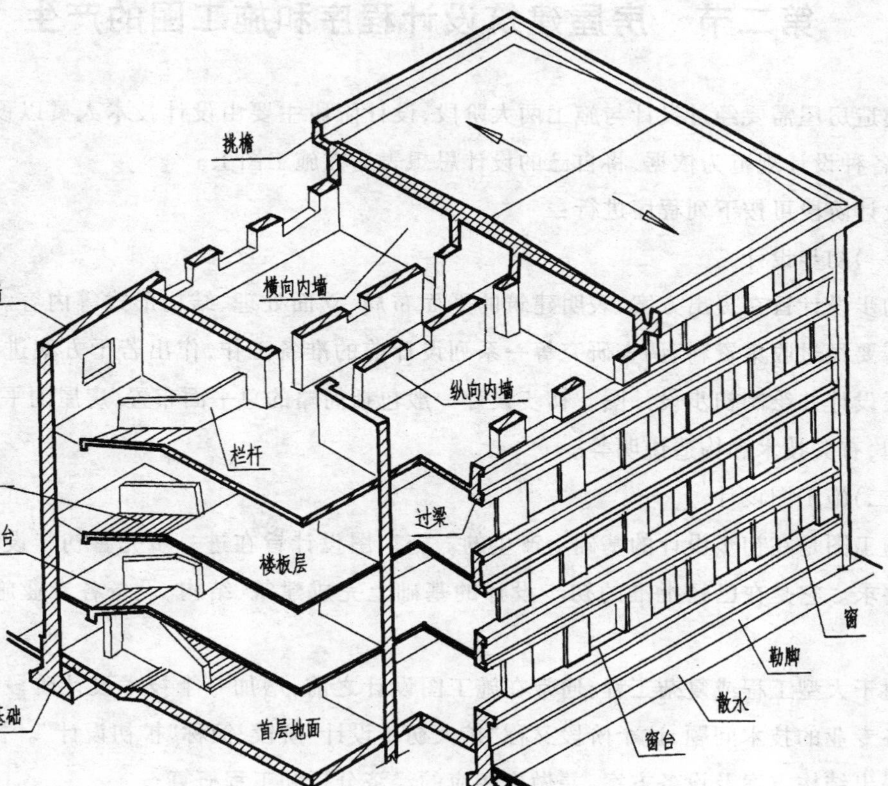

图 10-1　房屋的组成

合结构(俗称砖混结构)。房屋的各组成部分所处位置不同,其作用也各不相同。

1.基础　位于房屋最下部,承受建筑物的全部荷载并传至地基。

2.墙体　作为承重构件,它承受由屋顶及各楼层传来的荷载并传至地基;作为围护构件,外墙可以抵御自然界对室内的侵袭,内墙可分隔房间。

3.楼面和地面　可承受家具、设备和人的荷载并传至墙体和梁柱,同时起着水平支撑作用并且分隔楼层空间。

4.屋顶　位于房屋最上部,既能抵御风霜雨雪、阳光辐射,起到围护作用,又能承受和传递荷载。

5.楼梯　联系房屋上下楼层的垂直交通。

6.门窗　具有内外联系,采光、通风、分隔和围护的作用。

除上述组成之外,建筑物还包括散水、台阶、雨篷、阳台、天沟、雨水管等构配件及墙体的内外装饰。

第二节　房屋建筑设计程序和施工图的产生

建造房屋需要经过设计与施工两大阶段,设计阶段主要由设计技术人员以设计要求为前提,各种设计规范为依据,将自己的设计思想表达在施工图上。

设计阶段可按下列程序进行:

(一)初步设计

初步设计旨在提出方案,表明建筑的平面布局、立面处理、结构形式等内容。初步设计一般需要经过收集资料、调查研究等一系列设计前的准备工作,作出若干方案进行比较、完成方案设计并绘制初步设计图。初步设计一般包括简略的总平面布置,房屋的平面、立面及剖面图,有关技术和构造说明等。

(二)施工图设计

施工图是在初步设计的基础上产生的。施工图设计旨在进一步完善初步设计,以符合施工要求。它是在已经批准的初步设计的基础上完成建筑、结构、设备各专业施工图的设计。

对于大型工程或复杂工程,通常在施工图设计之前,增加一个技术设计阶段,用来深入解决各专业的技术问题,这个阶段又称“扩大初步设计”阶段、简称“扩初设计”。扩初设计中应该提出结构方案及设备方案,并做出相应的经济分析和工程概算。

第三节　施工图的分类及相关规定

一、施工图分类

用来指导房屋建筑工程施工的图样称为房屋工程施工图，简称施工图，施工图按照不同的专业一般可分为：

1. 建筑施工图（简称“建施”）包括建筑总平面图、平面图、立面图、剖面图及详图。

2. 结构施工图（简称“结施”）包括基础平面图、结构平面图、构件详图。

3. 设备施工图（简称“设施）包括给水排水、采暖通风、电气电讯等专业设备（外线）的总平面图、平面图、立面图、系统图和制作安装及设备安装说明等。

整套图纸除了上述施工图以外，每个专业都应编制详细的图纸目录及设计说明。各专业之间，建筑是主导专业，结构及设备是配合专业，因此，三个专业施工图必须做到相互协调，表达一致。

二、施工图的相关规定

我国现行的《房屋建筑制图统一标准》GB/T50001－2001、《总图制图标准》GB/T50103－2001、《建筑制图标准》GB/T50104－2001 等标准图集，旨在统一制图表达，提高制图效率，便于阅读和交流。

有关建筑施工图的规定现摘要如下：

（一）图线

建筑施工图采用的图线（包括线型、线宽），应符合表 10-1 的规定，线宽 b 应根据图幅的大小，图形的复杂程度，从 2.0、1.4、1.0、0.7、0.5、0.35mm 的线宽系列中选取。

（二）比例

建筑专业制图选用的比例宜符合表 10-2。

（三）定位轴线及编号

确定建筑物承重构件位置的线叫定位轴线，各承重构件（如梁、柱、墙等），均需标注纵横两个方向的定位轴线，对于非承重的隔墙及次要构件应标注附加轴线。

轴线的端部应画直径为 8～10mm 的细实线圆，圆心应在定位轴线的延长线上或延长线的折线上。定位轴线应按一定的规律编号。平面图中轴线编号宜注在图形左侧与下侧。横向编号采用阿拉伯数字，自左至右顺序编号；竖向编号应用大写拉丁字母，自下而上顺序编号。其中字母 *O*、*I*、*Z* 不得用做轴线编号，避免与数字 0、1、2 混淆。

附加轴线应以分数的形式表示。两轴之间的附加轴线，如：(1/2) 表示2 号轴线之后附加的第一根轴线；(3/C) 表示 *C* 轴之后附加的第三根轴线。横向及纵向第一根定位轴线之前的附加轴线，如：(1/01)表示 1 号轴线之前的第一根附加轴线；(1/0A)表示 *A* 轴之前附加的第一根轴线。

表10-1　图　　线

名称	线型	线宽	用途
粗实线		b	1.平、剖面图中被剖切的主要建筑构造(包括构配件)的轮廓线 2.建筑立面图或室内立面图的外轮廓线 3.建筑构造详图中被剖切的主要部分的轮廓线 4.建筑构配件详图中的外轮廓线 5.平、立、剖面图的剖切符号
中实线		$0.5b$	1.平、剖面图中被剖切的次要建筑构造(包括构配件)的轮廓线 2.建筑平、立、剖面图中建筑构配件的轮廓线 3.建筑构造详图及建筑构配件详图中的一般轮廓线
细实线		$0.25b$	小于$0.5b$的图形线、尺寸线、尺寸界线、图例线、索引符号、标高符号、详图材料做法引出线等
中虚线		$0.5b$	1.建筑构造详图及建筑构配件不可见的轮廓线 2.平面图中的起重机(吊车)轮廓线 3.拟扩建的建筑物轮廓线
细虚线		$0.25b$	图例线、小于$0.5b$的不可见轮廓线
粗单点长划线		b	起重机(吊车)轨道线
细单点长划线		$0.25b$	中心线、对称线、定位轴线
折断线		$0.25b$	不需画全的断开界线
波浪线		$0.25b$	不需画全的断开界线构造层次的断开界线

表 10-2 比 例

图 名	比 例
总平面图、管线图、土方图	1:500、1:1000、1:2000
建筑物或构筑物的平面图、立面图、剖面图	1:50、1:100、1:150、1:200、1:300
建筑物或构筑物的局部放大图	1:10、1:20、1:25、1:30、1:50
配件及构造详图	1:1、1:2、1:5、1:10、1:15、1:20、1:30、1:50

(四)标高符号

标高是对建筑物高度方向尺寸的一种标注方式。标高符号是用细实线绘制的等腰直角三角形,高度约 3mm,符号的形式如图 10-2(a)(b)(c)所示。(c)图的标高符号仅用于总平面图的室外地坪。标高符号的尖端应指至被标注高度的位置,尖端可在下,也可在上,如图 10-2(d)所示;在同一位置处需标注几个不同标高时,可按图 10-2(e)的形式注写。

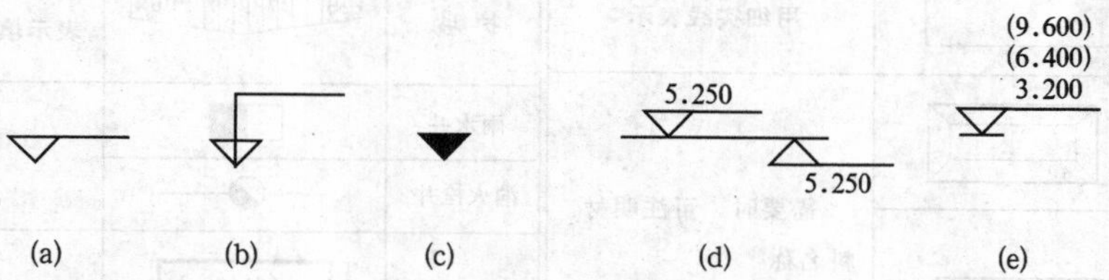

图 10-2 标高符号的形式

标高数字以米为单位,通常注写到小数点以后第三位,仅在总平面图中注写到小数点后第二位。零点标高注写成 ±0.000,其余标高值,只有负数标高前加注“-”号。

标高分为绝对标高和相对标高两种。

绝对标高是以我国青岛海域,黄海海平面的平均高度值,为绝对标高的零点,全国各地的标高均以此为基准测出。

相对标高是以绝对标高的某一标高值为其零点,其他位置的标高以此为基准测出。房屋建筑相对标高的零点通常定在首层室内地面。

(五)图例

国家制图标准(简称国标)中对不同建筑构配件、建筑材料的图示方法做了相应的规定,为了便于阅读,现将建筑工程中部分常用的图例摘录如下:

表 10-3　总平面图例

名　称	图　　例	说　　明
新建的建筑物		1.需要时，可用▲表示出入口，可在图形内右上角用点数或数字表示层数 2.建筑物外形用粗实线表示，需要时，地面以上建筑用中实线表示，地面以下建筑用细实线表示
原有的建筑物		用细实线表示
计划扩建的预留地或建筑物		用中虚线表示
拆除的建筑物	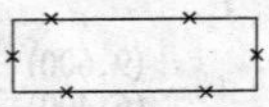	用细实线表示
散状材料露天堆场	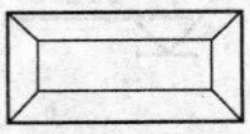	需要时，可注明材料名称
其他材料露天堆场或露天作业场		
铺砌场地	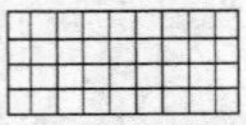	
坐标	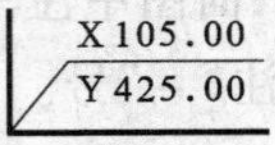 X 105.00 Y 425.00	上图表示测量坐标
	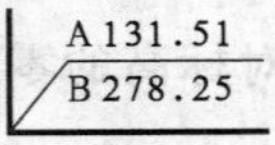 A 131.51 B 278.25	下图表示建筑坐标
水　池 坑　槽		
围墙及大门	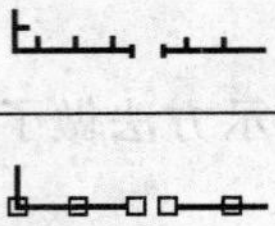	上图为实体性质的围墙 下图为通透性质的围墙 如仅表示围墙时不画大门

名　称	图　　例	说　　明
烟　囱		实线为烟囱下部直径，虚线为基础，必要时可注写烟囱高度和上、下口直径
露天桥式起重机	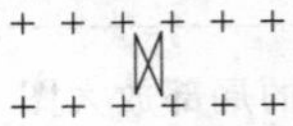	
截水沟或排水沟	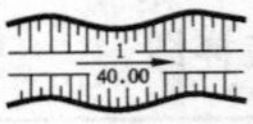	"1"表示1%的沟底纵向坡度，"40.00"表示变坡点间距离，箭头表示水流方向。
草　坪	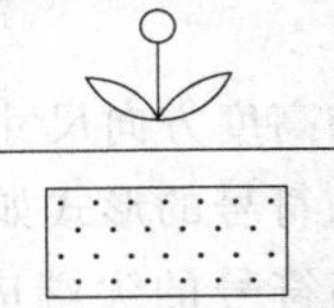	
填挖边坡	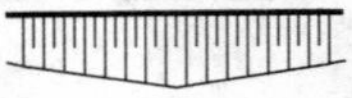	边坡较长时，可在一端或两端局部表示
护　坡	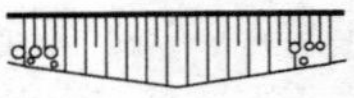	下边线为虚线时，表示填方
雨水井		
消火栓井		
室内标高	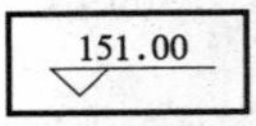 151.00	
室外标高	• 143.00　▼143.00	
桥　梁	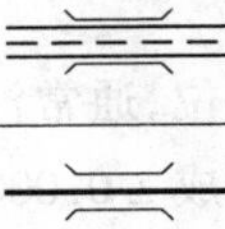	上图为公路桥 下图为铁路桥 用于旱桥时，应注明
原有道路		
计划扩建的道路		
新建道路	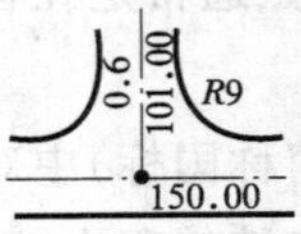 0.6　101.00　R9　150.00	"R9"表示道路转弯半径为9m，"150.00"为路面中心标高 0.6表示0.6%的纵向坡度，"101.00"表示变坡点间距离

表 10-4 建筑构造及配件图例

名 称	图 例	说 明
墙 体		应加注文字或填充图例表示墙体材料，在项目设计图纸说明中，列材料图例表给予说明
隔 断		1、包括板条抹灰、木制、石膏板及金属材料等隔断 2、适用于到顶与不到顶隔断
栏 杆		
楼 梯	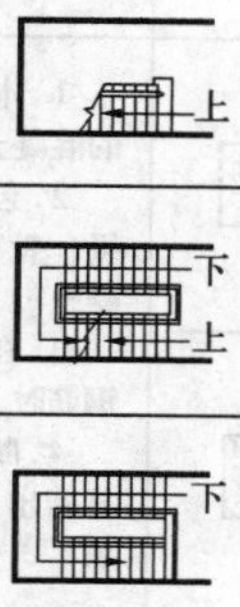	上图为底层楼梯平面，中图为中间层楼梯平面，下图为顶层楼梯平面 楼梯及栏杆扶手的形式和梯段踏步数应按实际情况绘制
坡 道	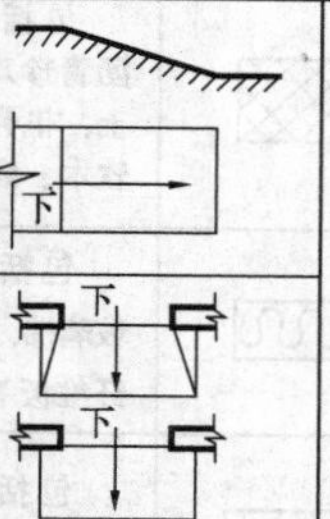	上图为长坡道 下图为门口坡道
检查孔		左图为可见检查孔，右图为不可见检查孔
平面高差		适用于高差小于100的两个地面或楼面相接处
墙预留洞	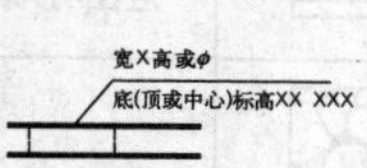	
自动扶梯	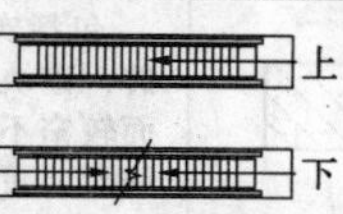	

名 称	图 例	说 明
电 梯	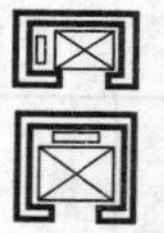	1.电梯应注明类型，并绘出门和平行锤的实际位置 2.观景电梯等特殊类型电梯应参照图例按实际情况绘制
立转窗	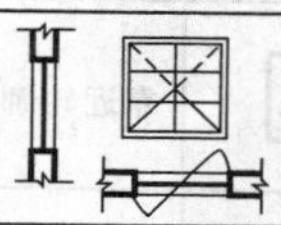	1.窗的名称代号用C表示 2.立面图中的斜线表示窗的开关方向，实线为外开，虚线为内开；开启方向线交角的一侧为安装合页的一侧，一般设计图中可不表示 3.剖面图上左为外，右为内，平面图上下为外，上为内 4.平、剖面图上的虚线仅说明开关方式，在设计图中不需表示 5.窗的立面形式应按实际情况绘制 6.小比例绘图时，平、剖面的窗线可用单粗实线表示
单层外开平开窗	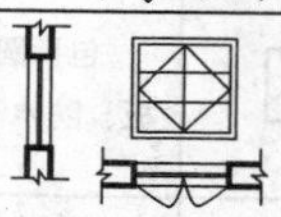	
单层内开平开窗	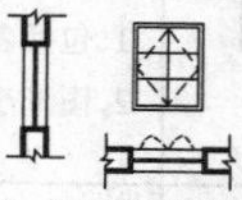	
推拉窗	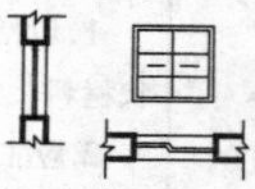	
高 窗	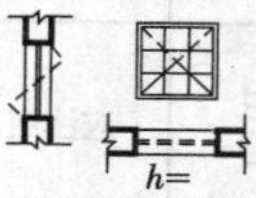	
空门洞	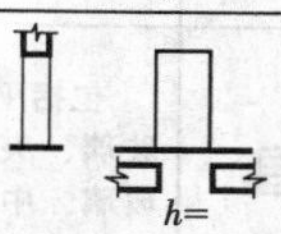	h为门洞高度
单扇门（包括平开或单面弹簧）	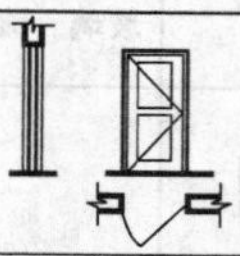	1.门的名称代号用M表示 2.剖面图上左为外，右为内，平面图上下为外，上为内 3.立面图上开启方向线交角的一侧为安装合页的一侧，实线为外开，虚线为内开 4.平面图上线应90°或45°开启，开启弧线宜绘出 5.立面图上的开启线在一般设计图中可不表示，在详图及室内设计图上应表示 6.立面形式应按实际情况绘制
双扇门（包括平开或单面弹簧）	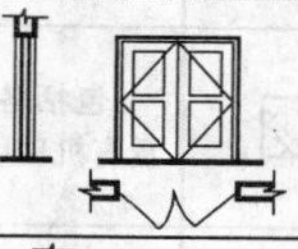	
单扇双面弹簧门	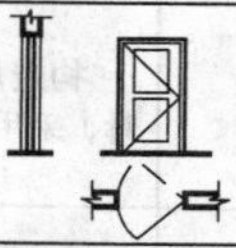	
双扇双面弹簧门	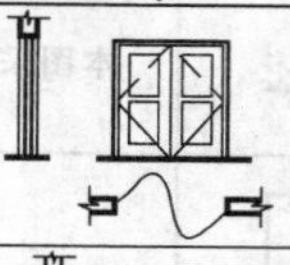	
转 门	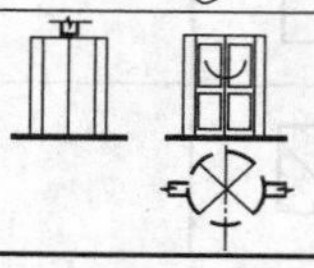	

表 10-5 材料图例

名称	图例	说明	名称	图例	说明
自然土壤		包括各种自然土壤	耐火砖	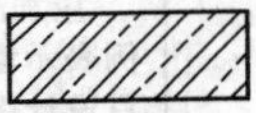	包括耐酸砖等砌体
夯实土壤			空心砖	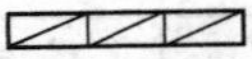	指非承重砖砌体
砂、灰土		靠近轮廓线绘较密的点	饰面砖		包括铺地砖、马赛克、陶瓷锦砖、人造大理石等
石膏板	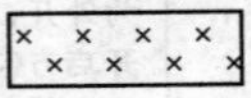	包括圆孔、方孔石膏板、防水石膏板等	焦渣、矿渣	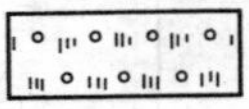	包括与水泥、石灰等混合而成的材料。
金属		1.包括各种金属 2.图形小时，可涂墨	混凝土	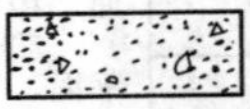	1.本图例指能承重的混凝土及钢筋混凝土 2.包括各种强度等级、骨料、添加剂的混凝土 3.在剖面图上画出钢筋时，不画图例线 4.断面图形小，不易画出图例线时，可涂黑
网状材料		1.包括金属、塑料网状材料 2.应注明具体材料名称	钢筋混凝土		
液体	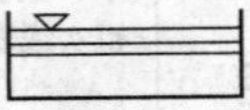	应注明具体液体名称	多孔材料	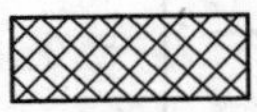	包括水泥珍珠岩、沥青珍珠岩、泡沫混凝土、非承重加气混凝土、软木、蛭石制品等
玻璃		包括平板玻璃、磨砂玻璃、夹丝玻璃、钢化玻璃、中空玻璃、加层玻璃、镀膜玻璃等	纤维材料	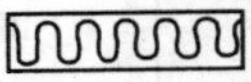	包括矿棉、岩棉、玻璃棉、麻丝、木丝板、纤维板等
橡胶			泡沫塑料材料	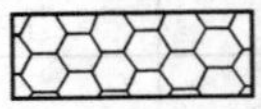	包括聚苯乙烯、聚乙烯、聚氨酯等多孔聚合物类材料
塑料		包括各种软、硬塑料及有机玻璃等	木材	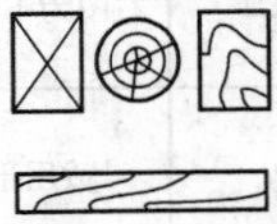	1.上图为横断面、上左图为垫木、木砖或木龙骨 2.下图为纵断面
防水材料		构造层次多或比例大时，采用上面图例	胶合板	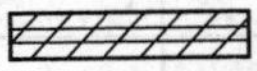	应注明为x层胶合板
粉刷	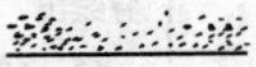	本图采用较稀的点	毛石	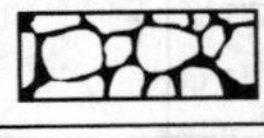	
砂砾石、碎砖三合土	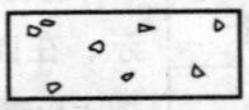		普通砖	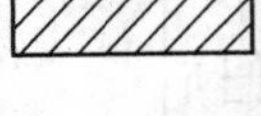	包括实心砖、多孔砖、砌块等砌体。断面较窄不易绘出图例线时，可涂红
石材					

表 10-6　详图索引和详图符号

名 称	符　号	说　明
详图的索引标志	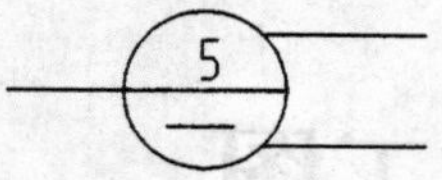	细实线单圆直径应为10mm
	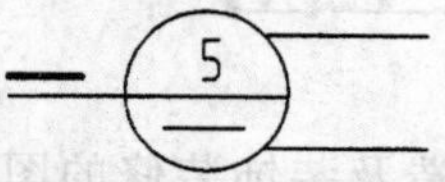	详图在本张图纸上
	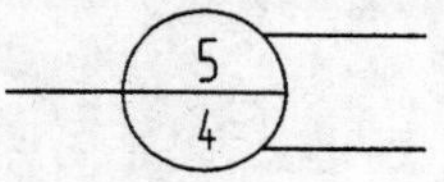	详图不在本张图纸上
	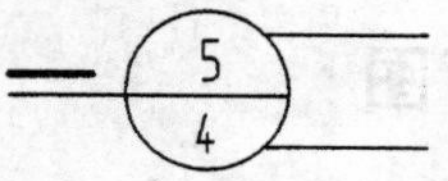	
	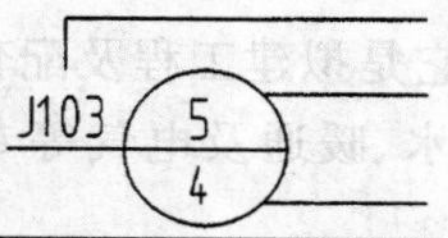	标准详图
详图的标志	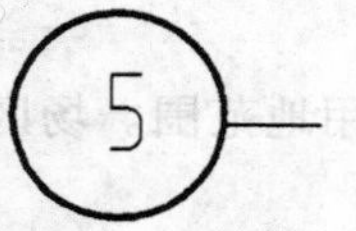	粗实线单圆直径应为14mm 被索引的在本张图纸上
	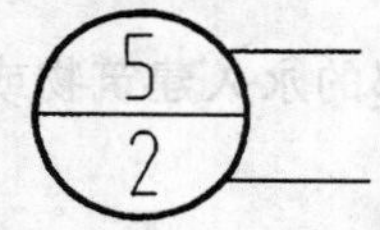	被索引的不在本张图纸上
对称符号		对称符号应用细实线绘制，平行线长度应为6~10mm 平行线间距宜为2~3mm，平行线在对称线的两侧应相等

第十一章　建筑施工图

建筑施工图是表现各建筑物的布局、外部造型、细部构造及装饰装修的图样，是指导施工的主要技术资料，也是绘制其他各专业施工图的依据。

第一节　建筑总平面图

一、总平面图的表达方式

建筑总平面图是表达建筑群体、总体布局的水平视图，它是拟建工程及配套设施施工定位、土方工程及施工现场规划布置的主要依据，也是给水排水、暖通及电气等专业管线总平面规划布置的依据。

二、总平面图的内容

1.建筑场地的地貌及环境：指场地的地形、地理位置及用地范围。场区内原有及新建建筑物、构筑物、道路、绿化等。

2.新建建筑物的定位：新建建筑物的定位有两种方式。

(1)对于小型建筑或在已有建筑群中的新建筑。以相邻的永久建筑物或道路为基准，确定其相对位置，并注明新建筑物的总体尺寸。

(2)用坐标定位。对于大型建筑或因地形复杂，可采用坐标定位法。一种是测量坐标网，用细实线画成交叉十字线，坐标代号用“X”、“Y”表示；另一种是建筑坐标网，应画成网格通线，坐标代号用“A”、“B”表示，如图 11-1 所示。[①]

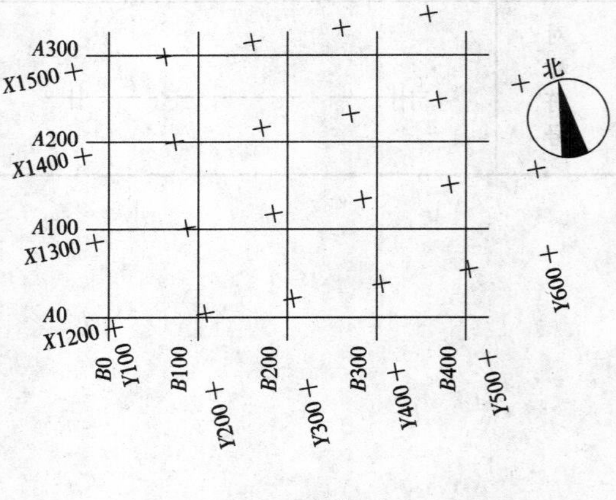

图 11-1　坐标网格

3.新建筑物的图例及标高：在总平面图中新建筑物以粗实线的轮廓来表示，在其右上角用点数或数字表示相应层数。总图中首层室内地坪及室外平整地坪的标高应为绝对标高值，其中坐标、标高、距离宜以米为

① 图中 X 为南北方向轴线，X 的增量在 X 轴线上；Y 为东西方向轴线，Y 增量在 Y 轴线上。A 轴相当于测量坐标网中的 X 轴，B 轴相当于测量坐标网中的 Y 轴。

单位，并应至少取至小数点后两位，不足时以“0”补齐。

4. 指北针或风玫瑰图：在总平面图中应标注指北针或风玫瑰。用指北针确定建筑物的朝向，绘制直径为24mm的细实线圆，指针尾部的宽度为3mm。需要用较大的直径绘制时，指针尾部的宽度为直径的1/8，如图11-2所示。

风玫瑰图中实线表示某地区全年中不同风向的吹风频率，距坐标原点最远的风向表示吹风频率最高，称为全年主导风向，图中虚线表示当地6月至8月夏季风向频率，如图11-3所示。

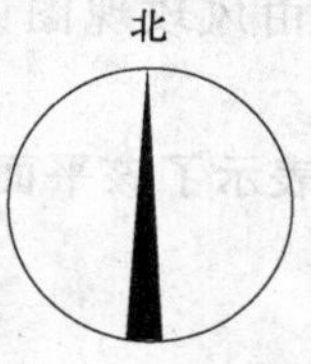

图 11-2 指北针

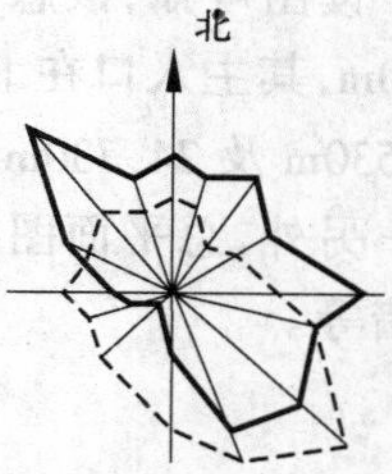

图 11-3 风玫瑰图

三、总平面图的识读

图11-4为某单位办公区的总平面示意图（局部），图形比例为1:500，因工程规模较大，

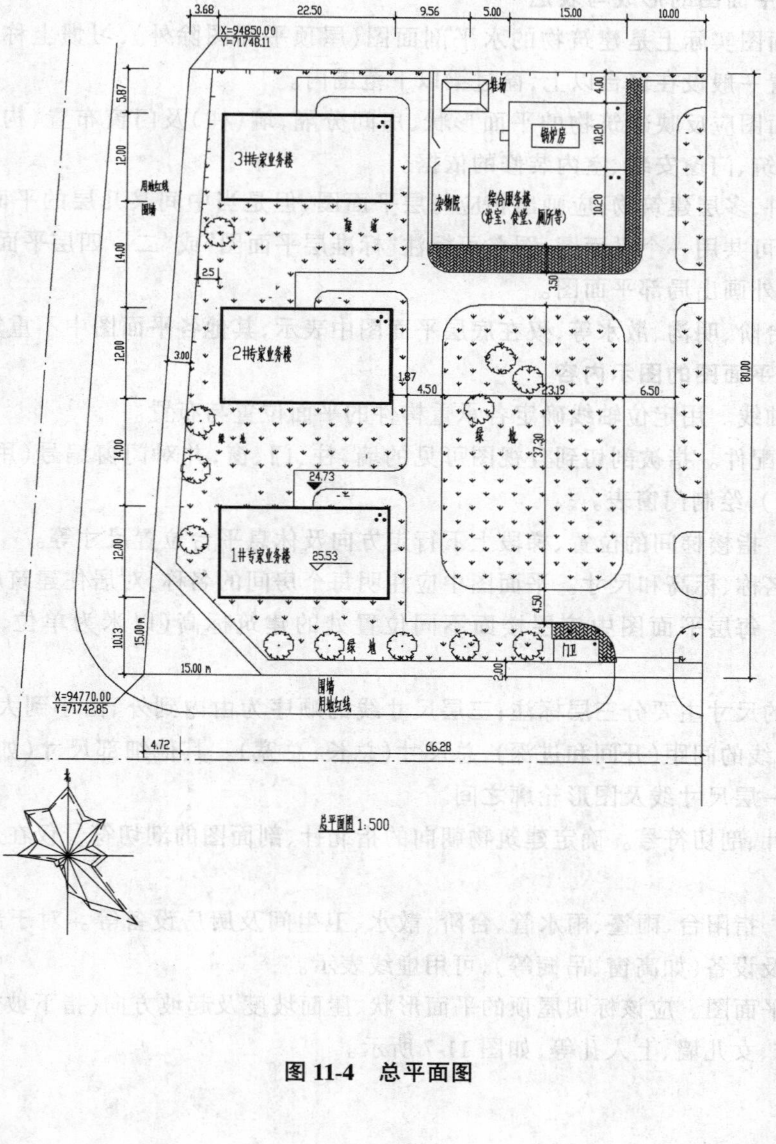

图 11-4 总平面图

采用了坐标定位,图中标出了用地红线转折点的建筑坐标,以及建筑物沿坐标方向的相对尺寸。

读图可知,该总平面内新建筑有三幢三层的专家办公楼,每幢楼房总长 22.5m,总宽为 12.0m,其主入口在北侧(由风玫瑰图读出),室内地坪及室外整平地坪的绝对标高分别为 25.530m 及 24.730m。

另外,总平面图中还表示了该平面内的道路、绿化、公建(如:综合服务楼)、硬化地面及围墙等。

第二节　建筑平面图

一、建筑平面图的形成与表达

建筑平面图实际上是建筑物的水平剖面图(屋顶平面图除外),习惯上称之为平面图。剖切平面位置一般设在窗台以上,窗过梁以下范围内。

建筑平面图应反映建筑物的平面形状、房间分隔,墙(柱)及门窗布置、构配件布置等。它是墙体、砌筑、门窗安装、室内装修的依据。

原则上讲,多层建筑物,应画出相应每层平面图,但是当中间某几层的平面布置相同或大同小异时,可共用一个平面图,图名可标注“标准层平面图”或“二～四层平面图”。局部不同部分,可另外画出局部平面图。

室外的台阶、明沟、散水等,仅在底层平面图中表示,其他各平面图中不重复表示。

二、建筑平面图的图示内容

1.定位轴线。用定位轴线确定各承重构件的平面位置与布置。

2.各构、配件。指被剖切到且视图可见的墙、柱、门、窗,并对门窗编号(用“M”表示门,用“C”表示窗),绘制门窗表。

3.楼梯。指楼梯间的位置、梯段上下行走方向及休息平台位置尺寸等。

4.房间名称、标高和尺寸。平面图中应注明每个房间的名称,对居住建筑应标注各房间的使用面积。每层平面图中该层楼面不同位置处的建筑标高(以米为单位,如图 11-5、图 11-6所示)。

平面图的尺寸主要分三层标注:三层尺寸线的顺序为由内到外、由小到大,指门窗洞口尺寸,定位轴线的间距(开间和进深),总尺寸(总长、总宽)。其他细部尺寸(如台阶、散水),可标注在第一层尺寸线及图形轮廓之间。

5.指北针、剖切符号。确定建筑物朝向的指北针、剖面图的剖切符号仅在底层平面图中表示。

6.其他。指阳台、雨篷、雨水管、台阶、散水、卫生间及厨房设备等。对于剖切位置以外的建筑构造及设备(如高窗、吊橱等),可用虚线表示。

7.屋顶平面图。应该标明屋顶的平面形状、屋面坡度及起坡方向(指下坡方向)、排水管的布置、挑檐、女儿墙、上人孔等,如图 11-7 所示。

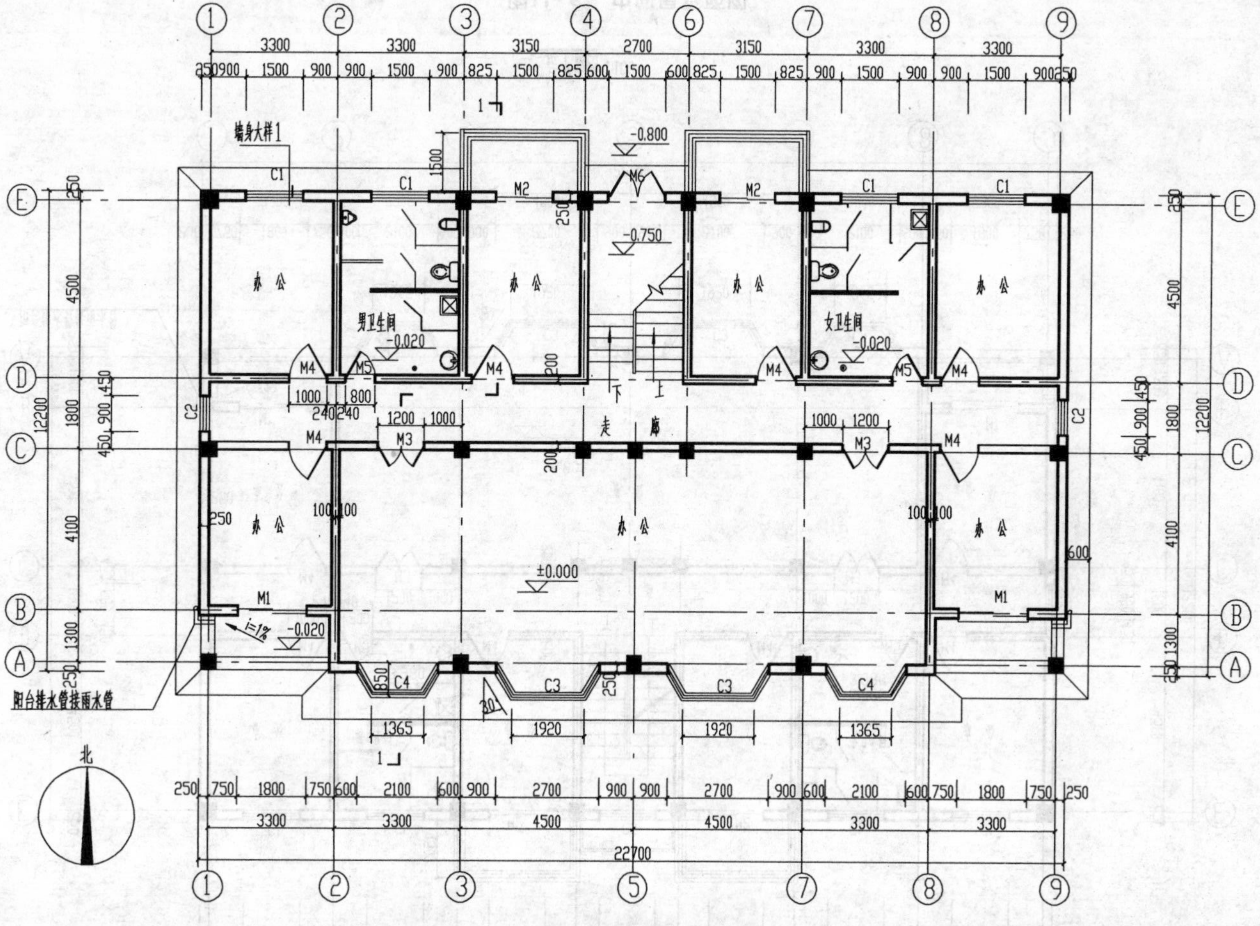

一层平面图 1:100 总建筑面积 889.45 平方米

图11-5 一层平面图

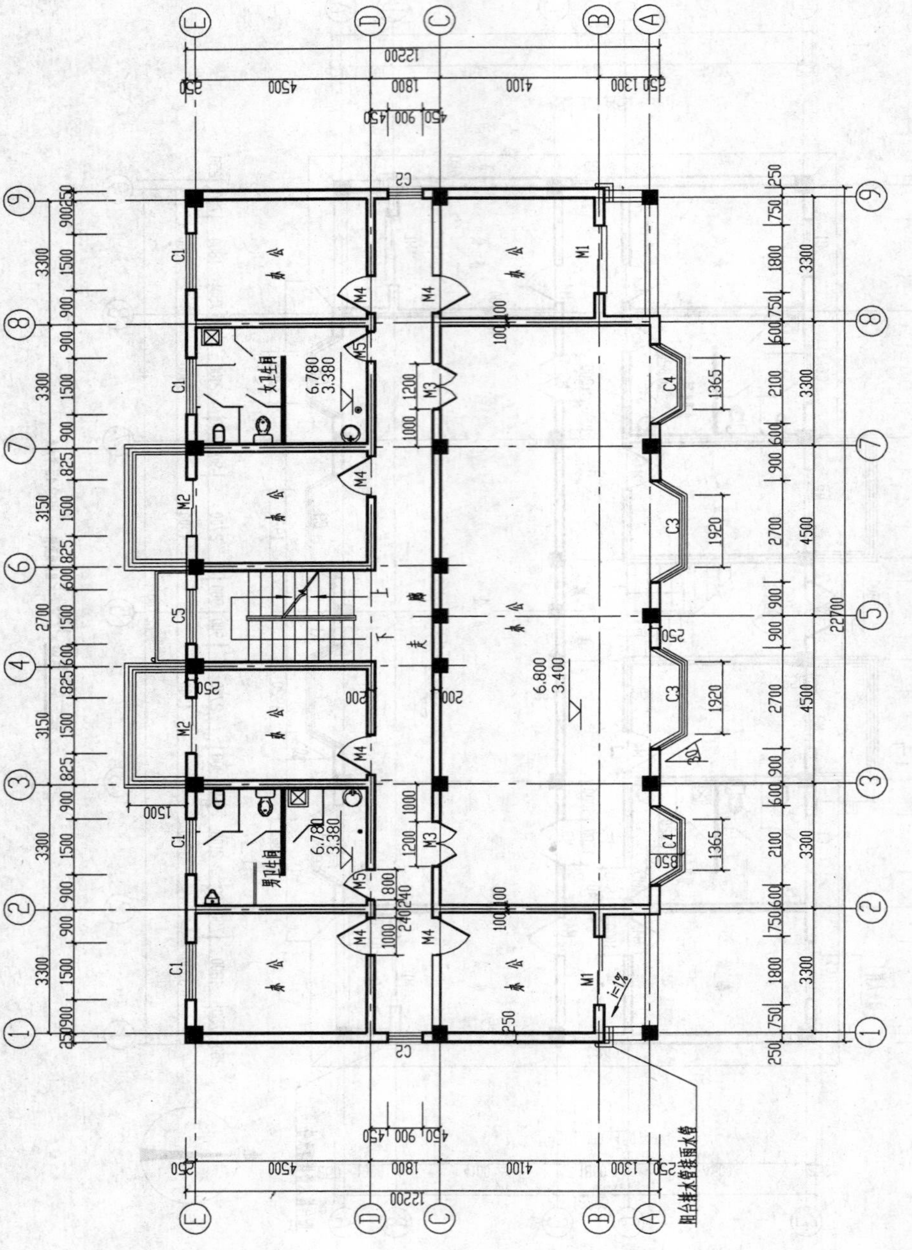

二三层平面图 1:100

图11-6 中间层平面图

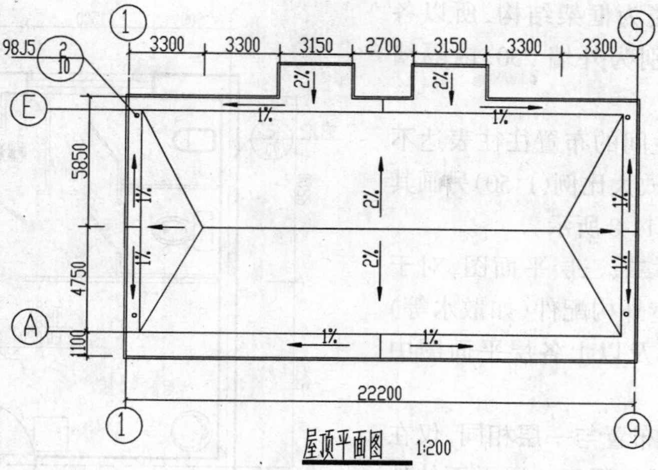

图 11-7 屋顶平面图

三、建筑平面图的识读

图 11-5 为三层办公楼的一层平面图，由指北针可以确定办公楼的入口朝北，由各处的标高可知：楼梯入口处地坪比室外地坪高 50，由此上五级台阶到达一层室内地面，室内外高差为 800，读该层平面图可知，办公楼为内廊式建筑，两侧除楼梯间及男女卫生间外均为面积不同的办公室。带凸阳台及凹阳台的办公室分别用推拉门 M_1、M_2 与阳台隔断，并且在Ⓐ轴外侧可见 C_3、C_4 凸窗。各门窗编号均标注在图中。整幢楼房门窗的类型、数量及尺寸可见详细的门窗表，如表 11-1 所列。

表 11-1 门 窗 表

类别	设计编号	洞口尺寸(mm)		数量	采用标准图集及编号		备注
		宽	高		图集代号	编号	
门	M1	1800	2750	6			银灰色铝合金推拉门
	M2	1500	2100	6			银灰色铝合金推拉门
	M3	1200	2100	12	98J4(二)	参 17-4M47	木门
	M4	1000	2100	12	98J4(二)	参 16-4M17	木门
	M5	800	2100	12	98J4(二)	参 16-4M37	木门
	M6	1500	2100	1			防盗门(成品)
窗	C1	1500	1850	12	98J4(一)		银灰色铝合金(有纱窗)
	C2	900	1850	6	98J4(一)		银灰色铝合金(有纱窗)
	C3	2700	1850	6	98J4(一)		银灰色铝合金(有纱窗)
	C4	2100	1850	6	98J4(一)		银灰色铝合金(有纱窗)
	C5	1500	1200	2	98J4(一)		银灰色铝合金(有纱窗)

由于该办公楼为框架结构，所以各填充墙的厚度分别为外墙 250，内隔墙 200。

平面图中卫生间的布置往往表达不清，所以通常采用放大比例(1:50)另画其局部平面图，如图 11-8 所示。

图 11-6 所示：二、三层平面图，对于一层已表达过的室外构配件(如散水等)在二、三层平面图及以上各层平面图中都不必重复表示。

二、三层平面布置与一层相同，仅在楼梯间外侧增加了仅用于二层平面的外挑雨篷。从平面图标注的标高可知：每层的层高为 3.4m。

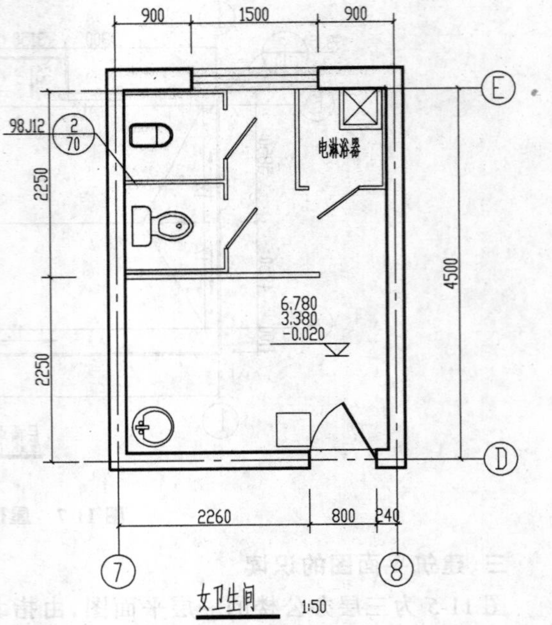

图 11-8　卫生间的局部平面图

图 11-7 屋顶平面图为屋顶的俯视图，该办公楼屋顶形式为同坡屋面，图中标注了屋顶形状、屋脊线、屋檐线、天沟、屋面排水方向及坡度。图中箭头均指向下坡位。

屋面排水方向为：雨水沿坡屋面流向天沟，再汇入雨水管导流至室外散水。

四、建筑平面图的作图步骤

绘制建筑平面图必须依照“国标”的相关规定，总的原则是由整体到局部，逐渐深化细化，其步骤一般如下(图 11-9)：

1.绘制图幅线、图框线和标题栏。

2.合理布置图面，然后绘制纵、横双向定位轴线。轴线是绘图时确定构件位置的基准线，也是建筑物施工放线的控制线。

3.在轴线两侧绘制被剖到的墙身和柱断面轮廓线，画出门窗洞口位置线、图例线以及窗台、楼梯踏步台阶、散水等细部构造。

4.标注指北针、尺寸线、轴线圆圈、索引符号及剖切符号等。

5.稿线是用铅笔画出的轻细实线，校对无误后，再按不同的线型、线宽区别加深，被剖到的主要建筑构件的轮廓线，用线宽为 b 的粗实线(如墙身轮廓线)；被剖到的次要建筑构配件的图例，用线宽为 $0.5b$ 的中实线(如门)。对未被剖到的楼梯、梯段等构配件的可见轮廓线，用线宽为 $0.5b$ 的中实线，构配件中细小的可见轮廓线，用线宽为 $0.25b$ 的细实线(如栏杆等)。

6.对不同的材料图例，进行区别对待。如对砖墙断面涂红表示(或不表示)，对钢筋混凝土柱断面则涂黑表示(因为平面图比例小)。

7.最后填写房间名称、尺寸数字、图名等标注。

(a)第一步

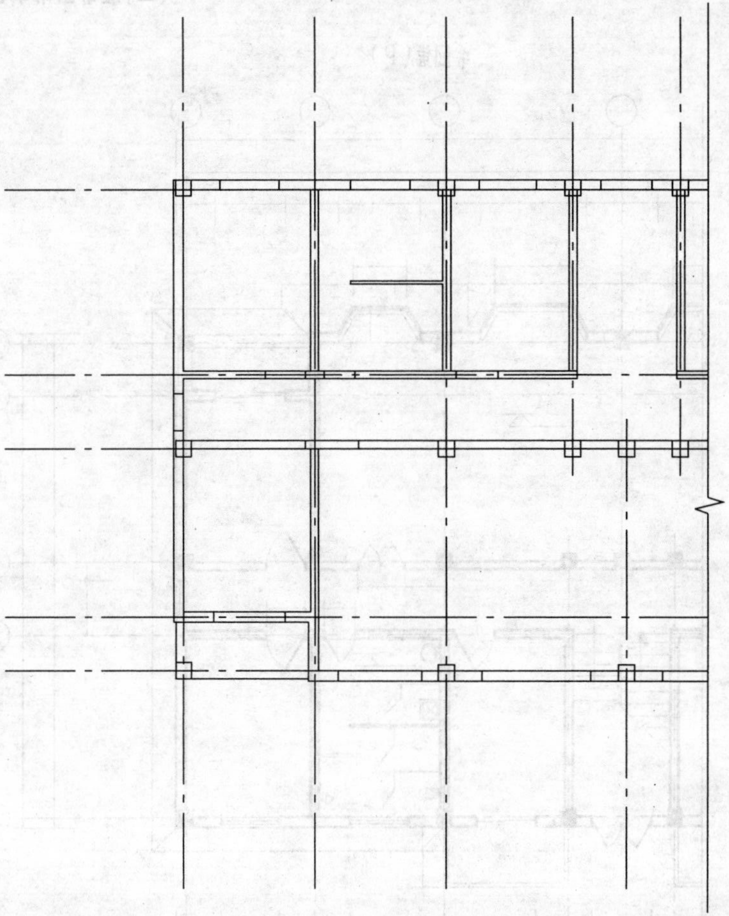

(b)第二步

图11-9　建筑平面图的作图步骤(一)

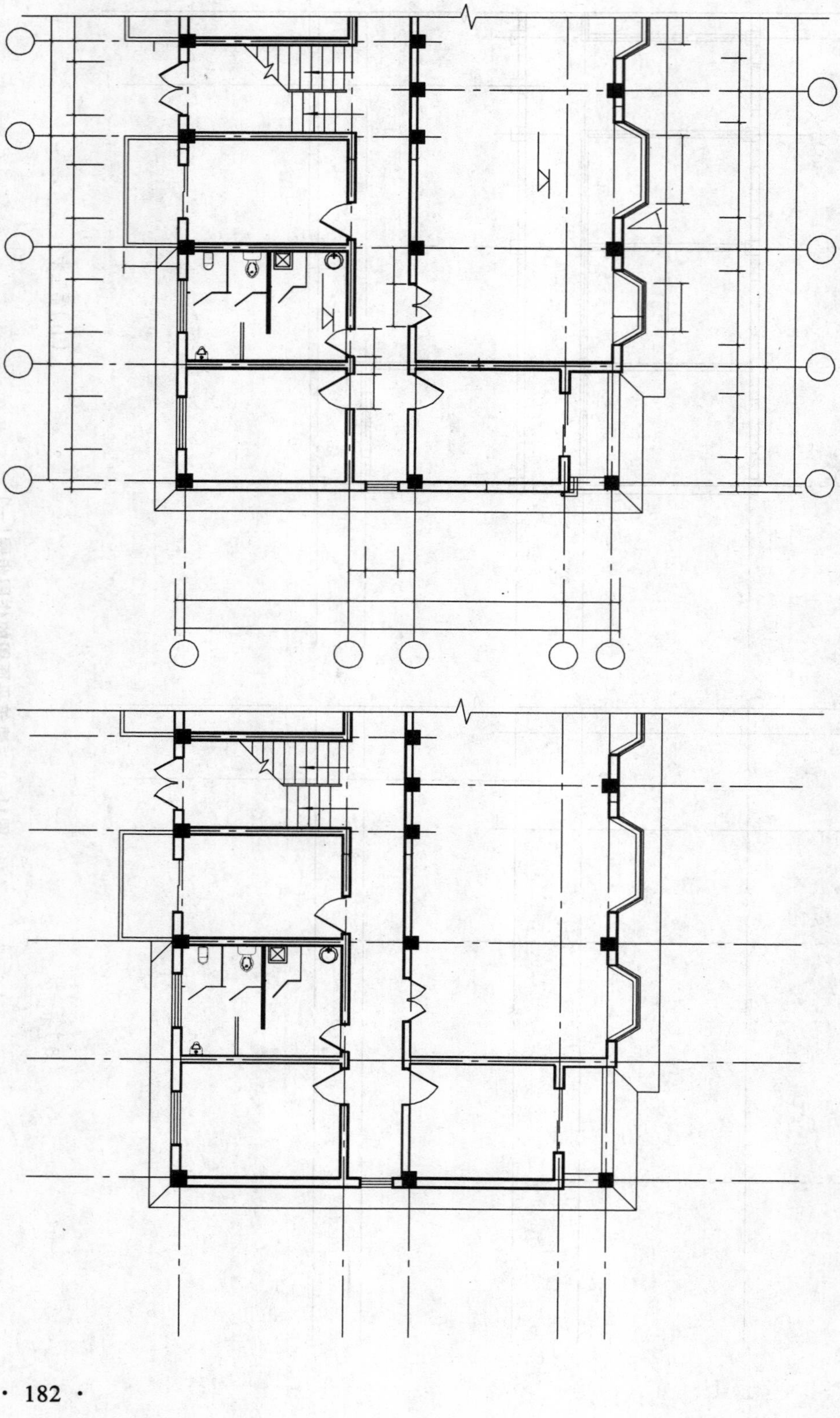

(c)第三步

(d)第四步

图11-9　建筑平面图的作图步骤(二)

第三节　建筑立面图

一、建筑立面图的形成与表达

建筑立面图是对建筑物各个方向的立面视图。各立面图可以按建筑物的朝向命名，如南立面图、北立面图等。也可将建筑物主入口所在立面称为正立面，按正立面图、背立面图及左、右立面图命名。还可以根据建筑物两端定位轴线命名，如图 11-10 所示，①～⑨轴立面图。

立面图是建筑物的外形、构造及外墙面装饰、装修的依据。

二、建筑立面图的图示内容

1. 各立面图两端的轴线及编号。轴线及编号应与平面图对应一致。

2. 建筑物的外轮廓线。

3. 建筑构、配件。如墙面分格及装饰、色彩、门窗的位置形状、洞口的分格及阳台、雨篷、挑檐、台阶等等。

4. 标高及尺寸。

在立面图中，高度尺寸主要以标高的形式来标注，其中有建筑标高和结构标高之分。在标注构件的上顶面标高时，应标注到完成抹面或粉刷后的建筑标高(如楼地面)。在标注雨篷及檐口底面标高时，则需标注到未加抹面及粉刷层的结构标高。而门窗洞口上下均标注未加粉刷层的结构标高，如图 11-10 所示。

5. 标注。立面图中一般用文字来标注外立面的装饰材料及色彩，如图 11-10 所示。

三、建筑立面图的识读

图 11-10 为办公楼的南立面图，读该图可知外墙装修以米黄色面砖为主，在一层窗台以下采用的是仿蘑菇石墙砖，坡屋顶采用了彩色压型钢板。

读该立面图可以了解：办公楼的总体高度(13.88m)、每层楼面的标高(分别为 3.4m 和 6.8m)及各窗洞口、窗台顶面和过梁底面的标高。

四、建筑立面图的作图步骤

绘制建筑立面图可按如下步骤(图 11-11)：

1. 绘制立面图两端的定位轴线、轮廓线。

2. 绘制门窗洞口。根据门窗洞口的上、下口标高绘制洞口定位线，并确定洞口宽度。

3. 绘制门窗分格线。

4. 绘制雨篷、雨水管、台阶、墙面装饰线等细部构造。

5. 绘制标高符号、轴线圆圈、索引符号。

6. 加深图线。校对无误后，对各个图线按相应层次加深，室外地坪线用 1.4b 加粗实线，轮廓线用线宽为 b 的粗实线，门窗洞口用 0.5b 的中实线，分格线及其他构造线用 0.25b 细实线。

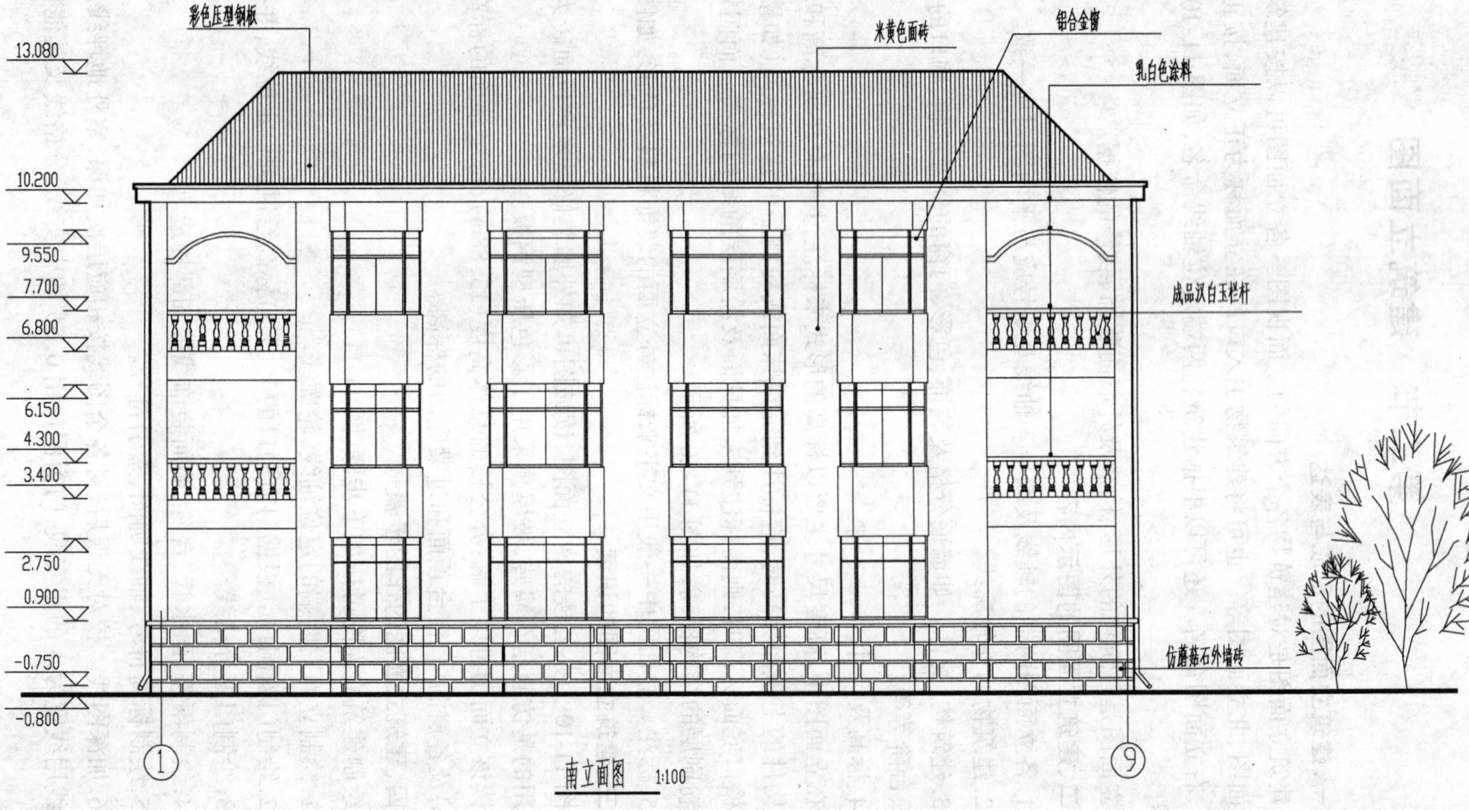

图11-10 ①~⑨轴立面图

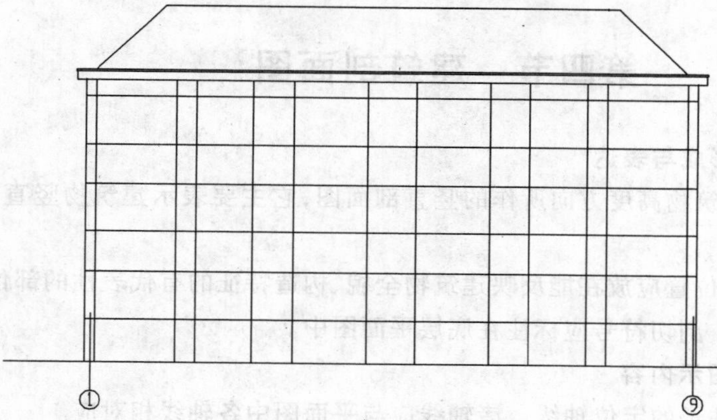

(a)第一步

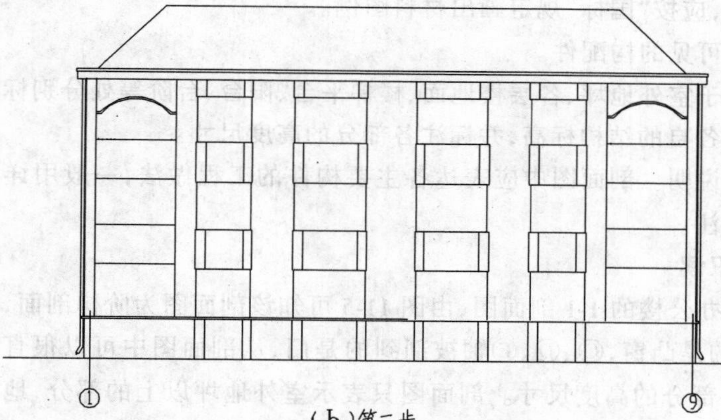

(b)第二步

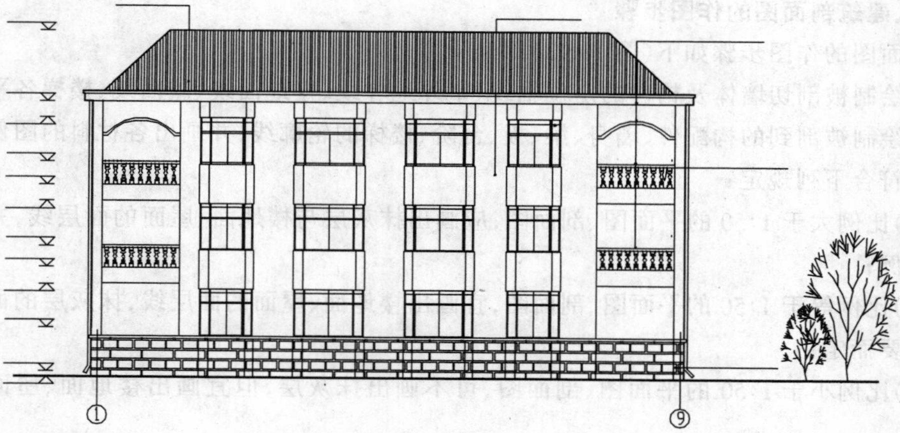

(c)第三步

图 11-11　建筑立面图的作图步骤

第四节　建筑剖面图

一、建筑剖面图的形成与表达

建筑剖面图是沿建筑物高度方向所作的竖直剖面图，它主要表示建筑物竖直方向的内部构造及空间布置。

建筑剖面图的剖切位置应放在能反映建筑物全貌、构造特征的有代表性的部位(如通过门厅、楼梯、门窗洞口)。剖切符号应标注在底层平面图中。

二、建筑剖面图的图示内容

1.被剖切到墙体、柱子的定位轴线。诸轴线应与平面图中各轴线相对应。

2.剖切到构配件。指各层楼地面、屋顶的梁、板、墙体、柱子、楼梯、阳台、雨篷及挑檐等。对上述被剖切到的构件，应按“国标”规定画出材料图例。

3.未被剖切但视图可见的构配件。

4.标高及尺寸。对于室外地坪、各层楼地面、楼梯平台、阳台、台阶等处分别标注建筑标高，檐口、门窗洞口标注各自的结构标高，并标注各部分的高度尺寸。

5.详图索引及文字说明。剖面图中应表达各主要构件的工程做法，一般用详图索引符号及文字说明的形式标注。

三、建筑剖面图的识读

图 11-12 是图 11-5 办公楼的 1-1 剖面图，由图 11-5 可知该剖面图为阶梯剖面，视图方向由右向左，Ⓐ轴被剖切的是凸窗，Ⓒ、Ⓓ、Ⓔ轴被剖到的是门，从剖面图中可以很直观的读出每层的层高(3.4m)及各部分的高度尺寸。剖面图只表示室外地坪以上的部分，地下部分不表示。图中涂黑的部分表示钢筋混凝土构件(首层地面除外)。

四、建筑剖面图的作图步骤

剖面图的作图步骤如下(图 11-13)：

1.绘制被剖切墙体及构件的定位轴线、室外地坪线、楼地面线、屋面线、楼梯各平台线。

2.绘制被剖到的构配件、墙身、梁、板、台阶、楼梯的轮廓线，并画出各材料的图例。图例画法应符合下列规定：

(1)比例大于 1:50 的平面图、剖面图，应画出抹灰层与楼地面、屋面的面层线，并宜画出材料图例；

(2)比例等于 1:50 的平面图、剖面图，宜画出楼地面、屋面的面层线，抹灰层的面层线应根据需要而定；

(3)比例小于 1:50 的平面图、剖面图，可不画出抹灰层，但宜画出楼地面、屋面的面层线；

(4)比例为 1:100～1:200 的平面图、剖面图，可画简化的材料图例(如砌体墙涂红、钢筋混凝土涂黑等)，但宜画出楼地面、屋面的面层线；

(5)比例小于 1:200 的平面图、剖面图，可不画材料图例，剖面图的楼地面、屋面的面层

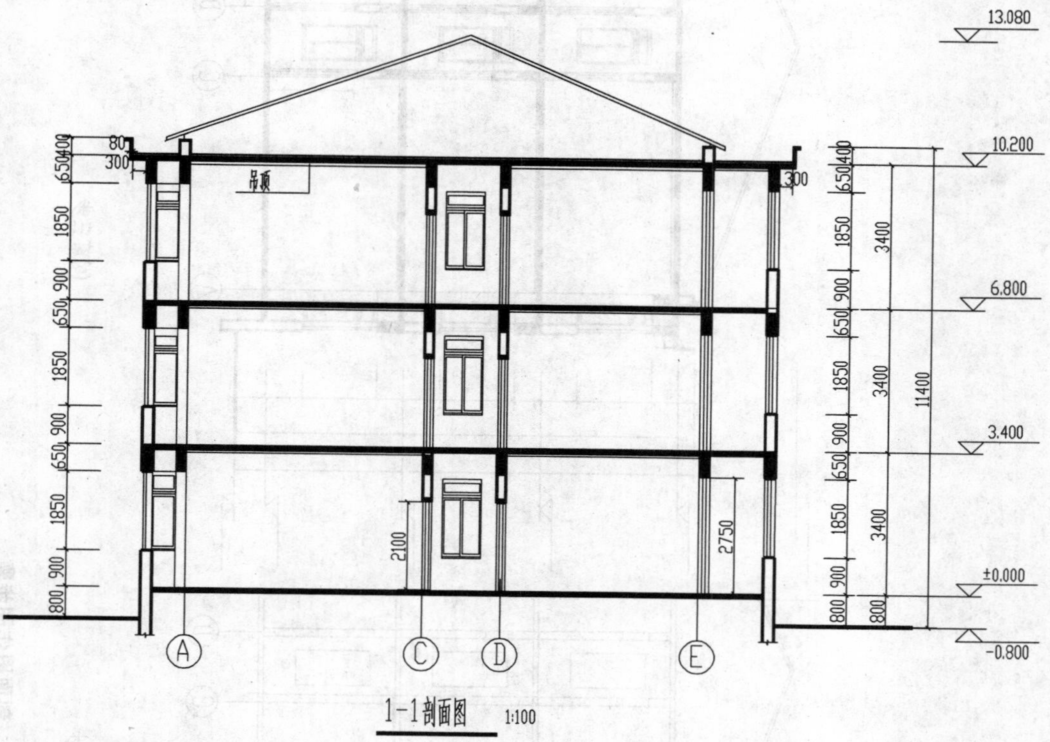

图 11-12 剖面图

线可不画出。

3.未被剖到的构配件。剖面图可见的构配件,门窗洞口、楼梯、栏杆等。

4.标高及尺寸。标注室内外地坪、楼地面、楼梯平台的建筑标高;雨篷、门窗洞口、屋顶板的结构标高及相应高度方向的尺寸。

5.加深图线。室外地坪线用1.4b加粗实线加深,被剖切构配件的轮廓用线宽b的粗实线,可见的门窗洞线用0.5b的中实线,其余配件用0.25b的细实线。

第五节 建筑详图

绘制建筑平、立、剖面图,通常采用的比例较小,建筑物的细部构造及构配件的详细构造难于表达清楚,需要另外绘制大比例图样来补充,这就是我们所介绍的建筑详图。

一、墙身详图

墙身详图是对墙身上各主要节点所做的剖面图样,如图 11-14 所示。详图应表达墙身及其相连的屋顶、挑檐、楼地面、门窗过梁和窗台、勒脚、散水等部位的详细构造及工程做法。

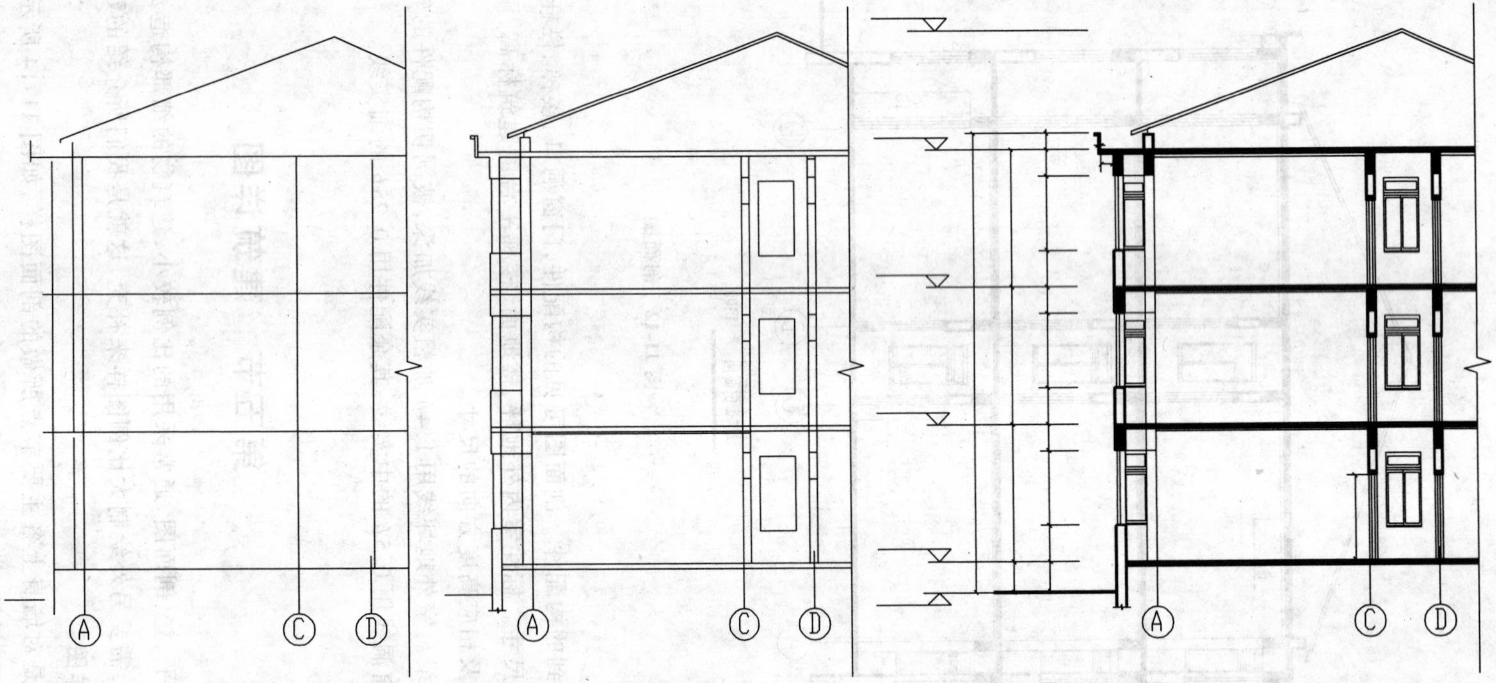

(a)第一步　　(b)第二步　　(c)第三步

图11-13　剖面图作图步骤

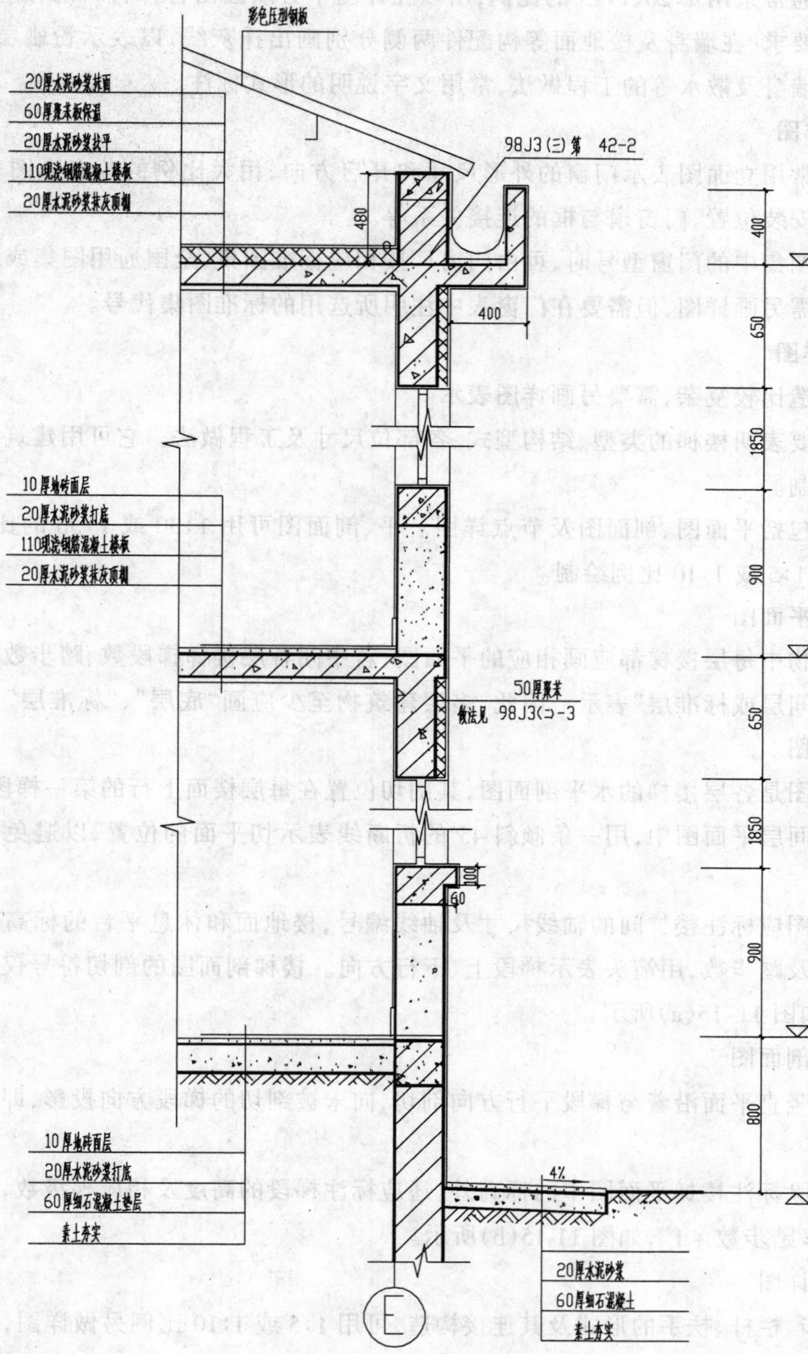

彩色压型钢板
20厚水泥砂浆抹面
60厚聚苯板保温
20厚水泥砂浆找平
110现浇钢筋混凝土楼板
20厚水泥砂浆抹灰顶棚
98J3(三)第 42-2
480
400
400
10.200
650
1850
900
10厚地砖面层
20厚水泥砂浆打底
110现浇钢筋混凝土楼板
20厚水泥砂浆抹灰顶棚
6.800
3.400
50厚聚苯
做法见 98J3(二)-3
650
1850
100
60
900
±0.000
800
10厚地砖面层
20厚水泥砂浆打底
60厚细石混凝土垫层
素土夯实
4%
-0.800
20厚水泥砂浆
60厚细石混凝土
素土夯实
E

墙身大样 1 1:20

图 11-14 墙身剖面详图

墙身详图通常采用1:20、1:25的比例，所以在详图中必须画出各种材料的相应图例，并且按“国标”的要求，在墙身及楼地面等构配件两侧分别画出抹灰线，以表示粉刷层的厚度。楼地面、屋顶、墙身及散水等的工程做法，常用文字说明的形式标注。

二、门窗详图

门窗详图常用立面图表示门窗的外形尺寸和开启方向，用大比例的节点详图表示门窗的截面、用料、安装位置、门窗扇与框的连接关系等。

采用标准图集中的门窗型号时，可由门窗厂按相应标准图集（全国通用图集或地方通用图集）制作，不需另画详图，但需要在门窗表中注明所选用的标准图集代号。

三、楼梯详图

楼梯的构造比较复杂，需要另画详图表示。

楼梯详图要表明楼梯的类型、结构型式、各部位尺寸及工程做法。它可用建筑详图及结构详图分别绘制。

楼梯详图包括平面图、剖面图及节点详图。平、剖面图可用1:30或1:50的比例绘制，节点详图可用1:5或1:10比例绘制。

（一）楼梯平面图

多层建筑物中每层楼梯都应画相应的平面图，若中间各层楼梯梯段数、踏步数及布置相同时，可用“中间层或标准层”表示。因此，多层建筑物至少应画“底层”、“标准层”及“顶层”三个楼梯平面图。

楼梯平面图是各层楼梯的水平剖面图，其剖切位置在每层楼面上行的第一梯段范围内。

底层及中间层平面图中，用一条倾斜45°的折断线表示切平面的位置，以避免与梯段线混淆。

楼梯平面图应标注楼梯间的轴线尺寸及轴线编号，楼地面和休息平台的标高，梯段、平台的长宽尺寸及踏步数，用箭头表示梯段上、下行方向。楼梯剖面图的剖切符号仅表示在底层平面图中，如图11-15（a）所示。

（二）楼梯剖面图

假想用一竖直平面沿着与梯段平行方向剖切，向未被剖切的梯段方向投影，即可产生楼梯剖面图。

剖面图中除标注楼梯平面图中的标高外，还应标注梯段的高度及相应梯级数，每一个梯段内“梯级数＝踏步数＋1”，如图11-15（b）所示。

（三）节点详图

楼梯、踏步、栏杆、扶手的形式及其连接构造，可用1:5或1:10比例另做详图，或用详图索引符号引至标准（或通用）图集。

（四）楼梯详图的识读

图11-15（a），图11-15（b）分别是办公楼的楼梯平面图、楼梯剖面图，由图可知，该楼梯为平行双跑式楼梯。楼梯室外地坪标高为－0.800m，比室内低50mm（以防积水倒流）。进入楼

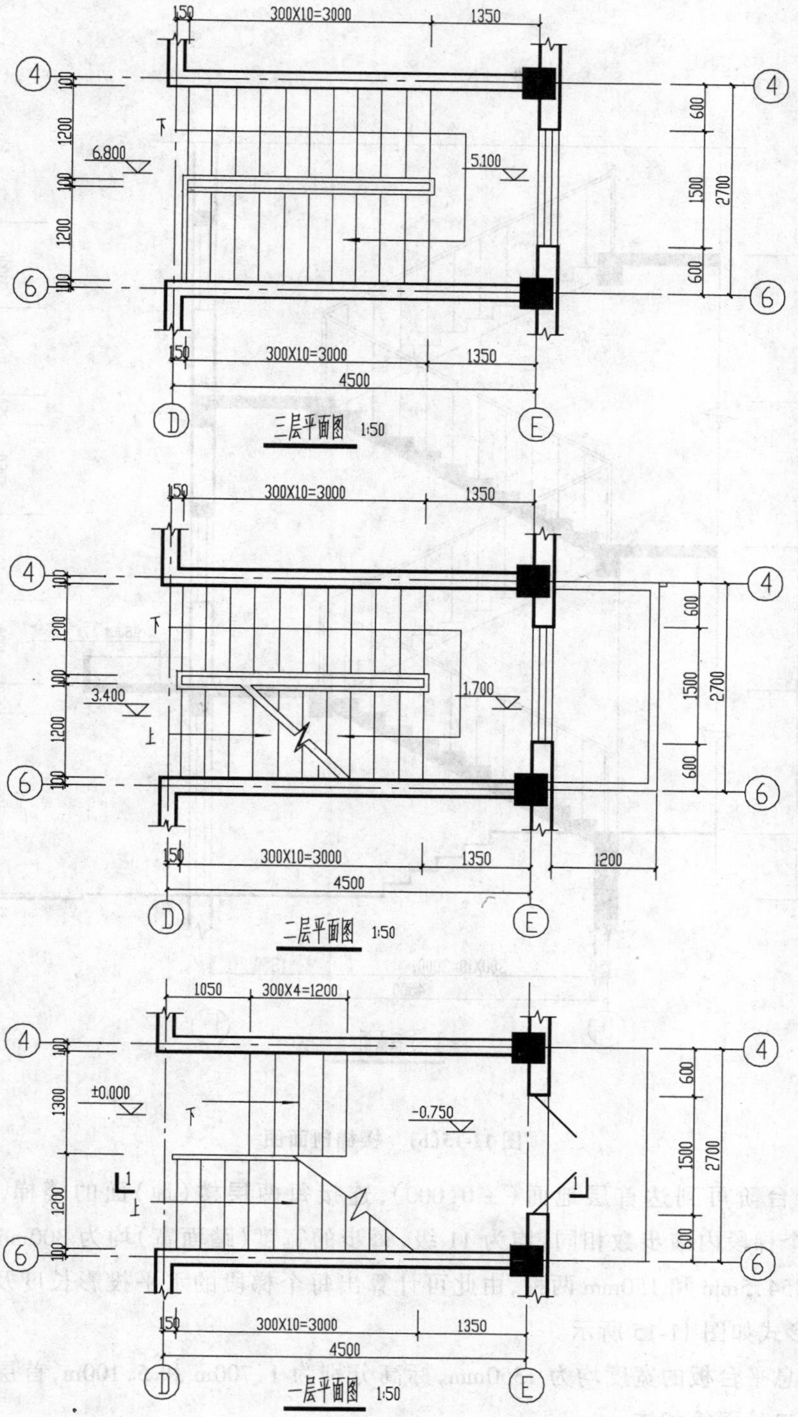

图 11-15(a)　楼梯平面图

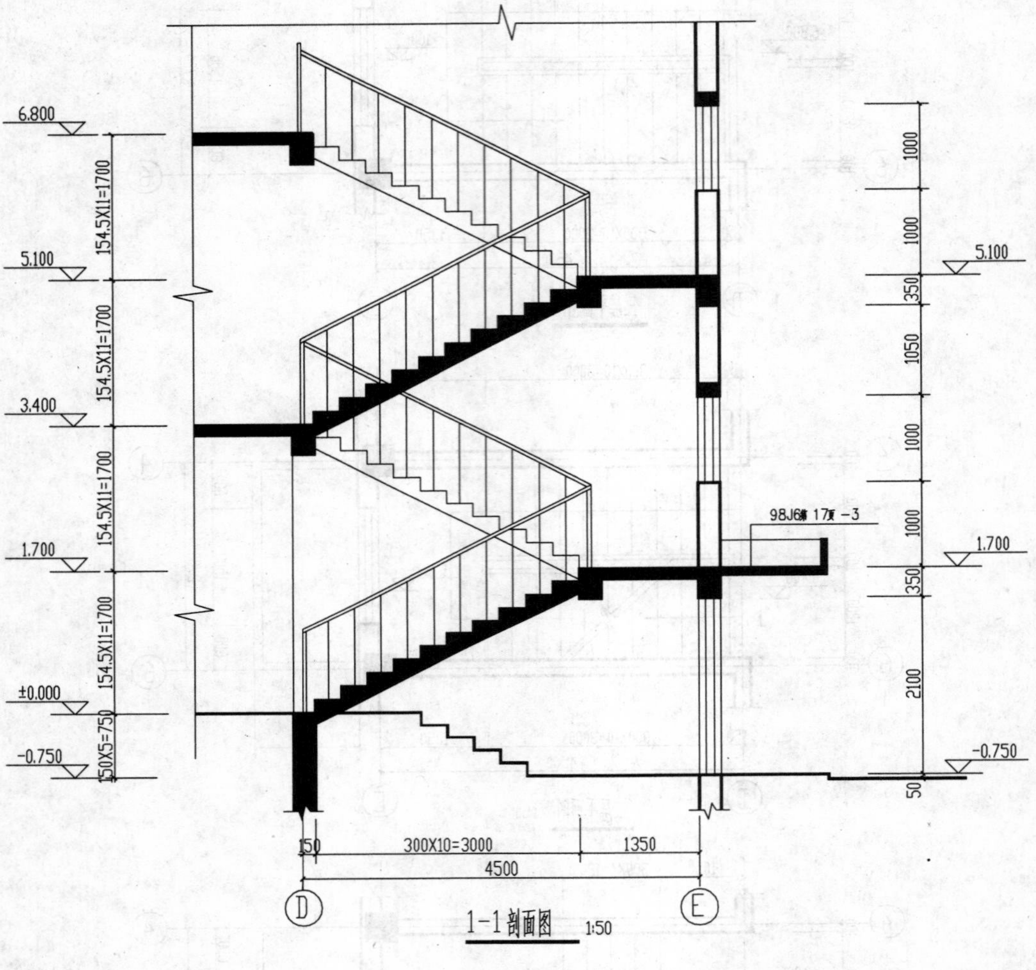

图 11-15(b) 楼梯剖面图

梯间上 5 步台阶可到达首层地面(±0.000),连接每两层楼(地)面的楼梯,梯段宽均为 1200mm,每个梯段内踏步数相同,均为 11 级,每步的宽度(踏面宽)均为 300mm,高度(踢面高)分别为 154.5mm 和 150mm 两种,由此可计算出每个梯段的水平投影长度及竖向投影高度,其标注形式如图 11-15 所示。

每层休息平台板的宽度均为 1350mm,标高分别为 1.700m 和 5.100m,首层平台Ⓔ轴外侧与楼梯入口处雨篷相连。

(五)楼梯详图的画法(画图过程略)

1.平面图画法

(1)绘制定位轴线，画出各轴线两侧墙体的轮廓线。

(2)确定平台宽度、梯段的水平投影长度及宽度，然后按梯段内的踏步数对其进行平行等分(几何做图法)。

(3)按平面图的层次将图线加深后，标注各构件的类型号、尺寸及各平台板的标高。

2.剖面图画法

(1)绘制定位轴线及墙体轮廓线。

(2)绘制各楼地面及平台板的面层线，然后绘制梁、板断面。

(3)根据每一梯段的梯级数，沿梯段高度方向等量分格，沿梯段长度方向做梯级数减一的分格。

(4)按剖面图的层次将图线加深后，标注构件的类型号、尺寸及各平台板的标高。

第六节　工业厂房施工图

工业厂房施工图的图示原理和图示方法与民用房屋施工图相同，只是由于生产工艺条件不同，对工业厂房的要求也不同，反映在施工图上的某些内容、图例及符号则产生了差异。

一、平面图

如图 11-16 为某工厂的机修车间。Ⓐ、Ⓑ轴之间的距离(称为跨度)为 15m，每两条横向定位轴线之间的距离(称为柱距)为 6m。② ~ ⑦轴柱中心线与各横向定位轴线重合，①、⑧轴角柱中心线分别距离相应轴线 600。

纵向定位轴线Ⓐ、Ⓑ分别与柱子外缘、围护墙体的内缘重合在一起。

车间内有一台起重量 $G_n = 5$t、跨度 $S = 13.5$m 的桥式吊车(如图 11-16 平面图中虚线的图例)。

二、立面图

该车间Ⓐ、Ⓑ轴围护墙上分设上、下两层窗，C_1、C_2 宽高尺寸分别为 3600 × 2700、3600 × 1500。在两端山墙及Ⓐ轴墙体分别设置三个推拉门，宽高尺寸为 3600 × 3600，门窗位置可详见图 11-16 平、立面图。

三、剖面图

从 1-1 剖面图中可知，排架柱为工字形，柱顶标高为 6.900m，牛腿标高为 4.950m，室内外高差为 150mm。图中显示钢筋混凝土屋面梁的跨度为 15m，并显示出吊车及“T”型吊车梁的立面图例，如图 11-16 所示。

四、详图

主要包括檐口及檐沟节点详图(此处略)。

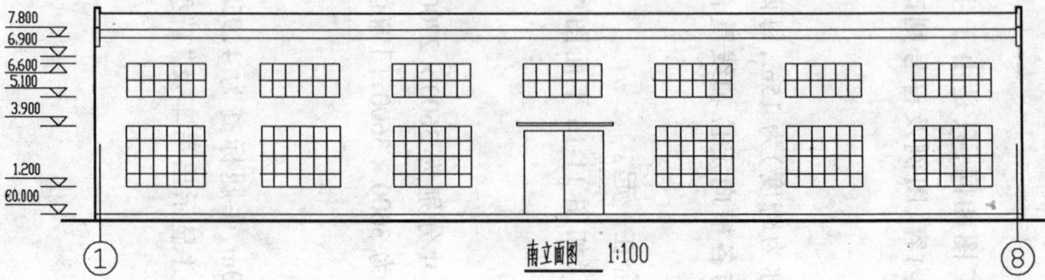

南立面图 1:100

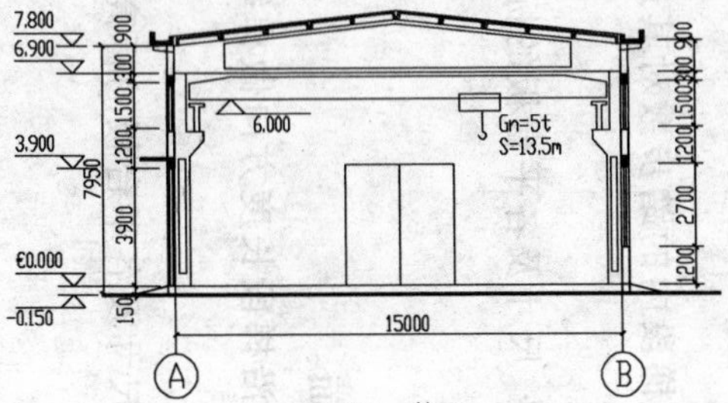

1-1 剖面图 1:100

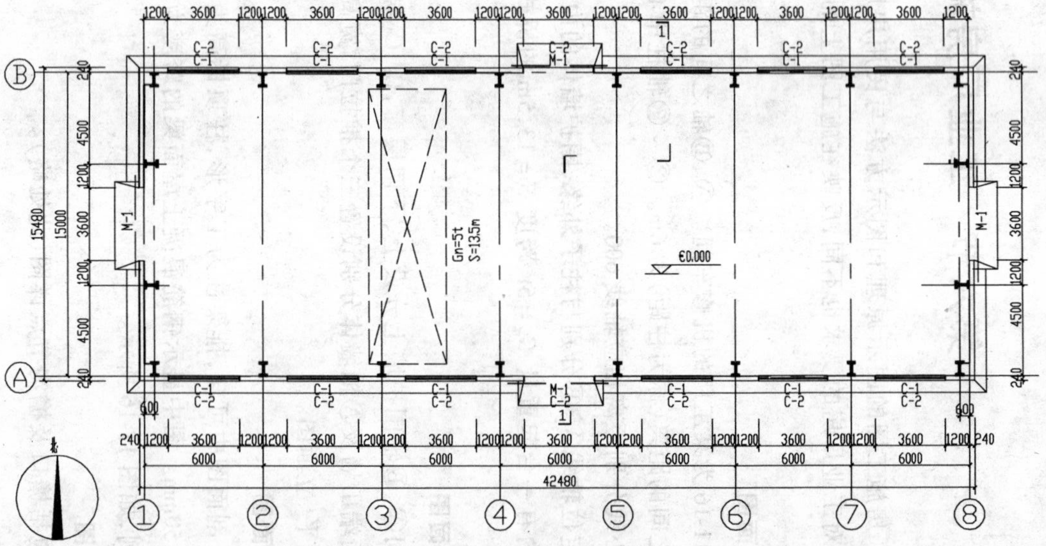

一层平面图 1:100

门 窗 表

类别	设计编号	洞口尺寸（mm） 宽	洞口尺寸（mm） 高	数量	采用标准图集及编号 图集代号	采用标准图集及编号 编号	备注
门	M-1	3600	3900	4	J646(-)	M12-3639	
窗	C-1	3600	2700	12	京J802	C457	
	C-2	3600	1500	16	京J802	C191	

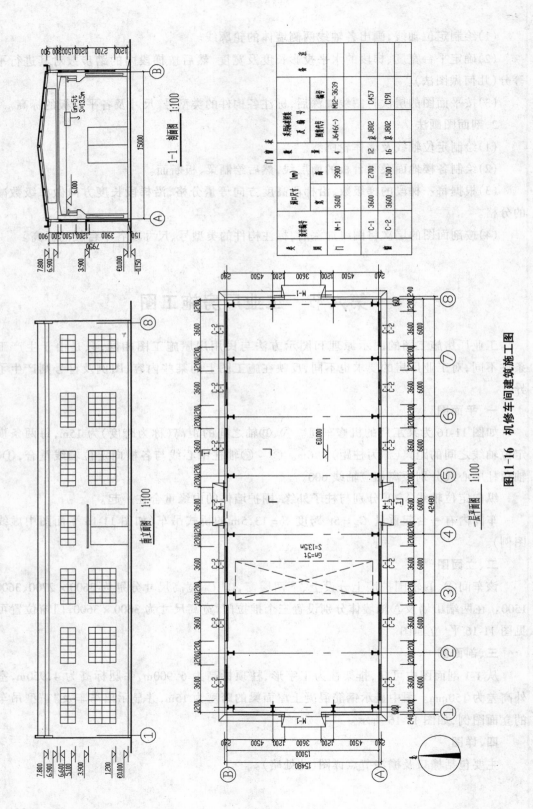

图11-16　机修车间建筑施工图

第十二章　建筑结构施工图

第一节　概　述

一、建筑物的结构体系

建筑物的诸多构件如楼屋面板、梁、柱、承重墙和基础等均为主要的受力构件，它们之间相互支承，联成整体，形成了建筑物的受力与传力体系，这种体系就称为“建筑结构”或“结构”。组成这个体系的各个构件称为“结构构件”。各结构构件都必须经过设计荷载作用下的刚度和强度计算，才能保证建筑物在使用阶段的安全性及可靠性，如图 12-1 所示。

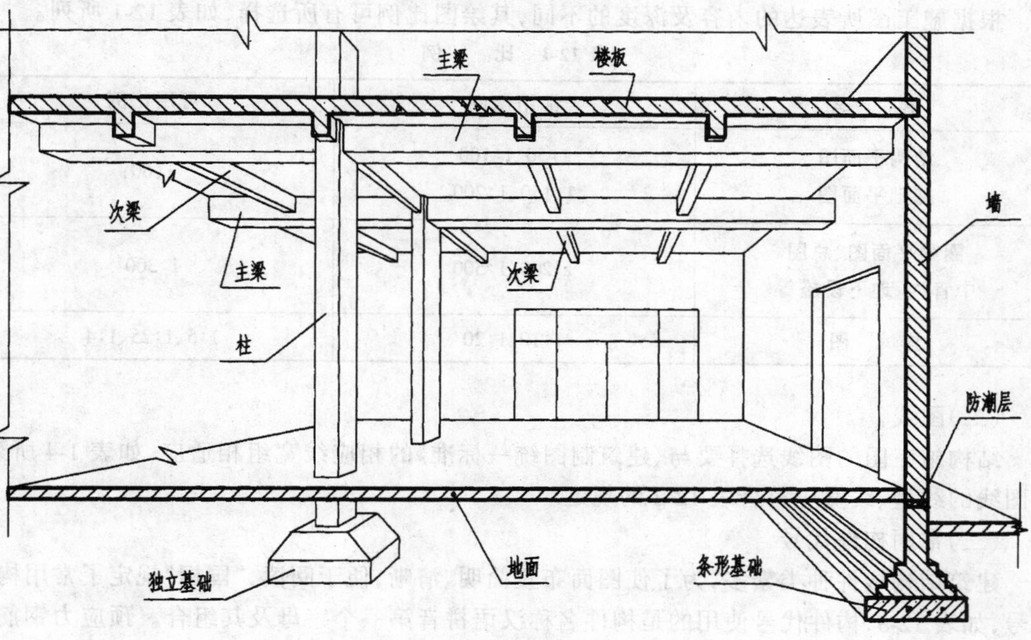

图 12-1　砖混结构示意图

建筑物结构的分类可以从以下两方面进行：

1. 按构件使用的材料不同，分为钢筋混凝土结构、钢结构、木结构、砖石结构及组合结构等等。

2.按结构形式的不同,分为砌体结构、排架结构、网架结构、框架结构、框架剪力墙结构等等。

二、结构施工图的内容

结构施工图又称结构图,它主要表示建筑物的结构类型、结构布置,各构件的种类、数量、内部构造、外形大小、以及构件间的相互连接等。

结构施工图的内容包括以下三部分:

(一)结构设计说明

对建筑物的地基情况、设计荷载的取值,结构材料的类型、规格、强度等级、选用标准图集及施工注意事项等分别给予说明。

(二)结构布置图

结构布置图指同一层次各结构构件的整体布置图样,如基础平面布置图,楼、屋面结构平面布置图,吊车梁、连系梁及支撑系统布置图等。

(三)构件详图

对结构平面布置图中表达不清的构件分别用详图来表示。如梁、板、柱及基础结构详图楼梯结构详图、屋架结构详图及各支撑详图等。

三、结构施工图的基本规定

(一)比例

根据施工图所表达的内容及深度的不同,其绘图比例可有所选择,如表 12-1 所列。

表 12-1　比　例

图　名	常用比例	可用比例
结构平面图 基础平面图	1:50、1:100 1:150、1:200	1:60
圈梁平面图、总图 中管沟、地下设施等	1:200、1:500	1:300
详　图	1:10、1:20	1:5、1:25、1:4

(二)图线

结构施工图的图线选择要与《建筑制图统一标准》的相应线宽组相适应,如表 1-4 所列。各图线的线型、线宽应符合表 12-2 的规定。

(三)常用构件代号

建筑结构构件种类繁多,为了使图面布置简明、清晰,便于阅读,“国标”规定了常用构件代号,如表 12-3,构件代号使用的是构件名称汉语拼音第一个字母及其组合。预应力钢筋混凝土构件的代号应在相应构件代号前加注“Y－”,如 Y－WB 表示预应力钢筋混凝土屋面板。

在具体工程中,各构件代号后标注阿拉伯数字,用以表示构件的尺寸大小、荷载类型或构件的顺序号。

四、结构施工图的图示特点

(一)图示方法

表 12-2 图 线

名称		线型	线宽	一般用途
实线	粗		b	螺栓、主钢筋线、结构平面图中的单线结构构件线、钢木支撑及系杆线，图名下横线、剖切线
	中		$0.5b$	结构平面图及详图中剖到或可见的墙身轮廓线、基础轮廓线、钢、木结构轮廓线、箍筋线、板钢筋线
	细		$0.25b$	可见的钢筋混凝土构件的轮廓线、尺寸线、标注引出线，标高符号，索引符号
虚线	粗		b	不可见的钢筋、螺栓线，结构平面图中的不可见的单线结构构件线及钢、木支撑线
	中		$0.5b$	结构平面图中的不可见构件，墙身轮廓线及钢、木构件轮廓线
	细		$0.25b$	基础平面图中的管沟轮廓线、不可见的钢筋混凝土构件轮廓线
单点长画线	粗		b	柱间支撑、垂直支撑、设备基础轴线图中的中心线
	细		$0.25b$	定位轴线、对称线、中心线
双点长画线	粗		b	预应力钢筋线
	细		$0.25b$	原有结构轮廓线
折断线			$0.25b$	断开界线
波浪线			$0.25b$	断开界线

表 12-3 常用构件代号

序号	名称	代号	序号	名称	代号	序号	名称	代号
1	板	B	19	圈梁	QL	37	承台	CT
2	屋面板	WB	20	过梁	GL	38	设备基础	SJ
3	空心板	KB	21	连系梁	LL	39	桩	ZH
4	槽形板	CB	22	基础梁	JL	40	挡土墙	DQ
5	折板	ZB	23	楼梯梁	TL	41	地沟	DG
6	密肋板	MB	24	框架梁	KL	42	柱间支撑	ZC
7	楼梯板	TB	25	框支架	KZJ	43	垂直支撑	CC
8	盖板或沟盖板	GB	26	屋面框架梁	WKL	44	水平支撑	SC
9	挡雨板或檐口板	YB	27	檩条	LT	45	梯	T
10	吊车安全走道板	DB	28	屋架	WJ	46	雨篷	YP

续表

序号	名称	代号	序号	名称	代号	序号	名称	代号
11	墙板	QB	29	托架	TJ	47	阳台	YT
12	天沟板	TGB	30	天窗架	CJ	48	梁垫	LD
13	梁	L	31	框架	KJ	49	预埋件	M
14	屋面梁	WL	32	刚架	GJ	50	天窗端壁	TD
15	吊车梁	DL	33	支架	ZJ	51	钢筋网	W
16	单轨吊车梁	DDL	34	柱	Z	52	钢筋骨架	G
17	轨道连接	DGL	35	框架柱	KZ	53	基础	J
18	车挡	CD	36	构造柱	GZ	54	暗柱	AZ

注:预制钢筋混凝土构件、现浇钢筋混凝土构件、钢构件和木构件,一般可直接采用本附录中的构件代号。在绘图中,当需要区别上述构件的材料种类时,可在构件代号前加注材料代号,并在图纸中加以说明。

与建筑施工图相同,结构施工图也采用正投影多面视图来表达结构平面布置图、立面图、剖面图及断面图等。

(二)表达方式

结构施工图的表达方式可概括为从整体到局部,从小比例到大比例的表达过程,比如:首先用1:100的比例绘制结构平面布置图,用以表达平面内各梁、板、柱、楼梯的布置及定位。再用1:50的比例绘制梁的详图,用以表达梁长度、高度方向的尺寸及配筋构造,最后用1:20的比例绘制梁的断面图,以表达其断面尺寸及具体配筋情况。

不同比例的施工图,对材料图例的表达可以不同,如在结构平面中钢筋混凝土材料图例可以涂黑,而在详图中则必须用相应符号及图例表达。

(三)尺寸标注

结构平面图中主要标注各构件定位轴线的尺寸及其顶面或底面的结构标高。而构件的定形尺寸及细部构造尺寸则由构件详图表示。其中结构标高尺寸以m(米)为单位,小数点后取三位(不足三位以零补齐),其余尺寸均以mm为单位。

结构施工图中的轴线编号、尺寸必须与相应的建筑施工图对应统一,同时结构施工图之间的构件代号、轴线编号及定位尺寸也必须统一。

第二节　结构布置图

一、基础平面布置图(简称基础平面图)

基础平面图是表示建筑物室内地坪以下基础部分的平面布置图样,它是施工放线、开挖基坑及基础定位的依据。

建筑物基础的形式主要取决于上部结构的形式,常见的形式主要有墙下条形基础和柱下独立基础、柱下条形基础、筏板基础及桩基等,如图12-2所示。

(一)基础平面图的图示内容

1.与建筑施工图对应统一的定位轴线及编号。

2.墙体、柱子的外形轮廓及图例(墙体图例可不表示,钢筋混凝土柱涂黑)。

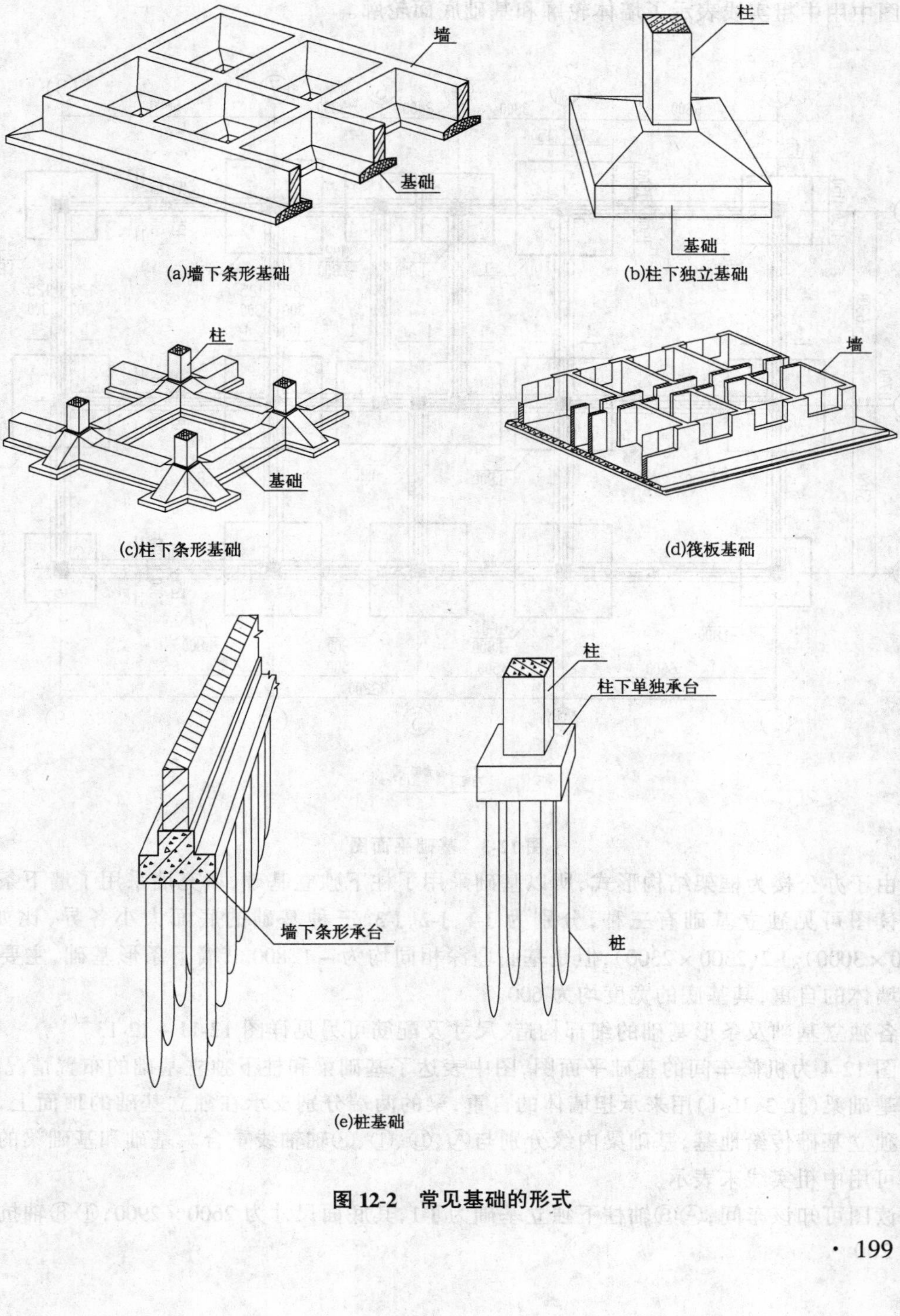

图 12-2 常见基础的形式

3.墙体及柱基础底面的外形轮廓、基础梁的轮廓线。

4.基础断面图的剖切符号及编号,独立基础、基础梁的编号等。

5.图名、比例的标注。

(二)基础平面图的阅读

图 12-3 是办公楼基础平面图,绘图比例为 1:100,定位轴线网格与建筑平面图完全相同。图中用中粗实线表示了墙体轮廓和基础底面轮廓。

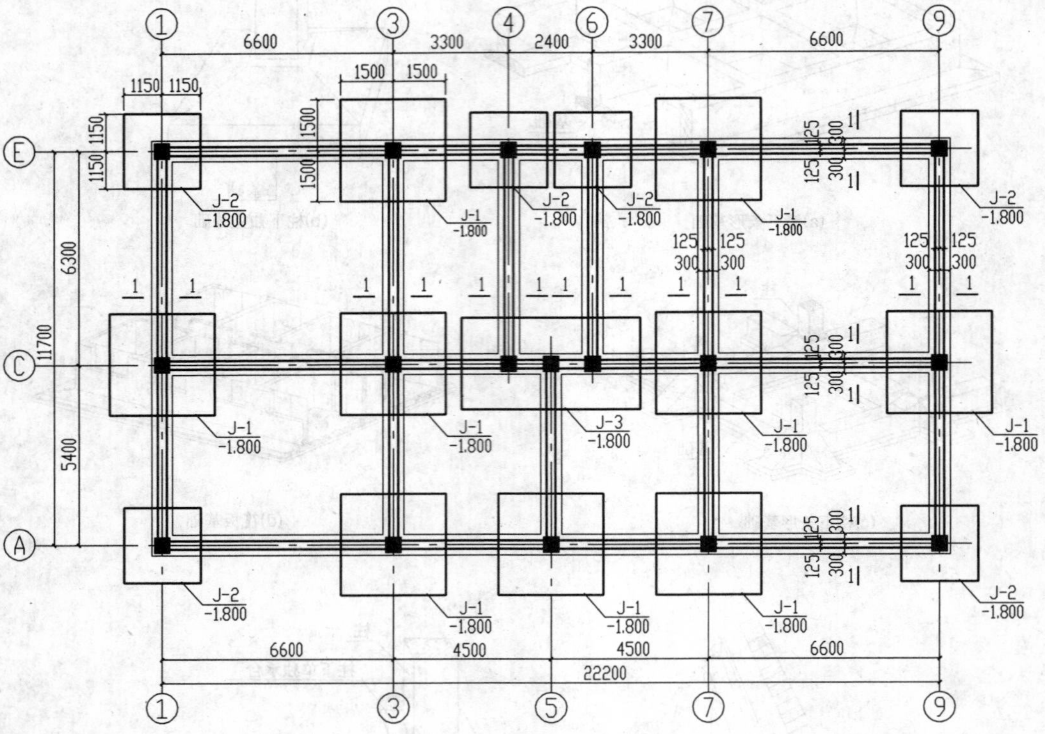

基础平面布置图 1:100

图 12-3 基础平面图

由于办公楼为框架结构形式,所以基础采用了柱下独立基础,填充墙采用了墙下条形基础。读图可见独立基础有三种,分别为 J-1、J-2、J-3、三种基础的底面大小各异,比如:J-1(3000×3000)、J-2(2300×2300),但是基底埋深相同均为-1.800m,墙下条形基础,主要承受首层墙体的自重,其基底的宽度均为 600。

各独立基础及条形基础的细部构造、尺寸及配筋可另见详图 12-11~12-13。

图 12-4 为机修车间的基础平面图,图中表达了基础梁和柱下独立基础的布置情况。

基础梁(JL-3、JL-1)用来承担墙体的自重,梁的两端分别支承在独立基础的顶面上,其荷载由独立基础传给地基,基础梁内缘分别与Ⓐ、Ⓑ、①、⑧轴轴线重合。基础和基础梁的外形轮廓可用中粗实线来表示。

读图可知该车间,ⒶⒷ轴柱下独立基础为 J-1,其底面尺寸为 2600×2900;①⑧轴抗风柱

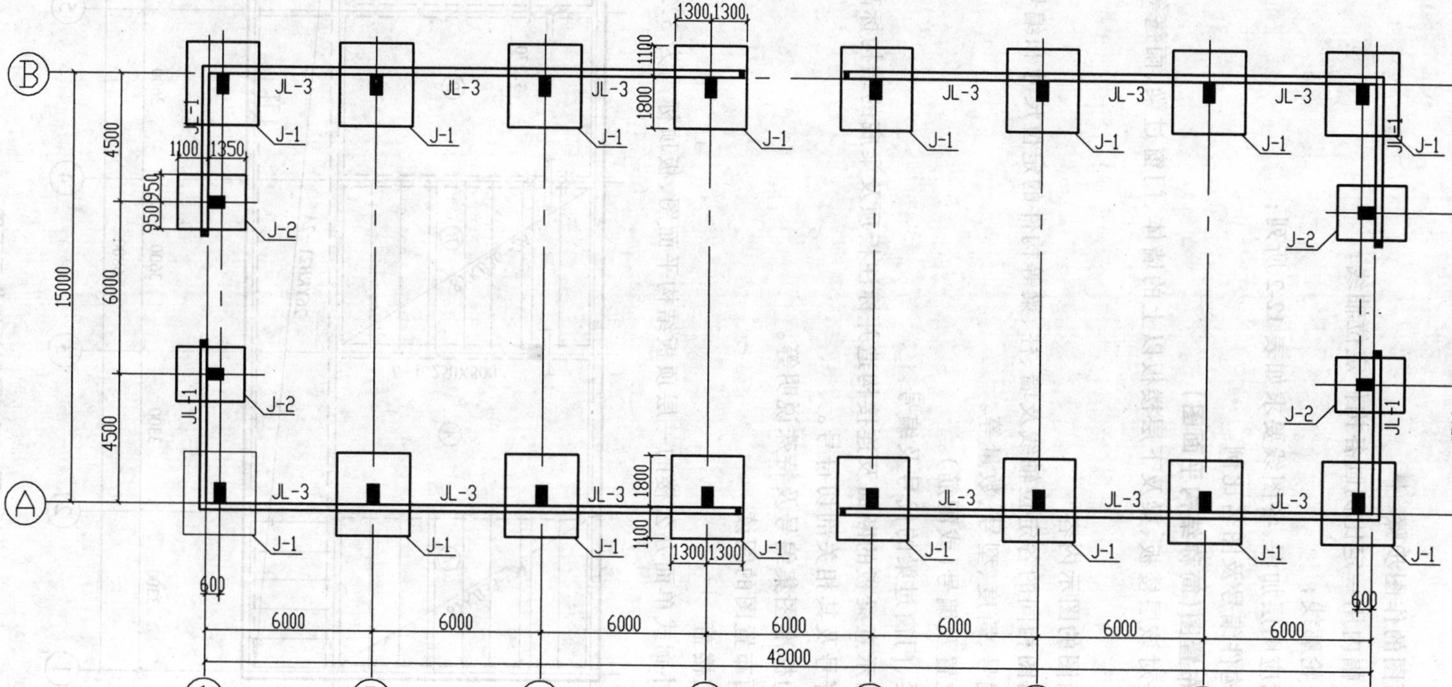

基础平面图 1:100

图12-4 机修车间的基础平面图

下的独立基础为 J-2，其底面尺寸为 1900×2450。每个基础的细部构造、尺寸及配筋可另见详图。

(三)基础平面图的作图步骤

1. 在选用的图幅内用一定比例画各构件定位轴线；

2. 绘制各构件轮廓线；

3. 校对并按相应图层加深，各图线要求如表 12-2 所列；

4. 标注尺寸、构件编号及图名比例。

二、结构平面布置图(简称结构平面图)

结构平面图是对该层楼板、梁及下层楼板以上的墙体、门窗过梁、雨篷等构件的平面布置图样。

(一)结构平面图的图示内容

1. 与基础平面图相同的各定位轴线及墙、柱、梁等构件的定位尺寸和编号。

2. 预制板的代号、跨度、型号、数量等。

3. 现浇板的位置及编号(或配筋)。

4. 梁、柱、圈梁、门窗过梁的代号及编号。

5. 用重合断面示意梁板的断面及连接构造并标注板顶及梁底的结构标高。

6. 详图索引符号及其相关剖切符号。

7. 预制构件的标准图集编号及特殊说明等。

(二)结构平面布置图的阅读

1. 预制装配式楼盖

图 12-5 为某外廊式单面办公楼的一层顶板结构平面图，板顶标高为 3.270，楼板采用了

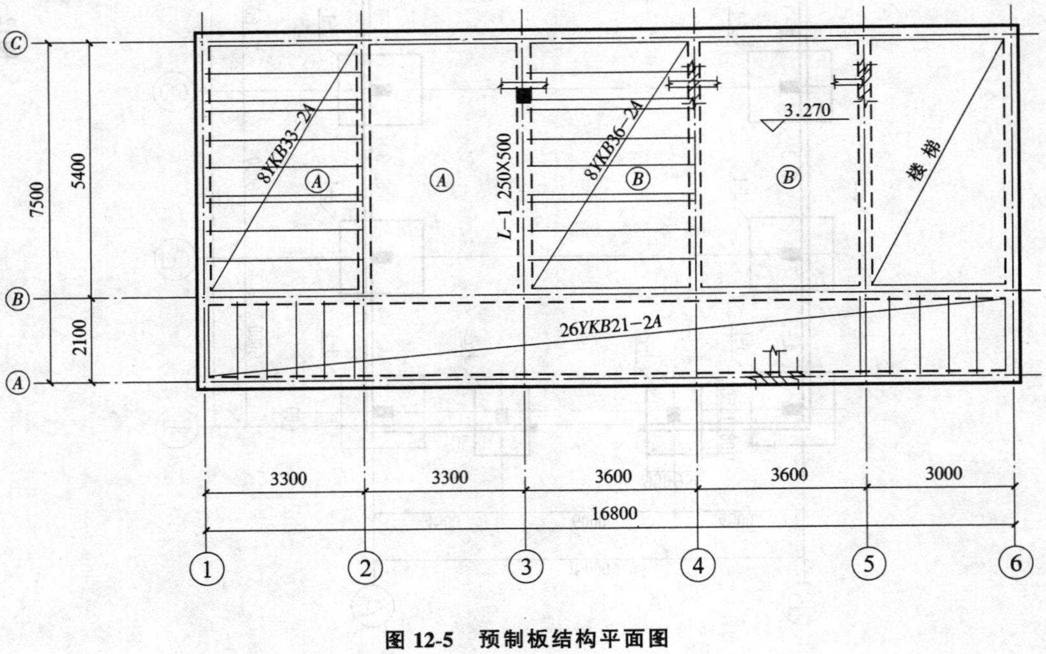

图 12-5　预制板结构平面图

预应力空心板。根据每个房间开间的不同，将楼板的布置做了分类编号ⒶⒷⒸ，对于每类编号的板选择一个房间为代表，分别用细实线画出预制板的轮廓线、房间对角线，并注写出板的代号(如图 12-6)，其余相同房间只标注分类号即可。

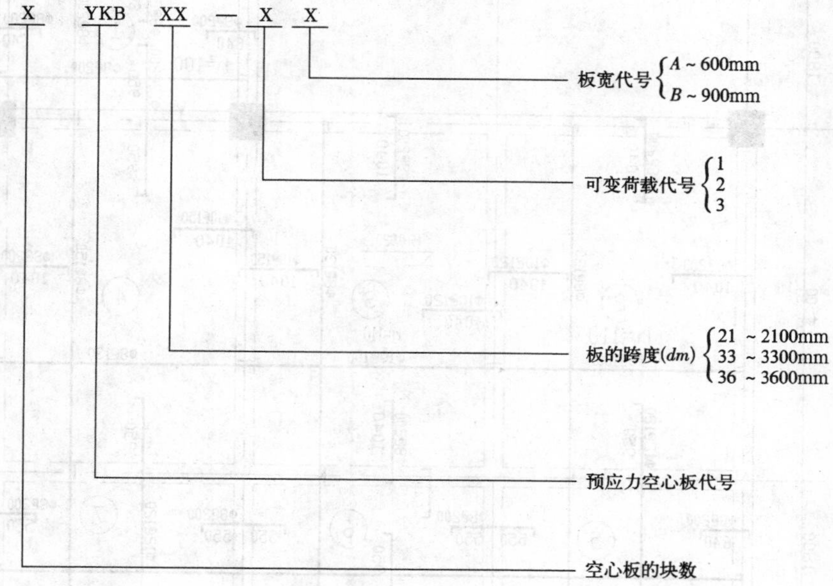

图 12-6 空心板代号的含义

在铺板时，板与板之间要预留 30mm 的板缝，如果板缝无法调整或局部铺板有困难时，可采用现浇板带处理。

板墙及梁板节点可采用重合断面法的形式在图中示出。

2.现浇整体式楼盖

如图 12-7 是办公楼一、二层顶板结构平面图，它主要表达了各层梁板的平面布置、梁板与柱墙之间的关系，以及板的配筋情况。

图中可见板、墙的可见轮廓线用中实线表示，而中虚线则表示了板下的梁和墙体的轮廓线。

板中配筋的表达方式按表 12-6 执行，即将水平方向的钢筋按其正立面形状表示。板的配筋可归类表达，比如：④号板的配筋可见③④轴之间的图示，该板为双向板，板厚为 110mm，板跨中受力钢筋置于板下皮，短向受力筋为 $\phi8@130$，长向受力筋为 $\phi8@150$；支座处受力钢筋置于板上皮，比如：$\phi10@150$ / 1040 数值 1040 为 $\phi10@150$ 钢筋的水平直线长度，弯折段长度为板厚减掉钢筋保护层厚度。其余编号为④的房间板的配筋均与之相同，可不做重复表示。

3.单层厂房柱网及屋顶结构平面图

单层厂房柱网布置图，也是结构平面图的一部分，它主要表达各定位轴线网格上柱子、柱间支撑、吊车梁及连系梁的布置。图 12-8 采用了半剖面图的画法，对称符号左侧是机修

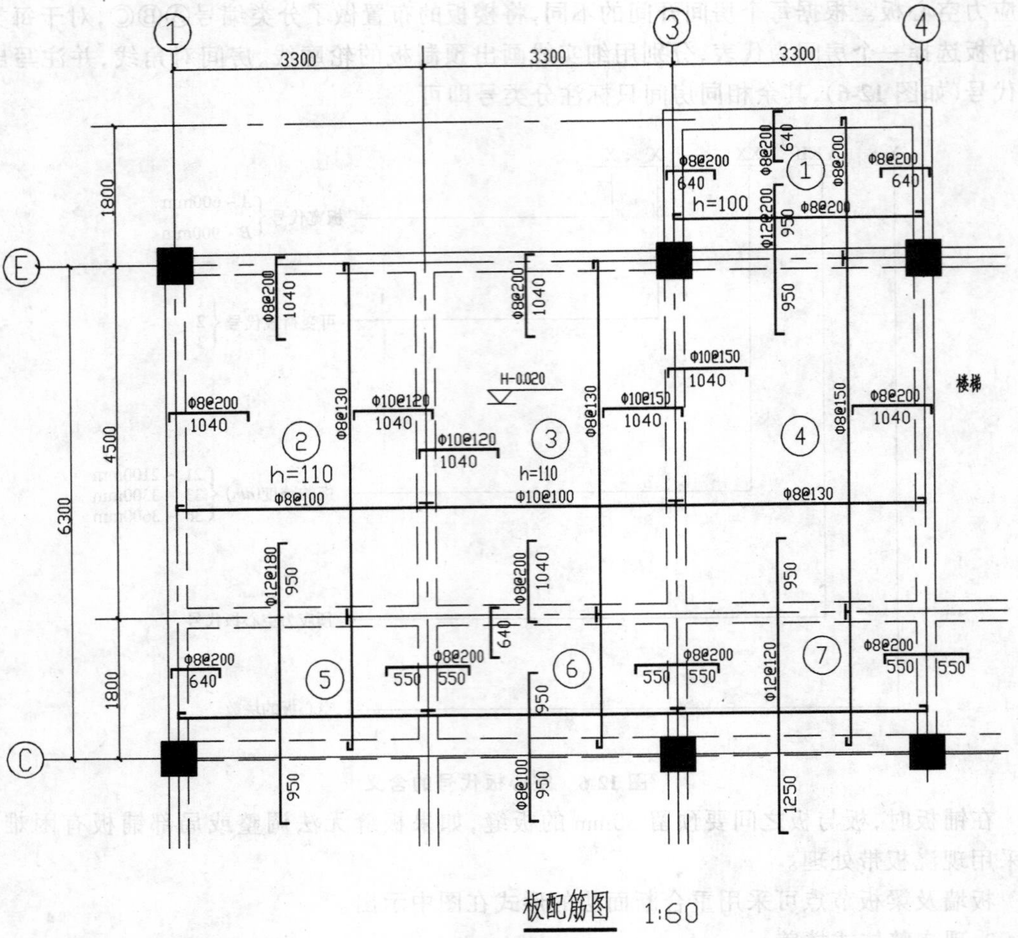

图 12-7 现浇板配筋图

车间柱网布置图,图中有 4 种类型柱(Z-1、ZA-1 ~ ZA-3),2 种类型吊车梁(DLZ-4Z、DLZ-4B)。在车间两端开间,设置了上柱柱间支撑(ZC-1A),车间中部设置了上柱及下柱柱间支撑(ZC-1、ZC-9),用于承受并传递吊车产生的水平制动力及风荷载。

图 12-8 对称符号右侧是机修车间屋顶结构布置图,该车间采用的是 15m 钢筋混凝土屋面梁(SL15)及预应力大型屋面板(Y-WB-2Ⅱ),为了屋顶排水的需要,在前后檐处分别设置了一块 680 宽的天沟板(TGB68-1)。

(三)结构平面布置图的作图步骤

1.在选定的图幅内按一定比例画定位轴线。

2.绘制各构件的轮廓线。

3.画门窗洞口位置。

4.校对并按层次要求加深图线,图线要求如表 12-2 所列。

5.标注尺寸、标高、编号、图名和比例。

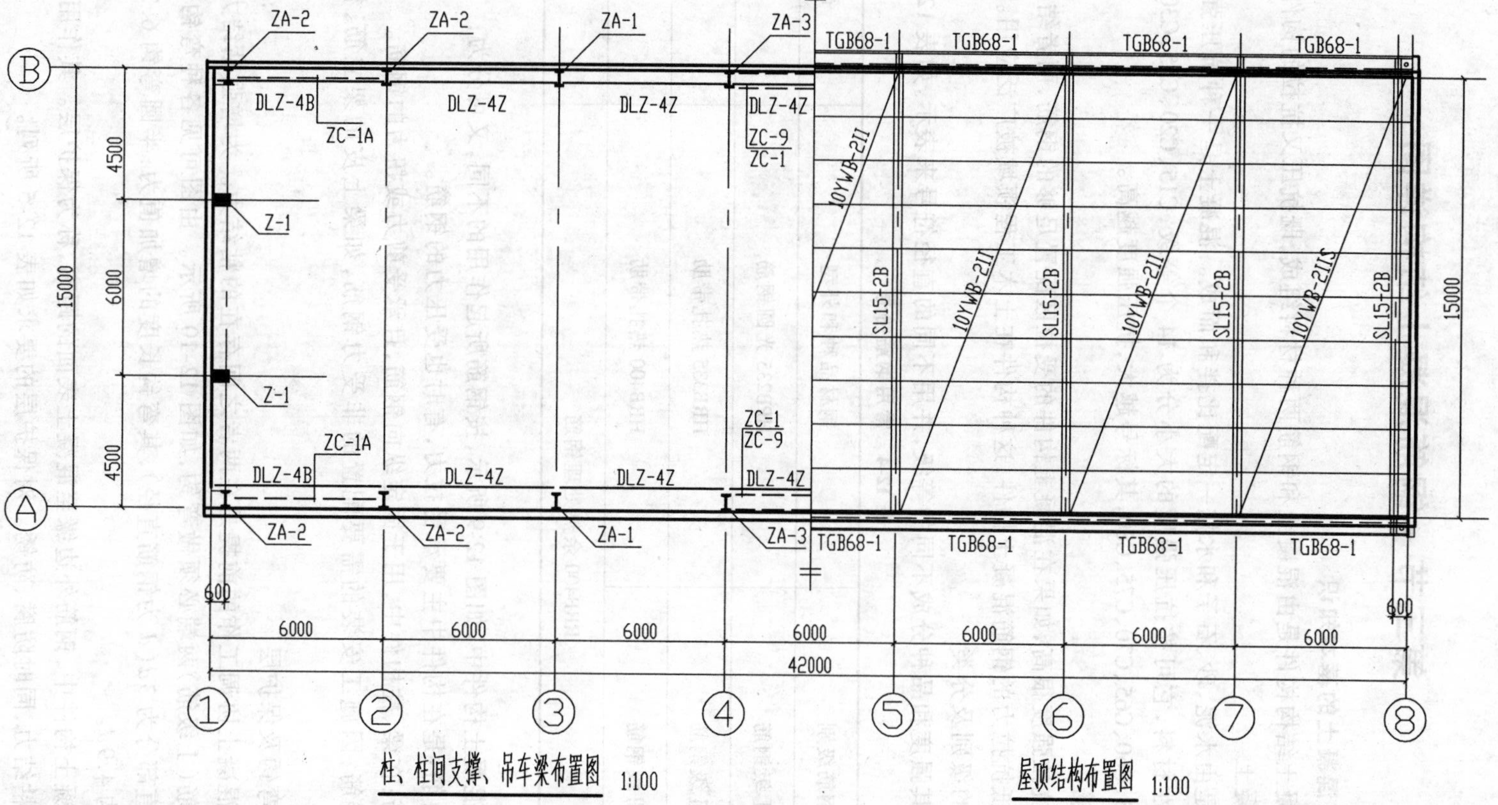

图12-8 机修车间结构平面图

第三节　钢筋混凝土结构详图

一、钢筋混凝土的基本知识

钢筋混凝土结构构件是由混凝土和钢筋两种材料组成，既抗压又抗拉的构件。

(一)混凝土

混凝土是由水泥、砂、石子和水按一定配比拌和而成。混凝土是一种抗压强度高、抗拉强度低的脆性材料，它可按抗压强度的大小分为 14 个等级，C15、C20、C25、C30、C35、C40、C45、C50、C55、C60、C65、C70、C75、C80，其标号越大，抗压强度越高。

(二)钢筋

钢筋的抗拉强度很高，如果在混凝土构件的受拉区配置足够的钢筋，两者结合可形成既抵抗压力又抵抗拉力的钢筋混凝土构件，这种构件在土木工程领域被广泛应用。

1.钢筋的级别及分类

钢筋按其强度和品种分成不同的等级，并用不同的直径符号来表示，如表 12-4 所列。

表 12-4　常用钢筋符号

钢筋级别	钢材品种和外型	符号
Ⅰ级钢筋	HPB235 光圆钢筋	Φ
Ⅱ级钢筋	HRB335 热扎带肋	Φ
Ⅲ级钢筋	HRB400 热扎带肋	Φ
RRB400 余热处理钢筋		$Φ^R$

在钢筋混凝土构件中，如图 12-9 所示，按钢筋所起作用的不同，又可分为：

(1)受力筋：是在构件中主要承受拉力，有时也受压力的钢筋。

(2)箍筋：在梁、柱构件中，用于固定纵向钢筋，且承受剪力或扭力的钢筋。

(3)构造筋：因施工安装的需要配置的非受力钢筋，如梁上皮的架立筋、板内分布筋等。

2.钢筋弯钩及保护层

钢筋与混凝土协调工作的前提是在两者之间存在的粘结力。为增强粘结力的作用，表面光滑的钢筋(Ⅰ级筋)两端必须做弯钩，如图 12-10 所示。由图可见各种弯钩的弯心直径为 $2.5d$，平直部分为 $3d$(d 为钢筋直径)，其弯钩长度的增加值为：半圆弯钩 $6.25d$，直弯钩 $3.5d$，斜弯钩 $4.9d$。

钢筋混凝土构件中，钢筋外边缘至混凝土表面的距离，称为保护层。其作用是保证钢筋与混凝土的粘结力，同时防腐、防锈。对保护层的要求如表 12-5 所列。

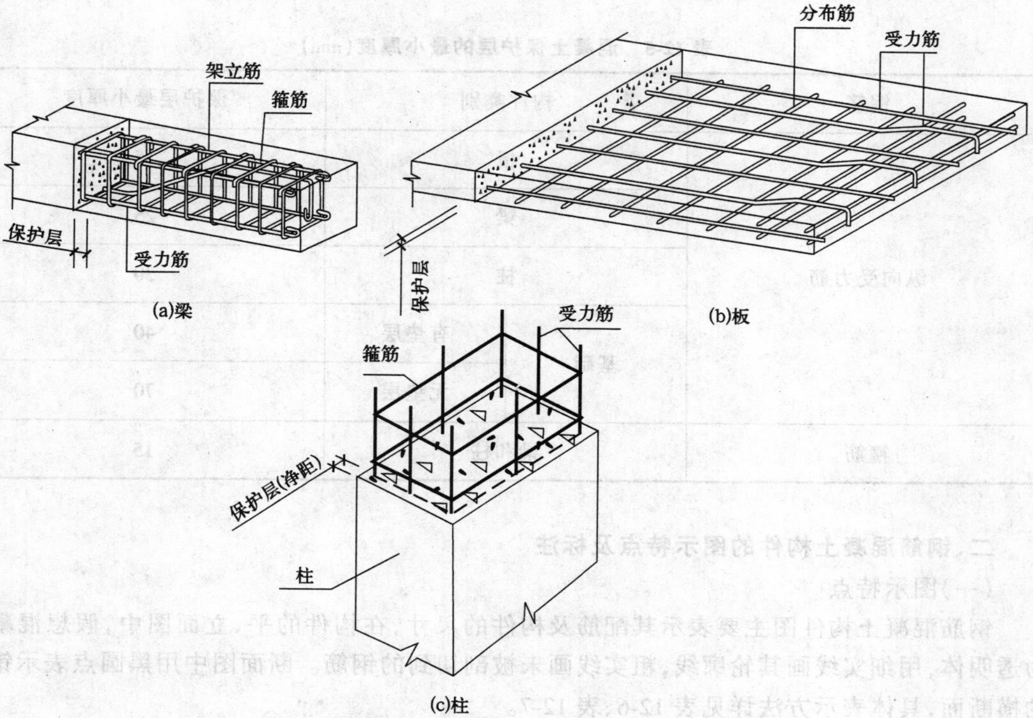

图 12-9 构件中钢筋配置构造示意图

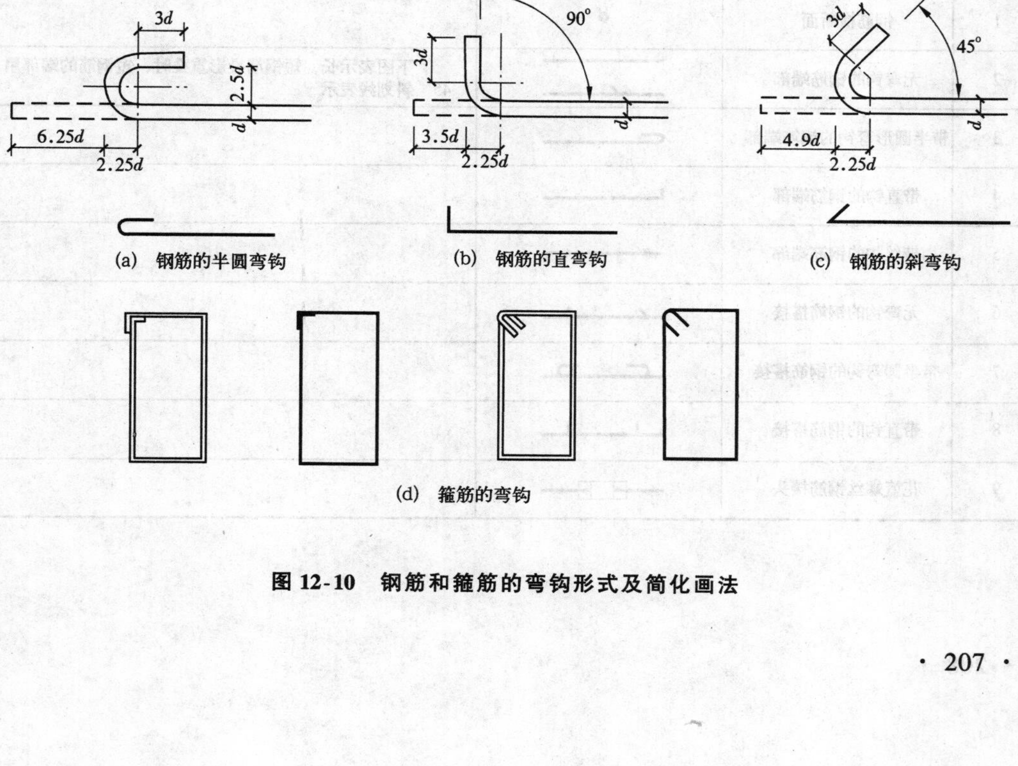

图 12-10 钢筋和箍筋的弯钩形式及简化画法

表 12-5　混凝土保护层的最小厚度(mm)

钢筋	构件类别		保护层最小厚度
纵向受力筋	板		15
	梁		25
	柱		30
	基础	有垫层	40
		无垫层	70
箍筋	梁和柱		15

二、钢筋混凝土构件的图示特点及标注

(一)图示特点

钢筋混凝土构件图主要表示其配筋及构件的尺寸，在构件的平、立面图中，假想混凝土为透明体，用细实线画其轮廓线，粗实线画未被剖切到的钢筋。断面图中用黑圆点表示钢筋的横断面，具体表示方法详见表 12-6、表 12-7。

表 12-6　钢筋的一般表示方法

序号	名　称	图　例	说　　明
1	钢筋横断面		
2	无弯钩的钢筋端部		下图表示长、短钢筋投影重叠时，短钢筋的端部用45°斜划线表示
3	带半圆形弯钩的钢筋端部		
4	带直钩的钢筋端部		
5	带丝扣的钢筋端部		
6	无弯钩的钢筋搭接		
7	带半圆弯钩的钢筋搭接		
8	带直钩的钢筋搭接		
9	花篮螺丝钢筋接头	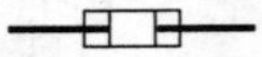	

表 12-7　钢筋画法图例

序号	说　明	图　例
1	在配置双层钢筋的板中，向上或向左的弯钩表示底层钢筋，向下或向右的弯钩表示上层钢筋。	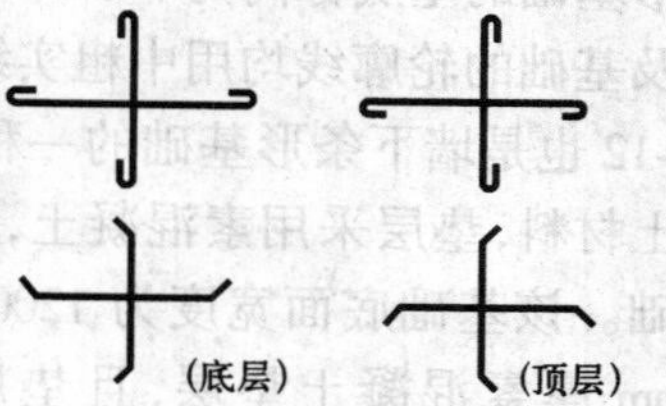
2	配置双层钢筋的钢筋混凝土墙体，其立面配筋图中，向上或向左的弯钩表示远面钢筋，向下或向右的弯钩表示近面钢筋。	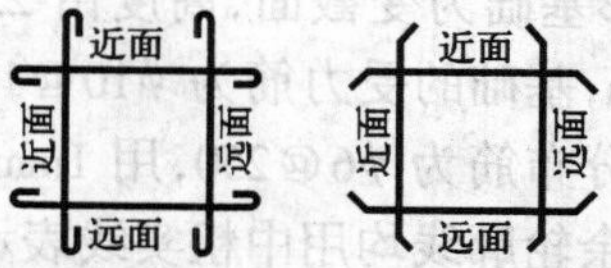
3	若在断面图中表达不清的钢筋布置，应在断面图以外增加钢筋大样图。	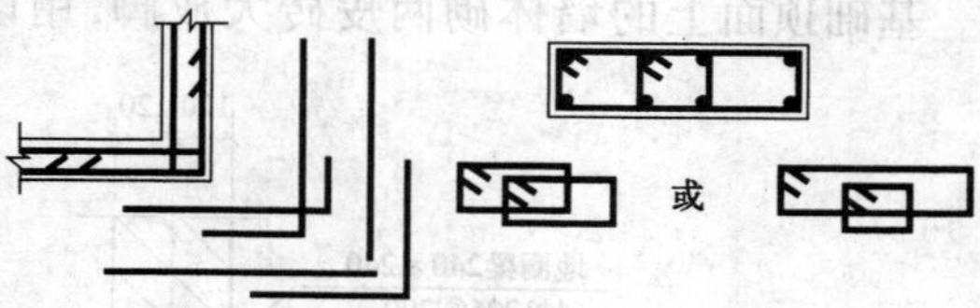
4	每组相同的钢筋(包括受力筋、分布筋、箍筋或环筋)，可用一根粗实线表示，并用横穿钢筋的尺寸线，两端的尺寸界线及起止符，表示该组钢筋的起止范围。	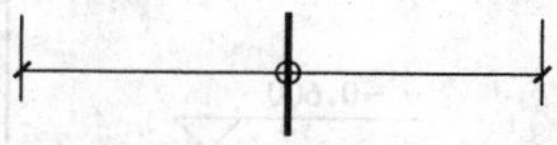

(二)钢筋的标注

钢筋的标注中表达钢筋的级别、根数、直径、间距，一般有两种标注方式：

1.标注钢筋的级别、根数、直径，常用于梁、柱的受力筋及构造筋，如：2Φ20，表示 2 根直径为 20mm 的Ⅲ级钢筋。

2.标注钢筋的级别、直径和间距，常用于表示基础、板的配筋及梁柱箍筋，如φ10@200，表示直径为 10mm 的相邻Ⅰ级钢筋，中心距为 200mm。

钢筋混凝土构件中，除按上述规定对钢筋进行标注外，还应逐根顺序编号，通常编号注写在直径为 6mm 的细实线圆内，如图 12-13 所示。

三、构件详图

(一)基础详图

基础平面图只表达了基础的平面布置及基底外轮廓尺寸，但基础的外形、构造、材料、基底的埋深及细部尺寸还需要另见详图。

1.条形基础

条形基础详图通常采用断面图表示。如图 12-11 为墙下条形基础，基础采用了砖大放脚的形式，垫层采用了素混凝土，所以又称刚性基础，不同材料分别用相应的图例表示，如图所示。墙身上在室内地坪以下 50mm 处设置 240×240 地圈梁，以增加建筑物的整体性及减少地基不均匀沉降。条形基础的基底标高为 -1.500m。

墙身及基础的轮廓线均用中粗实线来表示。

图 12-12 也是墙下条形基础的一种，基础采用钢筋混凝土材料，垫层采用素混凝土，这种基础又称柔性基础。该基础底面宽度为 1200mm，基底下面是 100mm 厚素混凝土垫层，且垫层比基底宽 200mm，条形基础为变截面，高度由 250mm 向两端降至 150mm，基础的受力筋为 $\phi10@150$，用粗实线表示，纵向分布筋为 $\phi6@250$，用 1mm 左右的黑圆点表示，其余轮廓线均用中粗实线表示。

基础顶面上的墙体砌两皮砖大放脚，用以增

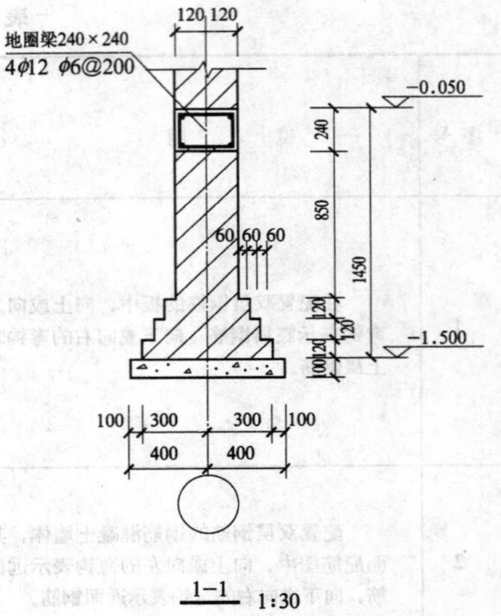

图 12-11 墙下刚性条形基础

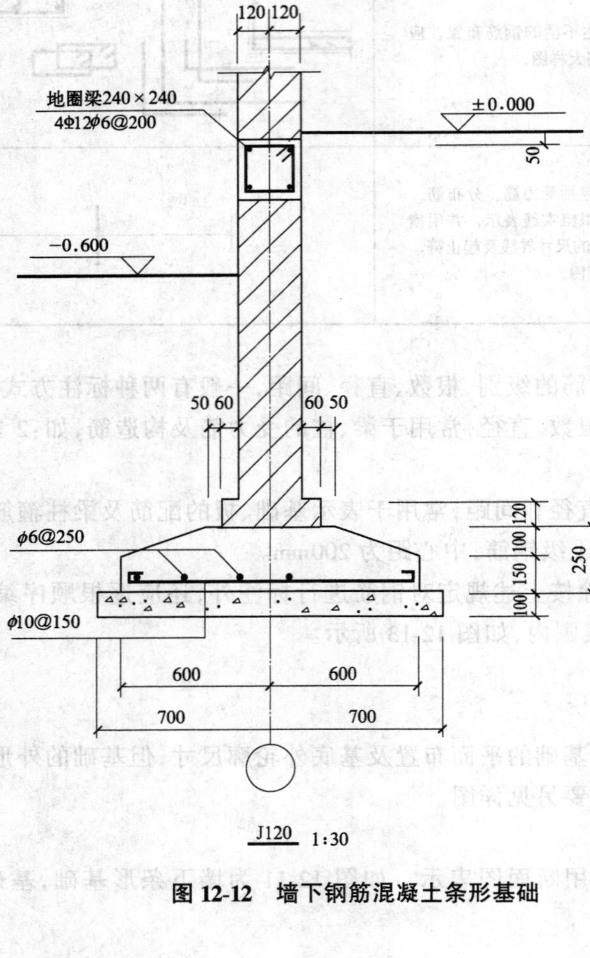

图 12-12 墙下钢筋混凝土条形基础

大承压面积，在室内地坪以下 50mm 处墙身上，设置 240×240 的地圈梁，其作用与刚性基础中的地圈梁相同，基底埋深为室外地坪以下 900mm。

2. 独立基础

独立基础的详图常用平面图和剖面图共同表示。如图 12-13，是办公楼框架柱下独立基

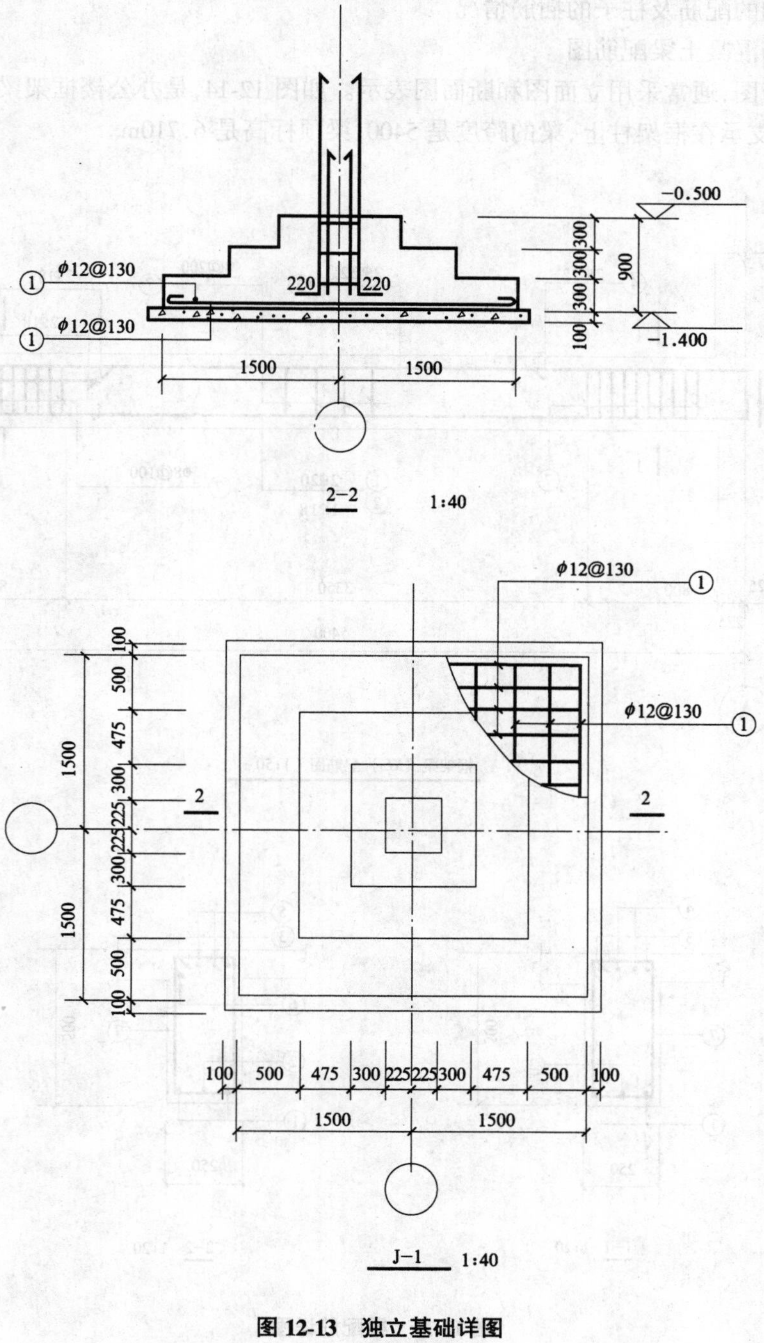

图 12-13 独立基础详图

础,基础为阶梯形。由平面图可知该基础(J-1)的平面尺寸为 3000 × 3000,柱断面为 450 × 450,垫层四周均伸出基础外轮廓 100。并通过局部剖切的方式表达了基础底板的配筋,双向均为 ϕ12@130。

读 J-1 的剖面图,基础的高度为 900,垫层厚度为 100,基础底面的标高为 -1.800 米。同时可读到基础的配筋及柱子的插筋情况。

(二)钢筋混凝土梁配筋图

梁的配筋图,通常采用立面图和断面图表示。如图 12-14,是办公楼框架梁(KL_4)的配筋详图,梁两端支承在框架柱上,梁的跨度是 5400,梁顶标高是 6.710m。

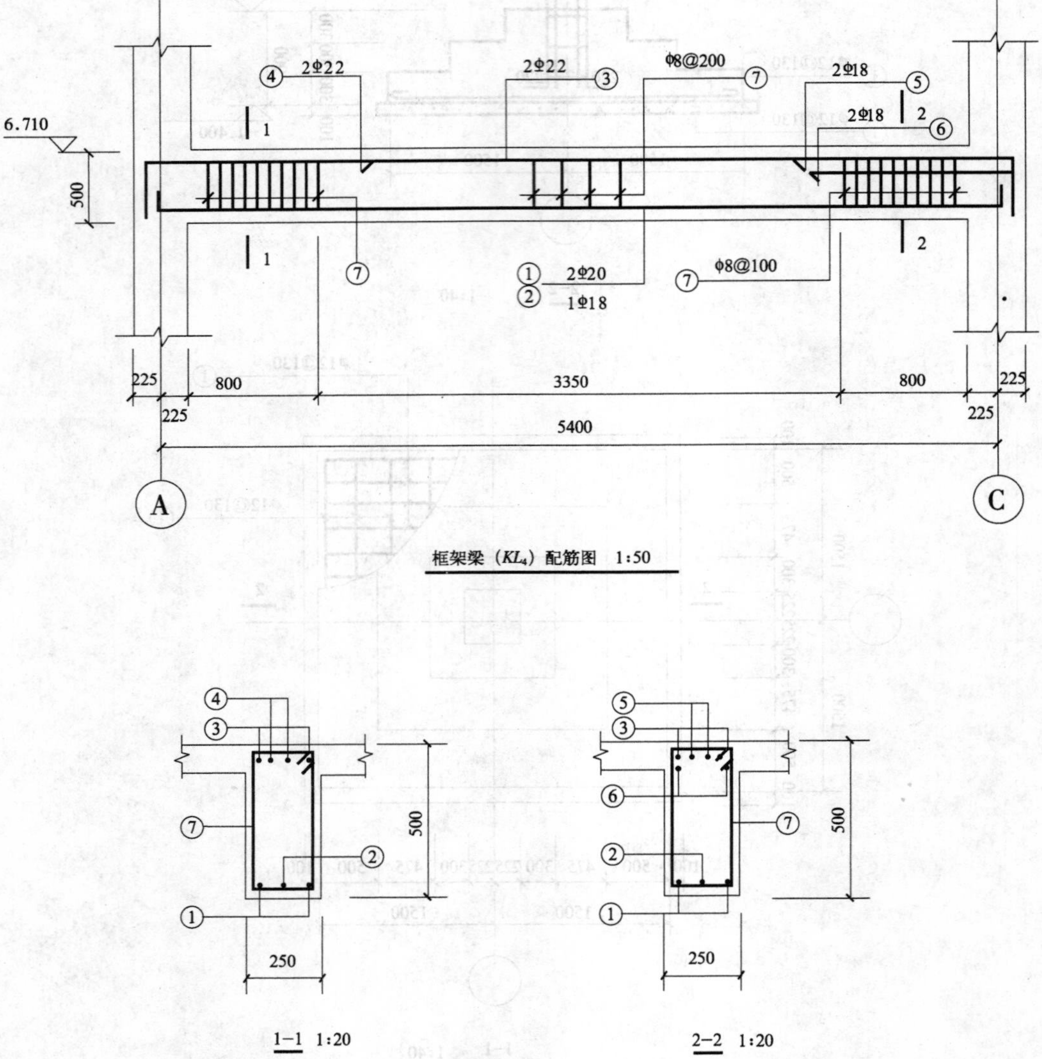

图 12-14 梁配筋详图

梁的配筋由梁下皮受力纵筋(2Φ20+1Φ18),上皮通长筋(2Φ22),Ⓐ支座负筋(2Φ22),Ⓒ支座负筋(上排2Φ18;下排2Φ18),及Φ8箍筋组成。在梁跨范围内第一道箍筋布置在距离柱边缘50mm处。

梁配筋断面图表达了梁截面高度和宽度的尺寸及断面配筋情况。如图12-14中1-1、2-2断面图。

(三)钢筋混凝土柱

钢筋混凝土柱的钢筋由纵向受力筋和箍筋组成,配筋详图由配筋立面图和断面图组成。

一般情况下直接用立面图表达柱纵筋的形式和箍筋的位置及分布,用断面图表达柱纵筋的布置和箍筋的形式。而有些柱柱身上还要设置不同的预埋件,这就需要再增加柱子模板图,如图12-15,为某工厂机修车间的钢筋混凝土排架柱ZA-1、2的详图。读图可知该柱高8200mm,以标高4.950m处的牛腿为界,柱子分为上、下柱,上柱高度为1950mm,下柱高度为6250mm,在柱顶及牛腿顶面分别预埋了与屋架和吊车梁连接的埋件M-3、M-1,在牛腿上部900mm处埋置了与吊车梁顶连接的埋件M-2,柱身侧面有仅用于ZA-1的上、下柱间支撑连接埋件M-7。同时可知下柱为工字形断面,尺寸为400×700,上柱为正方形断面,尺寸为400×400。

柱子的配筋情况可分别从立面图及断面图中读取。

(四)钢筋混凝土楼梯详图

钢筋混凝土楼梯,按形式有单跑楼梯和双跑楼梯之分;按受力有梁式楼梯和板式楼梯之分。楼梯详图一般由楼梯结构平面图和构件详图组成。

楼梯结构平面图,是假想从每层向上的休息平台梁顶处作水平剖切,向下作正投影形成的。每层楼梯均需作相应的结构平面图,如果中间各层结构布置相同,可用一个标准层代替。所以每部楼梯至少要有首层、中间层(或标准层)、顶层三个结构平面图。

在各层结构平面图中应表达各梯板、梯梁等构件的布置及平面尺寸,并对其编号。如图12-16所示。

构件详图则应对各梯板、梯梁等构件的配筋布置、断面尺寸给以明确表达。如图12-17所示。

图12-16是办公楼的楼梯详图,该楼梯为平行双跑式,即每层有两个梯段板,编号为TB-1、TB-2、TB-3,TB-1连接了首层地面和标高为1.670m的休息平台板,TB-2连接了休息平台及标高为3.370m的楼面,TB-3则为连接一层顶板及标高为5.070m休息平台板的梯板。

平台梁TL-1作为梯板(TB-2、TB-3)和平台板(B-1)的支承,将荷载传递到其两端的支承TZ_1上。平台板的配筋可从楼梯结构平面图中读取。

梯板及梯梁的配筋及尺寸可见详图。如:TB-3,板厚为110mm,受力筋为⑪号筋Φ12@100,分布筋为②号筋Φ6@250,⑫⑬号筋分别为TB-3的支座构造负筋,每一根钢筋的筋型及长度可见钢筋的材料表。TL-1断面为250×350,梁下皮受力筋为3Φ18,梁上皮架立筋为2Φ14,箍筋为Φ6@150,纵筋两端分别锚入TZ_1内。TL-2断面为250×350,梁下皮纵筋为3Φ14,上皮纵筋为2Φ14、箍筋为Φ6@150,纵筋两端分别锚入框架柱和TZ_1内。

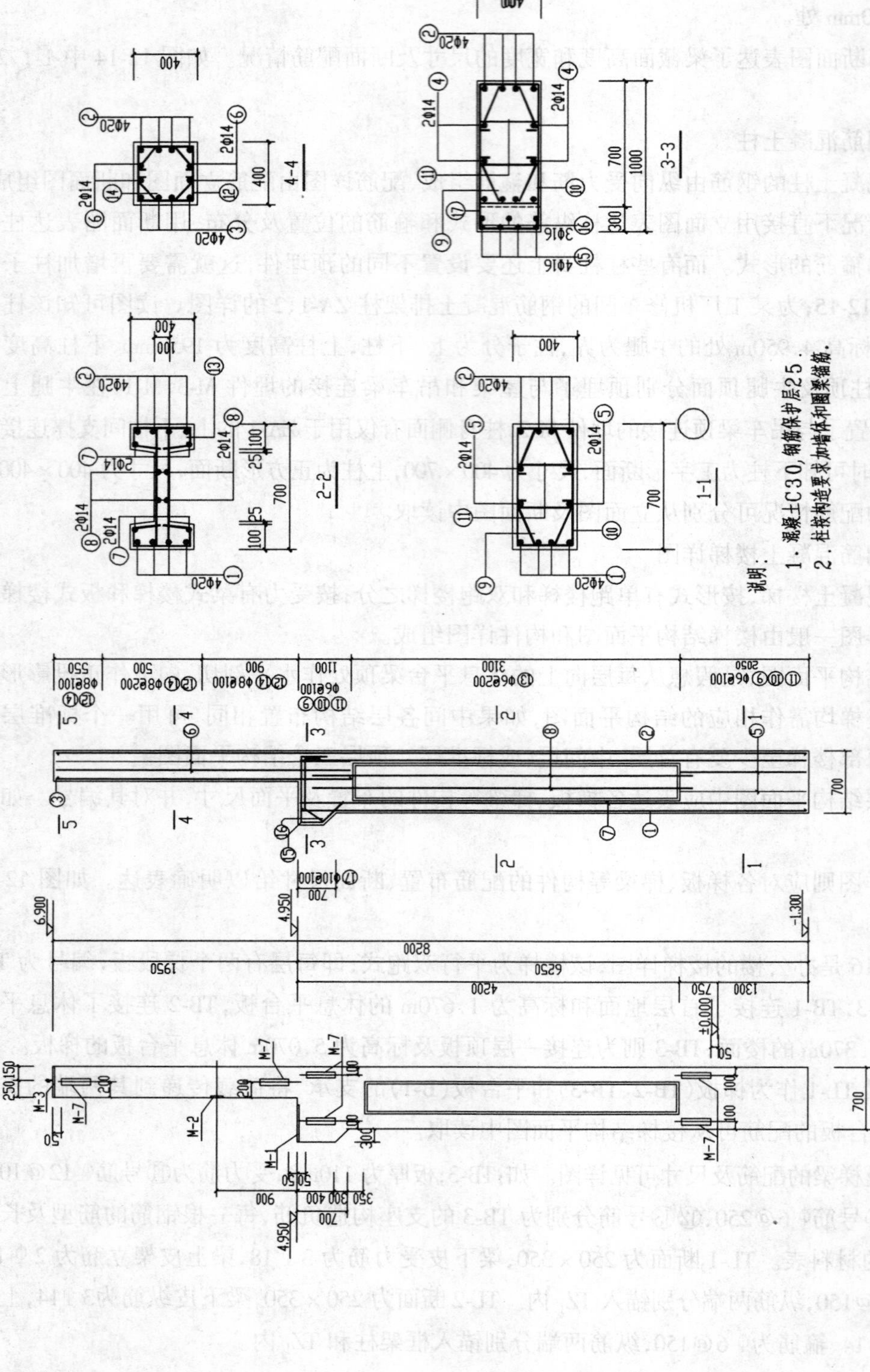

说明：
1. 混凝土C30，钢筋保护层25.
2. 柱按构造要求加墙体和圈梁锚筋.

图12-15 钢筋混凝土柱详图

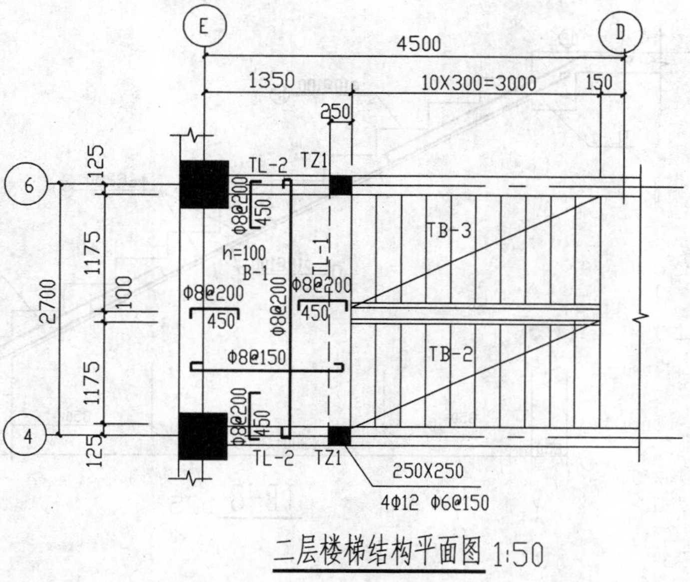

图 12-16　楼梯结构平面图

第四节　钢筋混凝土结构“平法”施工图

钢筋混凝土结构施工图平面整体表示方法简称“平法”。

平法施工图主要用于现浇框架(梁、柱)、剪力墙的整体平面布置及配筋。

一、柱平法施工图

柱平法施工图是在柱平面布置图上采用列表注写或截面注写方式直观地表达柱的配筋。

两种方式均应标注柱编号及各楼层的结构标高和结构层高,其中柱编号由类型代号和序号组成,如表 12-8 所示。

表 12-8　柱编号

柱类型	代号	序号
框架柱	KZ	XX
框支柱	KZZ	XX
芯柱	XZ	XX
梁上柱	LZ	XX
剪力墙柱	QZ	XX

(一)列表注写方式

列表注写方式是在柱平面布置图上将柱子的类型编号、柱段的起止标高、柱截面定形尺寸和定位尺寸及配筋制成柱表;并将结构标高及层高制成表,如图 12-18 所示。

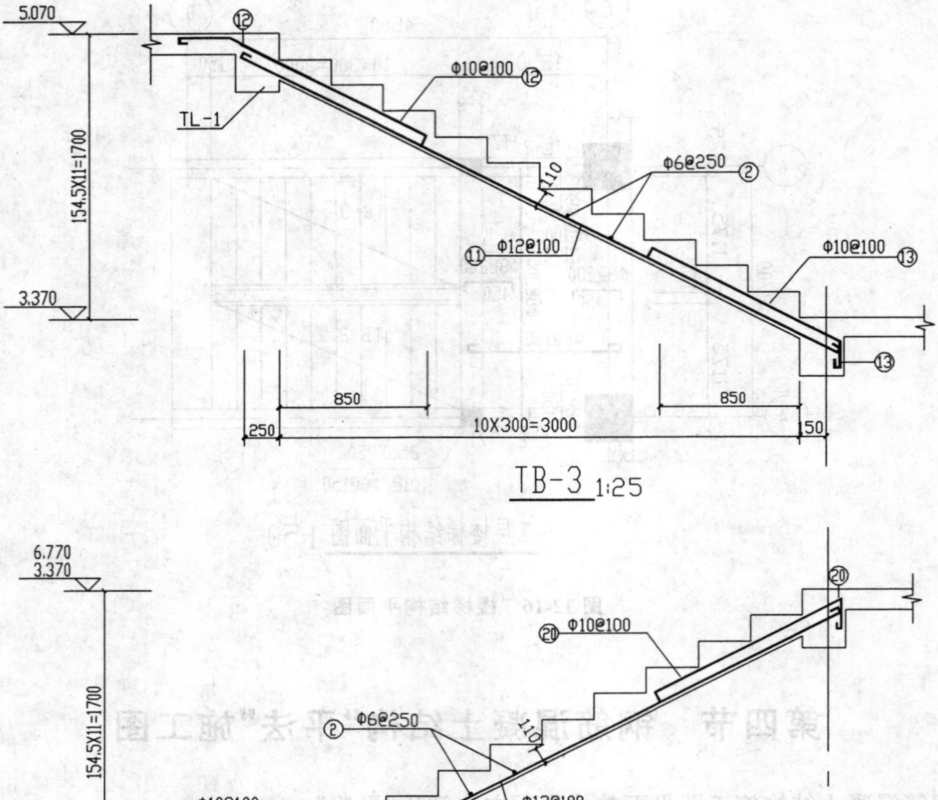

图 12-17 楼梯板配筋图

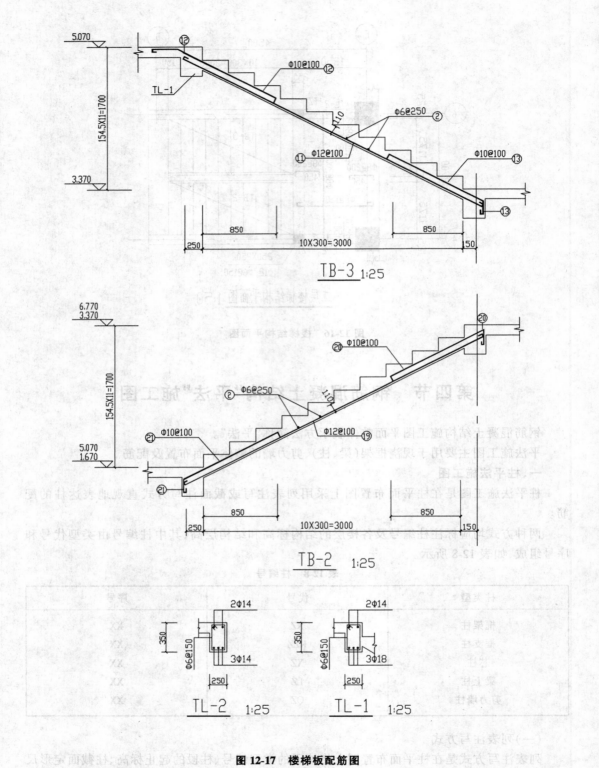

屋面2	65.670	
塔层2	62.370	3.30
屋面1 (塔层1)	59.070	3.30
16	55.470	3.60
15	51.870	3.60
14	48.270	3.60
13	44.670	3.60
12	41.070	3.60
11	37.470	3.60
10	33.870	3.60
9	30.270	3.60
8	26.670	3.60
7	23.070	3.60
6	19.470	3.60
5	15.870	3.60
4	12.270	3.60
3	8.670	3.60
2	4.470	4.20
1	−0.030	4.50
−1	−4.530	4.50
−2	−9.030	4.50
层号	标高(m)	层高(m)

结构层楼面标高
结构层高

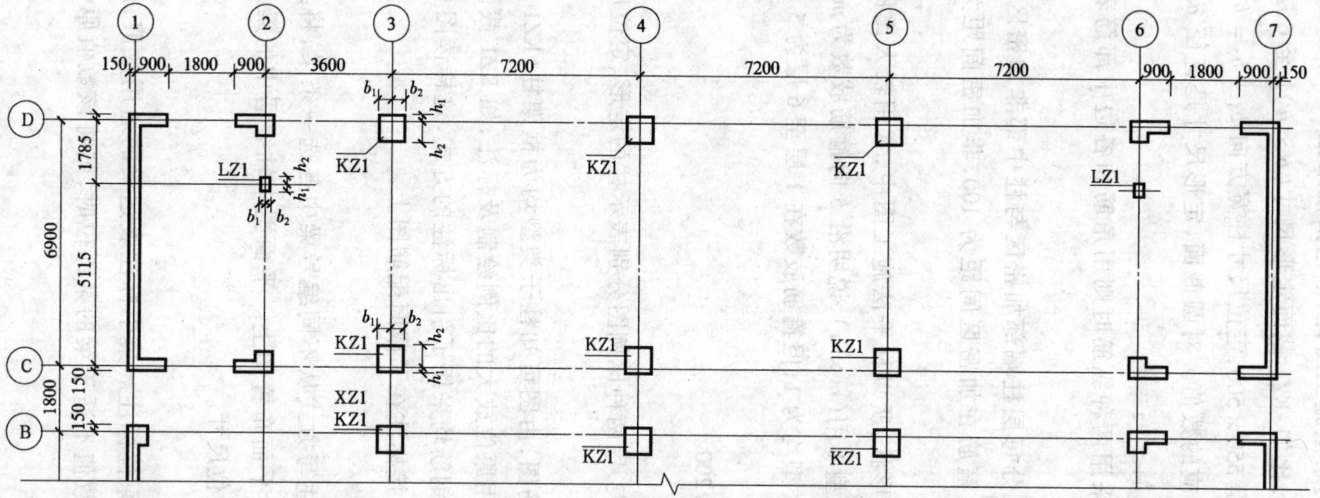

柱 表

柱号	标高	$b\times h$ (圆柱直径D)	b_1	b_2	h_1	h_2	全部纵筋	角筋	b边一侧中部筋	h边一侧中部筋	箍筋类型号	箍筋	备注
KZ1	−0.030—19.470	750×700	375	375	150	550	24Φ25				1 (5×4)	φ10@100/200	
	19.470—37.470	650×600	325	325	150	450		4Φ22	5Φ22	4Φ20	1 (4×4)	φ10@100/200	
	37.470—59.070	550×500	275	275	150	350		4Φ22	5Φ22	4Φ20	1 (4×4)	φ8@100/200	
XZ1	−0.030—8.670						8Φ25				按标准构造详图	φ10@200	③×Ⓑ轴KZ1中设置

−0.030—59.070柱平法施工图(局部)

注:1.如采用非对称配筋，需在柱表中增加相应栏目分别表示各边的中部筋。
2.抗震设计箍筋对纵筋至少隔一拉一。
3.类型1的箍筋肢数可有多种组合，右图为5×4的组合，其余类型为固定形式，在表中只注类型号即可。

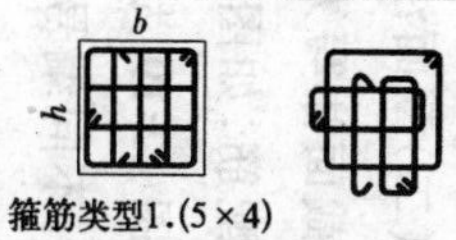

箍筋类型1.(5×4)

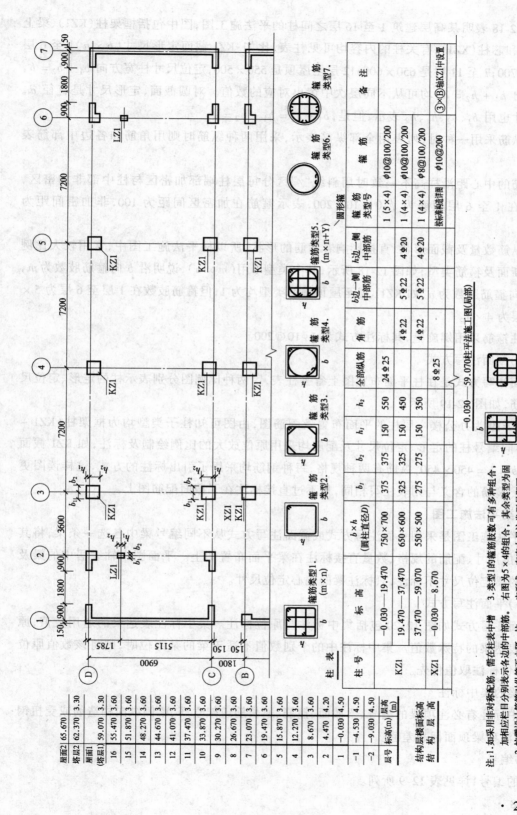

图12-18 柱平法施工图列表注写方式示例

图 12-18 表明某高层建筑 1 至 16 层之间柱的平法施工图，图中包括框架柱(KZ1)、梁上柱(LZ1)和芯柱(XZ1)，有关柱的内容均可见柱表，比如：KZ1 截面定形尺寸($b \times h$)1 至 6 层是 750×700；7 至 11 层是 650×600；12 层至屋顶是 550×500，定位尺寸柱宽方向 $b_1 + b_2 = b$，柱高方向 $h_1 + h_2 = h$，均可从不同层次中读出对应的数值。对圆截面，定形尺寸是直径 d，定位尺寸也用 b_1、b_2、h_1、h_2 表示，但是，$b_1 + b_2 = h_1 + h_2 = d$。

柱纵筋采用一种时，列表用全部纵筋表示，采用两种纵筋时则用角筋和各边中部筋表示。

箍筋的中心距沿柱高不一致时用斜线"/"区分每层柱端部加密区与柱中部非加密区，如：KZ1 在 1 至 6 层箍筋为 ϕ10@100/200，表示箍筋在加密区间距为 100，非加密间距为 200。

柱纵筋数量及截面形状，直接影响着箍筋的形状，所以柱平法施工图中，常用较大比例显示柱断面及箍筋类型，如图 12-18 所示，其中类型 1 用($m \times n$)，说明沿 b 向箍筋肢数为 m，沿 h 方向箍筋肢数为 n，如 KZ11 层至屋顶箍筋类型均为 1，但箍筋肢数在 1 层至 6 层为 5×4，其余层为 4×4。

圆柱箍筋采用螺旋箍，其标注方式为 Lϕ10@200。

(二)截面注写方式

截面注写方式是在柱平面布置图上省去柱表，用两种比例图分别表示柱的定形、定位尺寸及配筋，如图 12-19 所示。

图 12-19 为办公楼一层柱的平面布置及配筋图，由图可知柱子类型均为框架柱(KZ1～KZ8)，不同编号柱的定形、定位尺寸及配筋均采用原位放大的比例绘制及标注，如 KZ1 截面尺寸为 $b \times h = 450 \times 450$，纵筋有两种规格，每种钢筋均采用了引出标注的方式，这样读图更为直观。箍筋的含义与列表注写相同，只不过直接标注在了截面配筋图上。

二、梁平法施工图

梁平法施工图是采用平面注写方式或截面注写方式从不同编号梁中各选一条梁，将其编号、定位尺寸、配筋的规格、数量直接标注在梁平面布置图上。平面图中轴线居中的梁及贴柱边的梁定位尺寸不标注，只标注梁的偏心定位尺寸。

(一)平面注写方式

平面注写方式如图 12-20 包括集中标注与原位标注。集中标注表达梁的通用数值，原位标注表达梁的特殊数值。集中标注中的个别数值不适于梁的某部位时，则将该数值原位标注，原位标注取值优先。

1. 梁的集中标注

集中标注有必注项梁的编号、梁截面、箍筋、通长筋或架立筋、梁侧纵向构造筋或受扭钢筋；选择注项梁顶面标高差值。

(1)编号

梁的编号，详见表 12-9 所列。

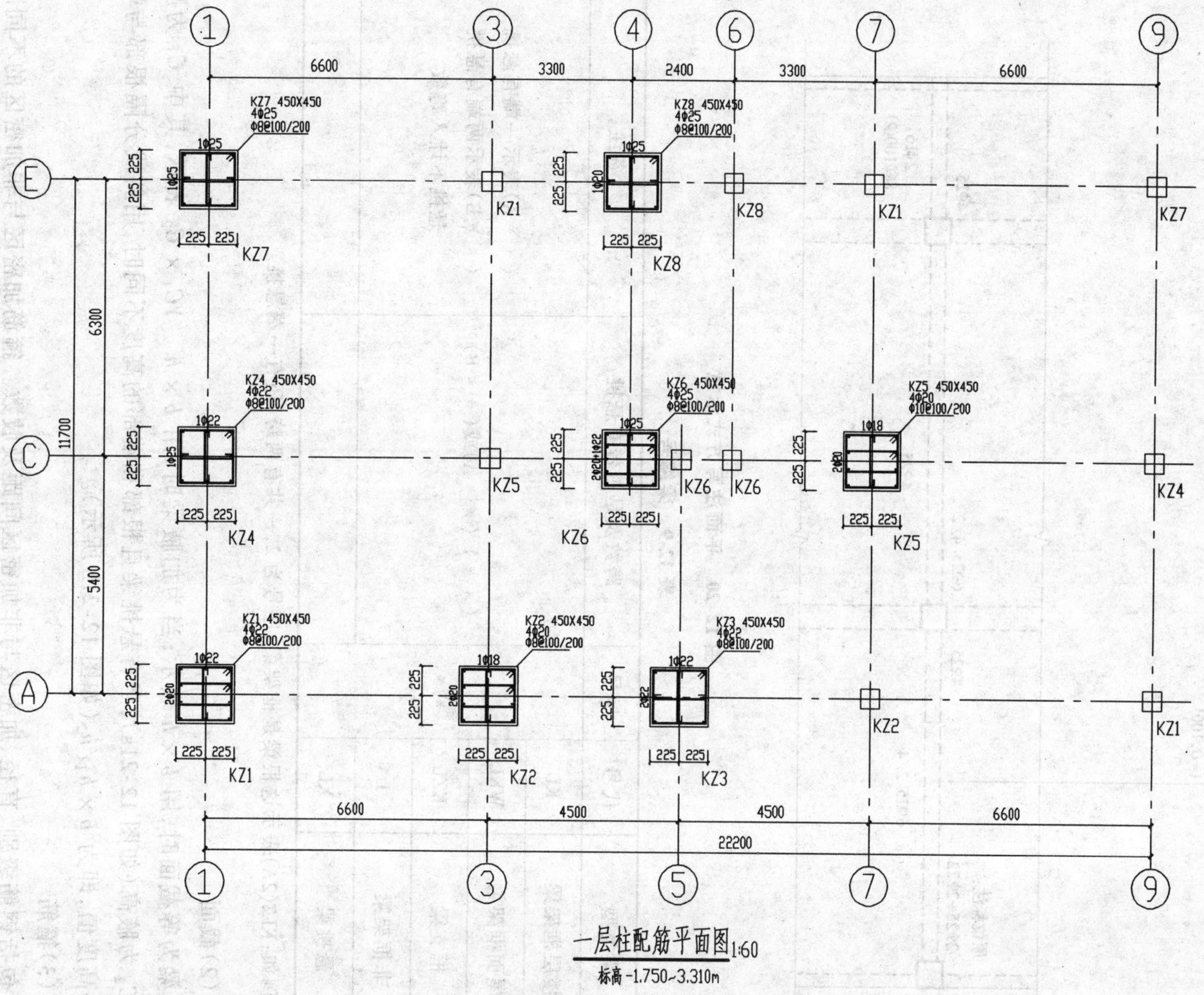

图12-19　办公楼柱平法施工图截面注写方式

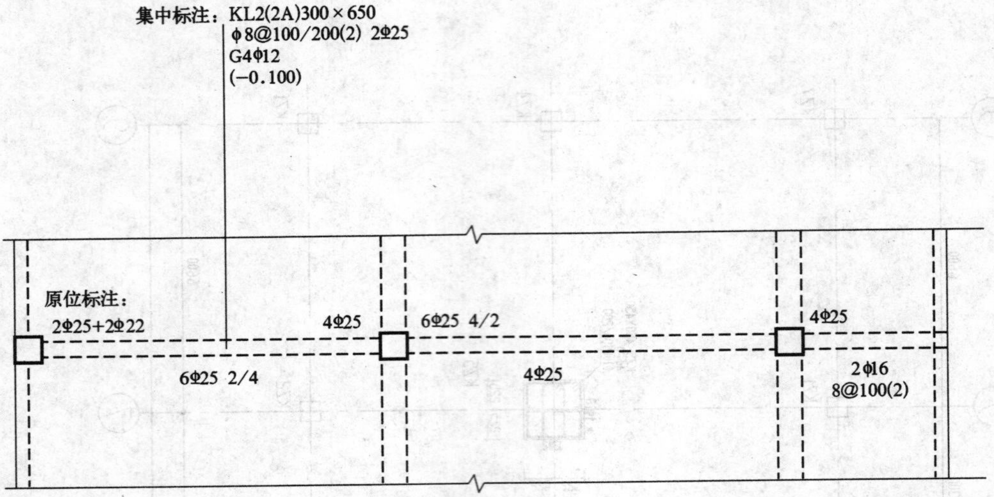

图 12-20 平面注写方式示意

表 12-9 梁编号

梁类型	代号	序号	跨数及是否带有悬挑	备注
楼层框架梁	KL	＊＊	(＊＊)、(＊＊A)或(＊＊B)	(＊＊A)表示一端有悬挑 (＊＊B)表示两端有悬挑 悬挑不计入跨数
屋面框架梁	WKL			
框支梁	KZL			
非框架梁	L			
悬挑梁	XL			

例如：KL2(2A)表示这根梁是框架梁，序号为 2，一共有两跨，还有一端悬挑。

(2)截面

梁为等截面时，用 $b \times h$ 表示；当为加腋梁时，用 $b \times h \quad YC_1 \times C_2$ 表示，其中 C_1 为腋长，C_2 为腋高(如图 12-21a)；当有悬挑梁且根部和端部的高度不同时，用斜线分隔根部与端部的高度值，即为 $b \times h_1/h_2$(如图 12-21b 所示)。

(3)箍筋

包括钢筋级别、直径、加密区与非加密区间距及肢数。箍筋加密区与非加密区的不同间距及肢数用斜线“/”分隔；若梁全长范围内箍筋间距及肢数相同，则没有斜线，且箍筋肢数只注写一次，写在括号内。

例 1. ϕ10@100(4)/200(2)，表示箍筋为Ⅰ级，直径ϕ10，加密区间距 100，四肢箍；非加密区间距 200，两肢箍。

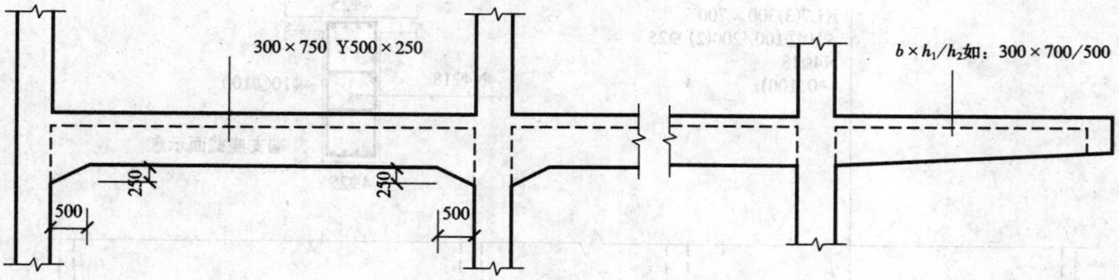

图 12-21　截面尺寸注写示意

例 2.13ϕ10@150/200(4)，表示箍筋为Ⅰ级，直径ϕ10，梁两端各有13根四肢箍，间距150；梁跨中部分间距为 200，四肢箍。

(4)梁上部通长筋或架立筋

例 1.集中标注中 2ϕ22，表示梁上部有 2 根直径为 22 的Ⅱ级通长筋。

例 2.2ϕ25 +(2ϕ12)，则表示梁上部既有通长筋又有架立筋，架立筋注写在括号内，其中 2ϕ25 为通长筋，2ϕ12 为架立筋。

当梁上部及下部纵筋均为通长筋，且多跨数配筋相同时，可将上部和下部纵筋同时集中标注，中间用"；"分隔。

例 3.3ϕ22；2ϕ25，分号前表示梁上部通长筋，分号后表示梁下部通长筋。

(5)梁侧面纵向构造钢筋或受扭钢筋。

如图 12-20 所示，G4ϕ12 表示梁的两侧各配置 2ϕ12 的纵向构造筋，图 12-22 所示 N4ϕ18 表示梁的两侧各配置 2ϕ18 的受扭纵筋。

(6)梁顶标高差值

指梁顶面相对于结构层楼层标高的高差值，写在括号内。如(-0.100)表示某梁顶面比楼板面标高低 0.1m，如果两者没有高差，则不注写此项。

2.梁原位标注的内容规定如下

(1)梁支座上部纵筋(含通长筋)

①当上部纵筋多于一排时，用斜线"/"将各排纵筋自上而下分开。如：6ϕ25 4/2，表示上一排纵筋为 4ϕ25，下一排纵筋为 2ϕ25。

②当同排纵筋有两种直径时，用加号"+"将两种直径的纵筋相联，并将角部纵筋注写在前。如：2ϕ22 + 2ϕ20 表示梁支座上部有四根纵筋，2ϕ22 放在角部，2ϕ20 放在中部。

③当梁中间支座两边的上部纵筋不同时，须在支座两边分别标注；当梁中间支座两边的上部纵筋相同时，可仅在支座的一边标注配筋值，另一边不注，如图 12-22 所示。

(2)梁下部纵筋

①当下部纵筋多于一排时，用斜线"/"将各排纵筋自上而下分开。如：6ϕ25 2/4，表示上一排纵筋为 2ϕ25，下一排纵筋为 4ϕ25，全部伸入支座。

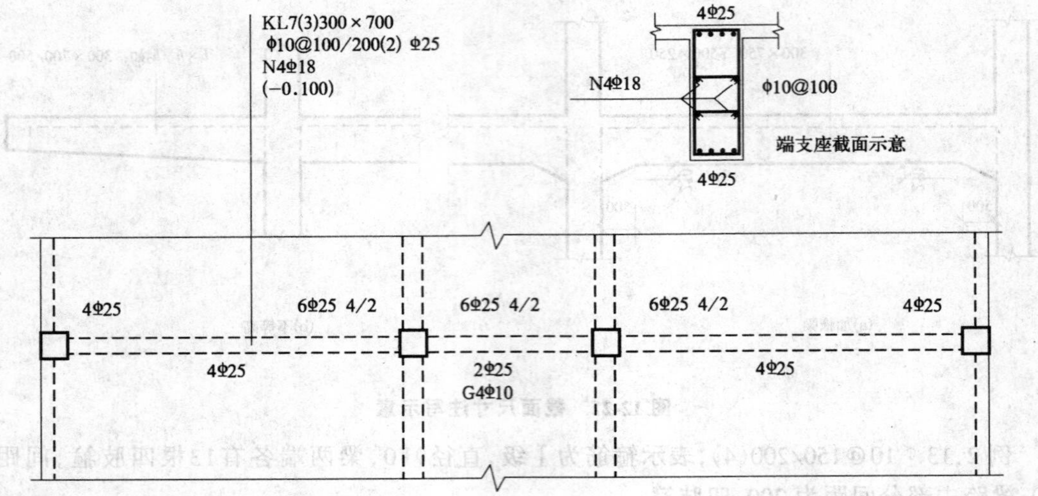

图 12-22　大小跨度的注写示意

②当同排纵筋有两种直径时,用加号"+"将两种直径的纵筋相联,注写时角筋写在前面。

③当梁下部纵筋不全部伸入支座时,将梁支座下部纵筋减少的数量写在括号内。如:2 φ 22+2 φ 20(−2)/4 φ 25,表示上排纵筋为2 φ 22 和 2 φ 20,其中,中部两根 20 的纵筋不伸入支座,下排四根 25 的纵筋则全部伸入支座。

④如果梁的集中标注注写了梁上部和下部均为贯通的纵筋时,则不在梁下部做重复原位标注。

(3)附加箍筋或吊筋

在主、次梁相接的地方,要附加箍筋或吊筋,将其直接画在平面图的主梁上,并注明配筋值,如图 12-23 所示。

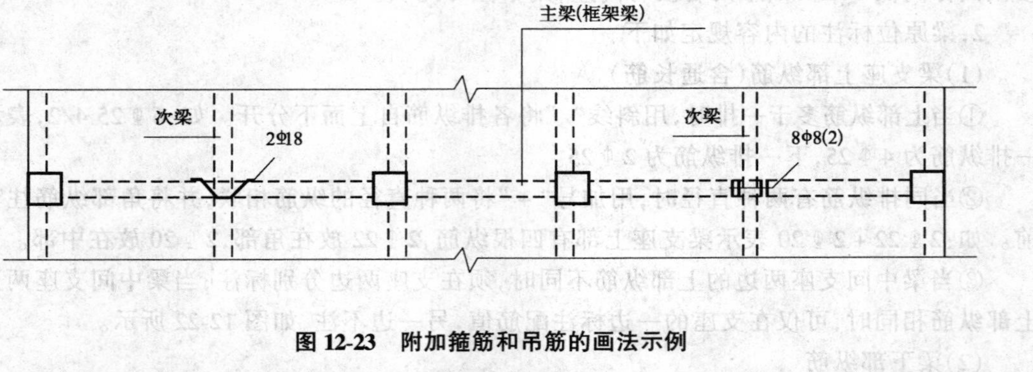

图 12-23　附加箍筋和吊筋的画法示例

(4)如果梁上集中标注的内容不适用某跨或悬挑部分时,则将其不同数值原位标注在该跨或悬挑部位,取值时以原位标注为准。

当多跨梁的集中标注中已注明加腋，而该梁某跨根部不需要加腋时，则在该跨原位标注等截面的 $b\times h$，如图 12-24 所示。

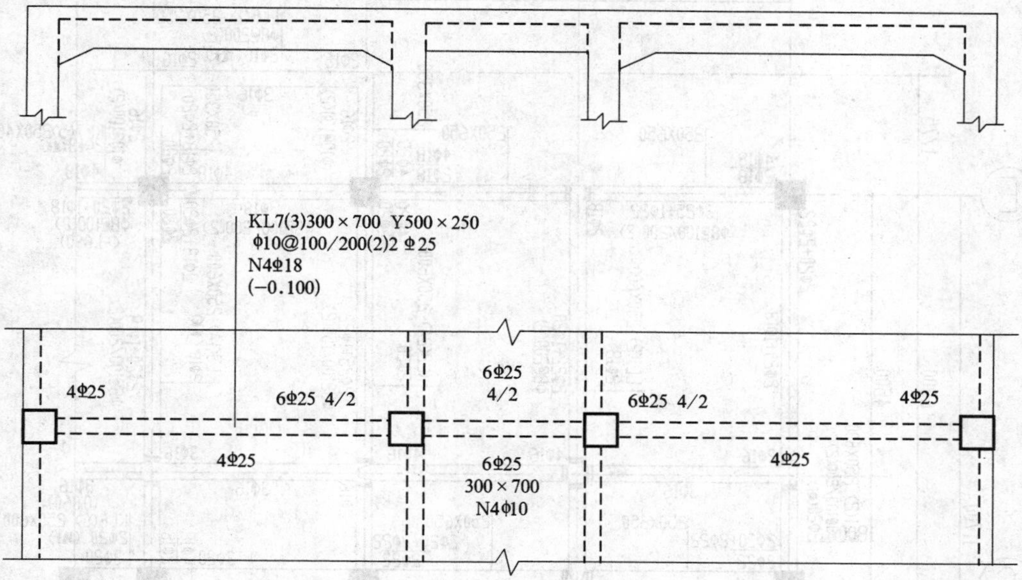

图 12-24 加腋平面注写方式表达示例

3.实例

图 12-25 为办公楼二层梁平法施工图平面注写方式的示例，学生可对照前述说明，读该图了解各类梁的断面及配筋。

(二)截面注写方式

如图 12-26 是梁平法施工图的截面注写方式，在梁平面布置图中分别从不同编号梁中各选一条梁画出“单边截面号”，截面配筋详图另画。梁顶标高高差值与平面注写方式相同。

截面配筋详图中应标注截面尺寸、上部筋、下部筋、侧面构造筋或受扭筋，以及箍筋的具体数值，其表达方法与平面注写方式相同。

截面注写方式既可单独使用，又可与平面注写方式结合使用。

第五节 钢结构图

钢结构以其轻型、高强、制作方便的优点越来越多的被应用于土木工程建筑中。

建筑工程中常用的钢材有 Q_{235}、Q_{345}、Q_{390}、Q_{420}。Q_{235} 为碳素钢，其余三种为低合金高强钢材，四种钢材的抗拉强度是递增的。

一、型钢的类型及标注法

常用型钢的类型不同，其标注方法各异，如表 12-10 所列。

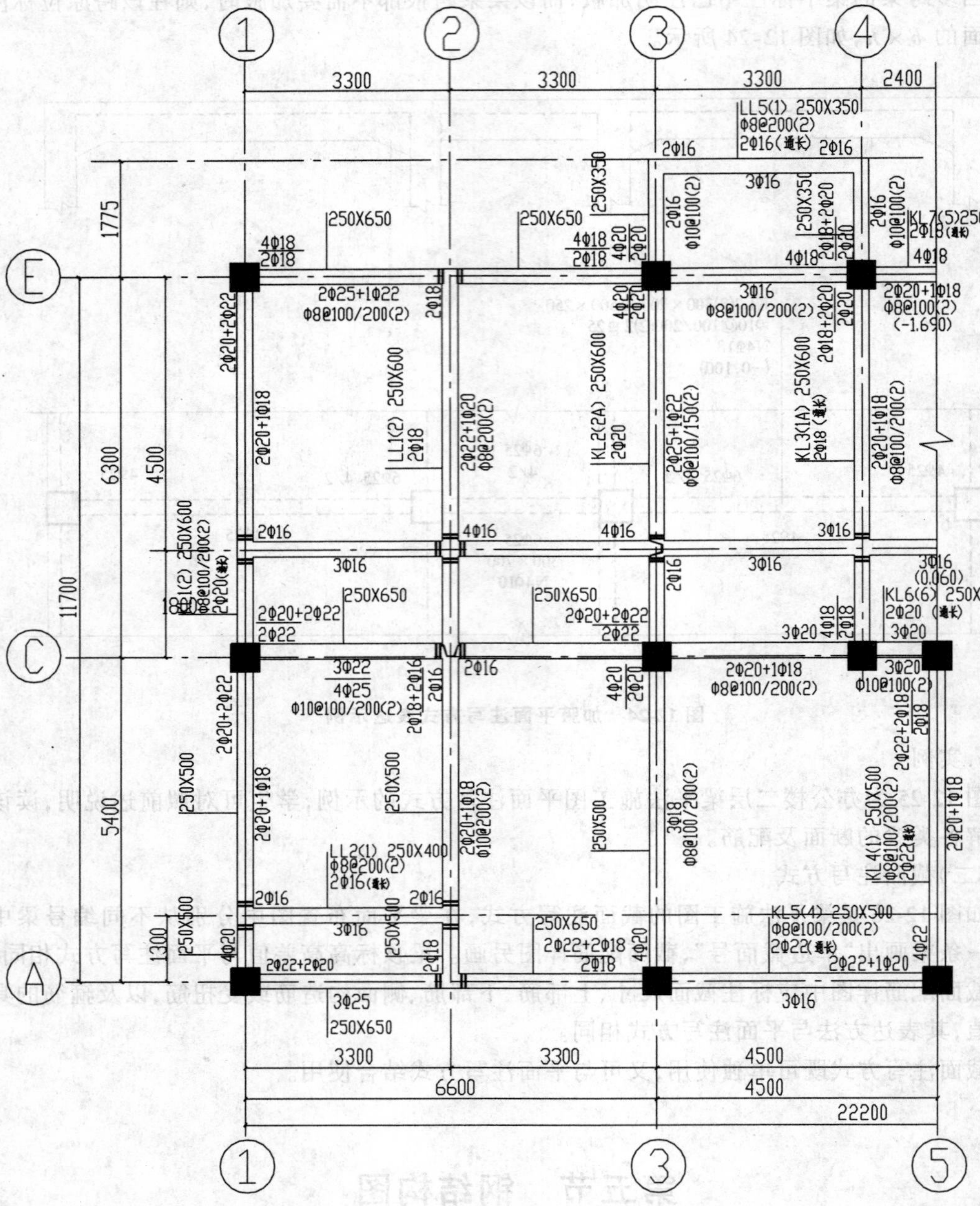

二层梁配筋图 1:60

梁顶标高为H=6.710

图 12-25　办公楼梁平法施工图平面注写方式

屋面2	65.670	
塔层2	62.370	3.30
屋面1 (塔层1)	59.070	3.30
16	55.470	3.60
15	51.870	3.60
14	48.270	3.60
13	44.670	3.60
12	41.070	3.60
11	37.470	3.60
10	33.870	3.60
9	30.270	3.60
8	26.670	3.60
7	23.070	3.60
6	19.470	3.60
5	15.870	3.60
4	12.270	3.60
3	8.670	3.60
2	4.470	4.20
1	−0.030	4.50
−1	−4.530	4.50
−2	−9.030	4.50
层号	标高(m)	层高(m)

结构层楼面标高
结 构 层 高

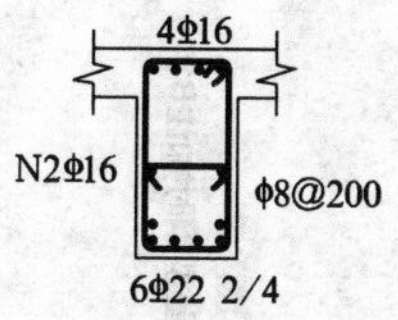

1—1
300×550

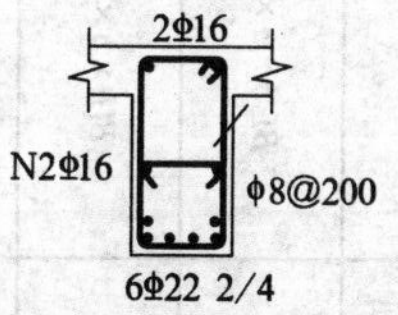

2—2
300×550

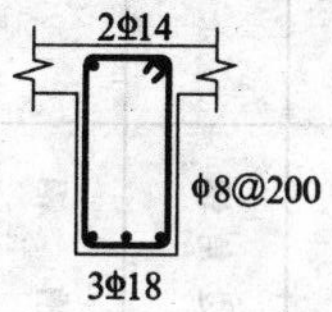

3—3
250×450

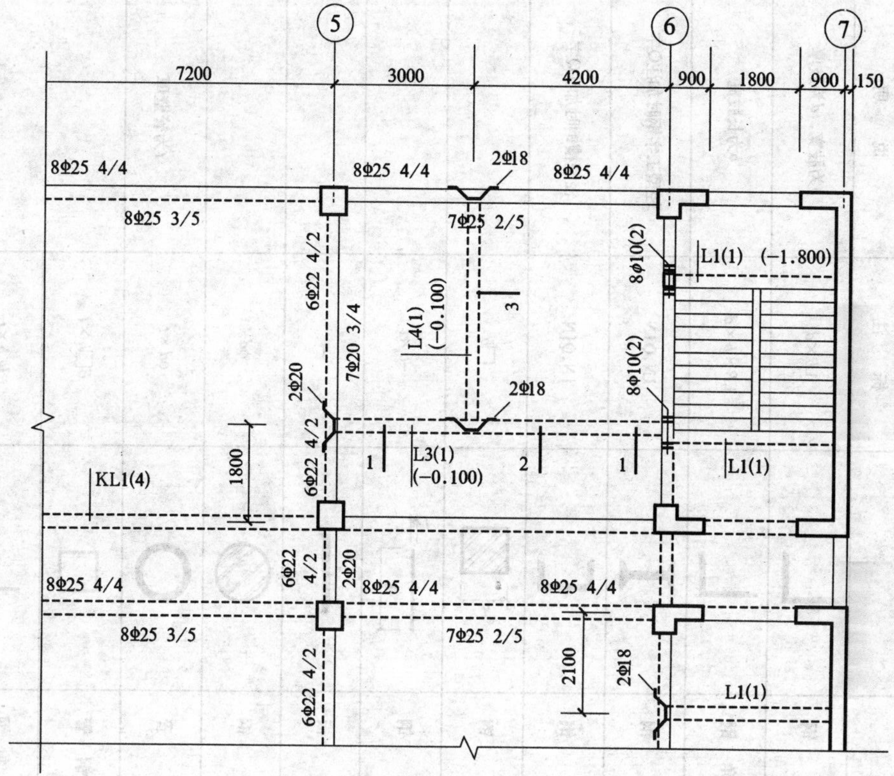

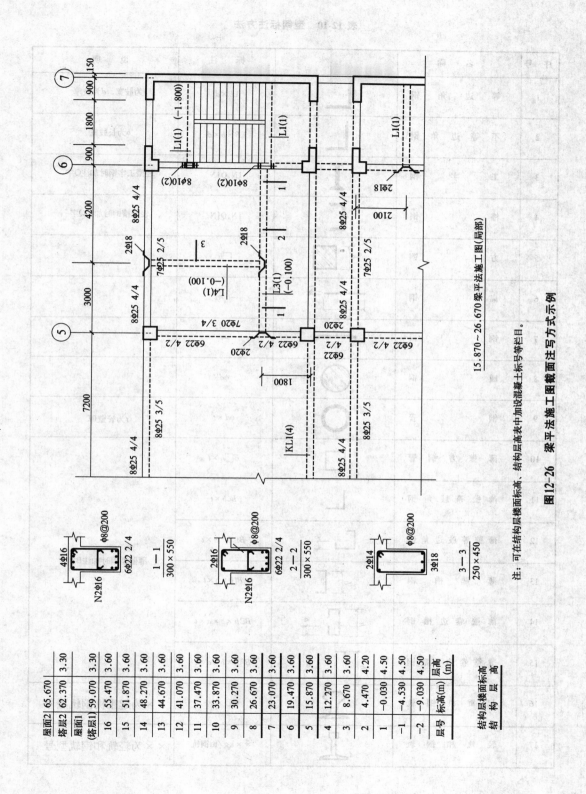

15.870~26.670梁平法施工图(局部)

注：可在结构层楼面标高、结构层高表中加设混凝土标号等栏目。

图12-26 梁平法施工图截面注写方式示例

表 12-10 型钢标注方法

序号	名称		标注	说明
1	等边角钢		∟$b \times d$	b为肢宽，d为肢厚
2	不等边角钢		∟$B \times b \times d$	b为长肢宽
3	工字钢		IN,QIN	轻型工字钢时加注Q字
4	槽钢		[N,Q[N	轻型槽钢时加注Q字
5	方钢	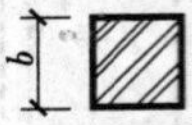	□b	
6	扁钢	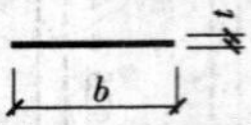	$-b \times t$	
7	钢板		$-t$	
8	圆钢		ϕd	
9	钢管		$\phi d \times t$	t为管壁厚
10	薄壁方钢管		B□$h \times t$	
11	薄壁等肢角钢		B∟$b \times t$	
12	薄壁等肢边角钢	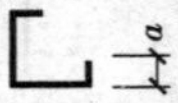	B∟$b \times a \times t$	薄壁型钢时加注B字
13	薄壁槽钢	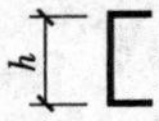	B[$h \times b \times t$	
14	薄壁卷边槽钢	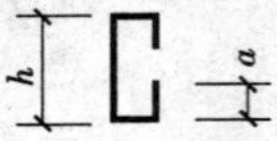	B⊏$h \times b \times a \times t$	
15	薄壁卷边Z型钢	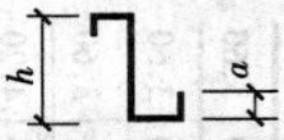	B⅂$h \times b \times a \times t$	
16	起重机钢轨		QU××	××为起重机钢轨型号
17	轻轨和钢轨		××kg/m钢轨	××为轻轨和钢轨型号

二、钢材的连接方式

钢材的连接常采用焊接、螺栓连接和铆接，其中螺栓连接又分为普通螺栓和高强螺栓连接。

1.焊接代号及标注

在焊接的钢结构图中，常采用“焊缝代号”表示焊缝的位置、形式和尺寸，“焊缝代号”应符合《建筑结构制图标准》GB/T50105 – 2001 的规定，它主要由引出线、图形符号和补充符号组成，如图 12-27 所示。

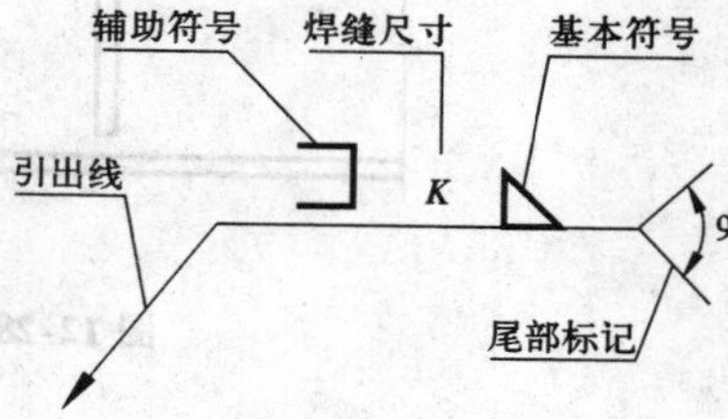

图 12-27 焊缝代号

现将常用的焊缝代号摘录如下，如表 12-11 所列。

表 12-11 焊缝形式和标注方法

	角焊缝			对接焊缝		塞焊缝	围焊	
	双面焊缝	安装焊缝	相同焊缝	单面焊缝	双面焊缝		三面围焊	环绕焊缝
型式	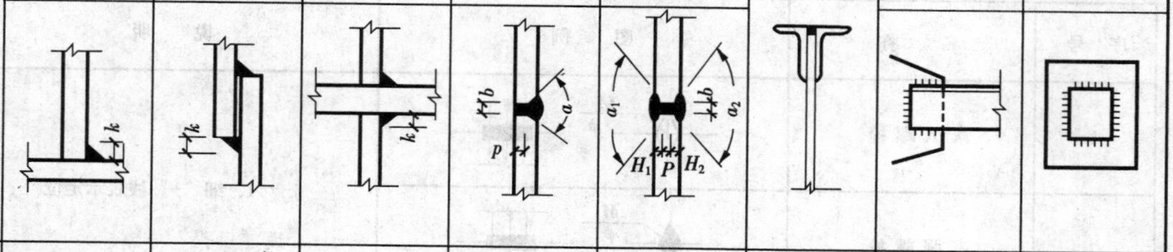							
标注方法	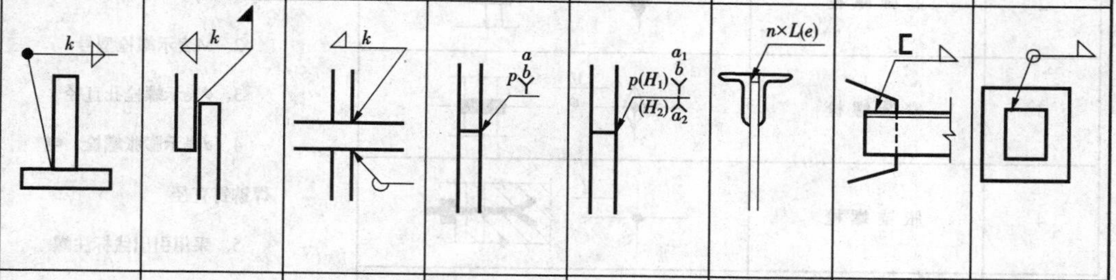							
说明	●表示熔透角焊缝	▶表示现场施焊	◡表示两个焊缝的各参数相同。3个和3个以上焊件互焊不得注双面焊缝。	对接焊件中只有一个带坡口时，引线箭头指向带坡口的焊件。	$H_1=H_2$　$a_1=a_2$ 时，只需在横线上方标注焊缝符号和尺寸	n 焊缝段数 L 焊缝长度 e 焊缝间距	[开口指向未施焊一面	环绕构件周围施焊

标注构件中较长的角焊缝时，可不用指引线标注，而直接将焊缝尺寸 k 标注在焊缝旁，如图 12-28 所示。

在同一图形上，当有多种相同的焊缝时，可将焊缝分类编号，采用大写拉丁字母 A、B、C……，如图 12-29 所示。

2.螺栓连接及标注方法如表 12-12 所列。

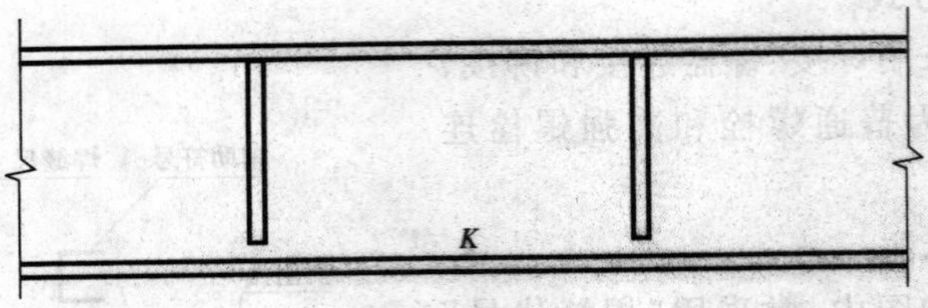

图 12-28　较长焊缝的标注方法

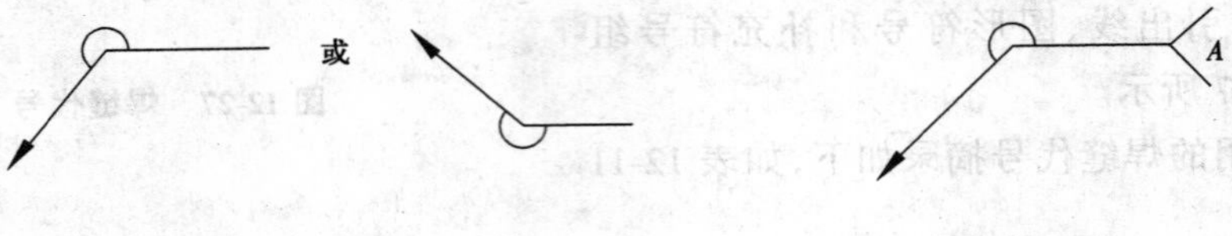

(a)　　　　　　　　　　(b)

图 12-29　相同焊缝的表示方法

表 12-12　螺栓连接及标注方法

序号	名称	图例	说明
1	永久螺栓	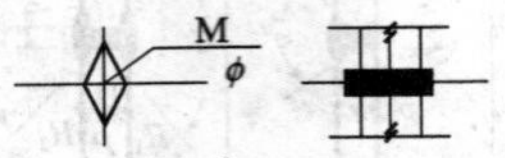	1、细“+”线表示定位线 2、M表示螺栓型号 3、ϕ表示螺栓孔直径 4、d表示膨胀螺栓、电焊铆钉直径 5、采用引出线标注螺栓时，横线上标注螺栓规格，横线下标注螺栓孔直径
2	高强螺栓	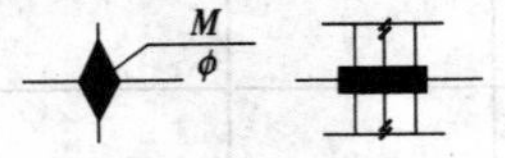	
3	安装螺栓	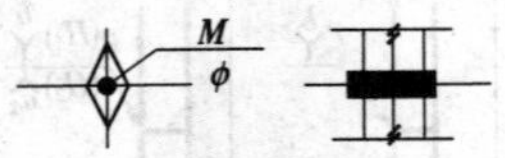	
4	胀锚螺栓	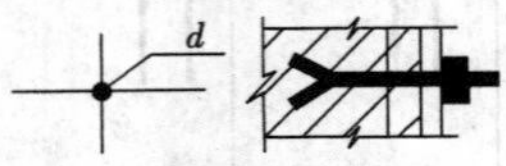	
5	圆形螺栓孔	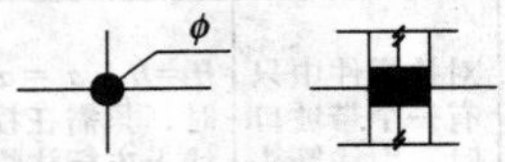	
6	长圆形螺栓孔	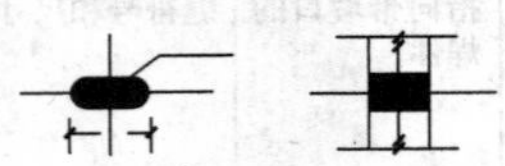	
7	电焊铆钉	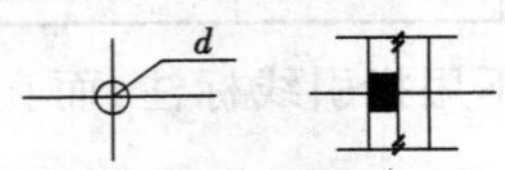	

三、尺寸标注

钢结构构件尺寸标注过程中需注意：

1.标明节点板的定形尺寸及定位尺寸，如图 12-30 所示。

2.标明杆件端部至几何中心线交点的距离及各杆件螺栓孔中心距，如图 12-31 所示。

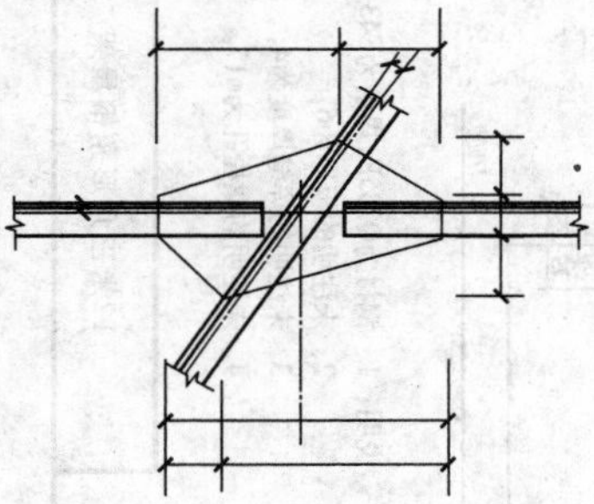

图 12-30 节点板尺寸的标注方法

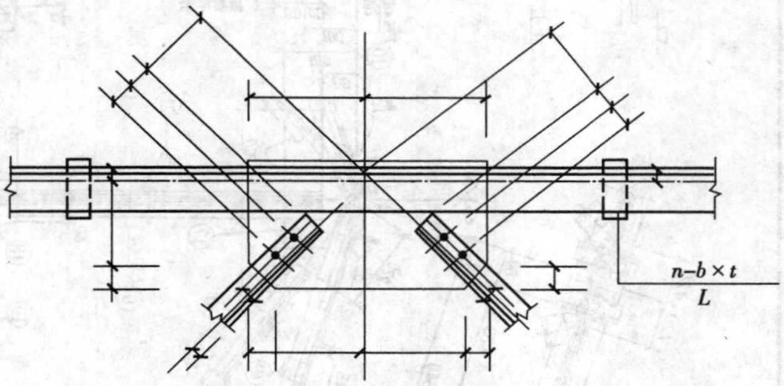

图 12-31 节点板尺寸标注及缀板的标注方法

3.标明双型钢组合截面中缀板的数量及尺寸，如图 12-31 所示。

4.标明不等边角钢一肢的尺寸，如图 12-32 所示。

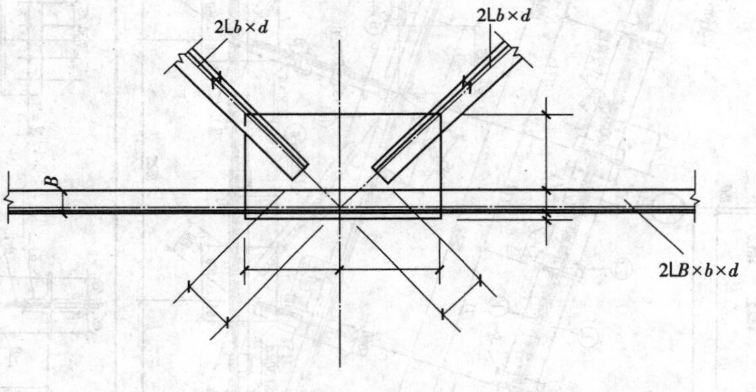

图 12-32 节点尺寸及不等边角钢的标注方法

四、钢屋架结构施工图实例

如图 12-33 是跨度为 12m 的三角形钢屋架详图，它由屋架几何尺寸及内力图、屋架详图、节点详图及材料表组成。

1.屋架几何尺寸及内力图

由图 12-33 可见，屋架是用单粗实线表示的几何图形，图中标注了屋架的跨度、高度、各杆件的轴线几何长度及结构形式。左半部沿着杆件方向直接注出了杆件轴线的几何尺寸(单位 mm)；右半部分标注了各杆件的内力(单位为 KN)，并以前面的正负号区别杆件受拉或受压，其中正号可省略。

2.屋架详图

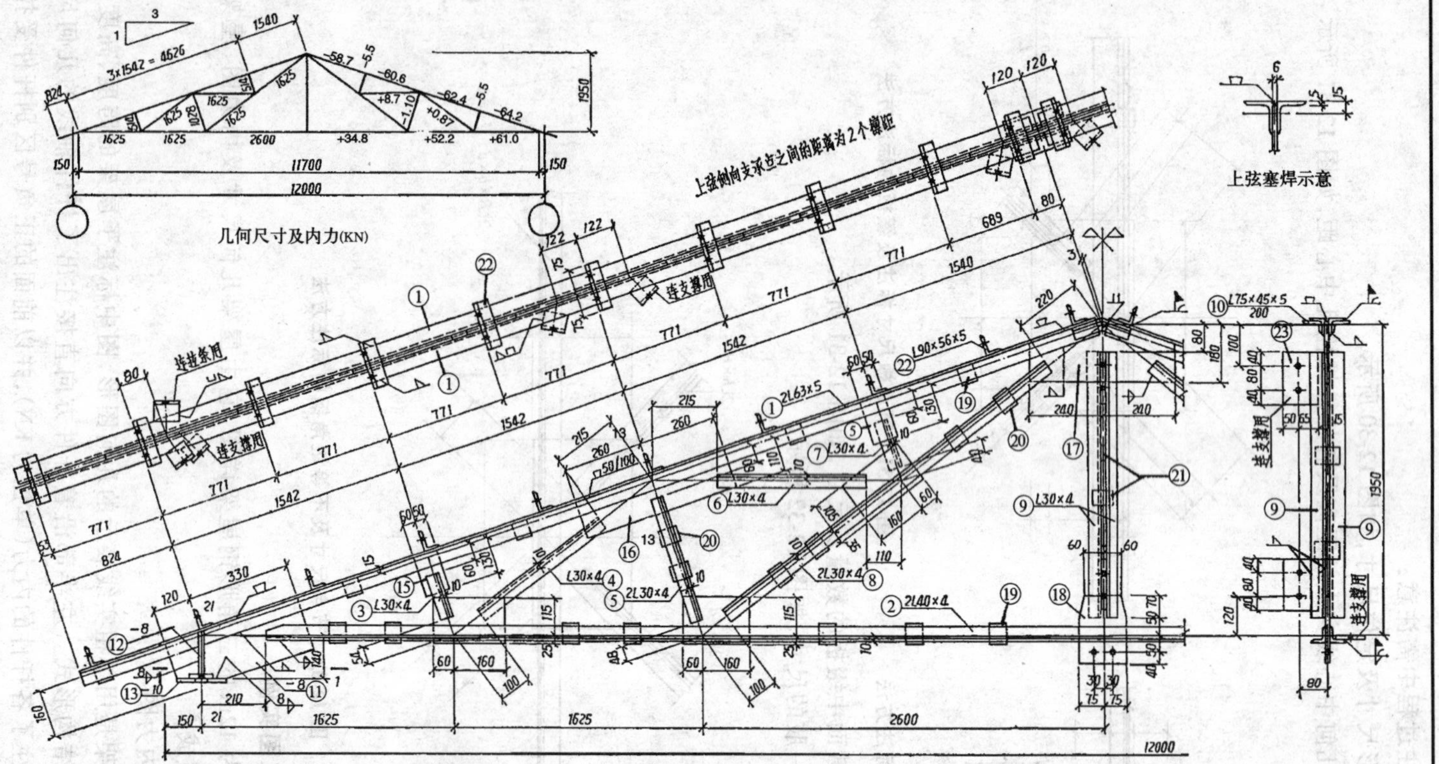

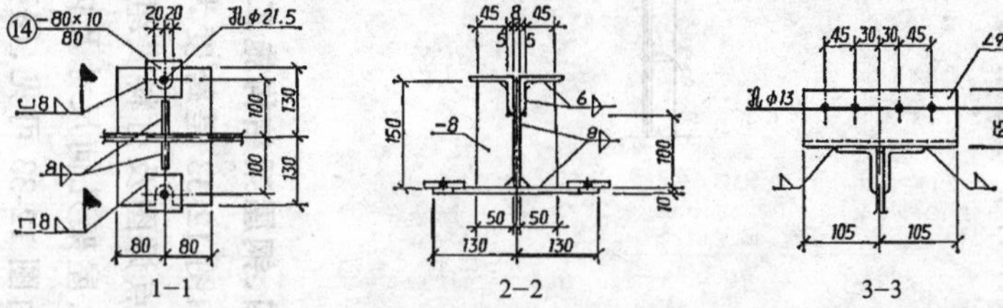

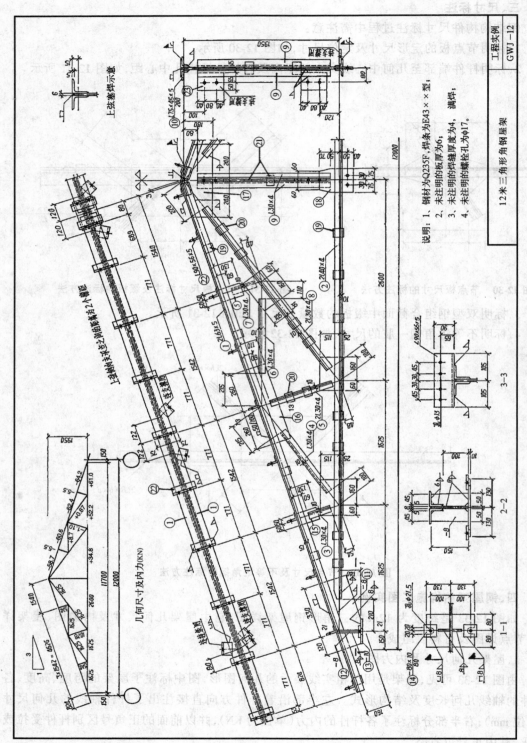

说明：1、钢材为Q235F，焊条为E43××型；
2、未注明的板厚为6；
3、未注明的焊缝厚度为4，满焊；
4、未注明的螺栓孔为φ17。

12米三角形角钢屋架	工程实例
	GWJ－12

图12-33　轻型钢屋架

屋架详图主要表明各杆件的规格、组成、连接方式、节点构造及详细尺寸等。由于杆件长细比较大，为了将细部表达清楚，常采用两种比例，轴线长度采用较小的比例（如 1∶20），杆件断面则采用较大的比例（如 1∶10）。

如图 12-33 钢屋架详图以立面为主，由于该屋架对称，故采用了对称画法，图中分别画出了上弦平面图，屋架端节点剖面图及跨中腹杆侧面图，并对各杆件进行编号，以便编制材料表。材料表是制作钢屋架时备料的依据。

读图 12-33 可知，①号杆件为上弦杆，是由两根等肢角钢（$2L63\times5$）组成的 T 型截面；②号杆件为下弦杆，由两根等肢角钢（$2L40\times4$）组成的倒 T 型截面。③～⑧号杆均为腹杆，分别由一根或两根等肢角钢，组成 L 型或 T 型断面，⑨号杆也是腹杆，其截面形式为十字型，由两根等肢角钢（$2L30\times4$）组成。⑩号杆件为屋脊连接件采用不等肢角钢 $L75\times45\times5$，长度 200mm，㉒号杆件为檩扒子，其长度为 210mm，由 3-3 断面图可读出。⑪～㉑号分别为节点板及缀板，㉓号为屋架垂直支承连接件。

所有构件的长度、定形尺寸、规格及数量均可由材料表查出，本图材料表略。

第十三章　水暖设备施工图

第一节　给水排水工程图概述

给水排水工程是指水源取水、水质净化、净水输送、配水使用及污水、废水排除、污水处理等工程。它是城市建设的重要基础设施之一，也是工程建设的重要组成部分。

建筑给水排水工程图则是表达建筑物内部的用水及卫生设施的种类、规格、安装位置、安装方法及管道连接和配置情况的图样。

一、给排水工程图的内容

建筑给排水工程图通常包括以下内容：

1.室内给水排水工程图，表达建筑物内部用水配件、卫生设备的布置、安装等情况。其施工图应包括管道平面布置图、管路系统轴测图、卫生设备或用水设备安装详图等。

2.室外管网及附属设备图，表达室外管网的平面布置、管道的高程及与管道相连的泵站、消火栓、阀门井及污水井等图样。

3.净水构筑物工艺图，表达自来水厂、污水处理厂的相应设备及构筑物等图样。

二、给排水工程图的图示特点

《给水排水制图标准》GB/T50106 - 2001 规定：给排水工程图绘图比例通常宜与建筑专业一致。因此，在以众多的管道及连接附件为突出特点，而管道又多属长细比值很大的给排水工程图中，无法按比例表达管道直径的大小，只能用不同的线型、线宽单线表示管道的布置，并附以公称直径的标准，如图 13-1 所示。

各管道及其连接附件分别用不同的图例表示，如表 13-1 所列。

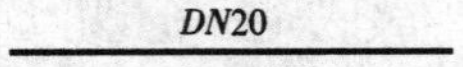

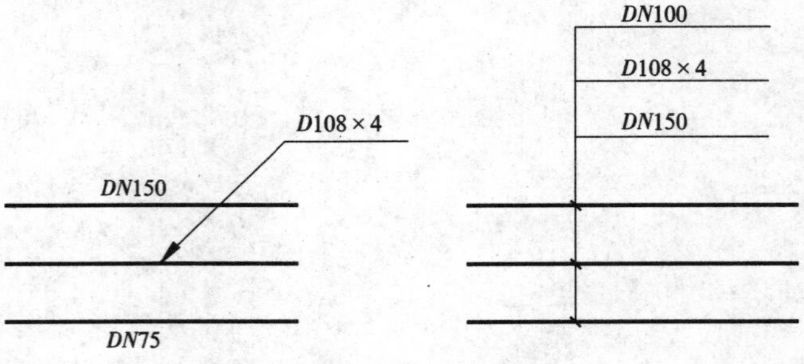

图 13-1　单线管径的标注方法

表 13-1 给水排水常用图例

名 称	图 例	名 称	图 例
生活给水管	J	热水给水管	RJ
废水管	F	污水管	W
雨水管	Y	多孔管	
保温管		管道立管	XL−1 平面　XL−1 系统
室内消火栓	平面　系统	室外消火栓	
水表井		雨水口	
检查井 阀门井		圆型化粪池	HC
沉淀池	CC	管道固定支架	
法兰连接		活接头	
承插连接		异径管	
闸 阀		球阀	
止回阀		减压阀	高　低
水 表		水 泵	平面　系统
弯 头		正三通	
存水弯		清扫口	平面　系统
通气帽	成品　铅丝球	雨水斗	YD− 平面　YD− 系统
排水漏斗	平面　系统	圆形地漏	

续表

名 称	图 例	名 称	图 例
自动冲洗水 箱		放水龙头	平面 系统
化验龙头		自动排气阀	平面 系统
化验盆洗涤盆		污水池	
浴 盆		台式洗脸盆	
沐浴喷头		坐式大便器	
蹲式大便器		小便槽	
立式小便器		脚踏开关	
散热器	平面 立面	截止阀	
锁定调节阀		除污器	

在同一图样中，如有几种不同的管道及附件，为清楚起见，应在图中附加图例并给以说明。

对于给水排水工艺流程图(如:泵站或污水处理工艺流程图)中，各种管道直径较大，构造复杂，此时则不能再用单线条表示管道，而必须按正投影视图画出其具体轮廓线，如图 13-2 所示。

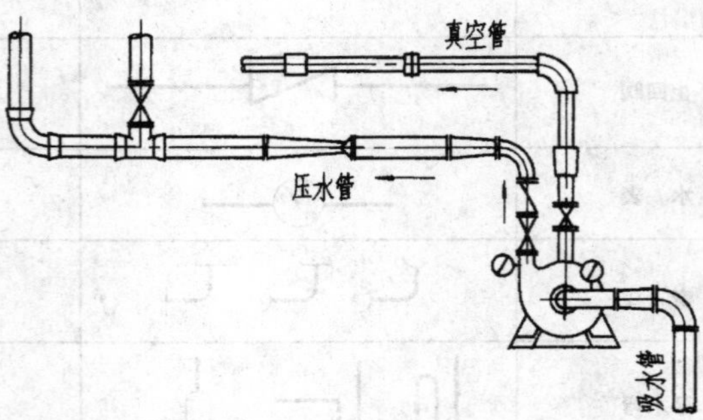

图 13-2　双线管道连接法

第二节　室内给水排水工程图

一、室内给水工程图

（一）平面布置图

平面布置图主要表明用水设备的类型、定位，各给水管道（干管、支管、立管、横管）及配件的布置情况。

1.平面图的内容

(1)底层平面图。给水从室外到室内，需要从首层或地下室引入。所以通常应画出用水房间的底层给水管网平面图，如图 13-3，由图可见给水是从室外管网经Ⓔ轴北侧穿过Ⓔ轴墙体之后进入室内，并经过立管 JL_1 ~ JL_3 及各支管向各层输水。

(2)楼层平面图。如果各楼层的盥洗用房和卫生设备及管道布置完全相同时，则只需画出一个相同楼层的平面布置图。但在图中必须注明各楼层的层次和标高，如图 13-3 所示。

(3)屋顶平面图。当屋顶设有水箱及管道布置时，可单独画出屋顶平面图。但如管道布置不太复杂，顶层平面布置图中又有空余图面，且与其他设施及管道不致混淆时，则可在最高楼层的平面布置图中，用双点长画线画出水箱的位置；如果屋顶无用水设备时则不必画屋顶平面图。

(4)标注。为使土建施工与管道设备的安装能互为核实，在各层的平面布置图上，均需标明墙、柱的定位轴线及其编号，并标注轴线间距。管线位置尺寸不标注。如图 13-3 所示。

2.平面布置图的画法

(1)通常采用 1∶50 或 1∶25 局部放大的比例，画出用水房间的平面图，其中墙身、门窗的轮廓线均用 $0.25b$ 的细实线表示。

(2)画出卫生设备的平面布置图。各种卫生器具和配水设备均用 $0.5b$ 的中实线，按比例画出其平面图形的轮廓，但不必表达其细部构造及外形尺寸。如有施工和安装上的需要，可标注其定位尺寸。

(3)画出管道的平面布置图，管道是室内管网平面布置图的主要内容，通常用单粗实线表示。底层平面布置图应画出引入管、下行上给式的水平干管、立管、支管和配水龙头，每层卫生设备平面布置图中的管路，是以连接该层卫生设备的管路为准，而不是以楼地面作为分界线，因此凡是连接某楼层卫生设备的管路，虽然有安装在楼板上面或下面的，但都属于该楼层的管道，所以都要画在该楼层的平面布置图中，且不论管道投影的可见性如何，都按该管道系统的线型绘制，且管道线仅表示其安装位置，并不表示其具体平面位置尺寸（如与墙面的距离等）。

（二）管系统轴测图

为了清楚地表示给水管的空间布置情况，室内给水排水工程图，除平面布置图外还应配以立体图，通常画成正面斜轴测。

1.轴向选择

通常把房屋的高度方向作为 OZ 轴，OX 和 OY 轴的选择则以能使图上管道简单明了、

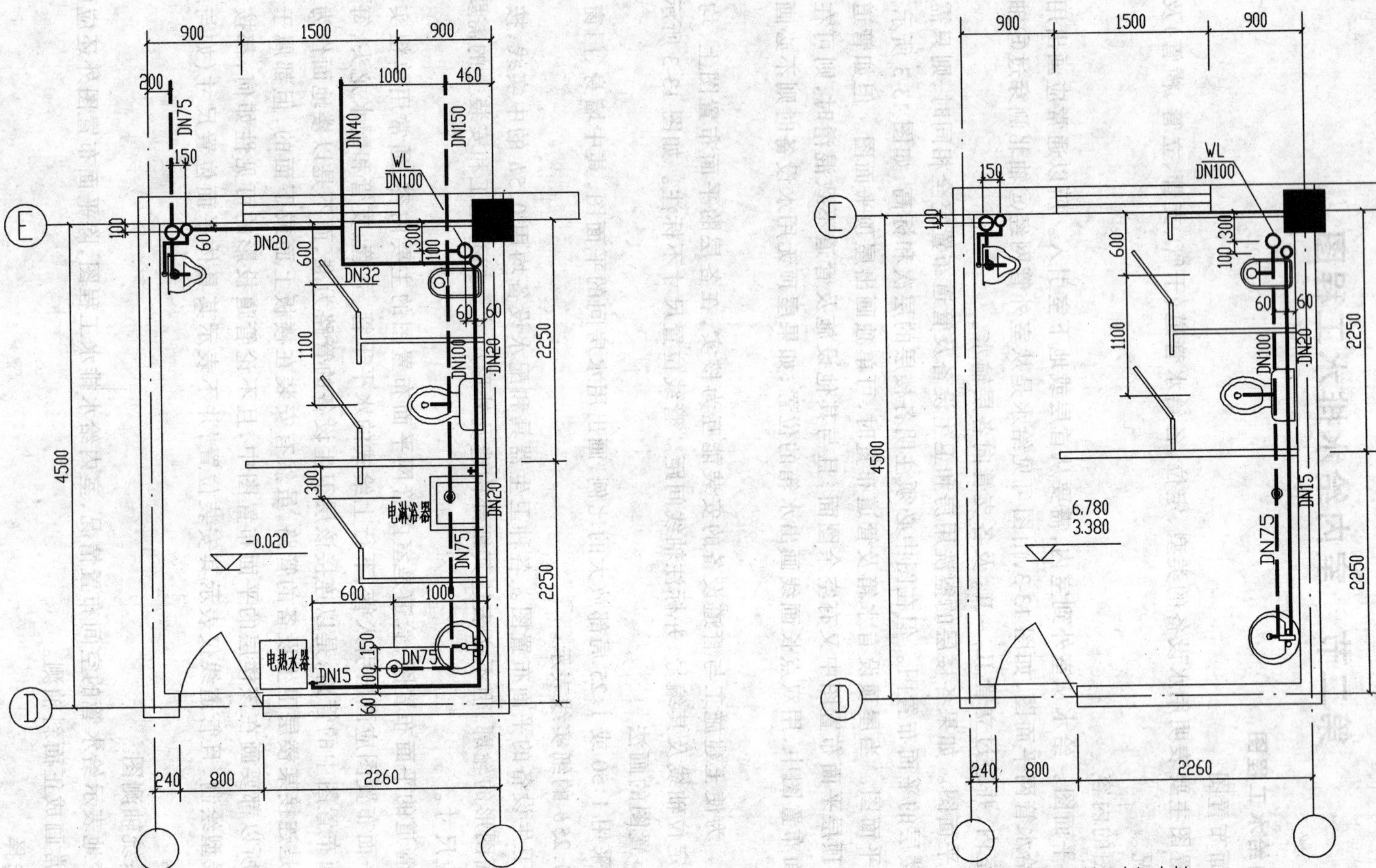

首层男卫生间大样 1:50　　　　二、三层男卫生间大样 1:50

图13-3　室内给排水工程图

避免管道过多交错为原则。由于室内卫生设备多以房屋横向布置，所以应以横向作为 *OX* 轴，纵向作为 *OY* 轴。管路在空间长、宽、高 3 个方向延伸在管系轴测图中分别与相应的轴测轴 *X*、*Y*、*Z* 轴平行，且由于 3 个轴测轴的轴向变形系数均为 1，当平面图与轴测图具有相同的比例时，*OX*，*OY* 向可直接从平面图上量取，*OZ* 向尺寸根据房屋的层高和配水龙头的习惯安装高度尺寸决定。凡不平行于轴测轴 *X*、*Y*、*Z*3 个方向的管路，可用坐标定位法将处于空间任意位置的直线管段，量其起迄两个端点的空间坐标位置，在管系轴测图中的相应坐标上定位，然后连其两个端点即成。

2. 管系轴测图的图示方法（如图 13-4 所示）

（1）管系轴测图一般采用与房屋的卫生器具平面布置图或生产车间的配水设备平面布置图相同的比例，即常用 1:50 和 1:100，且各个管系轴测图的布图方向应与平面布置图的方向一致，以使两种图样对照联系，以免阅图时引起错误。

（2）管系轴测图中的管路也都用单线表示，其图例及线型、图线宽度等均与平面布置图相同。

（3）当管道穿越地坪、楼面及屋顶、墙体时，可示意性的以细线画成水平线，下面加剖面斜线表示地坪。两竖线中加斜线表示墙体。

（4）当空间呈交叉的管路，而在管系统轴测图中两根管道相交时，在相交处可将前面或上面的管道画成连续的，而将后面或下面的管道画成断开的，以区别可见与否。

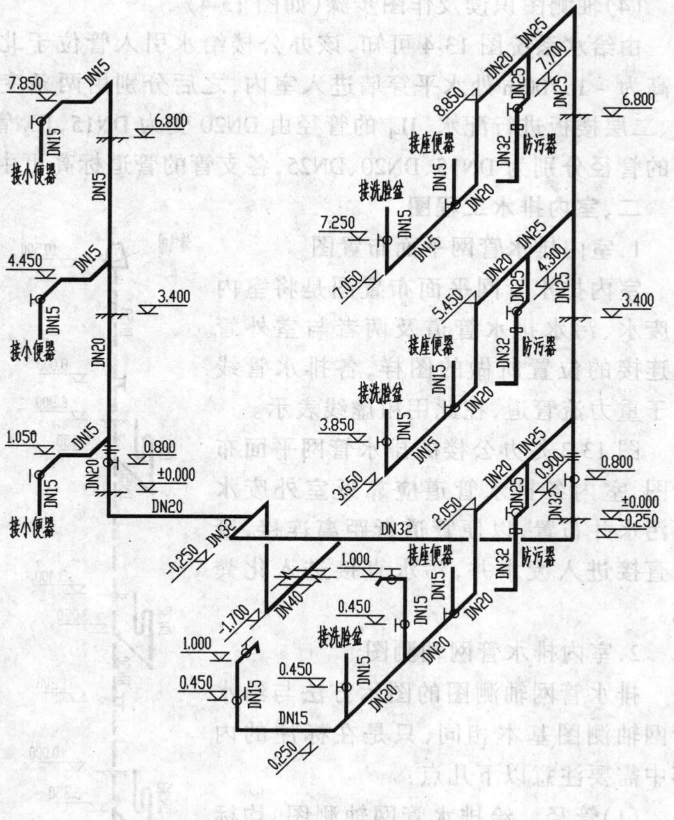

图 13-4 室内给水系统轴测图

（5）为使轴测图表达清晰，当各层管网布置相同时，轴测图上的中间层的管路可以省略不画，在折断的支管处注上“同×层”（“×层”应是管路已表达清楚的某层）即可。

3. 标注

（1）管径。管道直径应以毫米为单位。其表达方式如下：

水、煤气输送钢管（镀锌或非镀锌）、铸铁管等管材，管径宜以公称直径（内孔直径）DN 表示，如 DN25 表示管道公称直径为 25mm；

无缝钢管、焊接钢管、铜管、不锈钢管等管径宜以外径 D×壁厚表示(如 D108×4)；

钢筋混凝土(或混凝土)管、陶土管、耐酸陶瓷管、缸瓦管等,管径宜以内径 d 表示(如 d380)；

塑料管材,管径宜按产品标准的方法表示。

(2)坡度。给水系统的管线属于压力流管道,一般不需敷设坡度。

(3)标高。室内压力流管道应标注管中的相对标高。此外,还应标注阀门、水表、放水龙头及各楼面的相对标高。

(4)轴测图识读及作图步骤(如图 13-4)。

由给水系统图 13-4 可知,该办公楼给水引入管位于北侧,给水干管的管径为 DN40,从标高为 -1.700m 处水平穿墙进入室内,之后分别由两条变径立管 JL_1、JL_2 穿越首层地面及一、二层楼板进行配水,JL_1 的管径由 DN20 变为 DN15,JL_2 管径则由 DN32 变为 DN25,其余支管的管径分别为 DN15、DN20、DN25,各支管的管道标高可由图中直接读取。

二、室内排水工程图

1.室内排水管网平面布置图

室内排水管网平面布置图是将室内的废水、污水排水管道及两者与室外管网连接的位置所做的图样,各排水管线属于重力流管道,在此用粗虚线表示。

图 13-3 是办公楼的排水管网平面布置图,室内各排水管道应靠近室外废水及污水井布置,以便管道近距离连接,废水直接进入废水井,污水直接进入化粪池。

2.室内排水管网轴测图

排水管网轴测图的图示方法与给水管网轴测图基本相同,只是在标注的内容中需要注意以下几点:

(1)管径。给排水管网轴测图,均标注管道的公称直径。

(2)坡度。排水管线属于重力流管道,所以各排水横管均需标注管道的坡度,一般用箭头表示下坡的方向。

(3)标高。与给水横管的管中标高不同,排水横管应标注管内底部相对标高值。

3.室内排水系统轴测图的识读

如图 13-5 是办公楼排水系统轴测图。污水及生活废水由用水设备流经水

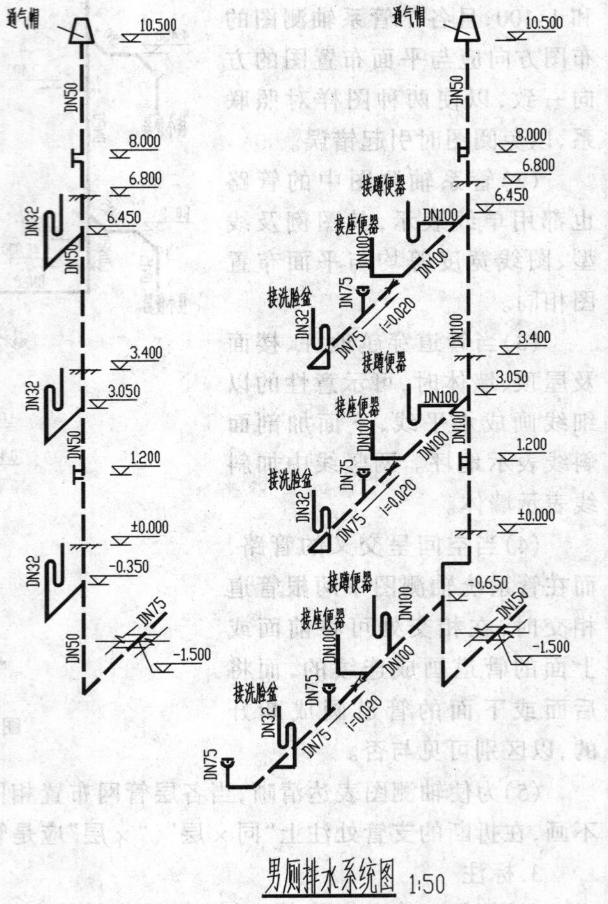

图 13-5 室内排水系统轴测图

平管到污水立管及废水立管，最后集中到总管排出室外至污水井或废水井。由图可知排水管管径比较大，比如接座便器的管径为DN100，与污水立管WL_1相连的各水平支管均向立管找坡，坡度均为0.020，各总管的管径分别为DN75、DN150。

系统图中各用水设备与支管相连处都画出了"U"型存水弯，其作用是使"U"型管内存有一定高度的水，以封堵下水道中产生有害气体，避免其进入室内，影响环境。

第三节　室外给水排水平面图

室外给水排水施工图主要是表明房屋室外给排水管道、工程设施及区域性的给排水管网、设施的连接和构造情况。室外给排水施工图一般包括室外给排水平面图、高程图、纵断面图及祥图。对于规模不大的一般工程，则只需平面图即可表达清楚。

一、室外给水排水平面图的内容

室外给排水平面图是以建筑总平面图的主要内容为基础，表明建筑小区或某幢建筑物室外给排水管道布置情况，一般包括以下内容：

1.主要内容。表明地形及建筑物、道路、绿化等平面布置及标高状况。

2.布置情况。该区域内新建和原有给水排水管道及设施的平面布置、规格、数量、标高、坡度、流向等。

3.分部表达。当给水和排水管道种类繁多地形复杂时，给水排水管道可分系统绘制或增加局部放大图、纵断面图使表达的内容清楚。

二、室外管网平面布置图

为了说明新建房屋室内给水排水与室外管网的连接情况。通常还要用小比例（1:500或1:1000）画出室外管网的平面布置图。在此图中只画局部室外管网的干管，以能说明与给水引入管与排水排出管的连接情况即可。如图13-6(a)是室外给水管网平面布置图。图13-6(b)是室外排水管网平面布置图。

图中，用中实线表示建筑物外墙轮廓线，用粗实线表示给水管道，用粗虚线表示污水排放管道。单点长画线表示废水和雨水排放管道。检查井用直径2～3mm的小圆表示。

三、小区（或城市）管网总平面布置图

为了说明一个小区（或城市）给水排水管网的布置情况，通常需画出该区的给水排水管网总平面布置图。

建筑总平面图是小区管网总平面布置图的设计依据。但由于作用不同，建筑总平面图的重点在于表示建筑群的总体布置、道路交通、环境绿化，所以用粗实线画出建筑物的轮廓。而管网总平面布置图则应以管网布置为重点，所以应用粗线画出管道，而用中实线画出房屋外轮廓，用细实线画出其余地物、地貌、道路，绿化可略去不画。图13-7所示的某校区管网总平面布置图，将给水与排水系统布置画在同一张图纸上（也可分别画出）。图13-8(a)是某小区的给水排水管网总平面布置图（局部），图中有给水管、排水管、雨水管3种管道。

画图时应注意以下几点：

1.给水管道用粗实线表示，房屋引入管处均应画出阀门井。一个居住区应有消火栓和

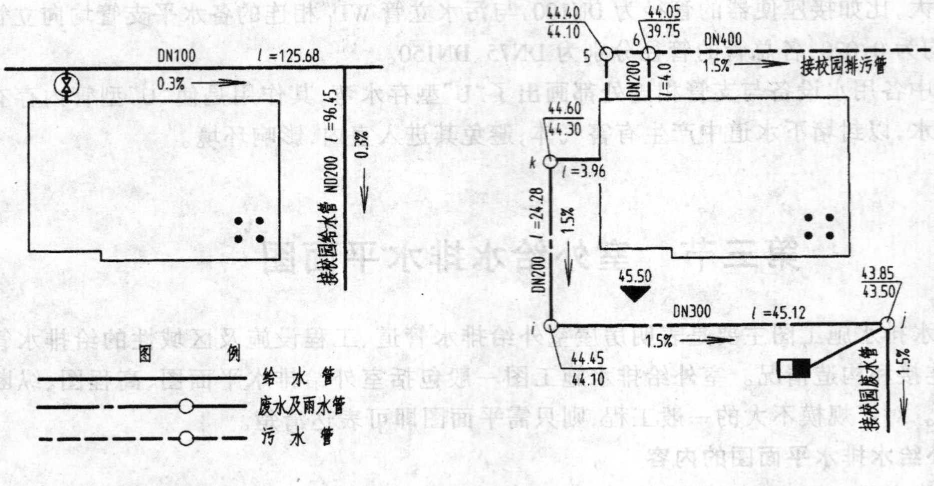

（a）给水管网 （b）排水管网

图 13-6 室外给水排水管网平面布置图

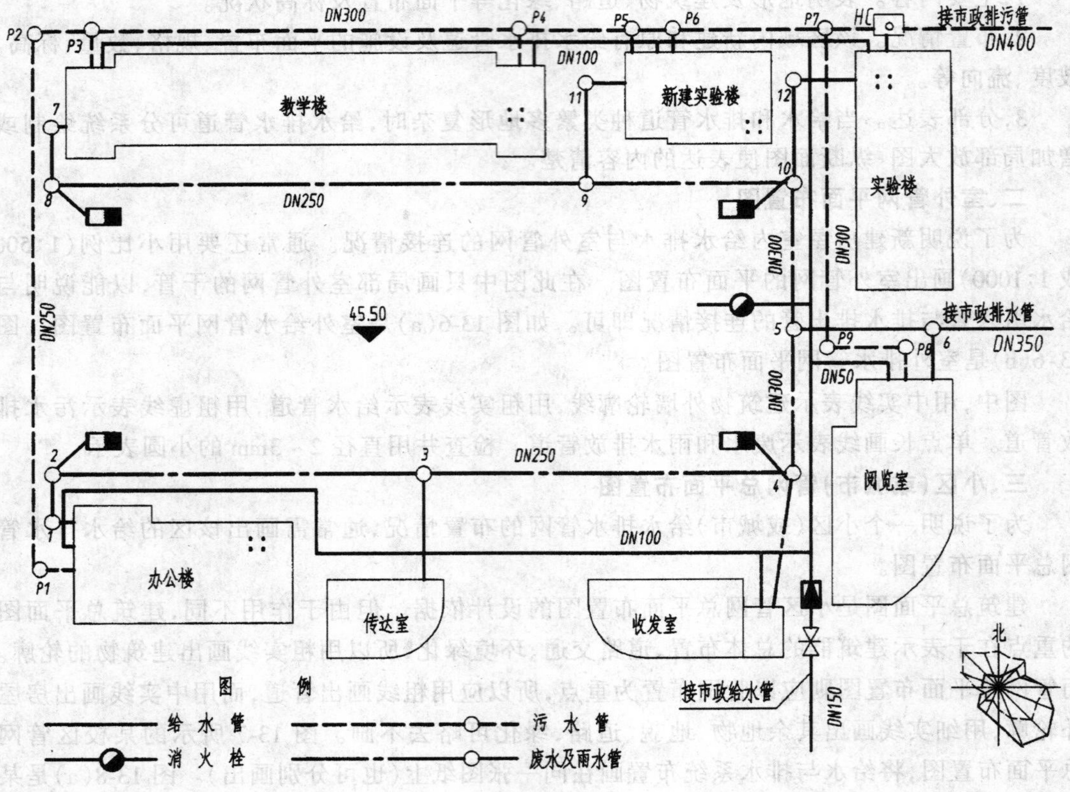

图 13-7 某校园室外给水排水管网总平面布置图

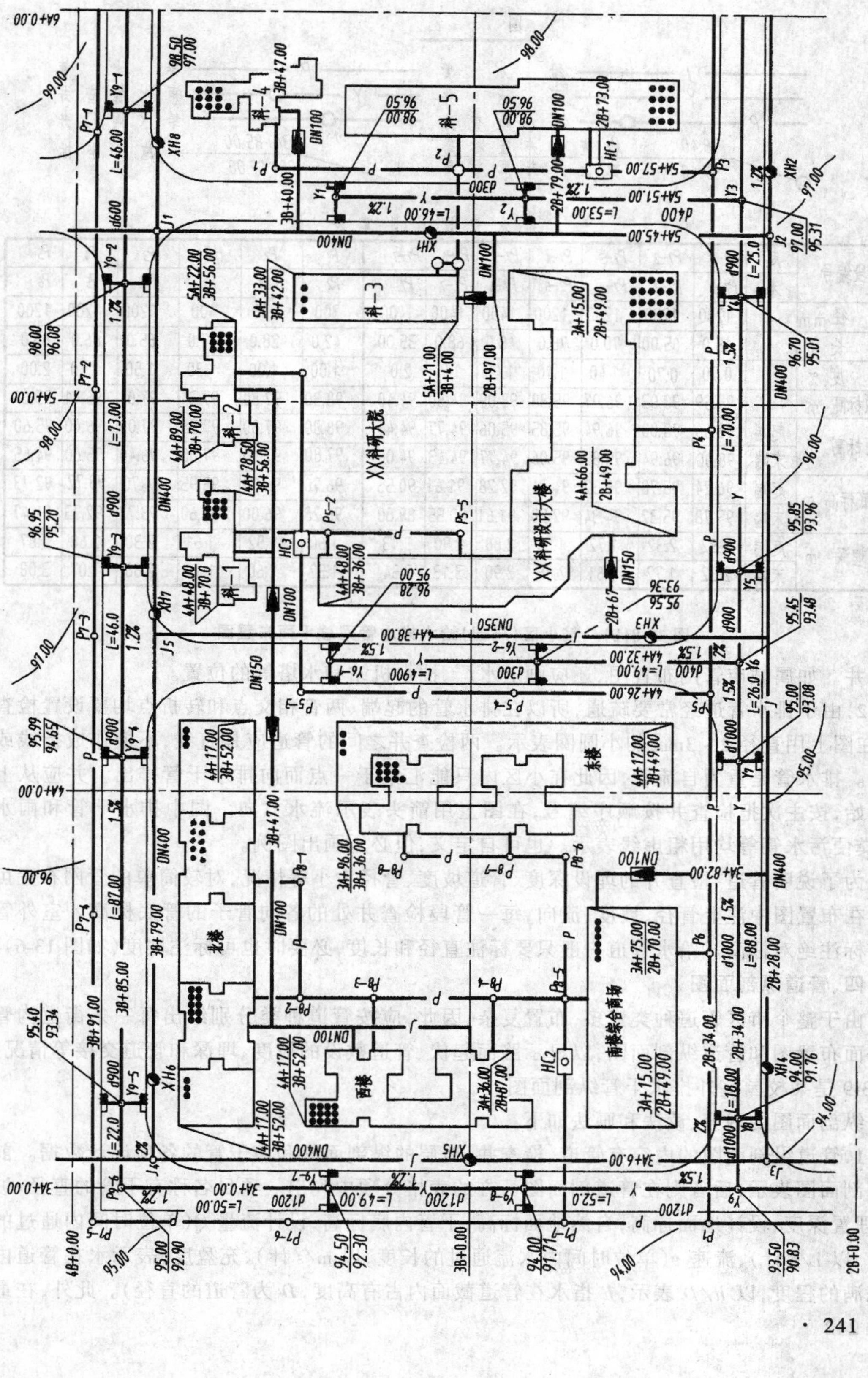

图13-8(a) 给水排水管网平面图

图　例

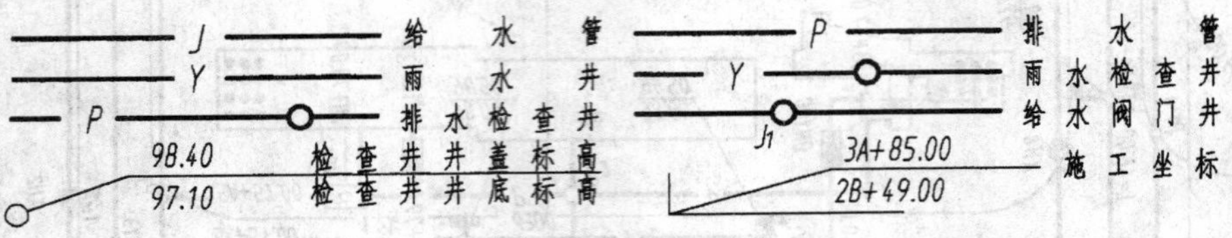

排水管设计计算表

管段编号	起	P_{7-1}	P_{7-2}	P_{7-3}	P_{7-4}	P_{7-5}	P_{7-6}	P_{7-7}	P_1	P_2	HC_1	P_3	P_4	P_5
	末	P_{7-2}	P_{7-3}	P_{7-4}	P_{7-5}	P_{7-6}	P_{7-7}	P_7	P_2	HC_1	P_3	P_4	P_5	P_6
管径 mm		1200	1200	1200	1200	1400	1400	1400	300	300	400	1200	1200	1200
管长 m		65.0	65.00	70.0	76.0	48.0	68.0	35.00	42.0	28.0	27.0	65.0	66.0	63.0
坡度 %		0.70	0.70	1.40	1.40	1.40	1.7	2.0	1.00	1.00	1.30	1.50	1.50	2.00
井顶标高 m		98.69	98.03	96.97	95.88	98.09	94.80	94.40	98.30	97.80	97.31	97.01	96.41	95.61
地面标高 m	起端	98.66	98.00	96.94	95.85	95.06	94.77	94.43	98.30	97.80	97.56	97.00	96.40	95.60
	末端	98.00	96.94	95.85	95.06	94.77	94.43	94.00	97.80	97.60	97.00	96.40	95.60	94.65
管内底标高 m	起端	96.24	95.78	95.32	94.34	92.28	91.61	90.55	96.70	96.28	95.95	94.70	93.72	92.73
	末端	95.78	95.32	94.34	92.28	91.61	90.55	89.80	96.28	96.00	95.60	93.72	92.73	91.47
管底埋深 m	起端	2.52	2.32	1.72	1.61	2.88	2.90	3.13	1.60	1.52	1.61	2.30	2.68	2.87
	末端	2.32	1.72	1.61	2.88	2.90	3.13	3.54	1.52	1.60	1.40	2.68	3.07	3.08

图 13-8(b)　某小区(局部)给水排水管网总平面布置图

水表井。如属城市管网布置图,还应画上水厂、抽水机站和水塔等的位置。

2.由于排水管道经常要疏通,所以在排水管的起端、两管相交点和转折点均要设置检查井,在图上用直径 2~3mm 的小圆圈表示。两检查井之间的管道应是直线,不能作成折线或曲线。排水管是重力自流管,因此在小区内只能汇集于一点而向排水干管排出。并应从上流开始,按主次把检查井按顺序编号,在图上用箭头表示流水方向。图中排水干管和雨水管、粪便污水管等均用粗虚线表示。也可自定义,但必须画出图例。

为了说明管道、检查井的埋设深度、管道坡度、管径大小等情况,对较简单的管网布置可直接在布置图中注上管径、坡度、流向,每一管段检查井处的各向管子的管底标高。室外管道宜标注绝对标高。给水管道一般只要标注直径和长度,必要时也可标注坡度(如图 13-6)。

四、管道纵剖面图

由于整个市区管道种类繁多,布置复杂,因此,应按管道种类分别绘出每一条街道沟管总平面布置图和管道纵剖面图,以显示路面起伏、管道敷设的坡度、埋深和管道交接等情况。图 13-9 是某校园室外排水干管纵剖面图。

纵剖面图的内容、读法和画法如下:

1.管道纵剖面图的内容有管道、检查井、地层的纵剖面图和该干管的各项设计数据。前者用剖面图表示,后者则在管道剖面图下方的表格分项中列出。项目名称有干管的直径、坡度、埋置深度,设计地面标高,自然地面标高,干管内底标高,设计流量 Q(单位时间内通过的水量,以 L/s 计)、流速 v(单位时间内水流通过的长度,以 m/s 计)、充盈度(表示水在管道内所充满的程度,以 h/D 表示,h 指水在管道截面内占有高度,D 为管道的直径)。此外,在最

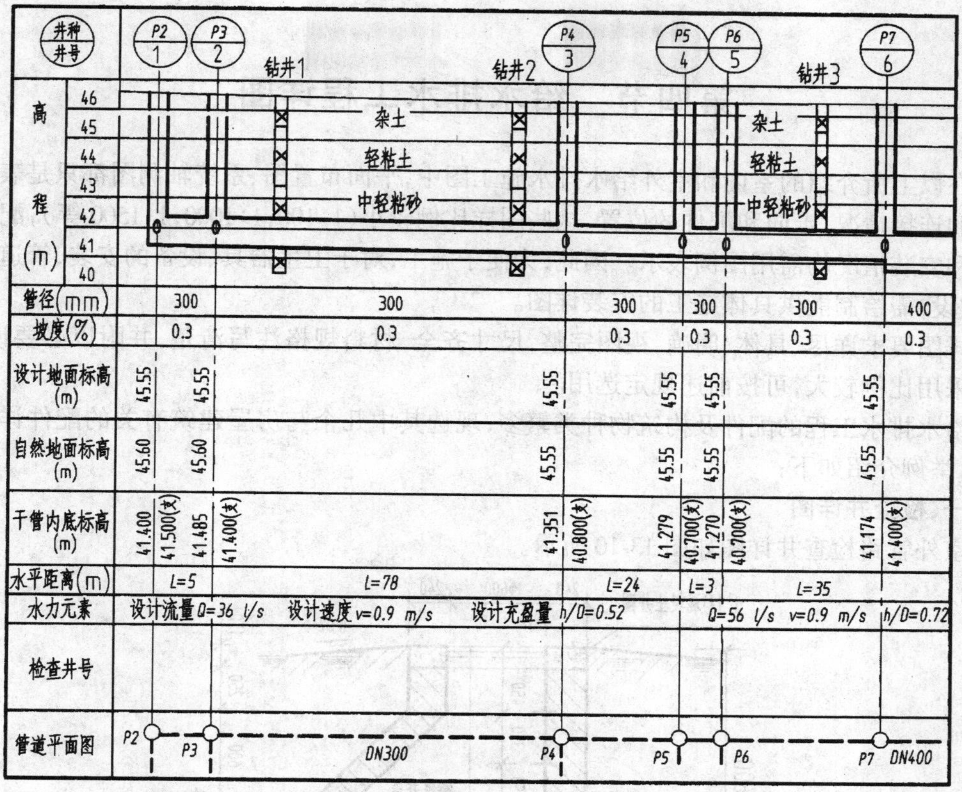

图 13-9　某校园室外排水管纵剖面图

下方，还应画出管道平面示意图，以便与剖面图对应。

2. 由于管道的长度方向(图中的横向)比其直径方向(图中的竖向)大得多，为了说明地面的起伏情况，通常在纵剖面图中采用横竖两种不同的比例，一般竖向的比例为横向比例的10倍。

3. 管道剖面是管道纵剖面图的主要内容。它是沿着干管轴线铅垂剖开后画出来。画图时，在高程栏中根据竖向比例(1格代表1m)绘出水平分格线；根据横向比例和两检查井之间的水平距离绘出垂直分格线。然后根据干管的管径、管底标高、坡度、地面标高，在分格线内按上述比例画出干管、检查井的剖面图。管道和检查井在剖面图中都用双线表示，并把同一直径的设计管段都画成直线。此外，因为竖横比例不同，所以还应将另一方向并与该干管相交或交叉的管道截面画成椭圆形。

4. 该干管的设计项目名称，列表绘于剖面图的下方。应注意不同的管段之间设计数据的变化。

管道平面示意图只画出该干管、检查井和交叉管道的位置，以便与剖面图对应。

5. 为了显示土层的构造情况，在纵剖面图上还应绘出有代表性的钻井位置和土层的构造剖面。

6. 在管道纵剖面图中，通常将管道剖面画成粗实线，检查井、地面和钻井剖面画成中实线，其他分格线则采用细实线。

第四节　给水排水工程详图

在以上所介绍的室内和室外给水排水施工图中，平面布置图、系统轴测图都只是表示了管道的连接情况、走向和配件的位置，这些图样比例较小(1∶100，1∶1000，1∶1500 等)，配件的构造和安装情况均需用图例表示。因此，为便于施工，对于卫生器具、设备的安装，管道的连接、敷设，需绘制能供具体施工的安装详图。

详图要求详尽、具体、明确，视图完整，尺寸齐全，材料规格注写清楚，并附以必要说明。详图采用比例较大，可按前述规定选用。

给水排水工程的配件及构筑物种类繁多，现选其中几个与房屋建筑有关的配件详图的画法，举例介绍如下：

一、检查井详图

室外管路检查井详图如图 13-10 所示。

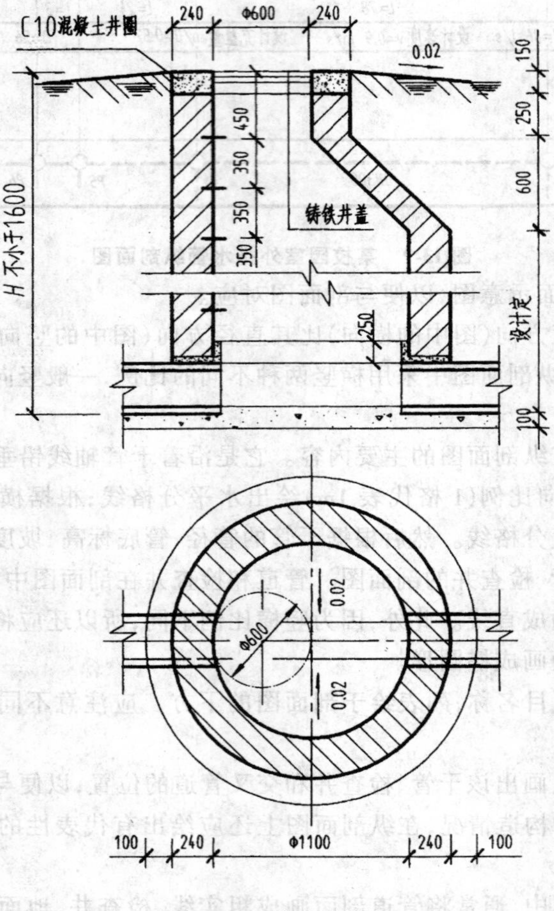

图 13-10　检查井详图

二、卫生器具安装详图

一般常用的卫生器具及设备安装详图，可直接套用给水排水国家标准图集或省、市、自治区内通用标准图集，而无需自行绘制。选用标准图时须在图例或说明中注明所采用图集和图号，对于不能套用标准图集的部分则需自行绘制详图。图 13-11(a)是洗脸盆安装详图，图 13-11(b)是污水池安装详图，图 13-11(c)是低水箱大便器安装详图。

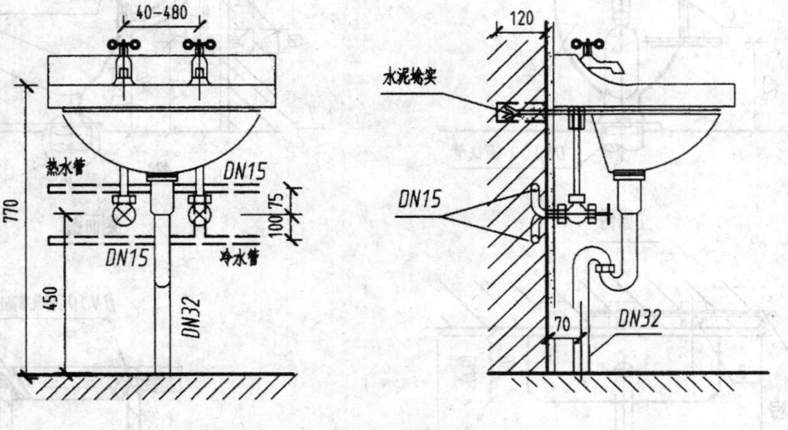

图 13-11(a)　洗脸盆安装详图

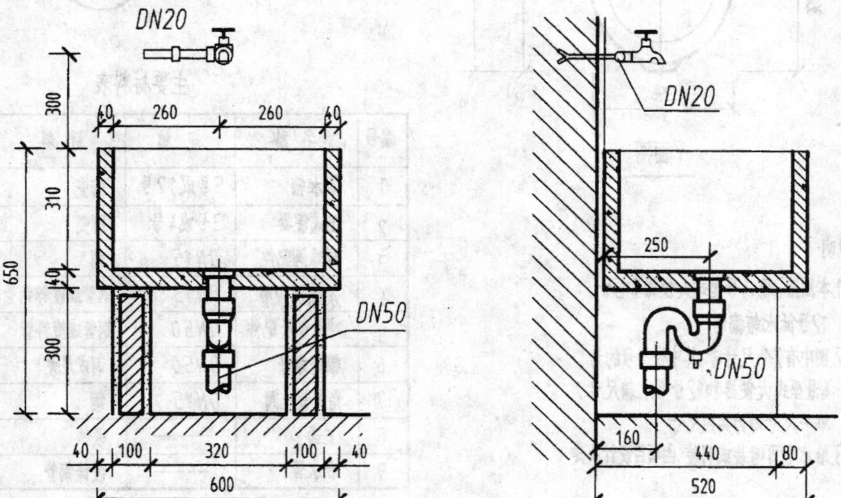

图 13-11(b)　污水池安装详图

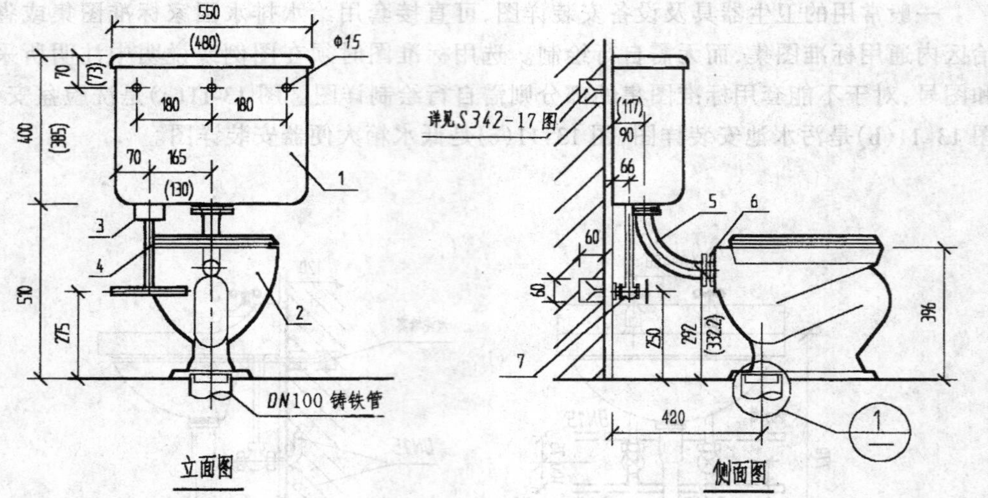

立面图　　侧面图

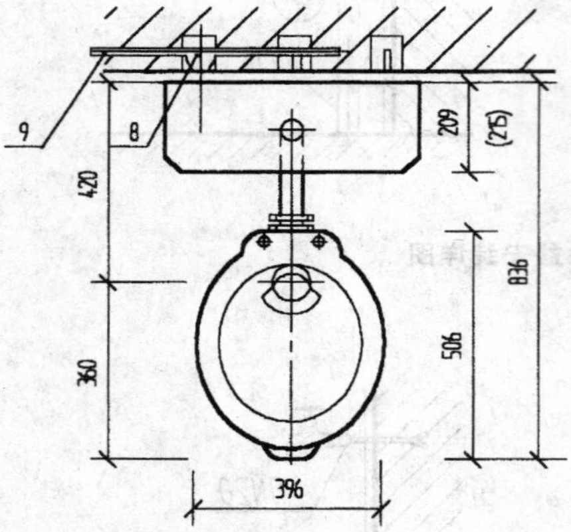

平面图

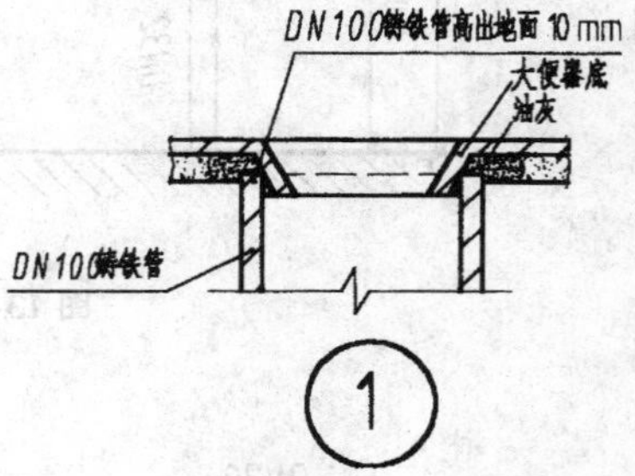

1

说明:

1.本图按3号,4号坐式大便器和5号,12号低水箱编制.

2.图中有2个尺寸者,其中带括号的为4号坐式大便器和12号低水箱尺寸,单一尺寸均为共用尺寸.

3.给水管可暗装或明装,由项目设计决定.

主要材料表

编号	名称	规格	材料	单位	数量
1	低水箱	5号或12号	陶瓷	个	1
2	坐式便器	3号或4号	陶瓷	个	1
3	浮球阀配件	DN15	铜	套	1
4	水箱进水管	DN15	铜管或镀锌钢管	套	0.26
5	冲洗管及配件	DN50	钢管或塑料管	米	1
6	锁紧螺母	DN50	铜或尼龙	套	1
7	角式截止阀	DN15	铜	个	1
8	三通	——	锻铁	个	1
9	给水管	——	镀锌钢管	——	——

标准图 1996	低水箱坐式大便器安装图(一)	S342 页 27

(c)低水箱坐式大便器安装图

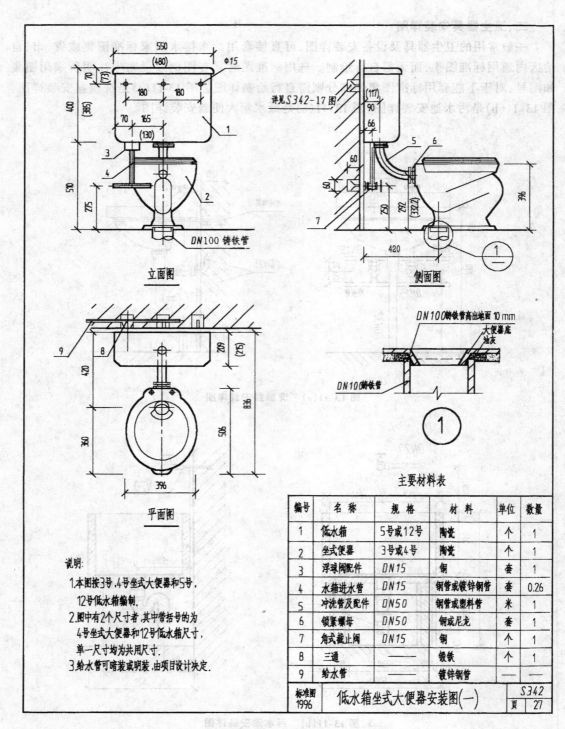

图 13-11　卫生器具安装详图

第五节　净水构筑物工艺图

城镇净水工程主要是解决水质问题。地面水的常规净化工艺流程中最主要的净水构筑物,常用的有沉淀池或澄清池、各种快速过滤池、清洗池等。含蓄工程的基本任务是收集各种废水、污水,输送到污水处理厂,经过净化处理达到无害标准以后,再排放入各种天然水体中去。排水系统有排水管网和污水处理设备。在城市污水处理的典型流程中,一级处理为物理处理,设有沉沙池及初沉池;二级处理为生物处理,设有曝气池及二次沉淀池;污泥处理采用厌氧生物处理,设有污泥浓缩池及消化池等。

以上这些净化水质的处理构筑物,其工艺性质和构造虽然不尽相同,但是它们大多数是钢筋混凝土的盛水池,内部构造则由工艺设备和管道组成。这些净水构筑物是一种水工结构,与房屋土建构筑全然不同。必须按照给水排水工程的工艺特点和专业要求,选用适当的视图、剖面和断面来表达其各个组成部分。以符合本专业要求的图示方法,进行工程设计的绘图及施工图的阅读。

一、工艺构造和视图选择

(一)快滤池的工艺构造和流程

1.工艺构造。

滤池为自来水厂中的主要水处理构筑物,可以进一步除去沉淀或澄清处理后水中的剩余杂质。以石英砂等粒状过滤物料层,能够截流水中的悬浮和细微颗粒,从而达到生活饮用水的净度要求,这是净水工艺中不可缺少的重要设备。过滤池有多种形式,以石英砂为滤料的普通快滤池,使用最普遍。过滤池一般都是成组排列成单行或双行,而管廊则设置在池组的旁边或两组的中间。

如图 13-12 为标准设计的一组普通快滤池工艺设计图,它的工艺构造组成如下:见图 13-12(a),两格滤池为一组,排成单行,滤池前面旁侧为各种进、出水管的管廊,滤池的池身为方形的钢筋混凝土的水池。从图 13-12(c)1－1 剖面图中可见,从池底起中间附设大直径的配水干管 18,主干管道两旁连接小直径的配水支管,在配水管上面为砾石层 34 及砂层 33,再上面为排水槽 29。滤池壁与砂层接触处,抹面拉毛成锯齿状,以免过滤时原水"短路"影响水质。在配水干管终端处,接有一根排气管 21,用来排出管内的积聚空气。池身前壁上部为进水渠,下部为排水渠。在管廊中设有进水管、清水管、冲洗管、排水管四种管路系统,干管上都有支管与每格滤池相接,并用闸门控制进出水。每格滤池进水渠前设有水头损失仪 1,用来观察过滤时进、出水的水头损失情况。

2.过滤流程。

如图 13-12 中(a)、(b)、(c)中所示:在某格滤池中过滤状态时,必须关闭该格过滤池的冲洗支管上的闸门 3 及排水渠上面的落水管闸门 2,并打开竖向进水支管上的闸门 4 即清水支管上的闸门 4。原水经由进水干管上的三通管 8、直管 15、三通管 8,转入每格滤池的竖向进水支管上的直管 17、闸门 4、弯管 7,进入过滤池的进水渠。水流穿过池壁进入排水槽 29(过滤时即为进水槽),在从槽顶溢出均匀分布水至整个池面中。水经过砂层过滤及砾石层后,由配水系统的配水支管19(管底有小孔)汇集起来,流向配水干管18。然后流经穿墙直

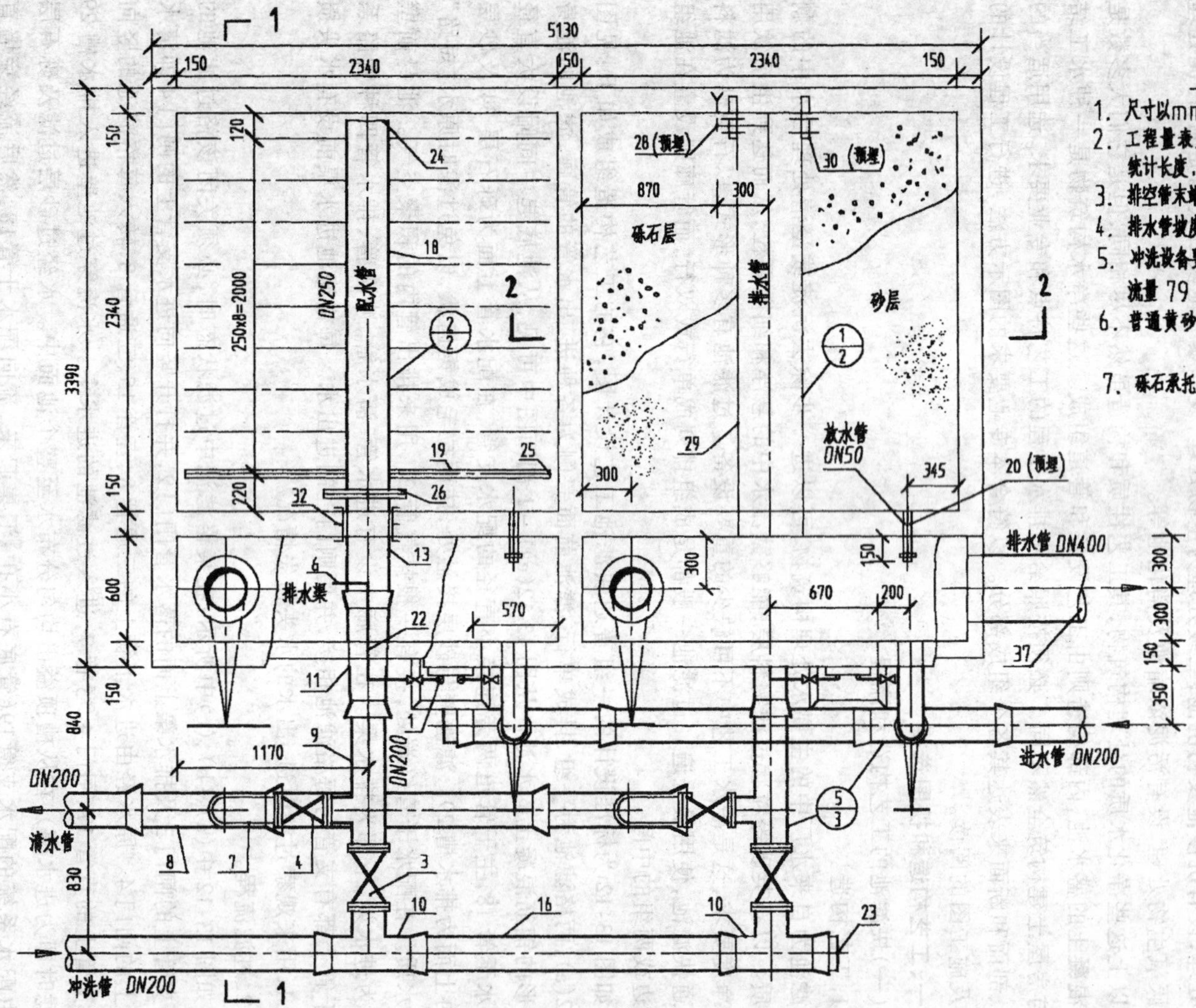

图13-12(a) 平面图

说明

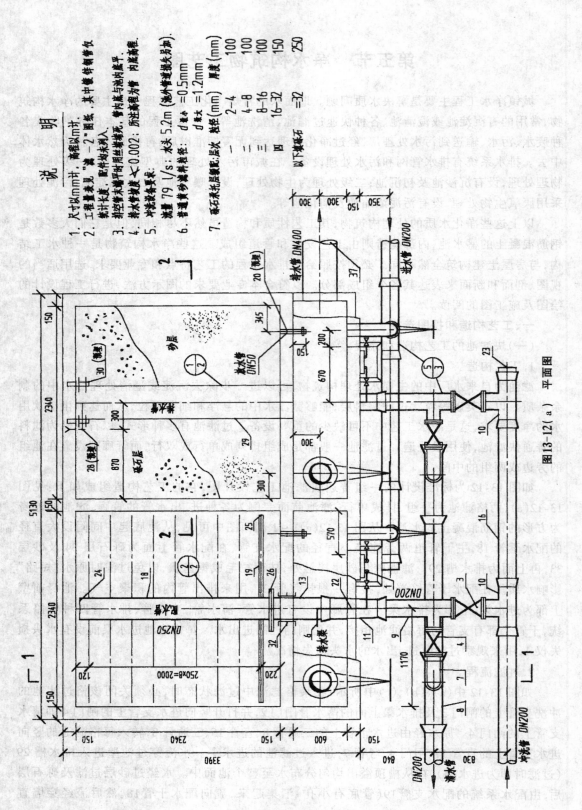

1. 尺寸以mm计，高程以m计.
2. 工程量表见"滤 -2"图纸，其中镀锌钢管仅统计长度，配件均未列入.
3. 排空管末端平时用丝堵堵死，管内底与池内底平.
4. 排水管坡度 ∢ 0.002；所注高程为管 内底高程.
5. 冲洗设备要求：
   流量 79 l/s；水头 5.2m（池外管道损失另加）.
6. 普通黄砂滤料粒径： $d_{最小}$ =0.5mm
   $d_{最大}$ =1.2mm
7. 砾石承托层级配：

层次	粒径(mm)	厚度(mm)
一	2–4	100
二	4–8	100
三	8–16	100
四	16–32	150
以下填砾石	=32	250

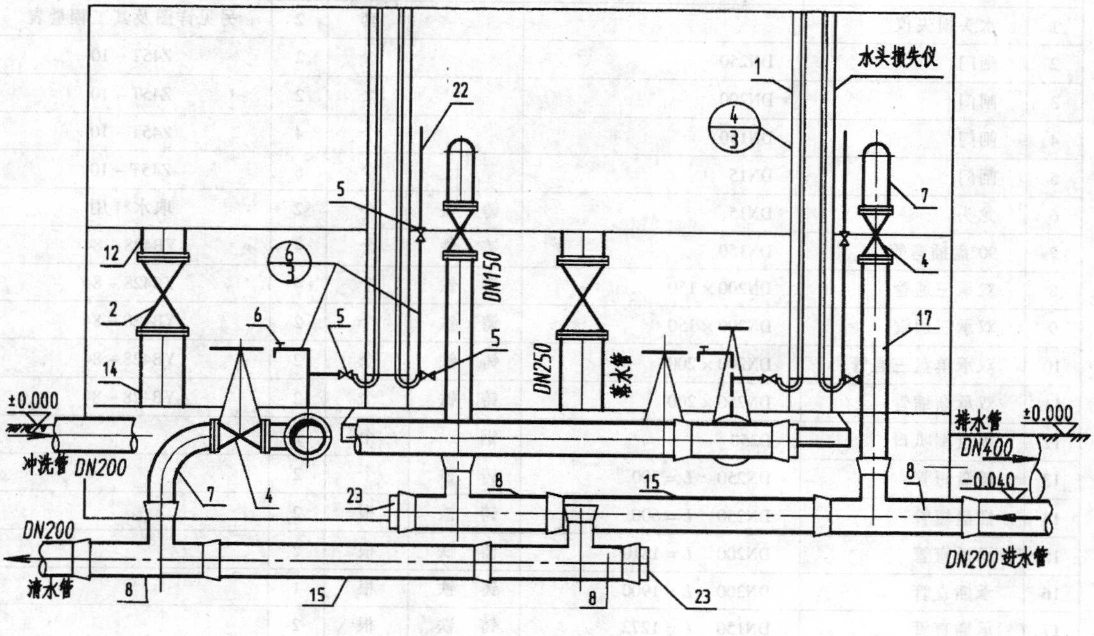

图 13-12(b)　立面图

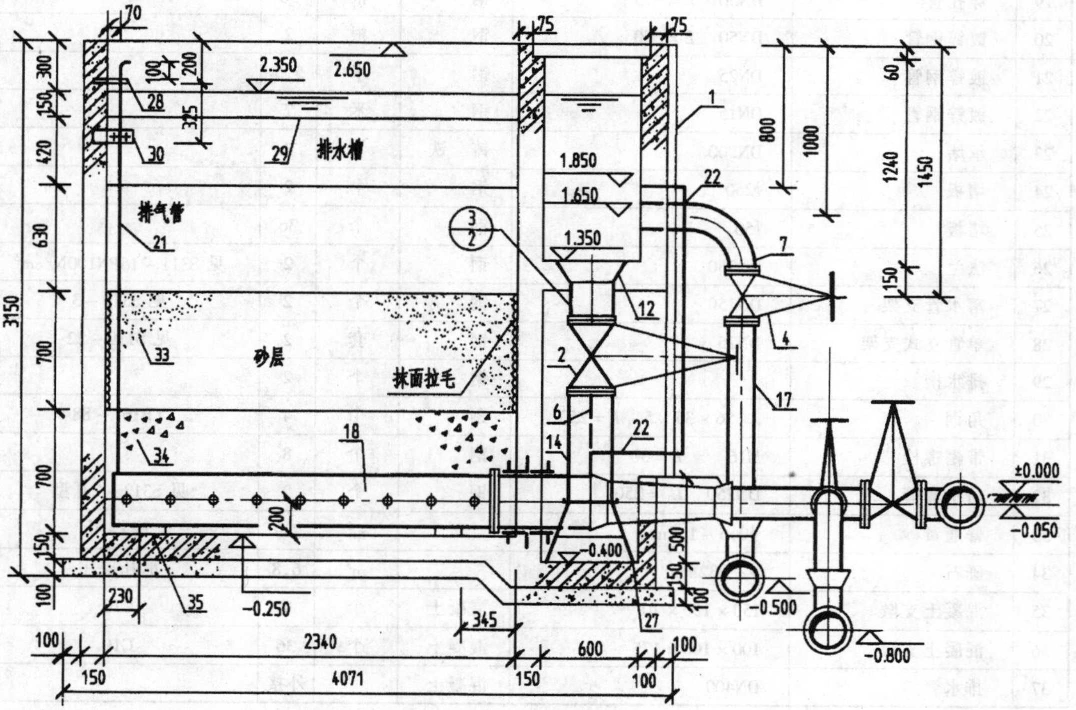

图 13-12(c)　1－1 剖面图

件号	名　称	规　格	材　料	单位	数量	备　注
1	水头损失仪			套	2	另见详图及其工程量表
2	闸门	DN250		个	2	Z45T－10
3	闸门	DN200		个	2	Z45T－10
4	闸门	DN150		个	4	Z45T－10
5	闸门	DN15		个	6	Z45T－10
6	龙头	DN15	铸　铁	个	2	取水样用
7	90°盘插弯管	DN150	铸　铁	个	4	YB428－84
8	双承三通管	DN200×150	铸　铁	个	4	YB428－84
9	双承三通管	DN200×150	铸　铁	个	2	YB428－84
10	双承单盘三通管	DN200×200	铸　铁	个	2	YB428－84
11	双承渐缩管	DN250×200	铸　铁	个	2	YB428－84
12	单盘喇叭口	D250	钢	个	2	
13	插盘短管	DN250　$L=700$	铸　铁	个	2	
14	插盘短管	DN250　$L=600$	铸　铁	根	2	
15	承插直管	DN200　$L=1810$	铸　铁	根	2	
16	承插直管	DN200　$L=1900$	铸　铁	根	1	
17	承插直管	DN150　$L=1272$	铸　铁	根	2	
18	直管	DN250　$L=2190$	钢	根	2	
19	穿孔管	DN50　$L=975$	钢	根	36	
20	镀锌钢管	DN50　$L=300$	钢	根	2	
21	镀锌钢管	DN25	钢	米	5.5	
22	镀锌钢管	DN15	钢	米	7	
23	承堵	DN200	铸　铁	套	3	
24	堵板	ϕ250	钢	个	2	
25	堵板	ϕ50	钢	个	36	
26	法兰	DN250	钢	个	2	见 S311－16PN100N/cm^2
27	落水管支架	DN150	钢	个	2	见 S319－3
28	单管立式支架	DN25	钢	套	2	见 S119－22
29	排水槽		钢	个	2	
30	角钢	∟ 56×35×5　$L=250$	钢	个	4	YB167－88
31	带帽螺栓	M16　$L=30$	钢	个	8	
32	防水套管	DN250　$L_1=250$	钢	个	2	见 S312－2Ⅱ型
33	普通黄砂	ϕ0.5－1.2mm		m^3	7.7	滤料用
34	砾石	ϕ2－32mm		m^3	6.8	承托层用
35	混凝土支墩	150×150×70	混凝土	个	4	C10
36	混凝土支墩	100×100×175	混凝土	个	36	C10
37	排水管	DN400	混凝土		外接	

(d)快滤池工程量

图 13-12　快滤池工艺图

管13、渐缩管(异径接头)11、三通管9,向左转进入清水支管上的闸门4、弯管7、三通管8,进入清水干管中,流向清水池去。

3.冲洗流程。

当过滤运行一段时间后,滤料砂层中的污物将逐渐积累,阻滞水流通过,引起滤速减慢。如图13-12(b)所示:在每个滤池的进水管前附有一个"水头损失仪"1,其右面玻璃管连接镀锌钢管22通到进水渠壁;左面玻璃管由镀锌钢管22接到配水干管出口处的穿墙直管上端。当两个玻璃管中的水位差增大,以致出水量锐减或水质恶化时,这格滤池就须停止过滤而进行冲洗。冲洗时的流程与过滤时的相反方向进行,此时应该关闭进水支管及清水支管上的闸门4,同时打开冲洗支管上的闸门3及落水管上的闸门2。冲洗水立即经由冲洗支管进入池底配水干管,再由配水支管小孔中流出,通过砾石层,反向冲洗过滤材料,使砂层膨胀起来。而冲洗废水向上汇集到排水槽,流入进水渠,经由落水管跌入排水渠中,再由排水管流出到下水道里。

(二)视图的分析和选择

1.构图的形体和视图分析

给水排水构筑物的视图选择和表达,首先应分析各个构筑物的形体和构造,设计的阶段和图样的种类,以及表达的深度与采用的比例,需要进行综合分析和比较,然后才能确定应画的视图的内容和数量。各种水处理构筑物工艺图的表达,仍以基本视图为主,视具体构造和情况,选取恰当的视图和剖面图及各种辅助视图。视图的内容和数量,应该使其表达完整而清晰,不致重复,而又必须不遗漏地充分表达出构筑物的工艺构造,选用最适宜的视图和数量。

各种净水构筑物的形体,大都为矩形和圆形的柱体和锥体的构筑物,水池的容积较大,为一种空腔形的结构物。水池外壁一般都是钢筋混凝土的池壁,内部则由管道及工艺设备等组成,所以其外表面的形式都比较简单,而内腔构造却比较复杂。因此在视图分析和选用上,其图示方法有共同和类似之处。常以平面图作为首选基本视图,再按具体需要选取其他视图或者剖面图。在池体的外壁上如果没有复杂的管道或者特殊设备时,一般不必画出其外形的立面图或侧面图。按照水池内部工艺构造的布局和复杂程度,可在平面图上确定所需剖切位置,从而画出其相应的剖面图。对于矩形水池,采用全剖面图或阶梯剖面图来显示其立面构造;对于圆形水池,采用旋转剖面为宜。由于水池是空腔型构筑,内部构造疏密不匀,差异也很大,为了避免总体部分的重复表达,对于局部构造可以灵活地采用小范围的剖面图,以弥补总剖面图中显示不清楚的部分。当在池壁外部另有较多管道或其他设施时,则须另画出专门的立面视图,以使外部构筑都能表达清楚和完整。

2.视图选择

对于相同构造的澄清或清水池等,因其具有单池的独立功能,可以只画出其单座水池的工艺总图,已经能够表达水池的完整构造。如果多座成组布置,则在水厂的总平面布置图中,只须画出各池的布置位置和连接管道即可。而多座相同构造的隔板反应池和平流沉淀池及多格滤池等构筑物,必须成组地将各座大池全部画出。如图13-12(a)快滤池的工艺图中,由于管廊中各系统的管道,将每格滤池成组地联系在一起,所以必须将两格滤池连同管廊全部画出来。

如图 13-12(a)所示的快滤池工艺图中，两格方形柱体的池身并列布置，池前为四个管道系统组成管廊。根据过滤池的工艺构筑和形体特征，平面图应是最先选择的基本视图，如图 13-12(a)，在此基础上再确定其他视图。由于滤池内上、下层之间的构造有重叠，右池可采用分层剖切剖面图，以显示上部砂层和砾石层；左池可用移去上部遮挡构筑的拆卸剖面图，以显示下部配水系统的管道。这样可使每个过滤池分别表示不同部位的构筑，而不必将池身剖切仍能将滤池每部分构造完整地表达出来。

滤池的立面图是一个外形图，如图 13-12(b)主要表达了池壁外面管廊间各管路系统的组合关系及水头损失仪的布置。与平面图对照，先得到管道不同方位和高度的纵向关系。图 13-12(c)1－1 剖面图是一个全剖的侧面图，完整地显示出滤池内部的竖向构造和布置，以及各管道系统的进出口连接关系。实际应用中，图 13-12(a)、(b)、(c)布置在一张图纸上并使(b)、(c)左右高平齐为好。

各个视图既有独立表达的重点，也有相互间的联系对照。正确地选用合适的视图和剖面图，对提高绘图质量和速度及阅读图样的效果，都能起到积极的作用。如果能按照图 13-12(a)平面图的 2－2 剖切线画出剖面图，来表达这个滤池的横剖面，则视图更为详尽和完整了。不过 2－2 剖面图留给读者在作业中自己补画出来。

3. 比例和图线

绘制工程设计图的比例选择原则是："画得出、看得清"，一般可取 1:50～1:100。绘制净水构筑物的图线宽度 $b = 0.75 \sim 1.0$mm；其他轮廓线为 $0.5b$；中心线、图例线、引出线、尺寸线为 $0.25b$。

二、工艺构筑物的图示方法

(一)池体

1. 池身结构

池身是水池的土建部分，大多数为钢筋混凝土结构，应由土建人员另绘制结构图，具体表达池身的大小、池壁厚度、垫层基础、钢筋的配置等内容，专供土建施工的图样。如图 13-12 的快滤池工艺图中，则只需按结构尺寸画出池身形体轮廓及池壁厚度，细部结构可以省略不画。

平面图上画出方形池身及进水渠的大小，左边滤池进水渠的中间以局部剖切，以便显示滤池底部的配水干管及排水渠；右边滤池进水渠的右端局部剖切，以显示排水管。立面图上画的只是池壁外形。图 13-12 中 1－1 剖面图中池身的剖面上，可画出部分钢筋混凝土的剖面材料符号示意，不必全部画出(如池底垫层为混凝土的剖面材料符号，进水渠上的剖面材料符号)，以使剖面清晰而不易混淆；进水渠上的走道盖板为活动的条形预制构件，可不必剖切。

2. 叠层构造用分层剖面图表达

过滤池中的排水槽、砂层、砾石层、配水管等构件均为上下叠层构造，在图的平面图中，一个滤池内部不易全部表达出来。例如采用平剖面图，则也只能显示出一层构筑，而且剖切池身将使滤池及管廊的形体不够完整，影响图示的清晰度。为此，对在保持滤池形体完整的情况下，仅将叠层构件部分予以逐层剖切而成为分层剖面图。如图 13-12(a)中平面图，两格滤池为一组，右格滤池画出最上层的排水槽，中间的砂层以及砾石层用波浪线分开，并画出细点及小圆粒示意。左格滤池中可将上层构件全部移去，使池底的配水管系统全部显示出来。这样在每格滤池中分别表达了各个不同部分的构件，可使视图简明清楚，表达完整。

（二）管廊

1.大直径管道画双线

快滤池在过滤或冲洗过程中，设有4种进出水管道系统与之相连。管廊是各种管道交会最多的地方，布置复杂，管道之间往往重叠和交叉，管径也较大，所以，在大比例的水池工艺设计图中，不能画成符号性的单线管路。每种管道的连接和位置，必须表达得具体明确，管径大小应按比例用双线画出。如图13-12中所示，各种大直径的管道，如进水管、清水管、冲洗管、配水管、落水管、排水管等，都是按照比例根据实际投影位置画出来。

2.管配件及其接头的画法

管道上各种闸门等配件，仍可按照表13-1中的阀门图例来画，按闸门实长中间画交叉线的符号表示，对画出手轮和阀杆的示意位置，不必画其真实的外形轮廓。弯管、三通管、逐缩管等管件，则可以按其尺寸画出它的外形轮廓。管道的各种接头可参阅表13-1中的双线投影画法，用$0.25b$的细图线近似地画出，如图13-12(b)中的画法。

3.管件编号

为使绘图和概预算及施工时备料方便，应在每个设备、构件、管道配件等的旁边，用引出线引出直径为6mm细实线小圆，在圆内用阿拉伯数字书写编号（也可用引出横线，在横线上书写编号），相同的管件可编为同一号码。同时按其编号另行列出工程量表，如图13-12(d)，以示其规格、数量和材料。在每种管道的总干管旁边，注明管道名称，以便工艺上的校对和审核，并画出箭头，以示其流向。

4.重叠管道的截断画法

管廊中各种管道，在各视图中每呈交叉和重叠时，影响了视图的表达，为了能使每段管路都有显示的地位，在重叠处可将前面的管段在适当位置截断，从而能使后面被遮挡的管道显示出来。如图13-12(b)立面图中，每格滤池的清水管支管，都被前面的冲洗管干管遮挡。因此可将冲洗干管的左边一段适当截断，从而使后面冲洗支管上的三通管9、清水支管上的闸门4及弯管7等都能清楚地表达出来，管道截断的画法可在结构框图画成“8”形。为了使管道的横截面显示得清楚又明确，可在圆形截面的左上角45度方向，画出涂颜色的月亮形的孔洞阴影符号。如图13-12(b)中，立面图上的冲洗支管，平面图上进水渠中的落水管，1-1剖面图上的进水管、清水管、冲洗管等均是。

（三）附属设备

1.构件、部件画出其主要形体轮廓

在图13-12的工艺总图中由于比例较小，滤池中的附属设备及部件等的构造，是不可能详尽地表达清楚的，只需画出它们的简明形体轮廓即可。例如在图中的水头损失仪、连接水头损失仪的镀锌钢管、配水管系统、排水槽、喇叭口等都只是画出其简略形体轮廓。

2.“索引符号”的标志

附属设备及构、部件的细部构造，当不能套用标准图而另行绘有详图表达时，必须对该设备及其部件画出“索引符号”的标志，以便于工艺总图与详图之间的查阅和对照。

3.小管径画成单线管路系统图

小管径的管道是无法按照管径画成双线管道的，所以仍然须画成单线管道系统。单线管路仍可按投影位置画出，必要时可配轴测图，闸门等配件可用图例来表示，弯管及接头等管件则不画出。如在图 10-13 中，与水头损失仪相连接的连通管 22 及排气管 21 等都是画成单线管道。

(四)绘图步骤

1.根据工程构筑物的形体和构造，选择好所要表达的视图和剖面图的数量，布置各个视图的位置，确定合适的比例，估算图纸幅面的范围。

2.如图 13-12 所示，滤池可从平面图画起，按照池体的内净尺寸，当尚未做结构设计时，采用一般估算的池壁厚度；如已做好结构设计，则应按结构计算的池壁厚度，然后画出滤池平面形体的基本视图。

3.根据平面图的投影位置及剖切位置，再画出立面图及 1 - 1 剖面图，按照池体各部分的高度尺寸，便可画全池体各个相应部分的视图了。

4.按照各个管道系统的定位尺寸以及标高，画出每个视图中各管道的中心线。

5.根据管径及各管配件的尺寸，画成各个管道系统的双线管道(投影)。

6.画出池体内部的构筑，如配水干管、支管和排水槽等，再画出池壁上的附属设备水头损失仪。

7.对于工艺构件和设备及各种管道配件，引出横线或画小圆圈进行编号，标注详图的“索引符号”，标注尺寸和标高。

8.给出必要的详图，如图 13-13(a)、13-13(b)所示。图 13-12(a)中有 6 处详图索引标志。图 13-13(a)只画出两处，其余部分这里略。

9.按照编号绘制“工程量表”(见图 13-12(d))，书写说明，填写图标。对各视图进行详细检查、改错、经校核无误后再加深或上墨。

三、工艺图的尺寸标注

(一)工艺构筑的尺寸标注

1.工艺构筑的尺寸的性质和要求

净水构筑物大都为钢筋混凝土的水池，它的各个工艺构筑部分的内净形体大小，即为工艺构筑尺寸，它是由本专业技术人员在设计计算时确定的。工艺图中的视图和剖面图，只能显示出该设备各组成部分之间的关系和形状，其大小必须由尺寸数字来决定，而不能用比例尺按图样比例来量取。因为在较小比例的图样中，用比例尺量度的误差较大，而且有些尺寸是由几何关系而间接影响的，所以量度而得来的尺寸数据是很不可靠，不能作为安装和施工使用的依据。因此图上的尺寸一经标注后，除由本设计人员按一定的程序可以有权修改外，其他人员都不得随意变动和修改。当然在审核方案和安装施工时，需要了解某些构筑的定位和形体大小，可按比例用尺量度某部分的间接尺寸，但这只能作为参考而不能作为正式尺寸。

滤池工艺图在施工之前是作为工艺的审核及结构设计与机电设计的依据，在施工时主要作为设备以及管道的安装作用，其土建施工需另外按照结构图来进行。因此在工艺设计图中，只需标出土建的模板尺寸，而不必标注结构的细部尺寸。

工艺构筑尺寸要尽可能标注在反映其形体特征的视图和剖面图上，同类性质的尺寸宜适当合并和集中，尺寸位置应在清晰醒目的位置，不要与视图有过多的重叠和交叉。也不能多注不必要的重复尺寸，更不要漏注某些关联或几何尺寸。如有分部尺寸，不应该散落标注，而宜适当串连起来统一注出，并同时标注其相应的外包总尺寸。定位尺寸可按底板、池壁、池角、轴线、圆的中心线等作为定位基准。

2. 用形体分析法标注各分部构筑的尺寸

对整个净水构筑物可按其形体特征，分析各种简单的基本几何体，然后对各个基本形体

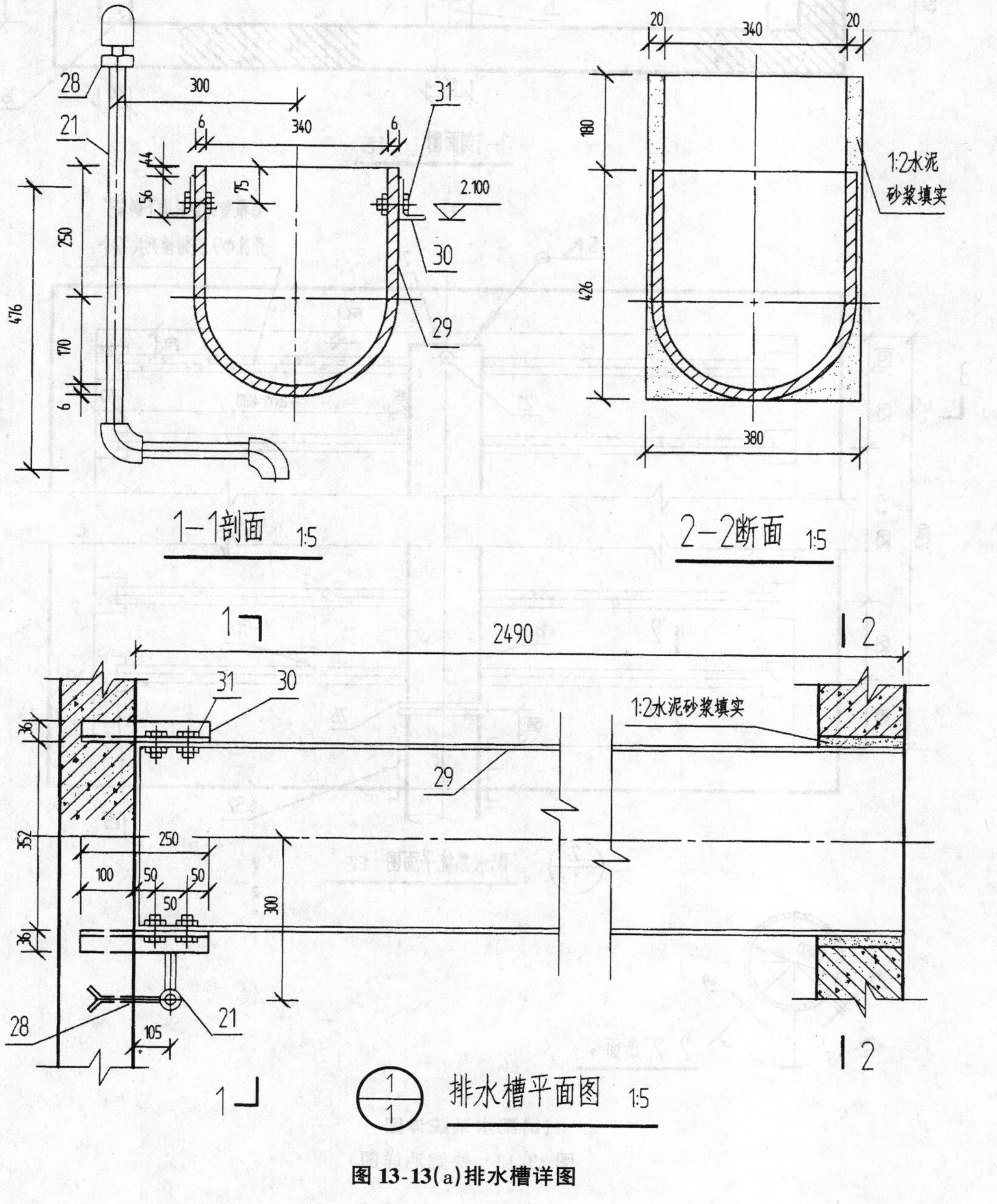

图 13-13(a)排水槽详图

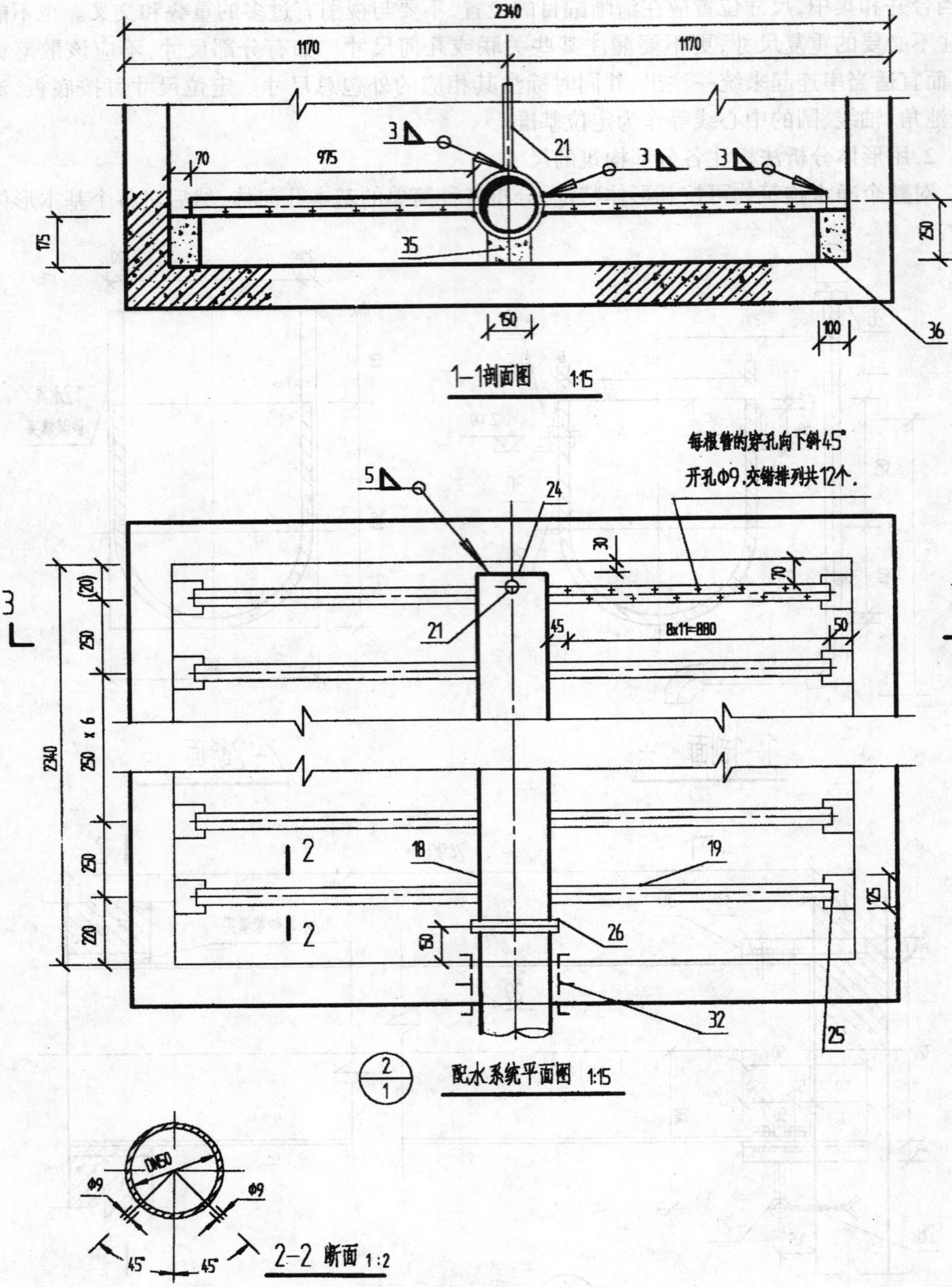

(b)配水系统详图

图 13-13 快滤池详图

逐个进行尺寸标注，并综合考虑各分部之间的关联尺寸，使各个尺寸不致重复或遗漏，使之整体协调。快滤池工艺构筑尺寸的标注如图 13-12 所示。

(二)管径及其定位尺寸

1.标注“公称管径”

在净水构筑物中标注“公称管径”的方法与给水排水管管道的标注方法相同“DN×××”。

2.管道的定位尺寸

平面图中的定位尺寸，如图 13-12(a)中的 840、830、350、300、670、200、1170、220、120、250×8=2000、150 等等。如图 13-12(c)1-1 剖面图中的定位尺寸，70、100、200、800、1000 等。

(三)标高

工艺构筑尺寸只能反映构筑物本身的形体大小，但是不能显示其埋置高程。为了确定构筑物各部分的高程，应在构筑物的主要部位(池顶、池底、有关构件和设备等)、水面、管道中心线、地坪等处注写标高。注写标高的位置应选在能够清楚地显示该部位的视图上；在标高数字的下面或上面，必须加上三角形标高符号。如图 13-12(b)、图 13-12(c)所示，以室外地坪 ±0.000 作为相对标高的基准，并集中标注在图 13-12(c)1-1 剖面图上，2.650、-0.250、1.350、-0.400、2.350、-0.500、-0.800、-0.050、1.650、1.850，立面图中除 ±0.000 以外仅有一个标高 -0.040。

四、详图

(一)绘制详图的要求

1.详图必须按工艺总图中的“索引符号”所指定的部分来绘制。

2.详图的比例一般较大，可在 1:25~1:1 的范围内选用，视构件的复杂程度而异，以表达清楚为准则。

3.表达要充分，但不要繁琐；尺寸要完整，但不要重复。

4.各种材料的种类和规格，可用文字或图例明确地表明。

5.螺栓及焊接等连接件，均应按规定的符号标记画出。

6.采用标准的管道配件、预制构件、零部件等等时，必须标明标准图集的名称和统一编号。

7.零件与管道间的组合或连接关系，预埋件的规格和位置等都必须明确表示。

8.每个详图的下面都须按工艺图中的“索引符号”画出相应的“详图符号”。

9.汇列工程量表，如图 13-12(d)所示。

(二)详图的画法

根据图 13-12 快滤池工艺图中的各个详图“索引符号”标志，应有如下一些详图及内容：

1.排水槽详图，如图 13-13(a)所示，查阅图 13-12(a)中索引符号$\frac{1}{2}$；

2.配水系统详图，如图 13-13(b)所示，查阅图 13-12(a)中索引符号$\frac{2}{2}$；

3.单盘喇叭口详图，查阅图 13-12(c)中索引符号$\frac{3}{2}$；

4.水头损失仪详图，查阅图 13-12(b)中索引符号$\frac{4}{3}$；

5. 管廊系统轴测图，查阅图 13-12(a)中索引符号(5/3)；

6. 连通管系统轴测图，查阅图 13-12(b)中索引符号(6/3)；

由于篇幅关系，③、④、⑤、⑥详图此处略。

第六节　室内采暖工程图

一、采暖施工图的组成

我国北方地区的房屋建筑需要设置冬季供暖系统。该系统由热源(锅炉)、供热管道和散热器组成。以热媒的不同，可分为水暖、汽暖及地热辐射采暖。锅炉将加热的水或汽通过管道送至建筑物内，经散热器散热后，冷却的水又通过管道返回锅炉，进行再次加热，如此往复循环。

一般采暖施工图分为室外和室内两大部分，室外部分表示一个区域的采暖管网，包括总平面图、管道横剖面图、管道纵剖面图、详图及设计施工说明。室内部分表示一幢建筑物的采暖工程，包括采暖系统平面图、系统轴测图、详图及设计施工说明。

识读采暖施工图应熟悉有关图例和符号，详见表 13-1 所列。

二、室内采暖工程图

室内采暖工程图由采暖平面图和系统轴测图组成，采暖平面图主要表明建筑物内采暖管道及采暖设备的平面布置情况及竖向标高和管道连接等，主要内容有：

1. 采暖总管入口和回水总管出口的位置、管径和坡度；
2. 各立管的位置和编号；
3. 地沟的位置和主要尺寸及管道支架部分的位置等；
4. 散热设备的安装位置及安装方式；
5. 热水供暖时，膨胀水箱、集气罐的位置及连接管的规格；
6. 蒸汽供暖时，管线间及末端的疏水装置、安装方法及规格；
7. 地热辐射供暖时，分配器的规格、数量，分配器与热辐射管件之间的连接和管件的布置方法及规格。

(一)散热器供暖

管道与散热器的连接画法见表 13-2；图 13-14(a)、图 13-14(b)是某实验楼的采暖平面图；其系统轴测图主要表达各散热器的组合、布置和各管道的走向、管径、标高及附件位置，如图 13-15 所示。

识读采暖施工图时，应把采暖平面图和轴测图结合起来阅读。

(二)地热辐射供暖

图 13-16 是办公楼一层地热辐射采暖平面图，该层采用独立的低温地板辐射采暖系统，埋地部分管道为直埋保温管。

采暖系统轴测图主要表达各供水和回水立管的位置、管径及其与每层水平管的连接位置，如图 13-17 所示。

表 13-2　管道与散热器的连接画法

系统形式	楼　层	平 面 图	轴 测 图
单管垂直式	顶　层	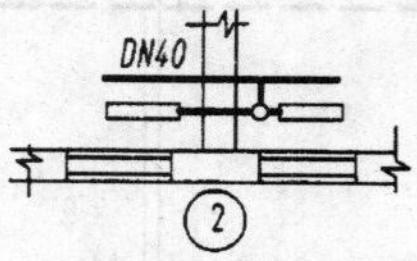	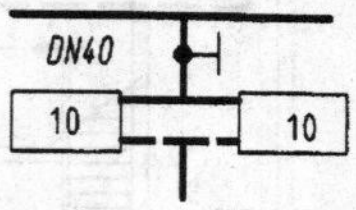
	中间层	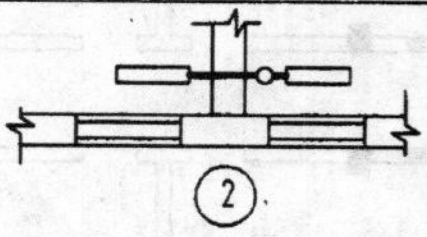	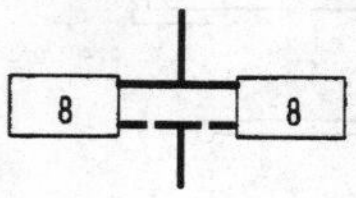
	底　层	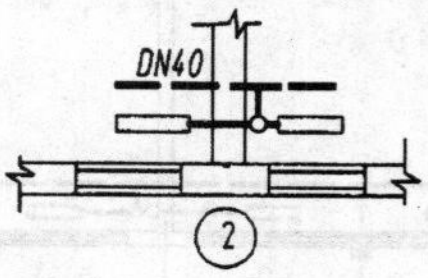	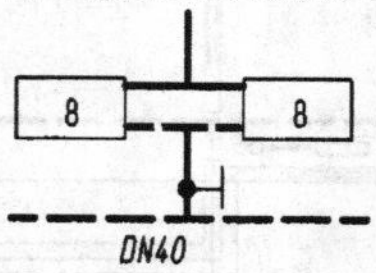
双管上分式	顶　层	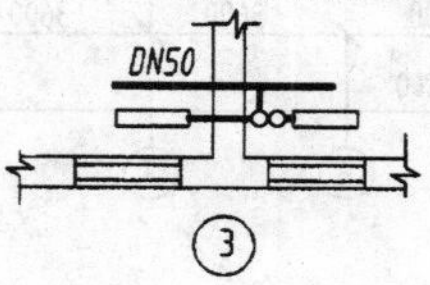	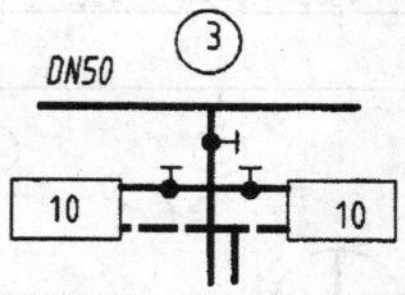
	中间层	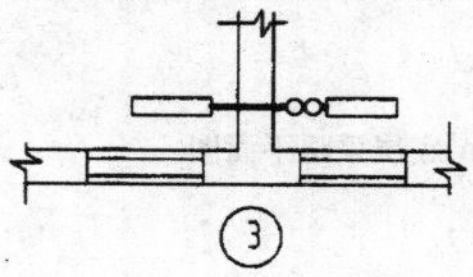	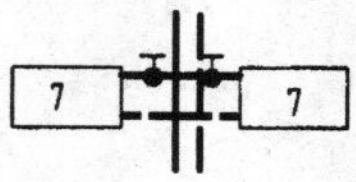
	底　层	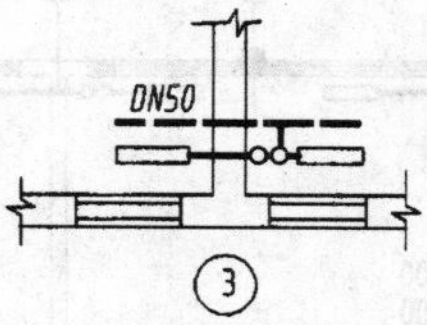	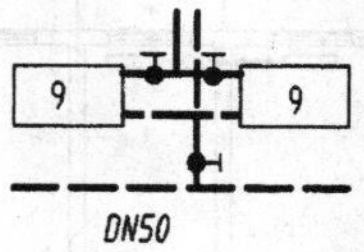
双管下分式	顶　层	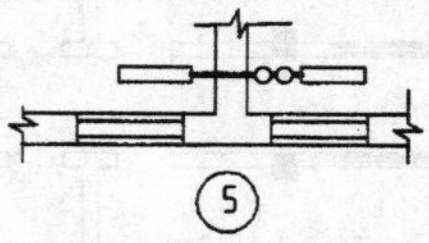	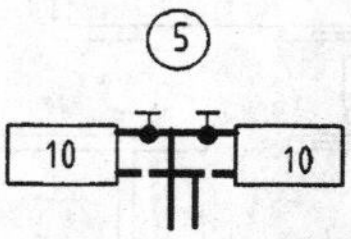
	中间层	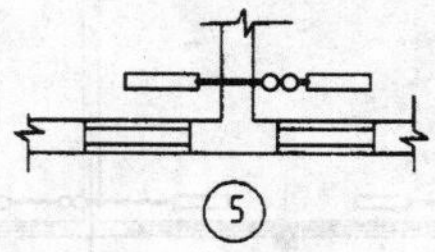	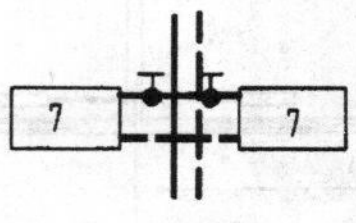
	底　层	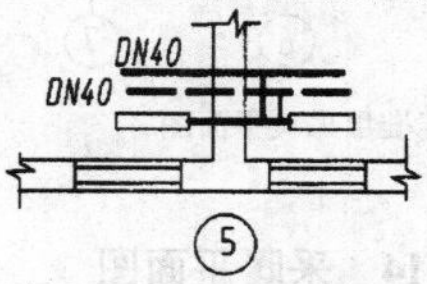	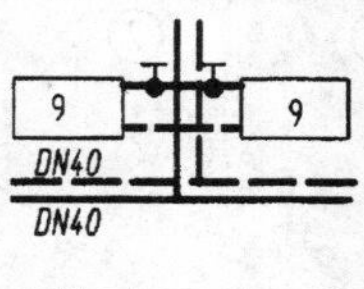

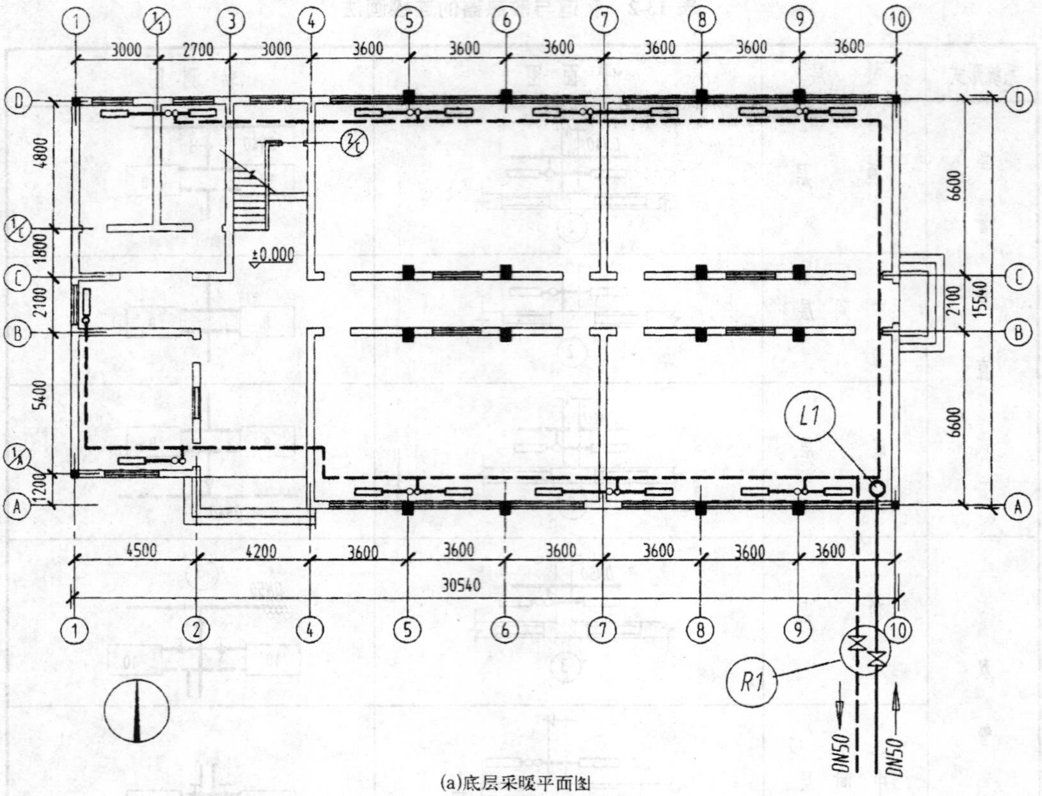

(a)底层采暖平面图

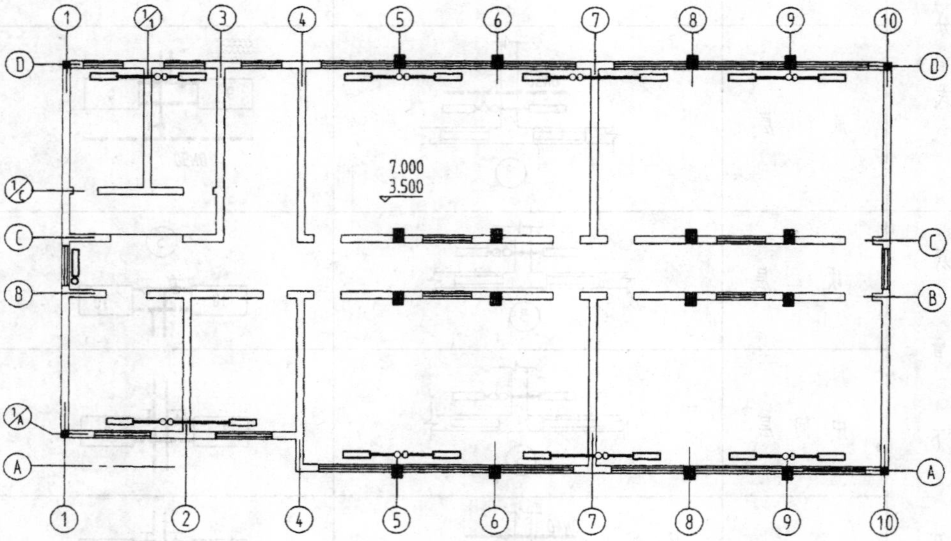

(b)标准层采暖平面图

图 13-14　采暖平面图

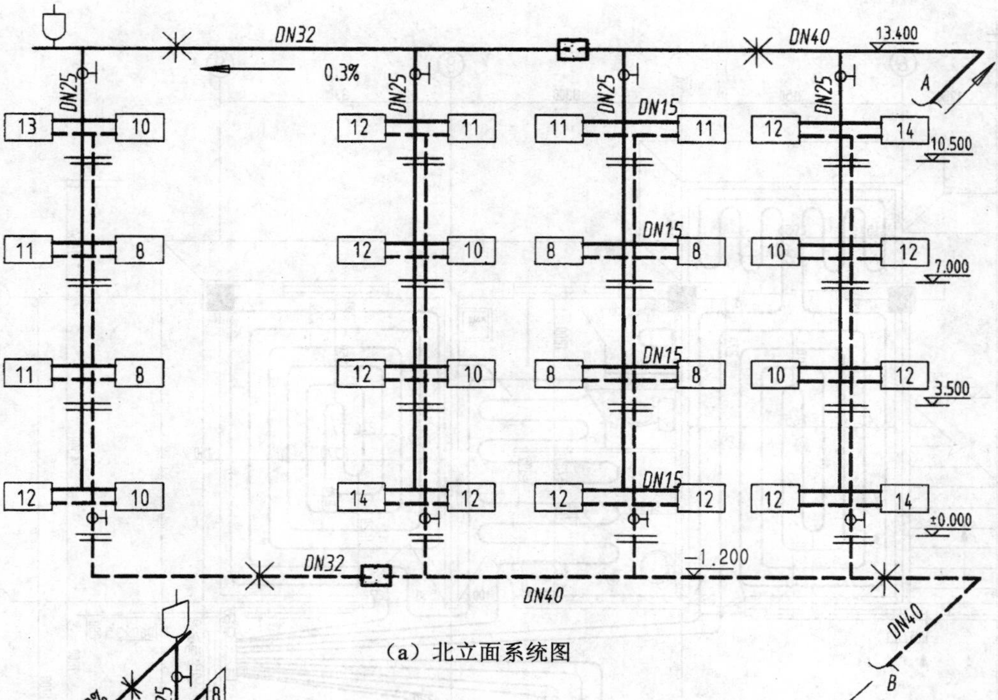

（a）北立面系统图

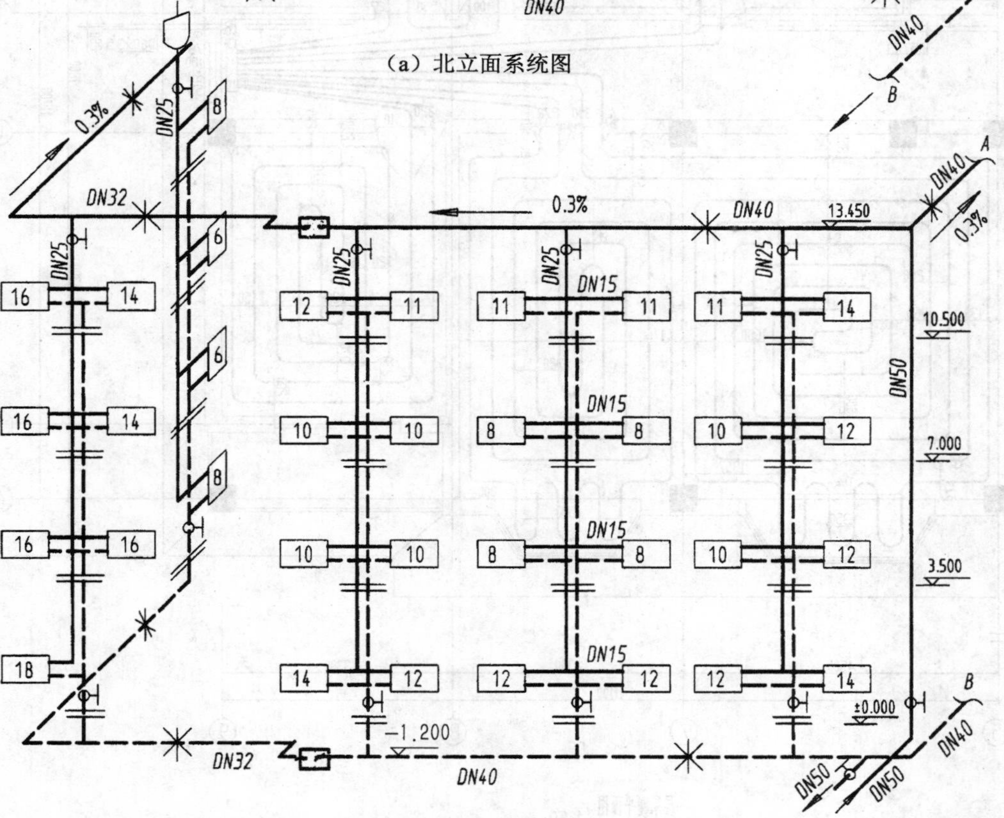

（b）南立面系统图

图 13-15　系统采暖轴测图

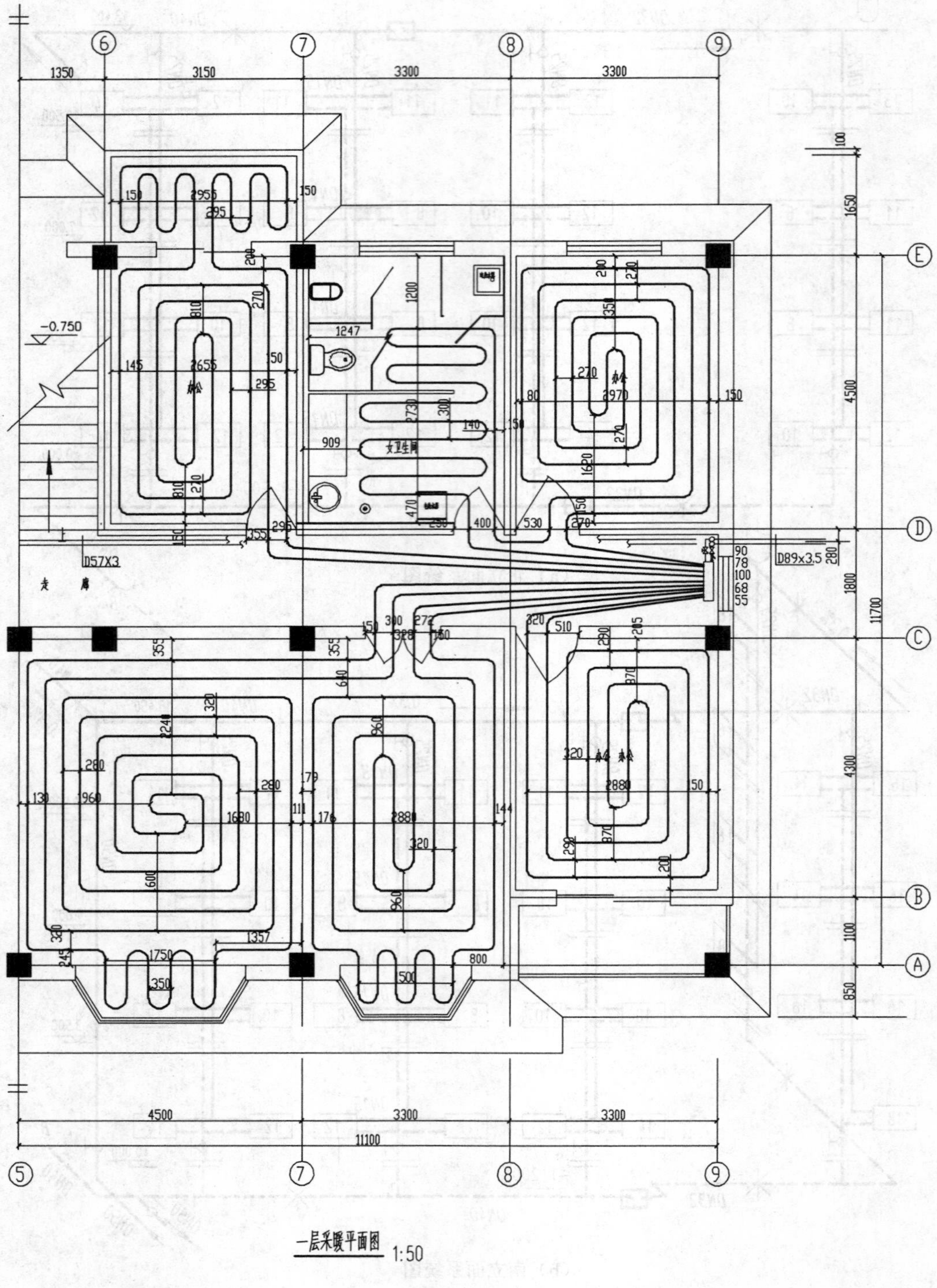

图 13-16　地板辐射采暖平面图

三、采暖详图

采暖详图包括标准图和非标准图、采暖设备的安装都要采用标准图，个别的还要绘制详图。标准图包括散热器的连接、膨胀水箱的制作和安装、集气罐制作的连接、补偿器和疏水器的安装、入口装置等。非标准图是指供暖施工平面图及轴测图中表示不清而又无标准图的节点图、零件图。

图 13-18 是一组散热器的安装详图。图中表明暖气支管与散热器和立管之间的连接形式，散热器与地面、墙面之间的安装尺寸、结合方式及结合件本身的构造等。

采暖设备图也需要列出工程量表(此处省略)。

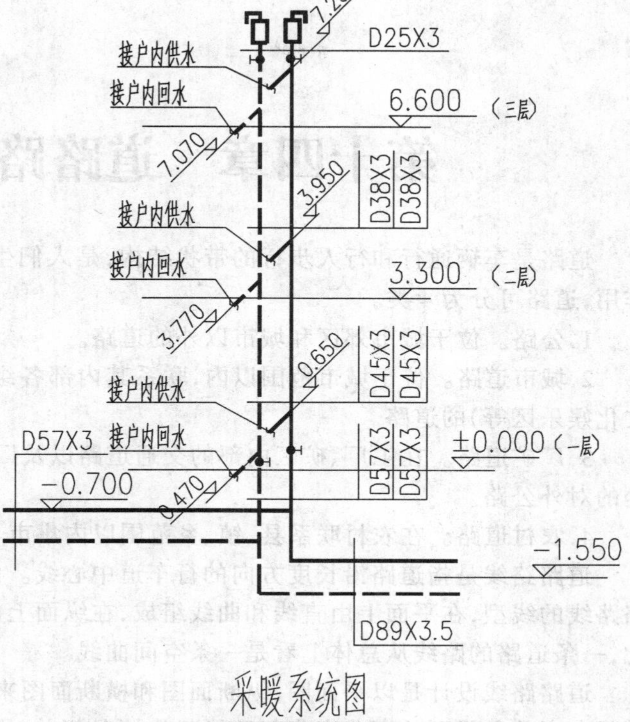

图 13-17　地板辐射采暖系统轴测图

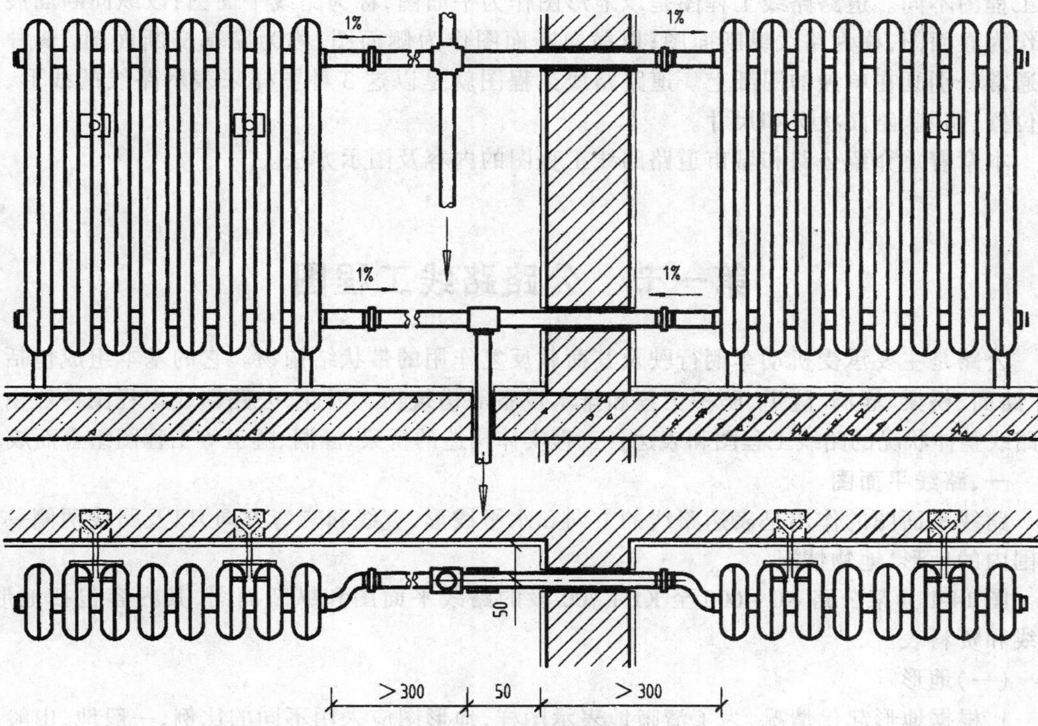

图 13-18　散热器安装详图

第十四章　道路路线工程图

道路是车辆通行和行人步行的带状结构，是人们生产、生活必需的。根据性质、组成和作用，道路可分为 4 类。

1.公路。位于城市郊区和城市以外的道路。

2.城市道路。位于城市范围以内，联系其内部各组成部分（如商业区、工业区、居民点、文化娱乐区等）的道路。

3.厂矿道路。在工厂、矿区内部的交通道路以及厂矿到公路、城市道路、车站、港口衔接处的对外公路。

4.农村道路。在农村联系县、镇、乡范围以内集市、居民点、某作业生产点的主要道路。

道路路线是指道路沿长度方向的行车道中心线。由于地形、地物及地质情况的限制，道路路线的线型，在平面上由直线和曲线组成，在纵面上由平坡、上坡、下坡及竖曲线组成。因此，一条道路的路线从总体上看是一条空间曲线。

道路路线设计是以平面图、纵断面图和横断面图来表达的。道路路线中心线方向狭长，其竖向高差和平面的弯曲变化与地形起伏情况相关，因此道路路线工程图的图示方法与其他工程图不同。道路路线工程图是以地形图作为平面图，称为路线平面图；以纵向断面展开图作为立面图，称为路线纵断面图；以横向断面图作为侧面图，称为路基横断面图。3 种图样通常分别画在单独的图纸上。道路路线工程图就是以这 3 种图样来表示路线的线形、空间位置、路基、路面状况和尺寸。

本章着重介绍公路和城市道路路线工程图的内容及图示方法。

第一节　公路路线工程图

公路是主要承受机动车辆行驶及其荷载反复作用的带状结构物。它的基本组成包括路基、路面、桥梁、涵洞、隧道、防护工程和排水设备等构筑物。因此，公路路线工程图一般由表达路线整体状况的路线工程图和表达各工程实体构造的桥梁、涵洞、隧道等工程图组合而成。

一、路线平面图

路线平面图的作用是表达路线的方向和水平线形（直线和转弯方向）以及路线两侧一定范围内的地形、地物情况。

图 14-1 为某公路 K0 + 000 至 K1 + 700 段的路线平面图和纵断面图，其内容包括地形、路线和资料表。

（一）地形

1.根据地形起伏情况，为了清晰地表示图样，地形图应采用不同的比例，一般地，山岭区

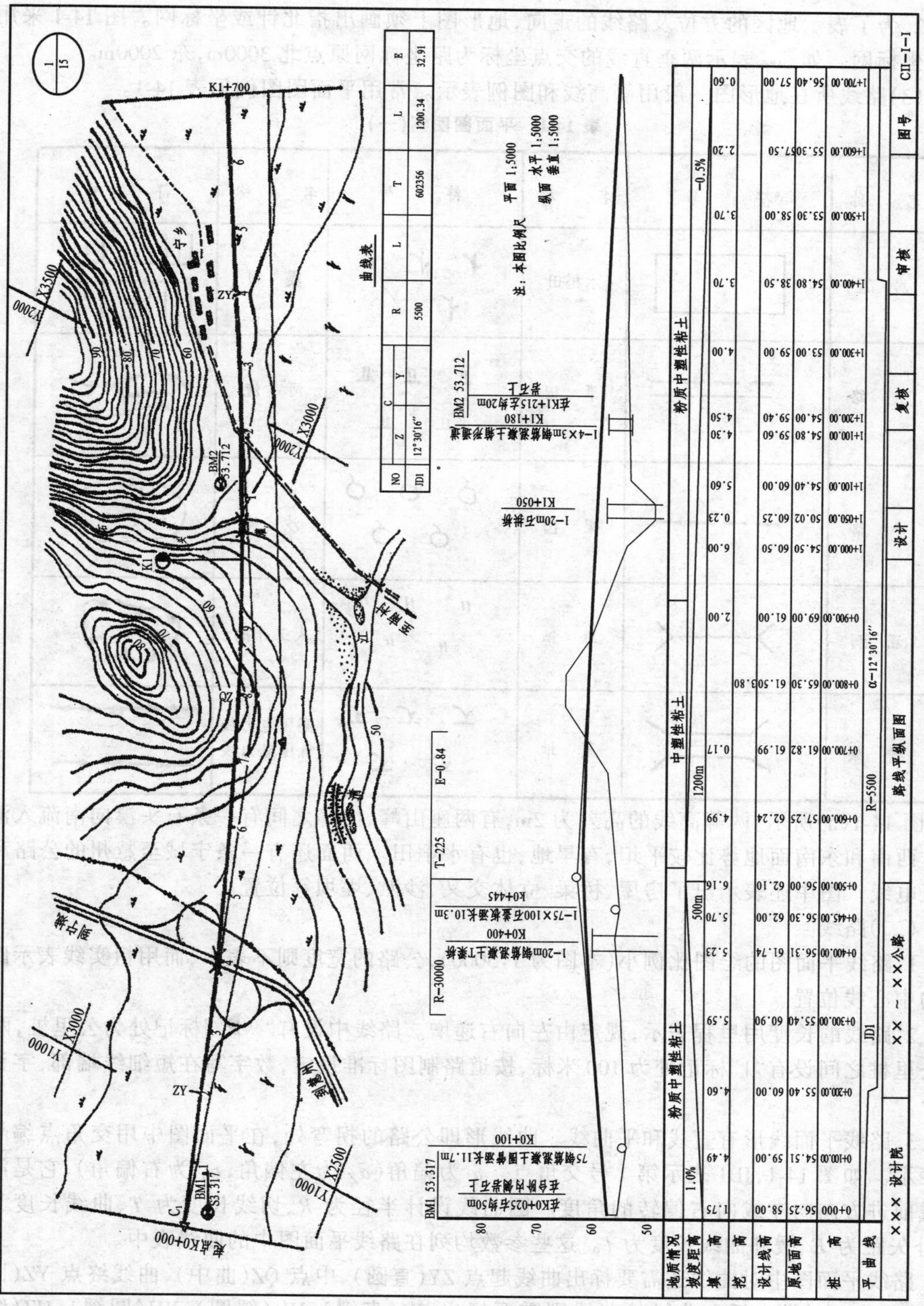

图14-1　公路路线平面图和纵断面图

采用 1:2000，丘陵和平原区采用 1:5000。

2.为了表示地区的方位及路线的走向，地形图上须画出指北针或坐标网。图 14-1 采用的是坐标网。如 Y2000|X3000 表示两垂直线的交点坐标为距坐标网原点北 3000m，东 2000m。

(3)路线所在地形图一般用等高线和图例表示。常用平面图图例见表 14-1。

表 14-1　平面图图例(一)

名　称	符　号	名　称	符　号	名　称	符　号
房　屋		水稻田		堤　坝	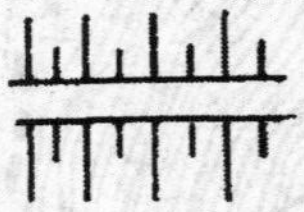
大　路		旱　田	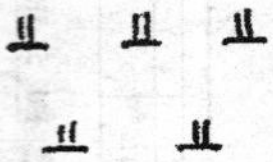	河　流	
小　路		果　园	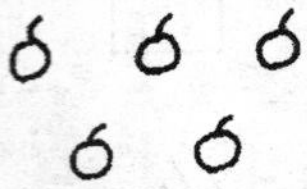	沙　滩	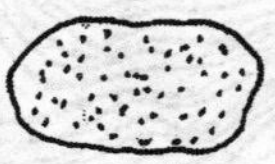
涵　洞		草　地		人工开挖	
桥　梁	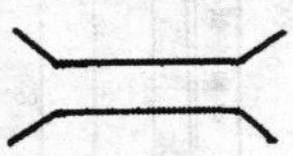	菜　地	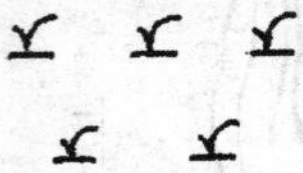	高压电力线 低压电力线	

图 14-1(a)所示，两等高线的高差为 2m，有两座山峰，山峰之间有一条石头溪向南流入清江。西南和东南面地势比较平坦，有旱地，也有水稻田。西面还有一条宁城至慧州的公路和低压电线。图中还表示出了房屋、桥梁、立体交叉、沙滩、堤坝等位置。

(二)路线

1.路线平面图的绘图比例小(本图为 1:5000)，公路的宽度则不表示，而用粗实线表示路线的中心线位置。

2.路线的长度用里程表示，规定由左向右递增。路线中设有“◑”标记处为公里桩，两个公里桩之间设有“|”标记处为 100 米标，按道路制图标准规定，数字写在短细线端部，字头朝上。

3.路线平面线形有直线和平曲线。曲线形即公路的拐弯处，在平面图中用交角点编号来表示。如图 14-1，JD1 表示第 1 号交角点。α 为偏角(α_Z 为左偏角，α_Y 为右偏角)，它是沿路线前进方向向左或向右偏转的角度。圆曲线设计半径为 R、切线长度为 T、曲线长度为 L、外矢距为 E、缓和曲线长度为 l。这些参数均列在路线平面图中的曲线表中。

路线平面图中对曲线还需要标出曲线起点 ZY(直圆)、中点 QZ(曲中)、曲线终点 YZ(圆直)等位置。对带有缓和曲线的路线则需要标出 ZH(直缓)、HY(缓圆)、YH(圆缓)、HZ(缓直)等位置。图 14-1 中，由于圆曲线设计半径较大($R = 5500$)，不需设缓和曲线，因此图中只标出ZY、YZ的位置。图14-2中未标注ZY和YZ。

4.图14-1中还要标出用三角网测量的三角点"△"和控制标高的水准点"⊗"的编号和位置。如"△C1"，表示第1号三角点（设在路线的起点K0+000处）；"⊗ $\frac{BM_2}{53.712}$"表示第2号水准点，其标高为53.712m。

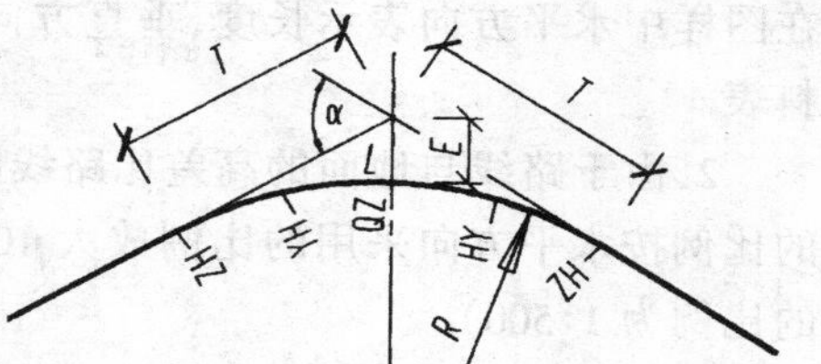

图14-2 平曲线要素

（三）画路线平面图应注意的问题

1.首先画出地形图，然后画出路线中心线。

2.等高线按照先细后粗的步骤徒手绘制，要求线条顺滑。

3.路线平面应从起点向终点绘制（通常将起点放在左边），桩号则左小右大。

4.路线中心线用仪器按先曲线后直线的顺序绘制。为了区别于等高线，路线中心线一般以粗等高线的两倍左右的粗度绘制。

5.图中的植物图例应朝上或向北绘制。

二、路线纵断面图

路线纵断面图是用假想的铅垂面通过公路中心线进行剖切展平后而获得的，如图14-3所示。由于公路中心线是由平曲线、竖曲线和直线所组成，因此假想的铅垂面既有平面又有柱面（这里只有平面）。为了清晰地表达路线纵断面情况，故用展开方法将纵断面展为一平面，展平后的投影图即为路线纵断面图。

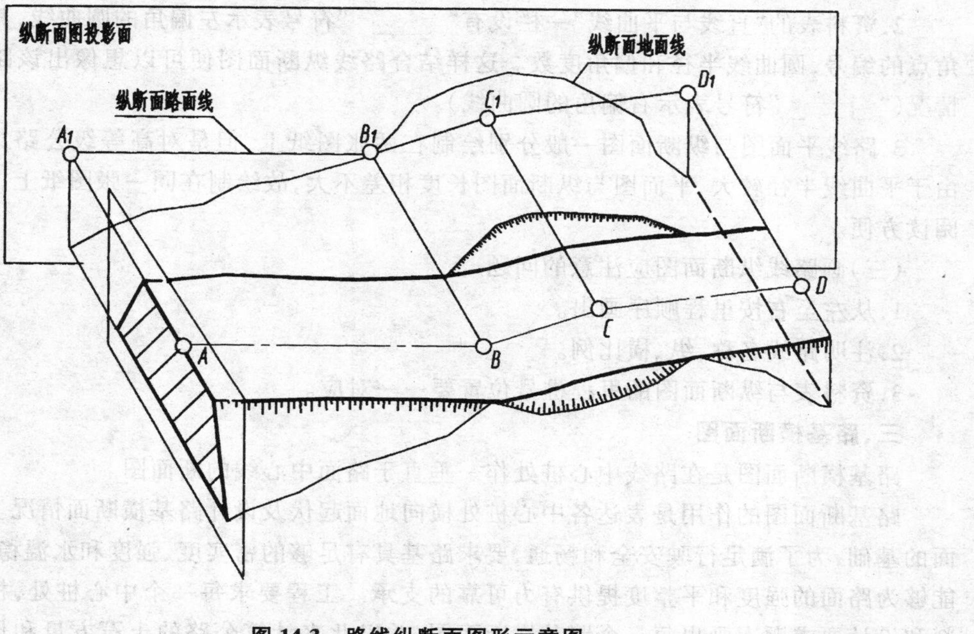

图14-3 路线纵断面图形示意图

路线纵断面图的作用是表达路线中心线纵向线形及地面起伏、地质情况和沿线构造物的情况。路线纵断面图包括图样和资料表。

（一）图样

1.由于路线纵断面图是剖切展平而获得的图样,因此它的长度反映了路线的真实长度。在图样中水平方向表示长度,垂直方向表示高程。图 14-1 下半部分,为路线纵断面图和资料表。

2.由于路线与地面的高差比路线的长度小得多,为了图样表达清晰,规定垂直方向采用的比例按水平方向采用的比例放大 10 倍,(图 14-1 中水平方向的比例为 1:5000,垂直方向的比例为 1:500)。

3.图中不规则的细折线表示设计中心线处的纵向地面线,它是根据一系列中心桩的地面高度连接而成的。图中的粗实线是路面纵向设计线,它表示路基边缘的设计高程。依据此图,比较路面设计线与地面线的相对位置,可以确定填、挖地段和填挖高度。

(4)在设计线纵坡变化处,应按《公路工程技术标准》的规定设置竖曲线。竖曲线分为“凸”、“凹”两种,分别用“┌─┬─┐”、“└─┴─┘”符号表示,并在其上标注竖曲线的半径 R,切线长度 T、外矢距 E。图 14-1 中(路线纵断面图)在 $K0+500$ 处有一凸形曲线。

5.路线纵断面图中还应标出桥梁、涵洞、隧道、立体交叉、通道等人工构造物的名称,规格和中心里程。图 14-1 下半部分标出了立体交叉处 T 型桥梁、石拱桥、箱型通道和涵洞的位置、规格,涵洞用“○”符号表示。

(二)资料表

1.资料表要与路线纵断面图对应布置。资料表一般列有里程桩号、坡度/坡长、地质概况、直线和平曲线等栏目。图 14-1 中 $K0+500$ 处为上坡(1.0%)与下坡(-0.5%)的变坡点,因此属一凸字形竖曲线。

2.资料表的“直线与平曲线”一栏设有“ ─┐__┌─ ”符号表示左偏角的圆曲线,其上标有交角点的编号,圆曲线半径和偏角度数。这样结合路线纵断面图便可以想像出该路段的空间情况(“ _┌──┐_ ”符号表示右偏角的圆曲线)。

3.路线平面图与纵断面图一般分别绘制在两张图纸上,但是对高等级公路,如图 14-1,由于平曲线半径较大,平面图与纵断面图长度相差不大,故绘制在同一张图纸上,相互对照,阅读方便。

(三)画路线纵断面图应注意的问题

1.从左至右按里程顺序画出。

2.注明路线名称,纵、横比例。

3.资料表与纵断面图的里程桩号位置要一一对应。

三、路基横断面图

路基横断面图是在路线中心桩处作一垂直于路面中心线的断面图。

路基断面图的作用是表达各中心桩处横向地面起伏及设计路基横断面情况。路基是路面的基础,为了满足行驶安全和畅通,要求路基具有足够的密实度、强度和水温稳定性,从而能够为路面的强度和平整度提供有力可靠的支承。工程要求每一个中心桩处,根据测量资料和设计要求顺次画出每一个路基横断面图,并以此来计算公路的土石方量和作为路基施工的依据。

(一)路基横断面的形式

1.填方路基。即路堤,如图14-4(a)。在图中标注出该断面处的里程桩号,中心线处的填方高度H_T（m）以及该断面的填方面积A_T(m^2)。

2.挖方路基。即路堑，如图 14-4(b)所示，在图中标注出该断面处的里程桩号，中心线处的挖方高度 H_W(m)以及该断面处的大面积 A_W(m^2)。

3.半填半挖路基。这种路基是前两种路基的综合，如图 14-4(c)所示，在图中标注出该断面的里程桩号、中心线处的填(或挖)土石方高度 H_T(H_W)以及该断面的填方面积 A_T 和挖方面积 A_W。

(二)画路基横断面图应注意的问题

1.路基横断面图应顺序沿里程桩号从下至上，从左至右画出。

2.横断面图的地面线一律用细实线，设计线一律用粗实线。

图 14-5 为路基横断面图。

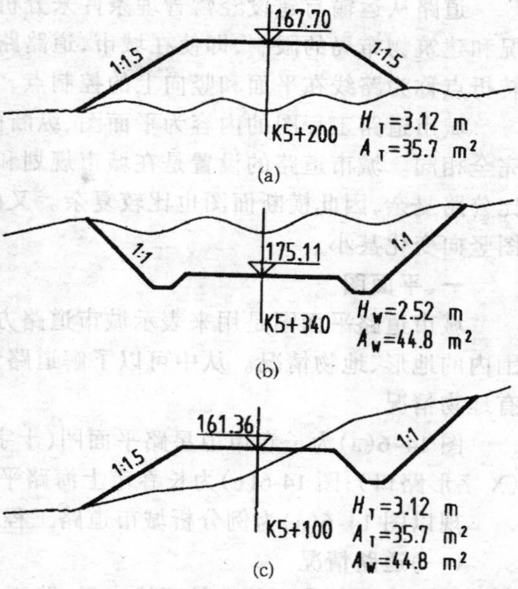

图 14-4 路基断面的基本形式

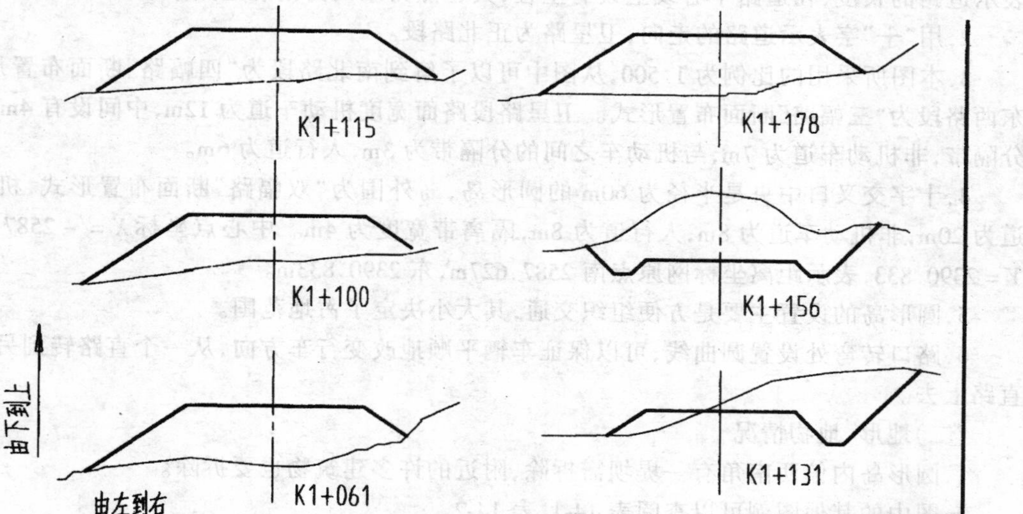

图 14-5 路基横断面图

第二节 城市道路路线工程图

城市道路主要包括：机动车道、非机动车道、人行道、分隔带、绿化带、交叉口、交通广场等各种设施。在交通高度发达的城市，还建有立体交叉口、地下通道等。

道路从运输与建设经营管理条件来分析，直线距离最佳，但是由于受地形、地物、地质情况和建筑物布局的限制，即使在城市，道路路线总难免要转折，路线在平面、竖向方向上发生转折点称为路线在平面和竖向上的控制点，它是路线定线的依据。

城市道路工程图的内容为平面图、纵断面图、横断面图。其图示方法与公路路线工程图完全相同。城市道路的设置是在城市规划和交通规则基础上实施的，交通性质和组成部分比公路复杂，因此横断面图也比较复杂。又由于城市道路所占地形面相对平缓，因此纵断面图竖向变化甚小。

一、平面图

城市道路平面图是用来表示城市道路方向、平面线型和车行道布置及沿路两侧一定范围内的地形、地物情况。从中可以了解道路走向、占地面积以及修建该路段所应拆除的各原有地物情况。

图 14-6(a)为长春市卫星路平面图(十字形路口)；图 14-6(b)为广州市东芜庄路平面图(X 字形路口)；图 14-6(c)为长春市上海路平面图(相错或错位路口)。

现以图 14-6(a)为例分析城市道路工程图的内容及表示方法。

(一)道路情况

1.道路中心线用单点长画线表示，路面宽度及路面断面布置形式用粗实线表示。为了表示道路的长度，在道路中心线上设有里程，其起点为东西与南北道路中心线的交点。

2.用"十"字表示道路的走向，卫星路为正北路段。

3.本图所采用的比例为 1:500，从图中可以了解到南北路段为"四幅路"断面布置形式；东西路段为"三幅路"断面布置形式。卫星路段路面宽度机动车道为 12m，中间设有 4m 宽的分隔带，非机动车道为 7m，与机动车之间的分隔带为 3m，人行道为 6m。

4.十字交叉口中央是半径为 60m 的圆形岛，岛外围为"双幅路"断面布置形式，机动车道为 20m，非机动车道为 8m，人行道为 8m，隔离带宽度为 4m。中心点坐标 $X=-2587.627$，$Y=2390.833$，表示距离坐标网原点南 2587.627m，东 2390.833m。

5.圆形岛的设置主要是方便组织交通，其大小决定了占地范围。

6.路口转弯处设置圆曲线，可以保证车辆平顺地改变行车方向，从一个直路转到另一段直路上去。

(二)地形、地物情况

1.圆形岛内偏西南角有一堤坝需拆除，附近的许多建筑物也要拆除。

2.图中的其他图例可以查阅表 14-1、表 14-2。

3.对路线平面图有时为了阅读和施工方便，也可以画成图 14-7 的形式，即省略了沿线地形、地物部分，只标注出路面宽度尺寸，路口转弯半径以及路线设置位置与走向。

二、纵断面图

城市道路路线纵断面图的获得和图示内容与公路路线纵断面图相同，其作用也是表达路线线型、地面起伏、地质情况等，由于城市道路纵向起伏比较小，所以纵断面图中的线形比较平直。

(一)图样部分

图 14-8 为卫星路 K0 + 100 至 K0 + 500 段路线纵断面图。比例：水平方向 1:500，竖直方向1:50。

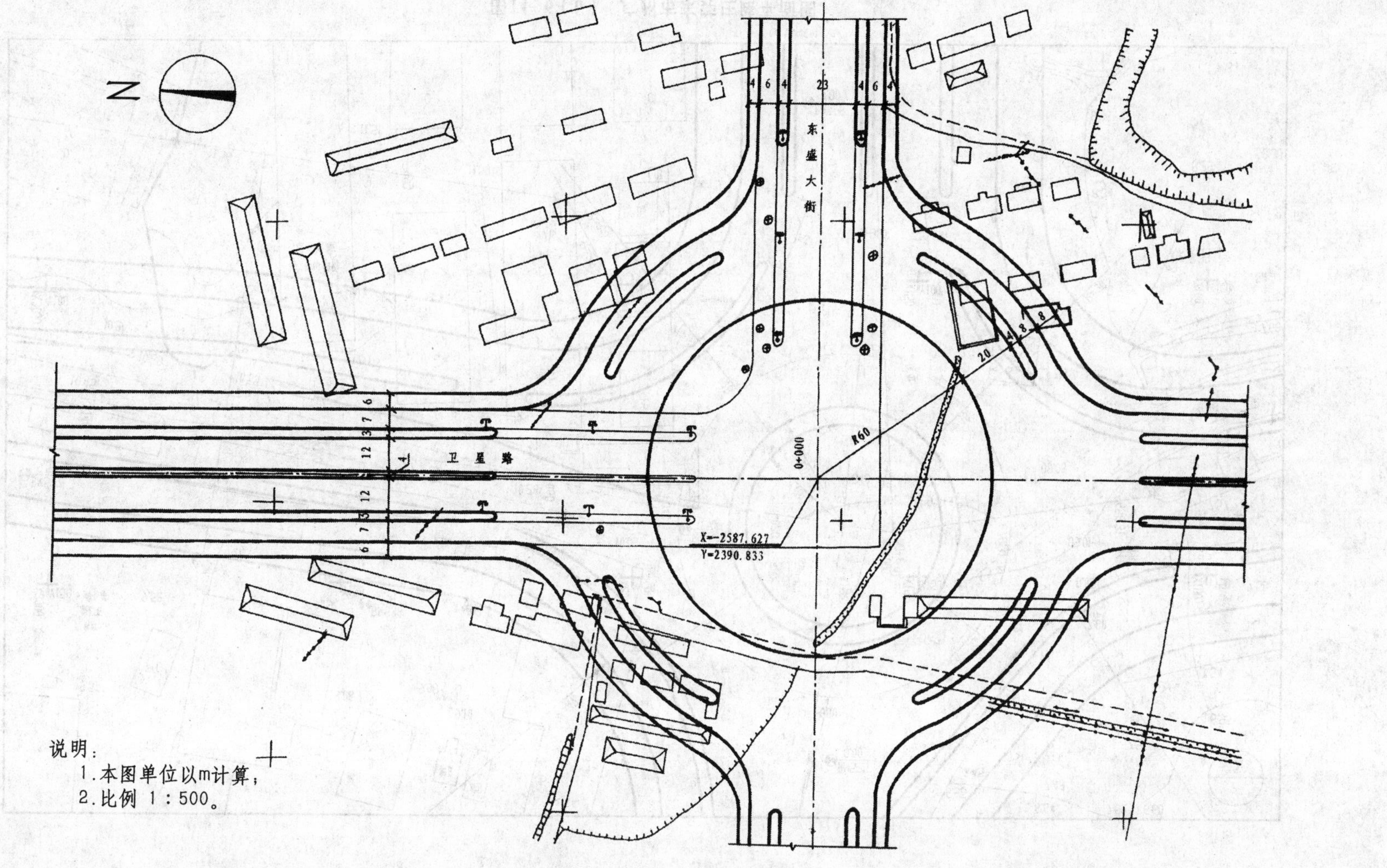

说明：
1.本图单位以m计算；
2.比例 1：500。

图14-6（a） 卫星路道路平面图

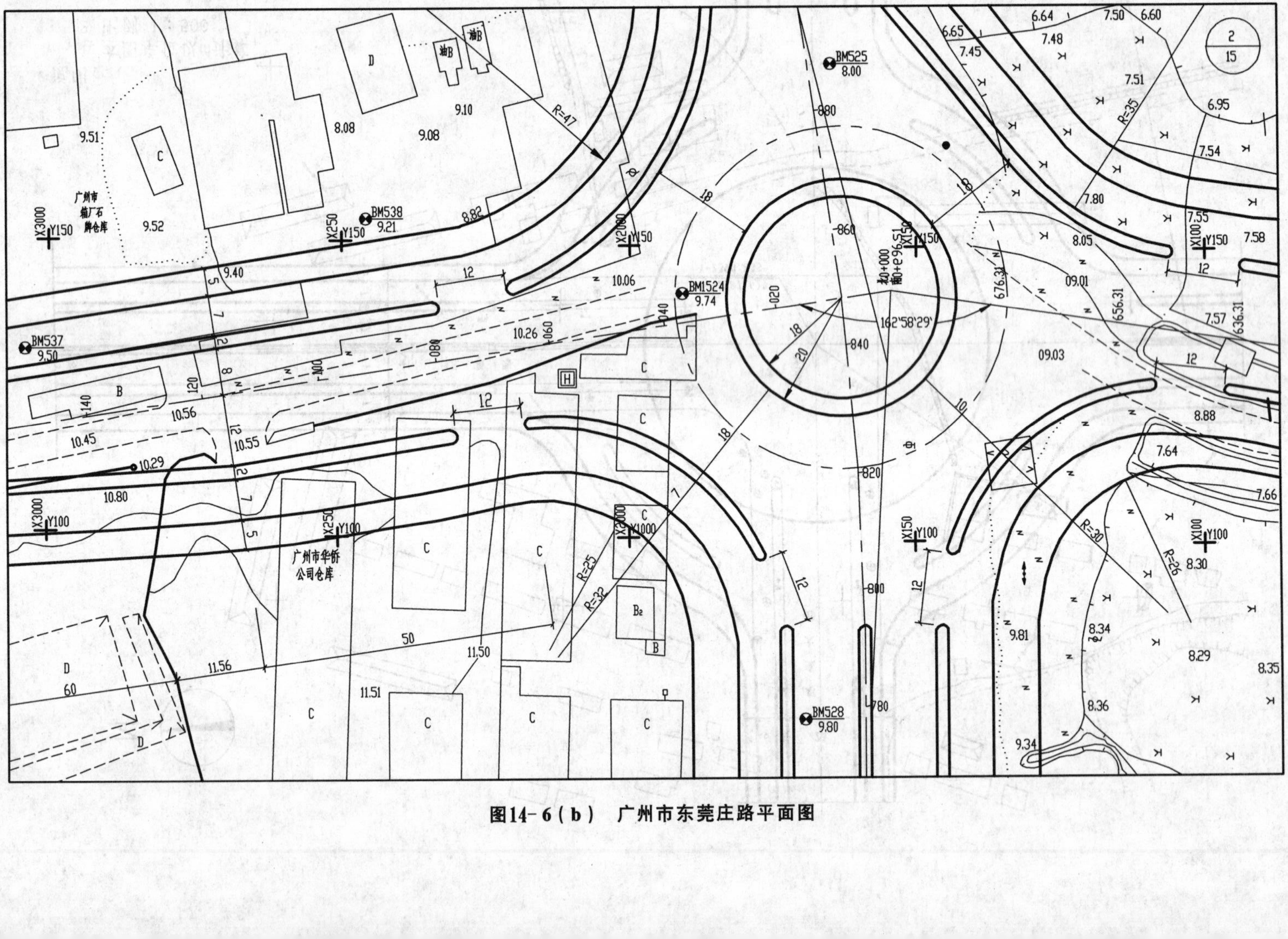

图14-6（b） 广州市东莞庄路平面图

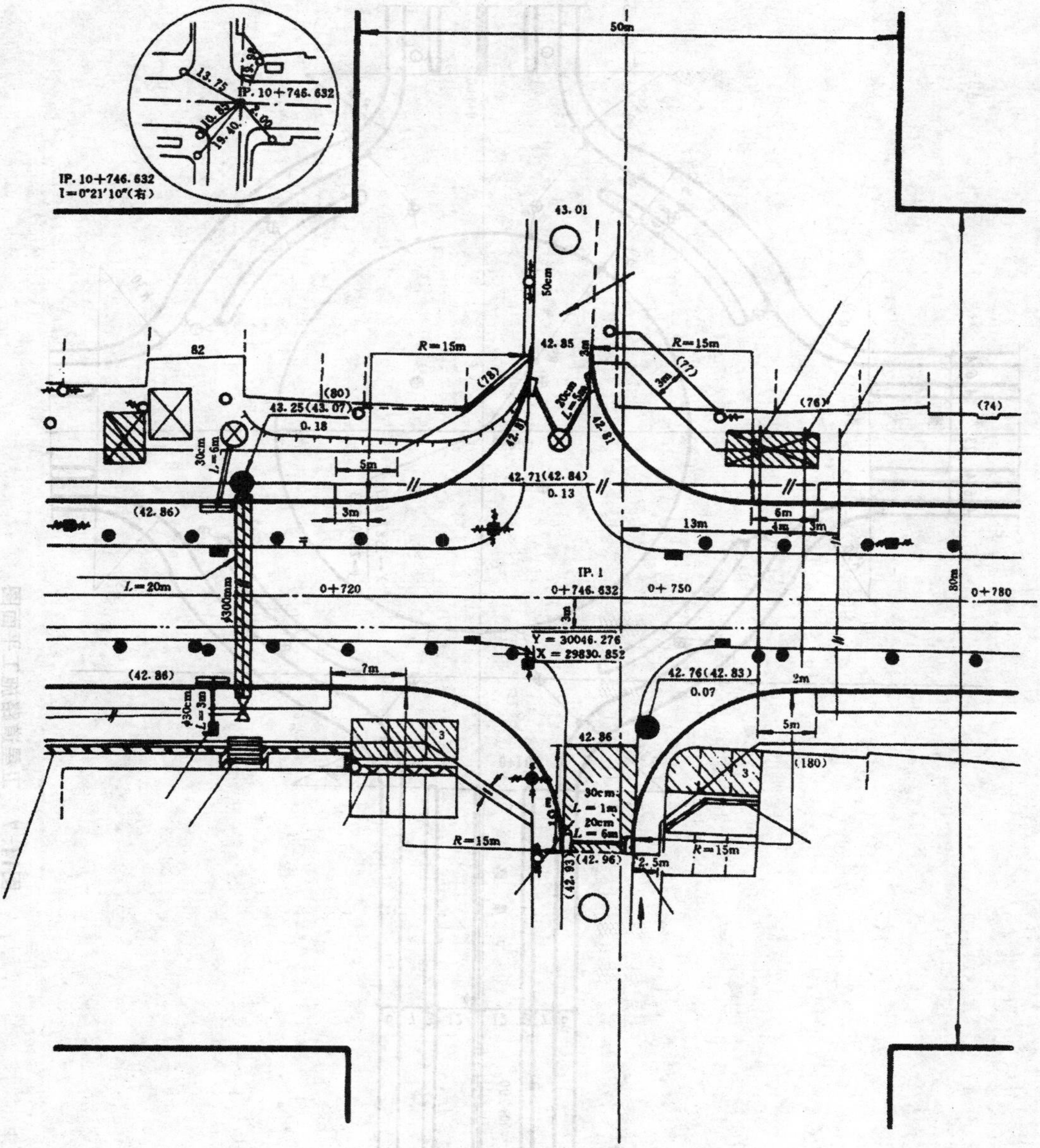

图 14-6(c)　长春市上海路道路平面图

表 14-2　平面图图例(二)

名称	符号	命称	符号	名称	符号
砖石、混凝土结构房屋	B	只有屋盖的简易房		储水池	
砖瓦房	C	围墙		下水道检查井	
石棉瓦房等简易房	D	非明确的路边线		通讯杆	

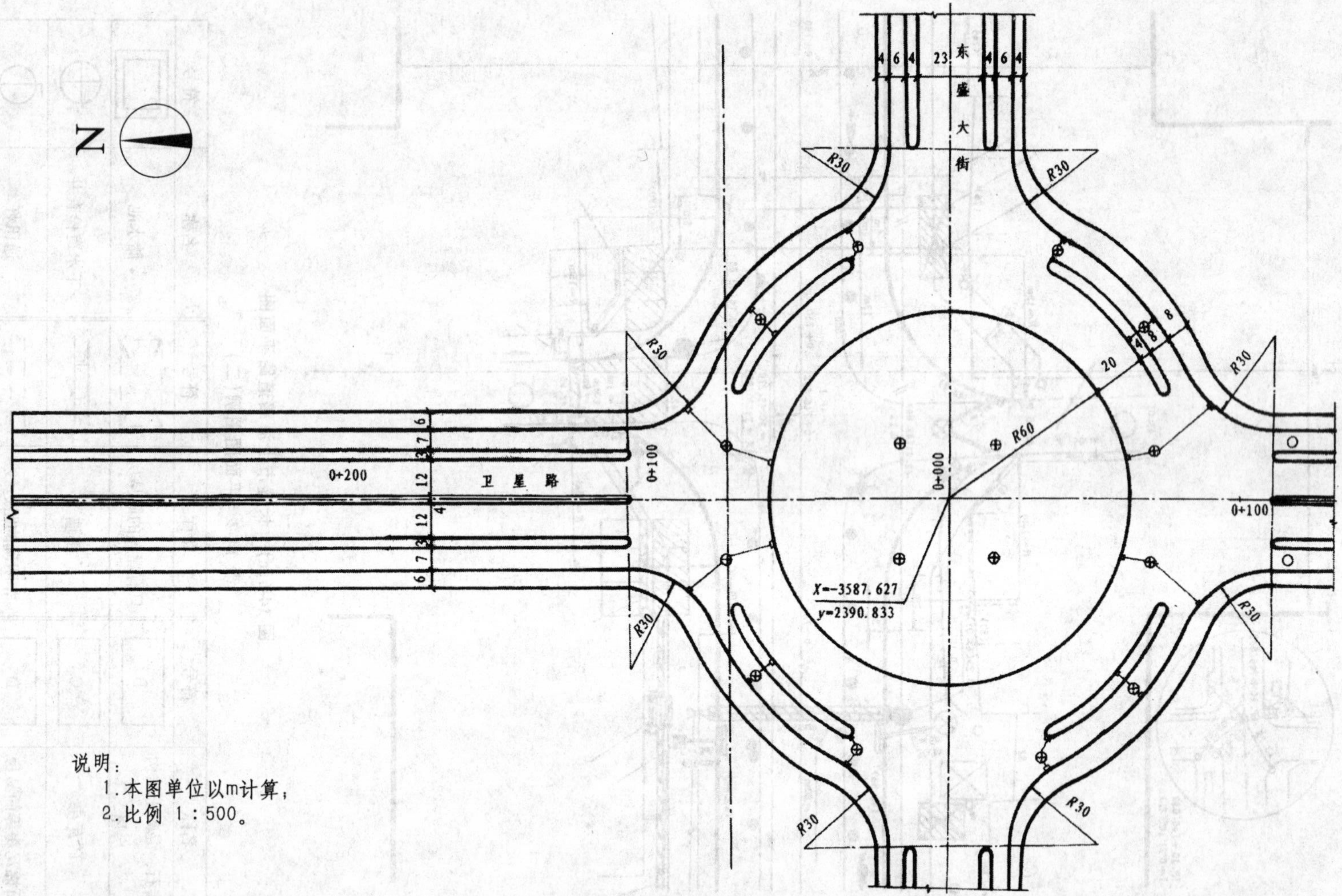

说明：
1.本图单位以m计算；
2.比例 1：500。

图14-7　卫星道路施工平面图

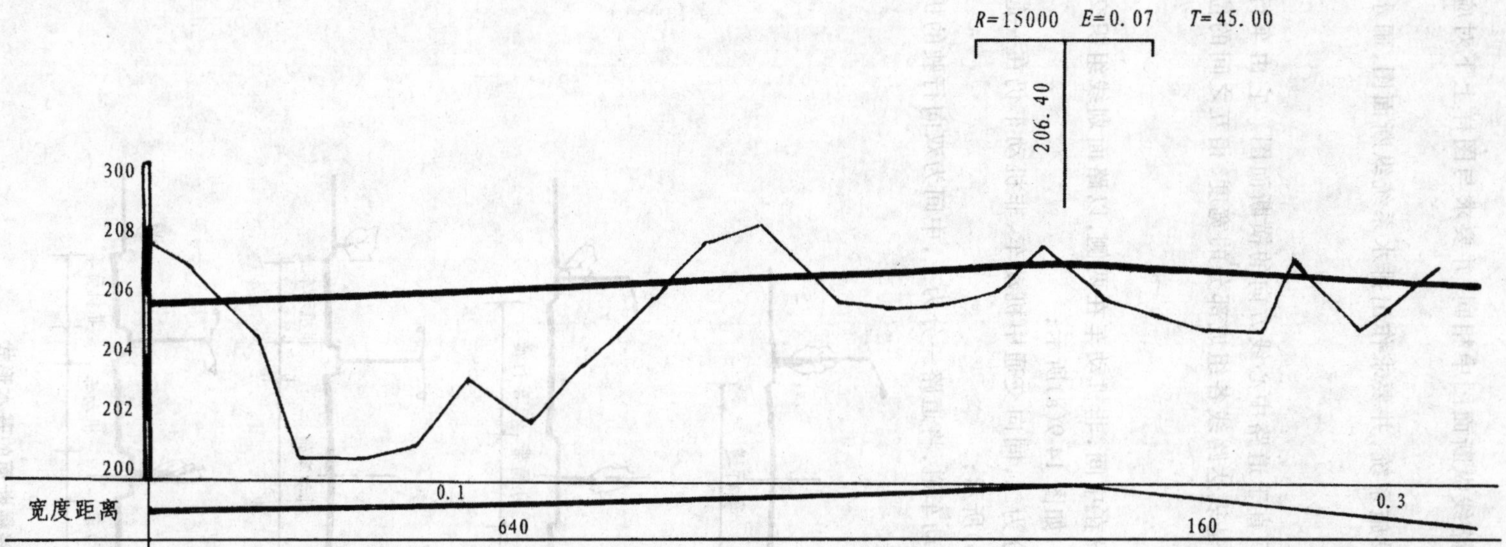

桩　号	0+100	0+120	0+130	0+150	0+160	0+180	0+200	0+220	0+231	0+240	0+260	0+280
挖　高	0.65										0.85	1.49
填　高		1.57	5.80	5.83	4.49	2.61	4.24	2.27	1.73	0.19		
设计线高	205.75	205.77	205.80	205.83	205.89	206.01	206.04	206.07	206.13	206.19	206.25	206.31
原地面线	206.40	204.20	200.60	200.60	201.40	203.40	201.80	203.80	204.40	206.00	207.10	207.80

桩　号	0+300	0+320	0+340	0+360	0+380	0+400	0+420	0+440	0+450	0+470	0+480	0+500
挖　高					0.40					0.35	0.64	
填　高	0.47	1.33	1.69	1.31		0.90	1.15	1.73	2.19			
设计线高	206.37	206.43	206.79	206.91	206.40	206.80	206.55	206.43	206.29	205.95	205.76	
原地面线	205.90	205.10	205.10	205.60	206.80	205.90	205.40	204.70	204.10	206.30	206.40	205.80

比例：横向 1:500
竖向 1:50

图14-8　纵断面设计图

(二)资料部分

城市道路纵断面图中的资料部分与公路路线纵断面图中相同,并要求与图样上下对应标注出有关的设计内容。

除此之外,城市道路还要考虑雨水排除设施系统,并要求作出排水系统纵断面图,雨水口和检查井构造图等(这里略)。

三、横断面图

城市道路横断面图是沿道路宽度方向,垂直于道路中心线方向的横断面图。它由车行道、人行道、分隔带(或绿化带)组成。其作用是表达路线各组成部分的宽度,相互之间的位置和高差。

(一)城市道路横断面的基本形式

1.车行道上完全不设分隔带,将机动车设在中间,非机动车在两侧,以路面划线组织交通,按照靠右规则行驶的,则为"单幅路"断面,如图 14-9(a)所示;

2.利用分隔带分隔对面车流,将车道一分为二,同向交通中机动车、非机动车仍在一起混合行驶的,则为"双幅路"断面,如图 14-9(b)所示;

3.利用两条分隔带分隔机动车道与非机动车道,将道路一分为三,中间为双向行驶的机

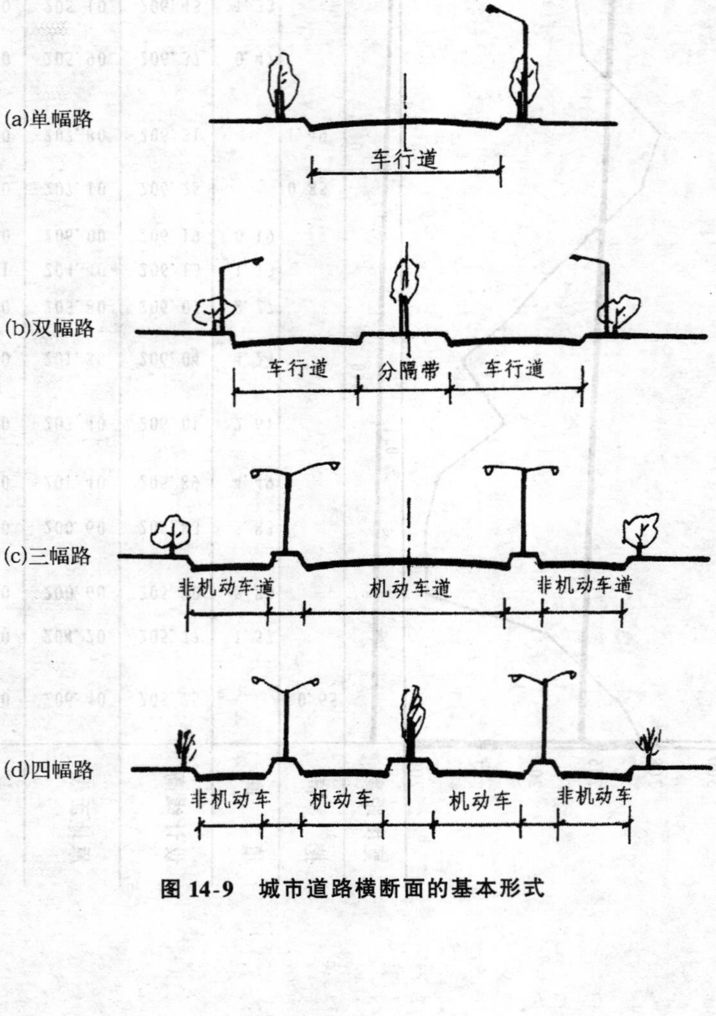

图 14-9　城市道路横断面的基本形式

动车道，两侧分别为单向行驶的非机动车道，为“三幅路”断面，如图 14-9(c)所示；

4.利用三条分隔带使交通分向、分流，即机动车与非机动车均为单向行驶，则为“四幅路”断面，如图 14-9(d)所示。

(二)横断面图的内容

表示道路全线(或某一路段)一般情况的横断面图称为标准横断面图。图上应绘出道路横断面的形式及各组成部分的相关尺寸和要求。

图 14-10(a)为卫星路道路标准横断面图，图 14-10(b)为排水标准横断面图。该路段为“四幅路”断面形式，用 3 条分隔带分隔机动车与非机动车道，图中表示了各车行道的宽度、横坡度及坡度方向、排水方式、结构设计要求等等。

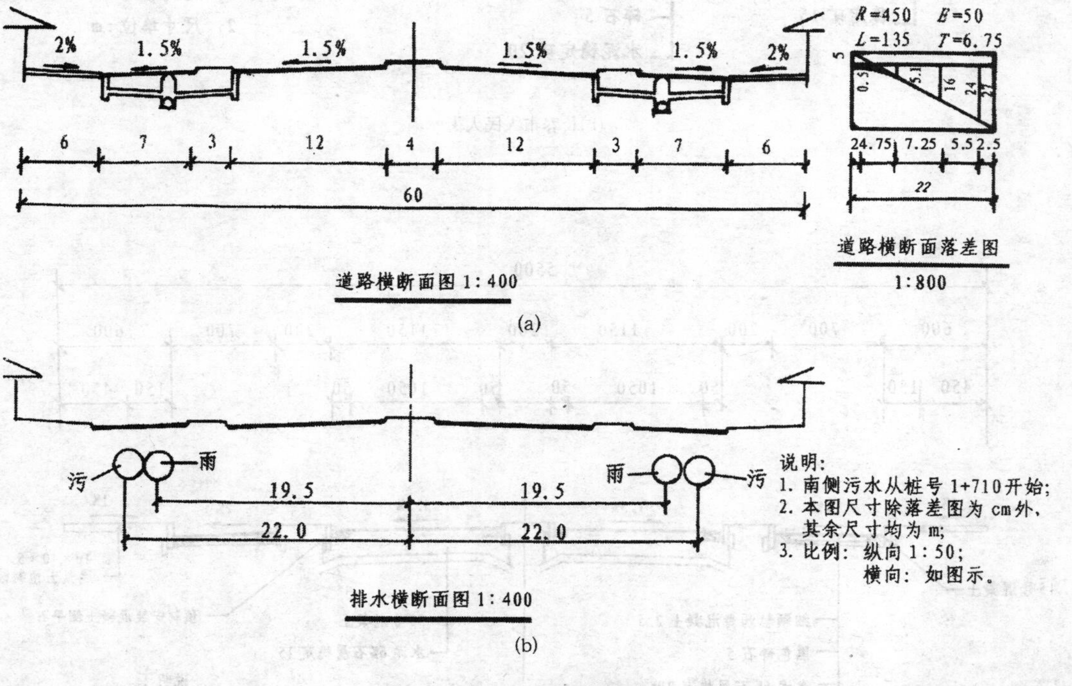

图 14-10 卫星路横断面图

图 14-11(a)为广州市林和庄路横断面设计图，其断面形式也为“四幅路”断面。

图 14-11(b)为长春市人民大街横断面图，该路段为“三幅路”断面形式。

当改建或扩建现有道路时，还须在现有道路横断面图中加绘改建或扩建道路的设计横断面图，并标出中线桩的里程和设计标高，这样的图样称之为施工横断面图。

图 14-12 为卫星路段路面结构图，从此图可了解各行车道路的路面断面结构、材料以及相关部分的尺寸。

试比较分析，“三幅路”断面形式的道路有利于解决机动车与非机动车相互干扰的矛盾，适用于机动车交通量大，车速要求高，非机动车多的交通干道；同时，“三幅路”断面形式的路段容易布置照明，有利于提高夜间行车速度；还能够充分利用分隔带绿化，利于夏季车辆行驶，保护路面软化或泛油。“三幅路”断面形式的缺点是在公共交通停靠站处，乘客上、下车

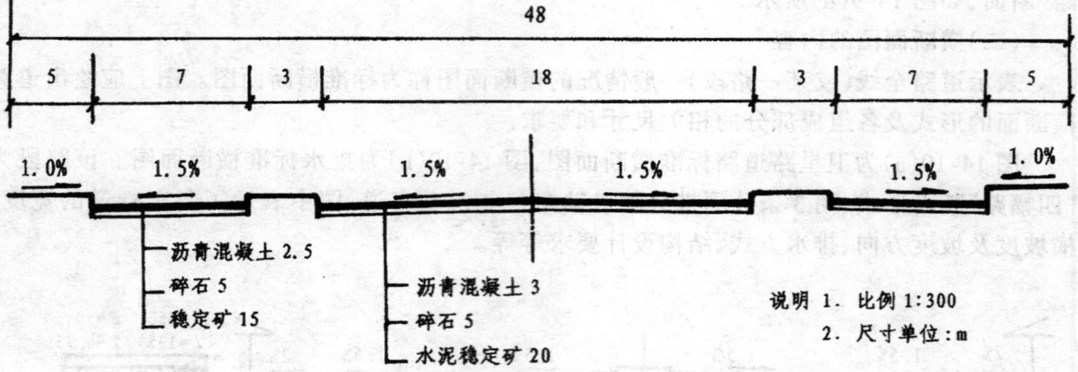

(b)长春市人民大街

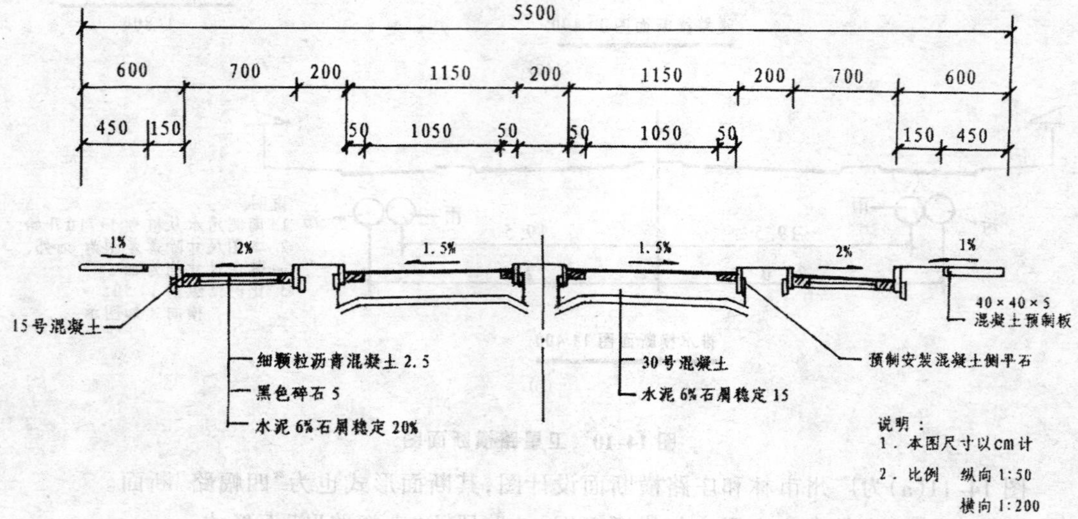

(a)广州市林和庄路

图 14-11　城市道路横断面图

须穿越非机动车道。

"四幅路"断面形式的道路是在"三幅路"断面形式的基础上在机动车道中间增设一条分隔带，这样可以减少双向行驶的机动车之间噪声的干扰。但是从建设投资方面来看，"四幅路"断面形式的道路占地用量大，工程费用也较高。基于这一点，在城区内的道路绝大多数均采用"三幅路"断面形式。

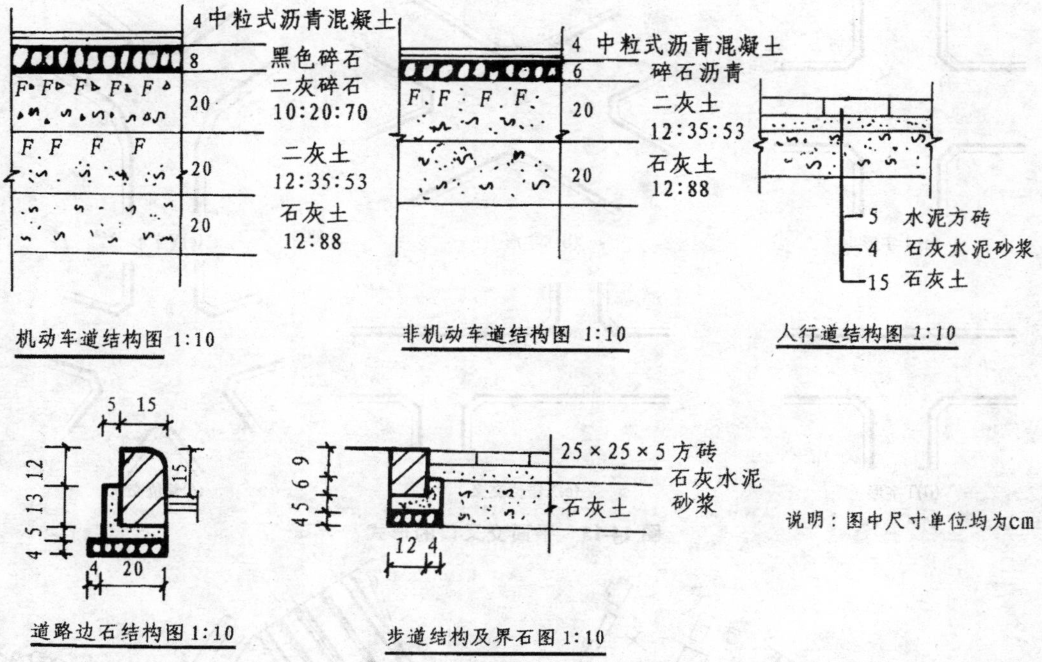

图 14-12　卫星路段路面结构图

第三节　道路交叉口

城市中道路与道路(或与铁路)相交的部位称为城市道路的交叉口。

城市道路的交叉可分为两种基本形式:平面交叉和立体交叉。

一、平面交叉口

(一)平面交叉口的形式

平面交叉口形式决定于道路系统的规划、交通量、交通性质和交通组织,以及交叉口用地及其周围建筑的情况。常见的平面交叉口形式有:十字形、X 字形、Y 字形、T 字形、错位交叉、复合交叉等,如图 14-13 所示。

(二)环形交叉口

为了提高平面交叉口的通过能力,在交叉口中央设置圆形或椭圆形交通岛,使进入交叉口的车辆不受红绿灯控制一律围绕岛单向行驶(我国规定逆时针绕道单向行驶),这种环形交叉(俗称转盘)有利于车辆迅速通过交叉口,直至所去路口。

如图 14-14 所示为一个复合型交叉口平面图,交通组织使车辆在各交叉口沿同一方向按照逆时针顺序前进,避免了发生周期性的交通阻滞,并消除了交通口处的冲突点,因而提高了行车安全和交叉口的通行能力(对于一条车道而言)。

同时,环形交叉口中央地域可以设计雕塑、种植绿化,这样还有美化城市的作用。

如图 14-14 所示环形路为“两幅路”,与各分道上不同形式的道路相接,也有利于提高通行能力。

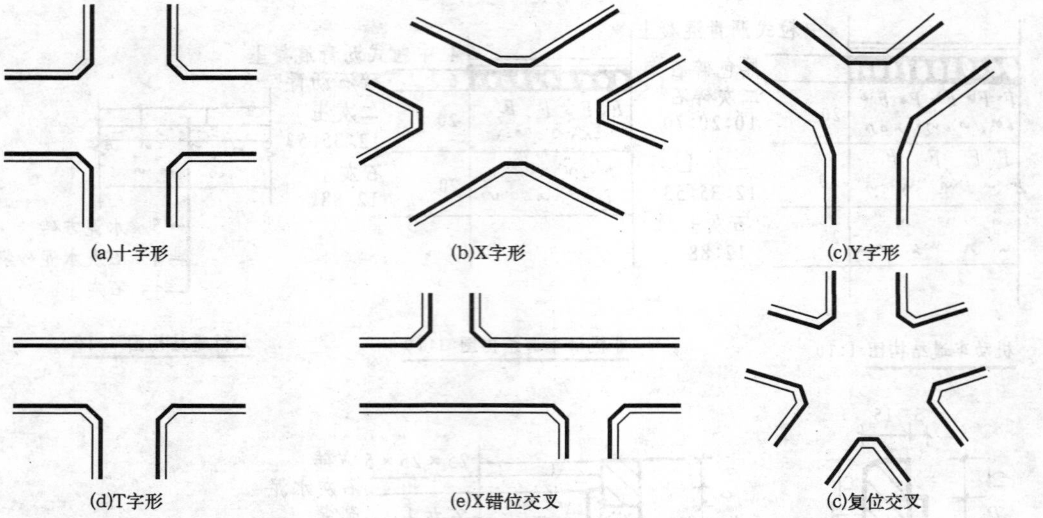

图 14-13　平面交叉口的形式

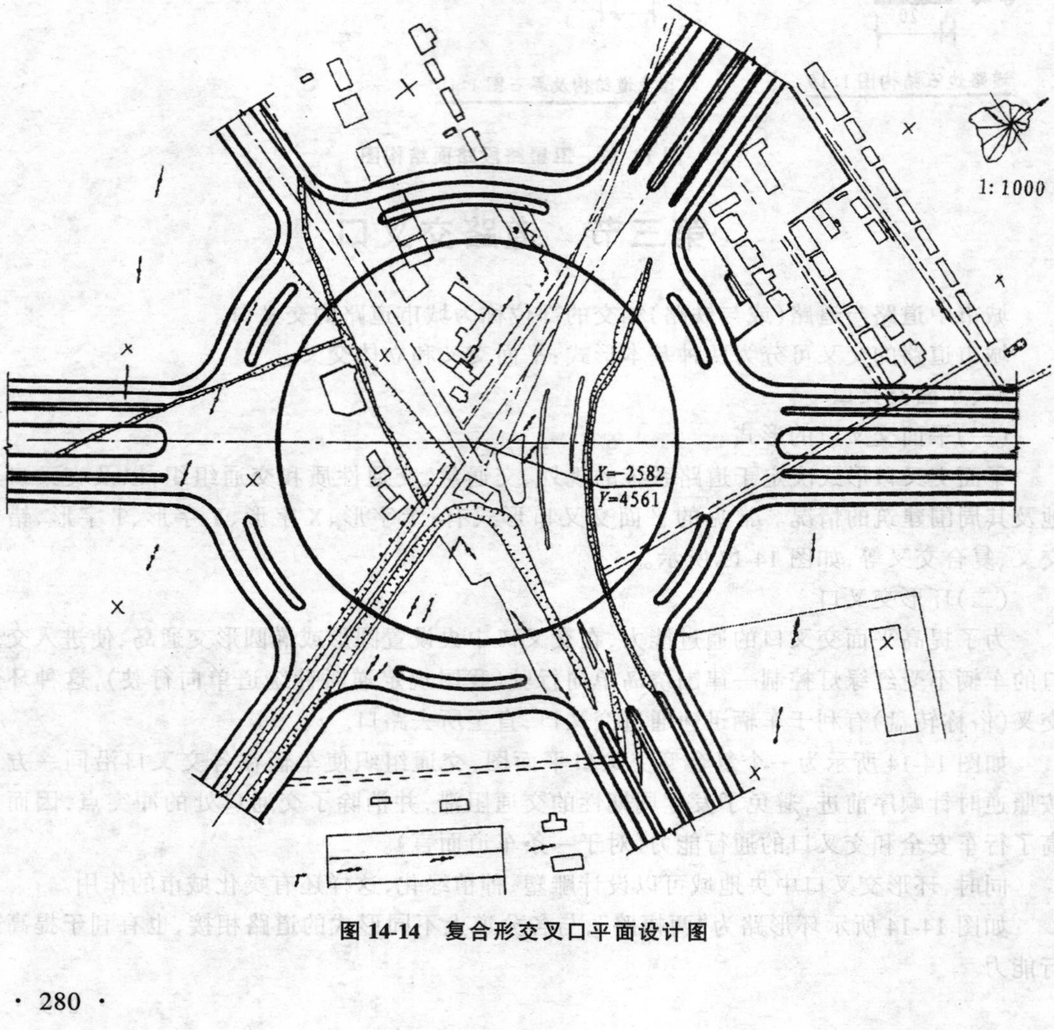

图 14-14　复合形交叉口平面设计图

二、立体交叉口

当平面交叉口仅用于交通控制手段无法解决交通要求时,可采用立体交叉,以提高交叉口的通过能力和车速。立体交叉是指交叉道路在不同标高相交的路口。

立体交叉主要有上跨式和下穿式两种基本形式,如图 14-15 所示。

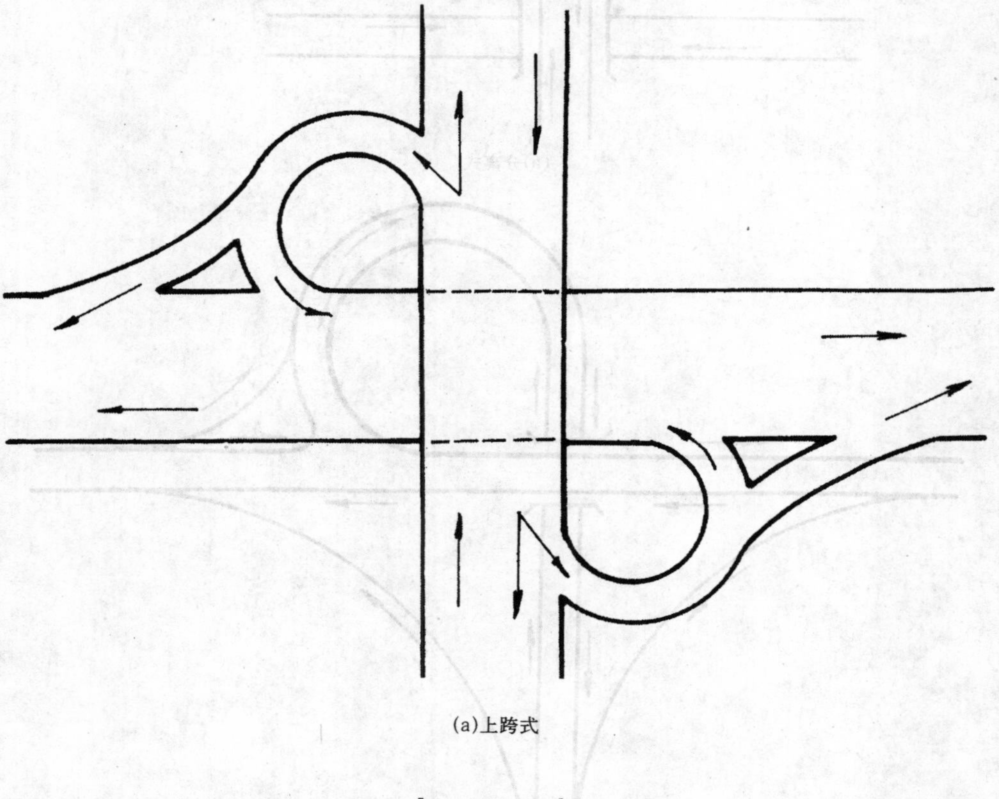

(a)上跨式

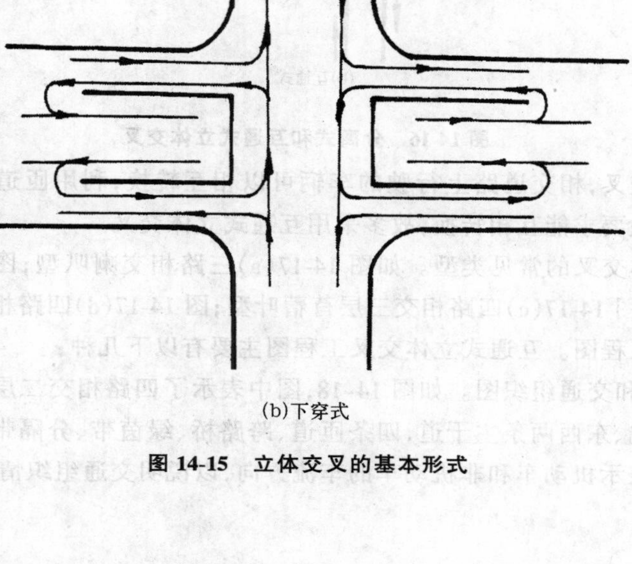

(b)下穿式

图 14-15　立体交叉的基本形式

在结构形式上根据相交道路上行驶的车辆是否能相互转换、有无匝道立体交叉又可分为分离式和互通式，如图 14-16 所示。

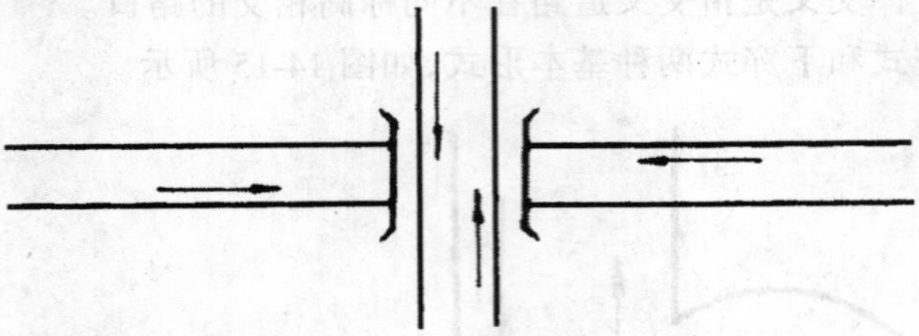

(a)分离式

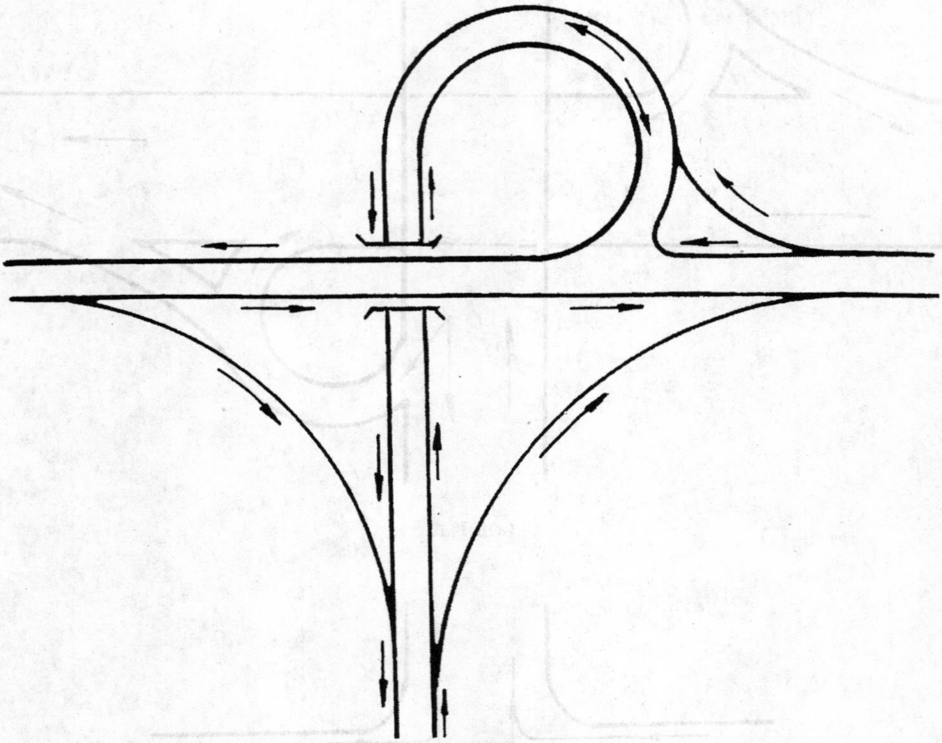

(b)互通式

图 14-16　分离式和互通式立体交叉

互通式立体交叉，相交道路上行驶的车辆可以相互转换，利用匝道连接上、下车道路。由于城市道路一般要求能互相转换，故多采用互通式立体交叉。

1.互通式立体交叉的常见类型。如图 14-17(a)三路相交喇叭型；图 14-17(b)四路相交二层式苜蓿叶型；图 14-17(c)四路相交三层苜蓿叶型；图 14-17(d)四路相交四层式环型。

2.立体交叉工程图。互通式立体交叉工程图主要有以下几种：

(1)平面设计和交通组织图。如图 14-18，图中表示了四路相交二层式苜蓿叶型互通式立体交叉。由南北、东西两条主干道，四条匝道、跨路桥、绿茵带、分隔带组成。用实线箭头和虚线箭头分别表示机动车和非机动车的车流方向，以说明交通组织情况。

(2)竖向设计图。如图14-19是在平面图上绘出设计等高线,以表示整个立体交叉口的高度变化情况,由此来决定排水方向以及雨水口的设置。

(3)横断面图。如图 14-20 为东西干道的横断面图,图中不仅表示了桥孔的宽度,路面的横坡,还表示了雨水管,雨水口位置。

(4)纵断面图。如图 14-21(a)和(b)中所示为图 14-16 中东西干道纵断面图和南北干道纵断面图,中间为机动车道,纵坡较大,用粗实线表示。细实线则为非机动车道纵断面图。

(5)鸟瞰图。如图 14-22 为立体交叉的透视(鸟瞰图)图。

互通式立体交叉口工程图除上述图样以外,还有跨路桥的桥型布置图、路面结构图、管线及附属实施设计图等等(这里略)。

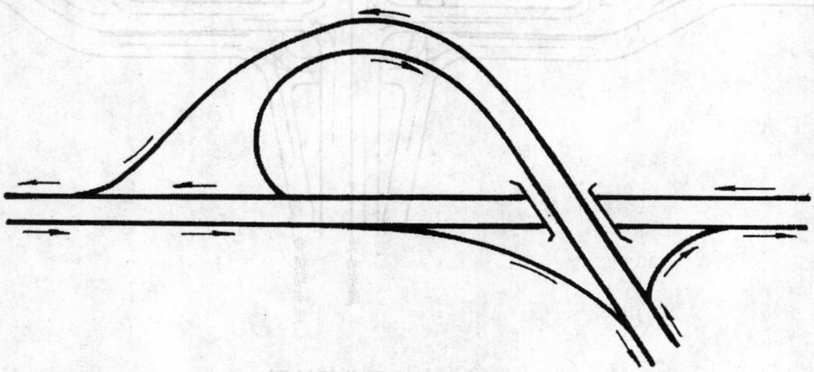

图 14-17(a)三路相交喇叭型

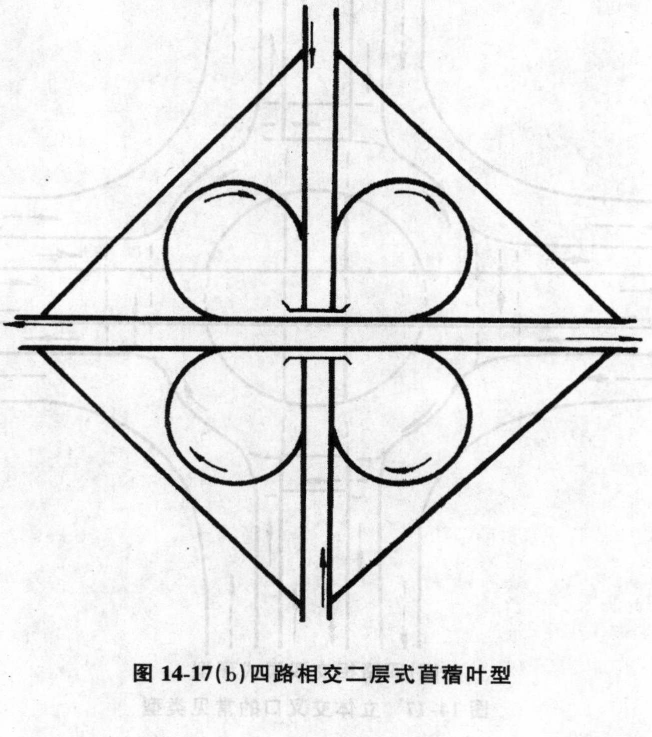

图 14-17(b)四路相交二层式苜蓿叶型

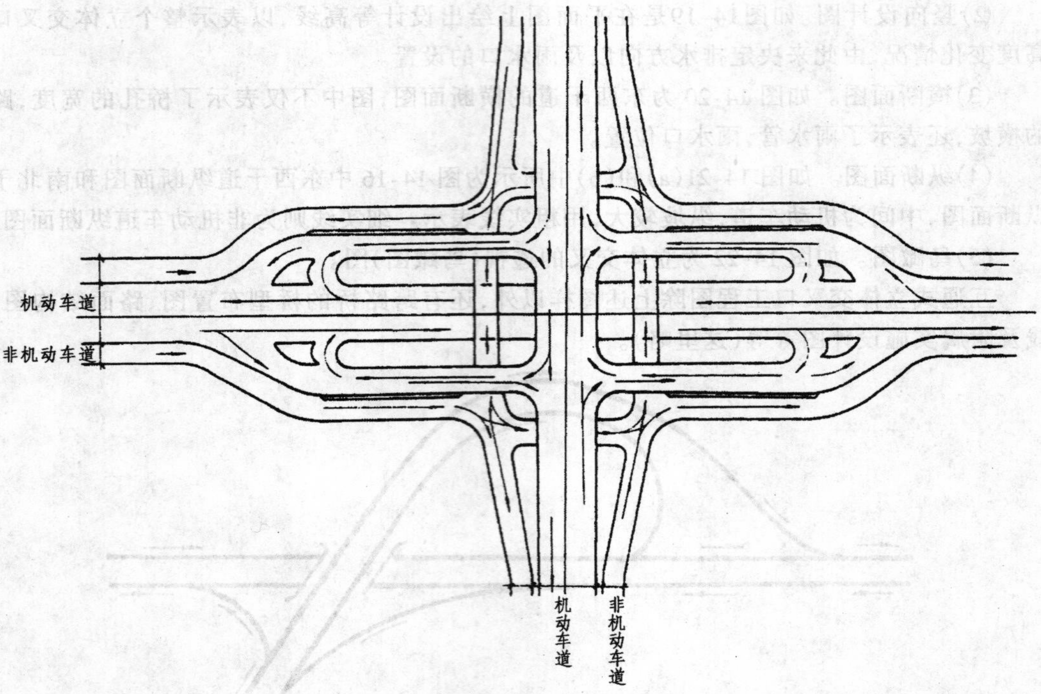

(c)四路相交三层苜蓿叶型

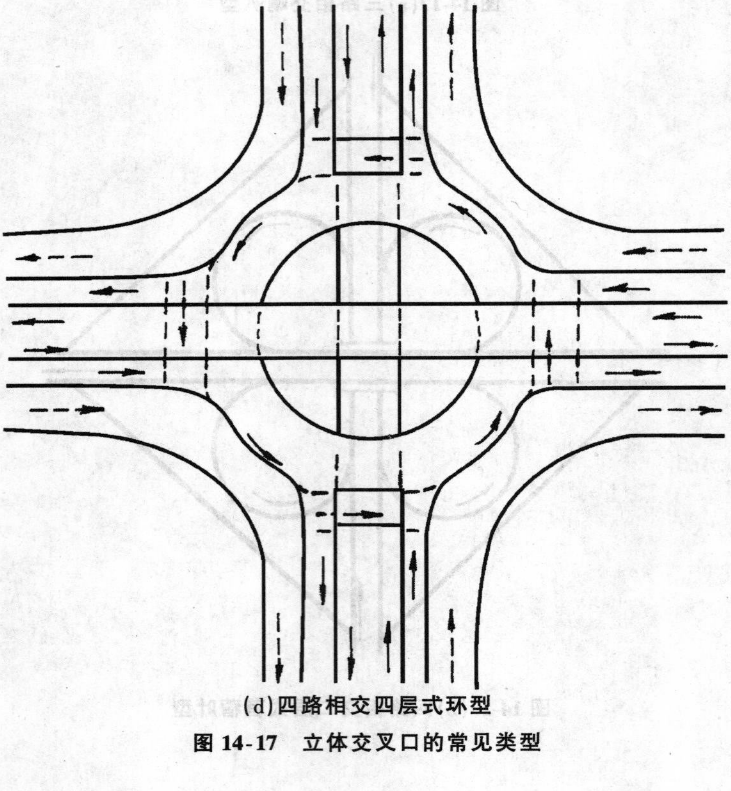

(d)四路相交四层式环型

图 14-17　立体交叉口的常见类型

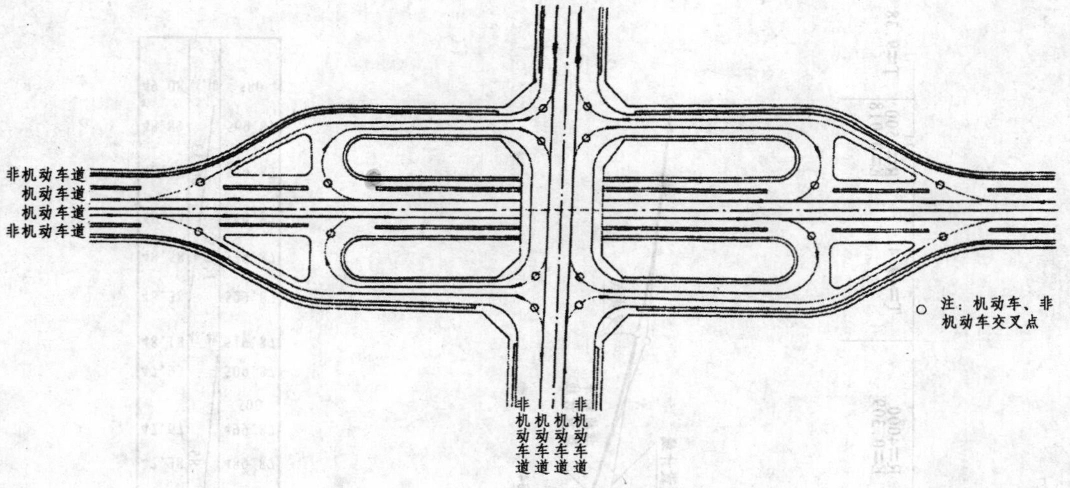

图 14-18　立体交叉交通图

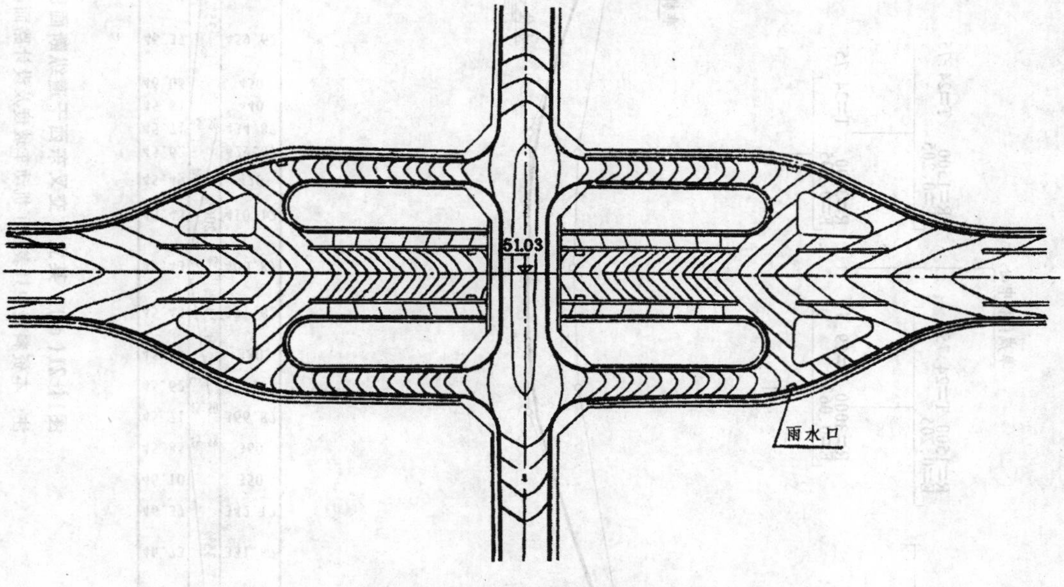

图 14-19　某立体交叉竖向设计图

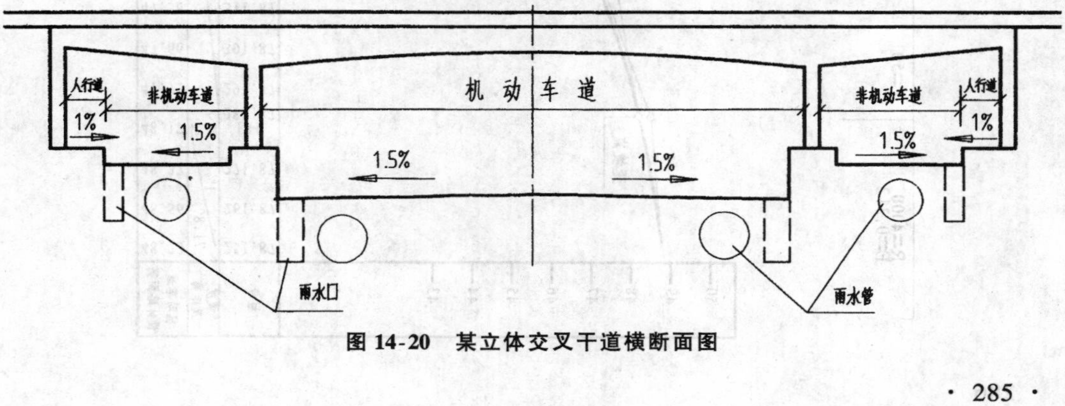

图 14-20　某立体交叉干道横断面图

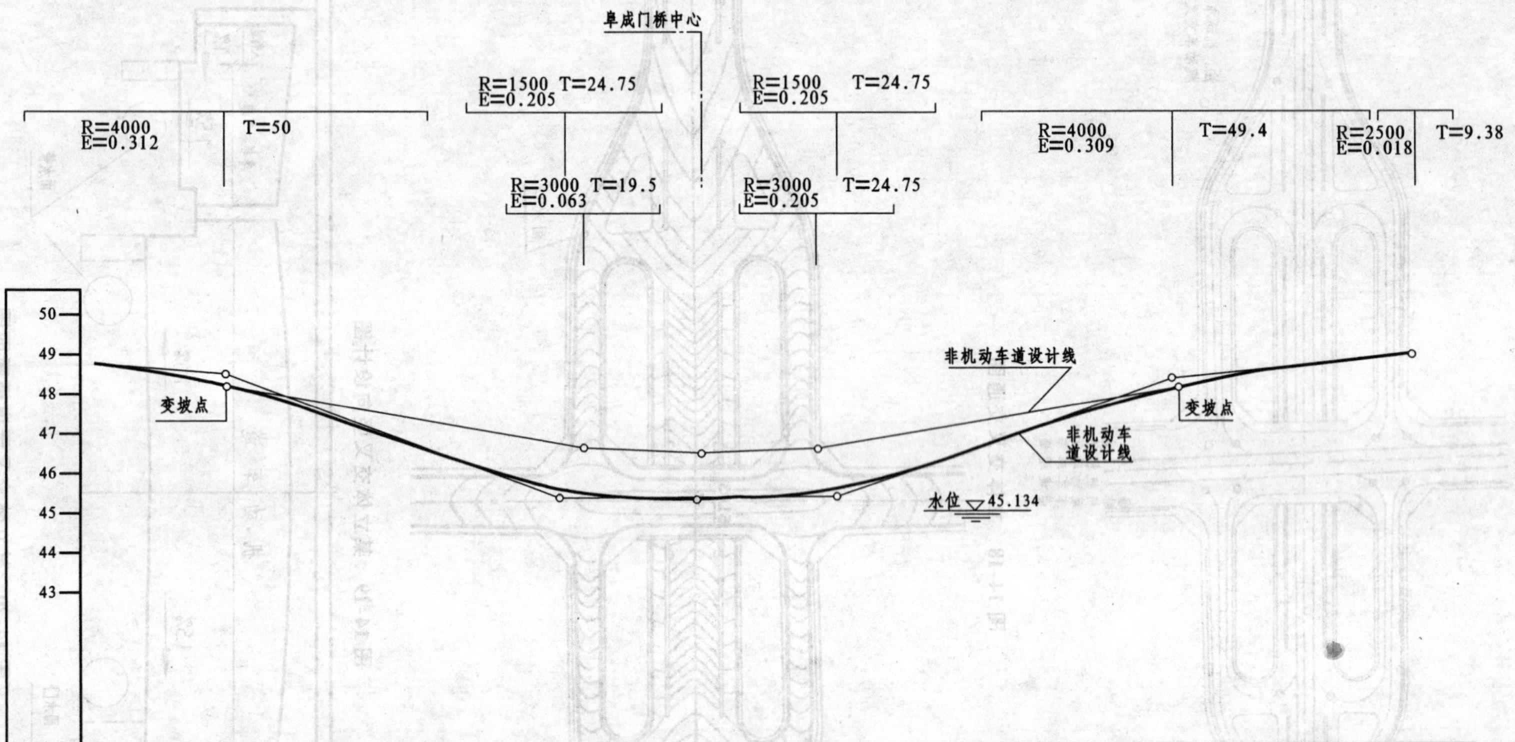

桩号	机动车道设计路面高
251.87	48.73
261.87	48.56
271.87	48.37
13+281.87	48.17
291.87	47.92
301.87	47.66
311.87	47.38
321.87	48.07
331.87	46.73
342.12	46.37
350	46.10
360	45.85
366.87	45.71
371.87	45.62
380	45.49
391.62	45.45
400.87	45.43
410.12	45.45
420	45.49
429.87	45.62
434.87	45.71
440	45.81
450	46.05
459.62	46.37
470.47	46.75
479.87	47.07
489.87	47.38
499.87	47.67
500	
509.87	47.93
519.87	48.18
529.87	48.38
539.87	48.58
549.87	48.74
559.87	48.89
569.87	48.89
580	49.08

坡度及距离: 1% 71.87 48.48 | 35% 85 45.58 | 45.50 0.206% 34 45.43 | 0.206% 34 45.50 | 25% 85 48.48 | 1.03% 60.13 48.10

图14-21(a)　某立体交叉东西干道纵断面图

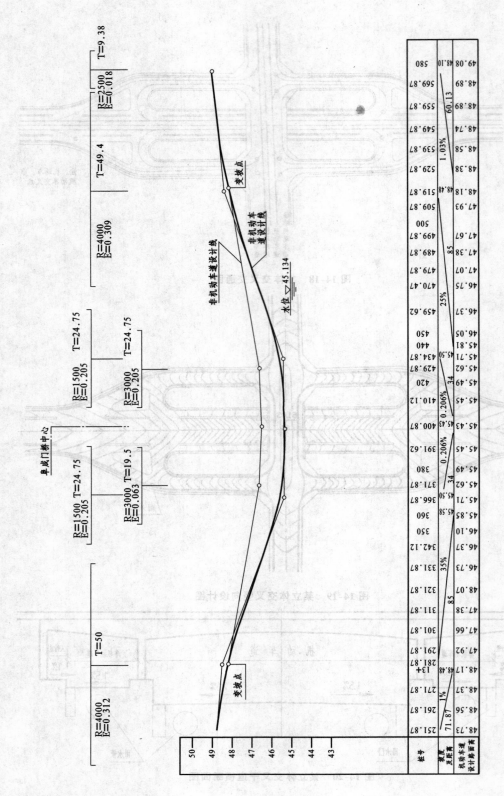

注：本资料表中只表示了机动车坡度及设计路面高

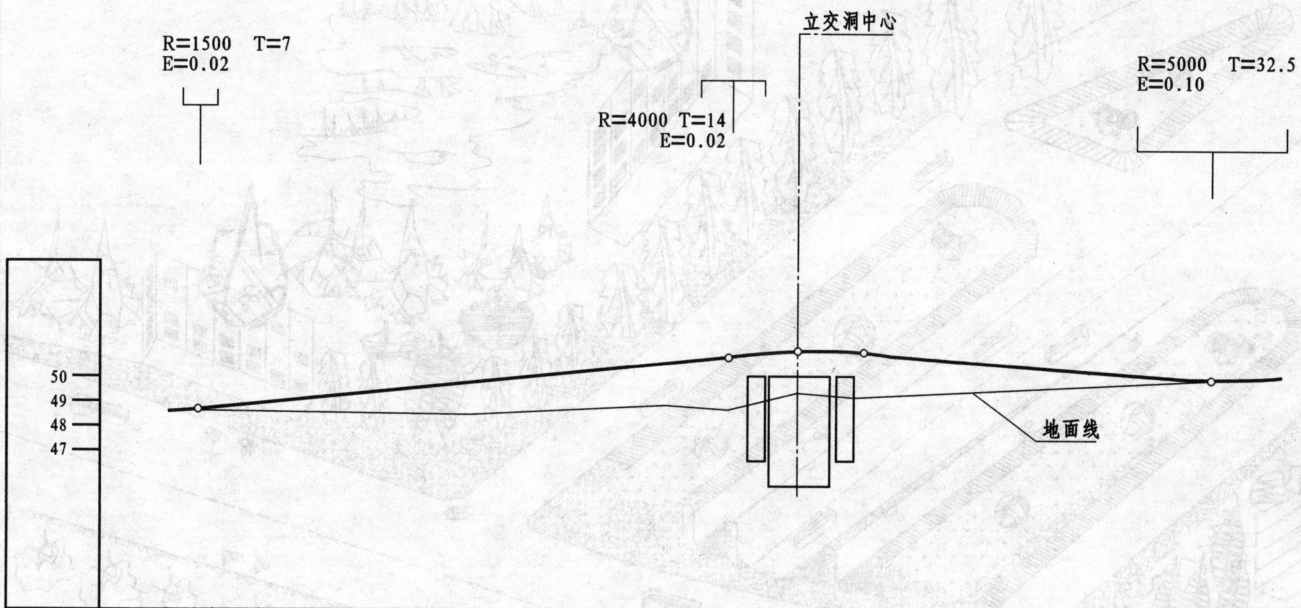

桩号		0.270 270 265	258 240		210	180		150	120		090	069.5 069.5 060	0−044	−030	−018 0+000		0+030			090	120		150 160	170 180	190 200	210 212.5 220	240		270	300
坡度与距离		48.69					0.938%		235				51.01	0.30 30	51.10	0.3% 30	51.01				150	0.767%		49.86						
地面高程		48.69	48.67		48.58	48.15		48.40	48.50		48.66	48.77		48.77	49.31		49.13			49.44	49.55		49.73	49.85		50.03	50.15		50.25	50.37
设计高程		48.71	48.94		49.23	49.53		49.82	50.12		50.42	50.71	50.87	50.99	51.03		51.01			50.55	50.32		50.09 50.03	49.99 49.96	49.96 49.98	50.03 50.03				

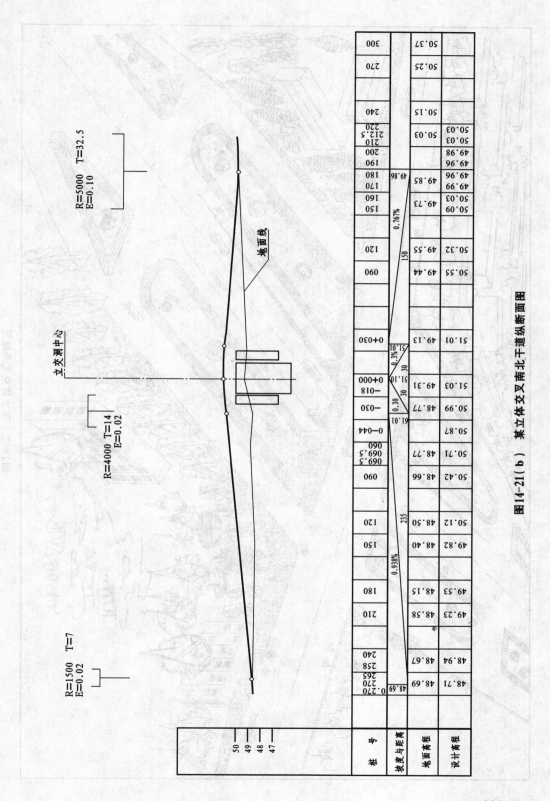

图14-21(b) 某立体交叉南北干道纵断面图

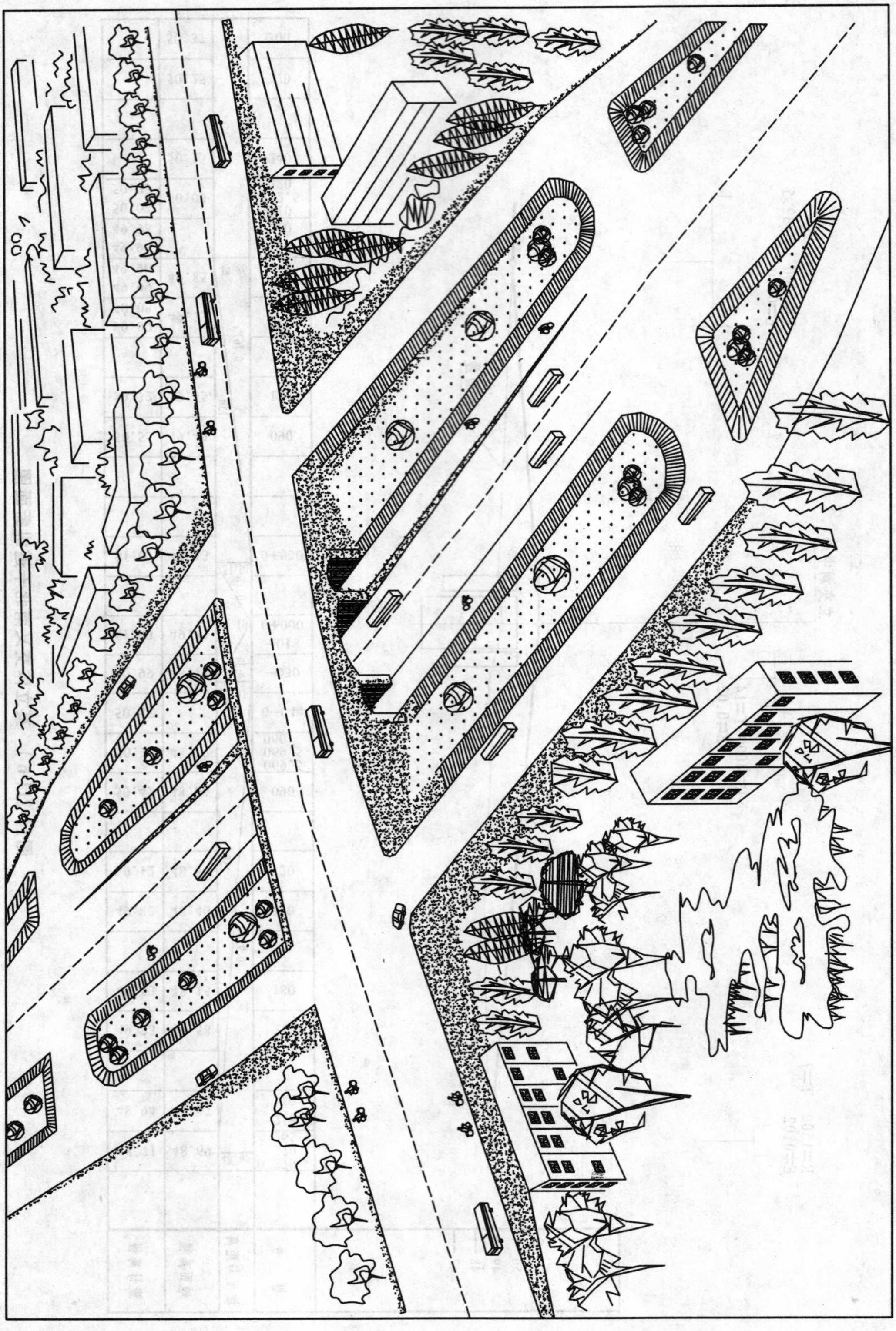

图14-22　某立体交叉鸟瞰图

第十五章　桥隧工程图

道路建设中常常会遇到道路通过江河、低洼地带和山峰等情况，则需要修筑桥梁和凿通隧道，以保证车辆的正常行驶，并渲泄水流，同时还要考虑船舶正常通行。

回顾我国桥梁建筑史，某些桥梁建筑技术已处于世界领先地位。它们标示着我国物质文明和精神文明的进步。图15-1列举了我国部分古代和现代桥梁，并简要介绍其类型、结构和重要特征。

图 15-1(a)为甘肃阳平桥。此桥建于三国魏朝，是伸臂木质梁桥，用圆木或高木纵横相间叠起，两岸垒石为基础，跨径可在 10～30m，跨越能力大。

(a)　甘肃阳平桥

图 15-1(b)为兰州城西跨阿干河的屋桥。此桥建于唐朝，桥上建有木屋，跨径 22.5m，桥长 27m，高 4.85m，宽 4.6m。这是一座造型比较奇特的桥梁。

图 15-1(c)为赵州桥(又叫安济桥)。此桥建于公元 600～605 年，位于河北赵县，在结构构思、艺术造型方面是举世闻名的。该桥是一座空腹式圆弧形石拱桥。净跨 37.02m，主拱

(b)　兰州的屋桥

(c)　赵州桥

上每侧设有跨径分别为2.8m和3.8m不等跨的小拱。赵州桥是我国古代名桥。它的雕刻艺术十分精湛、兽形逼真、琢工精细、造型秀丽,是我国桥梁的创举,更是我国文物宝库的艺术珍品。

图15-1(d)为南京长江大桥。此桥建于1968年,采用钢桁结构,是铁路、公路两用桥,桥总宽为22.5m,铁路桥长为6772m,公路桥长为4588m,主要跨径达160m。

图15-1(e)为重庆朝阳大桥。此桥建于1969年,是我国最早的悬索桥(吊桥)。主跨为186m,采用双链式结构,并采用了钢箱与混凝土桥面相结合的组合加劲梁。

图15-1(f)为万县长江大桥。此桥建于1996年,跨径为420m,在当时是世界上最大的钢筋混凝土拱桥。

(d)南京长江大桥

综上所述,桥梁有各种分类:

按用途分类有:公路桥、铁路桥、公路铁路两用桥、农桥、人行桥、运水桥(渡槽)、专用桥(通过管路、电缆等)。

(e)重庆朝阳大桥

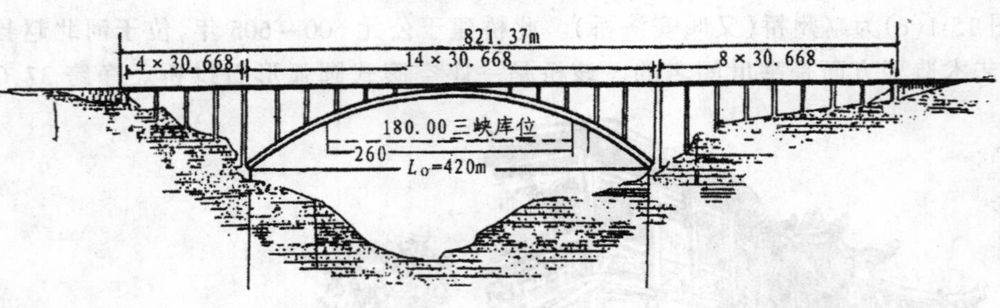

(f)万县长江大桥

图15-1　我国古代和现代桥梁

按主要承重结构所用的材料分类有:木桥、钢桥、圬工桥(包括砖、石、混凝土桥)、钢筋混凝土桥、预应力钢筋混凝土桥。

按结构体系分类有:梁式桥、拱桥、钢架桥、吊桥、斜拉桥(本章第二节中具体介绍)。

在现代桥梁与隧道工程中,钢筋混凝土这一主要建筑材料早在本世纪初就得到广泛的应用。随着预应力钢筋混凝土和诞生,实现了土木工程的第二次飞跃。本章着重介绍桥梁和隧道工程图的主要内容和图示方法及“国标”的有关要求。首先介绍有关钢筋混凝土的基本知识和它的图示特点，为学习桥隧工程图打好基础。

第一节 钢筋混凝土桥梁工程图

一、钢筋混凝土构件简介(见第十二章第三节中的一、……)

二、钢筋混凝土构件的图示方法及其标注(见第十二章第三节中的二、……)

三、钢筋混凝土构件图

桥梁中钢筋混凝土构件图与房屋建筑中钢筋混凝土构件图相似，一般选用立面图和断面图来表达，如图 15-2 为钢筋混凝土梁的结构图，立面图表达了梁的长度和高度及钢筋布置的立面状态和断面剖切位置；图 15-2 中 1－1 断面图表达了梁的横断面形状和大小及纵向钢筋的分布情况，断面图的上、下各有一个小表格，表中的数字表示钢筋编号及其所在的位置(2－2 断面图请读者自行分析画出)；配筋图表达了每种钢筋的根数、种类、规格、折弯形状及各段长度等等数据。观看全图，此梁内的钢筋配置情况就一目了然，它是施工时不可缺少的依据(注意：立面图中的钢筋编号与配筋详图的编号是一一对应的)。

钢筋混凝土柱的结构图与梁的相似，只不过是梁的长度方向为水平而柱的长度方向为竖直，梁中有架立筋且常常有弯起筋，柱中则没有，因此，一般情况柱比梁简单，在此不作详细介绍。

四、钢筋混凝土梁桥工程图

桥梁由 3 个主要部分组成：①上部结构，包括主梁或主拱圈和桥面；②下部结构，包括桥墩和桥台；③墩台基础，如图 15-3 所示。

桥面(或轨顶)对桥跨结构最低边缘的高差，称为桥梁的建筑高度。公路或铁路定线中所确定的桥面(或轨顶)标高，对桥下通航和排洪必需的净空高度之差，又称容许建筑高度。显然，桥梁的建筑高度不得大于它的容许建筑高度，否则不能保证桥下的通航和排洪要求。

根据容许建筑高度的大小和实际需要，桥面可布置在桥跨结构的上面、中间和下面。布置在桥跨结构上面的，称上承式桥；下面的，称下承式桥；中间的，称中承式桥。图 15-4 为以上 3 种形式的示意图。

桥梁的结构形式及建筑材料无论选择哪一类，其图样的绘制或阅读都是应用前面所学的投影理论和图示方法，结合桥梁工程图的图示特点来绘制或阅读其各图样。

桥梁工程图是建造一座桥梁的施工依据，需要的图样很多，一般包括：桥位平面图、桥位地质纵断面图、桥梁总体布置图和构件详图。

(一)桥位平面图

如图 15-5 所示，桥位平面图主要表明桥梁和路线连接的平面位置，通过实际地形测绘桥位处的道路、河流、水准点、里程、钻孔以及附近的地形、地物，以便作为设计桥梁和施工定位的依据(图 15-5(a)为较大地形范围内的桥位平面图，图 15-5(b)为较小范围内的桥位平面图，省略了地物图例，使桥位图更清晰)。

桥位平面图常用的比例有：1:500、1:1000、1:2000。

桥位平面图中的植被，水准符号均按正北方向绘制，图中文字方向则按路线要求及总的图标方向来确定。

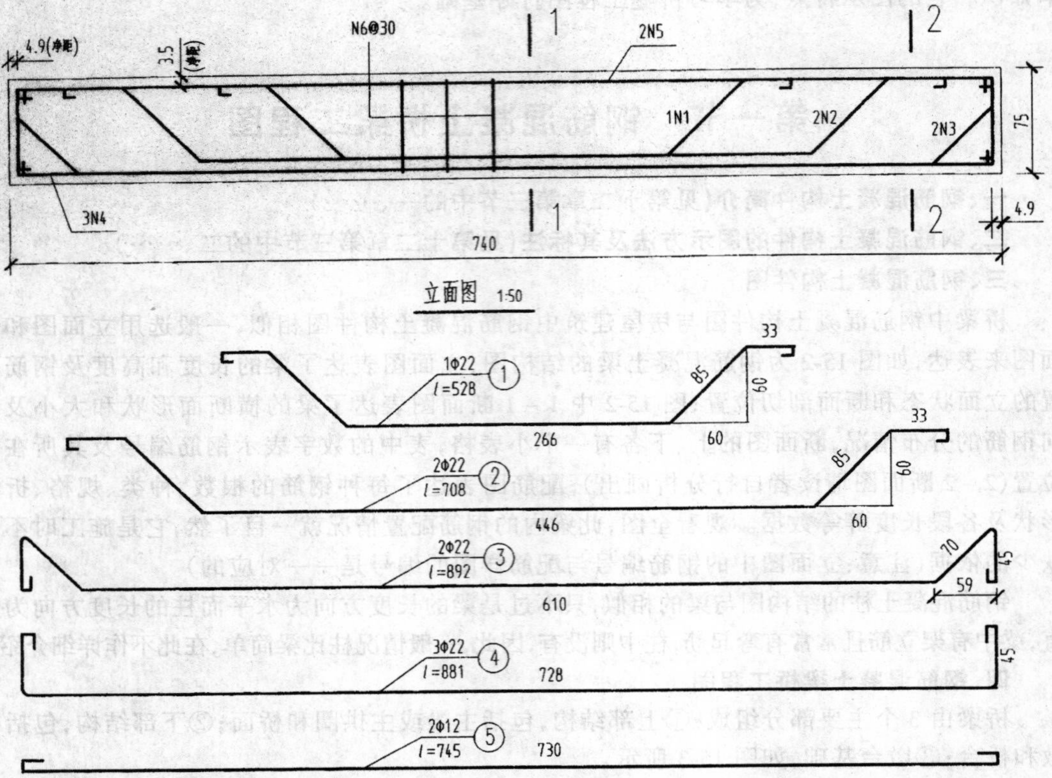

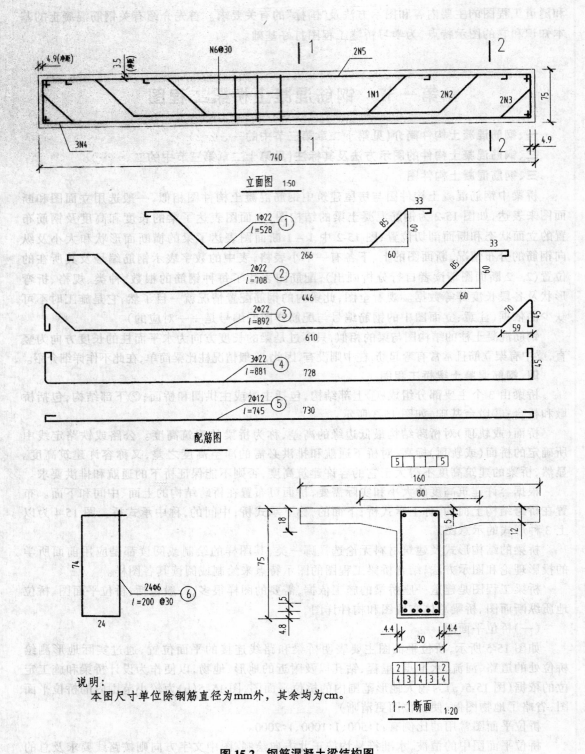

说明：
本图尺寸单位除钢筋直径为mm外，其余均为cm。

图 15-2 钢筋混凝土梁结构图

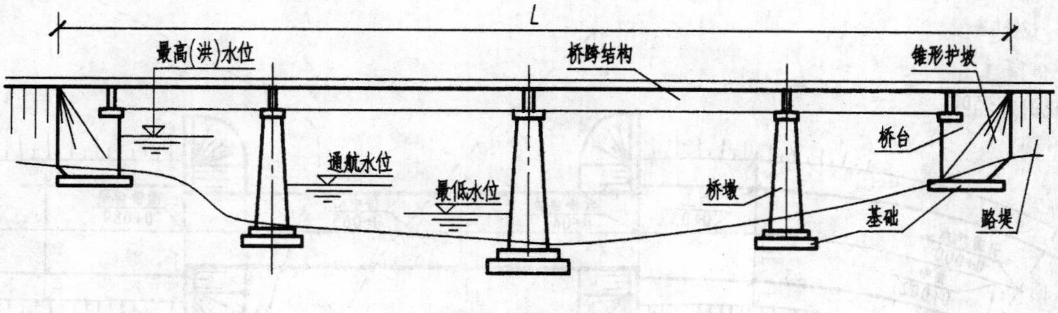

图 15-3 桥梁的组成

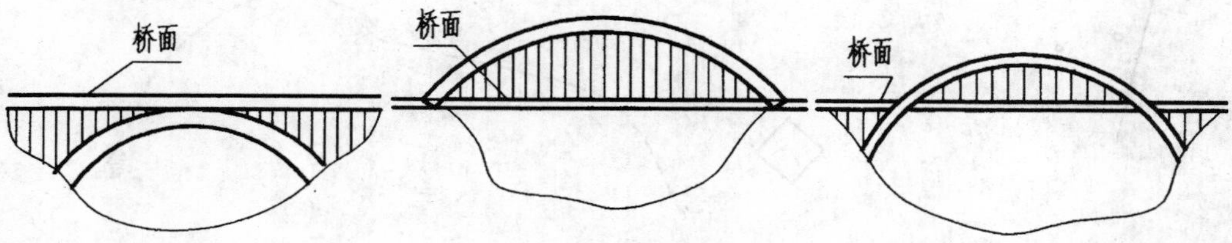

(a)上承式　(b)下承式　(c)中承式

图 15-4 桥梁结构形式

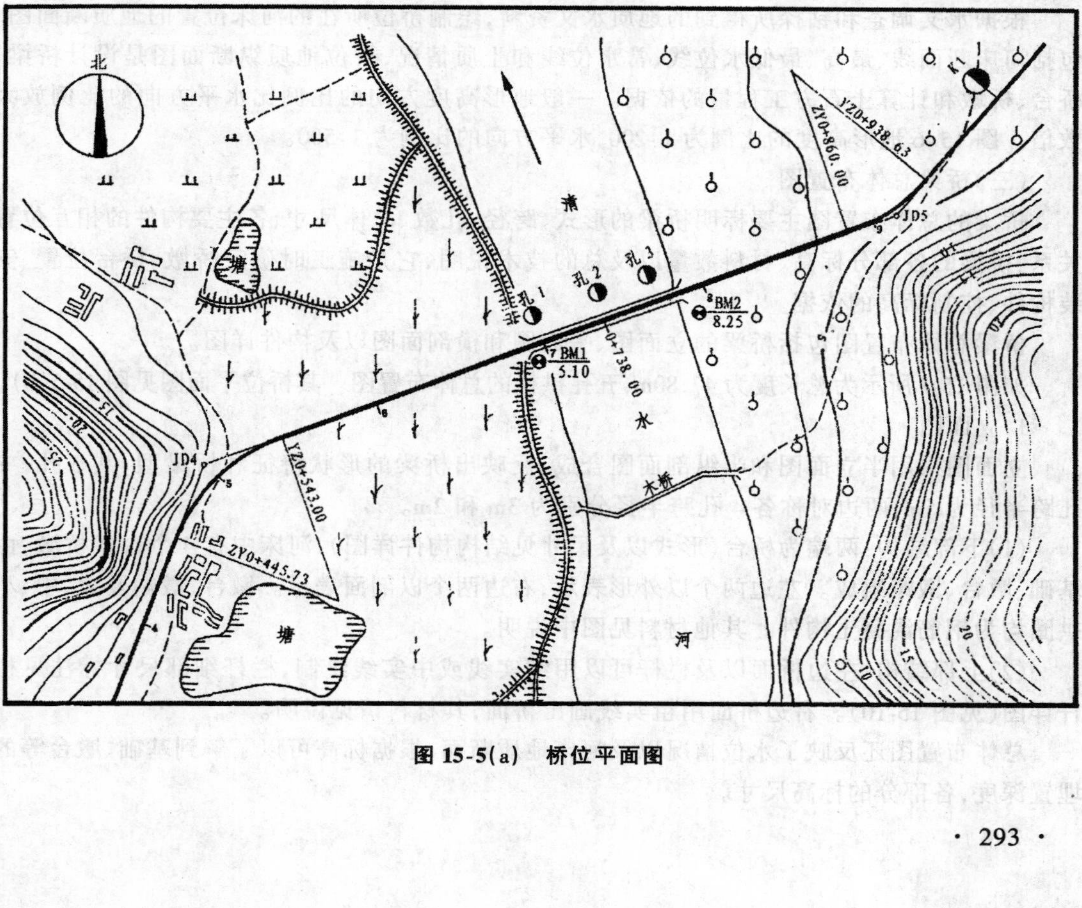

图 15-5(a) 桥位平面图

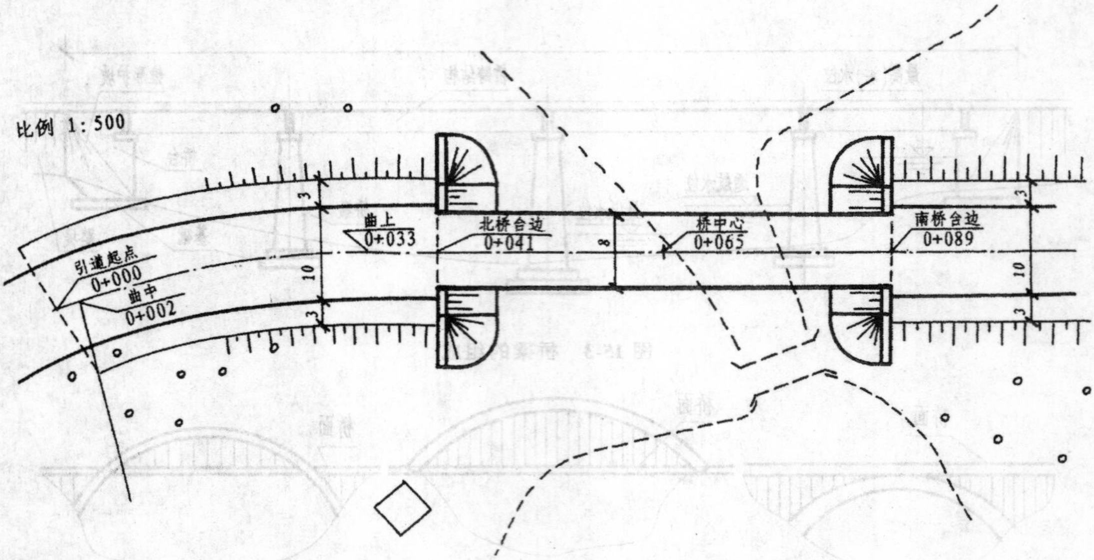

图 15-5(b) 桥位平面图

桥位平面图中的图例符号参考第十四章第一节中表 14-1。

(二)桥位地质纵断面图

根据水文调查和钻探所得到的地质水文资料,绘制桥位所在的河床位置的地质断面图,包括河床断面线、最高、最低水位线、常水位线和土质情况,桥位地质纵断面图是设计桥梁、桥台、桥墩和计算土石方工程量的依据。一般地形高度方向的比例比水平方向的比例放大数倍。图 15-6 地形高度的比例为 1:200,水平方向的比例为 1:500。

(三)桥梁总体布置图

桥梁的总体布置图主要标明桥梁的形式、跨径、孔数、总体尺寸、各主要构件的相互位置关系、桥梁的各部分标高、材料数量以及总的技术说明,它是施工时确定桥墩、桥台位置、安装构件、控制标高的依据。

桥梁总体布置图包括桥梁的立面图、平面图和横剖面图以及构件详图。

如图 15-7 所示为总长度为 47.80m,五孔拱桥的总体布置图。其桥位平面图见图 15-5(b)。

1.立面图

立面图采用半立面图和半纵剖面图合成,反映出桥梁的形状特征和桥梁型,共 5 孔,中孔跨半径为 5m,两边对称各 4 孔跨半径分别为 3m 和 2m。

(1)下部结构:两端为桥台(形式以及尺寸见结构构件详图),河床中有 4 个台式桥墩,由基础、墩台、墩帽组成。左边两个以外形表示,右边两个以剖面表示。墩台、墩帽及大、中、小拱圈均为钢筋混凝土构件。其他材料见图中说明。

(2)上部结构:左边桥面以及栏杆可以用细实线或中实线绘制,栏杆细部尺寸标注见栏杆详图(见图 15-10)。右边桥面用粗实线画出桥面,其材料请见说明。

总体布置图还反映了水位情况以及河床地质断面,根据标高可以了解到基础、墩台等的埋置深度,各部分的标高尺寸。

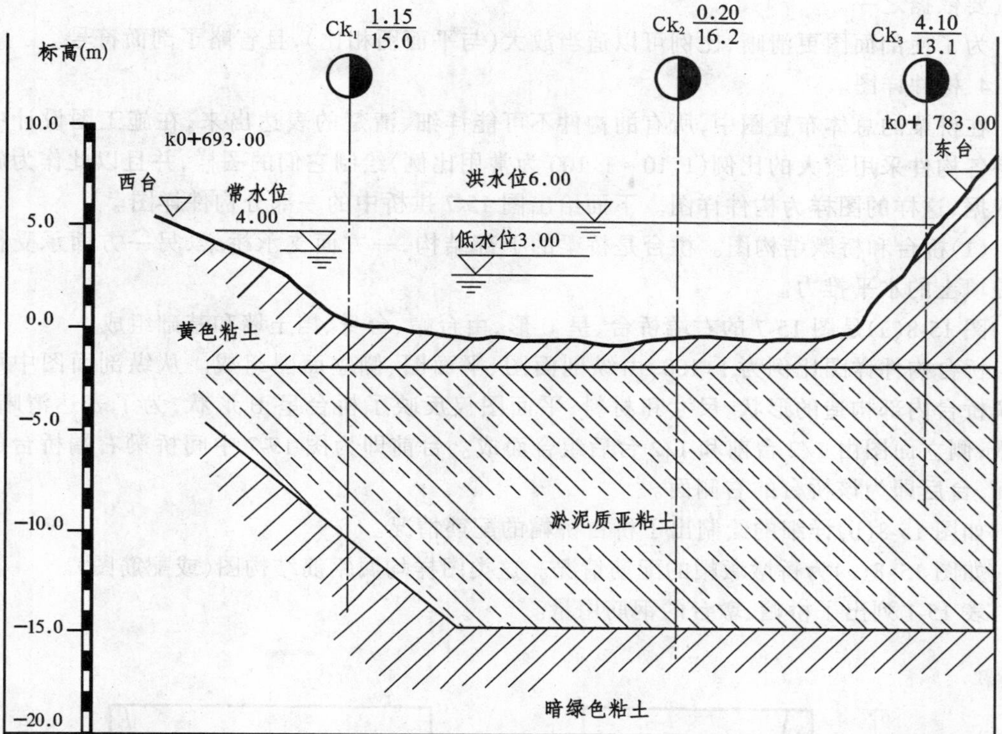

钻孔编号	1		3		3	
孔口标高 (m) 钻孔深度 (m)	1.15	15.0	0.20	16.2	4.10	13.0
间 距 (m)	40.00		38.00			

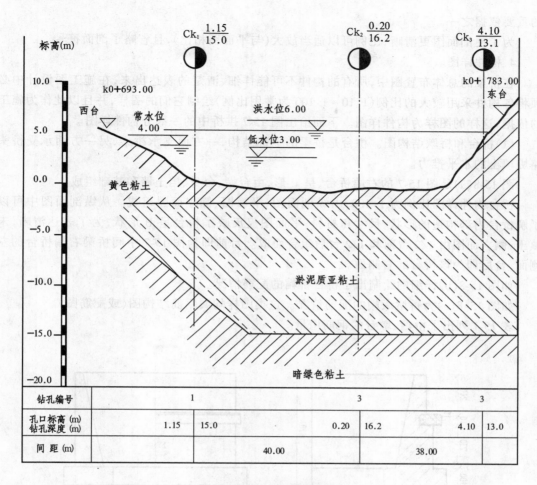

图 15-6 桥位地质纵断面图

2.平面图

从平面图中清楚地看出桥面净宽为7.40m,桥栏杆的尺寸以及位置,从左至右采用分层画法,即桥的左部分表达了桥面及桥台两侧的护坡形状及尺寸,并用文字说明表达桥面的材料。

桥的右部分为各个桥墩、墩帽形状和尺寸,墩帽为矩形,长3.38m,宽10.18m;桥墩截面为长腰圆形;桥台平面图,长为7.10m,宽为9.20m。

一般地,桥台两侧护坡轮廓用细实线,桥面部分用中实线,而桥墩、桥台等分层部分用粗实线绘制。请注意:平面图中的各部分结构必须与立面图按投影关系布置。右端桥台两侧省略了护坡,目的是使桥台平面图更为清晰。

3.横剖面图

图15-7中的1-1,其剖切位置在大拱圈中心线处-此图并没有按实际剖到的桥体结构绘制,而是将基础、桥墩和左端桥台的右侧面合在一起所作的投影,表达了这些结构的侧面形状和尺寸。拱圈部分的剖面形状及大小在详图中表示。

图15-7中的2-2,其剖切位置在右端桥台的左侧面及右侧小拱圈与桥台衔接处,此图表达了桥台侧面、墩帽侧面的形状和尺寸;也表达了桥台两侧护坡的尺寸和材料,这是施工

的重要依据之一。

为了使剖面图更清晰，比例可以适当放大（与平面图相比），且省略了剖面符号。

4.构件详图。

在桥梁的总体布置图中，所有的构件不可能详细、清楚的表达出来，在施工图设计中必须将各构件采用较大的比例(1:10～1:100为常用比例)绘制它们的图样，并且以此作为施工的依据，这样的图样为构件详图。下面给出图15-7拱桥中的一部分构件详图。

(1)桥台和桥墩结构图。桥台是桥梁的下部结构，一方面支承桥梁，另一方面承受桥头路堤填土的水平推力。

图15-8(a)是图15-7的右端桥台，呈U形，由台帽、台身、挡土墙和基础组成。

桥台构件详图比例为1:100，由纵剖面图、平面图、侧立面图组成。从纵剖面图中可以了解桥台内部构造的形状、尺寸和材料；平面图仅反映了桥台呈U形状，为了表达清晰，未填土；侧立面图由1/2台前和1/2台后组合而成。台前即为图15-7中间桥梁右端桥台的左侧面，台后即为该桥台的右侧面。

如图15-8(b)详细的绘制出了桥台桥帽的配筋情况。

如图15-8(c)为桥墩墩帽的配筋情况。这类图样均属钢筋结构图(或配筋图)。

表15-1列出了桥帽、墩台的钢筋用量。

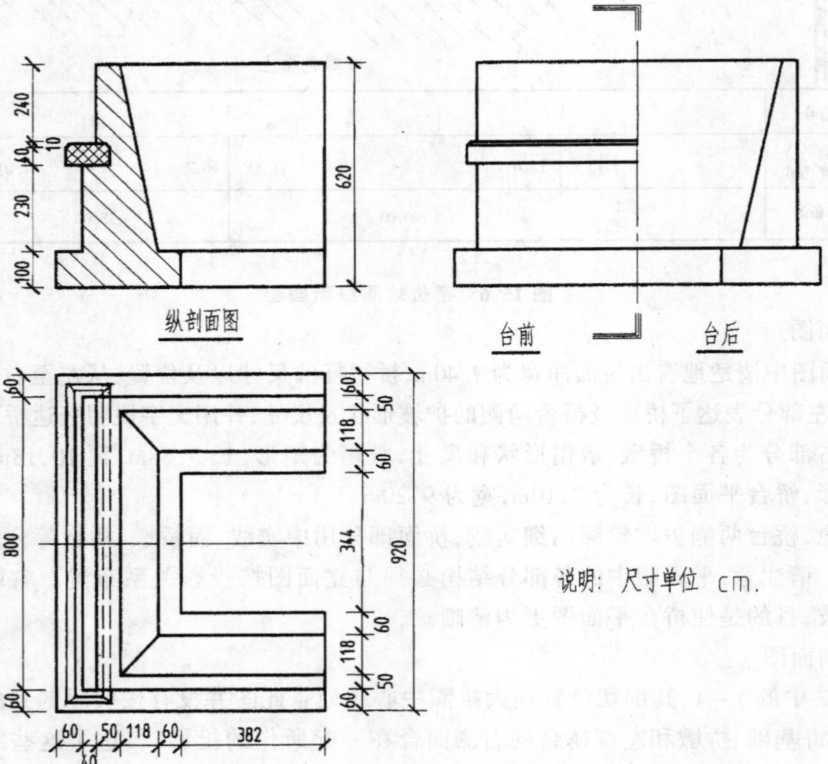

图15-8(a) U形桥台

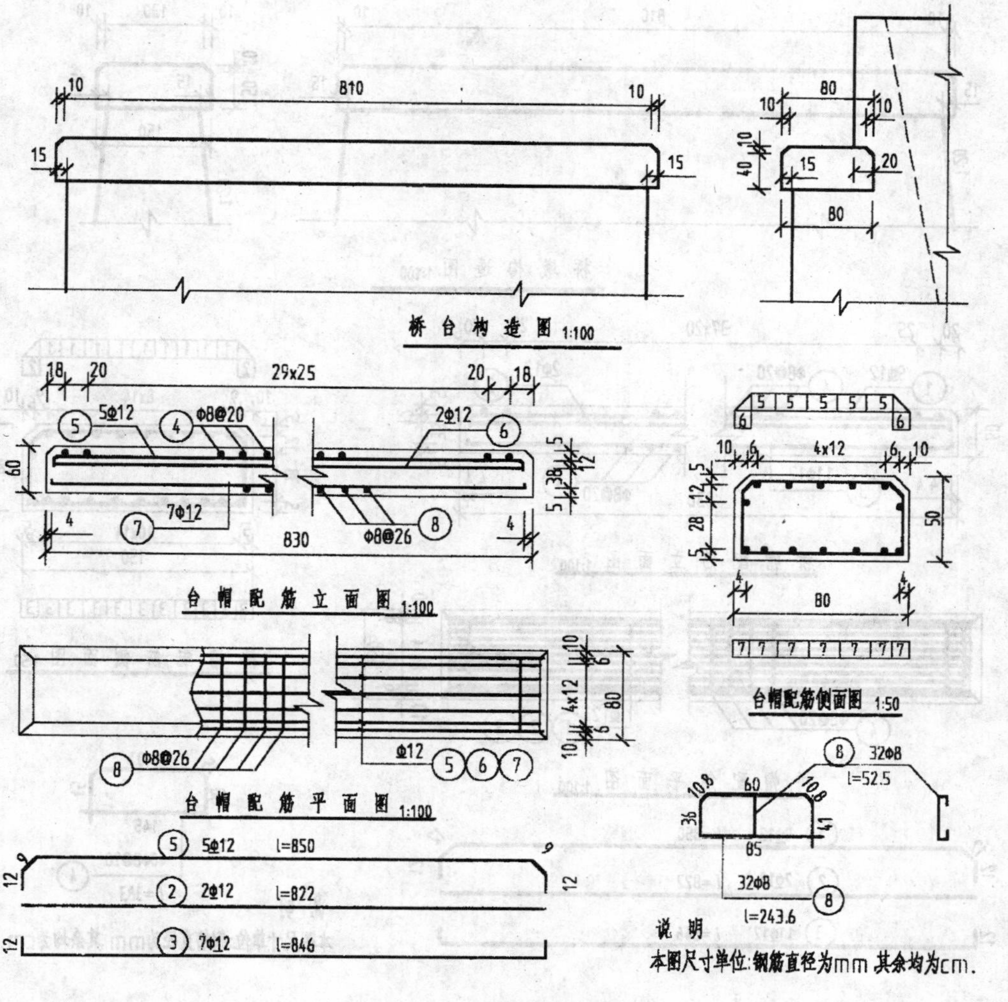

图 15-8(b) 桥台结构图

表 15-1 钢筋明细表

部位	编号	符号 直径(mm)	根数	单根长度 (cm)	单位重量 (kg/m)	总长 (m)	总重 (kg)
墩帽 (4个)	1	$\phi12$	36	850	0.888	306	271.73
	2	$\phi12$	8	822	0.888	65.76	58.73
	3	$\phi12$	44	846	0.888	372.24	330.55
	4	$\phi8$	160	383	0.396	612.80	242.67
台帽 (2个)	5	$\phi12$	10	850	0.888	85	75.48
	6	$\phi12$	4	822	0.888	32.88	29.20
	7	$\phi12$	14	846	0.888	118.44	105.17
	8	$\phi8$	64	243.6	0.396	155.90	61.73
	9	$\phi8$	32	52.5	0.396	168	66.53
合计		$\phi12$	116			980.32	870.52
		$\phi8$	256			936.70	370.93

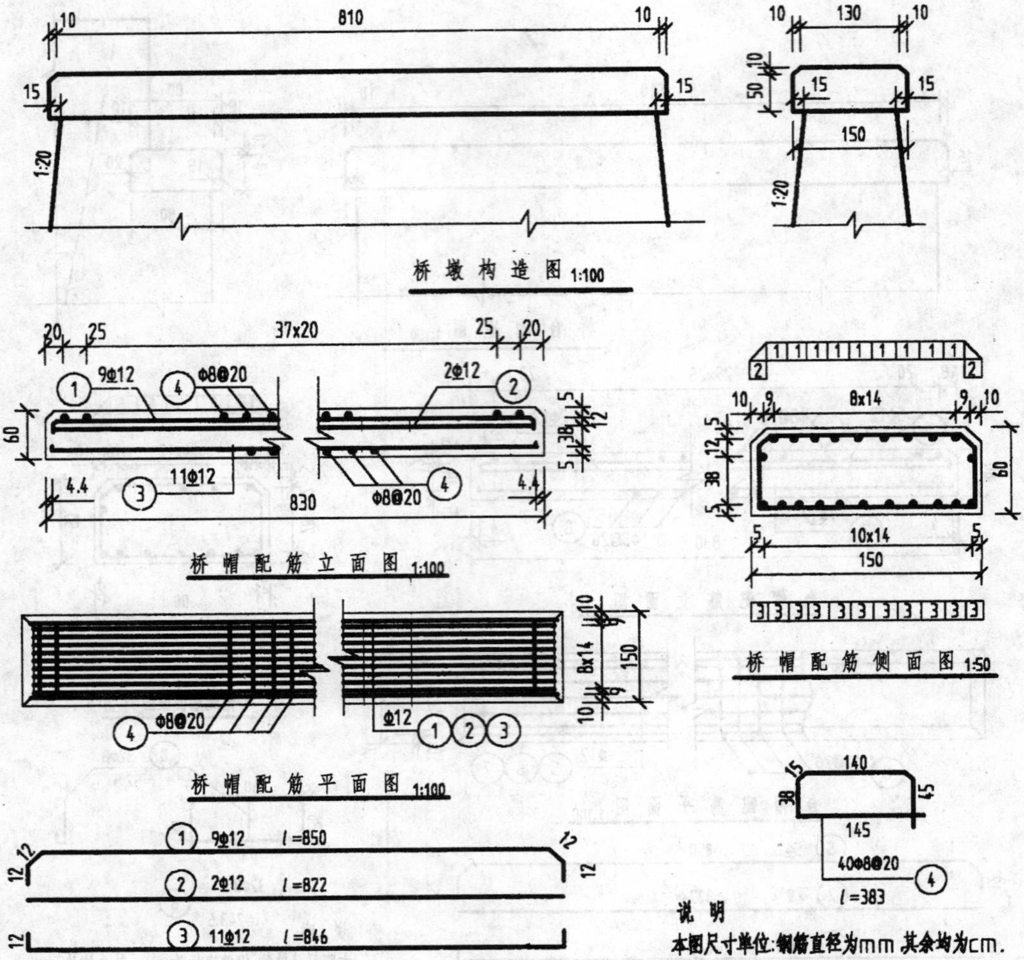

图 15-8(c) 桥墩结构图

(2)拱圈详图

图 15-9 为小拱圈立面图、平面图和配筋图。大拱圈和中拱圈形式与小拱圈相似,只是拱圈半径不同,其配筋情况也与小拱圈相似(大、中拱圈详图在此略)。

(3)桥栏杆详图

图 15-10为桥栏杆的两端及中间重复栏杆间的花饰形状和尺寸,其材料用文字说明。

栏杆详图包括立面图、平面图、横剖面图。

除以上详图外,还应该绘出桥墩、基础等构件详图及配筋图(在此略)。

图 15-11(a)~(d)为一座钢筋混凝土 T 字形桥梁总体布置图及其桥台、桥墩部分的构件工程图。这里只绘出了外形视图,其目的是与图 15-7 所示的拱桥从外形结构上加以比较,因而未给出各个构件的配筋情况和其他的构件详图。

桥梁除了具有跨越河流而连通道路的作用以外,在现代化交通运输发展中,特别是在城市,桥梁则成为改善日益增大的车流量交通组织中必不可少的重要手段之一。图

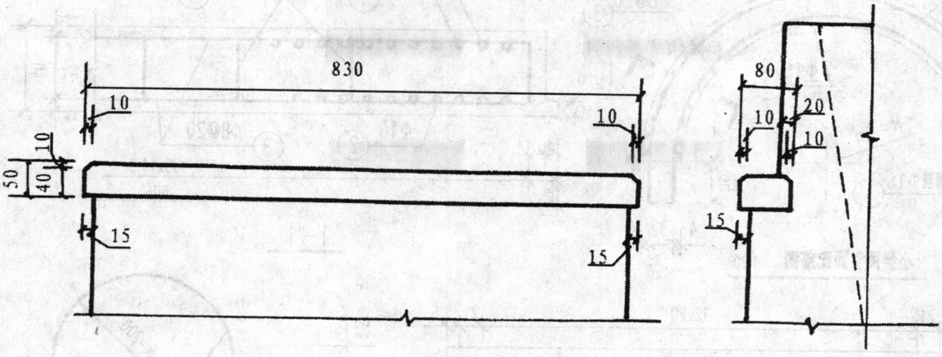

桥台构造图1：100

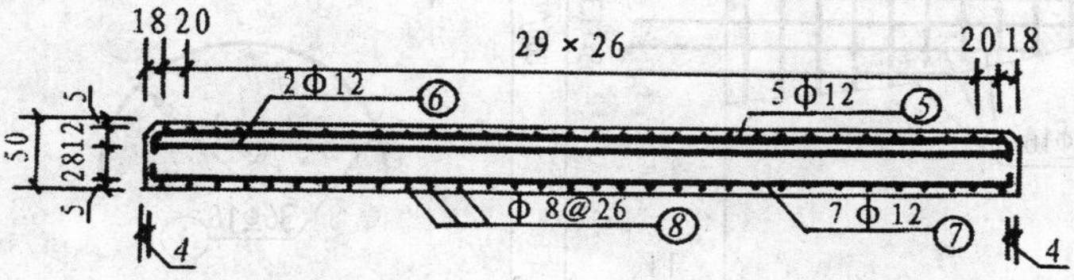

台帽配筋立面图1：100

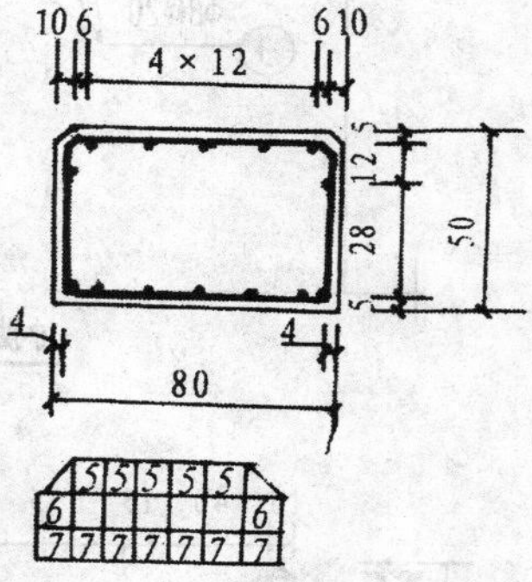

台帽侧面配筋图 1：30

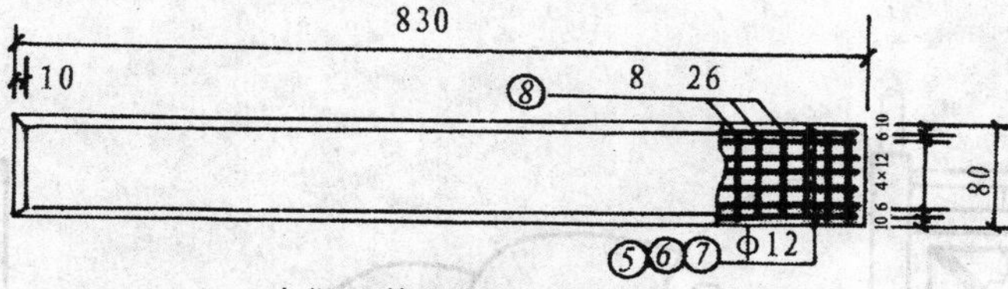

台帽 配筋平面图1：100

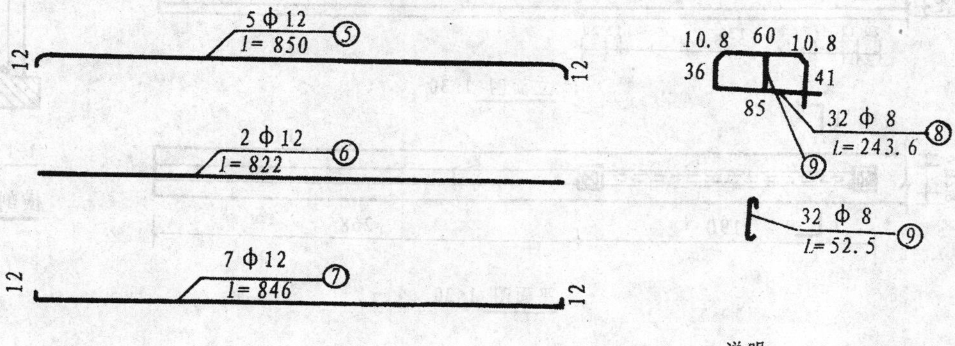

说明：
本页尺寸单位除钢筋直径为 mm 外，其余均为 cm。

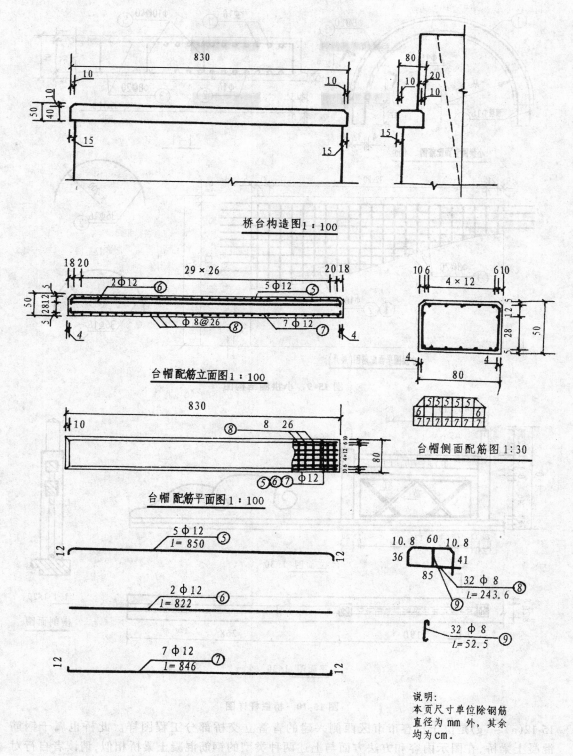

图 15-8(d)　台帽结构图

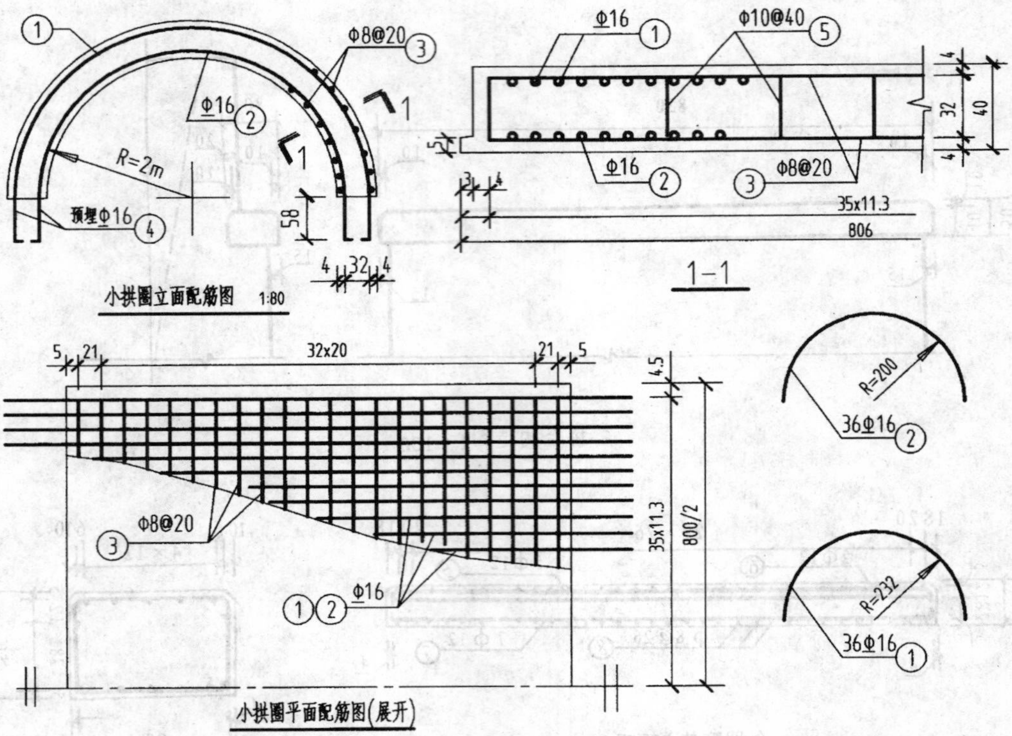

图 15-9 小拱圈结构图

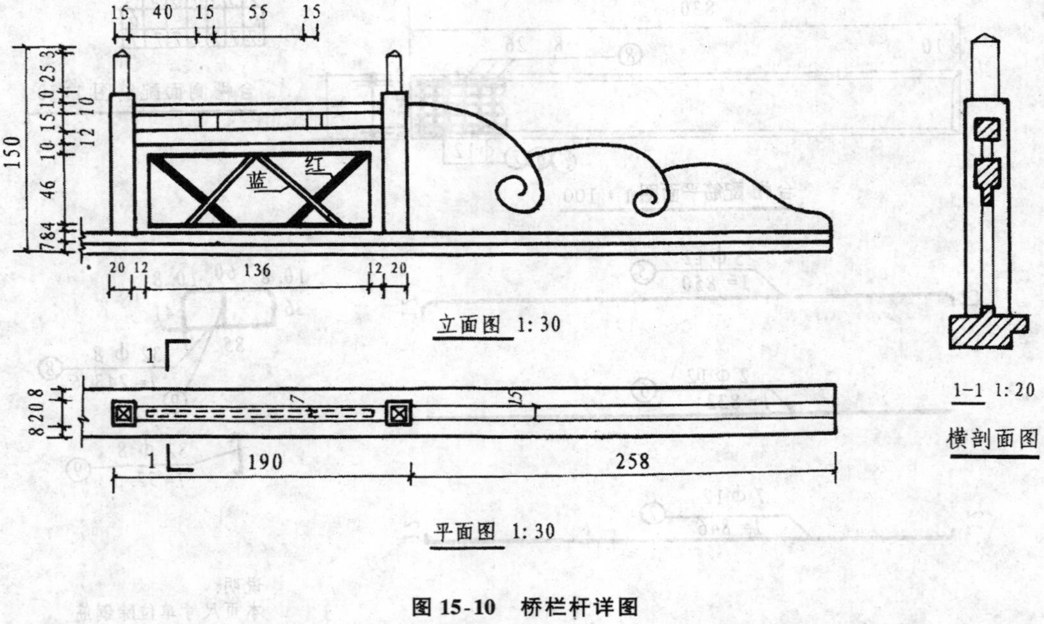

图 15-10 桥栏杆详图

15-12(a)～(g)是位于长春市市区西侧兴建的青普立交桥部分工程图样。此桥也属于钢筋混凝土梁桥，在图示内容和方法方面与上述两种类型的钢筋混凝土梁桥相似，请读者自行对照比较，阅读理解并加以分析，这里不再详细说明。

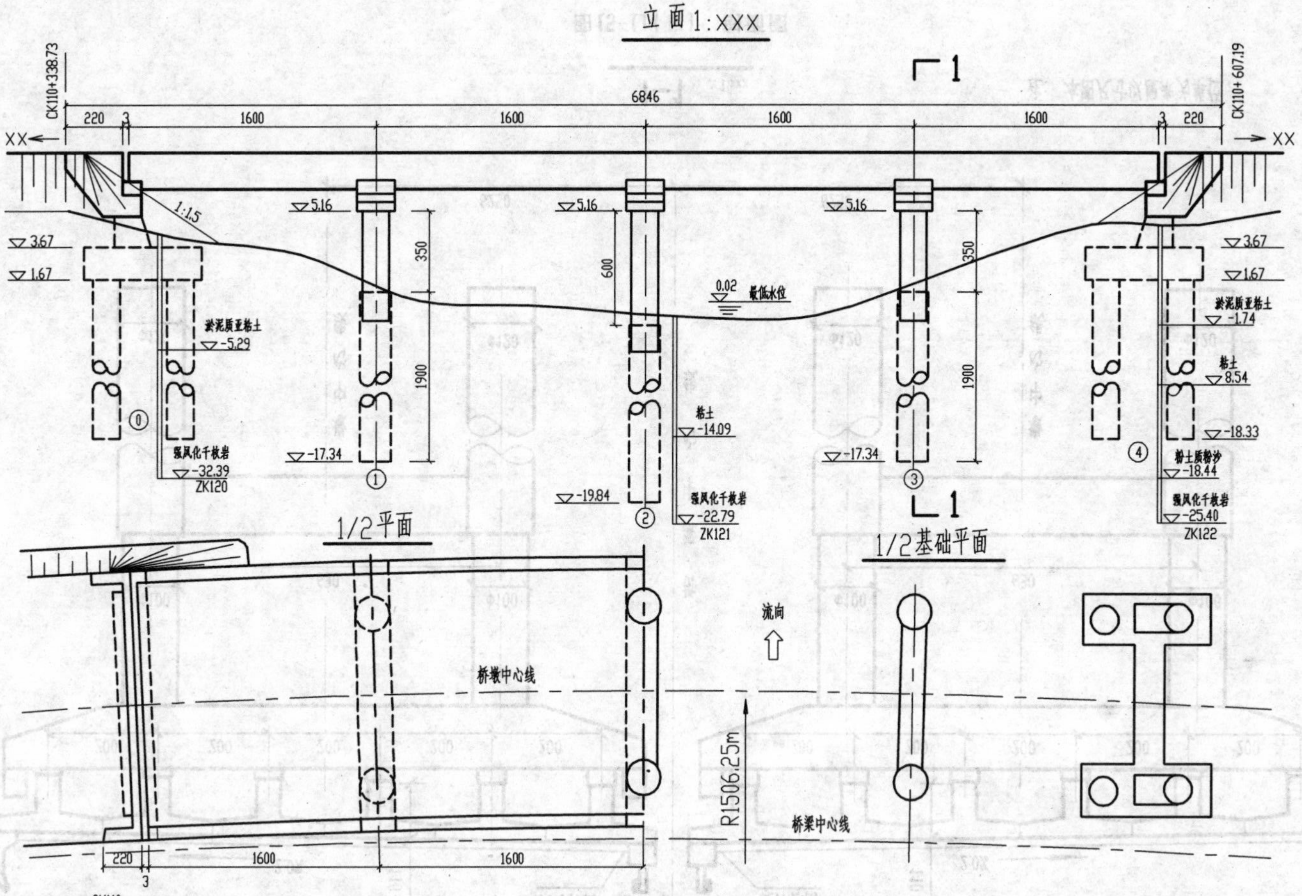

里程桩号(m)	CK110 +338.73	CK110+340.96	CK110+356.96	CK110+372.96	CK110+388.96	CK110+404.96	CK110+407.19
设计标高(m)	7.85	7.85	7.85	7.85	7.85	7.85	7.85
地面标高(m)	3.71	3.57	3.71	1.02	-0.55	3.56	3.67
坡度(%) / 坡长(m)				0%			
平曲线要素(m)	JD10 R=1506.25 A=0 T=800.333 E=50.863 Δr=80.8563						

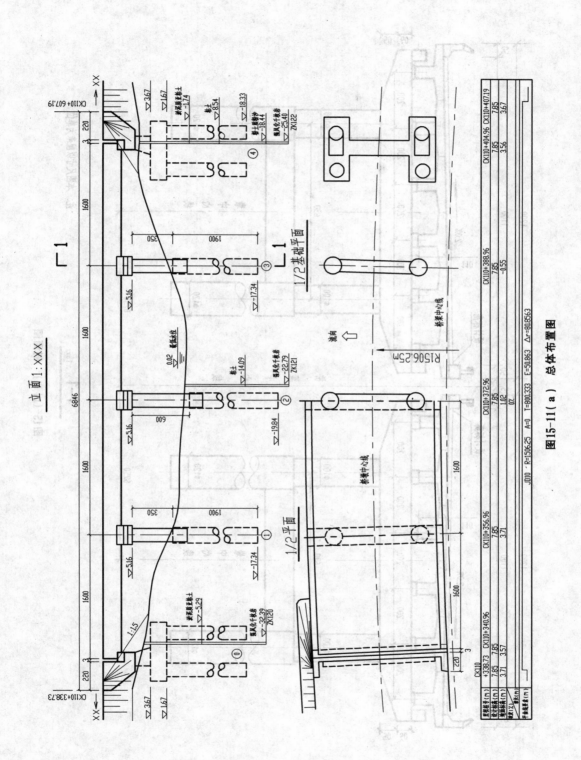

图15-11(a)　总体布置图

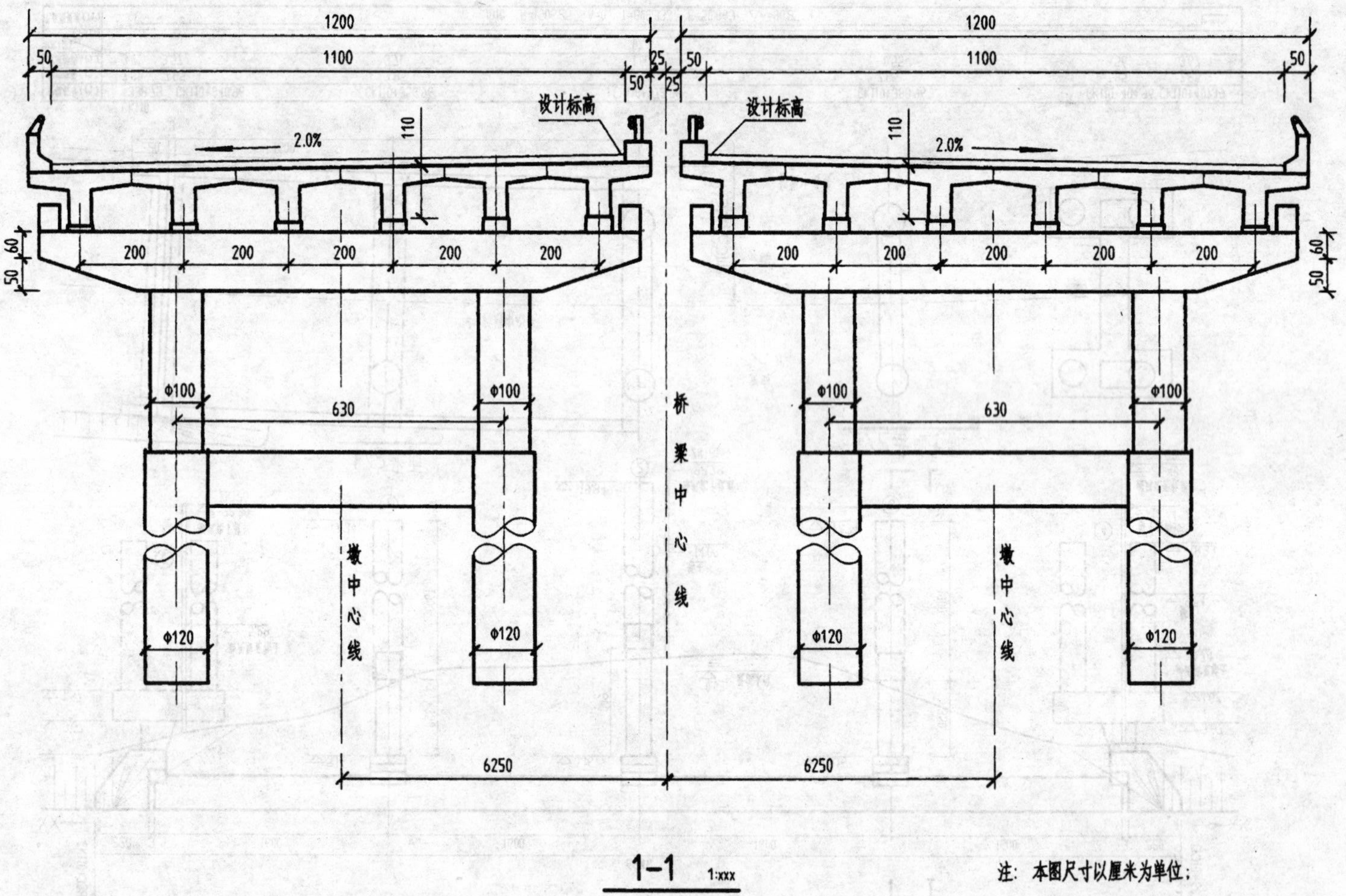

注：本图尺寸以厘米为单位；

图15-11(b) 剖面图

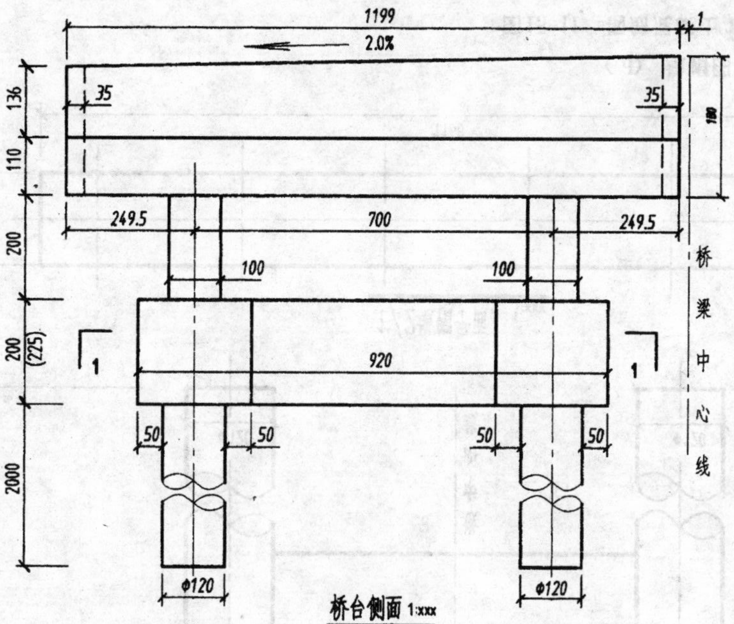

桥台侧面 1:xxx

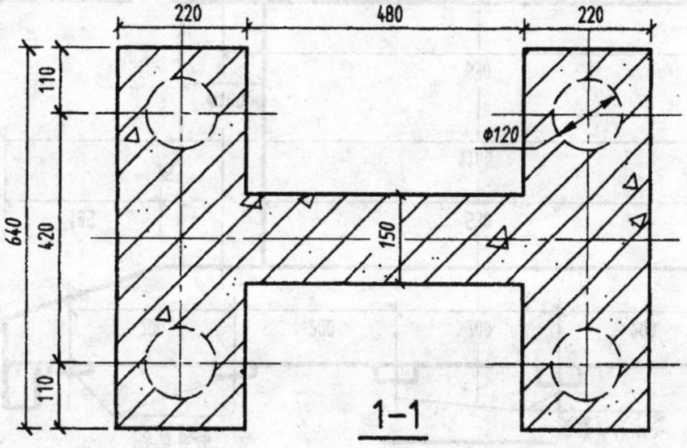

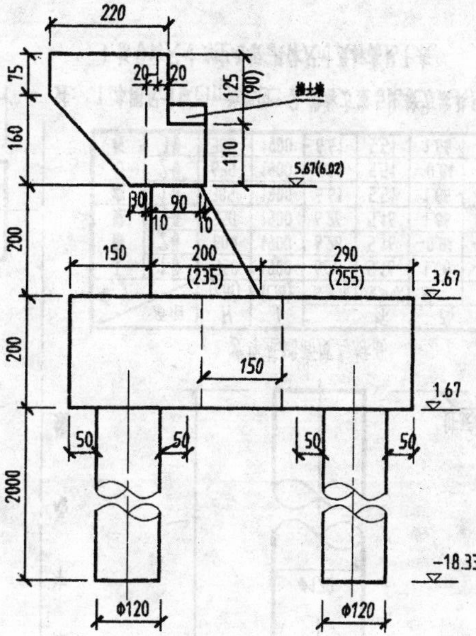

桥台立面 1:xxx

说　明：

1.尺寸单位为厘米；

2.带括号处的尺寸：括号外的尺寸为推荐方案尺寸，括号内的尺寸为比较方案的尺寸．

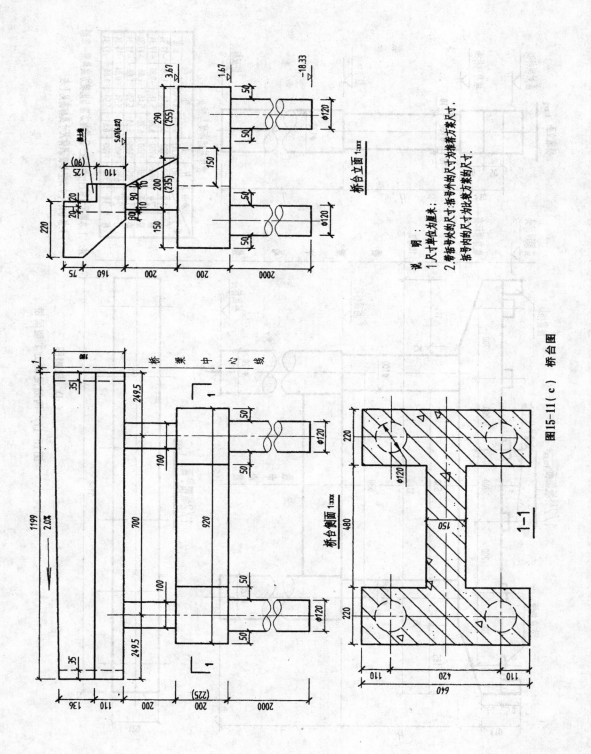

图15-11(c)　桥台图

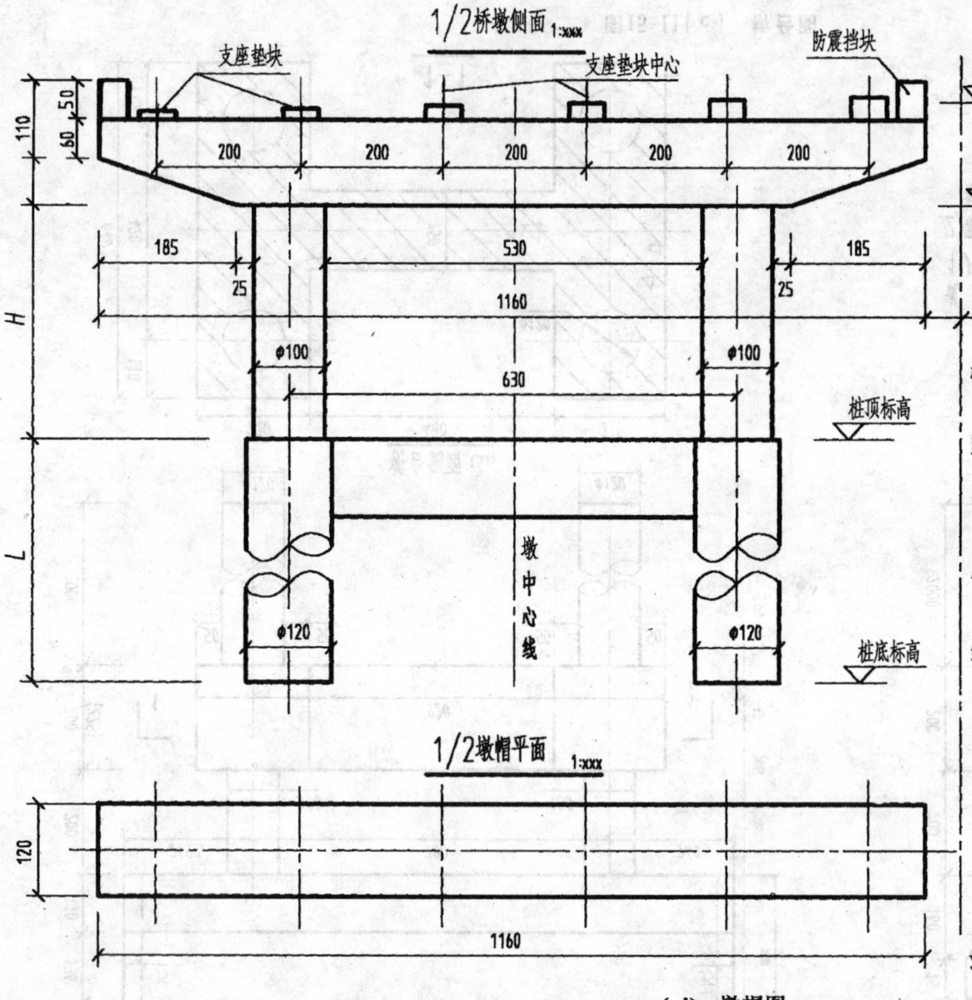

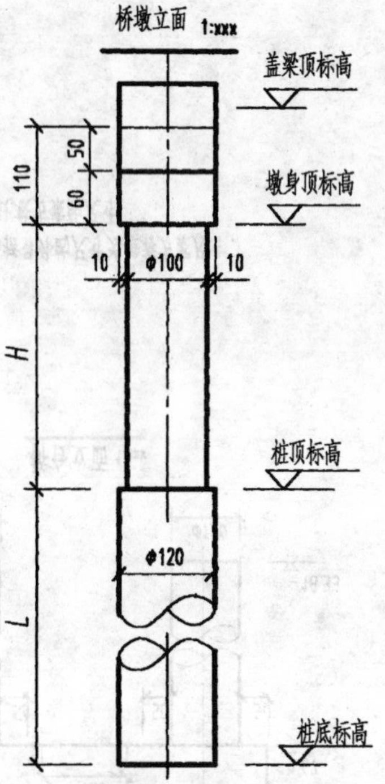

墩身基础高度与标高

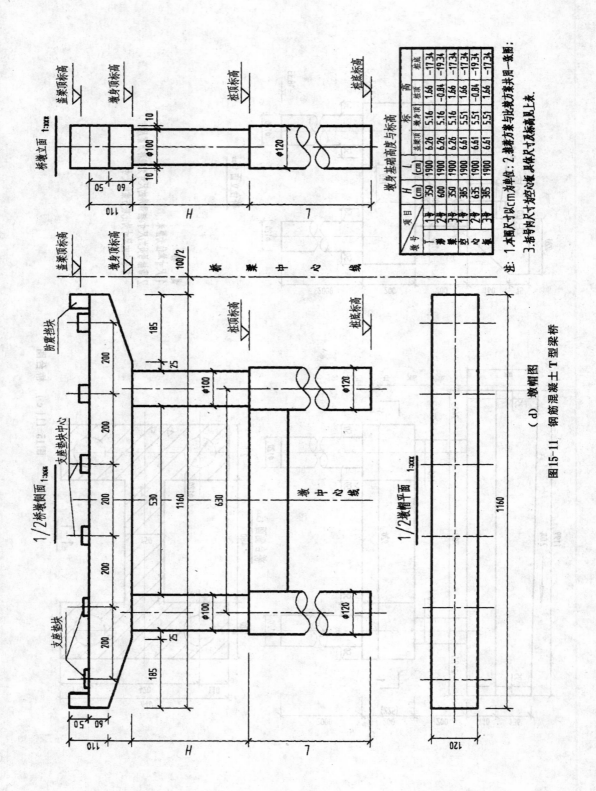

墩号 \ 项目		H (cm)	L (cm)	标高 盖梁顶	墩身顶	桩顶	桩底
T形梁	1号	350	1900	6.26	5.16	1.66	-17.34
	2号	600	1900	6.26	5.16	-0.84	-19.34
	3号	350	1900	6.26	5.16	1.66	-17.34
空心板	1号	385	1900	6.61	5.51	1.66	-17.34
	2号	635	1900	6.61	5.51	-0.84	-19.34
	3号	385	1900	6.61	5.51	1.66	-17.34

注：1.本图尺寸以cm为单位；2.推荐方案与比较方案共用一张图；

3.括号内尺寸为空心板,具体尺寸及标高见上表.

（d） 墩帽图

图15-11 钢筋混凝土T型梁桥

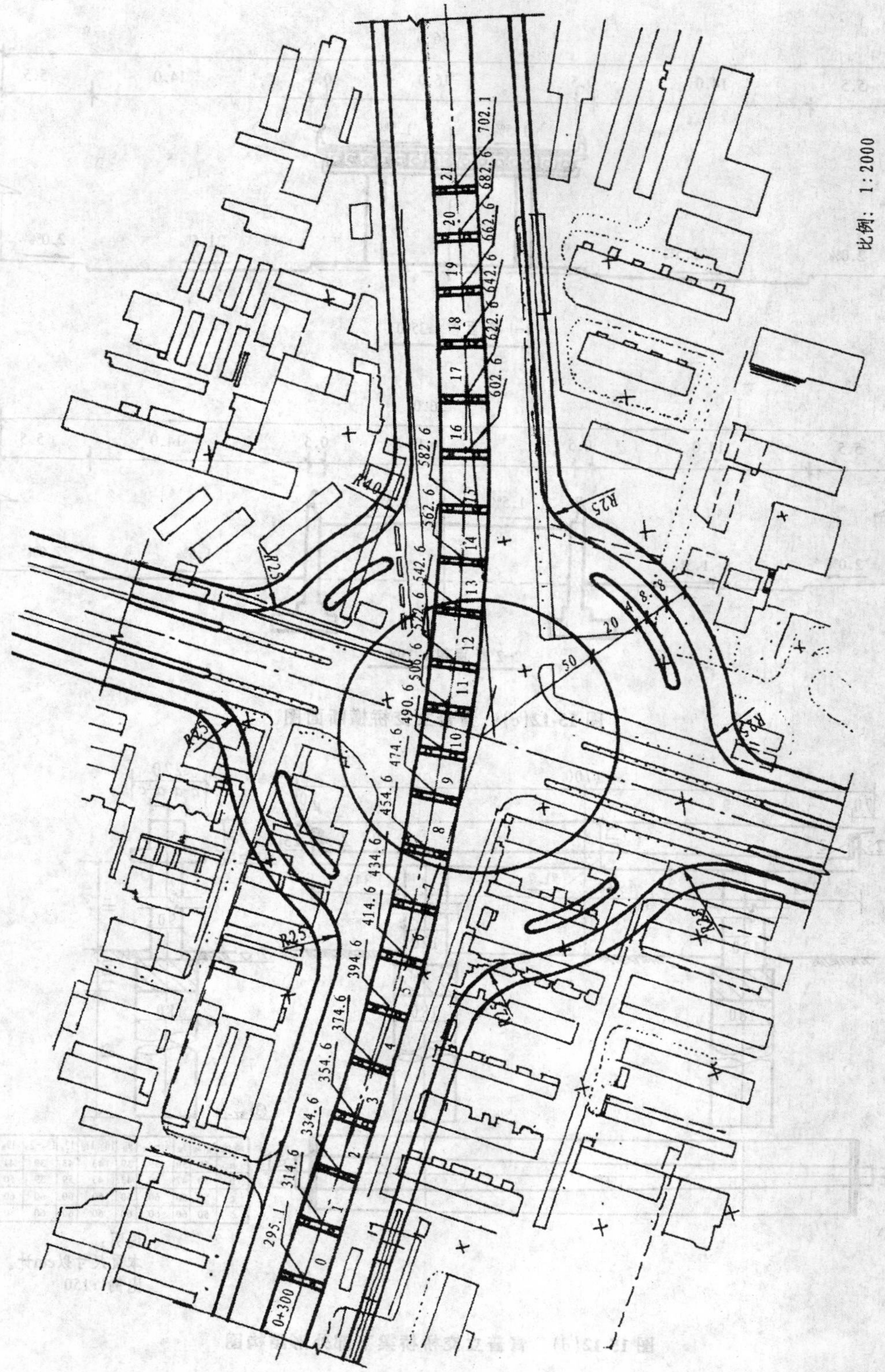

图15-12(a)　青普立交桥位平面图

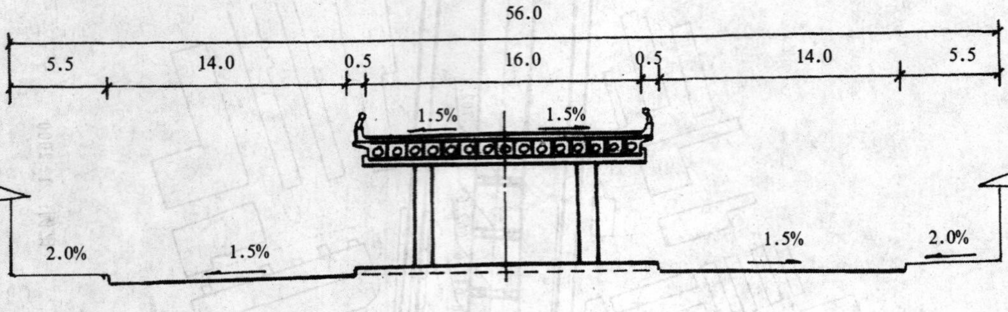

1-1 断面图 1:3500

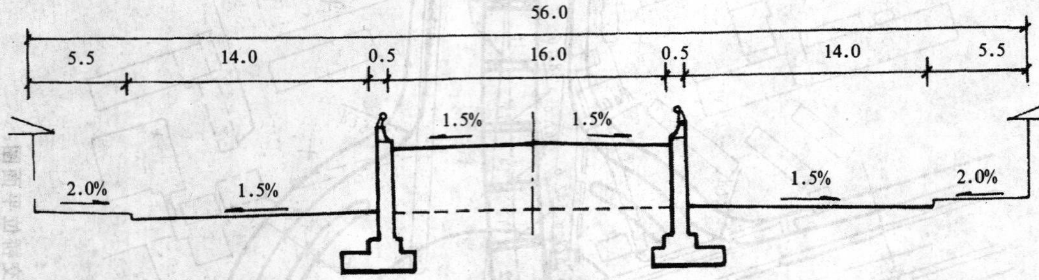

2-2 断面图 1:3500

图 15-12(c)　青普立交桥横断面图

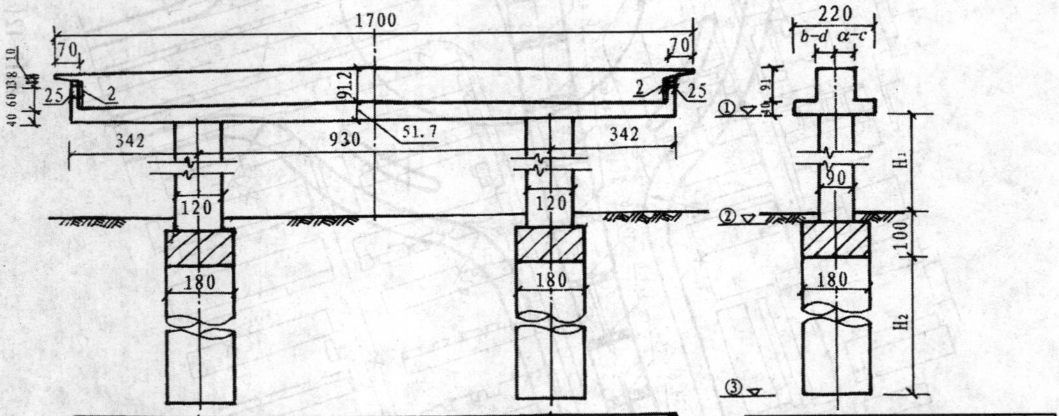

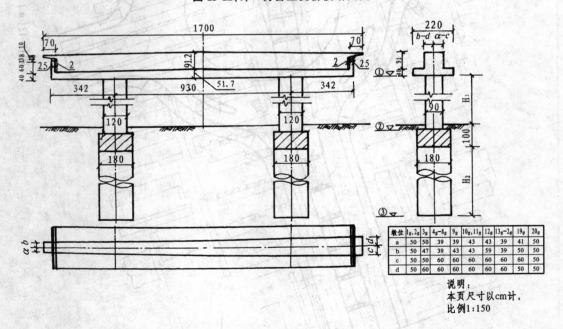

墩位	1#,2#	3#	4#-8#	9#	10#,11#	12#	13#-2#	19#	20#
a	50	50	39	39	43	43	39	41	50
b	50	47	39	43	43	59	39	50	50
c	50	50	60	60	60	60	60	60	50
d	50	60	60	60	60	60	60	50	50

说明：
本页尺寸以cm计，
比例1:150

图 15-12(d)　青普立交桥桥梁下部外形结构图

说明：本图尺寸以cm计

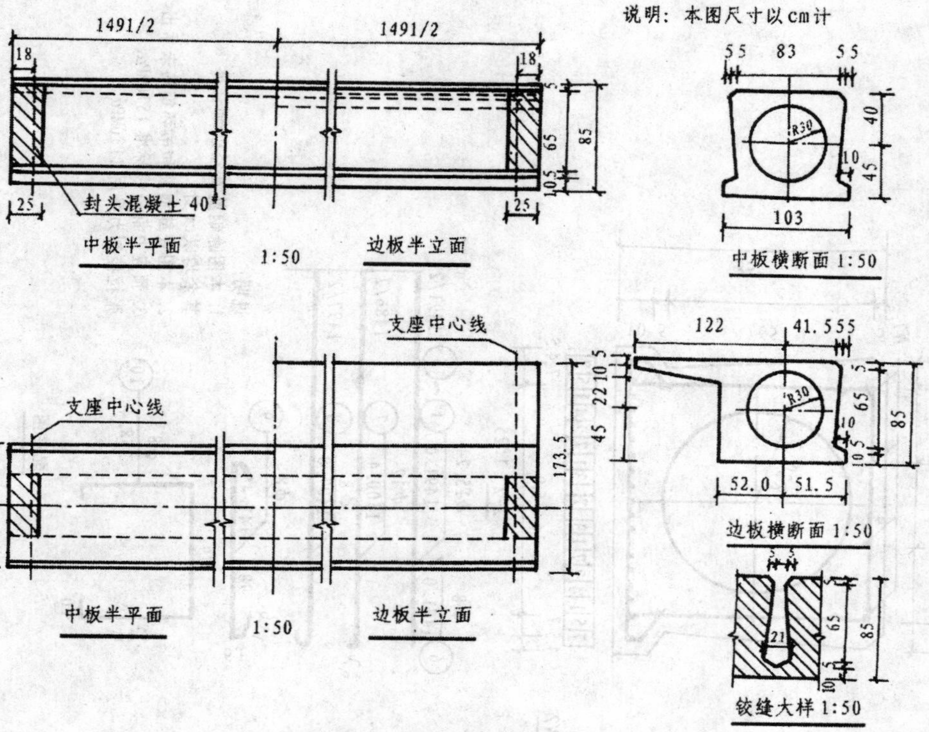

图 15-12(e)　青普立交桥 14.91m 空心板梁外形图

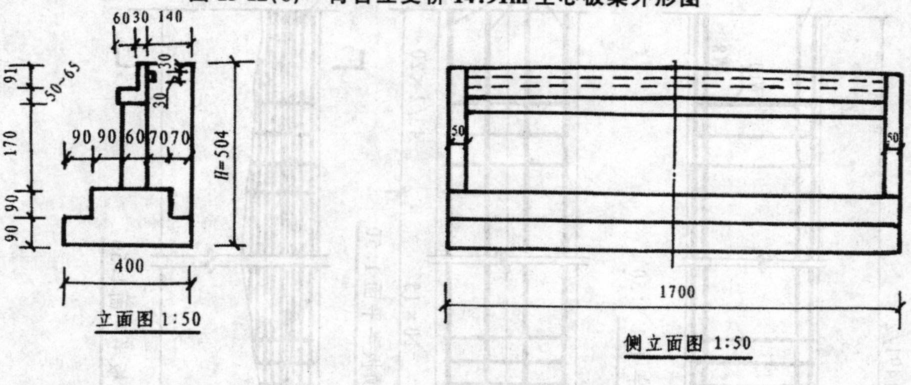

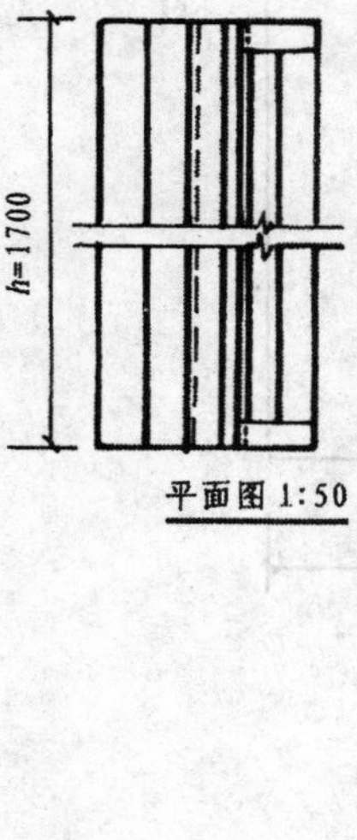

翼墙顶标高

桥台位置	基底标高 (m)	翼墙顶标高 (m)	台帽顶标高 (m)	h	H
0+295	228.50	233.54	232.63	17	504
0+720	228.59	233.63	232.12	17	504

说明：
1.本图尺寸均cm计；
2.基础底有6cm碎石垫层；
3.桥台与翼墙现浇成一体。

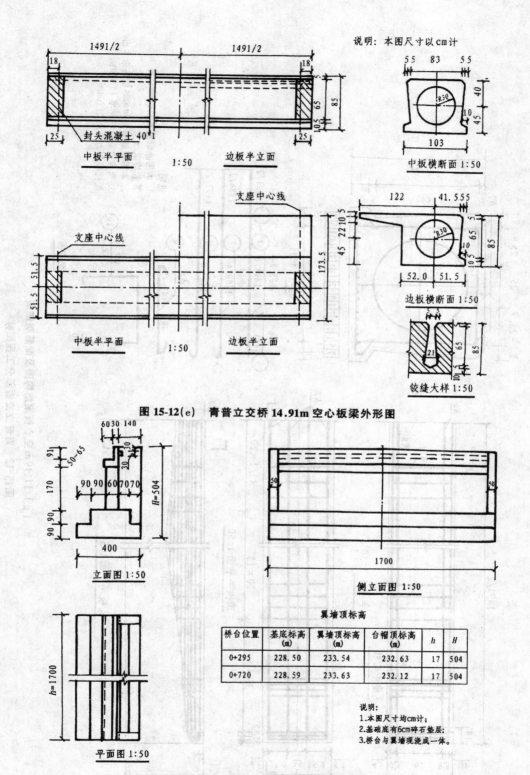

图 15-12(f)　青普立交桥桥台、翼墙结构图

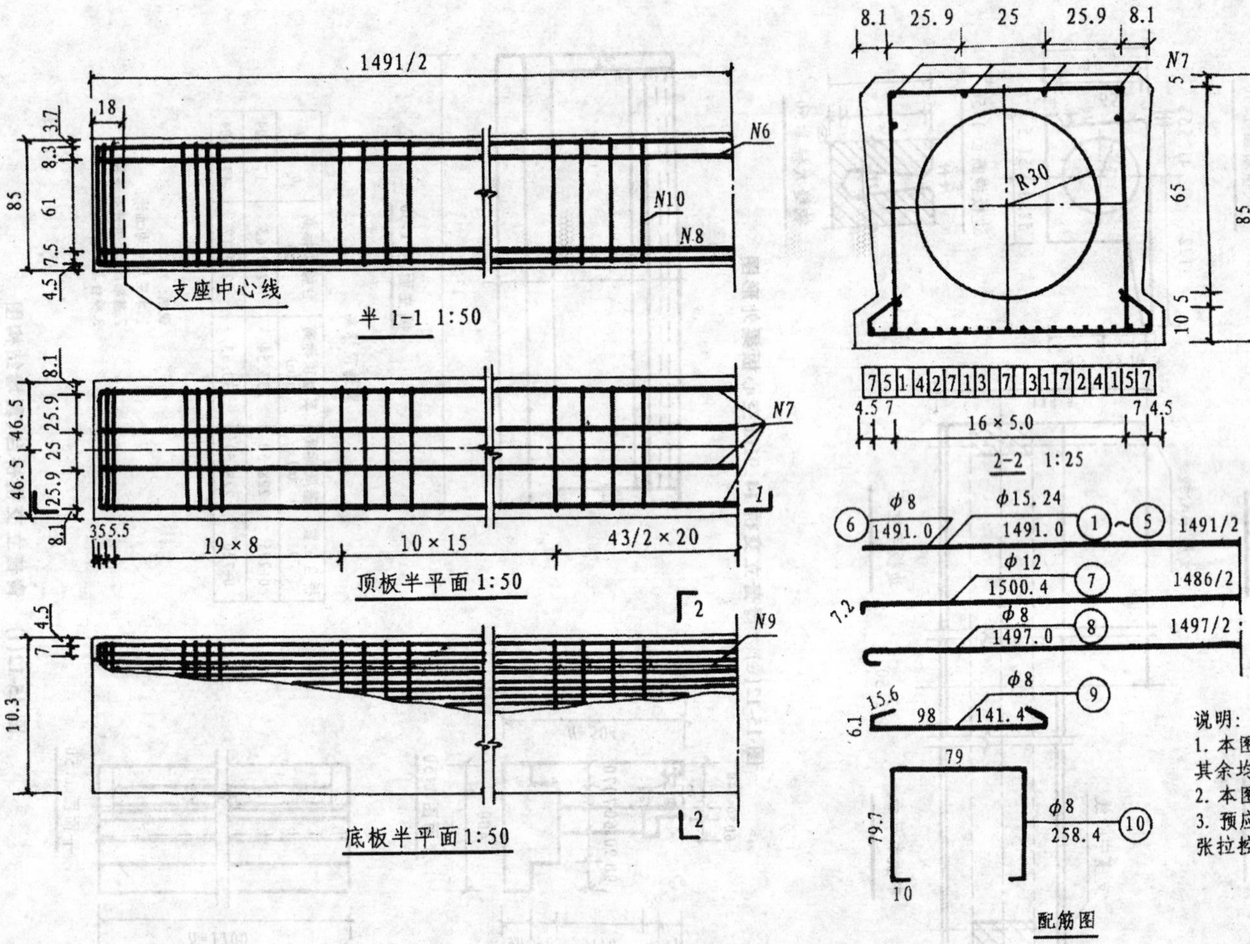

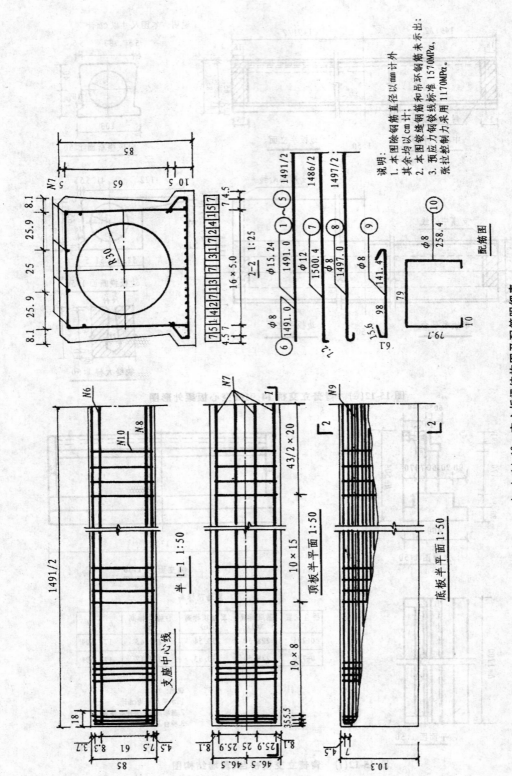

说明:
1. 本图除钢筋直径以mm计外其余均以cm计;
2. 本图铰缝钢筋和吊环钢筋未示出;
3. 预应力钢铰线标准 1570MPα,张拉控制力采用 1170MPα。

(g) 14.19m空心板梁结构图及配筋明细表

图15-12 青普立交桥部分工程图样

第二节　斜拉桥

现代斜拉桥是 20 世纪 50 年代发展起来的新型桥梁，我国兴建斜拉桥比世界首座现代化斜拉桥约晚 20 年。

斜拉桥主要组成部分有：钢筋混凝土梁、主塔和拉索。它是利用高强度的拉索，通过塔架将梁支撑起来的一种梁索组合结构。斜拉桥的外形与吊桥相似，但它的桥面部分不是悬吊在穿过主塔的拉索上，而是被固定在主塔上的拉索所拉紧。斜拉桥的拉索一般可以与桥面板的中间部分连接，也可以与桥面板的两个侧相连，如图 15-13。

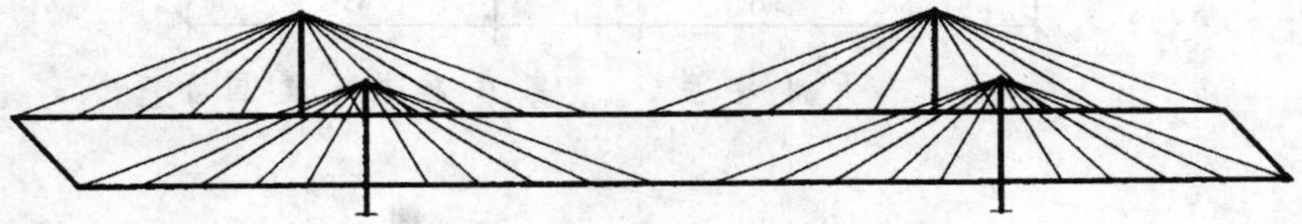

(a)拉索与桥面两侧连接

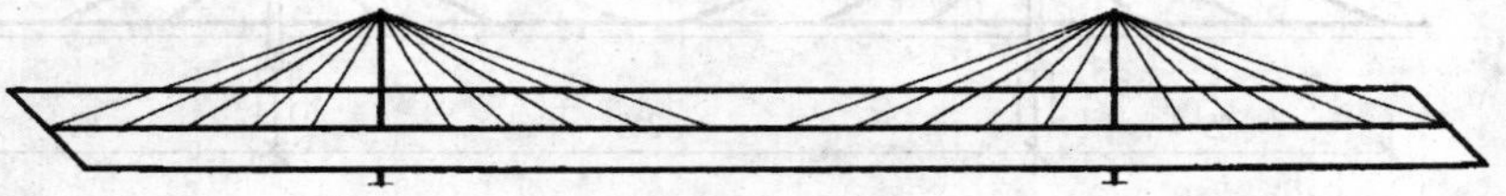

(b)拉索与桥面中间连接

图 15-13　拉索与桥面连接的基本形式

斜拉桥的优点是：桥梁体积尺寸小，跨越能力大，适用于兴建长度为 200～800m 的中等或大型桥梁；抗风稳定性较好；便于无支架施工。另一方面，斜拉桥上拉索向下拉时，同时也从两端斜拉着，这样以便将拉力传给地面，而主塔由于从两侧同等地斜拉着而得到平衡，因此它是多次超静定结构，计算复杂；索与梁或塔的连接构造比较复杂；施工中高空作业比较多，而且技术要求严格。

如图 15-14 是几座国内、外斜拉桥的立面示意图。从图中可以区分斜拉桥的跨径类型：(a)双跨，对称或者不对称；(b)三跨；(c)多跨。

一、主要组成部分

斜拉桥的主要组成部分(主梁、拉索、索塔)也具有其不同的构造形式和连接特点。

(一)主梁

钢筋混凝土斜拉桥即指主梁结构为钢筋混凝土制成。一般说来钢筋混凝土梁式桥的不少截面形式都适用于斜拉桥。主梁常用的截面形式有：如图 15-15，(a)板式截面；(b)分离式双箱截面；(c)闭合箱形截面；(d)半闭合箱形截面；(e)和(f)是(c)的改进截面，将外侧腹板做成倾斜式，既可改善风动力性能，又可以减小墩台宽度。

(二)拉索

拉索由于布置方法不同可分为 4 种形式：

如图 15-16，(a)辐射式，(b)平行式，(c)扇式，(d)星形。拉索对斜拉桥的工作状态影响很大，而且造价约占全桥的 25～30%，其材料也比较复杂(包括防护层在内)。

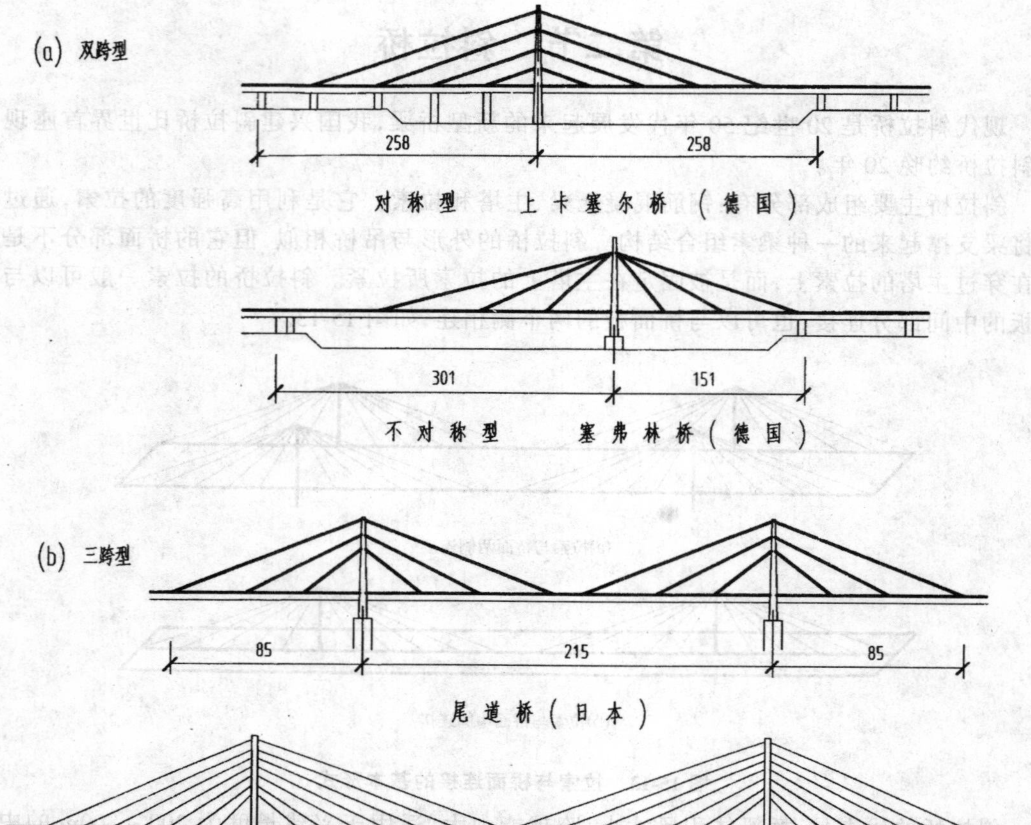

图 15-14 斜拉桥的跨径类型

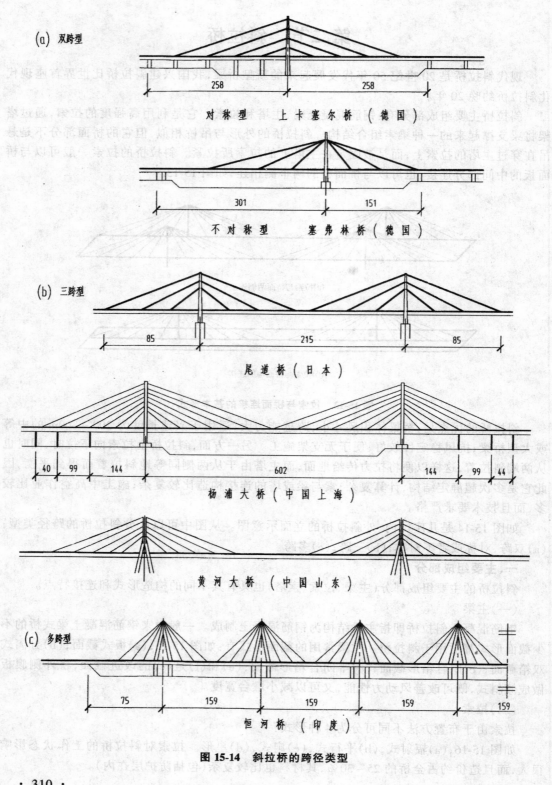

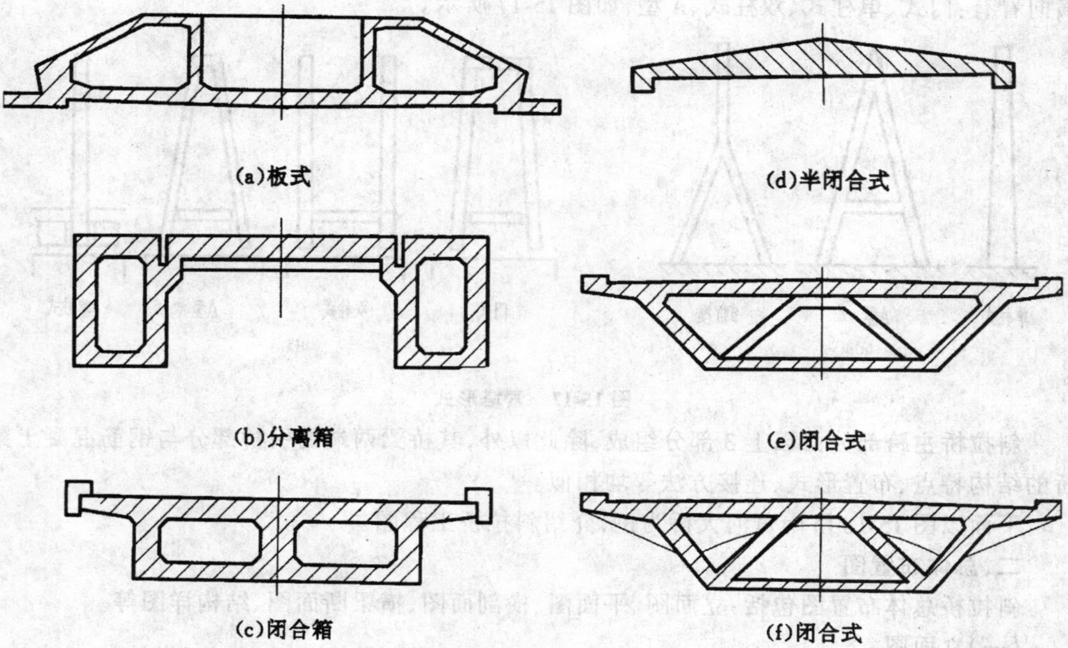

图 15-15　主梁横断面常用形式

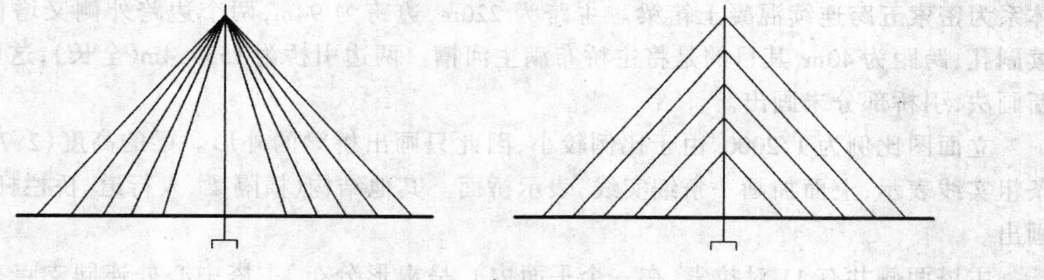

图 15-16　拉索形式

(三)索塔

索塔承受的轴向力很大,同时还承受很大的弯矩,上端与拉索连接,下端于桥墩或主梁连接,它是斜拉桥中很重要的组成部分。索塔的形式从纵向看有:单柱式、A 型、倒 Y 型。从

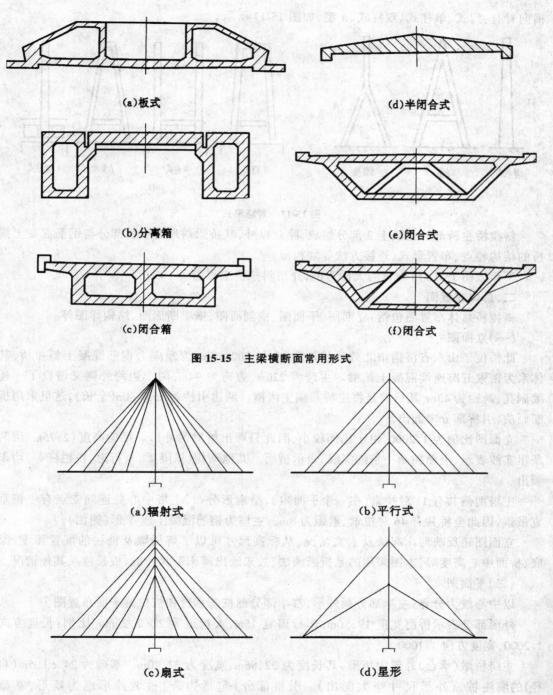

横向看有：门式、单柱式、双柱式、A 型，如图 15-17 所示。

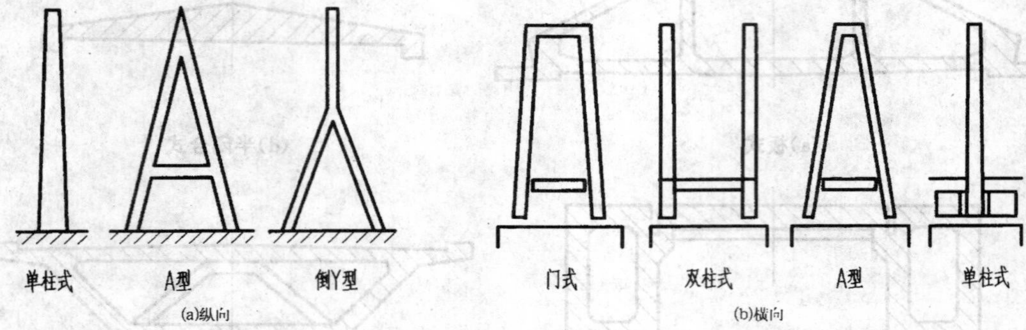

图 15-17　索塔形式

斜拉桥主跨部分由以上 3 部分组成，除此以外，其桥梁两端的引桥部分与钢筋混凝土梁桥的结构特点、布置形式、连接方法等均相似。

下面以图 15-18 济南黄河大桥为例，介绍斜拉桥工程图。

二、总体布置图

斜拉桥总体布置图包括：立面图、平面图、横剖面图、横梁断面图、结构详图等。

(一)立面图

此桥位于山东省济南市北郊跨越黄河，全长 2023.4m，为预应力钢筋混凝土斜拉桥，其体系为密索五跨连续混凝土箱梁。主跨为 220m，边跨为 94m，两个边跨外侧又增设了一连续副孔，跨距为 40m，其目的是将主桥布满主河槽。两边引桥为 1534.4m(全长)，这里采用折断画法，引桥部分未画出。

立面图比例为 1:2000，由于比例较小，因此只画出桥梁的外形。梁的高度(2.75m)用两条粗实线表示，上面加画一条细实线，表示桥面。其他结构(横隔梁、人行道、桥栏杆等)均未画出。

主塔两侧共有 11 对拉索(在一个平面内)，呈扇形分布，主塔中心处连同支点有一根垂直吊索，因此全桥共有 46 对拉索，索距为 8m。主塔为钢筋混凝土倒 Y 形(侧面)。

立面图还反映河床起伏及水文情况，从标高尺寸可以了解桥墩及桩柱的埋置深度、梁底、桥面中心高度等，本图采用的是折断画法，故未绘出河床形状和墩、桩长度及其他情况。

(二)平面图

以中心线为分界，左半部分画外形，右半部分画桩基承台和桩位的平面布置图。

外形部分表示桥面宽度 19.50m，车行道宽 15m，人行道宽 2×2.25m。比例：长度方向 1:2000，宽度方向 1:1000。

主跨桥墩(承台)外形为矩形，其长度为 22.86m，宽度为 32.10m。基础为 24×1.5m(直径)的灌注桩，(外形尺寸夸大画出)。引桥部分(包括边跨)桥墩外形也为矩形，基础 6×1.5m和 3×1.5m 的灌注桩。

(三)横剖面图

塔墩横向构造为门式构造，塔柱为 C40 的钢筋混凝土，塔高 68.40m，自塔顶 23.00m 以下至桩基承台上端面有 11.5:1 的坡度，使拉索能锚固于车行道与人行道之间。为了横向稳

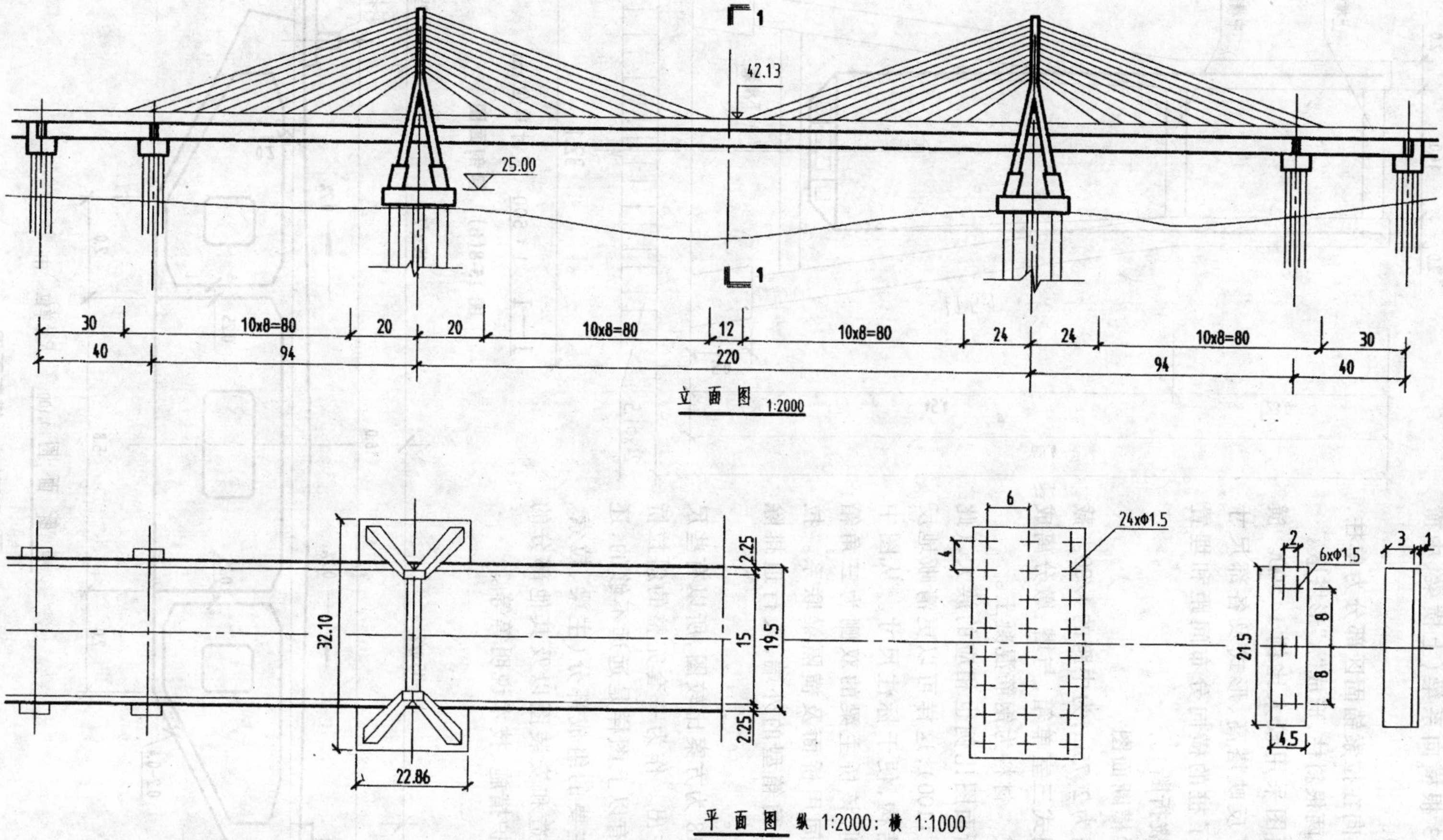

图15-18(a) 济南黄河大桥总体布置图

定性，设置3根横向系梁（上横梁、中横梁、下横梁）。

索塔纵向在拉索锚固区部分为单柱，其下面分为两根斜柱，形成“A”形塔墩。

横剖面图采用较大比例1∶500。横剖面图除了反映塔高、形式及各部尺寸外，还表示了桩的横向分布间距和埋置深度（本图被折断）。

（四）梁横断面图

主梁高为2.75m，为中跨的1/80。截面为半封闭式三室单箱，与塔、墩分离成为全悬浮式。材料为钢筋混凝土。

梁横断面图比例也相应的放大，（此图比例为1∶100），这样可以更清晰地反映主梁的结构，便于标注尺寸。从图中可以了解到，该桥主梁的双侧为三角箱梁，两箱之间用桥面及横隔梁联系。拉索锚固在三角箱型的外端，人行道排除在主梁之外。

图15-18为方案比较图，所以有些尺寸未详细注出。作为一套完整的斜拉桥工程图，仅有以上图样是远远不够的，还应有三大主要的组成部分（主梁、拉索、索塔）的构造和安装图以及其他部分的结构图、防护措施、技术说明等等。

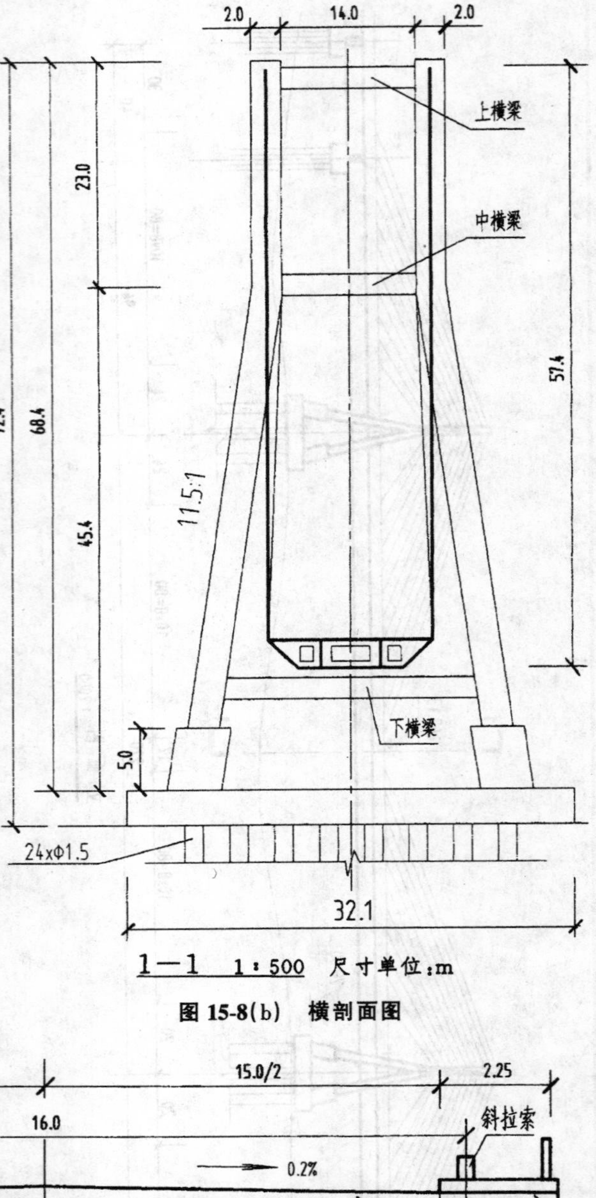

1—1 1∶500 尺寸单位：m

图15-8(b) 横剖面图

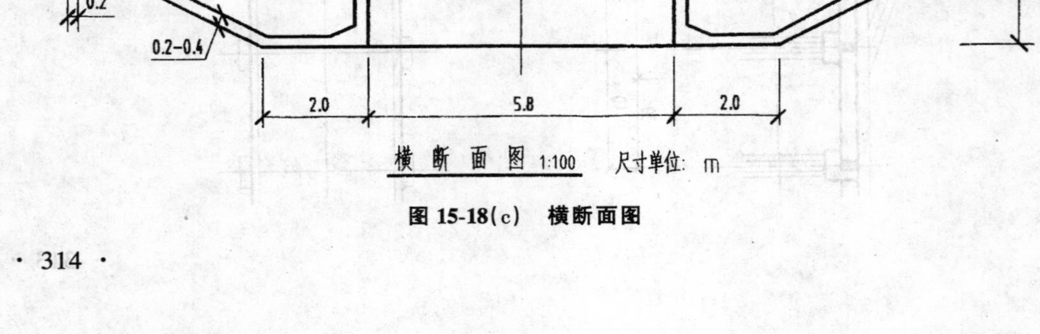

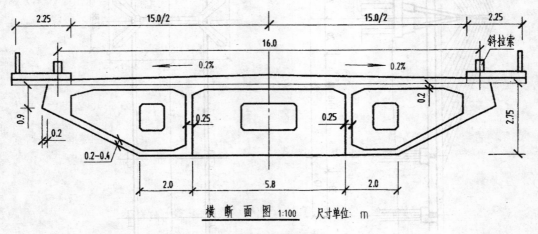

横断面图 1:100 尺寸单位：m

图15-18(c) 横断面图

第三节 桥梁工程图的阅读和画图步骤

一、阅读桥梁工程图

(一)方法

在前面章节的学习中曾讲过形体分析法,桥梁工程图的阅读仍然采用这种方法。桥梁工程图虽然很复杂,但仔细分析一下,它也是由许多构件组合而成,只要把每一个构件的形状和大小通过构件详图了解清楚,然后再结合桥梁总体布置图来了解它们之间的相互联系,这样便可以读懂某一桥梁的工程图样,并清晰地了解整个桥梁的形状和大小。

阅读图样时,绝不可单一地阅读某一投影图或者某一张图,而是要完整地阅读某一构件的全部投影图以及与之相关的所有投影图和相关的数表、技术说明等等。

(二)步骤

阅读一套桥梁工程图的过程是先由整体(桥梁总体布置图)到局部(各构件详图),再由局部到整体,这样一个反复的过程。其具体步骤如下:

(1)首先阅读标题栏,从中了解桥梁的名称、种类、形状、比例、尺寸单位、技术说明、施工要求等。

(2)阅读总体布置图,找出剖面、断面的剖切位置、方向、种类,弄清各个投影之间的关系。总体布置图的阅读应从立面图入手,它是了解一座桥梁的桥形、跨径大小、墩台形式和数量、长度、高度的主要投影图,从立面图上还可以了解到河床的断面情况、地质情况、水位高度。然后再将立面图与平面图、横剖面图相结合并对应投影关系,从而了解桥面宽度及布置,了解主梁断面形式等,对桥梁整体有一个了解。

(3)阅读各个构件详图,了解各构件的构造形式、技术要求及施工或安装注意事项。

(4)阅读工程数量表,了解所用建筑材料,以及整个工程在施工、检测等方面的其他说明。

(5)阅读各图样中的尺寸了解它们的大小。

(6)由构件详图再回到总体布置图中,其目的是要搞清各构件与构件之间的相互联系以及配置尺寸。最后把整个桥梁工程图读懂。

请结合本章图例或者选取适当的桥梁工程图样资料进行阅读,通过一整套图样的阅读,对其有一个细致而全面的认识。这对于绘制同类图样也是一个必不可少的、极好的帮助。

二、绘制桥梁工程图

桥梁工程图的绘制与其他工程图一样,必须按照正投影的规律,遵循国家标准。下面以图 15-19 为例,分步骤说明桥梁总体布置图中立面图和平面图的绘制步骤。此桥梁总体布置图及相关的部分图样为图 15-11 所示。

1.确定图幅、比例、投影图数量

桥梁总体布置图一般画其立面图、平面图和横剖面图。立面图和平面图通常采用一半画外形,一半画剖面,如图 15-19 所示。因图幅所限未画出横剖面图,可以参看图 15-11(b) 1－1剖面图。

由于各类图样的要求不同,大小不同,构件的复杂程度也不同,因此采用的比例也不相同。常用的比例参考表 15-2。

图幅、比例、投影图数量确定之后,首先画好图框线和标题栏。

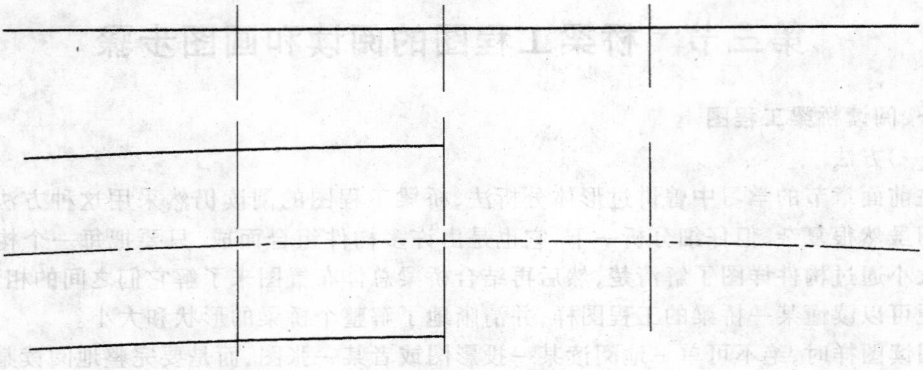

(a)布置和画出构件的中心定位线基准线

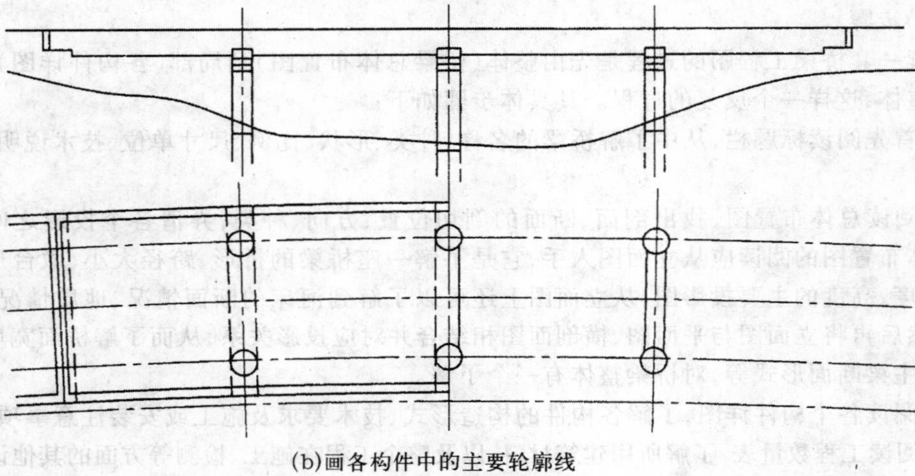

(b)画各构件中的主要轮廓线

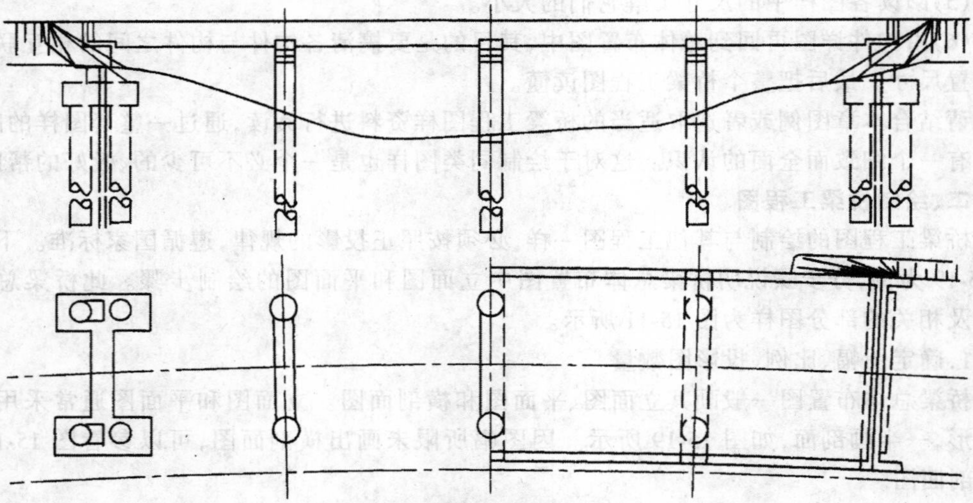

(c)桥梁总体布置图的画图步骤

图 15-19　桥梁总体布置图的画图步骤

表 15-2 桥梁工程图常用比例参考表

项目	图　名	说　　明	常用比例
1	桥位图	表示桥位及路线的位置，地形、地物情况，用示意符号画出桥梁、房屋及农作物等	1:500 ~ 1:2000
2	桥位地质断面图	表示桥位的河床、地质断面及水文情况（高度方向与水平方向的比例不同是为使河床起伏更清晰）	高度方向 1:100 ~ 1:500 水平方向 1:500 ~ 1:2000
3	桥梁总体布置图	表示桥梁的全貌、长度、高度尺寸、通航高度、各构件配置情况	1:50 ~ 1:500
4	构件详图	表示桥梁、桥台、桥墩、人行道、桥栏杆等细部构造	1:10 ~ 1:50

2. 画出各主要构件（墩台）定位线

如图 15-19(a)，根据图幅及选定的比例把立面图、平面图中主要构件的定位线准确地布置在图框内（可布置在同一张图内，也可分开画在另外图纸上），比例尽量选择一致。在布置立面图和平面图时要考虑在各个投影图之间留有标注尺寸、注写图名及说明的位置（是否需要说明须根据具体情况而定）。

立面图的定位线为各桥墩的对称线；平面图的定位线为桥面路线中心线；横剖面图的定位线为两个半剖面的分界线。各投影图之间的定位线一定要符合投影关系。

3. 画出各构件的轮廓线（底稿线）

从立面图入手，高度方向以梁底标高作为基线定位。平面图的比例与立面图相同，横剖面图的比例可根据桥梁构造复杂程度适当选取，如图 15-19(b)所示。

4. 画出各个部件的细部结构（底稿线）

依次画出各构件的投影，注意投影关系的对应，注意某些构件的习惯画法，如图 15-19(c)所示。

5. 标注尺寸、剖面符号、坡度符号、标高符号等。

6. 加深图线，注意分清线型，检查以及改错（或上墨线）。

第四节　隧道工程图

隧道是道路穿越山峰时路程最短且在山峰体内的构筑物，形体狭长，中间断面基本上无变化或者很少变化。隧道工程图包括：隧道洞门图、横剖面图、平面图、避车洞图等。

一、隧道洞门图

通常隧道洞门形式如图 15-20 所示。

现以图 15-21 分析隧道洞门图。

1. 立面图为洞门的正立面图，反映了洞门的式样、高度、洞门宽度。洞门墙上面的部分称为顶帽。洞门口上部有两个不同半径（$R = 385$cm，$R = 585$cm）的 3 段圆弧，下面部分由两直边墙组成，拱圈厚度为 45cm。洞口的净高为 740cm，宽 790cm；洞口墙上有一条虚线为端墙顶帽后的一条排水沟，从左至右由高向低 2% 的坡度（0.02）；洞口下部虚线为洞门墙和隧道底面不可见轮廓线，它被洞门前面的两侧路堑边坡和公路路面遮住；洞门端墙两侧用石材砌筑。

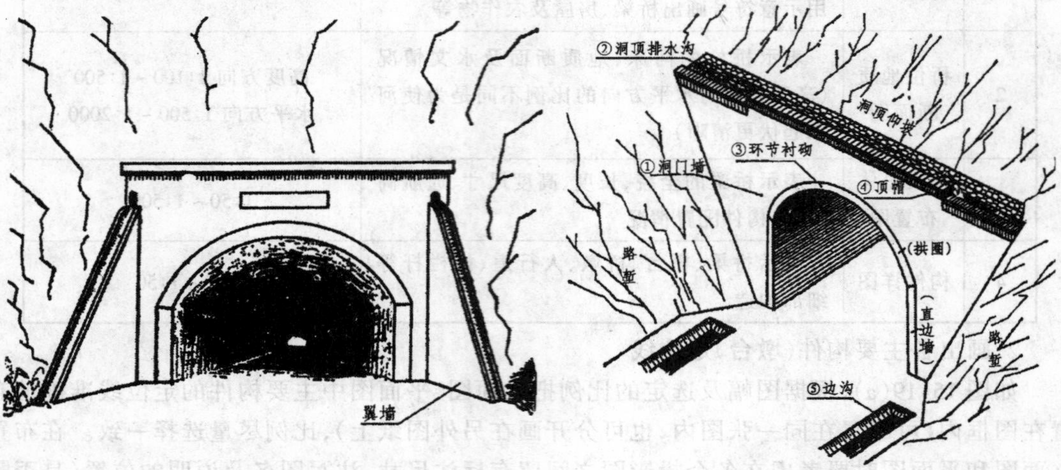

(a)八字翼墙式　　(b)端墙式

图 15-20　隧道洞口形式

2.平面图只画出洞门外露部分，从此图中可以表示出洞门顶帽的宽度，排水沟的构造形式。平面图中还要画洞门端墙外围路堑的坡度方向（用坡度符号表示），洞门前边沟（局部）的位置和形状也在平面图中反映出来。

3.洞门端墙横剖面图（图 15-21 中 1－1 剖面），只画出洞口一段，从图中可以表示端墙的坡度为10:1，洞门墙厚度为 60cm，顶部排水沟形状和尺寸及砌筑材料均反映在该图中。

为读图方便，利用形体分析法将洞口结构拆分为洞门墙（①′，①，①″），洞顶排水沟（②′，②，②″），拱圈（③′，③，③″），顶帽（④′，④，④″）4 个部分。

如图 15-22 为端墙式上、下双行线洞门图，其内容以及图示方法与图 15-21 相似，请读者自己比较阅读。

二、避车洞图

避车洞是用来供行人和隧道维修人员以及维修小车躲让来往车辆而设置的地方，设置在隧道两侧的直边墙处，并要求沿路线方向交错设置，避车洞之间相距为 30～150m。

避车洞图包括：纵剖面图、平面图、避车洞详图。为了绘图方便，纵向和横向采用不同的比例，如图 15-23 所示。

1.纵剖面图。纵剖面图表示大、小避车洞的形状和位置，同时也反映了隧道拱顶的衬砌材料和隧道内轮廓情况。

2.平面图。平面图主要表示大、小避车洞的进深尺寸和形状，并反映了避车洞在整个隧道中的总体布置情况（横向比例为 1:200，纵向比例为 1:2000）。

3.详图。将形状和尺寸不同的大、小避车洞绘制成图 15-23 所示的详图，避车洞底面两边做成斜坡，以供排水用。该详图也是施工的重要依据之一。

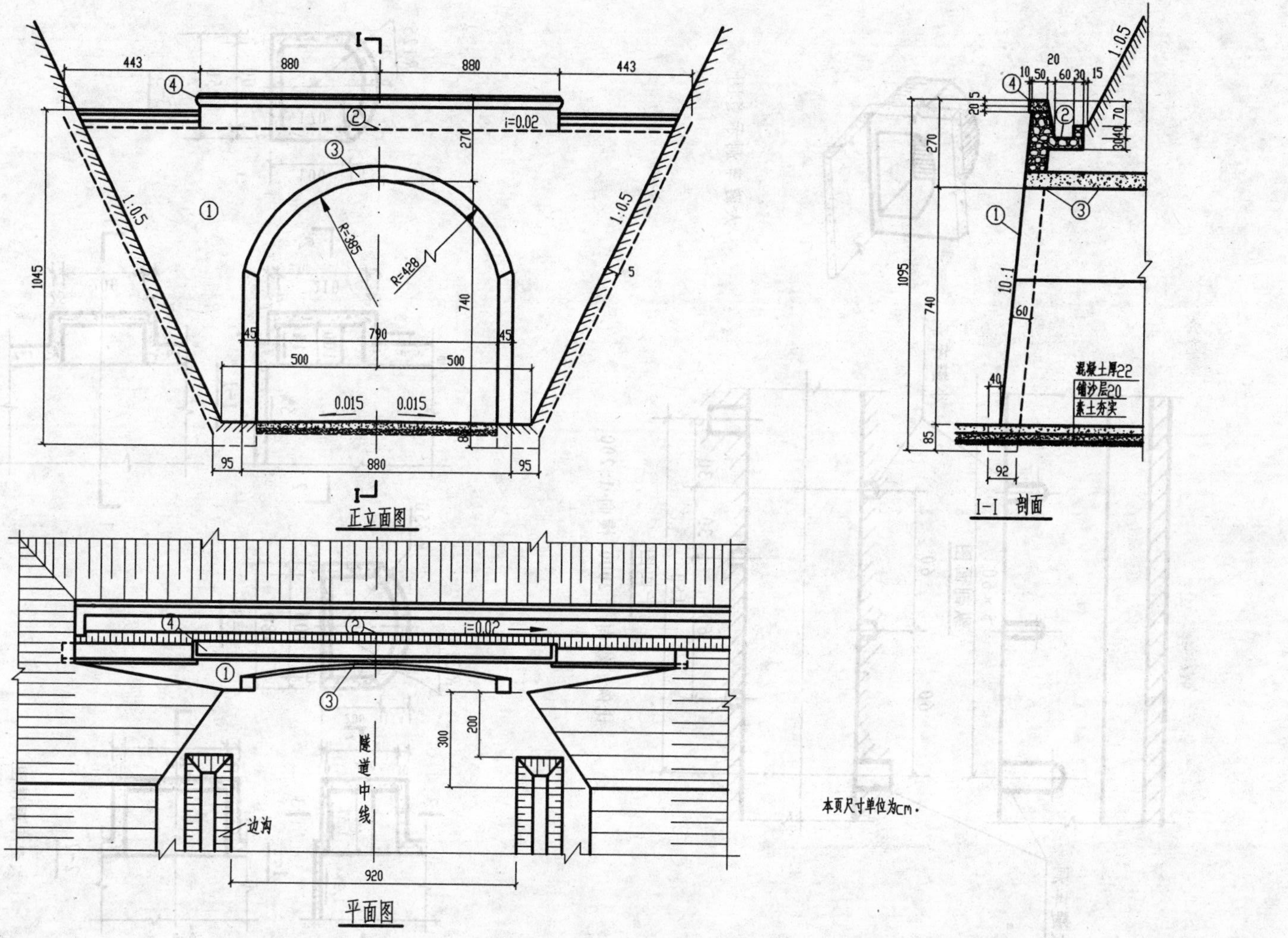

图15-21 隧道洞口门图

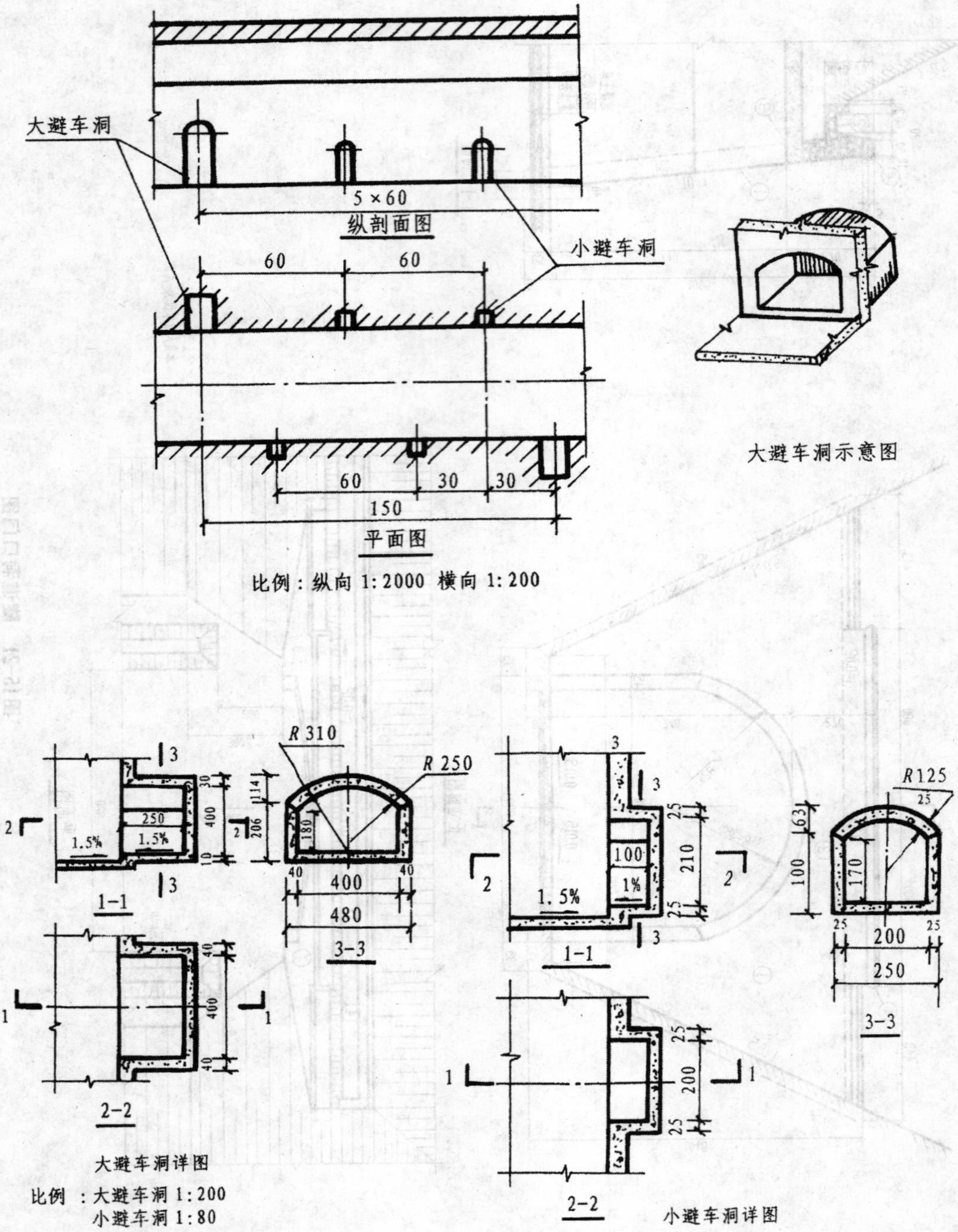
大避车洞
5×60
纵剖面图
小避车洞
60
60
60
30
30
150
平面图
比例：纵向 1:2000 横向 1:200
大避车洞示意图
R310
R250
1-1
2-2
3-3
1.5%
250
400
480
40
大避车洞详图
比例 ：大避车洞 1:200
小避车洞 1:80
1.5%
1%
100
210
200
25
1-1
2-2
R125
163
170
250
3-3
小避车洞详图

图 15-23 避车洞图

第十六章　涵洞工程图

涵洞是公路排水的主要构造物，它渲泄的是小量流水，与桥梁的区别在于跨径较小。根据规定，凡是单孔跨径＜5m，多孔总跨径＜8m，以及圆管涵、箱型涵，不论管径或跨径大小，孔数多少，均属于涵洞。涵洞的设置位置，孔径大小的确定，涵洞形式的选择，都直接关系到公路运输能否畅通。

第一节　涵洞的分类

根据公路沿线的地形、地质、水文及地物、农田等情况的不同，构筑的涵洞种类很多，分类如下：

1.按建筑材料分为砖涵、石涵、混凝土涵、钢筋混凝土涵、木涵、陶瓷管涵和缸瓦管涵。

2.按构造形式分为圆管涵、盖板涵、箱型涵和拱涵；

3.按断面形式分为圆形涵、卵形涵、拱形涵、梯形涵和矩形涵；

4.按孔数分为单孔涵、双孔涵和多孔涵；

5.按有无覆土分为明涵和暗涵。

涵洞一般由洞身、洞口、基础 3 部分组成，如图 16-1 所示。

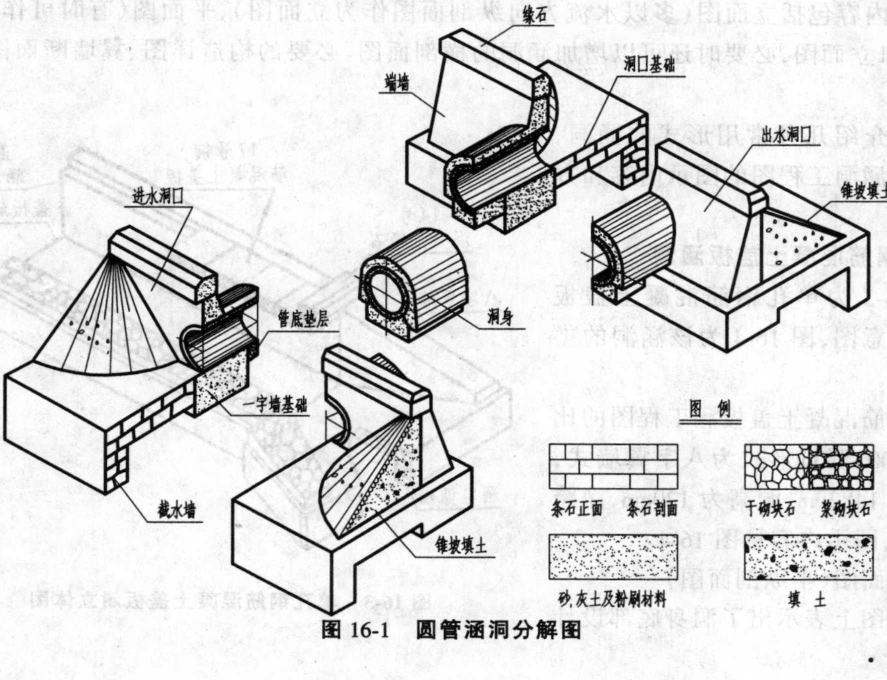

图 16-1　圆管涵洞分解图

洞身是形成过水孔道的主要构造。它一方面保证流水通过，另一方面也直接承受荷载压力和填土压力，并将压力传给基础。洞身通常由承重构造物（如拱圈、盖板、圆管等）、涵台、基础和防水层组成。

洞口是洞身、路基、沟道三者的连接构造，其作用是保证涵洞基础和两侧路基免受冲刷，使流水进出顺畅。位于涵洞上游侧的洞口称为进水口，位于涵洞下游侧的洞口称为出水口。洞口的形式是多样的，构造也不同，常见的洞口形式有八字式（翼墙式）、锥坡式和端墙式等，如图 16-2 所示。

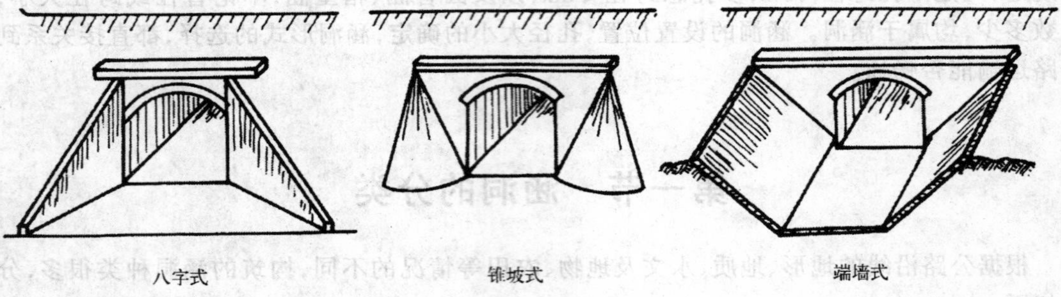

图 16-2　圆管涵洞分解图

第二节　涵洞工程图

涵洞的形状整体上看狭窄而细长，体积比桥梁小，因此涵洞工程图的比例比桥梁工程图稍大。其内容包括立面图（多以水流方向纵剖面图作为立面图）、平面图（有时可作半剖面图）和洞口立面图，必要时还可以增加涵洞的横剖面图、必要的构造详图、翼墙断面图、钢筋配置图等。

本节介绍几种常用形式的涵洞，结合说明涵洞工程图的图示内容和方法。

一、钢筋混凝土盖板涵洞

图 16-3 为单孔钢筋混凝土盖板涵立体示意图，图 16-4 为该涵洞的工程图。

此钢筋混凝土盖板涵工程图的比例为 1:100，洞口形式为八字翼墙式，总长度为 1482cm，洞高为 120cm，净跨为 100cm，图示内容见图 16-4。

1. 立面图（半纵剖面图）

立面图上表示出了洞身底部设计

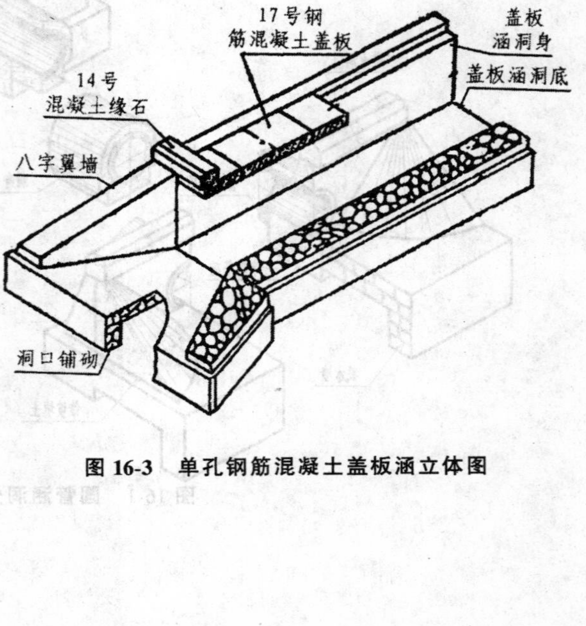

图 16-3　单孔钢筋混凝土盖板涵立体图

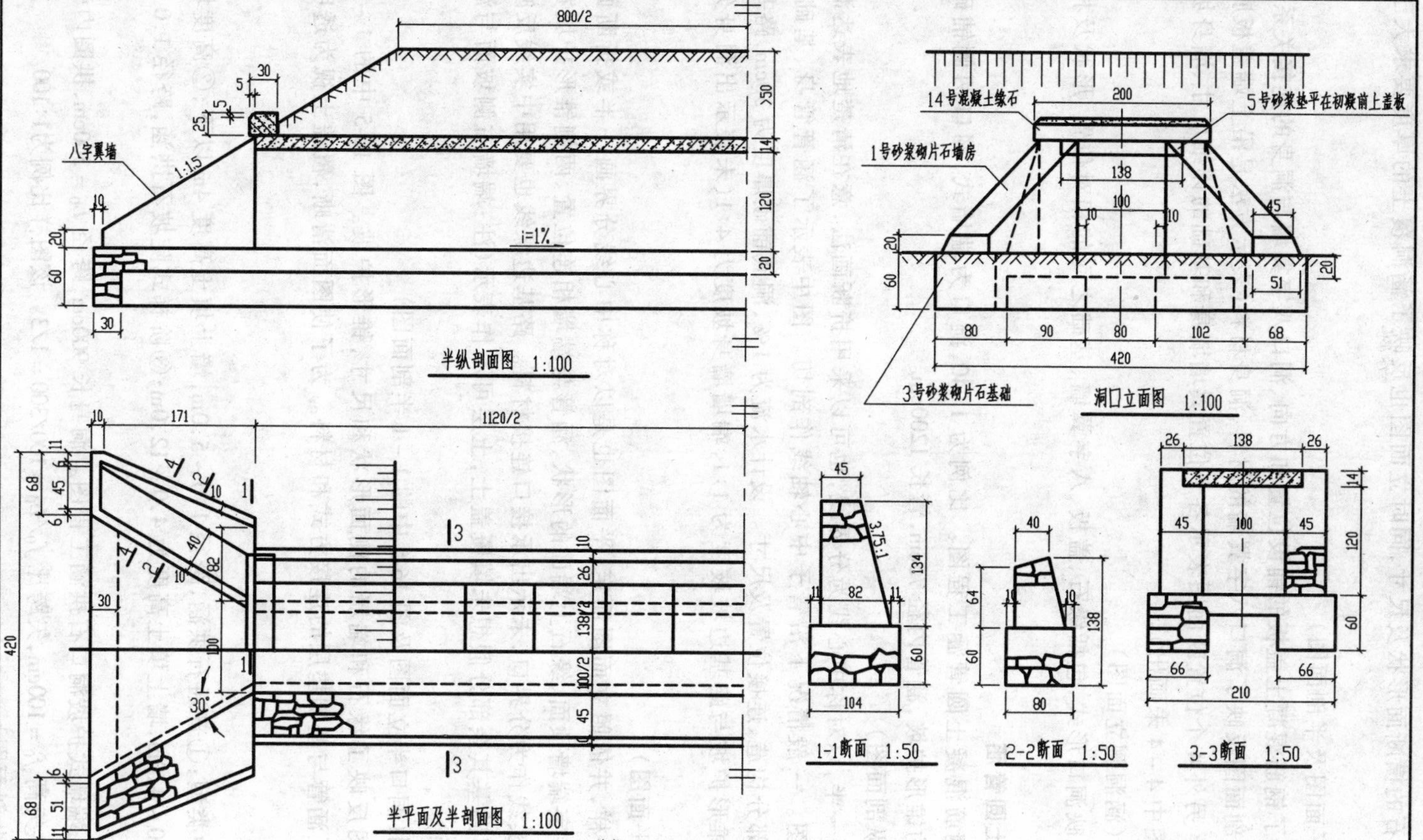

说明：
1.本图尺寸以cm计；
2.洞底铺砌用M2.5或M5砂浆砌筑，盖板用C15号钢筋混凝土；
3.基础深度应视实际情况确定，但最小不得60cm；
4.本工程施工时，必须安装好上部构造后才能填土。

钢筋混凝土盖板涵 净跨×台高=100×200	汽车—15级
	比例 1:50
单孔构造图	图 号

图16-4 钢筋混凝土盖板涵构造图

水流坡度为1%，洞底铺砌形状及厚度20cm。洞口八字翼墙坡度为1:1.5，盖板、基础部分的纵剖面图以及缘石的横断面形状及尺寸，同时立面图也反映了涵洞覆土的厚度要求大于50cm。

2.平面图（半平面图及半剖面图）

半平面图反映了钢筋混凝土盖板的铺设位置和方向、洞口八字翼墙与洞身的连接关系，以及洞身宽度。半剖面图反映了洞口八字翼墙的材料、洞身材料（表示方法是沿上端盖板底面以下作为剖切）。另外4个位置断面图表示各个位置翼墙墙身和基础的详细尺寸、墙身坡度以及材料情况（图中4－4未画出）。

3.洞口立面图（涵洞侧立面图）

洞口立面图反映洞口形式，包括缘石、盖板、八字翼墙、基础之间的相对位置、形状及相关的尺寸。

二、钢筋混凝土圆管涵

如图16-5为钢筋混凝土圆管涵工程图。比例为1:40，洞口为端墙式，洞口两侧铺砌30cm厚干砌片石的锥形护坡，涵管内径75cm，管长1200cm。

1.立面图（半纵剖面图）

立面图可只画一半，以对称中心线为分界线，也可以采用折断画法，意在清楚地表达洞口构造，并简化作图。一般情况下沿管子中心轴线作剖切。图中表示了涵管管身、基础、截水墙、缘石等各部分构造、连接位置及尺寸。设计水流为1%，洞底铺砌厚度为30cm，路基宽度及覆土厚度，锥形护坡与路基边坡坡度为1:1，端墙墙身坡度为4:1（未表示出洞身分段）。

2.平面图（半平面图）

由于进出口一样，并依照立面图而定，平面图也是以对称中心线分界画一半或折断画出。图中反映了一字端墙顶面、缘石上端面的形状、涵管与端墙相连位置、两侧锥形护坡宽度，洞身分段以粗实线作为分界口，未示出承接口连接材料。路基边缘线也要用中实线反映在半平面图中。但路基其余部分假想未填覆盖土，土层可不作表示（注：端墙右侧坡面与涵管的交线省略未画）。

3.洞口立面图（洞口半立面图及图16-5中的1－1半剖面图）

洞口半立面图反映了缘石和端墙的侧面形状和尺寸，锥形护坡。图16-5中的1－1阶梯剖面图反映了涵管与基础垫层的连接方式和材料。为了使图面清晰，覆盖土视为透明体。

三、石拱涵

石拱涵分3种类型：①普通石拱涵，跨径1.0～5.0m，墙上填土高度4m以下；②高度填土石拱涵，跨径1.0～4.0m，墙上填土高度为4.0～12.0m；③阶梯式陡坡石拱涵，跨径1.0～3.0m。

图16-6为单孔端墙式护坡洞口石拱涵工程图。洞身长900cm，跨径$L_0 = 300$cm，拱圈内弧半径$R_0 = 163$cm，拱矢高$f_0 = 100$cm，矢跨比$f_0/L_0 = 100/300 = 1/3$。该图样比例为1:100。

1.立面图（半纵剖面图）

沿涵洞纵向轴线进行全剖，因两端洞口结构完全相同，故只画出一侧洞口及半涵洞长。

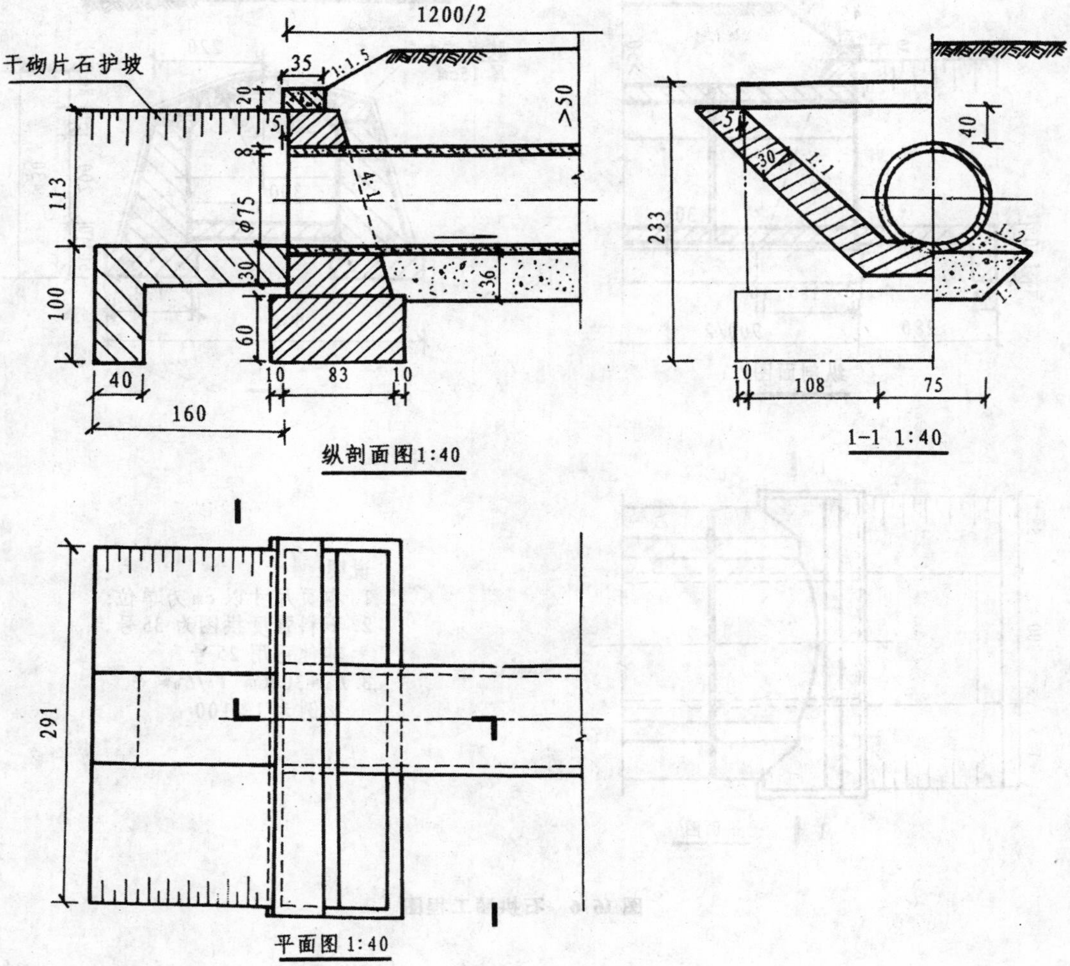

图 16-5　钢筋混凝土圆管涵工程图

立面图表达的是洞身内部结构,包括洞高、半洞长、基础形状、截水墙等的形状和尺寸。

2.平面图

端墙内侧面为 4:1 的坡面,与拱涵顶部的交线为椭圆,这一交线须按投影关系绘出。平面图表达了端墙、基础、两侧护坡、缘石等结构自上而下的形状、相对位置及各部分的尺寸。

3.洞口立面图

洞口立面图采用了图 16-6 中 1－1 剖面图,反映了洞身、拱顶、洞底、基础的结构、材料及尺寸,同时也表达了洞身与基础的连接方式。

当石拱涵跨径较大时,多采用双孔或多孔,选取洞口立面图可以不作剖面图或者半剖面图。

以上 3 种类型的涵洞工程图只是整体构造图,仅靠它们远远满足不了施工要求,还必须给出各部分构件详图尺寸及与施工说明,这里从略。

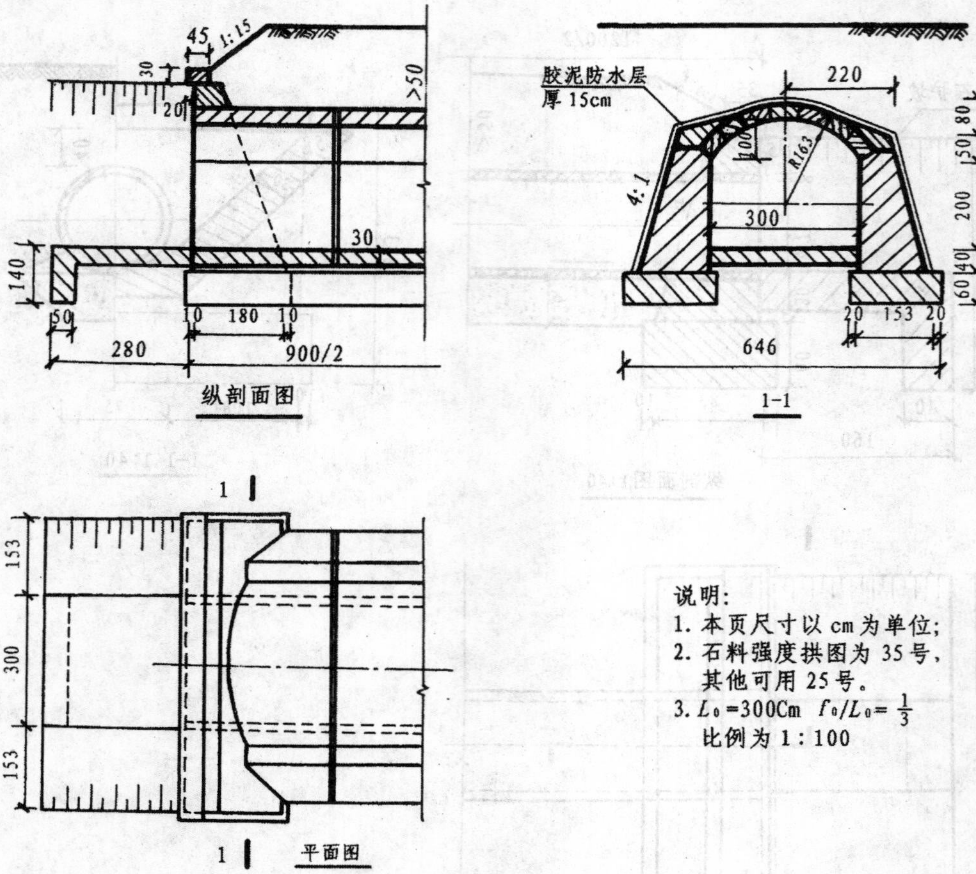
45
1:15
30
20
>50
30
140
50
10
180
10
280
900/2
纵剖面图
胶泥防水层
厚 15cm
220
4:1
100
R163
300
80
50
200
40
60
430
20
153
20
646
1-1
1
153
300
153
1
平面图
说明:
1. 本页尺寸以 cm 为单位;
2. 石料强度拱图为 35 号,
其他可用 25 号。
3. L₀=300Cm f₀/L₀= 1/3
比例为 1:100

图 16-6　石拱涵工程图